rd K. Sprenger, promovierter Philosoph, ist der profi-
e Führungsexperte Deutschlands. Seine Thesen sind
mmer bequem, werden aber seit Jahrzehnten erfolg-
mgesetzt. Zu seinen Kunden zählen zahlreiche inter-
ale Konzerne sowie fast alle DAX-100-Unternehmen.
»Mythos Motivation« zählen zu seinen erfolgreichsten
tionen »Das Prinzip Selbstverantwortung«, »Die Ent-
ng liegt bei dir«, »Vertrauen führt«, »Radikal führen«,
ständige Unternehmen« und »Magie des Konflikts«.
tsellerautor ist bekannt als kritischer Denker und bril-
Redner, der nachdrücklich dazu auffordert, selbstbe-
es Handeln und unternehmerische Initiative zu wagen.

Gehirnw

REINHARD K. SPRENGER

Gehirnwäsche trage ich nicht

Selbstbestimmt leben
und arbeiten

Campus Verlag
Frankfurt/New York

ISBN 978-3-593-51682-0 Print
ISBN 978-3-593-45335-4 E-Book (PDF)
ISBN 978-3-593-45334-7 E-Book (EPUB)

Das Werk einschließlich aller seiner Teile ist urheberrechtlich geschützt.
Jede Verwertung ist ohne Zustimmung des Verlags unzulässig. Das gilt
insbesondere für Vervielfältigungen, Übersetzungen, Mikroverfilmungen
und die Einspeicherung und Verarbeitung in elektronischen Systemen.
Trotz sorgfältiger inhaltlicher Kontrolle übernehmen wir keine Haftung
für die Inhalte externer Links. Für den Inhalt der verlinkten Seiten sind
ausschließlich deren Betreiber verantwortlich.
Copyright © 2023. Alle Rechte bei Campus Verlag GmbH,
Frankfurt am Main.
Umschlaggestaltung: total italic, Thierry Wijnberg, Amsterdam/Berlin
Satz: Publikations Atelier, Dreieich
Gesetzt aus der Minion und der Neutra Text
Druck und Bindung: Beltz Grafische Betriebe GmbH, Bad Langensalza
Beltz Grafische Betriebe ist ein klimaneutrales Unternehmen
(ID 15985-2104-1001).
Printed in Germany

www.campus.de

Inhalt

Ein Lob auf den Zufall 10

Betreutes Leben im Bevormundungsstaat 16

Hi, du Zeitgenosse! Über Distanzen zwischen Mensch und Mensch 29

Wie schaut der Staat den Bürger an? 36

Hört auf mit dem Frauenzählen! 53

Das eigene Rennen laufen 59

Last und Lust der Freiheit 63

Halbherzigkeit abwählen – Die Freude des Lehrens und die Motivation in der Schule 74

Die positive Kraft des negativen Denkens 82

Warum Impfanreize korrumpieren 89

Mein liberaler Liberalismus 94

Bekenne, du schlechter Mensch! 99

Der gerechte Preis 106

Die Sinngebung des Sinnlosen 112

Next Leadership? 116

Leadershit – und was wir damit anrichten 131

Wer fragt, der führt – auch an der Nase herum 147

Fürsorgepflicht – Leistungspartnerschaft oder betreutes Arbeiten? 154

Die Logik des Scheiterns 159

Unsinn im Sinn: Purpose 172

Die Regierungen hatten keine Wahl 179

Führung muss an die Zukunft erinnern … 186

Der neue Behauptungsdespotismus 193

Der virologische Imperativ 202

Missbrauchte Solidarität 208

Das Büßerhemd als Outfit der Moderne 214

Homeoffice sollte nicht zum Regelfall werden 221

Die Wiedereinführung des Menschen 226

Warum gibt es Führung? Weil es Krisen gibt! 237

Ich saß an den Hausaufgaben, 1968, ich war 15 Jahre alt, das Kofferradio lief, ein Vorleser beschrieb ein Labyrinth, in dem sich ein Autofahrer vorwärts bewegt. Er fährt zwischen Hecken, die die enge Straße säumen, sie heben und senken sich. Hinter einer Biegung plötzlich ein Reiter, der Fahrer fantasiert über dessen Herkunft und Ziel, überholt ihn, stößt auf zwei weitere Reiter, er spinnt Beziehungen ... Bald lauschte ich nur noch, ganz gebannt von der formschönen Sprache, der genauen Beobachtung. Der Sprecher beendete den Text: »Aus der Reihe ›Wir lesen vor‹ lasen wir aus Wolfgang Hildesheimers Buch *Zeiten in Cornwall*.« Ich ließ die Hausaufgaben sein, was sie meistens waren: unerledigt, erbat mir etwas Geld von meiner Mutter und lief zur Baedeker-Buchhandlung im Zentrum meiner Heimatstadt Essen. Da stand das schmale Suhrkamp-Bändchen! Es war der Beginn einer langen Lesefreundschaft. Und einer kurzen Brieffreundschaft: Hildesheimers plötzlicher Tod 1991 verunmöglichte ein verabredetes Treffen. Wolfgang Hildesheimer brachte mich also erst zum Hören, dann zum Lesen, dann zum Schreiben.

Ein Ergebnis dessen liegt vor Ihnen. Aus Hildesheimers fabelhaft lakonischen *Mitteilungen an Max* stammt das Zitat, das ich zum Titel dieser Aufsatzsammlung wählte: »Gehirnwäsche trage ich nicht«. Es verweist auf die mentalen

Verseuchungen, die die Pathosformeln und das eilige Meinen tagtäglich anrichten. In seiner heiteren Kopfnote soll es Widerständiges andeuten. Denn alles Denken ist auf gewisse Weise polemisches Denken – wozu sollte ich meine Stimme heben, wenn nicht gegen etwas, was ich für verfehlt hielte?

Versammelt sind hier vorrangig Texte, die ich in der NZZ – *Neue Zürcher Zeitung* publizierte. Aktuelle Gegenstände waren mir jeweils Anlass, überzeitlich Gültiges zur Sprache zu bringen. Hinzugefügt habe ich einige Interviews und Artikel, die im letzten Jahrzehnt an verstreuten Orten erschienen sind. Allzu Zeitbedingtes habe ich getilgt. Und so hoffe ich, dass insgesamt ein »gutes Buch« entstanden ist – man sollte ja ohnehin nur »gute« Bücher lesen. Den Verkauf stelle ich mir nach Hildesheimer so vor: Eine Frau betritt die Buchhandlung. Der Buchhändler: »Was darf es sein?« Die Kundin: »Können Sie mir ein gutes Buch empfehlen?« Der Buchhändler: »Selbstverständlich!« (Er geht zu einem Regal, greift hinein, zieht ein Buch heraus und überreicht es der Kundin): »Der neue Sprenger!« Die Kundin schaut auf den Titel, liest »Gehirnwäsche trage ich nicht« und sagt: »Wunderbar, ich will mich ohnehin etwas abhärten …«

Winterthur, im Frühjahr 2023

»Ein unerklärlicher Erfolg war noch immer besser als ein gut analysiertes Scheitern.«

Ein Lob auf den Zufall

Blackout! Im Mai 2019 wurde eine süddeutsche Buchhandelskette Opfer eines schwerwiegenden Hacker-Angriffs. Alle Server mussten ausgeschaltet werden, alle Systeme runtergefahren. Per E-Mail war das Unternehmen nicht mehr erreichbar, der Webshop war tot. Etliche Mitarbeiter waren von dieser Situation überfordert, gleichsam paralysiert. Als wären sie »drogenabhängig« – abhängig von der Droge Computer. Schlagartig wurde klar, wie viel Zeit sie vor dem Monitor verbrachten. Vor allem sozialallergische Mitarbeiter wussten kaum mehr, was zu tun war. Sich dem Kunden zuwenden? Gespräche führen? Die Lage führte jedermann vor Augen, dass man sich vorrangig mit Nachrangigkeiten durch den Tag schlug. Es war jedoch noch eine weitere Lektion zu lernen: der Autonomieverlust durch zentralistische IT-Strukturen. Plötzlich war man auf sich allein gestellt. Musste wieder Verantwortung übernehmen. Selbst denken, selbst handeln. Weil sonst nichts lief. Und siehe da: Nicht nur die Verkaufszahlen stiegen – es machte auch mehr Spaß. Es war wie das Wiederentdecken des Erwachsenseins, der selbsthelferischen Kräfte.

Was auf den ersten Blick lediglich das Gute im Schlechten schildert, verdeckt den Blick auf Wesentlicheres – auf das, was nicht veränderbar ist. Wer hätte nicht schon mal versucht, dem Masterplan des Lebens auf die Spur zu kommen, dem Schicksal, dem Nicht-Wählbaren, dem Kontingenten? Fragen zu klären wie: Warum geschieht gerade dies mir, uns, ihnen? Als Kinder knödelreimten wir »Warum ist die Banane krumm?«, nicht ahnend, wie sehr wir an eine anthropologische Grundverfasstheit rührten: an den Menschen als Warum-Wesen. Er sucht für jedes Phänomen eine Erklärung, eine Ordnung. Eine Ur-Sache. Und wenn er sie nicht findet, er-findet er eine.

Früher war diese Ursache einsilbig: Gott. Wenn die Ernte ausblieb – Gott will uns strafen. Starb jemand zu früh – Gottes Wille. Hatten wir Glück – Gott hat Gnade walten lassen. Den Extremfall etikettierten wir als »Jüngsten Tag«. Wir verbeugten uns vor dem Göttlichen, dem Unabänderlichen, was ein Mensch ist und wie ihm geschieht.

Damit ist es vorbei. Nietzsches berühmte Formulierung »Gott ist tot« signalisierte das Ende der Bescheidenheit. Und den Beginn der Moderne. Diese hat ein Personaleinsatzproblem. Wer soll Gottes vakante Stelle besetzen? Wer »macht« jetzt das Schicksal? Kandidaten sind vor allem jene, die nicht Gott sind: die Menschen. Aber auch sie haben nicht alles im Griff, nicht alles verläuft nach Plan. Diesen Fall erklärt man heute mit dem Zufall. Er ist das große Unerklärliche, eine Entgleisung in Gottes Räderwerk, der Plandurchkreuzer in Dürrenmatts *Die Physiker*. Etwas kommt dazwischen, stellt sich quer zur Absicht. Nicht gewollt, nicht gewählt, weder notwendig, noch vorhersehbar. Ein Feind menschlicher Freiheit und Würde. Schallend lacht er über Beruhigungstechniken wie Risikokalkulation und Expertenautorität. Empörend.

Seit Angedenken übt sich deshalb der Mensch, den Zufall zu bändigen, die Fülle der Möglichkeiten zu begrenzen, seine Welt zu ordnen und festzulegen. Und je mehr der Moderne das gelingt, desto mehr leidet sie unter dem Restrisiko, desto mehr artikuliert sich ein extremes Bedürfnis, den Zufall möglichst vollständig aus dem Leben zu verbannen. Man will kontrollieren, alles, irgendwie, auch den eigenen Körper. Entsprechend wird der Zufall methodisch storniert: Vorsorge, Plan, Versicherung, Back-up, Nummer Sicher – übrigens ein Wort aus dem Strafvollzug. Das Leben wird unter eine vorauslaufende ceteris-paribus-Klausel gestellt: Alles soll gleichbleiben, und wenn sich etwas ändert, dann bitte nur als willkürlich herbeigeführte Perfektionierung.

Das lässt sich ausbeuten. Von der Politik etwa, die verspricht, den Menschen vor dem Zustoßenden zu schützen – und unter der Hand die Zufallsvorsorge zur infantilisierenden Volkspädagogik wandelt: Der Mensch ist, was er ist, das Ergebnis planerischer Absicht. Auch die Wirtschaft lässt sich nicht lumpen: Es gibt eine riesige Industrie, die nichts anderes verkauft als Angst. Und sich nach der Pathologisierung der Zukunft selbst als Therapeutikum empfiehlt. Sogar im Pakt mit der Philosophie: »Die philosophische Betrachtung hat keine andere Absicht, als das Zufällige zu entfernen.« Wer wollte Georg Wilhelm Friedrich Hegel widersprechen?

Legen wir dennoch ein gutes – naturgemäß »zufälliges« – Wort für den Zufall ein.

Zunächst ist der Zufall weder gut noch schlecht. Es gibt glückliche Zufälle, auf die niemand verzichten will. Oder er ist beides, wie oben am Beispiel des Buchhandels illustriert.

Für die Evolution hingegen ist der Zufall eindeutig gut – als Überlebensprinzip. Die Biologie liebt die kleinen Kopierfehler bei der Herstellung von Imitationen: Über Sex werden die Erbanlagen zweier Individuen zufällig gemischt und auf gemeinsame Nachkommen verteilt. Die Bandbreite möglicher Varianz erhöht sich damit exponentiell. Das wiederum ist wichtig gegen evolutionäre Wettbewerber; sie können sich umso schlechter auf jemanden einstellen, der häufig die Form wechselt. Dasselbe gilt für ökonomische Akteure: Wirtschaftlich erfolgreich sind jene, die nicht ausrechenbar sind. Die Chancen sehen, die der Zufall bietet. Und handeln. Ersteres tun manche, das zweite ist seltener. Viele hat der Zufall gerufen, aber wenige haben ihn auserwählt.

Evident ist ebenso, dass wir uns als Individuen nicht durch planerische Erfolge entwickeln, sondern durch Schwierigkeiten. Wer den Zufall auszuschalten versucht, leidet mithin an Misserfolgsarmut. Zudem übersieht er die Blumen am Wegesrand. Überraschend Neues entsteht oft aus einem Zustand, der auf den ersten Blick wie eine Katastrophe wirkt. Das Unvorhergesehene bietet zumindest die Möglichkeit, neuer, anders, besser zu sein als zuvor. Und weil ihm etwas dazwischengekommen ist, hat er auch eine Geschichte, die der Persönlichkeit Form gibt. Die ist erzählenswert. Ohne Zufall keine Erzählung! Wer sie mitteilen will, sollte daher seine Selbstwirksamkeit relativieren: Unsere Geburt ist uns zugefallen, unser Land, in dem wir aufgewachsen sind, unsere Herkunftsfamilie, die Zeitbedingungen: Das haben wir nicht gewählt, da stecken wir drin. Als deutscher Mann zum Beispiel, der kurz nach dem Zweiten Weltkrieg geboren wurde, hat man mit historisch vorbildlosen Friedensjahrzehnten das große Los gezogen.

Wer dafür votiert, dass alles dem Walten eines unpersönlichen Fatums unterliegt, kommt gleichwohl um den Zufall nicht herum: Die Welt, wie sie ist, hätte vom Schöpfer anders gestaltet werden können, unbegrenzt, ist also eine Schöpferlaune, insofern Realisation von Freiheit. Diese wiederum ist Voraussetzung unserer Reaktion auf das Zugefallene, einer beobachtenden und reagierenden Freiheit, einer Freiheit zweiter Ordnung. Deshalb dementiert der Zufall nicht die menschliche Freiheit, sondern ist ihre Bedingung. Angesichts des Zufalls sind wir also herausgefordert, uns in der Freiheit zu üben und die Gelegenheiten zu nutzen, deren endliche Summe das ganze Leben ist. Konkreter noch: Wenn es nur einen einzigen Menschen gibt, der auf dieselbe Zufälligkeit unterschiedlich reagiert, reicht das aus für Selbstverantwortung.

Nur auf den schicksalhaftesten aller Zufälle können wir nicht reagieren – auf unseren Tod. Dann fällt zu, was fällig ist. Wer aber mit Heidegger der Ansicht ist, dass der Mensch bereit ist zu sterben, wenn er geboren wurde, der hat auch die kalten Duschen des Lebens mitgewählt – der Möglichkeit nach.

Dem Zufall eine Chance geben – wie macht man das? Spiel und Kunst sind dafür Gelegenheiten. Zelte bauen statt Paläste. Wenn Planung, dann mittlerer Reichweite; das aviatische »Fliegen auf Sicht«. Die Lethal-Weapon-Lektion: *Always have a backup plan*. Brauchbare Momentlösungen statt »letztendliche« Lösungen. Experimentieren. Möglichkeitsbewusstsein entwickeln. Redundanzen bilden – wer zu schlank ist, hat im Fall der Fälle »nichts mehr zuzusetzen«. Bei der Personalauswahl: Würfeln! So wie man es schon in Athen tat, in Florenz, Venedig und Basel. Auf Ziele verzichten – sie verleiten zum Tunnelblick, verführen zum Festhalten, vermiesen die Gegenwart. Ein unerklärlicher Erfolg war noch immer besser als ein gut analysiertes Scheitern.

Das alles ist nicht leicht in einem Land, in dem Todesgefahr und Lebensgefahr dasselbe meint. Aber es lohnt sich – wenn es der Zufall will.

NZZ vom 28.10.2019

Betreutes Leben im Bevormundungsstaat

René Scheu: In Deutschland feiert man Sie als »deutschen Superstar unter den Management-Autoren«. Sie ziehen es jedoch vor, entfernt von Ihren Lesern in der Nachbarschaft zu wohnen, in der man Sie kaum behelligt. Warum sind Sie in die Schweiz gezogen?

Reinhard K. Sprenger: Die Mutter meiner beiden kleinen Söhne ist Schweizerin. Meine Eltern sind tot, Großeltern aber sind wichtig für Kinder, weil sie die alten Werte repräsentieren. Und da die Großeltern in der Schweiz leben, habe ich mich entschieden, hierher zu ziehen. Ein zweiter Grund für meinen Umzug ist, dass ein langjähriger Freund CEO von Adecco wurde, einem Personalvermittlungsunternehmen mit Sitz in Glattbrugg. Er hat mich gebeten, ihm im Management-Development zu helfen – insofern ist die Schweiz für mich die ideale Drehscheibe.

Wer Ihre jüngeren Veröffentlichungen liest, bekommt freilich den Eindruck, dass der Umzug nicht nur persönlich-beruflich motiviert sein könnte. Sie gehen mit dem deutschen Staat hart ins Gericht …

Deutschland wird für einen Menschen, dem Freiheit viel bedeutet, in der Tat immer unerträglicher.

Sind also dennoch politische Motive im Spiel?

Na ja, die Schweiz ist auch nicht mehr die Oase der Bürgerwürde, als die sie sich gerne sieht. Auch hier schwillt der Entmündigungskoeffizient beharrlich an, ich sehe da allenfalls graduelle Differenzen zu Deutschland. Meine deutschen Freunde unterstellen mir gerne steuervermeidende Umzugsgründe. Schön wär's! Der relativ kleine und immer kleinere Steuervorteil, den die Schweiz gegenüber den umliegenden Ländern bietet, wird gerade in Zürich durch die sehr hohen Lebenshaltungskosten mehr als wettgemacht.

Machen wir uns in der Schweiz etwas vor?

Es ist eine Frage der Perspektive – verglichen mit Deutschland ist der Sozialstaat in der Schweiz noch vernünftig dimensioniert. Aber nirgendwo in Europa wachsen die Sozialbudgets proportional so wie in der Schweiz. Der wesentliche Unterschied liegt zwischen »geben« und »nicht nehmen«. In Deutschland nimmt mir der Staat viel weg und gibt mir dann etwas davon zurück. Natürlich abzüglich der Kosten für die Umverteiler selbst. In der Schweiz nimmt mir der Staat nicht so viel und lässt mich wählen, welche Dienstleistung ich kaufen will. Das ist schon respektvoller.

Dann stimmt also die Geschichte, die wir uns erzählen: Während der Schweizer Bürger dem Staat widerwillig einen Teil seines Geldes abliefert, gebärdet sich der deutsche Staat so, als würde er dem Bürger gleichsam aus Großzügigkeit einen Teil von dessen Geld lassen.

Der deutsche Staat hat sich verselbstständigt, er hat sich vom Rechtsstaat zum Bevormundungsstaat entwickelt. Er ist nicht mehr neutral gegenüber den Lebensentwürfen seiner Bürger, sondern er will ein volkspädagogisches Programm durchsetzen. Er ruft dem Bürger zu: »Ich weiß, was für dich gut ist!«, nämlich nicht rauchen, nicht fett sein, möglichst viele Kinder haben, und vor allem konsumieren. Wenn ich mich seiner Gesinnungsnötigung beuge, habe ich Steuervorteile. Was aber bedeutet, dass ich mit meiner Hand in der Tasche des Nachbarn lebe, da der Staat ja nicht plötzlich weniger Geld braucht. Der Nachbar versucht natürlich ebenfalls, seine Hand in meine Tasche zu stecken. Darüber schmettern die Fanfaren der Solidarität und des Gemeinwohls. Aber es ist institutionalisierte Respektlosigkeit.

Immerhin – die Umverteilungspolitik ist in der Schweiz schwächer ausgeprägt.

Das Individuum hat hier tendenziell mehr Wahlfreiheit, bestimmte Dienstleistungen zu nutzen, muss diese aber erheblich höher bezahlen. In Deutschland hat der Großteil der Bevölkerung eine ausgesprochen parasitäre Lebenseinstellung entwickelt. Über die Hälfte aller Deutschen lebt mittlerweile mehrheitlich von Sozialtransfers. Man holt sich an der Wahlurne, was man im Wirtschaftlichen nicht leistet.

Sie schrieben einmal: »Das [deutsche] Steuergesetz versorgt einen Verteilungskanal, der vorne ein gefrässiges, hinten ein verantwortungsloses Ungeheuer ist. Und zu dem man bei einer Staatsquote von 50 Prozent nur noch ein Verhältnis haben kann: Notwehr.« Was genau meinen Sie mit Notwehr?

Sie haben im Grunde zwei Möglichkeiten: *voice* oder *exit*. Voice ist Notwehr im Sinne von »ich begehre auf«, ich »weigere mich«; Exit ist Notwehr im Sinne von »ich gehe weg«, »ich verlasse das System«. Mein Buch *Der dressierte Bürger* gehört zur Kategorie Voice – aber in Deutschland hat es eine totalitäre Steuerbürokratie geschafft, aus dem Land der Dichter und Denker ein Land der Steuerhinterzieher zu machen. Sie unterwerfen sich dem Bevormundungsstaat und fühlen sich deshalb berechtigt, ihn auszubeuten.

Dies würde zu einer für Liberale ernüchternden Einsicht führen: Wenn die wachsende Anspruchshaltung des Staates gegenüber dem Bürger einhergeht mit einer wachsenden Anspruchshaltung des Bürgers gegenüber dem Staat, dann leben wir im perfekten System.

In Deutschland hatten wir nach dem Zweiten Weltkrieg für etwa fünfzig Jahre eine wirtschaftlich einzigartige Sonderkonjunktur. Es ist ganz natürlich, dass das Sicherheitsbedürfnis unter solchen Voraussetzungen zunimmt und die Bürger immer mehr Ansprüche auf Wohlstand und soziale Sicherung geltend machen. Aber dafür war ein Preis fällig: Die staatliche Verwöhnung hat die Selbstwirksamkeitsüberzeugung der Individuen sukzessive zerstört. Man glaubt nicht mehr an sich, man glaubt an den Staat. Das ging so lange relativ gut, wie es historisch vorbildlose Wachstumsraten gab. Aber diese Zeit ist vorbei. Und jetzt droht das System an der selbst induzierten Überforderung zusammenzubrechen.

Der Philosoph Peter Sloterdijk spricht in seinem Buch Sphären III *vom »quasi-totalen Allomutterstaat des 20. Jahrhunderts«: »Der Staat fungiert seit seinem Umbau zur Wohlfahrts- und Betreuungsagentur als Metaprothese, die den konkreten mutterprothetischen Konstrukten, den sozialen Hilfsdiensten, den Pädagogen, den Therapeuten und ihren zahllosen Organisationen die Mittel zur Erfüllung ihrer Aufgaben an die Hand gibt.«*

In der Tat. Der real existierende Bürger wird ständig mit Verhaltensidealen konfrontiert, vor dessen Hintergrund er automatisch defizitär erscheint. Was wieder die Bevormundungsindustrie ermächtigt, die Kluft zwischen Sein und Sollen zu bewirtschaften. Das ist betreutes Leben. Aber was kostet uns die systematische Verbannung der Bürgerwürde? Oberflächlich ist es der Verlust der Fähigkeit, selbstbestimmt und selbstverantwortlich zu leben. Schaut man tiefer, dann ist es der Verlust der Selbstachtung. Blickt man auf den Grund, dann sieht man den hoffnungslosen Versuch, den Tod aus dem Leben auszusperren. Der Tod kehrt aber hinterrücks zurück – er treibt das Leben aus dem Hause.

Wenn man sich durchs Abendprogramm der deutschen Privatsender zappt, trifft man auf Menschen, die ein gegenleistungs-

loses Grundeinkommen beziehen. Sie scheinen weder besonders glücklich noch besonders unglücklich.

Ob jemand glücklich oder unglücklich ist, hängt weniger von den äußeren Umständen ab, als vielmehr von seiner inneren Einstellung. Der Staat kann und darf gar keine Glücksversprechen abgeben. Er soll einen Rechtsrahmen schaffen, in der die Bürger auf ihre je eigene Weise nach dem Glück streben können. Das ist die »negative« Freiheitsidee als weitgehende Abwesenheit von Zwang, die sich auch jeder erzieherischen Zudringlichkeit enthält. Das Grundeinkommen ist hingegen einer »positiven« Freiheit verpflichtet, die aktiv gestaltend in diesen Suchprozess der Individuen eingreift und sich mit sozialen Wünschbarkeiten verknüpft. Dabei wird die große Botschaft des nachparadiesischen Christengottes ignoriert: Tue, was du willst, und zahle dafür. Selbst! Und bürde nicht die Konsequenzen deines Tuns anderen Menschen auf.

Es ist unter den gegebenen Umständen absolut rational, sich so zu verhalten.

Die bloße Existenz sozialer Institutionen ist eine strukturelle Dauereinladung, sie auch zu nutzen. Sie erzeugt eine angebotsinduzierte Nachfrage. Eigentlich ist ein Depp, wer es nicht tut. Politik ist daher stets Beileidspolitik. Es gibt unendlich viele öffentliche Instanzen, die die gelernte Hilflosigkeit der Menschen ausbeutet, um sich unersetzlich zu machen. Je hilfloser die Menschen, desto mehr können Politiker verteilen und regulieren. Vor allem auch zu ihren eigenen

Gunsten. Deshalb etikettieren sie ihre eigenen Interessen als Gemeinwohl.

In einem Ihrer Songs heißt es: »Bitte hilf mir nicht, es ist auch so schon schwer genug.« Das mutet vor dem Hintergrund des eben Gesagten idealistisch, ja fast anachronistisch an.

Gegenüber Menschen, die ihre Interessen selbst artikulieren können, verbietet sich jede Einstellung der Fürsorglichkeit. Führung, und das meint auch politische Führung, darf sich nur als Führung zur Selbstführung verstehen. Man muss den Menschen die Chance geben, erwachsen zu werden. Hilfe ist nur da notwendig, wo ein Mensch sich nicht mehr selbst helfen kann.

Der westliche Sozialstaat beruht ja auf dem Prinzip, dass er Menschen hilft, die nicht »selbstverschuldet« in eine Notlage geraten sind. Das Problem ist die Dehnbarkeit dieses Begriffs.

Man kann den Begriff so weit fassen, wie es die US-Amerikaner getan haben. Wer kein eigenes Haus besitzt, wer also nicht zur *nation of home owners* gehört, war dort offenbar in einer existenziellen Notlage. Der Preis für Risiko wurde daher durch die Politik künstlich gesenkt: Leute, die keinen Job und keinen einzigen Cent in der Tasche hatten, konnten nicht nur ohne Geld Häuser bauen, sondern kriegten gleich auch noch Kreditkarten mitgeliefert, die sie beliebig überziehen konnten – mit den ihnen faktisch nichtgehörenden Häusern als Sicherheit. So kauft man sich Wählerstimmen.

Und führt die Wähler ins Elend, indem man die gute Absicht plakatiert und vor den bösen Konsequenzen die Augen verschließt. Einer der Hauptpromotoren dieses Großattentats auf die Menschheit war übrigens Barack Obama.

Ob ein Mensch noch über die Kraft verfügt, sich selbst zu helfen oder nicht, merkt er erst, wenn er leidet.

Wer Menschen ihrer Leidensfähigkeit beraubt, beraubt sie zugleich ihrer Selbstwirksamkeit. Wir müssen das Leiden als Kraftquelle und Lernimpuls neu entdecken. »Alle Veränderung erfolgt aus Leid«, sagte Goethe.

Wenn Sie dies ernsthaft propagieren, werden Sie als Unmensch hingestellt. Der Common Sense sagt: Wer heute noch leiden muss, verdankt sein Leiden jemandem, der ihn leiden macht.

Das Leid, von dem wir hier sprechen, ist zunächst ein selbstdefiniertes Phänomen. Und wir wissen aus der Anthropologie, dass sich alle unsere Talente und Kräfte den Problemen verdanken, die uns herausgefordert haben und an denen wir haben wachsen konnten.

Es gibt den Punkt, an dem das Leiden das Individuum nicht mehr anspornt, sondern kaputtmacht.

Ja, aber dieses Konto wird oft überzogen. Dennoch stellt sich hier die Frage nach der Solidargemeinschaft.

Diesen Punkt definiert in Demokratien die Politik.

Die Herrschaft der Mehrheit über die Minderheit, letztlich schon, ja.

Aber die Politiker, sagen Sie, haben ja ein Interesse an Menschen im Zustand der Unmündigkeit.

Die Politik hat viel von dem zerstört, was früher die Familien an Strukturen, Rahmen und Hilfe leisteten. Nehmen wir die »Solidarität« – sie ist immer individuell und freiwillig, niemals kollektiv und erzwungen. Sie gehört in die Familie, in den Nahbereich, dort ist sie unersetzlich. Was heute unter »Solidarität« verkauft wird, ist nichts anderes als Gruppenegoismus – positiv ummäntelt und nötigend präsentiert. Große Teile der Politik wollen die *Gesellschaft* nach dem Modell der *Familie* lenken, die »große Welt« den Regeln der »kleinen Welt« unterwerfen. Der Wohlfahrtsstaat hat den Anspruch, uns durch erzwungene Umverteilung von freiwilliger Solidarität zu entlasten. Am Ende des Verwöhnungsprozesses steht der mitleidlose, egoistische Bürger, den bloß noch interessiert, was er tun muss, um ein möglichst großes Stück vom Umverteilungskuchen zu bekommen.

Wir sind schon wieder in einer Sackgasse gelandet: Wie sollen verwöhnte Gesellschaften aus dieser Situation herausfinden?

Der Leidensdruck muss so groß sein, dass wir unsere Komfortzone verlassen müssen, weil sonst das Spiel zu Ende ist.

Das klingt zwar ehrenwert, ist aber doch wohl eher Wunschdenken. Der Leidensdruck ist nie groß genug.

Ich sehe kleine Hoffnungsschimmer. Die Finanzkrise hat in Deutschland beispielsweise nicht zu einer Erstarkung der Linken geführt. Ein weiteres Zeichen: Der EU-Zentralismus bröckelt. Es beginnt sich die Einsicht durchzusetzen, dass sich auch globale gesellschaftliche Probleme am besten in kleinen Einheiten lösen lassen.

Wer Ihre Bücher liest, kommt aber zum Schluss, dass der Staatsbankrott unvermeidlich sei. Ihr Buch Der dressierte Bürger *beginnt mit dem Satz »Ich bin ein Staatsfeind«...*

Ich bin zwar ein Freiheitsliebender, meine Staatskritik beschränkt sich jedoch auf die Mikroebene des Alltags. Ich analysiere, wie der Staat in meine Privatsphäre eindringt, wie er mich ködert, verführt, erzieht, lenken will, wie er mich abhängig macht. Was hingegen die Makroebene angeht, so würden Voraussagen meine Kompetenz überdehnen. Ich fürchte aber, auch die der Politik.

»Staatsfeind« ist ein krasses Wort. Man denkt dabei an Attentate und umstürzlerische Aktivitäten.

Das ist mir völlig fremd. Ich bin ein Feind jenes Staates, der mich nicht in Ruhe lässt. Es war die große Illusion der großen Totalitarismen des 20. Jahrhunderts, den »neuen Menschen« erschaffen zu können. Man will das Wollen abschaffen und es durch ein Sollen ersetzen. Auch in den Unternehmen: Die Menschen sollen – nicht mit Gewalt, sondern mit Anreizen – erzogen, konditioniert, motiviert werden. Am Ende hat man es stets mit verantwortungslosen Drogenabhängigen zu tun. Meine Botschaft ist eine andere: Nehmt den Menschen, wie er ist; wir haben keinen universalethischen Therapievertrag. An der Freiheit des anderen kommt ohnehin niemand vorbei.

Sie fordern eine neue Unternehmerbewegung. Die Zeiten könnten dafür besser nicht sein: Die Manager, lange als Helden gefeiert, werden als eigennutzmaximierende Karrieristen angeprangert. Dennoch ist es unter Unternehmern, wenigstens bisher, merkwürdig still geblieben.

Die Sollbruchstelle des gegenwärtigen Kapitalismus besteht darin, dass wir keine Antwort haben auf die Frage, wie der Übergang von einem Managerkapitalismus zu einem neuen Eigentümerkapitalismus zu bewerkstelligen sei. Fest steht: In den letzten Jahrzehnten war es möglich, ohne Einsatz von eigenem Geld, also ohne eigenes Risiko, so wohlhabend zu werden, wie es früher nur Unternehmer wurden. Das ist ein extrem attraktives Lebensmodell, das viele zu verwirklichen trachteten – unter dem wohlgefälligen Nicken staatlicher Aufsichtsbehörden. Unter solchen Bedingungen lohnt sich das Unternehmertum nicht mehr. Warum soll ich persönliches Risiko auf mich nehmen, wenn es auch ohne geht? Das heißt umgekehrt: Wer an einer Unternehmergesellschaft interessiert ist, muss die wertsetzenden Regularien innerhalb der Gesellschaft so bauen, dass sich Risikobereitschaft und Verantwortung wieder lohnen.

Die Unternehmer kämpfen gegen eine breite Front: nicht nur gegen markt- und innovationsskeptische Politiker, für die »Profit« ein Schimpfwort ist, sondern auch gegen die Manager und deren Vertreter in der Politik.

Es gibt in der Tat eine unheilige Allianz von Big Business und Big Government. Aber vergessen Sie nicht: Die Mehrheit des Bruttosozialprodukts wird sowohl in Deutschland als auch in der Schweiz nach wie vor von Klein- und Mittelunternehmen erwirtschaftet. Das Problem ist nur, dass ihre Stimme kaum gehört wird.

»Das geht sein' sozialistischen Gang«, sang einst Wolf Biermann. Hat er Recht?

Wir bewegen uns auf einen neuen staatsmonopolistischen Kapitalismus zu, einen »Stamokap«, wie man in den 1960er-Jahren sagte. Aber das wird nur eine Übergangsphase sein. Ich glaube nach wie vor, dass sich die Stimme der Freiheit längerfristig nicht unterkriegen lässt.

Sie sind ein Fortschrittsoptimist.

Nein. Ich glaube bloß an die Stimme der Vernunft, und das ist letztlich immer eine freiheitliche. Weil der Mensch nun einmal trotz aller staatskulturellen Deformationen ein Freiheitswesen ist und immer bleiben wird.

Wenn auch in der Schweiz der Sozialismus oder der Stamokap an Einfluss gewinnen, wohin ziehen Sie dann?

Nach New Mexiko, wo ich seit vielen Jahren einen zweiten Wohnsitz habe. Es gibt dort eine landschaftliche und optische Freiheit, die ich noch nirgendwo sonst gesehen habe. Und es gibt dort unter den Menschen noch einen ausgeprägten selbstorganisierten Gemeinsinn, Nachbarschaftshilfe zählt viel. Und dennoch respektieren alle peinlich die Privatsphäre der anderen – mir gefällt diese Mischung aus Solidarität und Diskretion. Und die lebt nur in relativ autonomen, kleinen Einheiten. Die Schweiz sollte sich diese Kraftquelle bewahren.

NZZ vom 16.06.2021

Hi, du Zeitgenosse!
Über Distanzen zwischen Mensch und Mensch

»From a Distance« hieß ein Song, den Cliff Richard in die Hitparade sang. Im Text ging es darum, dass nur immer neue Distanzergreifungen uns Weltansicht gewinnen lassen. So wie man einen Schritt zurückgeht, um ein Bild vollständiger zu erfassen. Das beginnt schon früh: Wenn ein unverbildetes Kind durch einen Wald geht, fühlt es sich einem großen Organismus zugehörig. Es spaltet die Welt nicht auf in Subjekt und Objekt, es ist eins mit ihr. Es ist ähnlich verschmolzen wie ehedem mit der Mutter. Wenn es dann erwachsen wird, geht es zur Welt auf Distanz.

Im Rückblick erinnern wir wehmütig die verlorene Nähe zu den Dingen. Aber wem es gelingen würde, Kind zu bleiben, der bliebe »kindisch«. Er bliebe auch überzeugt, dass die Erde eine Scheibe sei – weil er sie nie »von Weitem« sah. Der Begriff der Distanz beschreibt also den Unterschied zwischen einer kindlichen und einer erwachsenen Lebenswelt. Das gilt sogar für den geliebten Menschen: Ohne den nötigen Abstand können die kleinsten körperlichen Äußerungen des anderen in der Vergrößerung befremdlich werden. Aus der Ferne sehen wir Anmut, aus der Nähe Poren.

Der US-amerikanische Philosoph John Rawls bedient sich in *Eine Theorie der Gerechtigkeit* der Distanz in Form eines

Schleiers: Eine Gruppe von Menschen sitzt zusammen und diskutiert Regeln vernünftigen Zusammenlebens. Sie alle umhüllt ein »Schleier des Nichtwissens« – niemand weiß, welche Rolle er in der Gesellschaft spielen wird, wenn die Regeln in Kraft treten; niemand weiß, ob er Schuhputzer sein wird oder Bankdirektor. Wenn dann der Schleier weggezogen wird, müssen alle bereit sein, sich dem Zugewiesenen zu unterwerfen. Solange der Schleier das Ergebnis verhüllt, entschärft er die Diskussion. Erst wenn er fällt – wenn es »distanzlos« wird –, beginnen die Probleme.

Die wichtigste Aussage zum Thema aber stammt von Dietrich Bonhoeffer; er schrieb 1942 eine Programmschrift für die Absonderung vom konformistischen Mainstream. Unter der erstaunlichen Überschrift »Qualitätsgefühl« heißt es: »Wenn wir nicht den Mut haben, wieder ein echtes Gefühl für menschliche Distanzen aufzurichten und darum persönlich zu kämpfen, dann kommen wir in einer Anarchie menschlicher Werte um.«

So ist es: Zivilisation ist ohne Distanz nicht denkbar. Distanzen schützen die Menschen voreinander, ermöglichen es ihnen aber zugleich, Gefallen aneinander zu finden. Gleichzeitig orientieren sie, geben Sicherheit und Klarheit, schaffen Übersicht und Individualität. Distanzen gehören auch zu den größten Errungenschaften der modernen, offenen Gesellschaften des Westens. Zum Beispiel die Trennung der Sphären von Staat, Recht, Wirtschaft, Religion und des Privaten.

Aber Distanzen haben im real existierenden Egalitarismus der Gegenwart einen schlechten Ruf. Distanzen sind etwas, das man »überwindet«. Es gibt Abfahrt und Ankunft, dazwischen – nichts. Keine Stufenfolge, auch kein Verweilen, schon gar kein Distanzwahren, keine Ehre, kein Tabu. Nicht nur Staatsanbeter oder religiöse Fundamentalisten wollen ihnen an den Kragen. Ständig werden sie von zwei Verschmelzungsfantasien bedrängt. Die eine, die ich »romantisch« nenne, will die Moderne wieder rückgängig machen: Sie bedauert den Verlust von Nähe, Unmittelbarkeit, Gemeinschaft. Die andere, »veränderungsdynamische«, betont die Notwendigkeit der Vorwärtsspannung, setzt den Wandel über die Stabilität, den Wettbewerb über die Sicherheit, das Globale über das Lokale.

Beide Tendenzen fließen heute zusammen und verstärken sich wechselseitig. Trotz unterschiedlicher Begründungen laufen sie auf dasselbe hinaus: Grenzüberschreitung. In der Folge entwickeln sich Formen der Distanzlosigkeit, die vor langer Zeit erkämpfte Zivilisationsgewinne erodieren lassen. Besonders wirkungsvoll deshalb, weil sich die Distanzauflöser sowohl mit der Sentimentalität der ersten Tendenz munitionieren können, als auch mit der Rationalität der zweiten. Wer gegen die Distanzschmelze die Stimme erhebt, sieht sich als »unnahbar«, »elitär« oder »nicht teamfähig« etikettiert. Zumindest die Absichten der Distanzauflöser sind daher kaum diskutierbar; sie sind populär und gelten als ambivalenzfrei. Ob es die Folgen auch sind, daran mag man zweifeln.

Zum Beispiel das Nähe bekundende »Du«. Vordergründig klingt das sympathisch. Aber geopfert wird die Dynamik der sozialen Annäherung. Wer mit jemandem »per Du« ist, hat die Schrittigkeit der Intimitätszunahme durchmessen und erfolgreich abgeschlossen. Er hat einen Widerstand überwunden, ist aus der Masse herausgetreten, hat ein besonderes Verhältnis zu jemandem, fühlt sich dadurch geehrt. Wenn aber alle Distanzen beseitigt sind, dann steht alles gleich nah und gleich fern.

Dann herrscht das Abstandslose, wo keine Ferne mehr die Nähe vorbereiten kann. Denn nur aus der Distanz ergibt sich die Möglichkeit, in einen intimeren Modus zu wechseln. Wenn dieses Wechselspiel nicht mehr beherrscht wird, kann sich kein besonderes Interesse mehr am anderen bekunden. Andererseits kann auch kein Interessenkonflikt aus unpersönlicher Distanz diplomatisch ausgetragen werden: Einigen Leuten den Schritt vom Sie zum Du zu verweigern, steht als Instrument der Distanzwahrung nicht mehr zur Verfügung. Erst Grenzen sichern diese Beweglichkeit.

Beispiel Hierarchie: In der alten Welt, in der Ehrentitel erblich waren, wurde gleichsam eine Substanz weitergereicht, die im Wandel Stabilität und Ordnung verlieh. In der Moderne wurde das durch Leistungsdenken abgelöst: Wer es nach oben schaffte, hatte es sich »verdient« und durfte für andere entscheiden, ohne – und das ist wichtig – sich für eine Entscheidung rechtfertigen zu müssen. Eine Entscheidung (im starken Wortsinn) lässt sich nicht rechtfertigen, nicht einmal verständlich machen.

In der Moderne ist die Souveränität der Entscheidung der Allesverflachung zum Opfer gefallen. Wie oft wird nicht entschieden, weil die sogenannten Entscheider an ihrer Rechtfertigungsstrategie arbeiten! Der Vorteil der Hierarchie, der »heiligen Ordnung«, war ja, dass man nicht permanent um seine Position kämpfen musste. Man konnte sich auf das Sachliche konzentrieren und musste nicht jeden Sachgegenstand nutzen, um Stellungskämpfe auszufechten. Außerdem war klar, wer bei schlechtem Wetter die Verantwortung übernimmt. Es ist anthropologisch naiv zu glauben, man könnte Jahrhunderte Sozialgeschichte der »kleinen Unterschiede« straffrei ignorieren.

Auch das Gefühl für Form verliert sich in einer Zeit wachsender Distanzlosigkeit. Besonders deutlich als Kommunikations-Entformung: Die E-Mail, die den Brief und mittlerweile auch das Telefon weitgehend ersetzt hat – sie ist mitverantwortlich für die Erosion der Unterscheidung, hier im Gewand der Höflichkeit. *Sorry for the brevity* – so glaubt sich das allgemeine Gewerbe der Verrohung entschuldigen zu dürfen. Noch schlimmer die SMS (und Artverwandte), die gar keinen Platz mehr für Form lässt. Aus einem »Sehr geehrter Herr Prof. Höflich« ist oft nur noch ein »Hallo« oder »Hi« geworden, oft ohne weitere Anrede.

Die Anrede »Herr Direktor« – unmöglich heute! Die gegenwärtige Gesellschaft wähnt sich aufgeklärt und sieht der Erosion sinnvoller Traditionen zu, auf deren Autorität sie beruht. Das ist ein hoher Preis. Wenn das Getrennte ineinander übergeht (innen/außen, oben/unten, öffentlich/privat, männlich/weiblich), verlieren wir die Fähigkeit der Unterscheidung. Und damit den Grundakt der Zivilisation. Deshalb sollte, wer das Wort »ganzheitlich« hört, es mit »undifferenziert« übersetzen – und schnell wegrennen.

Es kann nicht mehr um fixierte Ordnungen gehen, wohl aber um Balancen. Um eine Abwehr des Übermaßes. Dabei steht viel auf dem Spiel: Vertrauen, Schutz, Sicherheit, Individualität, das wohltätig Trennende von Grenzen – in einem Wort: Souveränität. Souverän handelt nur, wer sich aus der Sphäre der Unmittelbarkeit entfernt. Wo es keine Distanzen gibt, gibt es keine Nähe; wo man nicht schließen kann, kann man nicht öffnen; wo man sich nicht trennen kann, kann man sich nicht begegnen. Darum duzen wir uns heute alle – und bleiben doch Fremde in dieser ach so sozialen Welt.

NZZ vom 12.06.2018

»Wo Vertrauen herrscht,
kann vieles unreguliert bleiben.«

Wie schaut der Staat den Bürger an?

In meiner Heimatstadt Essen liegt der Baldeneysee, der von einem fast 15 Kilometer langen Spazierweg umsäumt wird. An sonnigen Wochenenden tummeln sich dort Familien mit ihren Kindern, Fahrradfahrer, Inline-Skater, Jogger. Dies in solcher Dichte, dass gegenseitige Rücksichtnahme oft schwerfällt, aber unverzichtbar ist. Es ist ein fröhliches Durcheinander, man geht, läuft oder fährt, wie es jedem gerade gefällt, mal rechts, mal links, vorsichtig bei »Gegenverkehr«, riskanter bei freier Strecke; einige bevorzugen beharrlich die Seeseite, andere bleiben beim gewohnten Rechts-Verkehr. Bis, ja bis vor einigen Jahren ein Radrennfahrer eine ältere Frau schwer verletzte. Der Stadtrat sah Handlungsbedarf und schritt zur Tat: Er verregelte die Situation. So sah die Regel aus: Mittig längs des Weges wurde eine weiße Trennlinie gezogen, alle 500 Meter Hinweisschilder aufgestellt: Links – Fußgänger! Rechts – Radfahrer! Damit glaubte man das Problem erledigt zu haben. Aber was passierte? Die Unfallzahlen explodierten! In einem Jahr sogar zweistellig. Wie das? Nun, die Sache war ja jetzt verregelt, jeder fühlte sich im Recht und ließ alle Umsicht sausen. Wo man sich früher selbst disziplinierte, vertraute man nun der amtlich vorgegebenen Ordnung; wo man sich früher in Erwartung des Unerwarteten bewegte, erwartete man nun den »Gleichschritt«; wo man früher alle paar Meter auf eine neue Situation stieß und sich flexibel auf sie einstellte, reduzierte man sein Verhaltensrepertoire auf »Augen zu und durch!«.

Entscheidung

Eine Entscheidung vernichtet Alternativen. Aus dem »So-oder-anders« wird ein »Nur-so«, eine Regel, Vorschrift oder Norm. Eine Entscheidung beschränkt mithin die Handlungsfreiheit. Dafür mag es gute Gründe geben, aber die sind gegen den Freiheitsverlust aufzuwiegen.

Den Staat – und wenn ich »Staat« sage, dann meine ich nicht nur politische Akteure, sondern auch die Verwaltung, die mit etatistischer Tendenz und personeller Wucherung zunehmend ein selbststartendes Integral der Gesetzgebung ist; ich meine aber auch die Wirtschaftsverbände, die auf der Suche nach Subventionen, Privilegien und geschützten Märkten immer häufiger Treiber der Regulierung sind – den Staat kann man beschreiben als Kommunikation von Entscheidungen. Eine Entscheidung kommuniziert dabei immer mehrerlei: 1. *dass* entschieden wurde, 2. *wer* entschieden hat, 3. *wofür* entschieden wurde, 4. *wogegen* entschieden wurde. Die dritte Kommunikation – wofür entschieden wurde – wird in der Regel als wohltätig inszeniert. Die letzte Kommunikation hingegen – wogegen entschieden wurde – bleibt vielfach unbeachtet. Für denjenigen, der diese abgelehnte Alternative favorisiert hätte, läuft sie aber als Zweifel immer mit. Weshalb man sich staatlicherseits große Mühe gibt, sie abzuwerten beziehungsweise die vorgezogene Alternative zu verteidigen. Mitunter Jahrzehnte lang.

Menschenbild

Dass staatliche Entscheidungen normativ gesättigt sind, ist eine Binse – wenngleich diese Binse von der meinungsbegeisterten Scheinpragmatik (»alternativlos!«) kaum reflektiert wird. All unser Denken und Handeln ist normativ durchtränkt – es gibt kein Erkennen ohne Bewerten. Wertfreiheit ist eine Illusion, mal nett gemeint, mal hochaggressiv. Verborgen und nur für empfindsame Menschen sofort erkennbar ist diese normative Sättigung insbesondere bei der letzten Kommunikation. Welches *Menschenbild* liegt der abgelehnten Alternative zugrunde? Von welchen anthropologischen Grundannahmen geht der Staat aus? In einem Wort: Wie schaut der Staat den Bürger an?

Zur Illustration biete ich einige blicklenkende Alternativen: Ist der Bürger in der Lage, seinen eigenen Weg zu gehen – oder glaubt die Politik, ihm diesen Weg vorzeichnen zu müssen? Ist dem Bürger zu vertrauen, dass er sein Leben einigermaßen selbstbestimmt führen kann – oder ist ihm diesbezüglich zu misstrauen? Muss man die Sozialsysteme an die Lebensentwürfe der Bürger anpassen – oder sind, umgekehrt, die Lebensentwürfe den Systemen anzupassen? Hat der Bürger die natürliche Neigung, sich zunächst um sich, seine Familie, seine Nächsten zu sorgen – oder soll er sich vorrangig um andere außerhalb dieses Kreises kümmern? Hat er eigene Interessen, die gegebenenfalls mit anderen zu verhandeln sind – oder ist er vor allem auf der Welt, um gesellschaftlichen Interessen zu genügen? Ist er ein Erwachsener, dem man Erwachsensein auch zutrauen muss – oder ist er ein zu erziehendes Kind? Ist der Bürger ein unterkomplexes Subjekt, dessen alltägliche Entscheidungen kanalisiert, *gehedged* werden müssen – oder ist er hochstehend, vielschichtig und vollständig?

Noch einmal: Wie schaut der Staat den Bürger an? Betrachtet man den Hauptstrom staatlicher Entscheidungen, dann spüren wir seit Jahren einen Paradigmenwechsel. Vor allem der deutsche Staat hat sich von der Zentralperspektive des »mündigen Bürgers« verabschiedet und kalkuliert stattdessen mit dem »real existierenden Bürger«. Letzterer sei nun mal – der Verhaltensökonomie sei Dank – nur »beschränkt rational«: überlastet, zeitknapp, wenig kompetent, nur bedingt interessiert, nicht immer diszipliniert. So der Wissenschaftliche Beirat des deutschen Verbraucherministeriums im Jahr 2010. Man müsse ihn daher »an die Hand nehmen«, ihm eine bestimmte Lebensführung »nahelegen«. Das tut man, indem man ihm Entscheidungen in eine wünschenswerte Richtung drängt oder Entscheidungen gleich abnimmt.

Misstrauen

Für den alternativvernichtenden Staat ist der Bürger ein Mängelwesen. Entweder ein Kind, das noch nicht gelernt hat, was es zu tun oder zu lassen hat. Oder ein Erwachsener, dem aber nicht zu trauen ist. Auch wenn das explizit niemand sagt, die *impliziten* Botschaften vieler Entscheidungen sind genau darauf gestimmt. So, wie der Bürger ist, ist er jedenfalls nicht in Ordnung. Er könnte klüger entscheiden, sozialverträglicher handeln, das »Vernünftige« tun. Aber das *will* oder *kann* er nicht. In der negativen Version heißt das »Defizit«, in der positiven Version »Optimierung« oder »Wachstum« oder »Sensibilisierung«.

Sagen wir es unverblümt: Das Menschenbild, das dieser Politik zugrunde liegt, ist im Kern von *Verachtung* geprägt. Der Staat respektiert kaum mehr das Wollen des Bürgers, sondern will selbst etwas. Er ruft dem Bürger zu: »Ich weiß, was für dich gut ist!« Er hat eine Idee vom guten Leben und will sie durchsetzen. Niemand hat das so klar ausgedrückt wie Hillary Clinton: »We can't expect our people to do the right choices.« Dieser Gesellschaftsentwurf basiert also nicht auf Menschen, wie sie sind, sondern wie sie sein sollen – was sowohl christliche wie sozialistische Strömungen gemeinsam haben. Und ehemals auch nationalsozialistische.

Die aus diesem Sollen resultierende Praxis: Jedes Gestaltungsproblem wird mit einer Regelung erschlagen. Litt Hermann Hesse noch »Unter'm Rad« einer deformierenden Erziehung, so leiden wir heute »Unter'm Räderwerk« eines verregelten, bürokratischen Gemeinwesens. In einem fort erlässt der Staat Gesetze und Regeln, verfeinert die Rechts- und Verwaltungsordnung und zementiert seine zwangsstaatlichen Versorgungswerke, die alle nur einen Refrain kennen: »Pass dich an!«

Wir ersparen uns an dieser Stelle, eine ermüdende Beispielreihe einschlägiger Erniedrigungsregularien aufzulisten – von den Lenkungsnormen in der Steuergesetzgebung über modische Nudging-Projekte bis zu den erwartbaren Kontrollen durch Algorithmen. Wir können aber feststellen, dass die Liste täglich länger wird. Skrupel sind kaum noch spürbar. Offenbar werden staatliche Instanzen zunehmend von Menschen bevölkert, die den Bürgern nicht vertrauen, nicht viel zutrauen, und deshalb auch nichts zumuten.

Dieses Verhalten des Staates kann man als »sanften Terror« bezeichnen. Wem das Wort zu ruppig ist, der mag es durch sprachliche Weichspülungen ersetzen: »geistige Orientierung« heißt es dann, die der Staat dem Bürger geben müsse, oder »Förder«-Maßnahmen, ohne die er offenbar nicht überleben kann. Da soll die Sparneigung der Bürger »gebrochen«, die Kauflust »stimuliert«, die tradierten Rollenbilder »modernisiert« werden. Beliebt ist das »Aktivieren« oder das »Gestalten«, natürlich »sozialverträglich«. Oder aber die »Reform«, die ja – wie das Wort schon sagt – »formen« will. In diesen mehr oder weniger freundlich klingenden Umschreibungen wird sichtbar, dass der Staat sein Tun zunehmend als *Erziehungsaufgabe* begreift.

Es wird daher kaum mehr versucht, Bürger mit Vernunftgründen zu gewinnen. Informationen, Appelle und rationales Argumentieren sind nur rituelle Vorspiele des nachfolgenden regulatorischen Eingriffs – ähnlich der Selbstverpflichtungen von Wirtschaftsverbänden. Man will mit Regelungen Anpassung durchsetzen, also ein Verhalten erzwingen, das Bürger aus sich heraus und aus Einsicht in gute Gründe offenbar nicht zeigen würden. Anstatt auf Argumentation und Verantwortung setzt man auf Vorentscheidung. Für die Freiheit autonom handelnder Erwachsener ist wenig Platz in diesem Denken. Der Staat behandelt Bürger daher nicht als mündige Menschen, deren Vernunft und Freiheitsfähigkeit es zu achten gilt, sondern als Objekte administrativer Manipulation. Im Grunde als Material.

Das ist der heikelste Punkt in dem Verhältnis zwischen Bürger und Staat: das tiefe Misstrauen gegenüber dem Bürger. Die tatsächliche Existenz von einigen terroristischen Aktionen bestätigt den Staat in seinem Misstrauen gegenüber *allen* Bürgern. Sie gelten ihm zum Vorwand, den unbeobachteten Bewegungsraum der Bürger einzuschränken, Telefonate abzuhören, öffentliche Plätze per Video zu überwachen, Kontobewegungen zu überprüfen, langsam und kaum noch verstohlen den Bürger »gläsern« zu machen. Die tatsächliche Existenz von einigen Wirtschaftskriminellen bestätigt den Staat in seinem Misstrauen gegenüber *allen*. Was ihm – mit der gesamtgesellschaftlichen Tendenz der Moralisierung im Rücken – zum Vorwand gilt, die Wirtschaft über Regelungen und Vorschriften immer mehr an die Kandare zu nehmen. Die tatsächliche Existenz von einigen Sozialfällen bestätigt den Staat in seinem Misstrauen gegenüber *allen*. Ja, einige Bürger können ihr Leben nicht selbst regeln; das muss man anerkennen, wenn man nicht auf einem Auge blind ist. Zunehmend aber glaubt der Staat, *alle* können es nicht. So gleitet das Land langsam und seltsam widerstandslos unter die Decke der Alternativvernichtung.

Gouvernementalität

Das ist kein ganz neues Phänomen: »Wir wollen in diesem Land Egoismus durch Moral ersetzen, Ansehen durch Rechtschaffenheit, Gewohnheiten durch Prinzipien, Zwang der Tradition durch die Herrschaft der Vernunft, die Verachtung des Unglücks durch die Verachtung des Lasters, die Frechheit durch das Selbstgefühl, die Eitelkeit durch die Seelengröße, die Geldgier durch Edelmut, die sogenannte gute Gesellschaft durch gute Menschen.« Wer das schrieb? Robespierre, 1794, Französische Revolution. Er wollte den Menschen das Heil aufzwingen, *sein* Heil; er wollte ein bestimmtes kollektives Ergebnis herbeiführen; er hatte einen Plan zur gesellschaftlichen Umgestaltung – wenn nötig, mit Hilfe der Guillotine.

Nun muss man nicht gleich zur Guillotine greifen, aber erst die Moderne hat die Steuerung oder »Regulierung« des Lebens auf die Agenda gesetzt. Die Staatsauffassung hat seit dem 19. Jahrhundert Techniken der Lenkung entwickelt und den Bereich des Regierens ausgeweitet auf die Zone der individuellen Lebensführung. Auch der heutige Staat will eine bessere Welt schaffen. Er will eine Welt schaffen, die zu den Idealen der Staatslenker passt, nicht zu den Idealen der Bürger. Deshalb muss er den Bürgern möglichst viele Entscheidungen abnehmen und sie auf allen Wegen lenken und leiten. Der sich abzeichnende Staat lebt daher vom Entzug von Bürgersouveränität, es ist ein Staat des volkspädagogischen Katheders. Nichts scheint so unerträglich wie die Freiheit des Bürgers.

Seit Jahrhunderten verläuft diese Konfliktlinie zwischen Bürger und Staat. Viele Gesetze wurden erlassen, um den Bürger vor einem wuchernden und übergriffigen Staat zu schützen. Sogar die Unkündbarkeit des Beamtenrechts hat hier seinen Ursprung. Gegenüber dem Staat waren die Bürger untereinander solidarisch. Die harten Regeln haben die Konfliktlinie klar markiert: hier die Bürger, solidarisch vereint und gleich vor dem Gesetz – dort der Staat.

Das änderte sich, als man Gesetze nur für bestimmte Personengruppen erfand. Die Konfliktlinie verschob sich nun in die Bürgerschaft hinein. Die Bürger waren nun keine homogene Gruppe mehr in ihrer Opposition gegenüber dem Staat, sondern einige Bürger standen dem Staat näher als andere (etwa Nicht-Juden). Dieser Prozess verschärfte sich, als die »weichen« Regelungen den Bürgern die Freiheit ließen, sich ihnen zu beugen (und zum Beispiel Steuervorteile zu haben) oder nicht. Man machte damit die Bürger zu Wettbewerbern um Privilegien. Die Konfliktlinie verlagerte sich damit »zwischen« die Bürger. Der Bürger schaute nun mit Misstrauen auf den Nachbarn. Die »weichen« Regularien zerstören also die Solidarität der Bürger. Sie fächern die Bürgerschaft auf in Wettbewerber um knappe Mittel. Das entspricht dem alten *divide et impera* – teile und herrsche.

Michel Foucault hat dafür den Begriff »Gouvernementalität« geprägt: eine Weise, wie Menschen über Menschen regieren, der Staat über die Bürger, und wie die Bürger angehalten werden, sich selbst zu regieren. Er meinte damit Strategien, Taktiken und Kunstgriffe, von denen Behörden Gebrauch machen, um die Individuen an einem zuvor definierten Soll auszurichten.

Das ist das Einfallstor für jede Form staatlicher Einflussnahme – in der vorgeblichen Sorge um andere: die Schwachen, Unfertigen, Unklugen. Der Staat kontrolliert, ob wir unsere Kinder in die Schule schicken, bestimmt den Lehrplan und die Unterrichtsmittel. Er gibt die Bedingungen vor, unter denen Ehen geschlossen, geführt und wieder geschieden werden. Er möchte Diskriminierung verhindern und hebelt kurzerhand das private Vertragsrecht sowie das Eigentumsrecht aus. Was wahrnehmbar ist, ist die zunehmende Respektlosigkeit gegenüber der Privatsphäre des Bürgers. Unter dem Vorwand des Gemeinwohls mutiert der Staat zum Bevormundungsstaat. In dieser Diagnose wird das Verhältnis des Staates zum Bürger deutlich: Viele Schwererziehbare und Halbkriminelle da draußen!

Folgen

Wo Vertrauen herrscht, kann vieles unreguliert bleiben. Unter dem Primat des Misstrauens aber ist alles detailliert vorzuschreiben, zu vereinbaren und festzulegen. Das hat Folgen für den Bürger als Freiheitswesen. Es ist nicht nur erniedrigend, sondern hat als »sich selbst erfüllende Prophezeiung« auch Konsequenzen: Misstrauen reduziert die Bereitschaft von Bürgern, Vertrauen zu erwidern, rechtschaffend zu sein und sich aus einleuchtenden Gründen für eine Sache einzusetzen.

Der Bürger muss dann auch *nicht lernen*: Wer in die Fänge der Regulatoren gerät, ist vor Lernprozessen »geschützt«, er muss keine eigene Einstellung entwickeln, muss sich nicht ermächtigen, selbst eine sachangemessene Entscheidung zu fällen (was man als Folge staatlicher Eingriffe bei Internet-»Fake-News« abermals wird beobachten können).

Zudem: Wenn sich »Verantwortung« auf das Ungeregelte bezieht und »Sorgfaltspflicht« auf das Geregelte, dann verengt jede Alternativvernichtung die Verantwortung zur Sorgfaltspflicht. Die Verantwortung des Einzelnen ermüdet; die Fähigkeit, angesichts einer konkreten Situation eine adäquate Entscheidung zu treffen, erfriert im Packeis der Regelungen. Es geht dann für ihn nicht mehr darum, die richtigen Dinge zu tun, sondern nur noch darum, die Dinge richtig zu tun. Und sich rechtfertigen zu können. Vor jedem Handeln wird dann erst nach der Richtlinie gefragt, nach dem Präzedenzfall. Und alles, was jenseits des Regelungsbereichs liegt, geht den Einzelnen nichts an.

Das Produkt dieser Entwicklung: der fremdgesteuerte, unterkomplexe Mensch. Es ist ein Mensch, der seine selbsthelferischen Kräfte verlernt hat. Es ist ein Mensch, der Verantwortung vollumfänglich abgegeben hat, dem Selbstvertrauen institutionell aberzogen wurde und dem man fortwährend sagen muss, was er tun oder lassen soll. Es ist ein Mensch, der von sich schwach denkt, und daher anfängt, sich zu unterbieten. Die vorgebahnten Weichenstellungen begleiten ihn wie Schutzengel und fallen ihm in den Arm, hindern ihn daran, etwas vermeintlich Falsches zu tun. Institutionalisierte Anstandsdamen, die dafür sorgen, dass der Mensch seine natürlichen Fähigkeiten und Instinkte einbüßt. Irgendwann kann er nur noch mit künstlichen Lenkungsmaßnahmen überleben. Das Navigationssystem hat ihn das Lesen der Straßenschilder und Landkarten verlernt. So wird Schwäche mehr und mehr zu seiner zweiten Natur. In Verbindung mit unserer Bequemlichkeit und Unterwerfungsbereitschaft bringt das eine Gesellschaft hervor, in der der aufrechte Gang eine anthropologische Verirrung ist und Erwachsensein lediglich ein biologisches Datum. Und Würde ein Konjunktiv.

Es ist fast überflüssig zu sagen, dass ein solcher Gesellschaftsentwurf den Staat als irrtumsfreie Instanz modelliert. Dieser Staat ist im verhaltensökonomischen Sinne »vollständig rational« – er hat die überlegeneren Lösungen, von keinem Eigeninteresse getrübt, er repräsentiert das sogenannte »Gemeinwohl«. Das ist der Herrschaftskonsens des Staates, der die eigenen Interessen schlicht zum allgemeinen Interesse erhebt. Das »Gemeinwohl«, in historischer Perspektive einst eine Formel, die den Widerstand der Bürger gegen den Staat aktivierte, ist heute zum Kampfbegriff geworden, um – umgekehrt – den Bürgerwillen zu unterdrücken. Im deutschen Grundgesetz ist es sehr unscharf umrissen: Woher weiß der Staat, was es jeweils ist, das irgendwann (?) dann allen gemeinsam ein »Wohl« wäre? Je weniger sich ein konkreter Inhalt ausmachen lässt, desto mehr »Gemeinwohl« kommt aber zum Einsatz als Knüppel-aus-dem-Sack des Bürgereinschüchterns.

Was das Gemeinwohl ist und ob der staatliche Eingriff wirklich so motiviert ist, mag man mit Recht bezweifeln. Oft ist es schön maskiertes Machtkalkül; immer jedoch die Absicht, Wählerstimmen zu kaufen. Es ist mithin ein Irrtum zu glauben, der Staat sei keine »selbstinteressierte« Organisation. Gemeinnützig ist, wie schon Ludwig von Mises 1938 spottete, was die Regierung an der Macht hält. Dazu das Gebot aus dem staatlichen Lehrplan: Predige Selbstlosigkeit, ein Ideal, das kein Mensch und keine Institution je erreichen kann. Dann kommt der Mensch sich klein und schuldig vor – und lässt sich besser lenken.

Und noch eine bedenkliche Wirkung: Wer sich gegen Korruption empört, sollte nicht ihre systemische Bedingung unterschlagen. Nicht die Korruption, nein, die Bürokratie ist die Geißel der Rechtschaffenheit. Die Korruption, so inakzeptabel sie sein mag, ist institutionalisierte Hilflosigkeit; sie öffnet den Klammergriff der Bürokraten, der alles Lebendige erstickt. Jeder Jurist kennt den Unterschied zwischen Recht und Gesetz – nicht nur Papst Benedikt XVI., der im Deutschen Bundestag darauf hinwies, dass Recht keineswegs dort automatisch entsteht, wo staatliche Organe formal ordnungsgemäß ein Gesetz erlassen. Wenn die gesellschaftliche Akzeptanz fehlt, haben wir es lediglich mit einem Gesetz zu tun.

Reduziere nicht übermäßig Wahlmöglichkeiten!

Für den Christen verleiht die Gottebenbildlichkeit dem Menschen eine besondere Würde. Man muss aber keiner Religion anhängen und nicht an einen Gott glauben, um anzuerkennen, dass der Mensch sich gegenüber anderen Lebewesen durch Freiheit und Selbstbestimmung auszeichnet. Dass jeder Mensch bereit und fähig ist, aus eigener Erkenntnis heraus zu handeln und gemeinsam mit anderen einen Beitrag für das Ganze zu leisten. Dass er frei wählt und entscheidet – egal, was die Hirnforschung meint hervorzuzaubern zu können an säkularen Tröstungen für Willensschwäche. Und dass er insofern verantwortlich ist. Es mag sein, dass der Einzelne sich nicht als frei erlebt, aber er ist freiheitsfähig. Und er kann lernen, diese Freiheitsfähigkeit zu bejahen. Insofern bedeutet Freiheit immer frei *werden*.

Dieses Menschenbild kann man aus der Erfahrung destillieren und hat damit sicher auch einen Großteil der Menschen empirisch korrekt beschrieben. Aber dieses Menschenbild ist vor allem eine *Entscheidung*. Es ist eine Entscheidung, Bürger nicht als defizitäre Mängelwesen zu betrachten, vielmehr als Erwachsene, die in der Lage sind, ihre Interessen zu artikulieren und ihr Leben selbstständig zu regeln.

Vor dem Hintergrund dieses Menschenbildes geht es also vor allem darum, sich selbst und den anderen zu respektieren in ihrem selbstbestimmten Willen und ihrem selbstständigen Handeln. Und der Mensch als erwachsenes Freiheitswesen bildet auch die normative Grundlage für das Prinzip: *Reduziere nicht übermäßig Wahlmöglichkeiten!*

Bürger als Erwachsene – das bedeutet auch: ihnen Haftung und Verantwortung zuzumuten. Sie zu ehren als Menschen, die sich selbst schädigen können. Die Konsequenz daraus: Der Staat hat weder einen Erziehungsauftrag noch einen Therapievertrag. Das Modell *governing as parenting* ist abzulehnen, bei dem der Staat als Vater oder als Mutter agiert und der Bürger die Rolle des Kindes übernimmt. Dann verbietet es sich, auf ihn herabzublicken. Unter Erziehung verstehen wir ja in der Regel ein Verhältnis zwischen Mündigen und Unmündigen. Unmündige können sich noch nicht selbst bestimmen, sodass es angeraten ist, sie in ihrer Freiheit einzuschränken und fremd zu bestimmen. Das ist vollumfänglich abzulehnen. Das gerade Gegenteil ist staatsphilosophisch wichtig: Wir sollten Bürger nicht für ihre Anpassungsbereitschaft ehren, sondern für ihre Initiative.

Kein Erziehungsauftrag: Davon unbenommen bleibt, dass Veränderung auf Seiten des Bürgers möglich ist, dass er sowohl Einstellung wie auch Verhalten verändern kann. Aber – nach dieser Maxime – nur als Selbstentwicklung, nicht als Fremdanpassung. Beziehung sollte man nicht mit Erziehung verwechseln.

Klar ist gleichfalls: Wer so argumentiert, arbeitet in einem logischen Zwischenreich, setzt einen Zustand voraus, der mitunter erst zu schaffen ist – eben jenen des Erwachsenseins. Er steht also in dem Dilemma, so handeln zu müssen, als gäbe es diesen Zustand schon, den zu befördern seine Absicht ist. Dabei vertraut er der autoplastischen Kraft von Botschaften. Der Mensch ist ja nicht nur, wie er ist. Er kann sich ändern, sich selbst erzeugen, auf andere reagieren. Wenn man Menschen als mündige Bürger anspricht, dann verhalten sie sich entsprechend. Nicht alle, sicher, aber doch die meisten. Wenn man sie allerdings als defizitäre Mängelwesen anspricht, dann verkindlichen sie sich. Wiederum nicht alle, aber doch die Mehrzahl.

Nach Aristoteles, dem Verfasser der Nikomachischen Ethik, kann man keine Aussage über einen Menschen machen unabhängig davon, wie man ihn angesprochen, ihn herausgefordert hat. Entsprechend werde er »kleingesinnt« oder »großgesinnt«. Anthropologische Grundannahmen werden dadurch real. Die Umgangssprache kennt das: »Wie man in den Wald hineinruft, so schallt es heraus.« Oder: »Viele sind in die Kleider hineingewachsen, die andere ihnen geschneidert haben.« Es geht dabei nicht nur um Wahrnehmungslenkung – etwa: Wenn du glaubst, Menschen seien niederträchtig, dann siehst du ringsum Niedertracht. Nein, es geht tatsächlich um Materialisierung von Ideen. Um aktive Selbstformung relational zu den Ansprüchen anderer. Die Wissenschaft nennt das den »Pygmalion-Effekt«. Mit Blick auf regulatorische Eingriffe: Man kann den Menschen zu Höherem provozieren – indem man ihn von Niederem verschont.

Was resultiert daraus für staatliches Verhalten? Will man Gutes anstreben oder Schlechtes vermeiden? Die liberale Schädigungsthese zieht es vor, das Schlechte zu vermeiden – in diesem Fall die Entmündigung des Bürgers. Für kluges staatliches Handeln muss gelten: die knappe, auf das Wesentliche konzentrierte Haushaltsführung. Diese Politik ist in ihrem Wesenskern eher ein »Lassen« als ein »Machen«. Selbst der allgemeine Sprachgebrauch kennt den Zusammenhang von Ökonomie und Zurückhaltung: Wer Mittel »ökonomisch« einsetzt, ist sparsam; wer mit den Kräften haushalten will, teilt sie ein. Es ist doch die Verpflichtung jeder staatlichen Führung, die Übersicht zu gewinnen und zu behalten. Deshalb muss sie an ihrem Job einen breiten Rand lassen. Um Pufferzonen zu haben und nicht im Treibsand der Operationen zu versinken.

Diese Zurückhaltung ist nicht passiv im Sinne einer »Unterlassung«, sondern aktiv; sie ist eine entschiedene Tat. Jeder Praktiker weiß: Man muss sich streng disziplinieren, um gelassen untätig zu sein. Dafür braucht der Staat einen souveränen Überblick: Er muss genau wissen, was er tut, um in der Lage zu sein, nichts zu tun. Mut und Urteilskraft sind dafür unentbehrlich. Und er sollte nur das tun, was er mit Blick auf die Entfaltung des Bürgers in Freiheit nicht lassen kann. Ein solcher Staat setzt einen sehr weiten gesetzlichen Rahmen und überlässt alles andere sehr weitgehend dem Bürger.

Greifen wir abschließend die Eingangsfrage noch einmal auf: Wie schaut dieser Staat den Bürger an? John Stuart Mill schrieb: »Ein Staat, der die Bürger zu Zwergen macht, und sei es zu einem guten Zweck, wird eines Tages feststellen, dass sich mit kleinen Menschen keine großen Dinge erreichen lassen.« Es geht mir hier nicht um ein Entweder-Oder, sondern um ein Zuviel und ein Zuwenig. Es bedarf einer Neubesinnung, die dem Privatbürger-Ich die Souveränität über das Staatsbürger-Ich zurückgibt. Wenn schon Weltverbesserung, dann eine, die sich an dieser Maxime orientiert: Lass mich in Ruhe!

Aus: Pierre Bessard, Olivier Kessler (Hg.): *Staatliche Regulierung. Wie viel und überhaupt?*, Zürich 2018, Edition Liberales Institut, S. 17–33

Hört auf mit dem Frauenzählen!

Frauenzählen hat sich zur gesellschaftlichen Obsession entwickelt. Sogar bei der Oscar-Verleihung: Wichtiger noch als die Qualität der Filme ist die Zahl der Frauen in den jeweiligen Kategorien geworden. Bis hin zur Forderung nach Quoten. Dabei ist die Quote der beste Weg, eine Gesellschaft zu ruinieren, in der Frauen und Männer den Job machen können, den sie wollen: Weil es (1) kein Problem gibt, das sie lösen kann, sie (2) in alte patriarchalische Denkmuster zurückfällt, (3) Frauen faktisch schadet, (4) nicht funktioniert und (5) die Gesellschaft spaltet. Das will ich im Folgenden erläutern. Dabei wende ich mich vor allem an jene, die nicht so denken wie ich. Sie müssten allerdings zunächst über einen Schatten springen: dass hier ein Mann schreibt. Denn in dieser Debatte geht es ja meist nicht darum, *was* jemand sagt, sondern *wer*.

Also: Wie heißt das Problem, für das die Quote die Lösung sein soll? Nun, zunächst steht nicht gerade der Untergang Europas vor der Tür. Deshalb verlegen sich die Quotenbefürworter auf Ungerechtigkeiten. So seien Frauen hervorragend ausgebildet, aber in vielen gesellschaftlichen Bereichen unterrepräsentiert. In der Tat, die Differenzen sind zum Teil irritierend, sie vergrößern sich gar. Aber was bedeuten sie?

Mangelnde Repräsentanz in einem gesellschaftlichen Bereich ist nicht gleichbedeutend mit Unterdrückung. Sonst müssten wir ja auch über eine Männerquote in den Kitas nachdenken, über eine Frauenquote bei der Müllabfuhr und wieder eine Männerquote in Altersheimen – weil Männer durchschnittlich 5,5 Jahre früher sterben als Frauen. Und wir sind nicht mehr in den 1970er-Jahren. Frauen sind schon lange keine Opfer einer männlich definierten »Glasdecke« mehr. Wenn man sich ansieht, wie in den gesellschaftlich attraktiven Bereichen (und um die geht es ja) seit vielen Jahren und mit zum Teil unglaublichen Summen Frauen ge- und befördert werden, dann bleibt nur ein Schluss: Frauen haben heute historisch vorbildlose Chancen. Und die, die wollen, nutzen sie auch. Die meisten Frauen aber *wollen* nicht in Machtpositionen. Ihnen ist anderes wichtiger. Sie verfolgen zumeist konsequent ihre persönliche Lebensplanung. Davor die Augen zu verschließen wäre respektlos.

Aber werden Frauen für die gleiche Arbeit nicht schlechter bezahlt als Männer? Jeder Praktiker weiß, dass es »gleiche Arbeit« in einem strengen Sinne nicht gibt; man kann immer Ungleichheit rechtfertigen. Das ignorieren nur die Promotoren von Transparenzgesetzen, die vermutlich noch nie ein Unternehmen von innen gesehen haben. Mittlerweile fuchtelt man aber nicht mehr mit horrenden Naiv-Statistiken herum, sondern beobachtet einen »nicht erklärbaren« Einkommensunterschied zwischen zwei und sechs Prozent. Das liegt in der Nähe statistischer Unschärfe. Zudem bestehen bei genauerer Betrachtung die wesentlichen Unterschiede nicht zwischen Männern und Frauen, sondern zwischen Männern und Müttern. Aber selbst wenn es hier (immer noch) eine Gerechtigkeitslücke gäbe – sind zwei und sechs Prozent wirklich ein Problem, das nach Lösung schreit? Haben wir da gesamtgesellschaftlich nicht ganz andere Probleme, denen wir uns dringend zuwenden sollten? Wir sehen hier geradezu ein Paradebeispiel für das Geschäftsmodell der Politik: Ich habe die Lösung – wo ist das Problem? Das ist mein Argument: Die Frauenquote ist eine Lösung, für die es kein relevantes Problem mehr gibt.

Wenden wir uns (2) den versteckten Botschaften zu, die in der Frauenquote eingelagert sind. Oberflächlich wirkt die Frauenquote als Männerdiskriminierung. Das ist zwar Revanchismus, aber wäre vielleicht zu verschmerzen. Tiefer lotend aber diskriminiert sie Frauen. Sie ist ein Rückfall in patriarchalische Denkmuster: Frauen sind zu schwach, um den gesellschaftlichen Aufstieg aus eigener Kraft zu schaffen. Kann das jemand ernsthaft behaupten, ohne Frauen abzuwerten? Deshalb ist jüngeren Frauen die Quote peinlich. Ältere, schon erfolgreich aufgestiegene Managerinnen sind genervt und lassen die Anrufe der Headhunter abwimmeln – sie wissen, dass die Avancen vorrangig ihrem Frausein gelten. Man könnte meinen, die Frauenquote sei der Übertrick der Solidargemeinschaft barmherziger Brüder, Frauen niemals als echte Wettbewerber anerkennen zu müssen.

Aber die Frauenverniedlichung geht weiter: Frauen seien Opfer gesellschaftlicher Rollenmuster. Sie wüssten gar nicht, worauf sie verzichteten, man müsse sie »sensibilisieren«, sie bräuchten Vorbilder. Die herablassende Bevormundung dieser Denkfigur scheint kaum jemanden zu empören. Dabei ist das reiner Erziehungsjargon. So etwas kann nur sagen, wer Frauen infantilisieren will. Patriarchalischer geht es nicht.

In der Praxis ist unübersehbar, dass (3) die Quote den Frauen faktisch schadet. Den quotenlos Aufgestiegenen verweigert sie die Anerkennung. Und die durch die Quote Geförderten werden das Kainsmal der »Quotenfrau« nicht los. Das ist der Grund, weshalb viele Unternehmen mittlerweile erwägen, sich wieder von der Frauenförderung zu verabschieden: Die geförderten Frauen werden einfach im Arbeitsalltag nicht glücklich. An ihnen hängt der Geruch der Illegitimität: Östrogen statt Leistung. Im Jahr 2016 haben in Deutschland gleich reihenweise Frauen ihre Topjobs verloren (»Gefallene Engel«); man hatte sie einfach zu schnell in Positionen gehievt, denen sie nicht gewachsen waren.

Und die Quote funktioniert nicht. Wenn wir uns (4) schlicht die Konsequenzen bisheriger Quotenerfahrungen anschauen, dann ist das Ergebnis ernüchternd. Im Silicon-Valley haben alle Unternehmen Quoten – die Frauenrepräsentanz ist rückläufig. Viele Unternehmen incentivieren Manager mit Boni zur Erreichung von Quoten, machen die Frauenförderung zum wichtigen Kriterium ihrer Leistungsbeurteilung – vergeblich. Schauen wir nach Norwegen, wo seit 2008 Frauen 40 Prozent der Aufsichtsratssitze besetzen. Die 400 quotenbestimmten Aufsichtsratssitze teilen sich gegenwärtig etwa 70 Frauen. Das sind durchschnittlich fast sechs Sitze pro Frau (»Goldröcke«). Im operativen Management liegt der Frauenanteil jedoch noch immer unter 20 Prozent. Und auch die Zahl weiblicher Vorstände stieg nicht an – trotz flächendeckender Krippen, langer Vaterschaftsurlaube, flexibler Arbeitgeber und moderner Rollenmodelle. Der erhoffte Trickle-Down-Effekt blieb aus.

Komme ich (5) zu meinen größten Bedenken, die sich mit der Frauenquote verbinden. Die Frauenquote betrachtet die Frau nicht als Individuum, nicht als einzelne, besondere Person, sondern als Gruppenwesen. Das spaltet. Es spaltet die Unternehmen als Kooperationsarena: Mann und Frau arbeiten nicht mehr zusammen mit Blick auf die Lebensqualität von Kunden, also für Menschen außerhalb des Unternehmens. Sondern man betrachtet sich zunehmend als Repräsentant eines Förderungs- beziehungsweise Benachteiligungskollektivs. Es spaltet die Gesellschaft, die, ähnlich der Verwechslung zwischen grammatikalischem Geschlecht (Genus) und biologischen Geschlecht (Sexus), nicht mehr das Gemeinsame betont, sondern das Trennende. Das große Wir wird in kleine Wir's unterschiedlichster Selbstbestätigungsmilieus verschoben, die aufgrund vermeintlicher Handicaps Ansprüche an die Restgesellschaft stellen.

Haben wir nicht schon genug Polarisierung? Jagt nicht die Frauenquote als Beispiel einer faktenignoranten Basta-Politik die Wähler in die Arme der Extremen? Die Frauenquote illustriert eine Haltung, die gute Absichten hat, aber blind ist für die Konsequenzen. Stellt sich die Frage, warum dennoch an der Forderung nach der Quote festgehalten wird. Dafür kenne ich drei Gründe: Es wird nicht unterschieden zwischen Gleichberechtigung, Gerechtigkeit und Gleichheit. Da springt man munter hin und her und bedient sich je nach Lust und Laune. Zweitens brauchen Medien Probleme und Skandale, um über sie berichten zu können. Trends, detaillierte und vertiefende Analysen haben gegen den Zählreflex und gegen Verständnisunwilligkeit keine Chance. Drittens: Man will den Frauen gar nicht helfen. Die Politik beutet lediglich die Frauen aus, um Aufmerksamkeitsgewinne einzustreichen. Wer das nicht glauben will, sollte aufhören mit dem Frauenzählen. Quoten sind Ausdruck paternalistischen Denkens.

NZZ vom 07.03.2019

Das eigene Rennen laufen

In Wohlstandsgesellschaften werden die Menschen nicht zufriedener, sondern unzufriedener. Und zwar exponentiell. Eine Dialektik: Je größer der allgemeine Wohlstand ist, desto relativer wird der individuelle; je besser sich alle fühlen könnten, desto schlechter fühlt sich der Einzelne. Solange er nicht ganz oben ist. Warum das so ist?

Weil der Mensch sich gerne mit anderen vergleicht. Für Balzac sind wir Äffchen, die die Stange hochklettern und dann schauen, wo die anderen Äffchen gerade stehen – egal, um was es geht: Karriere, Einkommen, Auto, Haus, Lebenspartner, Schulerfolg der Kinder. Aus der Verhaltensökonomie ist bekannt, dass nichts die Freude über 10 Prozent Lohnerhöhung so sehr schmälert wie die Information, der Kollege habe 20 Prozent erhalten. Es geht einem nicht gut, weil es einem gut geht, sondern schlecht, weil es anderen besser geht. Und der Millionär, der sich unbedingt unglücklich machen will, zieht in die Nachbarschaft von Milliardären. Der *social comparison bias* erklärt auch, warum Führungskräfte oft Schwächere einstellen: Der eigene Stern strahlt heller im Dunkeln.

Das alles verstärkt sich in Zeiten des explodierenden Direktvergleichs. Überall Listen, Rankings, Bewertungsplattformen. Jeder vergleicht sich mit jedem, ohne sich der selbstschädigenden Konsequenzen des Vergleichens bewusst zu sein. Vor allem Menschen in der »dritten Welt« haben heute die technischen Möglichkeiten, sich mit Lebenswelten zu vergleichen, von denen sie besser nichts wüssten.

Die Konsequenz für unsere Seelenruhe liegt auf der Hand: Vergleich ist der Tod des Glücks. Sie werden immer jemanden finden, der es besser hat als Sie. Der das größere Stück vom Kuchen bekommt, dem Fortuna holder war, der vielleicht auch leistungsfähiger war. Ändert das irgendetwas? Nein. Also können Sie es auch bleiben lassen und sich auf das konzentrieren, was Sie selbst wollen und auf die Fortschritte, die Sie in Ihrem Leben machen. Wenn Sie heute dreimal so lange wie der Olympiasieger brauchen, um den Marathon zu laufen, dann ist das nur daran gemessen lange. Wenn Sie vor zwei Monaten noch fünf Mal so lange gebraucht haben, dann haben Sie persönlich einen Fortschritt gemacht. Unter Ihren Bedingungen vielleicht sogar einen Riesenfortschritt.

Es ist aber leider nicht nur so, dass wir uns mit denen vergleichen, die irgendwie höher auf der Liste stehen. Ein alter Trick, um der Unzufriedenheit zu entfliehen und die eigene Situation in ein rosigeres Licht zu tauchen, geht so: Wir vergleichen uns mit denen, die schlechter dran sind! Sicher kennen Sie jemanden, der noch weniger Geld hat, dessen Ehe noch katastrophaler ist und dessen Krankheiten Sie um nichts in der Welt haben möchten. Im Vergleich dazu geht es Ihnen gut.

Was immer Sie auch machen: Sie vergleichen stets Äpfel mit Birnen. Der Vergleich vergleicht immer Unvergleichliches. Das wissen Sie tief im Innern auch. Denn praktisch folgt wieder nichts daraus, Sie sind genauso unzufrieden wie vorher. Ihre Beziehung zu sich selbst oder anderen wird sich nicht im mindesten dadurch verändern, dass Sie feststellen, wie noch viel schrecklicher es anderswo zugeht. Was haben Sie denn davon, dass andere noch größere Probleme haben als Sie? Löst das auch nur eines Ihrer eigenen Probleme? Es lenkt nur ab.

Vergleich ist Selbstmord. Es ist geradezu masochistisch, anderen Macht über das eigene Glücksempfinden zu geben. Klüger ist es, für das persönliche Glück keinen relativen Maßstab zu nehmen, sondern einen absoluten, selbstbestimmten. Legen Sie die Latte dorthin, wo Sie es wollen – nicht wo andere es wollen. Die Maßstäbe, die Sie selbst für sich setzen, sind die einzig wirklich angemessenen. Das gilt besonders für die Liebe. Eifersucht ist nach Max Frisch die »Angst vor dem Vergleich«; Eifersucht sagt: »Ich bin deiner nicht würdig«. Er ist es dann auch nicht. Erst wer sich seiner Unverwechselbarkeit, seiner Individualität bewusst ist, vergleicht sich nicht. Er macht sich nicht abhängig von anderen. Er ist eben – unvergleichlich. Deshalb: Beschäftigen Sie sich niemals mit dem Erfolg der anderen. Laufen Sie Ihr eigenes Rennen! Das hat auch noch einen weiteren Vorteil: Sie haben sich immer bei sich.

getabstract Journal vom 24.02.2021

»Wir alle erzeugen uns die Umstände, als deren Opfer wir uns nachher erleben.«

Last und Lust der Freiheit

Magdalena Hegglin: Verantwortung genießt keine besonders hohe Attraktivität. Man gewinnt den Eindruck, man habe sie zu fürchten.

Reinhard K. Sprenger: Man fürchtet sich vor der Freiheit.

Warum?

Es gibt sicherlich mehrere Gründe. Die Menschen hätten zwar gerne Freiheiten, aber die damit verbundene Verantwortung möchten sie lieber abschieben. Im Grunde läuft es auf den Wunsch hinaus, alles tun zu können, aber den Preis nicht zahlen zu müssen. Der ist aber immer fällig, egal welche Entscheidung man fällt. Auch wenn man nicht entscheidet, was ja auch eine Entscheidung ist. Hinzu kommt, dass viele dieser Preise, die zu bezahlen sind, nicht immer vorhersehbar sind. Die Konsequenzen liegen mal im Plus-, mal im Minusbereich. Bei negativem Ergebnis kippt die Frage der Verantwortung häufig in den Aspekt der Schuld. Dann heißt es nicht mehr »wer ist verantwortlich?«, sondern »wer ist schuldig?«. Wenn Menschen mit der Vorstellung leben, dass sie auf die Anklagebank geraten könnten, dann bleiben sie lieber passiv. Das bedeutet aber, dass andere entscheiden, zum Beispiel die Politik, Berater oder Führungskräfte. Wenn ich's ganz groß riskiere, dann gibt es eine Sehnsucht nach den ozeanischen Gefühlen des Aufgehobenseins im Mutterbauch, im Sinne der Unschuld und des Versorgtseins.

Bleiben wir einen Moment bei der Freiheit. Der Psychiater Viktor Frankl hat gesagt, wir sind nicht »frei von«, sondern »frei zu« etwas. Wir können nicht all unsere Bedingungen und Möglichkeiten wählen, können aber trotzdem unser Leben gestalten. Würden sie dem zustimmen?

So, in dieser Verkürzung: Nein. Die Freiheit, die ich meine, ist in erster Linie eine Freiheit »von etwas«. Und zwar Freiheit von Zwang, von Bevormundung, von Infantilisierung – also eine negative Freiheit. Eine Freiheit, die sagt, ich lasse den Menschen weitgehend die Wahl, ihren Weg zum Glück zu finden. Und ich sage ihnen auch nicht, was denn das Glück ist. Das Einzige, was ich tun kann, ist Hemmungen und Hemmnisse aus dem Weg zu räumen und Schaden vermeiden. Das zu Vermeidende ist relativ wenig, meistens sehr konkret und universalisierbar: Menschenverachtung, Vergewaltigung, Terror, Krieg … Lass uns verhindern, dass etwas Böses passiert und lass in allem anderen dem Einzelnen seine Präferenzen. So wie es die amerikanische Verfassung sagt: Such deinen Weg zum Glück und schreib niemandem das Glück vor.

Dann sollte man Ihrer Ansicht nach die Bedingung der Möglichkeit schaffen, aber darüber hinaus nichts vorgeben?

Freiheit ist nicht grenzenlos, sie ist immer die Wahl der Abhängigkeit. Also eine relative Freiheit. Deshalb haben Sie ein wichtiges Wort genannt: die Bedingung der Möglichkeit. Ich kann nur die Bedingung der Möglichkeit verbessern. Ob ein Mensch sie ergreift oder nicht, das will ich weder nahelegen noch im Rahmen der Gesetze verhindern. Man soll auch, wie ich meine, den freiwilligen Selbstzerstörer ehren.

Beim Übernehmen von Verantwortung muss man sich auf Konsequenzen einlassen, die nicht vorhersehbar sind. Wenn man sich bereit erklärt, einmal in der Woche den Müll runterzubringen, ist das Risiko überschaubar. Aber warum sollte man beispielsweise ein Kind in die Welt setzen, wenn man es weder beschützen können wird, noch absehbar ist, wie die Welt morgen ausschaut? Ist es in solchen Situationen besser, erst gar kein so großes Wagnis einzugehen?

Dann lebe ich nur aus dem Halben und nicht aus dem Vollen. Mir bleibt ja die Möglichkeit, neu zu entscheiden. Zwar nicht *ex ante*, ich kann nicht wieder zeitlich zurückspringen. Aber wenn etwas nicht funktioniert, wie ich es mir vorgestellt habe, habe ich erneut die Wahl. Viele richten sich dann in ihrem Leiden ein. Ihr Motto: Lieber das bekannte Unglück als das unbekannte Glück. Leiden ist zwar leichter als Handeln, aber ich erlebe nicht die Intensität der Entschiedenheit. Denn nach der Entscheidung kommt ja noch die Frage der Energie, der Entschlossenheit. Man bekommt ja vom Leben das zurück, was man in jedem Augenblick hineingibt. Wenn ich halbherzig bleibe, nicht wirklich sage: »Da geht es jetzt für mich lang!«, dann kriege ich auch halbherzige Zufriedenheit. Wenn ich permanent darüber fantasiere, dass es anders besser oder schöner sein könnte, ist das wie beim Speed-Dating. Die nächste Frau könnte ja die Richtige sein. Dann gebe ich derjenigen, die gerade da ist, überhaupt keine Chance. Dann bin ich nie da, wo ich bin.

Sie nennen in ihrem Buch Das Prinzip Selbstverantwortung *Wählen (Autonomie), Wollen (Initiative) und Antworten (Kreativität) die drei Säulen der Verantwortung. Können Sie diese Stichworte etwas näher erläutern?*

Wählen bedeutet: Du kannst alles tun, aber alles hat Konsequenzen. Der zweite Punkt ist die Selbstverpflichtung des Wollens, Commitment im Sinne von: Mache es mit Liebe und Hingabe, oder lass es ganz. Beim dritten Aspekt geht es mehr um einen Erkenntnisprozess: Die Situation ist nicht einfach als solche objektiv da, sondern wird von mir erzeugt, indem ich den real existierenden Fakten individuelle Bedeutung gebe. Manches passiert einfach und die Situation, wie sie ist, mag von mir auch nicht absichtsvoll gewollt sein. Wenn man Pech hat zum Beispiel. Aber wie ich darauf reagiere, das ist wiederum meine Verantwortung. Das ist meine Antwort auf die Dinge und diese kann sehr unterschiedlich ausfallen.

Wenn in einer identischen Situation nur ein einziger Mensch anders reagieren kann als alle anderen, reicht das für

Selbstverantwortung völlig aus. Das kann man an banalen Beispielen verdeutlichen. Gerade gestern war ich in Nordrhein-Westfalen, wo der Pendlerverkehr ein Thema ist. Viele sitzen im Stau und jammern. Sie jammern über die anderen Autofahrer oder den Verkehrsminister. Pendlerverkehr als ruckender Opferclub. Aber unter einer Brücke über der A42 steht: »Sie stehen nicht im Stau, sie sind der Stau.« Besser kann man es nicht sagen. Wir alle erzeugen uns die Umstände, als deren Opfer wir uns nachher erleben. Wenn man fragt, wer hindert Sie denn daran, beispielsweise näher an Ihren Arbeitsort zu ziehen, dann werden lauter äußere Gründe angeführt, wie etwa teure Mieten. Aber dass wir uns entschieden haben und jeden Morgen neu entscheiden, dass uns Anderes wichtiger ist, diese wirklichkeitserzeugende Kraft wollen die Menschen nicht anerkennen. Wenn wir von extremen Situationen absehen, dann ist Nichtwollen der Grund, Nichtkönnen nur ein Vorwand.

Wie wir zu Beginn gesehen haben, nehmen wir Verantwortung oft mit einem Lastcharakter wahr. Kann man auch einen anderen Zugang dazu gewinnen oder ist Verantwortung tatsächlich vor allem Last?

Last und Lust sind ja nur durch einen Vokal unterschieden. Und egal was ich tue, welchen Job ich annehme oder welchen Partner ich wähle, immer fehlt ja etwas von meiner Idealvorstellung. Wenn ich aber permanent auf die Löcher im Käse schaue, werde ich auch unter den idealsten Bedingungen das Defizit beklagen. Das ist die Frage: Schau ich auf das, was fehlt, oder schau ich auf das, was da ist? Es gibt Partnerschaften, da schauen sich zwei Menschen problemhypnotisch dreißig Jahre lang an, was zwischen ihnen nicht funktioniert. Und sind völlig blind dafür, was möglich ist. Es ist eine Frage der inneren Einstellung. Wer glaubt, durch den Wechsel äußerer Umstände glücklich zu werden, der sitzt einem Irrtum auf. Der Irrtum ist: Du nimmst dich immer mit. Du wirst auch in einem anderen Land, bei einem neuen Partner, in einem anderen Job das Defizit sehen. Irgendwann wachst du neben dir auf und hast wieder dieselbe Situation. Natürlich gibt es Umstände, die besser oder schlechter passen. Aber es ist letztlich das innere Licht, das die Dinge reflektiert.

Sie schreiben zum Thema Führung, dass die Führung mit Selbstführung beginnt. Lässt sich das auf die Verantwortung übertragen? Ist die wichtigste Verantwortung die Selbstverantwortung?

Nehmen wir ein klassisches Beispiel. Führung ist ein Job voller Dilemmata. Permanent muss ich entscheiden zwischen Werten, die beide ihre Berechtigung haben. Die allermeisten Leute sind sich nicht klar darüber, dass Führungsverantwortung eine dilemmatische Existenzform ist, die notwendig Widerstand erzeugt. Widerstand von jenen, die anders entschieden hätten. Selbstverantwortung heißt dann, mir selbst zu sagen: Ich erkenne das an, sage aber trotz oder wegen dieser Dilemmata ja dazu. Es schwächt, darüber zu jammern, dass die Dinge selten eindeutig sind, dass man nicht Everybody's Darling sein kann und dass die Karriere nicht immer in den Himmel wächst.

Manche Entscheidungen muss man auch revidieren. Es braucht die Möglichkeit zum Scheitern. Gleichzeitig gibt es einen enormen Druck, nicht scheitern zu dürfen.

Das ist ein mehrdimensionales Thema. Zunächst muss man differenzieren zwischen Fehlern und Scheitern. Wenn ich in einer Organisation Alternativen vernichtet habe, so zum Beispiel durch Regeln oder in der Gesellschaft durch Gesetze, dann kann ich nicht sagen, bei uns darf man Fehler machen. Sie möchten sich auch nicht in die Airline eines Flugzeugs setzen, bei der die Devise gilt »Bei uns darf man Fehler machen«. Wenn Sie also aus dem »So oder so« ein »Nur so« gemacht haben, dann ist ein Fehler eine klar definierte Sollwert-Istwert-Abweichung. Das dürfen Sie gar nicht zulassen. Man muss sich aber auch klarmachen, dass man durch die Verregelung den Fehler erst erzeugt hat. Ganz anders verhält es sich, wenn Sie etwas ausprobieren. Wenn beim Experimentieren etwas misslingt, kann man das Scheitern nennen, das ist aber kein Fehler. Wenn er etwas ausprobiert hat und es ist misslungen, ist er im besten Fall bei Google, wo von hundert Projekten nur eines funktioniert und 99 scheitern. Eine gewisse innere Unabhängigkeit vom Applaus der Tribüne ist für den eigenen Weg, der scheitern kann, unabdingbar.

Braucht es folglich eine größere Gelassenheit demgegenüber, was die anderen denken?

Was andere von mir denken, geht mich nichts an, das geht die anderen etwas an. Das ist erkenntnistheoretisch unhintergehbar. Feedback sagt unendlich viel mehr über den Feedbackgeber aus, als über den Feedbacknehmer. Sollte es mich kümmern?

Manchmal wird der Eindruck erweckt, zumindest medial, man sei verantwortlich für die ganze Welt. Das kann einerseits zu Überaktivismus (alles muss sich sofort ändern) führen, andererseits zu Resignation (man kann ja ohnehin nichts tun).

Das sind Kategorienfehler. Jeder Philosophiestudent lernt bereits im ersten Semester, dass eine Aussage eine Grenze haben muss. Wenn eine Aussage allumfänglich ist, dann ist sie leer. Wenn ich verantwortlich bin für die ganze Welt, dann bin ich für nichts verantwortlich. Also muss man bei jeder Aussage die Reichweite angeben. Sonst wird es falsch oder übergriffig. Über diese Grenzen kann man diskutieren, sie machen ein Gespräch überhaupt erst möglich. Wenn Grenzen nicht respektiert werden, werden Mauern gebaut. Mentale und physische.

Wie gewinnt man ein Feld der tatsächlichen, persönlichen Verantwortung zwischen Grenzenlosigkeit und Lähmung?

Alles Erleben ist subjektgebunden. Niemand kommt aus dem hermeneutischen Zirkel der ichbezogenen Bedeutungszuweisung heraus. Insofern kann ich mich fragen: Was erlebe ich im weitesten Sinne als sinnvoll? Das kann ich nur für mich persönlich entscheiden. Es gibt keine administrative Erzeugung von Sinn. Das scheinen die Firmen mit ihrem »Purpose«-Gehupe noch nicht verstanden zu haben.

Sie gehen von einem starken Willen aus. Manchmal gibt es doch aber auch Situationen im Leben, in denen einem das Wollen abhandenkommt.

Der zentrale Punkt scheint mir zu sein, dass viele Menschen schon seit frühster Kindheit einem von außen kommenden »Sollen« folgen. Das Sollen verdrängt dann allmählich das Wollen. Vor allem, wenn die Verbeugung vor dem Sollen belohnt wird. Nehmen wir einmal das Thema Lernen. Lernen ist eine Art Vorfreude auf mich selbst. Wenn ich nun lernen soll, dann ist das im Grunde kein Lernen, sondern Anpassen. Ich passe mich dem Willen und den Sollvorgaben anderer an. Das funktioniert nur mit einem geringen Wirkungsgrad.

Ganz anders ist es mit dem wirklichen Lernen, das nur eine einzige motivationale Quelle hat und die heißt: Ich will. Und die ist bis ins höchste Alter belastbar. Es scheint mir auch fraglich, einen Menschen dazu zu bringen, langfristig etwas zu tun, was er eigentlich nicht will. Mit Belohnungen bestraft man ja. Man verdrängt mit dem Anreizen die eigentliche Motivation. Sollte jemandem das Wollen fehlen, würde ich vermutlich fragen: Lebst du dein Talent, also das, was du wirklich gut kannst, wo deine Fähigkeit wie eine Sonne leuchtet? Oder hast du dich aufgrund irgendwelcher Entscheide, die beispielsweise deine Eltern für dich getroffen haben, fremdsteuern lassen? Und die zweite Frage lautet: Hast du ein Spielfeld gewählt, wo das, was du am besten kannst, auch wirklich ein Lächeln erzeugt? Wo das, was du anzubieten hast, auch wirklich gewollt ist? Viele Menschen bewegen sich infolge lebensbiografischer Entscheidungen auf Spielfeldern, auf denen es für sie zwar einigermaßen funktioniert, die aber nicht wirklich zu ihnen passen. Wo man allenfalls Trostpreistugenden von ihnen erwartet. Dann kommt man aus dem Mittelmaß nicht heraus.

Vor welcher Verantwortung haben Sie persönlich am meisten Respekt?

Vor jener, die nicht moralisiert, die nicht das Gute will, sondern allenfalls das Böse vermeidet. Und vor jener, die die Selbstbezüglichkeit einer Entscheidung anerkennt. Wenn ich zum Beispiel jemandem helfe, dann deshalb, weil es mir dadurch gut geht. Ein anderer mag einen Nutzen davon haben. Aber in einem tieferen Sinne tue ich niemals etwas für andere, sondern immer nur für mich selbst. Auch wenn ich mich dafür opfere.

Möchten Sie noch etwas ergänzen zum Thema Verantwortung?

Ich würde noch gerne die Freude an der Verantwortung betonen. Ich erlebe es als lustvoll zu wissen, dass es auf mich ankommt und ich mich als selbstwirksam erleben kann. Das macht mein Leben intensiv. Beispielsweise spiele ich in einer Band mit Musikern, die alle Vollprofis sind. Ich bin der einzige Nichtprofi. Da ich aber der Sänger bin und die Musik und die Texte schreibe, muss ich mich richtig anstrengen, um mit diesen großartigen Instrumentalisten auf Augenhöhe zu spielen. Den anderen kann ich auch eine Klopapierrolle als Notenblätter vorsetzen, die spielen das trotzdem exzellent runter. Ich hingegen muss richtig arbeiten, um meiner Verantwortung für das Gemeinsame gerecht zu werden. Das erlebe ich als lustvoll. »Ohne mich läuft nichts« ist eben auch erotisch.

Dann bestünde die helle Seite der Verantwortung darin, dass man etwas geben kann, in dem man nicht austauschbar ist?

Genau. Das sage ich im motivationalen Kontext der Unternehmen immer wieder. Vergesst die ganze Nummer mit der Motivation! Vergesst Boni, Incentives, Orden und Ehrenzeichen. Jemand ist hinreichend motiviert, wenn er weiß, dass es auf ihn ankommt.

Magazin Melchior, Heft 12, Verantwortung, März 2020

Halbherzigkeit abwählen – Die Freude des Lehrens und die Motivation in der Schule

Freude am Lernen ist nicht zu entkoppeln von der Freude am Lehren. Wann ist Freude des Lehrens möglich? Freude wörtlich genommen, im Unterschied zu Behagen oder Zufriedenheit? Nur unter der Bedingung des Scheiterns. Wie viele Mit-Referendare habe ich gesehen, denen man nie die Lehrerlaubnis hätte erteilen dürfen – und die man aus Konfliktscheu und kruder Barmherzigkeit mit durchgezogen hat, zum Schaden der Kinder und der gesellschaftlichen Zukunft. Darf man mit Wirklichkeitssinn erwarten, dass jemand das Feuer in anderen entzündet, wenn in einem selbst nichts brennt? Viele Lehrer sind eben keine Pädagogen, sondern nach eigenem Selbstbild »Fachlehrer für XY« und verhalten sich entsprechend. Hier ist mehr Mut zum »Nein!« gefordert.

Das führt zum Grundproblem der Motivation: Warum will jemand Lehrer werden? Weil gerade welche gesucht werden? Wenn ich an die nicht wenigen Sozialallergiker unter den Lehrern denke, kann es nicht Liebe zu Kindern und zum Lehren sein, sondern die Fluchtzone Staatsdienst. Daran ist nichts Ehrenrühriges. Aber diese Motivation trägt im Schulalltag langfristig nicht. Aus einer solchen Einstellung erwächst niemals jene innere Stabilität, die notwendig ist, wenn es über steinige Wegstrecken geht – mit lernunwilligen Kindern, schwierigen Eltern, unzureichenden Arbeitsbedingungen und einem schlechten Klima im Kollegium. Wer Lehrer wird, weil er vorrangig Sicherheit sucht, bekommt eben auch die Kehrseite jener Sicherheit mitgeliefert: Langeweile, mediokre Bezahlung, Perspektivlosigkeit. In einem Wort: Freudlosigkeit.

Freudlosigkeit im Lehrberuf heißt auf neudeutsch Burnout. Es gibt Studien, nach denen sich jeder zweite Lehrer überlastet fühlt. Natürlich gibt es institutionelle Rahmenbedingungen, die es einem nicht leicht machen, morgens mit einem Lied auf den Lippen zur Schule zu kommen. Nennen will ich:

1. Die Schule wird durch Schulzwang zur Zwangsschule; die Diskussion um Auszeiten von schulmüden Schülern ist dafür ein bezeichnendes Entlastungsritual.
2. Schulzwang verschiebt das Lernen-Wollen der Schüler zum Lernen-Sollen. Unter dem Diktat des Sollens stapeln sich Regularien, die die Lehr- und Lernfreiheit mehr als nur grundsätzlich in Frage stellen. Und die der Pädagogik innewohnende Tendenz zur Menschenverbiegung stimuliert Widerstand.
3. Die Externalisierung von Verantwortung an die sogenannte »autonome Schule« bei Steigerung institutioneller Unfreiheit ist eine Dauereinladung zum Zynismus.

Das ist eine unvollständige Liste. Aber keine Umstände können jemanden zwingen, demotiviert zu sein. Die Existenz auch nur eines einzigen Kollegen, der seinen Job unter denselben Umständen mit Freude macht, reicht aus, um von Selbstverantwortung zu sprechen. Und dessen Engagement ist umso mehr zu ehren, wenn man bedenkt, unter welch schwierigen Bedingungen er sich müht. In den Burnout wandert man also nicht, wenn fünf Schüler an einem zerren, drei Telefone gleichzeitig klingeln und sich Erlasse, Vorschriften und Konferenztermine türmen. Es gibt nur eine Quelle für jene psychische Gemengelage, die als Burnout bezeichnet wird: Unentschiedenheit. In den Burnout wandert, wer Ja sagt und Nein meint. Wer also oberflächlich in die Anpassung geht oder sich den sogenannten Sachzwängen ausliefert; wer die Konsequenzen des Nein mehr fürchtet als die Konsequenzen des Ja. Weil etwas anderes wichtiger geworden ist. Weil er das Unterrichten als sinnlos erlebt. Sinnlosigkeit – das ist dann der Dukatenesel für die Forderung nach Motivierung. Nach dem Motto: »Andere müssen dafür sorgen, dass es mir besser geht!«

Es gibt einen alten Satz der Motivationspsychologie, der an Tiefe und Reichweite kaum zu überbieten ist: »Als wir den Sinn unserer Arbeit nicht mehr sahen, begannen wir über Motivation zu reden.« Motivation soll mithin Sinn ersetzen. Wer sein Handeln als sinnlos erlebt, aber dennoch meint, weiter handeln zu müssen, der leidet. Und für dieses Leid sucht er nach Kompensation. Also ruft er nach etwas, das es ihm erleichtert, etwas zu tun, was er eigentlich nicht tun will. Er ruft nach Geld, Lob, Karriere, Orden und Ehrenzeichen. Die Folge ist steuerfinanziertes Siechtum als Sozialisierung individueller Unentschiedenheit. Aber die offene oder heimliche Plünderung durch die Nachfrage nach immer mehr Motivierung löst die Probleme nicht. Die Halbwertzeit von Zulagen, Geschenken, Beförderungen und so weiter beträgt etwa 48 Stunden. Dann ruft sich in Erinnerung, was als so sinnlos erlebt wird. Denn Sinn lässt sich nicht ersetzen, weil sich das Wollen nicht ruhigstellen lässt. Und es hat unbeabsichtigte Nebenwirkungen. Zum Beispiel: Nicht wenige Lehrer leiden unter ihrer selbstgewählten Sackgasse, halten aber an ihrem Sicherheitscontainer fest. Irgendwann mögen sie sich selbst nicht mehr – und wer sich selbst nicht mag, ist fortwährend bereit, sich bei anderen dafür zu rächen. Zum Beispiel bei den Schülern. Ich kenne etliche Lehrer, denen der Zynismus aus jeder Pore quillt. Zynismus aber ist Selbstabwertung. Erst zahlen andere dafür den Preis, dann man selbst.

Die dahinter wirkende Mechanik beginnt mit der zentralen Frage der Fremdsteuerung: »Wie schaffe ich es, dass der andere das tut, was ich will?« Die gängige Antwort lässt sich mit den sechs Worten jener Strategie zusammenfassen, mit der viele Eltern ihre Kinder erziehen, Lehrer ihre Schüler disziplinieren oder man den Hund abrichtet. »Tue dies, dann bekommst du das!« Der Hauptstrom der älteren arbeitspsychologischen Literatur betrachtet intrinsische Anreize (»dies«) und extrinsische (»das«) als voneinander unabhängig oder sich ergänzend. Eine große Zahl neuerer experimenteller Befunde verweist jedoch auf eine negative Beziehung von äußeren Anreizen und dauerhaft motivierter Leistung: Anreize zerstören langfristig den Eigenantrieb, die Arbeitsmoral sinkt ab. Nur um den Preis permanenter Neu-Motivierung kann daher motiviert werden. Die Belohnung schafft kurzfristige Identifikation. Aber bisher hat keine Studie eine dauerhafte Leistungsverbesserung durch Anreize nachweisen können. Das ist der Hauptgrund: »Tue dies, dann bekommst du das« konzentriert die Menschen auf »das« statt auf »dies«.

Die Verhaltensbiologie beschreibt einleuchtend, dass sich der Mensch schnell an ein immer höheres Reizniveau gewöhnt, er also bald ohne Zusatzreiz in der Tat eine unteroptimale Leistungsbereitschaft zeigt. Die Wissenschaft nennt das »Verdrängungs-Effekt«: Belohnungen zerstören die Bindung an die Sache und ersetzen sie durch die Bindung an die Belohnung. Die Frage lautet dann nicht mehr »Was muss ich tun, um mit meiner Arbeit Lehr- und Lernfreude zu ermöglichen?«, sondern »Was muss ich tun, um die größtmögliche Belohnung zu erhalten?« Motiviert also Belohnung? Absolut! Belohnung motiviert, belohnt zu werden.

Dieselben Grundgedanken gelten für die Beförderungsmöglichkeiten der Lehrer. Überall in der Wirtschaft wurden die Hierarchien abgeflacht, sind die Karriereleitern weggebrochen, stehen die Menschen plötzlich vor der unerhörten Zumutung, den Sinn ihres Handelns nicht mehr aus der Aufstiegserwartung, sondern aus dem Handeln selbst, aus dem Hier und Jetzt zu ziehen. Das passiert auch in der Schule. Wenig kann mehr die Niederungen des Lehrerdaseins trostbringend umwölken, kann die alltägliche Unzufriedenheit lindern, stillt die permanent leicht blutende Wunde des verletzten Größenideals. Schon gar nicht die Hoffnung auf Beförderung. Das ist gut so. Möglicherweise erleben sich einige Kollegen dann wieder mehr als selbstgesteuert, inszenieren weniger für die Tribüne, erinnern sich der pädagogischen Werte, für die sie einst angetreten waren, nehmen ihren Erziehungsauftrag ernst, statt sich auf Führungspositionen fehlmotivieren zu lassen, für die sie weder geeignet sind noch auf denen sie glücklich werden können. Vielleicht kämpfen sie wieder mehr für die Würde des Augenblicks, statt auf ein besseres Morgen zu warten, anerkennen das, was ist, statt sich vor pädagogischen Tagesproblemen in praxisferne Hierarchiehöhen zu flüchten.

Es gibt etliche Lehrer, die trotz einschläfernder Rahmenbedingung hingebungsvoll lehren, denen es eine Aufgabe ist, ihre eigene Freude und die Freude von Schülern zu behüten. Es scheint sogar relevante Gruppen von Lehrern (nicht nur junge!) zu geben, die sich nach Jahren des Herummurrens wieder aufrichten. Oft haben sie kleine Ziele – die nicht notwendig Karriereziele sein müssen. Es kann auch ein Ziel sein, einen Schulchor zu gründen. Auch sich weiterzubilden ist für Motivation unerlässlich, sich selbst zu entwickeln im Sinne jener »Vorfreude auf sich selbst« (Peter Sloterdijk), die das tägliche Handeln dynamisiert. Denn wer seine Neugieraktivität nicht befriedigt, wandert gleichsam mechanisch in die Demotivation ab.

Was aber, wenn das alles nicht hilft? Es ist wahrscheinlich illusionär zu hoffen, dass jene, die sich in der Wahl ihres beruflichen Spielfeldes geirrt haben, bei fehlenden Aufstiegsmöglichkeiten vorhandene Ausstiegsalternativen nutzen. Ja, es gibt Einbußen bei der Altersversorgung, auch die private Krankenversicherung fiele weg. Und gerade in einer Zeit, in der wir in fast allen Berufszweigen immer mehr zu Zeitarbeitern werden, scheinen diese Preise hoch. Aber was ist mit Leben? Hat jemand noch ein zweites Leben im Rucksack? Rein statistisch bleibt es bei Ausstiegsfantasien und dem Umleiten der Energien in die Freizeit. Bei den Arbeitsagenturen tauchen jedenfalls selten Pädagogen auf, die mal was anderes tun wollen. Die Wohlfahrtsopiate wirken. Auf der Suche nach wirklicher Freude im Unterricht kommt man jedoch um diese Klarheit nicht herum: Wer nicht sterben kann, kann auch nicht leben.

»Denn nichts ist für den Menschen als Menschen etwas wert«, rief Max Weber seinen Studenten zu, »was er nicht mit Leidenschaft tut.« Darum geht es: Halbherzigkeit abzuwählen, konsequent »Ja« zu sagen, voll bei der Sache zu sein. Oder zu gehen. Keinesfalls soll damit der Gottespakt mit den bestehenden Verhältnissen geschlossen werden. Keineswegs sei empfohlen, passiv zu bleiben, eine graue Realität rosarot anzumalen oder sie mit einem mechanischen »Denk' positiv!« ins lächelnde Achselzucken umzulügen. Aber die Fähigkeit, etwas mit ganzem Herzen zu tun, auch in klarer Sicht der Dinge, die nicht in Ordnung sind – diese Fähigkeit ist durch keine Motivierung, kein Sinnsubstitut und keinen äußeren Umstand zu ersetzen. Wer darauf hofft, der hat vergessen, dass immer etwas fehlt, wohin er auch geht. Man nimmt sich ja immer mit.

Schulblatt Thurgau vom 04.08.2019

»Es gibt nicht Gutes.
Außer man tut es.«
Erich Kästner

Die positive Kraft des negativen Denkens

»Don't worry, be happy«: Das Positive erfreut sich in unserer Gesellschaft ungebrochener Wertschätzung, jedenfalls in normativer Hinsicht. Auch vollständig entleerte Gläser sollen wir hierzulande als halbvoll beschreiben, immerfort gibt es »Silberstreifen am Horizont«, ist man »auf gutem Wege«, sind gehobene Daumen und Smileys allgegenwärtig. Wir mögen die Ja-Sager mehr als die Nein-Sager, wir wollen lieber an etwas hängen als unabhängig sein. Vor allem das Denken soll positiv sein. Wir sollen Lösungen bringen, nicht Probleme, sollen den Käse sehen, nicht die Löcher.

Auch die Politik strotzt vor »Positivismus«. Statt sich – wie beim Arzt – über einen negativen Befund zu freuen (»Es ist alles gut, wir müssen nichts tun«), sind die Befunde überall »positiv«: Alles wuchert und metastasiert. Der Politiker macht ja nicht die Augen auf und freut sich daran, dass alles gut läuft und sich auf wundersame Weise zusammenfügt. Nein, er erkennt sofort eine Optimierungsmöglichkeit, eine Veränderungschance, zumindest einen Aufmerksamkeitsgewinn. Also wird er positiv. Er fügt etwas hinzu. Im Regelfall ein Gesetz.

Dieses Muster befindet sich im Windschatten der Moderne: »Mehr ist besser« ist ein Glaubenssatz, der längst zum Dogma avancierte. Auch wenn es oft heißt, weniger sei mehr, sagt man das immer mit dem Zusatz »manchmal«. Doch wäre es nicht Zeit, sich über einen negativen Befund zu freuen? Haben wir das verlernt? Ich meine einen Befund, der befreit und erleichtert.

Man könnte dies die positive Kraft des negativen Denkens nennen: Eine Strategie, die klarer und konsequenter ist als die üblichen Konzepte des positiven Tuns – von der »gerechten Gesellschaft«, dem »gelungenen Leben«, der »guten Unternehmensführung«, dem »ehrbaren Kaufmann« bis zum »wohlerzogenen Kind«. Das schafft Offenheit für die Initiative des Einzelnen, Sphären des Suchens statt des Immer-schon-gefunden-Habens. Das lässt freier atmen.

Der Philosoph Hegel schrieb von der Negativität als »treibende Kraft des Fortschritts«, die dann der Ökonom Joseph Schumpeter mit seinem »schöpferischen Zerstörer« personifizierte. Die »Negative Theologie« basiert auf der Einsicht, dass von Gott nicht gesagt werden könne, was er sei, sondern nur, was er nicht sei. Der ärztliche Eid des Paracelsus verlangt: »Vor allem schade nicht!« In der Biologie argumentiert die »Schlechte-Gene-Hypothese« für die Vermeidungsstrategie sexueller Selektion: nicht »Suche das Beste!«, sondern »Meide das Schlechte!«. Analog dazu die Weisheit aller Designer, vorformuliert von Antoine de Saint-Exupéry: »Vollkommenheit entsteht nicht dann, wenn man nichts mehr hinzuzufügen hat, sondern wenn man nichts mehr wegnehmen kann.«

Dieselbe Denkfigur gilt auch für die Ethik. Fragen wir zunächst: Das gute Leben – gibt es das? Und kann das ein anderer für mich wissen? Wenn man mit Menschen spricht, bin ich immer wieder erstaunt, wie unterschiedlich sie ihr Leben gestalten. Der eine sucht Geld, der andere Freizeit, der eine soziale Bedeutung, der andere friedvollen Rückzug. Letztlich weiß niemand, was in einem absoluten Sinne gut, richtig und wahr ist. Wir sind mithin gut beraten, nicht an das gute Leben zu glauben, das man irgendwie herstellen kann. Sondern an die Vermeidung des schlechten – auch wenn wir natürlich wissen, dass das nicht durchgehend klappt.

Isokrates formulierte im 5. Jahrhundert v. Chr. als erster einen symmetrischen Grundsatz, der vor allem vom Alten Testament so tradiert wird: »Was du nicht willst, das man dir tu', das füg' auch keinem anderen zu.« Was ist das, was du nicht willst? Darüber sind sich die meisten Menschen schnell einig, das ist recht konkret. Und es sind nur wenige Dinge: körperliche Gewalt etwa, Krankheit, Krieg. Die negative Reziprozität ist also bescheiden, sie will Schlimmes abwenden. Es biegt jedenfalls nicht ab ins allgemein Wünschbare. Mir scheint daher das »Was du nicht willst …« geeignet, als ein moralischer Universalkonsens anerkannt zu werden. Darauf kann sich selbst eine heterogene Gesellschaft einigen.

Im Unterschied dazu heißt es im Neuen Testament bei Matthäus: »Alles, was ihr also von anderen erwartet, das tut auch ihnen.« Ähnlich schon Muhammed: »Keiner von Euch ist ein Gläubiger, solange er nicht seinem Bruder wünscht, was er sich selber wünscht.« Das ist nun aber viel weiter ausgreifend. Wenn ich geküsst werden will, soll ich dann diese Person küssen, auch wenn sie es gar nicht will? Und was möchte ich nicht alles, was man mir Gutes tun solle? Ein prall gefüllter Sack mit Wohltaten möge sich über mich ergießen! Wie oben gesagt: Geld, Freizeit, Reputation, Ruhe – alles gleichzeitig und von allem möglichst viel. Es wird schwer sein, dort auszuwählen. Mehr noch: Was wünsche ich mir nicht alles, was einem anderen Menschen völlig gleichgültig ist, er ja sogar ablehnt! Es liegt auf der Hand, dass die »positive« Forderung als Eintrittskarte für Millionen staatlicher Bürokraten dient, sich als Statthalter des »moralischen Ganzen« aufzuspielen. Es ist die Erlaubnis, Politik und Recht zu moralisieren, Vorschriften für das »richtige« Leben zu erlassen, die Menschen zu »erziehen« und ihr konkretes Handeln im Namen des politisch Erwünschten zu unterdrücken.

Zwischen der Abschaffung von Übeln und der Förderung von Gutem besteht also ein krasses Missverhältnis. Die positiven Pflichten (Gebote: »Du sollst!«) sind häufig Hilfs- oder Unterstützungsgebote, während negative Pflichten (Verbote: »Du sollst nicht!«) als Schädigungsverbote zu verstehen sind. Wir halten uns heute, dem Zeitgeist gehorchend, vorrangig an das »Du sollst!«. Aber der Zeitgeist ist eher Zeit als Geist. Denn das »Du sollst nicht!« ist weit wichtiger, verbindlicher und konsequenter durchzusetzen. Das hat uns der austrobritische Philosoph Karl Popper in *Die offenen Gesellschaft und ihre Feinde* klar gemacht. Es ist sowohl sehr viel dringender wie lebenspraktischer, das Übel zu beseitigen, als Gutes zu schaffen. Viele Denker haben ihm sekundiert. Auch Erich Kästner: »Es gibt nicht Gutes. Außer man tut es.« Er schrieb nicht: »Es gibt nichts Gutes, außer man tut es.« Das wird fast immer falsch zitiert, und es verfälscht auch den Inhalt. Kästner war in der Tat der Auffassung, dass es »Gutes an sich«

nicht gibt. Er hat auch kein Komma hinter den ersten Satz gesetzt, sondern einen Punkt.

Diejenigen, die dem zustimmen, orientieren sich an einer negativen Realität, von der sie sich abgrenzen wollen. Das hat sehr praktische Vorteile: Die Aufforderung, etwas nicht zu tun, umgeht die Versuchung, etwas »einzig Richtiges« absolut zu setzen. Sie behauptet keine allein denkbare Wahrheit. Sie bekennt sich zur Mehrdeutigkeit: Im Wahren ist immer auch etwas Falsches, im Vernünftigen immer auch etwas Unvernünftiges, in der Freiheit immer auch etwas Zwang. Eine negative Ethik hat also kein Ziel – außer Schaden zu vermeiden. Sie will keinen Endzustand erreichen, kein Paradies auf Erden. Sie ist gerade der Gegenentwurf zum Perfektionsideal, das überall ins Kraut schießt.

Das hat die amerikanische Verfassung so vorgesehen: Schreibe kein Lebensglück vor, sondern lass die Menschen ihren je eigenen Weg zum Glück finden. Verhindere vielmehr das, was absolut und in einem sehr starken Sinne zu vermeiden ist. Jede neue Regulierung ist auf ihre Notwendigkeit zu überprüfen. Im Zweifel muss es unreguliert bleiben. Wünschbarkeit darf nicht mit Pflicht gleichgesetzt werden, Lästiges nicht mit Gesetzeslücke. Es ist immens gefährlich für unsere politische Ordnung, dass in der Mediendemokratie nur der laute, überzuständige und hyperaktive Politiker Zustimmung findet, der zurückhaltende aber kritisiert wird.

Platon nannte jenen den wahren Führer, der seine Aufgabe lustlos erledigt. Richtig gelesen: lustlos. Andernfalls sei er anfällig für Leidenschaften aller Art, was ihn launisch und daher unberechenbar mache. Zum anderen neige er dazu, Regelung über Regelung zu erlassen, sich in den Vordergrund zu drängen und damit die Menschen zu bevormunden. Dem sollten wir uns anschließen: Geführt wird am besten durch Untätigkeit. Die Helden des Negativen sorgen dafür, dass nichts Entscheidendes geschieht. Sie retten die Ereignislosigkeit. Ein anderes Wort dafür ist Frieden.

NZZ vom 07.11.2018

Die Corona-Pandemie bot ein weiteres Beispiel für die Tendenz von Führung, das natürliche Verhalten von Bürgern zugunsten des (politisch) Gewünschten zu verbiegen. Auch in der Schweiz gewinnt die Politik als Volkserziehung immer mehr an Boden. Wobei die Spät- und Nebenwirkungen für den kurzfristigen Anpassungsgewinn in Kauf genommen werden. Diese kann man an der Diskussion um Impfanreize besonders deutlich illustrieren.

Warum Impfanreize korrumpieren

Platons Lob auf den Führer, der sich tugendhaft beim Erlassen von Regeln zurückhält, scheint heute vergessen. Auf der individuellen Seite der Polis dominieren kurzsichtige und geltungssüchtige Politiker, auf der institutionellen Seite verleitet ein Strukturdefekt der Demokratie dazu, in hoher Frequenz politische Tatkraft wählerwirksam zu demonstrieren. Aus dem Handbuch für Politiker: »Sorge für die rasche Behebung des Symptoms, nicht des Problems, denn nichts lenkt besser ab als eine rasche Aktion an der falschen Stelle.« Das Ergebnis sind schlecht gemachte und hastig beschlossene Gesetze, unter denen die Beamtenschaft ächzt, gleichzeitig sie aber aufbläht zu einer Bürokratie, die retrospektiv Franz Kafka tragisch bestätigt.

Diese Mechanik konnten wir während der Corona-Pandemie beobachten in dem Bemühen der Politik, die stockende Impfkampagne zu dynamisieren. Sie konnte dabei grundsätzlich wählen zwischen den Anreizstrategien »Bestechen« oder »Bestrafen«. Oder einer Kombination von beiden. Was ist vorzuziehen? Meine 35-jährige Erfahrung in der Organisationsberatung lässt keinen Zweifel: Die Peitsche ist deutlich effektiver als Zuckerbrot. Schon allein die Androhung von Strafe wirkt. Das mag nicht besonders sympathisch klingen und bei Luxusproblemen auch nicht erste Wahl sein. Bei fundamentalen Gemeinwohlinteressen, wenn etwa die pandemischen Gesamtkosten die Steuerungskosten überwiegen, ist die Bestrafung vorzuziehen.

Konkret: Ausschluss von öffentlichen Veranstaltungen und Orten, kein Kino, kein Restaurant, kein Gottesdienst, keine Lohnfortzahlung bei Quarantäne, hohe Preise für Testverfahren. Wer da sagt, das sei ein »indirekter Impfzwang« oder ein »Impfzwang durch die Hintertür«, der überspielt mit dem Wort »Zwang« seinen Kategorienfehler. Niemand wird gezwungen, sich impfen zu lassen! Aber dieser Nicht-Zwang wird teurer. Das ist wählbar und das Ergebnis individueller Güterabwägung. Denn Freiheit ist immer die Wahl ihrer Grenzen. Ob man jedoch überhaupt zu Freiheitsbeschränkungen greifen sollte, vor allem zur doch sehr drastischen Segregation der Bevölkerung (Geimpfte/Ungeimpfte), ist angesichts ungesicherter Wirksamkeit der Maßnahmen mehr als fragwürdig. Kalkuliert man ein konkretes Risiko, das datenbasiert mit allgemeinen Lebensrisiken abzugleichen ist? Oder sieht man ganz allgemein Gefahren und träumt sich mit Null-Covid-Illusionen an der Verhältnismäßigkeit der Eingriffe vorbei?

Die Politik meidet die Klarheit der Bestrafung und schminkt sich lieber freundlich. Unter anderem sollte etwa in der Schweiz ein 50-Franken-Gutschein Bürger verführen, impfskeptische Mitbürger zu überzeugen, sich impfen zu lassen. Was ist davon zu halten? Bleiben wir nüchtern, dann sprechen wir vom Prinzipal-Agenten-Problem. Das beschreibt die Tatsache, dass Politik und Bürger nicht unbedingt dieselben Interessen verfolgen. Polemischer aus Sicht der Politik: Das Volk, der große Lümmel, ist widerborstig. Aber kann der Gutschein funktionieren? Unwahrscheinlich. Sicher wird es einige Menschen geben, die sich schubsen lassen oder sich ausbeutungsintelligent die Prämie wechselseitig zuschieben. Viele werden es nicht sein, dafür müsste man die Prämie signifikant erhöhen. Überzeugte Impfgegner – und darunter sind häufig sehr reflektierte Menschen – wird man weder bewegen, sich selbst impfen zu lassen, noch andere dazu zu motivieren. Im Gegenteil: Sie werden sich bestätigt fühlen, möglicherweise sogar noch unwilliger machen – an der Sache muss ja etwas faul sein, wenn man dazu bestechen muss. Wer besticht, kommuniziert immer mit, dass es berechtigte Gründe gibt, etwas nicht zu tun.

Gesetzt aber den Fall, die Prämie wirkt tatsächlich – was sind die Spät- und Nebenwirkungen?

- Freiwillig Geimpfte werden es als ungerecht erleben, wenn ihnen die Prämie vorenthalten wird.
- Manche werden spekulieren, dass sie nur lang genug passiv bleiben müssen, damit die Prämie erhöht wird.
- Das Reizniveau muss beim nächsten Mal höher geschraubt werden, um die gleiche Reaktion zu erzeugen – das kann bei Auffrischungsimpfungen uferlos wuchern.
- Dem Impfen wird der intrinsisch erstrebenswerte Eigenwert abgesprochen.
- Korrumpierung der Bürger: Sie tun etwas, was ihnen sinnlos erscheint, aber um der Prämie willen dennoch tun; das ist staatlich induzierte Sinnzerstörung.

- Jede Prämie wird zur Rente: Die Gesellschaft gewöhnt sich an Prämien, entwickelt Belohnungssucht, wird zur Drogenszene; ohne Prämie wird bald kein wünschenswertes Verhalten mehr gezeigt.

Das sind die *collateral damages*. Mit Blick auf die lange Frist sind diese jedoch eher zu vernachlässigen, wenn man sich das unterliegende Menschenbild vor Augen führt. Der Bürger ist offenbar ein ungebildetes Kind. Oder ein vernunftverweigernder Erwachsener. Oder eine Testperson: Wie käuflich ist er? In jedem Fall sieht man in ihm einen Reiz-Reaktions-Automaten. Das ist, spreche ich es aus, ein Angriff auf die Menschenwürde. Wer mit Bestechungspolitik Menschen zum Handeln drängt, und sei es noch so sehr im Interesse aller, behandelt Bürger nicht als mündig, sondern als Objekte administrativer Manipulation. Im Grunde als Material. Er spaltet die Bevölkerung in eine kleine politische Kaste Herabblickender und eine bürgerliche Kaste Heraufblickender. Wenn ich die Hauptströme zumindest der Schweizer Geschichte richtig verstanden habe, ist das ein massiver Traditionsbruch. Gehört es nicht zum besten eidgenössischen Erbe, aufrechten Ganges zu gehen? Deshalb die Frage: Wie käuflich sind Bürger? Der paradoxe Wunsch: Hoffentlich nicht viele.

NZZ vom 12.10.2021

»Die Welt ist voller Widersprüche.
Wer sie leugnet, verkennt
das Wesen der Freiheit.«

Mein liberaler Liberalismus

Ich mag Unentschieden. Nicht nur im Sport, sondern ganz allgemein im Leben. Wir sind ja selten Sieger oder Besiegte, sondern meistens beides. Die daraus resultierende soziale Ordnung ist der Liberalismus – das erfolgreichste Gesellschaftsmodell der Geschichte: kulturell, ökonomisch, politisch.

Mein Liberalismus ist jedoch vorrangig eine Denkweise. Diese sattelt auf der Grunderfahrung, dass das Leben voller Widersprüche ist. Widersprüche, die wir alle in uns vereinen, die wir alle in uns spüren: Nur wer nicht spricht, widerspricht sich nicht. Auch in der Außenwelt müssen wir anerkennen, dass die Dinge unklar sind, mehrdeutig, kontextabhängig. Auf der normativen Ebene nennen wir das »ambivalent«, auf der Erscheinungsebene »kontingent« – etwas ist möglich, aber nicht sicher. Konkret bedeutet das: Es gibt zu allem eine Alternative; es gibt nichts, was ohne sein Gegenteil auskommt. Auch die hochgelobten Werte sind nur im Doppelpack zu haben: Sie werden immer balanciert durch einen polaren Zwillingswert, der ebenso berechtigt ist. Wie der Fußballtrainer Otto Rehhagel einst sagte: »Man kann nicht langfristig planen und kurzfristig immer verlieren.«

Man braucht eben beides. Verschwiegenheit ebenso wie Offenheit, Entschiedenheit ebenso wie Nachdenklichkeit,

Handeln genauso wie Zurückhaltung. Nicht alles in gleichem Maße, nicht jedes am selben Ort, nicht immer zu gleicher Zeit. Aber stets sind die Werte gleich-gültig, sind als großes UND keineswegs moralisch vorentschieden. Deshalb irrlichtert die oft geforderte »Ambiguitätstoleranz« durch Führungsseminare; sie unterstellt eine falsche Normalität. Meine Toleranz gilt jedoch der Nicht-Ambiguität, der Moralisierung, der heiligen Einfalt. Ich übe mich in Eindeutigkeitstoleranz. Entsprechend fremd ist mir die Tribunalisierung einer bunten Lebenswirklichkeit. Ich interessierte mich für Menschen, wie die Menschen sind; allenfalls noch für Institutionen, wie sie sein könnten. In der Tradition der Aufklärung nehme ich ernst, was sich mit Vernunftgründen rechtfertigen lässt. Und lande damit genau in jenem Dilemma, das Jürgen Habermas beharrlich umging: dass es rational ist, verschiedene Formen von Rationalität anzuerkennen.

Diese Haltung akzeptiert nur wenige Grenzen: Grausamkeit etwa, vor allem die körperliche, ein ebenso rätselhaftes wie uneingeschränktes Übel. Und den gesetzlichen Rahmen – es gibt für diese Vernunft keinen vernünftigen Rechtsbruch, nicht einmal eine moralisch grundierte Rechtsbeugung. Sie ist gekennzeichnet mithin durch die fundamentale Paradoxie, dass ihr Freiheitsbegriff die Freiheitsbeschränkung voraussetzt. Das gilt auch für die Freiheit selbst: Sie meint nicht Unabhängigkeit, sondern die Wahl der Abhängigkeit.

Ist das nun fröhliche Beliebigkeit, das große Egal? Nein, das ist das urbiblische Dilemma. Das ist die Bedingung unserer Freiheit, die uns in die Verantwortung bringt und eine Entscheidung fordert, wollen wir nicht in der Paralyse verharren. Das ist jedoch selten die Entscheidung zwischen Schwarz oder Weiß, selten ein Entweder-Oder. Sie entscheidet eher ein Mehr-oder-weniger, auch ein Heute-so-morgen-anders.

Deshalb vermeidet mein Liberalismus das absolutistische »statt«. Er bevorzugt das »vor«. Also nicht Freiheit statt Zwang, sondern Freiheit vor Zwang, das Weite vor dem Engen, das Kleine vor dem Großen, das Dezentrale vor dem Zentralen. Insofern ermutigt er den Eigensinn, weil nur der einen Unterschied macht. Aber er fördert auch den Gemeinsinn, weil es uns nur dann gut geht, wenn es auch anderen gut geht. Natürlich tritt er auf die Seite der Veränderung, wenn das Alte überlebt ist. Aber er argumentiert auch konservativ, wenn etwas erhaltenswert ist.

Dieses Pendeln, das Kompensieren und Einander-ständig-ins-Wort-fallen, erzeugt Dynamik. Stets bereit zur Korrektur, begleitet vom Wissen, dass nichts »alternativlos« ist. Dass es keine Entscheidung gibt, die man nicht auch anders hätte fällen können. Dass jede Buchung eine Gegenbuchung hat. Dass etwas stärken, heißt: etwas schwächen. Daher will ich den Verlierer kennen. Und nennen. Selbst wenn es, eine weitere Paradoxie, die Freiheit selbst ist. Oft resultiert daraus das Lachen, der somatische Reflex der Freiheit. Denn nur die Uneindeutigkeit ist eindeutig. Das bezeichnet auch den Unterschied zum unterkomplexen Tendenzliberalismus, der sich rechts-, links- oder grünliberal neigt. Insofern: Was sich überhaupt sagen lässt, lässt sich nur unklar sagen; und worüber man nicht schweigen kann, darüber muss man sprechen.

Nun wird einem Leben im Widerspruch gerne widersprochen. Das sei doch Opportunismus! Fähnlein im Wind! Wer für nichts steht, fällt für alles! Das Gegenteil ist der Fall. Ein wirklich liberaler Liberalismus nimmt selbstbewusst das lateinische Wort ernst, das in ihm steckt: die Freiheit. Er hält die Alternativen offen. Er verteidigt die Mehrdeutigkeit. Oder, wer es energischer will, kämpft gegen die heute geradezu explodierende Sehnsucht nach dem Ende der Ambivalenz. Damit meine ich nicht vorrangig die Alternativvernichtung durch Regeln, Gesetze und staatliche Bevormundung, sondern eine geistige Haltung, die nicht mehr das Gegenteil anerkennt: Halbfalschheit, Gesinnungsethik, Populismus, das Dröhnen der Moralisierung, Weltanschauung, die nicht die Welt anschaut. Ein so verstandener Liberalismus wendet sich besonders auch gegen jene, die sich zwar liberal nennen, sich unter diesem Etikett aber lediglich ökonomisch oder wahltaktisch selbstoptimieren, nur das herauspicken, was ihnen gerade in den Kram passt und damit den liberalen Wesenskern faktisch dementieren – das Dilemma.

Richtungspolitisch hält er mithin Äquidistanz zu den Ewigkeitsbeteuerungen der Rechten wie zu den Planungsverstiegenheiten der Linken. In deren geschlossenen Weltbildern ist von vorneherein klar, was richtig und falsch ist. Der Blick des Liberalen ist hingegen offen, für ihn gibt es kein Außen (mit Ausnahme der zuvor genannten), er hat einen integrierenden Blick, betont das Verbindende, nicht das Trennende. Er reagiert gelassen auf die Macken und Absonderlichkeiten der Mitmenschen – er weiß, er hat sie auch.

Wenn er pragmatisch danach fragt, was der Augenblick fordert, wird das nicht selten auf einen Kompromiss hinauslaufen. In dieser Konsequenz steht er für eine paradoxe Freiheit, die sich begrenzt, um sie zu sichern. Wenn zum Beispiel der freie Wettbewerb zu Monopolen führt, die den freien Wettbewerb bedrohen (Google als Beispiel), dann ist er bereit, durch Regeln die Freiheit einzuschränken, um die Freiheit zu erhalten. Auch auf privater Ebene: Wenn ich meine Kinder zu Freiheitswesen erziehen will, stecke ich in dem Dilemma, dass Erziehung die Freiheit begrenzt.

Was sind nun die politischen Konsequenzen einer Haltung, für die der Widerspruch systemisch ist? Sie ist eben nicht passiv und tatenlos, sie ist auch nicht grundsätzlich gegen jeden staatlichen Eingriff. Das ist vielmehr ihr Mantra: Tue alles, um politische Alternativlosigkeit zu verhindern! Erhalte dem Morgen die Möglichkeiten! In dieser Logik bekämpft sie alles, was Systemrisiken erzeugt. Sie will nicht, dass wir »gezwungen« sind, etwas zu tun. Sie hat die Aufgabe, die Wahlfreiheiten zu erhalten. Unsere und die unserer Kinder.

Bleibt die Frage, ob diese Philosophie der Alternative alternativlos ist. Der israelische Autor und Historiker Yuval Noah Harari schreibt: »Jeder Liberale, den die Ereignisse der letzten Jahre zur Verzweiflung getrieben haben, sollte sich daran erinnern, um wie viel schlimmer die Lage 1918, 1938 und 1968 aussah. Letzten Endes wird die Menschheit das liberale Narrativ nicht aufgeben, einfach weil sie gar keine andere Wahl hat.« Da irrt Harari. Unglücklicherweise. Denn die Wahl hat die Menschheit immer. Glücklicherweise.

NZZ vom 08.02.2020

Bekenne, du schlechter Mensch!

Ich bin vor kurzem von einem Unternehmen, das mich zu einem Vortrag über »Digital Leadership« eingeladen hatte, wieder ausgeladen worden. Ich hatte mich geweigert, den »Code of Conduct« zu unterschreiben. Ein Fall von Kleingeisterei, gewiss – aber auch ein Einzelfall?

Öffnen wir die Linse. Führungskräften der Wirtschaft ruft man zu: »Du musst wachsen und profitabel sein, aber vor allem musst du korrekt sein! Diversity! Compliance!« Unternehmen bekennen sich öffentlich zu »Werten«, gründen sich neu als Umweltschutzbünde. Multinationale Konzerne besetzen ihre obersten Leitungsgremien nicht mehr primär nach Leistungskriterien, sondern nach ethnischen Prinzipien oder Geschlecht. In den USA werde ich an der Kasse gefragt, ob ich das Wechselgeld für einen »guten Zweck« spenden wolle. Auch der edle Millionenspender hat offenbar ein schlechtes Gewissen, weil er »der Gesellschaft etwas zurückgeben« will. Hat er denn was gestohlen? Und VW-Mitarbeiter bekommen einen Moralkatalog an die Hand, der sie zum anständigen Handeln anhalten soll.

Öffnen wir die Linse noch weiter, dann werden Gedichte übermalt, Bilder und Kruzifixe abgehängt, Bücher indexiert, Straßen umbenannt und Denkmäler entfernt, ein Professor von universitären Verwaltungsämtern entbunden, weil er die Anmut von Studentinnen (darunter seiner Tochter) pries, Schauspieler aus Filmen herausgeschnitten, die sexistischer Handlungen verdächtig sind. Weg mit allem, was irritiert! Oder besser: irritieren könnte.

Ein Spaltpilz breitet sich aus in westlichen Gesellschaften: Moralisierung. So disparat die Beobachtungen auf den ersten Blick sein mögen, gemeinsam ist ihnen Evangelikalismus, angewendet auf die jeweilige Soziosphäre. Man stürzt sich auf alles, was sich irgendwie tribunalisieren lässt. Knie nieder und bekenne, dass du ein schlechter Mensch bist!

Aus welchen Quellen speist sich diese Tendenz? Beigetragen hat sicher das Jahr 1989, das die Polarität zwischen West und Ost auflöste. Die Welt wurde dadurch unordentlich, moralisch neutral, der Raum der klaren Wertespannung leer. Hinzu kamen die Effekte der Globalisierung, die in den Augen vieler eine »Durcheinanderwelt« (Kaspar Villiger) schufen: Traditionen büßten ihre Klammerwirkung ein, Religionen ihre normierende Verbindlichkeit. Die Sinnangebote wurden kontingent, wählbar, verloren ihre zentripetale Kraft. Der Veränderungsdruck wuchs, nicht zuletzt der wirtschaftliche. Eine tief verunsicherte Gesellschaft ist die Folge.

Nun kann keine Gesellschaft ohne Moral funktionieren – also ohne einen Kodex, der das Verhalten jenseits des Gesetzes normiert. Diesen Kodex nennen wir Anstand. Wollen wir ihn erhalten, müssen wir ihn schützen vor der Moralisierung, vor der Ausweitung der Kampfzone auf alles und jedes, auf Vergangenes und Zukünftiges. Das verlangt erst einmal Begriffsarbeit.

»Moral« ist nicht leicht zu unterscheiden von der »Moralisierung«, wenn man nach Georg Christoph Lichtenberg »die Nase eher rümpfen lernt als putzen«. Differenzieren kann man zwischen der Moral als Inhalt und der Moralisierung als Anwendung. Das trägt allerdings nicht weit, beobachtet man die springflutartige Moralkolonialisierung unserer Lebenswelt. Tragfähiger ist das Ungewollte der Moral. Moral entsteht. Sie wächst ohne intentionales Zutun heran als Folge lebenspraktischer, jahrhundertelanger Erfahrungen. Sie begrenzt menschliche Freiheit und ermöglicht sie zugleich. Sie ist dabei nicht als explizites Regelwerk gesetzlich einklagbar, sondern als impliziter Vertrag lediglich wünschbar. Hingegen ist Moralisierung ein Instantwerkzeug, das nicht historisch gewachsen oder naturrechtlich legitimiert ist. Moralisierung will Moral willkürlich herstellen. Sie ist selbstbegründend. Genau an diesem Punkt, wo die natürliche Grundlage von Moral (Traditionen, Naturrecht, Religion) fehlt, wird ein Werteüberschuss erzeugt und konfrontativ ausgedehnt.

Genau genommen geht es den Moralisierern um Interessen. Sie gießen ihre Interessen einfach in »Werte« um. Dadurch verschleiern sie persönliche Vorteile und veredeln ihre Sozial-Imperative mit dem Glanz allgemeiner Zustimmung. Das immunisiert. Interessenkonflikte ließen sich ja aufklären und ausgleichen; Wertekonflikte kann man nur konstatieren. Will man sie lösen, muss man den anderen eliminieren. Das erklärt die Aggressivität der Moralisierer.

Die Vorteile, an denen die Moralisierer festhalten wollen, sind dabei keineswegs vorrangig materieller Natur. Wichtiger sind die mentalen Moralisierungserträge.

Erstens: Moralisierer wollen Ordnung schaffen. Sie negieren Mehrdeutigkeiten, teilen einen Gegenstand in zwei Seiten und gehen dann auf die »gute« Seite des Polaritätenprofils. Dafür verlagern sie den ehemals großen weltpolitischen Dualismus in soziale Subspannungen, etwa Frauen/Männer, Inländer/Ausländer, Traditionalisten/Progressive, Fleischesser/Vegetarier, Vielflieger/Velofahrer. Das gibt ihnen wieder Sicherheit und Überblick.

Zweitens: Moralisierer weisen auf sich selbst zurück. Indem sie andere explizit abwerten, erhöhen sie sich implizit selbst: Negation ist Affirmation. Das geht mit Machtrausch einher: Moralisierer sind übergriffig, respektieren keine Grenzen, schon gar nicht das Individuum, stellen sich immer über andere. Sie zielen auf Ausschluss: »Wir haben mehr Recht dazuzugehören als ihr!« Deshalb ist die Gestaltgeste der Moralisierer die Verengung. Sie wollen nicht die Wahlmöglichkeiten erhöhen, sondern verringern.

Drittens: Moralisierer kennen keine Individuen; sie denken in Kollektiven. Sie teilen die Gesellschaft in identitäre Gruppen auf, billigen der eigenen Gruppe Opferstatus und entsprechend höhere Ansprüche zu und stellen diese über das Wohl anderer Gruppen. Deshalb ist auch nicht relevant, was jemand sagt, sondern wer es sagt beziehungsweise zu welcher Gruppe er gehört. Nur wer beim Opferwettbewerb ganz weit vorne ist, ist satisfaktionsfähig.

Viertens: Moralisierer denken nicht. Sie urteilen. Mehrdeutigkeit, Ambivalenz, Kontext- und Situationsbezug kennen sie nicht. Auch nicht das Gute im Schlechten. Deshalb kapseln sie sich gern ab in dogmatischen Selbstbestätigungsmilieus. Geistig sind sie nicht sehr entwickelt, obwohl es ihnen an plausiblen Gemeinplätzen nicht fehlt. Diese aber blenden jede Form von Zweifel, von Aporie und Dilemma aus. Alles ist Schwarz-Weiß, einfach, eindeutig. Und publikumswirksam: Wo der Fluss breit ist, ist er meist auch seicht. Das erinnert an Hermann Lübbes Diktum: »Moralismus ist der Triumph der guten Gesinnung über die Gesetze des Verstandes.« Zugleich sind sie hochenergetisch, wach, tätig, misstrauisch, versierte Erniedriger höherer Ideen und Menschen, erfüllt von menschenfreundlichen Theorien. Sie gehen nicht auf Argumente ein, sondern sind empört, dass sie überhaupt vertreten werden. Weil sie sich im Dienst einer höheren Sache wissen: Natur, Gemeinwohl, Nation, Staat, Frauen, Menschheit, Zukunft. Und selbst, wenn sie sich sachlich irren – moralisch liegen sie richtig.

Damit betreten wir – fünftens – das Gebiet der Paradoxie. Dass Moral sich in Unmoral, Recht in Unrecht wandeln kann, dass gute Absichten schlechte Folgen haben, egoistisches Verhalten umgekehrt sozialen Nutzen erzeugen kann – diese Gedankenwege beschreiten sie nicht. Im Regelfall wird ein Wert aus der Ambiguität herausgelöst und normativ so hoch aufgeladen, dass man sich aus der Solidargemeinschaft der Zivilisierten verabschiedet, hebt man gegen ihn die Stimme.

Wie bei der Nachhaltigkeit: Können wir sie nur moralisierend fordern oder müssen wir ihre Implikationen nicht viel stärker am Kältepol diskutieren? Ist derjenige, der bei der Einwanderungspolitik auch die Interessen des aufnehmenden Staates berücksichtigt, ein pathologischer Fall von Antimodernität? Es ist billig, sich mit den Ärmsten der Armen zu solidarisieren, aber nichts zu tun, was ihren Zustand verbessert. Wer keine Tropenhölzer verarbeiten will, soll gleichzeitig zeigen, wie sich der Regenwald auf Dauer retten lässt, ohne dass man ihn forstwirtschaftlich pflegt. Das ist der Kern: Moralisierung wächst mit der Entfernung.

Ohne Moral geht es nicht. Aber ihre Überdehnung auf alle Lebensbereiche, die Segmentierung der Gesellschaft in Gute und Schlechte, zerstört den Wert der Moral: dem Zusammenleben zu dienen, nicht der Trennung.

NZZ vom 11.04.2018

Im Jahr 2022 entbrannte anlässlich der Fußball-Europameisterschaft der Frauen erneut die Diskussion um »Gender-Pay-Gap«: Ist es in Ordnung, dass Frauen nur selten von ihrem Sport leben können, während Männer Millionensaläre kassieren? Ein Exempel für die umgreifende Moralisierung aller Lebensbereiche.

Der gerechte Preis

Verdienen fußballspielende Frauen zu wenig? Verdienen unternehmenspielende Manager zu viel? Was ist mit den »systemrelevanten« Krankenschwestern und -pflegern – ist deren Lohn zu gering? Ist es nachvollziehbar, wenn die CASE-Initiative eine »faire Bezahlung« für Künstler fordert? Wird der Strom gerade »teuer«? Ist das Benzin eigentlich immer noch zu »billig«? Die Antwort auf diese Fragen hängt ab von Erwartungen, die wir an die Preise für bestimmte Produkte und Dienstleistungen herantragen. Erwartungen wiederum resultieren aus vergangenen Erfahrungen, Ankerpreisen und aktuellen Alternativen. All das lässt uns vergleichen und entsprechend urteilen. Wenn uns dann etwas als »preiswert« erscheint, ist das zwar umgangssprachlich oft mit »billig« assoziiert, meint aber im Kern nur, dass etwas offenbar den Preis wert ist. Dann empfinden wir einen Preis als gerechtfertigt, dann ist der Preis gerecht.

Der gerechte Preis ist seit jeher eine Grundfrage des sozialen Lebens. Platon ließ in seinem Alterswerk *Nomoi* die Preisbildung von Marktaufsehern beobachten und als »Gleichheit« festlegen. Aristoteles hingegen sprach sich für die »Wechselbezüglichkeit« der Handelnden aus. Platon war erfolgreicher. Seine Auffassung spiegelt sich im Alten Testament bei Moses (3.25,14): »Wenn du nun etwas deinem Nächsten verkaufst oder ihm etwas abkaufst, dann soll keiner seinen Bruder übervorteilen.« Oder seine Schwester, dürfen wir heute hinzufügen. Denn gerade bei der Fußball-EM der Frauen erhob sich erneut die Diskussion um Tauschgerechtigkeit. Sollten sie nicht vom Fußballspielen leben können? Da mischte sich sogar der deutsche Bundeskanzler per Twitter ein: Wir schrieben doch das Jahr 2022 und da sollten endlich Männer und Frauen im Fußball gleich bezahlt werden.

Eigentlich müsste im Fall des Fußballs schon der gesunde Menschenverstand ausreichen, um in der Forderung nach Prämiengleichheit eine zeitgeistig-moralisierende Verstiegenheit zu erkennen. Aber mit dem gesunden Menschenverstand ist es gegenwärtig nicht so weit her, vor allem nicht bei den Basta-Fraktionen, die sich einer rationalen Argumentation verschließen. Deshalb müssen wir, um die Frage nach dem gerechten Preis zu beantworten, die Dinge aus der gewohnten Trübheit holen.

Erstens: Wir arbeiten arbeitsteilig. Niemand ist heute Selbstversorger, wir sind alle Fremdversorger. Was jemand erarbeitet, muss an die Gesellschaft übergehen, von der er wiederum das zurückerhält, was er braucht, um sein Überleben zu sichern. Damit ist Arbeit immer Arbeit für andere. Es ist Arbeit »auf den anderen zu« – sonst wäre es Beschäftigung.

Zweitens: Unter obiger Bedingung kann niemand erfolgreich sein, der möglichst viel *haben* will. Wirtschaft gedeiht nur, wenn jeder möglichst viel *geben* will. Nur dann kann wieder etwas zurückströmen – auch wenn der Wohlfahrtsstaat diese Binsenwahrheit leugnet. Kurz: Wer vielen Menschen dient, verdient viel; wer wenigen dient, verdient wenig. Viele wollen fußballspielenden Testosteronbolzen beim Bolzen zuschauen – und verhelfen dadurch vielen anderen außerhalb des Stadions zu Arbeitsplätzen. Diese Hebelwirkung für das Einkommen *anderer* ist ein zentrales Element der Preisbildung. Und damit die Fundamentalmechanik ökonomischer Ungleichheit.

Drittens: Wenn ein Mensch im wirtschaftlichen Geschehen etwas *fordert* (zum Beispiel eine »faire Bezahlung«), dann will oder kann er nicht genug *geben* – jedenfalls weniger, als ihm ein Tauschpartner freiwillig zurückgeben will. Dann kippt er zurück auf die Stufe der Selbstversorger. Und wird daher für den sozialen Organismus irrelevant. Milder formuliert: Er wird *austauschbarer*. Je austauschbarer ein Mensch für die Lösung einer bestimmten Aufgabe ist, desto weniger verdient er. Im Spitzenfußball: Eine Fußballspielerin könnte den Job eines Fußballspielers nicht übernehmen – jedenfalls nicht in dem Maße wie umgekehrt. Wer das anders sieht, muss für geschlechtsunabhängige Ligen plädieren.

Viertens: Das Fordern zielt auf einen Lohn. Lohn wofür? Gemeinhin wird gesagt: für Arbeit. Das ist falsch. Niemand kann seine Arbeit verkaufen – sie ist kein Gegenstand, keine Ware. Sie bleibt als Arbeitsvermögen beim Arbeiter. Er kann nur das *Produkt* seiner Arbeit verkaufen: Waren und Dienstleistungen. Im Fall der Fußballerinnen: Unterhaltung.

Diesen – nur scheinbar haarspalterischen – Unterschied zu übersehen, ließ schon Karl Marx ins Theorieverderben rennen. Ein klassischer Kategorienfehler mit Folgen: Wenn man den gerechten Preis *der Arbeit* diskutiert, richtet sich der Blick *nach innen*, weist man auf einen selbstdefinierten

Anspruch des Arbeiters zurück. Dann diskutiert man implizit den Wert eines Menschen – und nicht den Preis seines Produkts. Und dann wird es sumpfig. Denn »Gleicher Lohn für gleiche Arbeit!«, Gleiches gleich behandeln, Ungleiches ungleich – das entspricht der Intuition der meisten Menschen. Wird aber im Fußball von Männern und Frauen Gleiches angeboten? Nur in dem Fall, dass man Arbeit (als Eigenschaft des Arbeiters) verwechselt mit dem Produkt seiner Arbeit. Diskutiert man hingegen den Preis von Produkten und Dienstleistungen, dann richtet sich der Blick *nach außen*, dann kommt der Empfänger in den Blick, der dafür einen Preis zu zahlen bereit ist. Oder eben nicht. Weil es ihm eben nicht preis-wert erscheint. Das äußert sich im Fall der Fußballfrauen in geringeren Merchandise-Umsätzen, Werbeeinahmen, Zuschauerzahlen. Bundeskanzler Scholz, der höhere Prämien für Frauen *fordert*, will mithin das Votum der Zuschauer aushebeln. Ein Sozialdemokrat, der das Soziale geringschätzt. Dafür sollte er Stadionverbot erhalten.

Fünftens: Ein gerechter Preis ist dann vorhanden, wenn jemand für das Produkt seiner Arbeit so viel Gegenwert bekommt, dass er ein äquivalentes Produkt erzeugen kann. Ob er davon auch leben kann oder sollte, ist eine ganz andere Frage. Sie wird beantwortet von Menschen, die freiwillig etwas zurückgeben oder nicht. Ob das zum Leben reicht, kann man nicht fordern, sondern nur erstreben.

Diese fünf Aspekte definieren einen sozialen Organismus, bei dem der Produktstrom dem Geldstrom entgegenläuft und beide sich zum gerechten Preis ausgleichen. Dieser Preis kann sich natürlich nur bilden, wenn preisverfälschende Einflüsse weitgehend ausgespart bleiben: staatliche Eingriffe, kartellartige Zusammenschlüsse, Marktmanipulationen.

Und: Wenn der Gegenstrom *beobachtbar* ist! Das fällt leicht im Fall des Fußballs: Zuschauerzahlen und Einschaltquoten kann man messen. Das ist im Fall angestellter Manager und Managerinnen schwieriger. Gehen wir für einen Moment davon aus, dass kein Mensch heute mehr ernsthaft glaubt, Frauen würden durch eine männerdefinierte Glasdecke von den Fleischtrögen der Wirtschaft ferngehalten. Dann bleibt das Problem, dass die zuschauende Öffentlichkeit ausgeschaltet ist. Im Unternehmen ist die Arbeit (Arbeitsvermögen des Angestellten) und das Produkt (Wert für den Kunden) kaum unterscheidbar. Ließe man – wie im Fußball – die Kunden eines Unternehmens entscheiden, ob man Frauen ausschließlich aufgrund ihres Frauseins in die Chefetagen befördern sollte, wäre der Meinungstrend wohl eindeutig: Mit Wirklichkeitssinn kann das niemand wollen. Es wird einem Kunden auch egal sein, ob sein Produkt von einer Frau oder einem Mann hergestellt wurde, von einem Inder oder Schweizer, von einer Katholikin oder Muslima. Die mangelnde Beobachtbarkeit der Tauschgerechtigkeit ist der Nebel, in dem die Gleichheitsfantasien wuchern und der Preis ungerecht wird.

Wenn wir Situationen unmittelbarer Existenzbedrohung ausblenden, dann ist jeder Preis ungerecht, der durch Eingriff in die Freiheit des Gegenstromverfahrens festgelegt wird. Der deutsche Bundeskanzler fordert mithin einen ungerechten Preis. So wie es jede Forderung tut.

NZZ vom 06.09.2022

»Man kann nichts verlieren,
ohne etwas zu gewinnen.«

Die Sinngebung des Sinnlosen

Als Kind hatte ich oft den Wunsch, morgens lange liegen zu bleiben. Ein Wunsch nach Frieden und Ruhe, das Genießen der Stille. »Selig, wer sich vor der Welt / ohne Hass verschließt …« Nichts wollen, allein sein, nirgendwo hinmüssen. Vielleicht noch aus dem Fenster schauen, auf den Himmel draußen. Nicht gefangen sein in der Schule oder auch im Sichbeweisenmüssen bei den anderen. Das Sonnenlicht, das mich weckte, es fiel auf den Schreibtisch, leuchtete auf. Weiß. So begann für mich der perfekte Tag. Er stach heraus, glich nicht den anderen, den routinierten. Er fand zurück zu dem, was gestern war, und leitete mich zu dem, was morgen sein würde. Eine lange Weile, die nie langweilig war.

Zeitschnitt.

Das Virus hatte alle Macht an sich gerissen. Ich blieb liegen. Ich musste nirgendwo hin. Ich konnte nirgendwo hin. Ich *durfte* nirgendwo hin. Die Zeit stockte. Keine Vorträge mehr halten, keine Flüge buchen, keine Termine wahrnehmen, kein Einkommen mehr haben als Selbstständiger. Vielleicht noch aus dem Fenster schauen, auf den Himmel draußen … nein, *damals* als Kind war es doch etwas ganz anderes. Es war ersehnt, immer wieder, es war mein Wunsch, Konsequenz meines freien Willens. Und eben nicht von den Umständen forciert. Lange noch vor der Zeit, als Dauergetriebene was von Entschleunigung und Achtsamkeit keuchten.

Wie unterschiedlich doch dieselbe Situation erlebt wird, wenn sie freiwillig oder erzwungen ist! Wie sehr doch das Unverfügbare das Begehren dramatisiert! Genau darum geht es immer wieder. Wir können viele Dinge beeinflussen. Aber nicht alle. Es gibt auch das Unvorhersehbare, das wir nicht gewählt haben. Auch die kalten Duschen des Lebens, die uns passieren und unter denen wir leiden. Jedoch: Wie wir darauf *reagieren*, das ist unsere Entscheidung. Wenn wir die Dinge nicht verändern können, können wir immer noch unsere Einstellung ändern. Wir sind jedenfalls dem Schicksal nicht vollumfänglich ausgeliefert. Wir konnten zum tatenlosen Daheimbleiben in der Corona-Krise »Ja« sagen, uns entschließen, sie anzunehmen. Die Krise uns zur Aufgabe machen, die Gestaltungsspielräume nutzen, die uns blieben. Wir konnten, spreche ich es aus, ihr Sinn geben.

Nur wenige haben diesen Gedanken der Sinn-Gebung so detailliert entfaltet wie der österreichische Psychologe Viktor Frankl. Als Überlebender von vier Konzentrationslagern erkannte er: »Jeder Mensch behält bis zum letzten Augenblick seines Lebens die Freiheit, über seine Haltung zu der tragischen Situation zu entscheiden.« Dieses Potenzial des Menschen nannte Frankl »die Trotzmacht des Geistes«. Es ist die geistige Einstellung dem Leiden und der Tragik gegenüber, die darüber entscheidet, ob der Mensch es bewältigen oder an ihm verzweifeln wird. Niemand kann uns die Freiheit nehmen, sich zu den gegebenen Verhältnissen so oder so einzustellen. Und es gibt immer ein so oder so. Auch in der gegenwärtigen Krise. Dabei geht es nicht darum, eine graue Realität rosarot anzumalen oder sich irgendetwas schönzureden. Man kann sehr deutlich das Defizit sehen. Aber die Einstellung der Sinn-Gebung anerkennt das, was ist, wie es ist. Ent-Schiedenheit macht den Unter-Schied.

Gilt das auch, wenn ein wichtiger Mensch fehlt? Wenn die, die man liebt, fort sind? Gilt das auch für jene, die gerade um ihre wirtschaftliche Existenz bangen? Ja, es gilt auch dann. Aber es ist keine leichte Übung. Wenn man die Dinge aus der Distanz betrachtet, rückwirkend zum Beispiel, dann wird man erkennen: Man kann nichts verlieren, ohne etwas zu gewinnen. Wenn man bereit ist, es zu sehen. Das plötzliche, unerwartete Gefühl von Glück, von Freiheit. Und wenn es nur die lächerliche Erfüllung des Kinderwunsches ist, morgens länger liegen zu bleiben.

getabstract Journal vom 03.04.2020

»So entwickeln sich nahezu
alle Unternehmen:
Einst hatte man Probleme,
für die man Lösungen suchte;
dann hat man Lösungen,
für die man Probleme sucht.«

Next Leadership?

Bernhard Krusche: So viele Jahre unterwegs in Führungsfragen. Was hat Sie in ihrer Lebensgeschichte dazu bewogen, sich des Themas Führung anzunehmen?

Reinhard K. Sprenger: Mir fiel nichts Besseres ein. Früher nicht und heute nicht. Ernsthaft: Es waren ein paar biografische Zufälle, die mich dem Thema zuführten. Während der Universitätsjahre insbesondere die intensive Beschäftigung mit dem Prinzipat des Augustus. Kann ich zum Studium nur empfehlen! Später dann, während meiner Zeit bei 3M und bis heute, die Spannung zwischen Freiheit und Bindung, die ja der Führungsdynamik inhärent ist. Ich bin aber nicht sicher, ob ich das Thema gewählt habe oder das Thema mich.

Das hört sich nach Passion an. Sind Sie ein »Chief Evangelist«, ein Mann mit Sendungsbewusstsein?

Beruf ist für mich Berufung. Ein Ruf erklingt und den muss jemand hören. Mich hat immer der Ruf der Freiheit erreicht. Einer negativen Freiheit, wohlgemerkt, als Abwesenheit von Zwang. Und das hat viel mit Distanzen zu tun. Mit Grenzen, die zu respektieren sind. Mit Unterschieden und Unterscheidungen. Gerade auch im Management leiden wir ja unter dem Verlust an Unterscheidungen. Die Pointe daran ist, dass ich mich für eine distanzierende »Verhaltenslehre der Kälte« (Helmut Lethen) erhitze.

Unternehmer, Manager, Führungskräfte: Welche Unterschiede machen Sie bei diesen Bezeichnungen?

Erhebliche. Auch wenn diese Typen in Reinform nicht existieren, kann man mit ihnen doch Unterschiede markieren. Der Kern des Unternehmertums ist eigentumsrechtlicher Natur: Ein Unternehmer riskiert sein eigenes Geld. Ein Manager hingegen verwaltet das Geld anderer Leute. Deshalb sind die risikolosen Maximaleinkommen angestellter Manager ordnungspolitisch falsch und gesellschaftlich obszön.

Gesellschaftlich obszön? Da steckt Empörung drin. Was, wenn man da nicht moralisch argumentieren will? Für welches gesellschaftliche Problem sind solche Gehälter eine Lösung? Ganz augenscheinlich werden sie von den zuständigen Kontrollgremien, aber auch der Öffentlichkeit, das heißt von uns allen geduldet. Warum sind wir in diesem Fall so nachlässig?

Es gibt in diesem Zusammenhang kein »Wir«. In den hohen Gehältern kristallisieren sich ja Grenzüberschreitungen. Der Manager Jürgen Schrempp hat damals mit der Vermählung von Daimler und Chrysler die historisch gewachsenen und vertikal-legitimen Gehaltsstrukturen in Europa zerstört. Und sie gleichsam horizontalisiert mit lüsternem Blick auf die deutlich gespreizteren Gehälter in den USA. Zum anderen kristallisieren sich in den extremen Individualgehältern schlicht Erwartungen. Erwartungen des Anlagekapitals, dass es sich mehrt, wenn es den Reichtum anderer mehrt. Auch hier gibt es kein »Wir«. Das Anlagekapital in Deutschland ist in seinem Hauptstrom weder individuell noch deutsch. Vielmehr kollektiv und international. Das ist anthropologisch schlecht vorbereitet.

Was meinen Sie damit?

Die Gehaltsexzesse werden mit dem Markt und dem internationalen Wettbewerb um gute Leute legitimiert. Beides ist lächerlich. Jedenfalls ist mir kein Fall bekannt, bei dem ein deutscher Manager ins Ausland gerufen wurde und aus Geldgründen ging. Legitimität ist ein vertikales Phänomen ist. Es bleibt bis auf weiteres an eine Kultur, ein Land, ein Volk gebunden. Alles andere ist naiver Kulturrelativismus. Legitimität vergleicht oben und unten, den Menschen an der Kasse mit dem Menschen an der Spitze. Und dieser Vergleich schadet dem Vertrauensbestand der Gesellschaft. Die schlichte Tatsache, dass es für Topmanager keinen Tarifvertrag gibt, darf uns nicht daran hindern, über Angemessenheit, über das vertikal zu Vertretende zu diskutieren. Früher nannte man das mal Anstand. Viele kluge, elitäre und wohlhabende Menschen kämpften für Angemessenheiten, um die legitimatorische Basis zu sichern: Von den Gracchen in der Römischen Republik bis Otto von Bismarck.

Sie glauben also, dass die Position von Managern als angestelltes Personal einer der Gründe ist, warum die meisten unserer Organisationen reformunfähig sind?

Sicher einer der Gründe. Manager sind Verwalter des Status quo. Sie brechen immer nur rhetorisch zu neuen Ufern auf. Was man ihnen nicht vorwerfen darf. Weil sie, im Finanzjargon zu reden, im Unterschied zum Unternehmer ein anderes Rendite-Risiko-Profil haben. Ganz einfach, weil sie sich rechtfertigen müssen. Das muss der Unternehmer nicht. Aber damit ist die Reformunfähigkeit der Unternehmen sicher nur zum Teil erklärt.

Ein weiterer Grund ist, dass der Anteil des Zufallsglücks am Unternehmenserfolg unterschätzt wird. Das Ausblenden des Zufalls bei der »großen Erzählung« lässt Manager an kausale Erfolgsrezepte glauben, die man als Unternehmensidentität auch bei Change-Prozessen bewahren müsse. Das verhindert das Möglichkeitsbewusstsein, das radikale Neudenken. Deshalb stecken so viele Unternehmen in einer kleinlichen Optimierungslogik fest: weil man sich nicht von den Kausalitätsunterstellungen vergangener Erfolge verabschieden will. Alles wird besser; nichts wird gut.

Und was ist mit den Führungskräften?

Eine Führungskraft interagiert vorrangig mit Menschen, und das vor allem mit Blick auf eine gemeinsame Zukunft. Ein Manager erledigt vorrangig werkzeugbasierte Verwaltungsaufgaben mit Blick auf die Gegenwart. Meistens haben wir es aber mit Mischformen zu tun: Einem Leader ohne Managementfähigkeiten wird bald die Luft wegbleiben; einem Manager ohne Leadership-Fähigkeiten fehlt die Richtung. Die besten Unternehmer, die ich kennenlernen durfte, waren wiederum eher Führungskräfte als Manager.

Wo bleiben bei Ihnen die Leute, die für das Öffnen der Gucklöcher nach Außen zuständig sind? Wer sorgt Ihrer Meinung nach für Durchzug in Organisationen? Das Thema Innovation ist zwar in aller Munde, aber wo wird es tatsächlich gekaut und geschluckt?

Ich habe grundsätzliche Zweifel, ob in den Unternehmen unter dem Stichwort Innovation mehr gemeint ist als Reparaturintelligenz. Organisationen, vor allem große, leben gerade davon, Alternativen auszuschließen oder zu ignorieren. Das kann sich nur ändern in Situationen tatsächlich bedrohten Systemerhalts. Etwa SAP 2007, als das Unternehmen kurz davorstand, die Lichter auszumachen. Im Regelfall regiert jedoch die Not der Notlosigkeit. Deshalb gibt es keine Notwendigkeit zu einer fundamentalen Neuorientierung. Deshalb ist der Ort der Innovation vorrangig außerhalb der Organisationen zu finden, etwa in kleinen Start-ups, die dann eingekauft werden. Oder bei Fusionen, bei denen man sich von dem alten Schrott trennt, was andernfalls kaum durchzusetzen wäre. Aber vielleicht kann die Knappheitssituation auf den Personalmärkten und die neue Generation selbstbewusster Techno-Nerds hier einen Störungsauftrag wahrnehmen. Und insofern den Status quo stabilisieren, indem man ihn mit homöopathischen Dosen und in optimistischer Absicht irritiert.

Die Poesie der Reformen ... Das hört sich nach wenig Spielraum an. Man schaut stolz in den Rückspiegel vergangener Erfolge, tritt berauscht davon das Gaspedal durch und hat nicht mal mehr die Zeit sich zu wundern, dass da plötzlich eine Mauer steht. So ungefähr?

So entwickeln sich nahezu alle Unternehmen: Einst hatte man *Probleme*, für die man Lösungen suchte; dann hat man *Lösungen*, für die man Probleme sucht. Einst war das Unternehmen das Mittel zu dem Zweck, die Probleme der Kunden zu lösen; dann ist der Kunde das Mittel zu dem Zweck, die Probleme der Unternehmen zu lösen. Die Organisation wird absolut gesetzt, nicht mehr hinterfragt. Unangenehme Informationen will man nicht mehr wahrnehmen. Und starke, erfolgsverwöhnte Tradition verführt zu dem Glauben, dass es so, wie es lange war, auch noch lange sein wird. Erfolg macht lernbehindert. Und dann fliegt man plötzlich aus der Kurve, heute in historisch vorbildloser Geschwindigkeit. Wo einst Leidenschaft war, ist nun Archiv. Deshalb ist der Störungsauftrag der Führung so wichtig.

Sind denn die neuen Technologien, die Digitalisierung ganzer Branchen und Wertschöpfungsketten, ein relevanter Stolperstein für Unternehmen? Gilt auch hier das evolutionäre Primat aller Systeme: »survival is not mandatory?« Und wenn ja: Welche Organisationsformen könnten hierbei eher das Rennen machen?

Viele Firmen verfügen nicht mehr über das, was viele Jahrzehnte galt: weitgehend stabile Kundenpräferenzen. Diese Situation am *point of sale* ist komplexer geworden, unsicherer und kaum prognostizierbar. Sie fordern die Unternehmen permanent heraus, den Kurs zu wechseln. Viele Kundenprobleme fordern individuelle Lösungen. Und je individueller die Lösung, desto flexibler die Struktur. Unter den zu erwartenden Bedingungen glaube ich daher an dezentrale Strukturen. Nur die ermöglichen, den schnellsten Computer zu nutzen, den das Unternehmen zur Verfügung hat: das menschliche Gehirn. Das wäre dann die Wiedereinführung des Menschen ins Management. Wir müssen dringend kompensieren, was die Organisation als Organisation geschwächt hat. Die Koordination der Gesamtsteuerung ist dann eine Aufgabe für Menschen, denen es nicht um Macht geht, sondern um Erfolg.

Könnte man sagen, dass Sie den Strukturwandel unserer Gesellschaft gar nicht als Strukturwandel begreifen? Neuer Wein in alten Schläuchen sozusagen? Und wenn dem so ist: Sind dann die disruptiven Verwandlungen ganzer Branchen nur ein medial gehyptes Übergangsphänomen, und die Idee eines neuen Führungsverständnisses ein Ablenkungsmanöver von den Hausaufgaben, die nach wie vor ungemacht sind?

Besser als Sie könnte ich das nicht sagen. Ich will nur hinzufügen: Soweit ich das überblicke.

Lassen Sie uns noch kurz bei der Führung bleiben. Sie sagen, das ist über weite Strecken »people business«. Und das wiederum hat viel mit Rahmensetzungen zu tun. Was aber, wenn das »sense making« versagt? Wenn also funktionale Logiken, alltägliche Lebenswelten und einzelne Gesellschaftsbereiche überraschende Nachbarschaftsverhältnisse eingehen, die nicht mehr auf einen sinnvollen Nenner zu bringen sind? Woher nimmt Führung in Zukunft ihren Sinn?

Für mich gibt es da kein Gestern oder Morgen. Es gab noch nie eine administrative Erzeugung von Sinn. Man kann Sinn nicht als Angebot im Bauchladen haben. So sehr sich die Unternehmen auch darum bemühten. Die Sinnbewirtschaftungsmaßnahmen wie Visionen, Missionen oder auch Motivierungen haben ja die Menschen nie wirklich erreicht. Weil sie Kontingenz negieren und skandalös unterkomplex sind. Das haben die Menschen zwar selten analytisch entlarvt, aber doch gefühlt. Unternehmen waren daher seit jeher gut beraten, die Möglichkeiten individueller Sinngebung nicht allzu sehr zu verengen. Also nicht Profitabilität oder die Steigerung des Unternehmenswertes als Eindeutigkeitssinn zu oktroyieren. Die individuellen Sinngebungen der Menschen hingegen sind konkret und belastbar. Es ist doch nichts dagegen zu sagen, wenn jemand seine Familie ernähren will, oder? Oder muss man ihm etwas von der Sehnsucht nach dem weiten Meer erzählen? Dann wäre Sinn Blödsinn. Man sollte gute Leute nicht mit Geraune durcheinanderbringen.

Sie meinen, diese wunderschönen Poster mit »Beim Steinklopfen an Kathedralen denken« sind für die Tonne? Aber warum treiben dann Organisationen diesen ganzen Aufwand? Halten

Sie Manager tatsächlich für so wahrnehmungsgestört, dass sie das gefühlte Unbehagen schlicht nicht mehr bemerken? Ist das Ratlosigkeit? Verdunklungstaktik? Oder gar Ausdruck eines schlechten Gewissens, weil man vielleicht doch gemerkt hat, dass die schlichte Aufforderung nach mehr Profit für Kapitalmärkte ins Leere läuft?

Darauf gibt es mehrere Antworten. Wahrscheinlich halten die Menschen die existenzielle Obdachlosigkeit nicht aus. Oder sie haben Grandiositätsfantasien, die durch Sinnbewirtschaftungsmaßnahmen befriedigt werden. Oder aber das Management plappert noch den 1970er-Jahre-Hit von Peters und Waterman *In Search of Excellence* nach. Oder beugt sich den moralisierenden Nötigungen der Rating-Industrie. Sicher ist: Wer zu profitabel ist, macht etwas falsch. Das erzeugt reflexhaft Legitimationsdefizite. Insofern gilt noch immer: Wenn das Unternehmen sich zum Selbstzweck setzt, also der Kunde nur Mittel zum Zweck der Steigerung des Unternehmenswertes ist, beginnen wir Weihwasserkesselchen zu schwenken.

Glauben Sie, das Unternehmen mehr liefern müssten als nur die eigene Selbstoptimierung? Hier würde nämlich für mich die Sinndimension ins Spiel kommen – und so erlebe ich auch die Fragen der kommenden Generation: Ich bin doch nicht auf der Welt, um bei der Telekom Tarifoptimierung zu betreiben.

Grundsätzlich sind Unternehmen Veranstaltungen zur Erzeugung und zum Vertrieb von Produkten und Dienstleistungen. Dabei gilt grundsätzlich das ökonomische Prinzip. Wenn also das Unternehmen gute Produkte und Dienstleistungen zu marktdefinierten, also nicht subventionierten Preisen anbietet, handelt es sozial verantwortlich. Mich stört die Respektlosigkeit der Restgesellschaft gegenüber dem Eigensinn der Wirtschaft. Übergriffig wird moralisiert im Sinne von »Du sollst Geld verbrennen, das dir nicht gehört, um Leuten zu gefallen, die nicht unterscheiden können. Und die ohnehin alles Geld verachten, das nicht ihr eigenes ist.« Und was den Sinn angeht, so ist ohnehin nur die individuelle Sinngebung belastbar, nicht eine zentral oktroyierte Sinn-Nehmung.

Die klassischen Autoritätsressourcen erodieren. Heroische Gesten und der Rückzug auf hierarchische Positionen locken gerade in den jüngeren Generationen niemanden mehr hinter dem Ofen hervor. Aus was schöpfen Führungskräfte in Zukunft denn die Legitimation für ihr Tun?

Auch da kann ich nichts wirklich Neues entdecken. Legitimität war schon immer eine heikle Angelegenheit. Weshalb die Organisation ja den fortwährend mitlaufenden Zweifel hierarchisch dämpft. Gute Führung ist dann, wenn der Chef sagt: gute Führung! Das System will es so. Und wir wollen mal sehen, ob die von Ihnen angesprochene Generation sich nicht auch an den Biertischen der Macht andient. Es sei denn, Sie meinen die kleine Elite digitaler Entrepreneure; bei denen mag es anders sein. Dennoch bleibt unbestritten: Damit eine Führungskraft ihren Job erfolgreich machen kann, also wirklich etwas zur Überlebenssicherung des Systems beiträgt, dafür muss sie von den Mitarbeitern mehrheitlich gewählt sein. Sonst bleibt sie ein Vorgesetzter. Der hat schon heute ein Legitimitätsdefizit. Wobei die Gründe für diese Wahl so unterschiedlich sein können wie die Mitarbeiter selbst. Führende haben Folgende, das ist jedenfalls das überzeitliche Grundgesetz. Ob es allerdings immer der Führung bedarf, da habe ich meine Zweifel.

Diese teile ich, und doch bleibt für mich die Frage, ob solche Wahlergebnisse mit Blick auf eine nächste Gesellschaft von anderen Faktoren beeinflusst werden als sie es bislang waren. Was muss eine Führungskraft leisten, um in Zeiten von Twitter, Facebook & Co. von ihren Leuten gewählt zu werden?

Das mag ich kaum prognostizieren. Die Wahl wird ja von den Vorgesetzten schon heute mehrheitlich verloren. Hierarchie wird es immer geben, mal stabiler, mal flexibler. Und sie wird automatisch Widerstand erzeugen, weil das Entscheiden von Zielkonflikten ihr existenzielles Zentrum ist. Vielleicht kann ich sagen, dass die Wiedereinführung des Senioritätsprinzips anthropologische Vorteile hätte. Also die Beförderung wegen Alter und Treue, nicht wegen Leistung. Dann würde wenigstens die Quote psychisch Erkrankter auf den Chefsesseln der allgemeinen gesellschaftlichen Quote entsprechen. Das wäre doch mal ein fortschrittlicher Rückschritt. Ich halte immer noch Dieter Zetsches Wort »Manchmal genügt es, kein Arschloch zu sein« für das klügste zum Thema. Ich bin aber nicht sicher, ob er selbst es weiß.

Und wie würden Sie die Figur eines postheroischen Managers charakterisieren?

Ach, die Sprachverwirrungen, würde Wittgenstein sagen. Ich weiß nicht genau, was postheroisch ist. »Alle mir nach« ist doch schon lange *out*. Ich könnte über diese Figur eigentlich nur sagen, was sie nicht ist. Männlich nämlich. Männlich in seinem ganzen Bedeutungsumfang, wenn man in Zeiten politisch korrekter Gehirnverseuchung noch so reden darf. Wortkarge Männer, selbstsichere, durchsetzungsstarke, entscheidungsschnelle, emotional ausdruckslose Männer, die nicht gerne über sich selbst nachdenken und noch viel weniger an einem Feedback interessiert sind, die sind wahrscheinlich heroisch. Das heißt, um heute und morgen Karrierechancen zu haben, müssen sich Männer feminisieren. Das ist ein dunkles Geheimnis der Managemententwicklung.

Kann es sein, dass ihr Verständnis von Führung längst dem entspricht, was Charles Handy vor ein paar Jahren als »postheroisch« beschrieben hat? Nämlich als Beitrag zur Leistung anderer. Insofern vielleicht weniger eine Sprachverwirrung, sondern Ausdruck einer Haltung, die nach einem Begriff sucht.

Ja, Führen aus einer dienenden Haltung heraus. Und das meine ich nicht moralisierend, sondern ökonomisch rational. Es geht mit Blick auf Mitarbeiter darum, das Beste im Einzelnen zugunsten des Gemeinsamen zu kapitalisieren. Dazu braucht Führung die Erlaubnis der Geführten. Wem aber nicht zu dienen erlaubt ist, der versucht zu zwingen.

Auch wenn Führung vorwiegend ein Beziehungsgeschehen ist: Gibt es aus Ihrer Sicht besondere persönliche Eigenschaften, die Führungskräfte für ihre Arbeit in einer nächsten Gesellschaft brauchen?

Autorität hat jemand, der etwas anbietet, was andere brauchen. Autoritär ist jemand, der etwas anbietet, was andere nicht brauchen. Das wird auch in der Zukunft so sein. Und das hat einen Anfang und ein Ende. Wie jede Beziehung. Nur dass das Ende heute schneller kommt. Deshalb ist es klug, eine Beziehung vom Ende her zu denken. Sich zwar ernst zu nehmen, aber nicht wichtig. Über Positionsautorität lächeln. Den Mitarbeitern nicht im Weg rumstehen. Sich wegdenken. Im Grunde sind wir doch alle Zeitarbeiter. Die meisten haben das nur vergessen.

Wenn wir Sie bitten würden, ein zeitgemäßes Curriculum für Führungskräfte zu entwerfen: Welche Inhalte würden Sie besonders hervorheben, und was könnte man fast schon untergestraft unter den Tisch fallen lassen?

Führung muss Zusammenarbeit organisieren, Transaktionskosten senken, Zielkonflikte entscheiden, Zukunftsfähigkeit sichern. Innerhalb dieser Kernaufgaben wird Ambiguitätskompetenz immer wichtiger. Sowohl-als-auch statt Entweder-oder. Das Anderssein des anderen nicht bekämpfen, sondern nutzen. Die Informationstechnologien beherrschen, sich nicht davon beherrschen lassen. Strukturelle Schieflagen nicht auf die personenzentrische Ebene verschieben. Mit etwas aufhören, wenn man mit etwas anfangen will. Nicht jeden Management-Unfug mitmachen, der sich gerade auf dem aufsteigenden Ast der Worthülsenkonjunktur befindet. Ungestraft unter den Tisch fallen lassen könnte man unendlich viel. Kleine Auswahl: Ziele ganz sicher, Boni und Incentives, Psychologisierungen aller Art, der ganze Verhaltenskanon, der sich aus der Infantilisierung von Erwachsenen speist.

Was würden Sie jungen Talenten in Unternehmen empfehlen, die Führungskraft werden wollen?

Gar nichts. Es steht mir nicht an, Empfehlungen gegenüber Menschen auszusprechen, deren Zukunft ich nicht kenne und nicht teilen werde. Ausprobieren, das würde ich vielleicht sagen, schauen, ob es Freude macht. Ob man für die Breite geeigneter ist als für die Tiefe. Und Führung als Ziel nicht idealisieren. Es gibt so viele verschiedene Möglichkeiten, sein Leben gelingen zu lassen.

Magazin for the Next Society, Heft 16, 2014

»Ich machte manchmal die irritierende Erfahrung, dass Manager, die keine Ansprüche an ›gute‹ Führung hatten, zum Teil ausgesprochen erfolgreich waren: Die Ergebnisse stimmten, die Atmosphäre zwischen den Menschen stimmte.«

Leadershit – und was wir damit anrichten

Was ein guter Manager ist, weiß im Grunde jeder: Er sichert das Überleben einer Organisation. Dafür produziert und/oder vertreibt er Güter und Dienstleistung; dabei gilt zwingend das ökonomische Prinzip. Innerhalb des gesetzlichen Rahmens ist dem nicht viel hinzuzufügen. Das aber ist manchem nicht genug: Das banale Überleben klingt ihm zu wenig ambitioniert. Um einen »guten« Manager von einem ordinären zu unterscheiden, erwartet er zum Beispiel, dass ersterer eine Eigenkapitalrendite von – sagen wir: 30 Prozent erwirtschaftet. Um das zu leisten, muss der Manager, die »richtigen« Entscheidungen treffen. So die systemisch nüchterne Diktion. Danach ist ein guter Manager also jener, der die richtigen Entscheidungen trifft.

Aber auch damit ist es nicht getan – nicht in Zeiten politischer Korrektheit, in denen das schlechte Gewissen der Normalzustand ist. Ein guter Manager muss nicht nur funktional klug betriebswirtschaften, nein, »nachhaltig« soll er das tun, »sozial verantwortlich« und »ethisch einwandfrei«. Nicht mehr Qualität hat dann ihren Preis, sondern der Grad moralischer Unbedenklichkeit. Und als Person soll er ein Modell von Tugend, Moral und Werten sein, authentisch, ein Vorbild möglichst, menschlich und fachlich gleichermaßen.

Entsprechend bemühen sich Unternehmen, das Verhalten der Führungskräfte (ich differenziere hier nicht zwischen Management und Führung) zu prägen durch Führungsleitlinien, Wertekanons und andere säkularisierte Bibeln. Die Melodie dazu: »Wir sind alle kleine Sünderlein«, Willy Millowitschs Karnevalsschlager aus den 1960er-Jahren. Nicht wenige Manager erliegen der Verführung dieser Moralblähung. Sie reden mitunter, als hätten sie sich auf einen Kirchentag verirrt. Und machen weiter wie bisher – nur jetzt mit schlechtem Gewissen. Was wird da ausgeblendet? Welche Widersprüche verbergen sich hinter der Normativierungssemantik?

Es ist ein Verlust von Unterscheidungen, der im Management zu beobachten ist – betrieben von jenen, die nicht selten ein gestörtes Verhältnis zum Geld und zur Funktionsweise der Wirtschaft haben: der Politik, den Medien und den Konsumenten. Vor allem aber von den Unternehmen selbst. Dies will ich an vier Forderungen illustrieren, die an »gutes Management« gestellt werden: den Forderungen nach 1. richtigen Entscheidungen, 2. vorbildlichem Verhalten, 3. authentischer Führung und 4. sozialer Verantwortung.

Richtig entscheiden – Management als Kontingenznegation

»Für nahezu jedes Prinzip lässt sich ein genau entgegengesetztes Prinzip finden, das genauso plausibel und akzeptabel ist. Auch wenn die beiden Prinzipien zu exakt entgegengesetzten organisatorischen Empfehlungen führen, gibt es in der Theorie keinen Anhaltspunkt dafür, welche diejenige ist, die man anwenden sollte.« Der Organisationstheoretiker Herbert Simon beschrieb 1946 eine Vernunft, die die Managementpraxis bis heute nicht erreicht hat. Die Praxis nimmt Kontingenz einfach nicht zur Kenntnis. Jedenfalls nicht offiziell. Dabei weiß jede Führungskraft um die Dilemmata, aus denen es keinen gesicherten Ausweg gibt: Zentral oder dezentral organisieren? Global oder lokal? Freie Handelsvertreter oder angestellter Außendienst? Langsam und wenig ändern oder rasch und viel? Diversifizieren oder konzentrieren? Fusionieren oder aus eigener Kraft wachsen? Anweisungen befolgen oder unternehmerisch handeln? Und jeder Chef weiß auch: Dem Mitarbeiter dienen ist genauso berechtigt wie ihn beherrschen; ihn zu unterstützen genauso wie ihn zu sanktionieren; zu belohnen genauso wie ihn zu bestrafen; ihn zu entlassen genauso wie jemanden zu befördern.

Die Überfülle an Möglichkeiten und ihre Widersprüchlichkeit ist die Existenzvoraussetzung von Management. Managen ist immer Managen im Dilemma. Eben gerade *weil* es Zielkonflikte gibt, deshalb gibt es Management. Es muss täglich eine neues Gleichgewicht finden, täglich wählen, welche Alternative es in *dieser* Situation vorzieht.

Das nennt man »Entscheidung«. Die Festlegung auf eine Handlungsalternative mit Blick auf eine unbekannte Zukunft. Eine Entscheidung akzeptiert mithin nicht den Lauf der Dinge, den der Mythos vom »entscheidenden« Manager als Strategie und Zielorientierung tarnt, sondern verschiebt bewusst die Verhaltensgewichte zu der bevorzugten Seite.

Das tut eine Führungskraft unter der Bedingung der Unsicherheit. Gäbe es den Zweifel angesichts von Handlungsalternativen nicht, und wäre sie nicht auch im Zweifel mit sich selbst, ihrer Analysefähigkeit und den vorliegenden Daten, bräuchte sie nur den besten Effekt zu berechnen und wüsste damit schon, was zu tun wäre. Die Lösung des Problems fiele ihr wie eine reife Frucht in die Hände. Das wäre keine Entscheidung. Nur wenn es unklar ist, wohin die Reise gehen wird, wenn sie angesichts der differenten Handlungsmöglichkeiten ernsthaft im Zweifel ist, dann ist eine Entscheidung fällig.

Die kostet Kraft. Denn die praktische Option für eine Alternative bedeutet zugleich die zu rechtfertigende Ausgrenzung der anderen, die ebenfalls plausibel erscheint (sonst wäre es ja keine Entscheidung). Man wählt nicht zwischen richtig und falsch, sondern immer zwischen verschiedenen Münzen, die alle eine Vorder- *und* eine Rückseite haben. Also erzeugt jede Entscheidung eine Ablehnung des Abgelehnten, gegen die der Manager anzugehen hat. Martin Heideggers führungskritische Trotzigkeit aus seiner Rektoratsrede 1933: »Jedes Folgen aber trägt in sich den Widerstand.« Derjenige, der diesen Widerstand fürchtet und ihm ausweicht, gilt als »entscheidungsschwach«. In vielen Unternehmen hat die Präsentation von Gesinnung und lautstarker Entschlossenheit die Entscheidung zu ersetzen begonnen. Dort ist das Vermeiden von Fehlern weitaus lohnender als eine Entscheidung in der Sache.

Entscheiden heißt auch: sich schuldig machen. Entweder auf der einen oder der anderen Seite. Das ist für Führung unhintergehbar. Wer dabei unschuldig bleiben will, hat in einer Führungsaufgabe nichts zu suchen. Und niemand wurde gezwungen, Führungskraft zu werden. Dabei kann es klug sein, die Interessen des Mitarbeiters zu berücksichtigen. Ja, mehr noch: sie zu priorisieren. Aber das wird nicht immer gehen. Manchmal werden Entscheidungen getroffen, denen die Mitarbeiter die Zustimmung verweigern. Nüchtern betrachtet besteht Management daher zu großen Teilen in der permanenten Rechtfertigung zuvor getroffener Entscheidungen, Umlenkung der Aufmerksamkeit auf die gewählte Option und Besänftigung des Zweifels.

Die entscheidende Frage aber bleibt vital: Gibt es richtige Entscheidungen? Mit den Folgen mancher Entscheidungen sind wir ja glücklich – dann lautet unsere Antwort uneingeschränkt Ja. Manche Entscheidungen machen uns unglücklich, wir bedauern sie und nennen sie dann »falsch«. Das ist menschlich, aber nicht auf der Höhe der Komplexität, die zu bewältigen Manager bezahlt werden.

Aus zwei Gründen. *Erstens* weiß man letztlich niemals, ob eine Entscheidung »richtig« war: Es hat noch niemanden gegeben, der in einem Paralleluniversum überprüft hätte, zu welchem Ergebnis eine andere Entscheidung geführt hätte. Vielleicht wäre man mit einer anderen Entscheidung noch erfolgreicher geworden, vielleicht aber auch noch unglücklicher.

Zweitens: Gesetzt den Fall, irgendein finanzwirtschaftlicher Parameter (Umsatzrendite, Deckungsbeitrag usw.) zeigt steil nach oben – woran liegt es? Dieser Effekt wird oft der Führung zugerechnet. Aber es muss ein Element hinzukommen, das die Managementtheorie beharrlich ignoriert, weil es dem Bild des omnipotenten Machers nicht entspricht: *Glück*. Jeder Erfolg ist angewiesen auf das Zufallsglück – mindestens aber auf das Ausbleiben des Pechs.

Es ist mithin klug, mutig zu entscheiden sowie bewusst und selbstbewusst den Reparaturaufwand gleich mitzuentscheiden, der ohnehin schon nach kurzer Zeit fällig wird. Sich also an Odo Marquard zu halten: »Wir irren uns voran.« Der Rest ist dann Fortune und die berühmte glückliche Hand, ohne die auch der Fähigste scheitert. Die kleinformatige Negation von Kontingenz durch Erfolgsrezepte, Leitlinien, *best practices* und bürokratische Alternativvernichtungen – das ist letztlich die Selbstabschaffung des Managements.

Authentisch Führen – Management als Entzivilisierungsprozess

Abschiedsessen für einen altgedienten Manager. In aufgeräumter Stimmung haben sich Mitarbeiter und Kollegen um den Tisch versammelt. Man erwartet, dass der Chef eine kleine Rede hält. Wird er die Gelegenheit nutzen, ihm einmal gründlich die Meinung zu sagen? Wird er darüber sprechen, dass viele seiner Mitarbeiter schon Jahre darauf warten, dass er endlich geht? Wird er sagen, dass sein permanentes Witzeerzählen bisweilen unerträglich war? Und wird er sagen, dass er nur wegen einiger früherer Verdienste nicht vorzeitig seinen Hut nehmen musste?

Ehrlichkeit und Authentizität gehören zu den moralischen Sehnsüchten der Gegenwart. Niemand will als verlogen, undurchsichtig, winkelzügig gelten. In vielen Texten wird den Menschen eingeredet, sie seien am glücklichsten, wenn sie authentisch seien. In einer Welt des Scheins ist es daher ein großes Kompliment, wenn man einen Menschen »authentisch« nennt. In dem Begriff mischen sich Tugenden wie Glaubwürdigkeit, Rechtschaffenheit, Aufrichtigkeit, Verlässlichkeit und das Verlangen nach Ganzheit von Person und Handeln. Es ist Treue gegen sich selbst. Für die Kulturkritiker unter den Lesern: Der Kult der Authentizität ist eine sprachsymbolisch hochbefrachtete Kompensation im Zeitalter des Reproduzierbaren und Virtuellen.

Auf den Talsohlen der Managementpraxis lautet die Frage: Ist es möglich, authentisch zu sein? Und auch da müssen wir weiterfragen: Was steckt hinter dem Wunsch nach Authentizität? Wohl dies: Die Leute wollen nicht hinters Licht geführt werden; sie möchten, dass Vordergrund und Hintergrund deckungsgleich sind; sie möchten wissen, woran sie bei ihrem Chef sind. Das ist verständlich. Aber leider nicht möglich. Und nicht einmal wünschenswert.

Zunächst gilt das, was schon zuvor beim Vorbildsein gesagt wurde: Niemand kann für sich Authentizität reklamieren. Wir alle sind abhängig vom Beobachter, der uns für authentisch hält oder nicht. Aber die logischen Schwierigkeiten wurzeln tiefer. Denn die Authentizitätsrhetorik steckt voller *Rigorismus*. Natürlich, auf Lüge lässt sich keine Beziehung gründen. Aber Lüge ist ein enges Wort für ein weites Feld. Ist Schweigen schon Lüge? Schweigen über das, was einen anderen Menschen verletzen könnte? Dann würde wahrscheinlich jedes Familienfest ein Schlachtfest der Seelen, ein Triumph der Unbarmherzigkeit. Was ist mit dem Flunkern, das niemanden böswillig in die Irre führt? Man kann auch höflich sein, ohne direkt ein Schleimer zu sein. Und was ist mit der Notlüge? Wenn man jemanden unter Rechtfertigungsdruck setzt, wird er lügen. Das heißt, er wird die Dinge so schildern, dass er sich möglichst straffrei und makellos aus der Affäre zieht. Statt Lüge kann man sagen: sachzwangreduzierte Ehrlichkeit.

Und was ist mit strategischer Selbstdarstellung? Mit Heucheleien, Schönfärbereien, falschen Komplimenten und aufgesetzten Freundlichkeiten? Sie mögen nicht besonders sympathisch sein, aber man wird kaum ohne sie auskommen. Und das ist gut so. Man kann sie als »prosoziale Lügen« bezeichnen: die Diskretion, die man wahrt, die Höflichkeit, die man zelebriert, die Zudringlichkeit, die man meidet – all das sind zivilisatorische Errungenschaften. Und will nicht jeder sein »Gesicht wahren«?

Man sieht: Authentisch sein, die Wahrheit sagen und nichts als die Wahrheit, das taugt nicht für alle Lebenslagen. Wir nehmen Rücksicht – und erwarten sie auch. In der Politik die Diplomatie, im Alltag der Takt, der Sinn für das Indirekte. Ohne Lügen und Heuchelei wäre der soziale Umgang unerträglich. Und sind wir nicht am authentischsten in unverhüllten Ausbrüchen entfesselter, geballter Energie, etwa in der Wut? Wer noch mit Kajo Neukirchen (Metallgesellschaft) zusammengearbeitet hat, der weiß, dass dieser jeden erfolglosen Manager absolut authentisch an die Wand nagelte.

Eine Führungskraft wird eingekauft, um eine *Rolle* zu erfüllen, nicht um »sie selbst« zu sein. Der Begriff der sozialen Rolle, den der US-amerikanische Ethnologe Ralph Linton 1936 einführte, entlastet das Individuum davon, sich alle Handlungen persönlich zuzurechnen und mit ihnen identisch zu sein. Man kann natürlich in bekannter Manier das Individuum dämonisieren. Es ist aber einer Rolle zuzuordnen, wenn einer als Manager in einer Weise handelt, wie er als Familienvater nicht handeln würde. Führungskräfte, die sich ihrer Verantwortung bewusst sind, verwechseln daher nicht Rolle und Person, sondern, ganz im Gegenteil, bekämpfen entschieden jede Moralisierung des Amtes. Rolle und Ich müssen nicht übereinstimmen; Authentizität ist als Manager weder möglich noch nötig – und sei sie noch so sympathisch. Wer im Geschäftsleben »Performance« will, der muss damit leben, dass Performance eben auch bedeutet: »eine Vorstellung geben«.

Um ein alltägliches Beispiel zu nennen: Es ist zweifellos wünschenswert, wenn ein Chef sich über den Erfolg eines Mitarbeiters aufrichtig freut und dem auch spontan Ausdruck gibt. Das gilt jedoch nicht im Negativen. Der Machtaspekt, der alles Führen/Folgen kennzeichnet, lässt »authentische« Kritik aus Sicht des Mitarbeiters oft übergroß erscheinen. Wie mit einer Lupe verdoppelt er das Ablehnende, lässt es mitunter gar existenzbedrohend wachsen. Das kann für den Manager nur heißen, gleichsam eine »halbierte« Authentizität zu leben. Spontan im Positiven, zurückhaltend im Negativen. Mit Authentizitätsemphase lässt sich dieser Unterschied jedenfalls nicht einebnen.

Und noch weiter: Wollen wir wirklich dem anderen ins Herz blicken? Umgekehrt: Wollen wir wirklich, dass jede unserer Masken und Verstellungen durchsichtig wird? Und muss man stets sagen, was man voneinander hält? Dauernd irgendwelche »Feedbacks« geben, die ohnehin mehr über den Feedback-Geber aussagen als über den Nehmer? Sind die jährlich stattfindenden Mitarbeiterbeurteilungen nicht obszön genug? Und wenn man von einem Dritten etwas über einen Zweiten erfahren hat, sollte man den Betreffenden damit konfrontieren? Weil es der »Wahrheit« dient? Können Menschen überdauern ohne das, was der Dramatiker Hendrik Ibsen »Lebenslügen« genannt hat?

Psychologisch gesehen ist Authentizität simpel. Jonathan Swifts scharfsinnige Bemerkung, vollkommene Wahrhaftigkeit und völlige Transparenz des Denkens gehöre ins Reich der Tiere. Jedes Tier ist authentisch, direkt und echt. Zum menschlichen Glück hingegen gehört die Möglichkeit, etwas anderes zu sein, als man »selbst«. Etwas Besseres vielleicht, Würdevolleres, Klügeres, Eleganteres, Souveränes. Vielleicht auch nur etwas Neutrales, das auf Expressivität verzichtet.

Vorbildlich *und* authentisch?

Nun kann man in vielen Schriften über »gute Führung« lesen, dass der Manager »vorbildlich« sein soll – gleichzeitig aber auch »authentisch«. Selbst wer mir in meiner Argumentation gegen beide Forderungen (und *für* mehr erwachsene Selbstverantwortung und zivilisierte Umgangsformen) nicht gefolgt ist, wird vielleicht dadurch zu überzeugen sein, dass beides *zugleich* nicht von dieser Welt ist.

Die Forderung nach Vorbildlichkeit der Führung zielt auf Selbstdisziplinierung. Sie behauptet ein »Sollen« vor dem Hintergrund ausgewählter Werte. Der einzelne Manager soll sich zu diesen Werten bekennen und sein Verhalten entsprechend anpassen. Ein wesentliches Element des Vorbilddenkens ist mithin die Fähigkeit, Gefühle zu beherrschen.

Die Forderung nach Authentizität der Führung will das gerade Gegenteil. Sie zielt eben *nicht* auf Selbstdisziplinierung, sondern auf ungefilterte Ehrlichkeit. Sie will nicht rollenadäquate Verstellungskunst, sie will Echtheit. Es geht darum, »zu denken, was man sagt und zu sagen, was man denkt«. Mit Verlaub – einem solchen Menschen möchte ich ungern begegnen.

Soziale Verantwortung – leerer Begriff ohne Furcht

Wenden wir uns einer vierten Forderung an »gutes Management« zu – der nach der sozialen Verantwortung des Unternehmens. Darf man die mit Wirklichkeitssinn fordern? Ja, meinen viele und besonders prominent naturtrübe Kreise, für die allein die gute Absicht zählt. »Sozial« heiße jene Verantwortung, die (ich zitiere einen einflussreichen Ethiker) »weder rechtlichen noch unternehmerischen Charakter« habe und trotzdem mit der »generellen Funktion des Unternehmens« eng verbunden sei. Vorgeschlagen werden Spenden, Sponsoring, Unterstützung bürgerschaftlichen Engagements, Zusammenarbeit mit gemeinnützigen Organisationen, Überlassung von Einrichtungen und Geräten, die plakative Respektierung der Menschenrechte. Dieser bunte Strauß mag sympathisch wirken, er dient, *horribile dictu*, letztlich dem Wettbewerbsvorteil: Kunden reagieren mit moralischem Konsum, potenzielle Nachfrager auf den Personalmärkten mit Bewerbungen, Aktien mit einem Premium. Aber ist das etwas anderes als »unternehmerische Verantwortung«? Da ist kein qualitativer Sprung erkennbar, der ein »Andersmachen« mit Blick auf soziale Belange nahelegte. Deshalb haben Unternehmen immer schon so gehandelt. Nun wird es lediglich unter *corporate citizenship* offen ausgewiesen als unternehmenskulturelle Sättigungsbeilage.

Soll die »soziale Verantwortung« nicht ein leerer Begriff bleiben, dann wäre doch das die entscheidende Frage: Bin ich als Manager bereit, betriebswirtschaftliche Nachteile in Kauf zu nehmen, um einer genuin sozialen Verantwortung zu entsprechen? Wer eine unterscheidbare Sonderstellung dieses Wertes reklamiert, der muss fordern (und das ist mein Argument), auf Möglichkeiten des Geldverdienens zu verzichten. Der darf nicht auf verdeckte andere Werte zielen, das heißt nicht über Umwege doch wieder die Profitabilität erhöhen wollen. Das kann – übergangsweise – auch nur ein unternehmergeführtes Unternehmen tun; ein Unternehmer kann und darf sein eigenes Geld verbrennen. Ein Manager darf das nicht. Er verwaltet das Geld anderer Leute; es wäre kalte Enteignung. Langfristig aber zählt für Unternehmer wie für Manager der kalkulierbare Moralertrag.

Aber selbst wenn wir Adam Riese für kurze Zeit aus dem Amt jagten – wäre die von so vielen gewünschte »soziale Verantwortung« in den Konsequenzen tatsächlich sozial? Als

Beispiel mag ein Unternehmen gelten, das in Zeiten knapper Lehrstellen doppelt so viele Ausbildungsplätze als andere Unternehmen anbietet. Ausbildung wofür? Für die nunmehr Ausgebildeten, die anschließend niemand will? Nein, wenn die Absatzmärkte da sind, werden Unternehmen einstellen. Und wenn die Personalmärkte leer sind, werden Unternehmen ausbilden. Dann gibt es auch realistische Chancen, dass wir den Menschen Arbeitsplätze anbieten können. Sonst produzieren wir nur weitere Wartehallen voller Ausgebildeter, die, weil sie keine »ausbildungsadäquate« Beschäftigung finden, nunmehr vom Steuerzahler subventioniert werden.

Ich will es an dieser Stelle wiederholen: Unternehmen sind Veranstaltungen zur Erzeugung und zum Vertrieb von Gütern und Dienstleistungen; dabei gilt zwingend das ökonomische Prinzip. Ein Unternehmen kann mithin nur auf *indirekte* Weise sozial wirken: Wenn es gute Produkte und Dienstleistungen anbietet – und zwar zu fairen, das heißt marktgebildeten Preisen. Es hat nicht einmal die Aufgabe, Arbeitsplätze zur Verfügung zu stellen. Oder sind Arbeitsplätze in Deutschland sozialer als in Tschechien?

Es bleibt also bei der unternehmerischen Verantwortung innerhalb des rechtlichen Rahmens. Und langfristig haben sich Ökonomie und Soziales noch immer als Bündnispartner erwiesen. Wer dieses Bündnis unterstützen möchte, der muss die Unternehmen nur konsequent durch seinen Konsum beziehungsweise Nicht-Konsum lenken. Dann wird die unternehmerische Verantwortung der Unternehmen reagieren – nicht die soziale! Wer aber als Fahrer einer bestimmten Automobil-Baureihe auch nach zig Werkstattbesuchen seiner Marke treu bleibt, dem ist nicht zu helfen. Und wer sein Konto bei einer Bank hat, die das Geld ihrer Eigentümer verbrennt und dennoch Boni in Millionenhöhe an ihre Mitarbeiter zahlt, weil sie praktisch eine Staatsgarantie hat, verspielt sein Empörungsrecht. Der suhlt sich ohnehin lieber in unternehmensethischen Selbstberuhigungsprogrammen, die konsequenzlos dazu auffordern, dass *andere* sich ändern müssen.

Es gibt nur erfolgreiches und nicht-erfolgreiches Management

Ich will das bisher Gesagte auf den Punkt bringen: Es gibt kein »gutes« Management; es gibt nur »erfolgreiches« Management – oder eben »nicht-erfolgreiches«. Es gibt auch keine »Managerpersönlichkeit«, die Merkmale aufweist, die gleichsam »automatisch« die Mitarbeiter energetisieren. Im Gegenteil: Beim »Evergreen Project« (2009), bei dem unter Leitung von Nitin Nohria 220 Erfolgsfaktoren des Managements bei 160 Unternehmen zehn Jahre lang beobachtet wurden, lautete das Ergebnis: Es besteht *kein* nachweisbarer Zusammenhang zwischen Persönlichkeitsmerkmalen der Topmanager und dem wirtschaftlichen Erfolg der Unternehmen. Es ist irrelevant, ob der Geschäftsführer charismatisch, bescheiden, visionär, technokratisch, selbstsicher, zurückhaltend, vorbildlich oder authentisch ist.

Das entspricht exakt meiner Erfahrung. Die erfolgreichen Führungskräfte, denen ich im Laufe der Zeit begegnet bin, haben auf mich zum Teil extrem unterschiedlich gewirkt: Vom leise sprechenden Schöngeist über primitive Protzer bis zum eloquenten Souverän war alles dabei. Nur wenige von ihnen würde ich als charismatisch bezeichnen. Ob sie als Vorbilder galten, war für mich irrelevant, und glücklicherweise verhielten sie sich (jedenfalls mir gegenüber) *nicht* authentisch. Die meisten waren ganz normale Menschen mit vielleicht leicht überdurchschnittlichem Selbstbewusstsein. Mehr noch: Ich machte manchmal die irritierende Erfahrung, dass Manager, die keine Ansprüche an »gute« Führung hatten, zum Teil ausgesprochen erfolgreich waren: Die Ergebnisse stimmten, die Atmosphäre zwischen den Menschen stimmte. Weit erstaunlicher noch: Eine Führungskraft, die geradezu einem Modellheft der Managementliteratur entsprungen schien, scheiterte unter optimalen Bedingungen. Wer immer das zu erklären versucht, spekuliert nur. Aber man sieht: Mit Handbuchweisheiten um sich zu werfen oder gedankenvoll nickend hochimpressionistische Urteile über »gute Führung« auszutauschen, ist wenig hilfreich.

Ich werde oft gefragt: Brauchen wir nicht dennoch ein gemeinsames Führungsverständnis? Gegenfrage: Wie soll das aussehen? Was soll das sein? Beschreiben Sie mir einen *Unterschied*, an dem man das für alle sichtbar illustrieren kann! Sollten wir nicht vielmehr jedem – innerhalb des legalen Rahmens! – die *Freiheit* geben, seinen eigenen Weg zu gehen? Sollten wir nicht aushalten, dass es unterschiedliche Wege zum Führungserfolg gibt? Dass es kein gesichertes Wissen gibt über den ursächlichen Zusammenhang von Führungserfolg und einem bestimmten Führungsverhalten? Und dass es jedem frei steht, ein bestimmtes Bild von »guter Führung« zu entwerfen, er aber – nach allem was wir wissen – keineswegs sicher sein kann, dass sie auch erfolgreich ist? Dass wir besser beraten sind, anstatt Wirklichkeiten zu normativieren, besser Möglichkeiten zu verwirklichen? Und dass wir auf eine direkte Einflussnahme verzichten sollten? Vielmehr Hindernisse aus dem Weg räumen, die Erfolg verhindern? Gute Führung gibt es ohnehin nur im Knast.

Kursbuch 172, 10/2012, Murmann, S. 26–40

Wer fragt, der führt –
auch an der Nase herum

Was denkst du? Woher kommst du? Warum hast du das getan? Brauchst du das Geld? Kannst du mir das mal erklären? Wie konnte das passieren? Wie geht es dir? Willst du Kinder? Existiert Gott? – Fragen über Fragen. Viele kommen nett und teilnehmend daher. »Wer fragt, gewinnt den anderen für sich«, titelte die NZZ. Mehr noch: Wenn uns niemand fragt, fühlen wir uns übergangen: »Mich fragt ja keiner!« Manche interessieren sich sogar dafür, was das Volk denkt. Das trieb schon den orientalischen Märchenprinz Harun-al-Rashid nachts unter die Leute. Heute gelten Meinungsumfragen als bewährte Methodik. In den Unternehmen befragt man Kunden und Mitarbeiter. Auch politische Parteien, das ist der aktuelle Anlass dieser Gedanken, greifen zunehmend zu diesem Mittel. Sie wollen, so sagen sie, ein Stimmungsbild der Parteibasis erhalten. Das mag man als wertschätzende Geste begrüßen, als legitimatorisches Selbstberuhigungsritual belächeln oder als ideologischen Offenbarungseid kritisieren.

Meine Absicht, die Frage in Frage zu stellen, zielt nicht vorrangig auf die politisch korrekte Rücksicht, die von einer Frage unterlaufen werden kann (Woher kommst du?), sondern zunächst auf die Verheißung des aufschlussreichen Blicks: Weiß man nachher wirklich mehr? Fragen sind nämlich erkenntnistheoretisch zunächst keine Fragen. Sondern Aussagen. In ihnen sind Thesen, Annahmen, Erwartungen eingelassen, die auf den ersten Blick nicht kenntlich sind. Wird zum Beispiel gefragt: »Kümmert sich unsere Partei hinreichend um ökologische Fragestellungen?«, dann stecken darin mindestens vier Aussagen: 1) dass ökologische Fragestellungen für die Partei wichtig sind, 2) dass sie für Wähler wichtig sind, 3) dass sie die Partei möglicherweise zu wenig beachtet, und 4) dass die Partei das ändern könnte.

Die Antwort geht mithin der Frage voraus. Man kann nur fragen, was man der Möglichkeit nach weiß. Deshalb *erhebt* sich die Frage. Sie erhebt sich vor dem Hintergrund ganz bestimmter Einschließungen und Ausschließungen – erschafft also Wirklichkeit, bildet sie nicht ab. Die Frage versteckt aber nicht nur diese Realitätserzeugung, sie versteckt auch den Autor. Er geht für den vorausgesetzten Antworthorizont nicht in die Verantwortung, bleibt gleichsam in Deckung. Das ist als rhetorisches Mittel sehr beliebt – die Reden Hitlers und Goebbels waren gespickt davon. Manchmal liest man ganze Fragenkaskaden (leider auch in der Zeitung), die nicht nur die Kraft der angedeuteten Aussagen schwächen, sondern auch die Haftbarkeit von Aussagen umgehen. Man hat ja – »nur gefragt«.

Was man hingegen nicht erwartet, wird auch nicht befragt. Wer sich zum Beispiel – wie im obigen Fall – für ökologische Fragen nicht interessiert, kommt nicht zur Geltung. Deshalb ist auch kein »überraschendes« Ergebnis möglich. Diese Überraschungsfreiheit kann der psychologische Gefechtstand steuern: Jede Frage engt ein, verengt den Blickwinkel auf das Befragte, blendet anderes aus. Man kennt das Überspielen durch Fragen als alten Gaunertrick. Damit kann man den anderen beschäftigen, irritieren, leiten. Mangel an Interesse kann man uns ja nicht vorwerfen. Wenn etwa der fragenstellende, schlichtweg ungeeignete Parteivorsitzende das eigentliche Problem darstellt ... dann sucht man den Autoschlüssel unter der Straßenlaterne, aber nicht in der Dunkelheit, wo er aus der Tasche fiel. Diese Maskeraden fasst die Führungspsychologie bündig zusammen: Wer fragt, der führt. Die Ver-Führungskunst der Führung besteht dann darin, die richtigen Fragen und die Fragen richtig zu stellen.

Die lenkende Fokusverengung könnten die sogenannten »offenen Fragen« lindern. Sie verweigern sich jedoch der messbaren Auswertbarkeit und sind deshalb in ihrer qualitativen Vielgestaltigkeit kaum zu operationalisieren. Zudem verzerren auch sie den Realitätsbezug. Der Befragte wird ja nicht von sich aus aktiv, sondern wird zur Reaktion genötigt. Er *sagt* nicht, er *antwortet*. Dann hat er sich dem Wirklichkeitsentwurf unterworfen. Der Befragte steckt zudem in der Klemme, dass er vom Frager eingeladen ist, sich frei zu entscheiden, bei einem Spiel mitzuspielen, bei dem er vielleicht gar nicht mitspielen will. Etwa antworten zu müssen auf die Frage »Liebst du mich?«. Das bedrängt uns, bringt uns in die Defensive. Für Freiheitsfreunde müsste sich das verbieten.

Es geht mithin um subtile Machtanmaßung, die Frager und Befragte trennt (dafür hatten die Boykotteure der deutschen Volkszählung 1987 noch ein Gefühl). Oder auch weniger subtil, wenn der Sheriff im Kino sagt: »Ich stelle hier die Fragen!« Manche Menschen spüren das Bedrängende des Fragens. Sie leiten dann ihre Frage ein mit »Darf ich fragen …?« Sie spüren, dass sie dem anderen zu nahe treten können und machen sich vorsorglich kleiner.

Denn Schweigen ist ja auch eine Antwort. Von der Beteiligung an einer Befragung wird die Moral der Befragten abgelesen. So würde sicher mancher der Befragung fernbleiben, wenn er nicht gerade dadurch unmissverständlich antworten würde. Dem Befragten wird also nicht nur Gelegenheit geboten, sich am Beifall zu beteiligen, seine Antwort *ist* Beifall. Nicht *was* er antwortet ist vorrangig, sondern *dass* er antwortet. Man darf ihm kaum ernstlich einen Vorwurf machen, wenn er sein Nein verschweigt und sich in die Phalanx der müden Claqueure einreiht.

Im Extremfall muss der Befragte befürchten, dass die Antwort auf ihn zurückfällt: »Ist das dein Sohn, Tell?« Das ist keine Frage, sondern eine Drohung. Gewährt man huldvoll Anonymität, ist das zynische Menschenbild mit Händen zu greifen: »Wir trauen dir nicht zu, dass du zu deinem Wort stehst! Wir anerkennen in dir nicht den mündigen, erwachsenen Bürger!« Eine doppelte Obszönität: erst invasiv durch die Befragung, dann entmündigend durch den Schutz. Damit wird das Oben-Unten-Muster noch weiter aufgetürmt, was die Befragung zu untertunneln vorgibt. Wer nichts zu sagen hat, wird befragt.

Sodann die Spätfolgen: Jede Befragung erzeugt Erwartungen. Anfangs sind sie getragen von Enthusiasmus des Wertgeschätztwerdens. Der Begeisterung folgt jedoch regelmäßig die Enttäuschung: darüber, dass die Befragung eben nur eine Befragung ist, keine Wahl. Kein caesarischer Akt der Allmacht, der die gewünschten Verhältnisse herstellen könnte. Nach einigen Befragungsgewittern verdursten dann auch die letzten Vorfreuden: »Schon wieder eine Befragung ...« Im Erleben der Befragten erzeugen sie Berge papierener Vergeblichkeit.

Sokrates hat das Manipulative des Fragens perfekt vorgeführt. Nie hat er etwas wissen wollen, immer hat er schon gewusst. Und den Befragten zum Stichwortgeber degradiert. Die Fragen waren so ausgerichtet, dass sich die vorausberechneten Antworten von selber einstellen. Der Antwortende als Depp.

Zugegeben: Fragen können der Absicht nach integer sein. Ihrer Wirkung nach sind sie es nicht. Ob ihre Wirkung allerdings immer so problematisch ist, wie hier dargestellt, das mag man bezweifeln. Wie viele Spielarten menschlichen Handelns ist auch das Fragen kontext-sensibel. Es wird Situationen und Beziehungen geben, in denen die Frage kaum problematische Wirkungen entwickelt. Und es macht auch einen Unterschied, ob man von der Polizei, dem Chef, der kleinen Tochter oder der Parteiführung befragt wird. Es gibt auch reine Sachfragen. Fragen, die mindestens nicht die Absicht haben, den anderen einzuengen (obwohl sie es tun). Etwa: »Wie spät ist es?« Es sei dem Leser überlassen, die Häufigkeit solcher Sachfragen gegen die Fragen mit hinterlegten Unterstellungen und Verführungen abzuwägen. Mir geht es hier darum: Wenn ein Mensch schweigt, hat er dafür Gründe. Gründe, die zu respektieren sind und nicht ins grelle Licht der Schamlosigkeit gehören. Antworten lügen. Nur das, was ein Mensch *sagt*, entspricht seiner Wirklichkeit – was er unbefragt sagt. Vor allem aber: Antworte niemandem, der lauert! Sonst spielen beide, Befrager und Befragter, im Spiel der Desinteressierten mit Formeln des Interesses. Georg Christoph Lichtenberg brachte das schon vor zweihundert Jahren auf den Punkt: »Wie geht's, sagte ein Blinder zu einem Lahmen. Wie Sie sehen, antwortete der Lahme.«

NZZ vom 12.09.2020

»Es ist auch heute noch sicher einigen Mitarbeitern recht, unter dem Regenschirm des Vorgesetzten die behütete Sicherheit des Kindes zu genießen.«

Fürsorgepflicht – Leistungspartnerschaft oder betreutes Arbeiten?

Freunde in der Not sind nicht so selten, wie uns das Sprichwort glauben machen will. Einige warten geradezu auf die Not, um zu helfen. Mit dem Eifer eines Trüffelhundes suchen sie das Missliche. Es ist ihnen verdrießlich, nicht helfen zu können. Am ärgerlichsten, wenn der Freund mit seiner Not selber fertig wird. Erzürnter Zwischenruf: »Wie verhält es sich denn mit der Fürsorgepflicht des Vorgesetzten?«

Die Idee, die Mitarbeiter als Objekte moralischer Pflichterfüllung wahrzunehmen, hatte schon immer die Schwäche, den Mitarbeitern Bedürftigkeit zu unterstellen, diese Minderwehrhaftigkeit zu kollektivieren und damit die Besonderheit der beteiligten Personen auszuklammern. Wer als Vorgesetzter moralisch und verantwortlich handeln wollte, verdrängte Unterschiede, Fähigkeiten und Reifegrade der Mitarbeiter zugunsten einer reflexhaften und undifferenzierten Helfensfixierung. Als guter Vorgesetzter galt, wer »seine Leute« verteidigte. Es ist auch heute noch sicher einigen Mitarbeitern recht, unter dem Regenschirm des Vorgesetzten die behütete Sicherheit des Kindes zu genießen. Nicht selten infantilisieren sie sich gerne selbst, um passiv bleiben zu können. Sie appellieren an die Fürsorgepflicht ihres Vorgesetzten, nutzen sie geradezu aus, überfordern sie mitunter, muten ihnen moralischen Druck und Hilfeleistung bedenkenlos zu (»Wozu ist er denn da?«) und manipulieren ihn mit gut kalkulierter Selbstviktimisierung.

Das hat Folgen: Fürsorgliches Verhalten hat immer einen Zug zur Entmündigung. Beschützen hält die Menschen klein. Das alles unter dem Vorzeichen des Verstehens, Verständnishabens und Verständniszeigens. Aus einem solchen Führungsrollenverhalten erwächst aber mitunter gerade jene gelernte Hilflosigkeit, die von vielen Vorgesetzten ausgebeutet wird, um ihre Unersetzlichkeit zu inszenieren: »Ich werd' mal sehen, was ich für Sie tun kann ...« Die eitle Selbstdarstellung des Beschützers: Wer sich in seiner gütigen Vaterbeziehungsweise Mutterrolle gefällt, muss alles tun, um erwachsenes Verhalten seiner Mitarbeiter zu verhindern.

Für diesen Gedanken gibt es keine Orden, höchstens Bußgelder. Ja, Empörung ist keine seltene Reaktion. Viele wohlmeinende und ehrlich bemühte Führungskräfte fühlen sich missverstanden. Sie erreiche ich nur, wenn ich an ihrer guten Absicht (was noch für Kant das allein hinreichende Kriterium moralischen Handelns war) ansetze und sie bitte, diesen Gedanken nicht vorschnell zu verwerfen: Auch ein ehrlich wohlmeinender Paternalismus ist blind für den zugreifenden und bevormundenden Modus seiner Beziehung zum Menschen. Er hat die patriarchalische Struktur nur »netter« gemacht.

Es ist schon einigermaßen widersinnig, dass jene, die sonst hartnäckig auf dem Gleichheitsgrundsatz beharren, gleichzeitig an der schiefen Beziehung der Fürsorge festhalten. Um den eigenen Bestand zu sichern? Wichtig ist: Fürsorge und Gleichbehandlung schließen sich wechselseitig aus. Ist der Mitarbeiter ein gleichberechtigter Partner, dann sind Respekt, Distanz und Achtung geeignete Beziehungsqualitäten. Das muss dann das Grundgesetz sein: Gegenüber Personen, die ihre Interessen und Ansprüche öffentlich artikulieren können, verbietet sich Fürsorglichkeit. Dies gilt insbesondere in Zeiten, in denen man weder im Blick auf den Qualifikationsgrad der Mitarbeiter noch auf die Situation auf den Arbeitsmärkten von einer Asymmetrie zugunsten des Managements sprechen darf. Überspitzt gefragt: Müssen wir nicht vielmehr einen Kündigungsschutz für Arbeitgeber diskutieren?

Aus all dem darf nun in keiner Weise geschlossen werden, jede gefühlte Bindung, jede gegenseitige Unterstützung, gar Nächstenliebe aufzukündigen. Aber es ist zu unterscheiden (wie es Heidegger getan hat), zwischen einer Fürsorge, die zur Ermächtigung des anderen dient, und einer vor- und einspringenden Sorge, die bevormundet. Zudem müssen gemeinschaftliche Interessen durch den Vorgesetzten wahrgenommen werden. Letztlich ist es keine leichte Aufgabe, zwischen Fürsorge und Unerbittlichkeit von Fall zu Fall zu differenzieren. Die Versuchungen liegen an beiden Ende der Skala: ganz auf Distanz zu gehen oder sich in öliger Kumpanei zu wärmen. Beide Extreme verfehlen die Führungsaufgabe: Spannungen aushalten und produktiv zu machen. Andere zu achten heißt immer auch, sie in ihren selbstgewählten Vorhaben zu unterstützen. Ein solches Verhalten darf aber nicht der Vorgesetztenrolle geschuldet sein. Es kann allenfalls unserem Menschsein entspringen, dem Grundsatz, alle

Menschen in gleicher Weise als autonome Individuen zu achten, gleichgültig, wie sie mir begegnen. Es darf weder als Geber noch als Nehmer den anderen als defizitär voraussetzen, noch seine Selbstständigkeit verletzen.

Schweizer Monat vom 01.06.2013

»Wer aufbrechen will, verzichtet besser auf die ›große Erzählung‹. Nichts steht dem Verfall so nahe wie hohe Blüte.«

Die Logik des Scheiterns

»Wir müssen alles ändern, uns neu erfinden, kein Stein bleibt auf dem alten!« So tönt es allenthalben aus den Teppichetagen. Dafür gibt es gute Gründe: Die vorherrschende Managementpraxis hat mit der erhöhten Umgebungsgeschwindigkeit auf den Märkten nicht Schritt gehalten. Unser Verständnis von organisierter Arbeit ist nach wie vor geprägt von der Industrialisierung im 19. Jahrhundert. Hierarchie, räumlich und zeitlich fixierte Kooperation, Steuerung über Finanzresultate, Planung auf der Basis von Erfahrung und kurzfristiger Erwartung – das war und ist das Paradigma. Es funktioniert weiterhin leidlich, wenngleich wirtschaftssektoral sehr unterschiedlich. Aber es ist die Antwort der Gegenwart auf die Fragen der Vergangenheit. Ob es auch die Fragen der Zukunft beantwortet, ist unwahrscheinlich. Wir brauchen in allen organisatorischen Fragen zweifellos mehr Fernrohr, weniger Rückspiegel. Das wirklich Neue daran: Im Gegensatz zu älteren Modernisierungsschüben kommt die Veränderung nicht langsam, sondern mit Tsunami-Geschwindigkeit auf uns zu. Wandel, ja Re-Definition des Unternehmens ist keine luxurierende Idee, sondern eine Notwendigkeit geworden. Oft ist da tatsächlich eine Not abzuwenden.

Gibt es dafür eine Erfolgslogik? Nein, weil wir dem Zufall, dem Pech, den widrigen Umständen nicht entgehen. Aber für das Wirtschaftsleben sollten wir Leo Tolstois berühmten Romananfang von *Anna Karenina* vom Kopf auf die Füße stellen: »Alle unglücklichen Unternehmen gleichen einander, alle glücklichen Unternehmen sind auf ihre eigene Weise glücklich.« Will heißen: Man kann nicht eindeutig sagen, was erfolgreich macht; aber man kann mit hoher Präzision sagen, was scheitern lässt. Es gibt also eine verallgemeinerbare, geradezu hypnotische Logik des Scheiterns. Als da wäre:

1. Der Glaube an Erfolgsrezepte

Warum gewinnen die einen und warum verlieren die anderen? Warum kippt ein Unternehmen nach langer Blütezeit plötzlich ab oder – umgekehrt – erhebt sich wie Phönix aus der Asche? Und was kann man davon lernen? Dass man davon nichts lernen kann. Was immer übersehen wird: Die Managementtheorie ist kontextblind. Sie hat keinen Blick für die konkreten Umstände, für Traditionen, Reifegrade, Herkünfte, Lokales – die Sozialforschung spricht von der »Pfadabhängigkeit« der Interventionen. Unterschiedslos beglückt sie Kleinunternehmen, Großkonzerne, öffentliche Verwaltungen und Non-Profit-Organisationen mit »modernen« Konzepten. *One size fits all!* Und sie will nicht wissen, dass der Vorrat gemeinsamer Wertvorstellungen selbst *innerhalb* von sogenannten »starken« Unternehmenskulturen (3M, GE, HP, Gore) eine Schimäre ist, jedenfalls erheblich kleiner, als die Fallgeschichten immer illustrieren wollen. Und dass ihre Übertragbarkeit äußerst problematisch ist. Kurz: Es gibt sie nicht, die »Erfolgskultur«. Alle Lösungen, die wirklich diesen Qualitätsnamen verdienen, sind Singularitäten.

Aber müssen wir nicht wenigstens streben nach der perfekten Organisation? Geben *best practices* nicht wenigstens Orientierung? Was ist mit »Benchmarking«, einer extrem verbreiteten Managementtechnik? Belassen wir es bei einer Anekdote: Ein englischer Greyhound wird in den Hunderennen immer nur Zweiter. Und dies, obwohl er offensichtlich deutlich überlegen ist. Ein Tierarzt findet heraus, dass der Hund kurzsichtig ist. Er bekommt Kontaktlinsen und gewinnt nun ein Rennen nach dem anderen. Warum aber gewinnt ein Hund, wenn er Kontaktlinsen hat? Nun, der Greyhound war immer seinem Vordermann gefolgt, weil er sich sonst verlaufen hätte. Merke: Benchmarking ist der sichere Weg, stets zweiter Sieger zu sein.

Langfristig erfolgreiche Unternehmen zeichnen sich nicht durch »Besser-Sein« innerhalb einer Kollektion von Standardlösungen aus, sondern eher durch »Anders-Sein«, durch originelle Lösungen, die organisch gewachsen und wechselwirksam sind. Nur mittelmäßige Unternehmen vergleichen sich mit anderen. Exzellente sind ihr eigener Maßstab, sie übertrumpfen allenfalls *sich selbst*. Erfolg braucht nicht das Gestern der anderen, sondern den *Unterschied*. Den echten, in der realen Welt erfahrbaren Unterschied, nicht die behauptungsselige Unterscheidung.

2. Eine lange, kausal erzählte Erfolgsgeschichte

»Was dir am besten gelingt, wird dir unweigerlich zur Falle.« Paul Valéry, ein Mann tiefer Sätze. Vielleicht braucht man ein gewisses kalendarisches Alter, gleichsam angehäuftes Leben, um diesen Satz wirklich in seiner ganzen Bedeutung zu erfassen. Oft ist es dann zu spät. Denn woran liegt es, dass die Lebenserwartung auch großer Unternehmen im Durchschnitt nicht einmal einem halben Menschenleben entspricht? Daran: Die Umwelt ist kein *true believer*. Sie ändert sich. Technologien, Märkte, das Konsumverhalten der Menschen wandeln sich ständig. Deshalb war man ja einst erfolgreich: eben weil man *keine* Erfahrung hatte oder das ganze überlebte Zeug scheppernd vom Tisch wischte. Das einst frische, flexible und auf Kunden hin orientierte Unternehmen ist aber selten bereit, eine lange Erfolgsgeschichte kritisch zu hinterfragen. Es verliert seine Außensensibilität und seine Anpassungsfähigkeit.

Früher oder später werden nahezu alle Unternehmen Opfer ihrer Erfolge. Wenn etwas erfolgreich getan wurde, entwickelt sich daraus schnell ein Programm, und dieses Programm heißt »Erfahrung – Regelhaftigkeit – Weiter so!« Und je länger die Erfolgsgeschichte, desto irritationsfester wird man. Je schneller aber sich die Umwelt ändert, desto schneller hat sich auch dieses Programm überlebt. Wer aufbrechen will, verzichtet also besser auf die »große Erzählung«. Nichts steht dem Verfall so nahe wie hohe Blüte.

Wer auf die Erfolgsgeschichte nicht völlig verzichten will, der sollte wenigstens die größte mentale Blockade meiden: sie mit Kausalitäten zu unterlegen. Erfolgreiche Unternehmen sind ja Fundgruben für Ursache-Wirkungs-Vermutungen: Die große Erzählung wird gemeinhin so erzählt, dass die ermittelten Muster *Ursache* der überragenden Leistung sind. Kein Mensch sagt: »Fortuna hat uns angelächelt«. Aber Erfolg ist Leistung + Glück. Die Verwechselung von Korrelation und Kausalität ist dabei geradezu das Geschäftsmodell der Beratungsindustrie. Und dieser Kurzschluss wird in der Regel begeistert aufgegriffen. Nehmen wir an, eine Studie kommt zu dem Ergebnis, Unternehmen mit mindestens einem weiblichen Aufsichtsrat sind erfolgreicher als Unternehmen mit rein männlicher Spitze. Sind die Unternehmen *deshalb* erfolgreich? Oder können sie – umgekehrt – sich wegen ihres Erfolges eine Frau im Aufsichtsrat leisten? Das will wohl niemand ernsthaft behaupten.

Also: Geben Sie dem Zufall eine Chance. Negieren Sie nicht die Kontingenz. Schließen Sie nicht das Glück aus. Sonst sind Sie nicht zukunftsfähig. Lauschen Sie Theodor W. Adorno: »Nur der, der sich die Gegenwart anders vorstellen kann denn die existierende, verfügt über Zukunft.« Die Gegenwart! Nur das erzeugt Möglichkeitsbewusstsein.

3. Unternehmensautismus

Märkte sind *Koordinations*-Arenen. In ihnen wird Angebot und Nachfrage koordiniert. Ihr Nachteil ist: Es entstehen hohe Reibungsverluste durch Informationsbeschaffung, Preisvergleiche, Verhandlungen – die sogenannten »Transaktionskosten«. Und es herrscht Wettbewerb unter den Marktteilnehmern, also ein Gegeneinander. Misstrauen ist dort eine kluge Strategie.

Unternehmen hingegen sind *Kooperations*-Arenen. Angebot und Nachfrage haben sich gefunden, man nutzt Pool-Ressourcen, es geht um Zusammenarbeit, um ein Miteinander. Also um Vertrauen. Es fallen zwar immer noch Transaktionskosten an, aber sie sind deutlich niedriger als auf Märkten. Unternehmen werden gegründet, um diesen Vorteil zu nutzen: Suchkosten, Vertragskosten, Koordinierungskosten, Kontrollkosten zu senken. Alles Kosten, die auf Märkten anfallen. Pointiert formuliert: Der Kern der Unternehmensgründung ist die *Marktausschaltung*.

Kernaufgabe von Führung ist es folglich, bei allen Entscheidungen die Transaktionskosten im Auge zu haben. Das liegt auf der Hand bei Entscheidungen, denen man das Transaktionskostenproblem gleichsam »ansieht«: etwa bei Make-or-Buy-Entscheidungen, bei Joint-Ventures, bei Fragen des Outsourcens/Insourcens. Hingegen ist das nicht so auffällig bei lange erprobten und gleichsam »geheiligten« Institutionen. Führungsinstrumente wie etwa Leistungsbeurteilung oder die Mitarbeiterbefragung sind jedoch gleichzusetzen mit der Eröffnung eines *internen* Marktes. Und jedes Meeting, jedes Monitoringsystem, jedes Reporting-Tool, die Feedback-Runden, der Prozess der Zielvereinbarung, die Budgetplanungen – alles das *erzeugt* Transaktionskosten, die zu ersparen das Unternehmen einst gegründet wurde.

Wir leiden zunehmend unter dem bürokratischen Aufwand und der Verlangsamung der Abstimmungsprozesse. Man eröffnet gedankenlos interne Märkte, setzt das Unternehmen zunehmend unter Vertikalspannung: Hierarchie, Silodenken und Bürokratie wuchern. Alles schaut nach oben oder unten – aber nicht mehr nach draußen. Viele Instrumente haben ihren instrumentalen Charakter verloren, sie verselbstständigen sich und dienen sich in ihrer Marktförmigkeit als neue Sinnlieferanten an. Damit verwischen sie den Transaktionskostenvorteil, den das Unternehmen gegenüber dem Markt hat. Sie schwächen damit die Effizienzstruktur des Unternehmens, dessen Existenz ja gerade auf der Marktausschaltung beruht.

Warum sind die Unternehmen hier so wenig sensibel? Warum ignorieren sie die Transaktionskosten? Die wichtigste Antwort lautet: Transaktionskosten kann man nicht »sehen«. Oder besser: Sie haben eine Querschnittfunktion im Unternehmen; man kann sie daher kaum isolieren und zuordnen. Daher sind sie auch nicht »messbar«, es gibt für sie schlicht keine Kostenstelle. Deshalb kommt im Management immer etwas hinzu. Ein neues Instrument, ein neuer Prozess, ein neues KPI. Selten sagt jemand: »Das machen wir *nicht* mehr.« Oder: »Das nehmen wir weg.« Das ist aber notwendig, wenn man unternehmerische Potenziale freisetzen will. Nicht fragen »Wie schaffen wir es, dass unsere Leute kundenorientierter werden?«, sondern »Warum sind sie *nicht mehr* kundenorientiert?« Meine Erfahrung: In dem Maße, in dem Kundenorientierung verbal gefordert wird, ist sie strukturell unwahrscheinlich. Weil sie institutionell blockiert, entmutigt, gar dementiert wird.

Wenn man wirklich radikalen Kundenfokus will, muss man Kundenablenkungsenergien stoppen. Jeder unternehmensinterne Markt, jedes Meeting, jedes Reporting-System muss seinen Transaktionskostennachteil rechtfertigen. Und wenn das nicht geht – abschaffen! Entrümpeln! Nicht mehr machen! Man muss sich vom Managementfirlefanz trennen – nicht nur »Wie?« fragen, sondern auch »Was?«. Wenn es wirklich eng wird, muss man alle Kräfte delegitimieren und zumindest teilweise entmachten, die am Status quo interessiert sind. Es gibt keinen Aufbruch ohne Abbruch. Wenn Sie mit etwas anfangen wollen, müssen Sie mit etwas aufhören.

4. Schlechte Nachrichten werden ignoriert.

Zur Logik des Scheiterns gehört die Tatsache, dass die Schieflage in den seltensten Fällen Folge eines plötzlich auftretenden, ephemeren Ereignisses ist. Das sind keine Meteoriteneinschläge, keine technischen Über-Nacht-Revolutionen, keine Wetterwendigkeiten des Konsumentenverhaltens. Im Gegenteil: Die Wurzeln des Verfalls reichen zumeist weit in die Blütezeit zurück. Das war bei der Hochkultur der Maya so, das war beim Römischen Reich so, das war bei Kodak so. Man hat es einfach nur nicht wahrhaben wollen.

Die Lektion ist klar: Verlieren Sie nicht die Außensensibilität, seien Sie mindestens die Hälfte Ihrer Arbeitszeit draußen in der Welt, auf Kongressen und Konferenzen. Und fragen Sie sich: Wie geht Ihr Unternehmen mit Risiko und Misslingen um? Was passiert, wenn der Fehler passiert? Wer spricht Missstände klar und deutlich an? Wer zeigt beharrlich auf die dunklen Wolken? Daran entscheidet sich der Vertrauenspegel. Wer sich im Erfolg sonnt, hat kein Interesse an unangenehmen Wahrheiten. Aber er leidet an »Misserfolgsarmut« (Arnold Retzer). Der Überbringer schlechter Nachrichten wird zwar heute nicht mehr geköpft, aber er gilt schnell als Teil des Problems. Kritiker aktivieren das Immunsystem, werden in einen Kokon eingesponnen und langsam wieder abgestoßen.

Dieses Immunsystem hat viele Elemente. Zum Beispiel den Autoritätseffekt: Co-Piloten widersprechen nicht, weil sie die Autorität des Flugkapitäns nicht antasten wollen. Oder die Schweigespirale: Trotz anderer Meinung hält man den Mund, weil man sich mit dem umgebenden Meinungsklima zu harmonisieren versucht. Und der Leidenschaftseffekt: Gefordert wird Identifikation, Commitment, Hand, Hirn und Herz – täglich muss man mit der olympischen Fackel zur Arbeit rennen. Kritische Geister stören da nur. Die Konsequenzen sind für das Unternehmen katastrophal: Leistung wird durch Loyalität ersetzt; konstruktive Nichtkonformität ist Selbstmord; es wird nur noch taktisch kommuniziert. Man fragt nicht mehr »Was müssen wir wissen?«, sondern »Was will der Chef hören?« (man denke an ThyssenKrupp und an VW).

Massive Wirklichkeitsausblendungen sind die Folge von Überidentifikation. Die tiefe Vorliebe für Ja-Sager (bei gleichzeitiger Behauptung des Gegenteils) korrespondiert mit Unersetzlichkeitsfantasien sowie der Unfähigkeit, sich rechtzeitig starke Nachfolger aufzubauen. Viele kleine Negativ-Entwicklungen, für sich allein kaum der Rede wert, aggregieren sich aber, verstärken sich wechselseitig, es kommt zu einem kumulativen Prozess, bei dem die Dinge sich nicht linear entwickeln, sondern über Rückwirkungsschlaufen exponentiell. Die meisten Sonnenscheinkapitäne sind dann überfordert.

Widerspruch – das ist das, was in vielen Unternehmen fehlt. Und weil es unwahrscheinlich ist, dass unter Machtbedingungen offen kommuniziert wird, »organisieren« sich gute Führungskräfte den Widerspruch. Sie schaffen institutionelle Voraussetzungen für Ehrlichkeit. Die besteht vor allem in dem Verzicht auf Tribüne – der kleine Kreis ist eine gute Bedingung für (relative) Offenheit. Die wichtigste Bedingung der Möglichkeit für Ehrlichkeit besteht aber vor allem in Ihrer *Reaktion* auf Ehrlichkeit. Wie reagieren Sie auf Offenheit, Kritik, Zweifel? Wer schon mal dabei war, wenn der Vorstand die versammelte Mannschaft zum ehrlichen Ansprechen der Probleme aufgefordert und dann miterlebte, wie ein Mitarbeiter, der sich ein Herz genommen hatte, öffentlich abgewatscht wurde, der weiß, wovon ich spreche. Wenn »Oben« sich verteidigt, gar rechtfertigt, vielleicht sogar einen Gegenangriff startet (statt »Danke für Ihre Offenheit!« zu sagen), sorgt eben für Ruhe – Friedhofsruhe. Das ist ein massiver Loyalitätsbruch an der Zukunftsfähigkeit des Unternehmens. Noch einmal: Ob »Unten« ehrlich ist, hängt vor allem davon ab, wie »Oben« auf eben diese Ehrlichkeit reagiert.

5. Individualisierung struktureller Schieflagen

Wenn wir über die Einflüsse nachdenken, die menschliches Verhalten prägen, können wir zwei Sichtweisen unterscheiden. Die eine *personalisiert* das Verhalten; sie fokussiert Charaktereigenschaften und Fähigkeiten von Einzelmenschen – in Unternehmen vor allem von Führungskräften. Eine andere Sichtweise bietet die *Systemtheorie*. Sie erinnert daran, dass wir Menschen nicht nur agieren, sondern auch *reagieren*. Wir treffen auf Vorhandenes und passen uns an. Die Systemtheorie beleuchtet daher nicht das isolierte Individuum, sondern das, was »zwischen« ihnen stattfindet beziehungsweise nicht stattfindet.

Unternehmensführung ist grundlegend charakterisiert durch diese Polarität zwischen subjektiven Fähigkeiten und objektiven Möglichkeiten. Führung findet also statt sowohl *aktiv* durch Menschen wie *passiv* durch Institutionen und Strukturen. Was aber macht der gewöhnliche Manager, wenn der Umsatz rückläufig ist, der Aktienkurs lahmt, der Innovationsmotor stottert? Er schaut sich das eine Weile an – und dann fährt der Blitz nieder. Wohin? Auf den Mitarbeiter. Der Einzelne ist schuld! Schwachleister! Unfähig! Und sollte der Mitarbeiter selbst eine Führungskraft sein: Fehlbesetzung!

Will man mithin die normale Reaktion des Managements auf Misserfolg auf einen Nenner bringen, dann ist es die *Individualisierung struktureller Schieflagen*. Der Einzelne soll etwas leisten, was von der Organisation dementiert wird, mindestens aber entmutigt. Menschen sollen sich ändern, aber die Bedingungen, unter denen sie das veränderte Verhalten zeigen sollen, bleiben unverändert. Die Psychologie nennt das »Externalisierung«. Man weist von sich weg, zeigt mit ausgestrecktem Finger auf den anderen. Man lädt die Widersprüche einfach beim Mitarbeiter ab, um die Organisation nicht ändern zu müssen. Und vor allem nicht sich selbst.

Betrachten wir einige Beispiele:

- Unter der Fahne der »Motivation« wird seit Jahrzehnten ein Diskurs geführt, der die demotivierenden Bedingungen der Organisation abblendet und ersatzweise individuelle Motivationshaushalte diskutiert.
- In den Unternehmensgrundsätzen heißt es »Wir wollen für unsere Kunden schnell und flexibel handeln« – und über diesem Anspruch türmt sich eine autistische Hierarchie hoch und steil.
- Unter der Überschrift »Kreativität« trainiert man Kreativitäts-»Techniken« und veranstaltet »Innovations-Workshops« – statt den strukturellen Rechtfertigungsdruck zurückzunehmen.
- Man will verstärkte Zusammenarbeit der Abteilungen – aber die eine Abteilung wird für Effizienz bezahlt, die andere für Lieferfähigkeit. Anschließend appelliert man an den Teamgeist.
- Unter der Fahne der »Corporate Governance« wird der Einzelne zu verantwortungsvollem und gesetzeskonformem Verhalten aufgefordert – aber dann werden Unternehmensziele derart aggressiv formuliert, dass sie mit angemessenem Risiko und legalen Mitteln kaum erreichbar sind.

Was bleibt? Wenn Sie etwas ändern wollen (etwa, weil der Erfolg ausbleibt oder nicht Ihren Erwartungen entspricht), dann sollten Sie *zunächst* auf den institutionellen Rahmen schauen. Diese Frage sollten Sie stellen: Welche Institutionen *behindern* das Angestrebte? Welche *organisatorischen* Engpässe machen den Erfolg unwahrscheinlich? Welche Führungsstrukturen stehen im Widerspruch zum Angestrebten? Erst wenn Sie dort aufgeräumt haben, können Sie auch das Individuum anschauen. Denn natürlich gibt es Fehlbesetzungen, natürlich gibt es Unfähigkeit, natürlich gibt es Versagen. Aber mehr noch gibt es strukturelle Fehlentscheidungen. Und kluge Menschen haben in dummen Organisationen keine Chance.

Siemens war einer der ersten deutschen Konzerne, die öffentlich proklamierten, nicht nur Geld verdienen zu wollen, sondern auch Gutes zu tun. Seitdem kroch der Purpose-Gedanke in jede Nische der Wirtschaftswelt. Manche Firmen haben sich gar die Pflicht zur Weltrettung auf die Fahnen geschrieben. Obwohl sich mittlerweile der Wind für diese Fahnen gedreht hat und man nicht mehr ganz so heilig daherkommt, ist die Sinnstiftungsidee offenbar weiterhin attraktiv.

Schweizer Monat vom 01.12.2016

Unsinn im Sinn: Purpose

Siemens-Chef Joe Kaeser gehört zu jener Gattung von Wirtschaftsführern, die nicht nur Produkte und Dienstleistungen verkaufen, sondern auch Sinn. Genauer: »Purpose«. Er ist damit nicht allein, es ist geradezu ein Hype um »Purpose« ausgebrochen. Vorgelegt hat Mark Zuckerberg, der Sinnproduzent par excellence: »Purpose ist das, was wahres Glück kreiert.« Überall plakatiert man die *purpose-driven-corporation*, inszeniert sich als Gesinnungsgemeinschaft, als säkularisierte Kirche, verspricht ein *meaningful life* und will überhaupt die Welt retten. Darunter macht man es nicht. Konkretisierung ist dabei nicht zu befürchten. Trostpreise gibt es noch für Gesundheit, Frieden, Umwelt, Nachhaltigkeit, Gemeinwohl. Jedenfalls muss es groß sein, sehr groß möglichst, und »Entwicklung« beinhalten.

Man kann das Ganze für adressatenverdummende Fassadenmalerei halten, die meint, ökonomische Interessen schminken zu müssen. Oder für Marketing, das kühl den Sinnbewirtschaftungsertrag kalkuliert. Aber es funktioniert nur, wenn es lebensweltlich Resonanz erfährt. Was also ist der Sinn des Sinns? Wie lautet die Frage, auf die »Purpose« die Antwort sein soll?

»Wer nach dem Sinn fragt, ist krank.« Sigmund Freud hat das gesagt. Die Frage verweist mithin auf ein Defizit. Zunächst auf *Sinnverlust*: Die Sinnfrage stellt sich so lange nicht, wie das »um zu« klar ist. Denn mit Heidegger im Rücken kann man Sinn definieren als ein Woraufhin, aus dem etwas verständlich wird. Vor dem Hintergrund des Worumwillens ist das bestehende Sinnangebot offenbar zu klein. Auf der Mikroebene des Arbeitsplatzes gilt das zunächst für extrem arbeitsteilige »Bullshit-Jobs« (David Graeber). Beim Steineklopfen soll man jetzt an Kathedralen denken, beim Schiffbauen an das weite Meer. Deshalb werden in jüngster Zeit verstärkt Manager gesucht, die den Mitarbeitern »wieder den Sinn ihrer Arbeit vermitteln können«.

Sinnverlust herrscht aber auch auf der Makroebene: Dort hat sich nicht nur für Kapitalismusskeptiker die Zweck-Mittel-Relation gedreht. Unternehmen wollen nicht mehr Kundenbedürfnisse befriedigen, sie sind heute vorrangig Selbstzweck. Kunden, Mitarbeiter, Lieferanten – das sind die Mittel. Der Sinn des Unternehmens ist auf die Steigerung des Unternehmenswertes zurückgebogen, auf die Überpriorisierung des Investoreninteresses. Auch hier wurde offenbar etwas verloren: Zielpluralität. Deshalb will man auf den Absatzmärkten den Rückenwind des moralischen Purpose-Konsums nutzen, der mit jeder Bierflasche den Regenwald rettet. Zeitgeistliches kommt hinzu. Unternehmerisches Handeln muss sich neu rechtfertigen. Die Vorwürfe kommen aus Projektionen apokalyptischer Dystopien, ideologischen Neubewertungen und dramatisierten sozialen Verwerfungen. Das gesamte Wirtschaftssystem steht am Pranger angesichts krimineller Tricksereien, überzogener Angestelltengehälter und offenbar drohender Klimakatastrophe. Geführt wird die Anklage vorrangig von Menschen, deren Moral über die ökonomische Urteilskraft triumphiert.

Gesellschaftlich von noch weitreichenderer Bedeutung aber ist die zweite Quelle des Sinndefizits: der *Sinnanspruch*. Er hat weitreichende Wurzeln und steht in der Tradition der Sinnstiftung durch Außenhalt, vergleichbar mit tradierten Gottesvorstellungen. Zuletzt hat man in den 1980er-Jahren im Zuge der Rezeption des Individualpsychologen Viktor Frankl den Sinn entdeckt. Auf Freuds Diagnose hätte er geantwortet: Wer *nicht* nach dem Sinn fragt, *wird* krank. Das zielt vor allem auf die veränderten Wertvorstellungen jüngerer Generationen. Arbeit wird von ihnen nicht nur als Gelegenheit zum Geldverdienen betrachtet, sondern auch als postmaterielles, nahezu symbolisches Gut. Die reine Versorgungsleistung der Arbeit wird als zu profan empfunden, man will Gutes tun, einem »höheren« Zweck dienen. Diesen Willen mag man zwar bezweifeln – warum sonst ist der Fachkräftemangel in sogenannten »sozialen« Dienstleistungsberufen so groß? –, aber bei der Knappheit auf vielen Personalmärkten kann man sich das leisten.

Es ist kaum zu bezweifeln, dass Menschen, die ihre Arbeit als sinnvoll erleben, zufriedener, produktiver und gesünder sind. Aber kann eine Nachfrage nach Sinn befriedigt werden? Man kommt einer Antwort näher, wenn man sich der Herkunft des Wortes erinnert: Sinn kommt aus dem althochdeutschen *sinnan*, was so viel bedeutet wie »Weg auf etwas zu«. Wenn Arbeit per definitionem immer Arbeit für andere ist (alles andere ist Beschäftigung), dann gibt es keine sinnlose Arbeit. Auch nicht Prostitution, auch nicht Toilettenreinigung, auch nicht Schuhverkaufen, auch nicht Buchhaltung, auch nicht Waffenherstellung.

Und wenn die Müllabfuhr streikt, bricht alles zusammen; wenn der Stadtpräsident streikt, passiert gar nichts. Die Frage nach dem Sinn ist in diesem Licht eine Intellektuellenkrankheit, die geringschätzt, was Menschen einfach nur jeden Tag tun und glaubt, nur mit hoher Gestimmtheit könne man etwas Wertvolles in die Welt setzen. Wer also nach sinnvoller Arbeit fragt, der kalkuliert vor allem den sozialen Beeindruckungswert.

Grundsätzlicher: Kann man überhaupt Sinn »bieten«? Gibt es eine administrative Erzeugung von Sinn? Nein, Sinn ist nicht etwas, das man als Angebot im Köcher haben kann. Es ist der Einzelne, der den Dingen Sinn gibt – wenn wir für einen Moment unterstellen, dass Gott als die beste aller Ausreden pausiert. Sinn ist Eigentätigkeit, Privatsache; nicht etwas, was wir vor-finden, sondern individuell er-finden. Es heißt ja auch Sinn-*Gebung,* nicht Sinn-*Nehmung.* Und dieser Sinn ist so unterschiedlich, wie eben Menschen sind. In der Arbeit mag das für den einen der Lebensunterhalt bedeuten. Für den anderen soziale Integration. Für den dritten Unterhaltung. Das ist auch der Grund, weshalb »Purpose-Workshops« regelmäßig scheitern – man kann sich nicht einigen.

Gesamtgesellschaftlich problematisch ist aber erst der Umstand, dass 1) Sinn »von oben« und 2) als kollektive Einheitsspeisung erwartet wird. Wer sich den Mühen individueller Sinngebung entzieht, wer also mit Sinn verwöhnt werden will (ähnlich dem staatlich vordefinierten und strukturell oktroyierten Glück), wird notwendig enttäuscht werden. Die Profitinteressen der Unternehmen sind systemimmanent und lassen sich mit Breitbandgelübden nicht langfristig behübschen. Und auch die Organisationsprobleme modischer Enthierarchisierung wird man langfristig nicht »leidenschaftlich« weglächeln können. Mehr noch: Sinn kann überhaupt nicht *direkt* angestrebt werden, sondern ist nur als Beifang erlebbar. Hegel erzählt von einem Menschen, der Äpfel verschmäht, weil er Obst will, auch nicht Birnen mag, sondern Obst. Und deshalb unbefriedigt bleibt. Ähnlich geht es jenem, der in der Arbeit Sinn will. Er will nicht arbeiten, sondern Sinn, nicht in Meetings sitzen, nicht Produkte verkaufen, nicht Innovationen planen, nicht Gräben ausheben, nicht Kranke pflegen – sondern Sinn.

Dies wirkt sich umso fataler aus, wenn er sich in ein spektakulär-kollektives Größenselbst integrieren will. Wenn er etwas will, das größer ist als er selbst, das die eigene krümelhafte Existenz vergoldet und das Berufsleben entbanalisiert. Wenn er der Unternehmensbotschaft erliegt: »Wenn du hier mitmachst, bist du Teil von etwas Ewigen!« Damit kann er zwar auf Partys glänzen, führt aber den Dolch im Gewande: Das Böse dieser Welt wird selten getan, wenn Individuen als Individuen handeln, sondern vielmehr, wenn man einem »höherem Zweck« dient. Sei es, die Welt zu retten, den Gottesstaat zu schaffen oder – wie bei den Milgram-Elektroschock-Experimenten – die Wissenschaft zu fördern.

Ein Unternehmen, das die Diversität seiner Mitarbeiter respektiert, verordnet keinen kollektiven Eindeutigkeitssinn. Es bemüht sich vielmehr, die Möglichkeiten individueller Sinngebung nicht zu sehr zu verengen. Es vernebelt nicht die persönliche Verantwortung für individuelle Sinnfindung. Es lässt die Menschen selbst bestimmen, was für sie wichtig ist und aus welchen Gründen heraus sie etwas tun. Denn das ist belastbar, das kann nicht enttäuscht werden: der Mut zum Möglichen, der Mut zum Unvollkommenen, der Mut zum Mindergeliebten. Diesen »kleinen« Alltäglichkeiten gilt es Sinn zu geben, den nächsten Dingen, die zu erledigen sind. Der Verzicht auf übermäßigen Sinnanspruch eröffnet die Chance, positiv überrascht zu werden. Das kann auch dem passieren, der durch seine Arbeit nichts anderes will als seine Familie ernähren.

Das Deutsche unterscheidet nicht den höheren Sinn vom tieferen. Wieder einmal denkt die Sprache für uns.

NZZ vom 06.02.2020

Den Unterschied zwischen einer Wahl und einer Entscheidung, von manchen als »akademisch« abgetan, lässt sich gut am Beispiel der frühen Corona-Krise veranschaulichen. Wie wichtig dieser Unterschied noch werden wird, prognostizieren viele Beobachter, die früher in der »Unsicherheit« die Bedingung von Führung erkannt haben, zukünftig aber in »Ungewissheit«. Der Krieg um die Ukraine ist ein weiteres Ereignis, das in diese Richtung weist.

Die Regierungen hatten keine Wahl

Führen in Krisenzeiten heißt: in Unkenntnis aller Tatsachen entscheiden – und darauf hoffen, dass alles gut kommt. Es gibt kein Richtig und kein Falsch. Aber da Regierungen (und Manager) das nicht offen sagen können, tun sie so, als ob sie es besser wüssten.

Nach der Corona-bedingten Lähmung platzten die gesellschaftlichen Haarrisse zu veritablen Konfliktspalten auf. Im Fußball spräche man von Nachtreten. So mehrten sich die Stimmen, die politische Führung habe »falsch« entschieden, unangemessen eingeschränkt, Güter schlecht oder gar nicht abgewogen. Gekontert wird das mit »Nachher ist man immer schlauer«. Schon früh hatte sich Gesundheitsminister Jens Spahn munitioniert: »Wir werden einander viel verzeihen müssen.« Das erinnert an den dubiosen Bestseller einer australischen Hospizschwester, die ihren Patienten »Fünf Dinge, die Sterbende am meisten bereuen« entlockte. All diese Aussagen illustrieren eine Sehnsucht, die sich auf paradoxe Weise mit Kontingenz paart: Alles könnte anders sein. Es sind jedoch Gedankenfallen, die den Kern von Führung und Lebensführung verkennen.

Zunächst ist zu unterscheiden zwischen Entscheidung und Wahl. Eine *Wahl* basiert auf Fakten, Tatsachen, Daten.

Man hat genug Zeit, Ratgeber zu lesen, Experten zu befragen und unterschiedliche Perspektiven einzuholen. Insofern ist eine Wahl begründungsfähig und entsprechend zu rechtfertigen. Die Auswahl der Experten kann vorurteilsgeprägt sein, die Messung ungenau, die Risiken fehlkalkuliert. Zudem ist die Wahl geronnene Vergangenheit, und vergangene Erfolge eher Belastungen für den Erfolg von morgen. Eine Wahl kann daher unterbestimmt sein, richtig oder falsch. Für sie gilt, dass man hinterher durchaus wissen kann, was man vorher hätte wissen müssen. Man kann auch angeschnallt vom Himmel fallen.

Anders die *Entscheidung*: Eine Gruppe von Menschen, fliehend, hinter ihr ein Säbelzahntiger. Vor ihr eine Weggabelung; die Wissenschaft spricht von »Bifurkation«. Man kann jeweils rechts und links ein paar Meter in die Wege hineinsehen, dann biegen sie ab ins Unbekannte. Wohin flüchten? Einige rufen: »Nach rechts!« Andere rufen: »Nach links!« Stillstand droht. Die Zeit drängt. Was tun?

Das ist die Situation, die nach Entscheidung ruft. Dabei ist die abgelehnte Alternative die Startrampe für postdezisionale Konflikte. Denn die abgelehnte Alternative läuft als Zweifel immer mit. In der Politik: Hätte man nicht doch lieber den alternativen Weg einschlagen sollen? In Unternehmen: Hätten wir nicht früher in eine innovative Technologie investieren sollen? Im Privaten: Hätte ich nicht besser Monika geheiratet?

Die Grundannahme des Zweifels ist, dass die Konsequenzen einer Entscheidung vorhersehbar seien. Und genau das sind sie nicht. Die Faktenlage ist zu dünn, um ein Risiko zu kalkulieren. Vergangene Erfahrungen helfen nicht für eine ungewisse Zukunft. Und es bleibt keine Zeit, Expertenrat einzuholen. Und wenn doch, repräsentieren sie nicht eine universale Vernunft, sondern unterschiedliche Rationalitäten: Ökonomen bewerten die Lage anders als Mediziner, Theologen anders als Juristen. Selbst wenn sie übereinstimmen, sitzen sie in der Falle ihrer partikularen Empirie: Das Fremde wird auf das Zu-Verstehende, auf Ähnliches reduziert und negiert damit die Fremdheit des Phänomens.

Wir haben es bei Entscheidungen also nicht mit einer Mono-Rationalität zu tun, die auf einer allgemein nachvollziehbaren Vernunft sattelt (im Sinne von Habermas), auch nicht mit Multi-Rationalität (die im Sinne Luhmanns verschiedene gesellschaftliche Subsysteme repräsentiert), sondern mit *gar keiner* Rationalität. Da ist der Vorwurf der Willkür nicht weit. Und da der Selbstberuhigungsbedarf sozialer Systeme – erzeugt von Öffentlichkeit, Mitarbeitern oder Investoren – groß ist, versucht man zunächst, die Entscheidung mit Beraterhilfe zur Wahl zu verschieben. Wenn das nicht gelingt, bewältigt man diese schwer erträgliche Situation mit Abwehrmechanismen: Bauchgefühl, Würfeln, Münzwerfen, Streichholzziehen, Kaffeesatzlesen, Glücksrad, Astrologie. Genau das ist das Einfallstor für Verschwörungstheorien aller Art. Da der Mensch ohne ein »Warum« nicht leben kann, dies aber von der Entscheidungssituation verweigert wird, steuern dunkle Mächte im Hintergrund.

Die Entscheidung ist folglich ungeliebt. Sprachbildlich steht man zwischen Pest und Cholera, Skylla und Charybdis, gleicht Buridans Esel, der zwischen zwei Heuhaufen zu verhungern droht. Auch Antigone winkt von Ferne. Dabei könnte man sich trösten: Außer in Extremfällen kann eine Entscheidung nicht falsch sein. Aber auch nicht richtig. Man kann nicht wissen, ob und wie eine andere Entscheidung ausgegangen wäre. Man muss durch den Feuerreif des Zweifels springen, ohne zu wissen, wo man landet. Mithin gibt es auch keine »schwierigen« Entscheidungen – Entscheidungen sind immer schwierig, sonst wären sie keine.

Insofern ist der Satz »Nachher ist man immer schlauer« im Unwesentlichen richtig, im Wesentlichen falsch. Richtig: Man weiß erst nach einer Entscheidung, was man entschieden hat. Falsch: Die Alternative kennt man nicht und wird sie nie kennenlernen. Das Gegenteil zu behaupten ist ähnlich intelligent, wie Sterbende zu befragen, was sie in ihrem Leben hätten anders machen sollen. Gar nichts hätten sie geändert – sonst hätten sie es getan. Deshalb kann man bei einer Entscheidung auch keinen »Fehler« machen. Ein Fehler setzt einen vorab als »richtig« definierten Zustand (Soll-Wert) voraus, von dem der Ist-Wert abweicht. Von einem Fehler kann man nur bei einer Wahl sprechen, bei der man Sorgfaltspflicht einklagen kann. In der Corona-Krise konnte man keinen Fehler machen – weil er bei einer Entscheidung definitorisch ausgeschlossen ist.

Die Verwechslung von Entscheidung und Wahl und der daraus resultierende Rechtfertigungsdruck lässt Führungskräfte zögern, viel Zeit verstreichen und führt bisweilen dazu, dass gar nicht entschieden wird. Auch die anfängliche Unschlüssigkeit der Politik in der Krise (weil man wähnte, wählen zu können) und die dann folgenden massiven Freiheitsbeschränkungen (weil man letztlich doch entscheiden musste) resultieren aus diesen Sprach- und Denkverwirrungen. Zudem glaubte man, übertriebene Vorsicht sei leichter zu rechtfertigen als Zurückhaltung. Damit erklärt sich auch der Nachahmungsdrang: Wenn man schnell entscheiden muss und (irrtümlich) meint, Fehler vermeiden zu können, greift man gerne zu *one size fits all* – ohne zu prüfen, ob das zur eigenen Problemlage passt.

Der Ausnahmezustand hat das Kerngeschäft von Führung freigelegt. Und mit ihr die Entscheidung. Nicht die Wahl – für letztere könnte man auch einen Algorithmus zum Chef machen. Es braucht vielmehr Menschen, die das Paradox schuldloser Verschuldung auf sich nehmen, das Kierkegaard ins Spiel brachte. Die den Widerstand aushalten, der jeder Führung entgegenschlägt, die ihren Job macht. Sollte sich der eingeschlagene Weg als holprig, gar als kaum begehbar herausstellen, kann man nur neu entscheiden. Das klar zu sagen, trauen sich nur wenige. Denn Führungskräfte gelten als Menschen, die die »richtigen« Entscheidungen treffen. Diese Erwartung können sie jedoch im strengen Sinne nicht erfüllen. Deshalb tun sie so, »als ob« sie es wüssten. Das ist aber nicht das »als ob« des Lügners, sondern des »gelten als«. Damit verbunden ist ihre Lizenz zur Nachträglichkeit. Im besten Fall erklären sie im Nachhinein zur Strategie, was sich zuvor aus Zufall ereignet hat.

Unter normalen Umständen wären die politischen Verordnungen in der Corona-Krise zu kritisieren gewesen – wenn man hätte wählen können. Und man kann der Politik mit einigem Recht vorwerfen, sie habe Warnungen überhört und Vorbereitungen unterlassen, weshalb man die Situation der Entscheidung erst erzeugt habe. Aber man wird ihr nicht vorwerfen können, »falsch« entschieden zu haben. Wir sind auch nachher nicht schlauer. Und Verzeihen wäre ohnehin Gottesanmaßung. Was entscheidende Führung braucht, ist Glück. Wenigstens die Abwesenheit von Pech.

NZZ vom 06.06.2020

Die Corona-Pandemie bot hinreichend Anschauungsmaterial für grundsätzliche Fragen der Führung. Die zu erörtern war nicht nur erkenntnisreich, sondern auch praktisch – man hatte ja Zeit. Auch ich. Und so habe ich nicht nur *Elternjahre* geschrieben, mein Erziehungs- und Beziehungsbuch, sondern auch Gedanken zum Thema Zukunftsfähigkeit festgehalten. Die folgenden sind in dieser Form unveröffentlicht.

Führung muss an die Zukunft erinnern ...

Warum gibt es Führung? Führung braucht es *nicht* für die Verwaltung des Status quo; dafür braucht es Management. Hingegen denkt Führung von der Zukunft her. Sie muss dem Werdenden heute schon Raum geben und ihn nicht mit Gewordenem möblieren. Wenn Politik also *in* die Zukunft führen will, muss sie – wie in einer U-Bewegung – *aus* der Zukunft führen. Sie muss die Zukunft »erinnern«. Tut sie das?

Die Pandemiepolitik agiert am Pflock des Augenblicks. Nicht nur deshalb ist sie eine historisch vorbildlose Aktion zur Lebensrettung alter Menschen. Das mag man ethisch begründen können. Aber den Preis zahlen die Jungen – jene, die von der Pandemie nicht oder kaum gefährdet sind: Kleinkinder, die vor verschlossenen Kitatüren stehen; Schulkinder, die monatelang nicht zur Schule gehen und deren Zukunftschancen sinken; halbwüchsige Mädchen, die ihren Peers nur noch virtuell begegnen und sich um ihre Jugend betrogen fühlen; halbwüchsige Jungen, von denen Zigtausende die Nachwuchsorganisationen der Fußballverbände verlassen, weil sie nicht mehr kicken können; Studierende, die noch nie eine Universität von innen gesehen haben, obwohl sie schon im dritten Semester sind; Berufseinsteiger, denen gleich wieder gekündigt wird; depressiv erkrankte Jugendliche, die in

Rekordzahlen in der Psychiatrie landen. Ganz zu schweigen von der gigantischen Last der Staatsschulden, von der man nur wissen kann, dass sie irgendwie auf nächste Generationen abgeschoben wird. Wie viel Leid wird dadurch erzeugt? Wie viel Leid wird durch die Spätfolgen der Pandemiebekämpfung zukünftig erzeugt? Welche Kosten werden der kommenden Gesellschaft entstehen? Auf welche Zukunft soll sich die Jugend *freuen*?

Diese Fragen werden erstickt von der Dunstwolke der »Solidarität«. Hat man die Jungen gefragt? Durften Sie mitentscheiden? Hat man ihnen auch gesagt, welche Konsequenzen sie zu schultern haben? Stattdessen: »Warum tragt ihr keine Maske?« »Müsst ihr denn unbedingt hier herumlungern?« »Party machen ist illegal, das treibt doch die Zahlen nach oben!« So ein älteres Paar zu einer Gruppe Jugendlicher, die unter einer Überdachung feiert. Aus der Jugendpsychiatrie wissen wir: Gleichaltrige sind für Jugendliche alles. Peers geben Stabilität für den Übergang ins Erwachsenenalter, wenn die Familie ihre wegleitende Kraft verliert. Das ist kaum ein Thema für jenes Politquartett, das die Jo-Jo-Lockdowns verhängte: Angela Merkel, Olaf Scholz, Jens Spahn und Peter Altmaier – alle kinderlos.

Die Politik kann dabei vertrauen auf das menschliche Gehirn, das programmiert ist, schnell auf Gefahr zu reagieren. Aber die Gefahr muss unmittelbar sein. Alles, was in weiter Zukunft liegt, entzündet es nicht. Auch nicht das, was nur vage abschätzbar ist. Hingegen sind Inzidenzwerte und Todeszahlen messbar. Das macht den Unterschied. Er ist zentral im politischen System, in dem Wahlen gewonnen werden wollen. Und Wähler werden immer älter. Politik hat daher, wenn es um Zukunft geht, systemisch *no skin in the game*. Langfristige Verantwortung fällt allenfalls in die moralische Integrität des Einzelnen.

Natürlich weiß niemand genau, wie die Zukunft aussehen wird. Aber viele Spät- und Nebenfolgen der Corona-Politik sind absehbar. Klar ist: Die Jungen müssen die Suppe auslöffeln, die ihnen die Alten eingebrockt haben. Deshalb geht es nicht darum, der Jugend zu danken. Das ist geradezu zynisch, denn die Solidarität mit den Alten ist ihnen aufgezwungen; also ist sie keine. Es geht darum, bei politischen Entscheidungen die kurz- und langfristigen Interessen der Jugend mitzudenken. Ihr sogar Vorrang einzuräumen. Nach dem Ende der Pandemie muss der Generationenvertrag neu verhandelt werden, die Steuerpolitik, das Wahlalter. Das Mantra dieser Politik muss sein: Tue alles, um politische Alternativlosigkeit zu verhindern! Erhalte dem Morgen die Möglichkeiten! In dieser Logik bekämpft sie alles, was Systemrisiken erzeugt. Sie will nicht, dass wir »gezwungen« sind, etwas zu tun. Ihre »staatsbürgerliche Wachsamkeit« (Seyla Benhabib) gilt der Frage, wie man dem Morgen die Möglichkeiten schützt, die Wahlfreiheiten erhält. Die Zukunft erinnern: Es gab mal eine Zeit, in der es das wichtigste Ziel der Alten war, dass es der Jugend einmal besser ginge.

... und Alternativlosigkeit verhindern

Aufgabe von Eltern ist es, das Überleben der Kinder zu sichern, bis diese es aus eigener Kraft können. Sie schreiten dann ein, wenn Alternativlosigkeit droht: verhindern, dass das Kind einen Fehler nicht zweimal machen kann, sind andererseits sensibel für den Punkt, an dem der junge Mensch keine Erziehung mehr braucht. Sie erleben jeden Tag, dass diese Aufgabe voller Paradoxien steckt, schon allein, weil Erziehung zur Mündigkeit den Entzug von Freiheit voraussetzt.

Die Aufgabe von Führungskräften in Unternehmen ist der Elternaufgabe ähnlich, aber nicht deckungsgleich. Auch hier geht es um Zukunftsfähigkeit – aber der Firma. Führungskräfte schreiten dann ein, wenn organisatorische Alternativlosigkeit droht: sorgen dafür, dass der Raum der Selbsterhaltungsvernunft nicht verlassen wird, schaffen andererseits Bedingungen, in denen Mitarbeiter selbstverantwortlich und unternehmerisch handeln können – bis zu dem Punkt, wo der Mitarbeiter keine Führung mehr braucht. Sie erleben jeden Tag, dass diese Aufgabe voller Paradoxien steckt, schon allein, weil ihre bare Existenz zur Rückdelegation einlädt.

Für Eltern und Führungskräfte gleichermaßen gilt: Mach dich überflüssig! Hinterlasse deine dir Anvertrauten so, dass sie nach deinem Weggang in einem höheren Maß zur Selbstführung in der Lage sind, als sie es vorher waren!

Wenn wir vor diesem Hintergrund die Corona-Krise als Bestandsaufnahme für die politische Führung begreifen, haben dann Vater Staat und Mutter Merkel ihren Job gemacht? Was ihre primäre Aufgabe der Überlebenssicherung angeht, nein. Chinesische Forscher hatten schon seit Längerem vor einer Pandemie gewarnt, Bill Gates tat das – auch vor deutschem Publikum – seit Jahren. Und im Jahr 2012 prognostizierte das Robert-Koch-Institut mit geradezu hellseherischer

Präzision die Geschehnisse ab März 2020. Was tat die deutsche Politik? Sorgte sie zumindest für eine ausreichende Zahl an Schutzmasken? Sie beschäftigte sich mit Vaterschaftsurlaub und Gender-Pay-Gap. In geradezu dramatischer Weise hat die politische Führung es an Wachsamkeit fehlen lassen, Alternativlosigkeit zu verhindern.

Leistete die Politik wenigstens ihre sekundäre Aufgabe, der Führung zur Selbstführung? Ebenfalls nein. Die hohle Hand aufhalten und sich nicht schämen für ihre parasitäre Haltung: Alle Menschen werden Brüder, wenn der Staat sich segensreich neigt. Das gilt für den Konzertveranstalter, der sich jüngst einen Supersportwagen zugelegt hat, nun unter dem Eindruck des Lockdowns aber nach Akutsozialismus ruft. Das gilt für den Investor, der in diesen Tagen massenhaft Aktien notleidender Unternehmen kauft, weil das Erpressungsargument hoher Arbeitslosenzahlen zieht und »es sich die Politik niemals leisten kann, diese Firmen fallen zu lassen«. Das gilt für DAX-Konzerne, die in den Jahren zuvor Milliardengewinne einheimsten, unproduktive Aktienrückkaufprogramme lancierten, was ihre Krisenfestigkeit verringert hat und sie nun zu Sozialhilfeempfängern schrumpfen lässt. Gerade letztere, die gerne die Selbstverantwortung bei den Mitarbeitern einklagen: Wo bleibt der stolze Hinweis, man habe in den letzten Jahren gut verdient und sei deshalb in der Lage, sich und die Mitarbeiter einige Monate über Wasser zu halten?

Es ist noch nicht lange her, da galt »Spare in der Zeit, dann hast du in der Not«. Wie kann es sein, dass offenbar Tausende sogenannter »Unternehmer« nicht einmal Rücklagen für zwei bis drei Dürremonate bilden? Die Antwort zerreibt sich in dem ewigen Spiel zwischen individueller Torheit und institutioneller Einladung, verdichtet zu organisierter Verantwortungslosigkeit. Ja, es gibt jene Psychodynamiken, die fahrlässig in den Tag leben und darauf vertrauen, im Krisenfall mit ihrer Hand in der Tasche anderer Leute leben zu können. Aber diese anderen Leute müssen die Taschen auch aufmachen, auch die Möglichkeit dazu geben. Und so hat der Staat über Jahrzehnte die familiäre Unterstützung durch anonyme Ansprüche an die Solidargemeinschaft ersetzt. Der Sozialstaat hat sich zum Wohlfahrtsstaat aufgeblasen und implizit den Menschen die Botschaft gesandt: »Du brauchst nicht mehr selbstverantwortlich zu sein. Wir sorgen schon für dich.« Das lässt sich kaum jemand zweimal sagen und belohnt das Rundum-Wohlfühl-Paket an der Wahlurne. Paradoxerweise nimmt der Bürger dafür sogar in Kauf, dass ihm eine absurde Steuerlast so wenig vom Brutto übrig lässt, dass Sparen schwer fällt. Zudem: Wieso sparen, wenn Zinsen durch die Zentralbanken faktisch abgeschafft wurden? Enorm gestiegen ist dadurch die Zahl jener Bürger, die vom Staat abhängig sind. Und mit ihnen stiegen die Erwartungen. Wer vorsorgt, ist der Dumme. Sagt man jemandem: »Wenn du eine helfende Hand suchst, findest du sie zunächst immer am Ende deiner Arme«, dann findet der das weder witzig noch empörend – er versteht es gar nicht.

Aus dieser Perspektive ist es nicht übertrieben, von Staatsversagen zu sprechen. Dieser Befund kontrastiert verstörend zum Jubelverhalten weiter Bevölkerungsteile. Und auch wenn der Staat das getan hat, was der Augenblick erforderte, so muss sich unser Blick doch auf die Zeit nach der Krise richten. Wir müssen streiten, ob sich der Staat wirklich auf das Wichtige konzentriert. Wollen wir einen Staat als Fürsorgeanstalt, die Selbstverantwortung und die Überzeugung von Selbstwirksamkeit schwächt? Es darf nicht sein, dass es in Deutschland Würde nur noch als Konjunktiv gibt.

Der neue Behauptungs-despotismus

Ungewissheit grundiert unsere Existenz. Umso befremdlicher der Wunsch, ihr zu entgehen. Gleichzeitig verständlicher: Überschaut man die Unübersichtlichkeiten der Gegenwart, dann artikuliert sich ein geradezu dramatisches Bedürfnis nach Eindeutigkeit. Viele sehnen sich nach einer Zeit, in der man noch scheinbar klar zwischen Gut und Böse, Richtig und Falsch unterscheiden konnte. In dieser Situation sollen Wissenschaftler das Chaos ordnen. Kommt es zu irgendeinem argumentativen Handgemenge, muss man nicht lange warten, und jemand zieht ein Trumpf-As aus dem Ärmel: »Wissenschaft! Wir folgen der Wissenschaft!« Dieser Ruf signalisiert nicht erst seit Corona, dass es keine zwei Meinungen mehr gibt, man überhaupt keine Meinungen mehr hat, sondern die Wahrheit. Basta! Ende der Diskussion! – gemeinhin mit Putin-Freund Gerhard Schröder assoziiert. Und nicht nur moralisierende Milieus sind anfällig für die Indienstnahme wissenschaftlicher Erkenntnis. Hinterfragen wir das Angebliche und betrachten aus aktuellen Debatten einige Aussagen, die Forschung instrumentalisieren.

»Sprache prägt das Bewusstsein.«

Dieses Argument wird besonders gerne von einer winzigen Minderheit gendersensibler Eiferer ins Feld geführt, die einer schweigenden Mehrheit ihre Terminologie diktiert. Was sie verheimlicht: Es gibt mindestens ebenso viele Forschungen, die keine Einflüsse oder nur sehr schwache konstatieren. Auch wer sich bemüht, nicht in dieselbe behauptungsdespotische Falle zu tappen: Bewiesen ist hier nichts. Aber der journalistische Mainstream vergrößert das meinungsstarke Rinnsal, zieht es auf, hätschelt es.

»Gemischte Teams entscheiden besser.«

Diese Aussage wird auch nicht wahrer, indem man sie in schamanischer Versenkung ständig wiederholt. Es wird nicht nur ignoriert, dass eine Entscheidung nur deshalb eine Entscheidung ist, weil Ungewissheit (nicht Unsicherheit!) ihre Bedingung ist – eine Entscheidung kann insofern weder besser noch schlechter sein. Unterschlagen werden auch aktuelle Wissenschaftssynopsen, die zum Thema ein sehr uneinheitliches Bild zeichnen, das nur Einäugigkeit scharf stellt.

»Gewinn und Aktienkurs steigen, wenn eine Frau
in der Geschäftsleitung ist.«

Es gibt, soweit ich sehe, genau zwei Studien mit diesem Ergebnis. Eine davon ist von Frauenverbänden finanziert. Die Datenbasis dieser Arbeiten ist (naturgemäß) dürftig; beharrlich werden Korrelation und Kausalität verwechselt sowie der Zufall ausgeblendet. Was interessierte Kreise nicht daran hindert, diesen Zusammenhang als völlig zweifelsfrei in die Welt zu setzen.

»Arbeitszufriedenheit macht produktiv.«

Das methodische Geschwurbel, auf dem diese Aussage sattelt, ist von unsäglicher Vorurteilshaftigkeit. Es gibt zudem keine einzige Studie weltweit, die einen kausalen Zusammenhang nachgewiesen hätte. Dieser Befund gilt jedoch ebenso für zarte Hinweise darauf, dass das Gegenteil gilt: dass Unzufriedenheit produktiver mache. Wer auch diese Möglichkeit zulässt, wird schnell gemaßregelt: »Wenn du das ansprichst, spielst du den Falschen in die Hände«.

»Ökonomischer Erfolg ist planbar.«

Es gibt Studien, die nachweisen wollen, dass es unabweisbare wirtschaftliche Erfolgsrezepte gibt. Diese werden dann durch erfolgreiche Unternehmen (Apple, Tesla, Microsoft) illustriert. Ein alter Hut: Schon immer lebten weite Teile der Wirtschafts-»Wissenschaften« vom Ausblenden der Kontingenz (»ceteris paribus«). Übersehen wird zudem gerne, dass nur die Erfolgreichen ihre Geschichte erzählen. Und Sieger glauben nicht an Zufälle. Jedenfalls wurde noch kein Buch geschrieben mit dem Titel: »Wie ich mein Unternehmen an die Wand fuhr«.

Beim Verweis auf die Wissenschaft ist mithin Vorsicht geboten. Häufig werden Meinung und Wahrheitssuche, objektive Standards und volkserzieherische Zwecke verwechselt. Zu sehr wird »im Auftrag« geforscht, zu sehr verwässern individuelle Reputations- und Finanzinteressen die wissenschaftsethischen Richtmaße. Wissenschaftsbasierte Meinung mutiert dann zur meinungsbasierten Wissenschaft. Und beim Konkurrenzkampf im universitären Milieu (Drittmittel, Finanzierung großer Forschungsvorhaben, BWL-Professoren als Unternehmensberater) hat die kühle Distanznahme schlechte Karten. Ganz zu schweigen von ärztlichen Studien, die durch die Pharmaindustrie finanziert werden. Man möge sich auch nicht mit Muskelschmerzen an einen Chefarzt wenden, der noch eine Hüftgelenkoperation braucht, um in die Bonusränge des Krankenhauses zu kommen.

Aber selbst bei einer idealen akademischen Haltung *sine ira et studio*: Es gibt nicht »die« Wissenschaft. Die Wissenschaft ist nichts Abgeschlossenes, was sich nicht mehr bewegt. Mehr noch: Keine Studie ohne Gegenstudie! Es wäre auch zu viel des Aufwandes, wollte man mit der Wissenschaft gegen die Wissenschaft argumentieren. Es muss reichen, darauf hinzuweisen, dass kein ernstzunehmender Wissenschaftler so etwas wie Irrtumsfreiheit oder gar Letztbegründbarkeit reklamiert. Er würde allenfalls von Brauchbarkeit sprechen. Und in der Logik der Forschung im Popperschen Sinne würde er die Bedingungen der Gültigkeit seiner Aussage angeben. Es gilt alles bis auf Weiteres! Eine grenzenlos gültige Aussage ist leer. Oder Esoterik.

Relevant in einem fundamentalen Sinne ist zudem Heideggers »Wissenschaft denkt nicht«. Wissenschaft ist blind für die Grundannahmen, auf denen sie ruht. Ferner ist sie vertikal extrem detailliert *innerhalb* der Zunft, horizontalgesamtgesellschaftlich aber kaum verbunden. Auch kann sie vieles nicht wissenschaftlich beantworten, zum Beispiel Fragen der Würde oder des Sinns. Wissen ist etwas anderes als Gewissen. Und mag sich Wissenschaft noch so sehr mit Zahlen und Messungen schmücken: Wer viel misst, misst viel Mist. Es entsteht nur ein genaueres Bild des Scheins. Vor lauter Zählen vergisst man zu erzählen.

Grundsätzlicher noch: Ist Wirklichkeit überhaupt erkennbar? Die Quantenphysik hat uns die Augen geöffnet für die Tatsache, dass es keine Beobachtung ohne Beobachter gibt. Der Wissenschaftler kann die Wirklichkeit nicht direkt beobachten, sondern nur durch Messinstrumente, die den unbeobachteten Zustand stören. Die Reinigungsbemühungen, die in allen Erscheinungen das Notwendige zu erkennen versucht, müssen sich daher mit Wahrscheinlichkeit begnügen.

Der Verweis auf »Wissenschaft!« ist jedoch nicht vorrangig ein erkenntnistheoretisches Problem, sondern hat eine rhetorische Funktion im sozialen Tauziehen. Es geht um Macht. Das Zeigen auf Wissenschaft reklamiert ein parteiloses Externum, das Interessen leugnet. Pontius Pilatus winkt aus der Ferne. Das Programm: Keine Wahl! Der freie Wille dankt ab, versteckt sich hinter szientistischem Sachzwang.

Wer also Wissenschaftlichkeit reklamiert, will die Dinge festzurren, will, dass die Leute nicken, den Widerstand aufgeben. Weil die Dinge so sind, wie sie sind, eben »alternativlos«. Wissenschaft ist Wahrheit, und nur Wir haben privilegierten Zugang zu ihr. Das teilt nicht nur zwischen Wir und Anderen, sondern auch zwischen Vernunft und Verblendung. So leiht sich mancher das Schwergewicht der Wissenschaft, um von seiner leichten Meinung abzulenken. Dass er sich mit geliehener Autorität eher schwächt, übersieht er. Wäre er bei seiner Meinung geblieben, bei seinen Interessen – damit könnte man umgehen, das könnte man ausgleichen. So aber wird es unverhandelbar.

Der Wissenschaftsglaube rügt solche Überlegungen als Relativismus, der alles Überragende ins Egalhafte zieht. Was aber soll das Überragende sein? Das Göttliche? Das unabweisbar Tugendhafte? Die Menschenwürde? Das biologische Überleben? Das gute Leben? Was immer es sei, es eignet sich nicht als Basis einer offenen Gesellschaft, deren Grundsubstrat der Deutungskonflikt ist. Genau der aber ist gefährdet, wenn sich Szientismus in die Tiefenströme der Gesellschaft einsenkt. Vergleichbar mit der akademischen *cancel culture* will die Behauptung von wissenschaftlicher Evidenz vor allem vermeiden, dass Dissens und Widerspruch öffentlich thematisiert werden. In Deutschland forderte während der Corona-Pandemie eine dekorierte Wissenschaftsjournalistin, man solle die Meinungsäußerungen der Virologen regierungsamtlich einschränken, um die Bevölkerung nicht zu verwirren.

Aus dieser Perspektive: Sind wir noch Bürger, die den wissenschaftlich grundierten Sachzwängen eine Idee des Andersmachens entgegenhalten? Gibt es noch andere Werte als die Verbeugung vor einer Autorität, die aus Diskussionen herausgelöst ist, keine Alternativen und Mehrdeutigkeiten mehr zulässt und sich hinter Empirie, Zahlen und Expertentum verschanzt? Der Rückgriff auf die Wissenschaft hat das Potenzial, den Begriff des autonomen Individuums schleichend zu entkernen. Wissenschaftlich verbrämte Entscheidungen lassen sich keinem menschlichen Subjekt mehr zurechnen. Allenfalls noch einem statistischen Abhängigkeitsautomatismus. Sie bedienen jedoch die Angst vor der Freiheit, die Sehnsucht nach dem Ende der Mehrdeutigkeit, des Konflikts und des Streits – Modi der Demokratie. Wissenschaft legitimiert keine Demokratie. Das tut das Parlament. Sonst hätten wir einen Wissenschaftsstaat, der wie Platon vom Ende des Politischen träumt. Wenn dieser dann von Moralisierungen überformt wird, sind wir keine Gegner mehr, sondern Feinde. Carl Schmitt hätte seine Freude.

Hier wie überall muss man mit Applaus von der falschen Seite rechnen. Die Einhegung naiver Wissenschaftsgläubigkeit wird nicht verhindern, dass der Zweifel in seiner dümmsten Form auf die Straße rennt – als Verschwörungstheorie, als Klimawandelleugnung, als *alternative facts*. Es ist nach US-amerikanischen Studien (Vorsicht!) egal, wie viele Menschen Zugang haben zu welchen Daten – sie legen sie ohnehin für ihre Interessen aus. Dennoch, auch wenn es die Harthörigen kaum erreichen wird: Es gibt keine alternativen Fakten, nur alternative Deutungen. Man kann noch so viel Wissenschaft, Zahlen und Studien auftürmen – was daraus folgt, bleibt dem Einzelnen überlassen. Die bedeutungsgebende Instanz ist der Mensch. Er wägt ab, setzt in Beziehung, urteilt. Auch wenn er weiß, dass es nur ein Ur-Teil ist, eben ein Teil des Ur-Zusammenhangs. Niemals die Wahrheit. Also: Wir sollten uns unsere Freiheit nicht wegvernünfteln lassen von einer interessegeleiteten Präsentation von Wissenschaft. Skepsis ist notwendig, Zweifel auch, Misstrauen nicht, Wurschtigkeit schon gar nicht. Soviel Differenzierung kann man dem Normalmenschen zutrauen. Wissenschaft war und ist stolpernde Wahrheitssuche. Nicht Wahrheitsfinden.

NZZ vom 10.12.2020

Der folgende Text kritisiert den populären Schlachtruf »Follow the science!« am Beispiel des pandemischen Geschehens. Epidemiologische Modelle achten zum Beispiel nicht ausreichend auf sozioökonomische und psychologische Folgen politischer Eingriffe. Zudem ist man sich auch innerhalb einer Disziplin keineswegs einig. Und letztlich können wir nicht ausschließen, dass Wissenschaftler wert- und interessegeleitet forschen, also eine wissenschaftliche Aussage nicht streng an der Leitunterscheidung »wahr/unwahr« orientieren. Sondern daran, ob sie moralisch willkommen oder unwillkommen ist. Das alles sollte uns Anlass zu Skepsis bieten.

Der virologische Imperativ

Was man nicht rechnen kann, muss man entscheiden. Die Milchglasscheibe, der offene Ausgang, die unkalkulierbare Konsequenz, das ist es, was zur Entscheidung drängt. Im Unterschied zur Wahl, die sich fakten- oder wertbasiert zu einer Seite neigt. Führung zieht ihre Existenzberechtigung aus genau diesen dilemmatischen Situationen – wenn es gute Gründe für die eine Seite gibt und gute Gründe für die andere. Im strengen Sinne weiß man erst im Nachhinein, was man entschieden hat. Führungskräfte sind Krisenparasiten. Häufig sind sie jedoch nicht auf der Höhe der Komplexität, die zu bewältigen sie bezahlt werden. Dann ziehen sie Berater herbei, die so lange Daten sammeln, bis die Dinge eindeutig und konfliktfrei scheinen. Also nicht mehr entschieden werden müssen. Das entlastet. Der Preis dafür ist Verantwortungsdiffusion bis hin zur Delegitimierung der Führung.

Genau das passiert gerade im großen Maßstab. Die Politik hat abgedankt, Virologen regieren die Welt. Politiker treten nur noch in Begleitung von Wissenschaftlern auf und begründen ihre Maßnahmen mit dem Verweis auf Forschungsergebnisse. »Alternativlos!« signalisiert das, der Konflikt zwischen Freiheit und Gesundheit ist moralisch vorentschieden, Widerspruch tabu. Man kann sich ja gar nicht genug fürchten. Schnell wird vergessen, dass wir Menschen uns zwar dem Sachzwang beugen können, aber nicht beugen müssen.

Das alles ist politpsychologisch nachvollziehbar, sogar menschlich verständlich. Und es wird nicht viele Menschen geben, die in diesen Zeiten mit Politikern tauschen wollen. Aber dahinter verbergen sich Kategorienfehler: Demokratisch legitimiert sind Wissenschaftler nicht. Zudem repräsentieren sie lediglich eine partikulare Rationalität. Natürlich ist es in erster Linie geboten, Menschenleben nicht zu gefährden. Zu fragen ist: Ist das nur möglich auf dem Weg, den uns die Virologen weisen? Ist es nicht vielleicht sogar wahrscheinlich, dass auf diesem Weg letztlich mehr Menschenleben gefährdet sind? Denn es gibt keine Problemlösungen ohne Lösungsprobleme. Die wurden jedoch von der ubiquitären Schockstarre ausgeblendet; ein Ringen um den besten Weg fand nicht statt. Aber das Verschwiegene wiegt schwer, rüttelt an den Grundfesten unserer Freiheit.

Das kann man illustrieren an dem Diktum des ehemaligen Staats- und Verwaltungsrechtlers Ernst-Wolfgang Böckenförde: »Der freiheitlich, säkularisierte Staat lebt von Voraussetzungen, die er selbst nicht garantieren kann.« Angewandt auf die Corona-versehrte Gegenwart heißt das: Der Staat verspricht eine Hilfe, die er aus sich heraus nicht garantieren kann. Der Staat ist nämlich nicht, wie viele Menschen glauben, eine in sich geschlossene Entität, die der Gesellschaft gleichsam »gegenüber« steht, manchmal sogar, je nach Perspektive, auch »über« der Gesellschaft. Aus dieser Sicht hätte das staatliche Ordnungsrecht stets Vorrang gegenüber der gesellschaftlichen Freiheit. Für bestimmte Fragen und Aufgaben mag man dem zustimmen, im Einzelfall also und sowohl zeitlich wie räumlich begrenzt. Zustimmen kann man dem nicht für *alle* Aufgaben und grenzenlos. Das aber wäre der Fall, wenn man ein ganzes Land auf längere Sicht ins Gefängnis sperrt.

Nach dem Böckenförde-Diktum ist der Staat eingelagert in gesellschaftliche Versorgungsketten. Das sind zum Beispiel ethische, verfassungsrechtliche und staatstheoretische Diskurse, die ihn legitimieren. Darunter fallen in einer offenen Gesellschaft auch der Wettbewerb der Ideen und das Austragen von Konflikten. Zu den Versorgungsketten gehören jedoch ebenso ganz praktische Lebensunterhaltungen. Dazu zählt zweifellos ein leistungsfähiges Gesundheitssystem. Dazu zählt aber auch der polnische LKW-Fahrer, der die dringend benötigten Halbfertigwaren für Arbeitsschutzkleidung über die Grenze bringt. Dazu zählt ferner die Realisierung von Freiheit – in Fußballstadien, Kirchen, Theatern und Konzerthallen, auf Kinderspielplätzen und in einer Öffentlichkeit, die häusliche Dichteüberwindungen ermöglicht.

Grundsätzlicher noch: Die Gesellschaft muss den Staat ganz praktisch mit Mitteln versorgen, die es ihm ermöglichen, seinen Kanon von Aufgaben zu erfüllen. Der Staat selbst hat kein Geld, mit dem er Hilfeleistungen garantieren kann – auch wenn er dieser Selbstfiktionalisierung gerne erliegt und die Bevölkerung diese auch bedenkenlos und im Wortsinne für »bare Münze« nimmt. Also kann er auch keins ausgeben. Das kann er nur in einer sehr kurzen Sicht. Und auch dann nur, wenn er es den Bürgern vorher wegnehmen konnte – weil sie welches hatten.

Man lasse sich nicht täuschen vom internationalen Monstrositätswettbewerb staatlicher Hilfspakete: Langfristig ist der Staat angewiesen auf Menschen, die arbeiten, auf Unternehmen, die ihre Produktion und Dienstleistungen wieder hochfahren, also auf finanzielle Lieferketten, vulgo: Steuern. Dies in gleicher Abhängigkeit, wie medizintechnische Hochleistungsprodukte für die Versorgung Schwerstkranker nur bereitgestellt werden können durch die Produktivität der Autobauer oder der Luftfahrt oder der Rüstungsindustrie. Ohne diesen wirtschaftlichen Unterbau garantiert der Staat gar nichts.

Will die Politik handlungsfähig bleiben, muss sie also das Wechselspiel der gesellschaftlichen Subsysteme moderieren. Dafür braucht sie Urteilskraft, die Fähigkeit der Priorisierung. Diese kann langfristig nicht die Logik der Virologen totalisieren. Politik muss insbesondere Spät- und Nebenwirkungen kalkulieren – bekanntlich waren nach der Zerstörung der Twin-Towers 2001 mehr Menschenleben indirekt zu beklagen durch eine wachsende Zahl von Autounfällen, die sich der akuten Flugangst verdankten. Unhysterische Vergleiche mit anderen, bekannten und zeitlich gedehnten Risiken sind dazu hilfreich: nichtepidemische Mortalitäten, Krankheiten, Unfälle. Was sagen diese Zahlen im Vergleich mit der Möglichkeit, am Coronavirus zu erkranken?

Aber auch Zahlen sprechen nicht zu uns, wir sprechen zu den Zahlen; aus der subjektgebundenen Bedeutungszuweisung kommen wir nicht heraus. Deshalb darf die Politik nicht der quantitativen Hypnose erliegen, die in Ermangelung von Zählbarem nur das für relevant hält, was zählbar ist. Tote zum Beispiel. Sondern auch die unabsehbaren Schäden für die Nach-Corona-Zeit, beim »Wiederaufnehmen der ganzen Lebensmechanik« (Hermann Hesse) – für depressive Einzelne, für zerstörte Partnerschaften, zerrissene Familien, für Arbeitslose, für Firmenkonkurse, für irreparable wirtschaftliche Strukturschäden, für die gesamtgesellschaftliche Zukunft nach der Krise.

Momentan wird der Gesundheit der Wert eines bedingungslosen Gutes zuerkannt – entsprechend dem landläufigen »Gesundheit ist nicht alles, aber ohne Gesundheit ist alles nichts«. Im individuellen Fall mag das stimmen. Aber das wird sich gesamtgesellschaftlich ändern, je länger die Ausdehnung der Staatszone dauert. Der Preis für die Freiheit wird steigen. Für die ganze Gesellschaft brauchen wir daher eine Balance, die alle gesellschaftlich relevanten Argumente diskutiert und gewichtet, nicht nur solche der Virologie.

Darüber mag mancher zynisch werden. Viele werden auf die Tribüne gehen und den Daumen senken. Aber genau für solche Situationen gibt es Führungskräfte. Menschen aus Fleisch und Blut. Keine Algorithmen, keine Cover-my-ass-Deserteure. Sondern Menschen, die sich schuldig machen – aus Sicht jener, die anders entschieden hätten. Menschen, die entscheiden, was nicht fakten- oder wertbasiert zu wählen ist. Die, spreche ich es aus, das Dilemma zwischen den Überlebenschancen der Alten und den Zukunftschancen der Jungen entscheiden. Die in der Inszenierung von Alternativlosigkeit nicht nur einen Anschlag auf die menschliche Intelligenz erkennen, sondern auch auf unsere Freiheit schlechthin.

NZZ vom 30.03.2022

»Wer die Dinge falsch benennt,
trägt zum Unheil in der Welt bei.«
Albert Camus

Missbrauchte Solidarität

»Man hat seine eigene Wäsche, man wäscht sie mitunter. Man hat seine eigenen Wörter, man wäscht sie nie.« Bert Brecht, 1920. Hundert Jahre später segelt das Wort »Solidarität« ungewaschen durch die politische Öffentlichkeit. Das Waschen sollten wir nachholen. Denn Sprache ist immer auch Politik. Nietzsche sagte voraus, Machthaber werde künftig derjenige sein, der neue Sprachregelungen verbindlich durchzusetzen verstehe.

Solidarität ist seit einiger Zeit zu einem mächtigen Euphemismus im Ideenwettbewerb herangereift. Man kalkuliert mit der Applausgarantie – und mit Entrüstungsgarantie bei Nichtbefolgung. Anwendungsbeispiele gibt es genug: in Deutschland die Steuer nach 1989, die beschönigend »Solidaritätszuschlag« etikettiert wurde, der sogenannte »Solidarpakt« zwischen Arbeitgebern und -nehmern, die fehlende »Frauen-Solidarität«, die der Feminismus beklagt und deshalb die Quote beklatscht; und wer gegen wohlfahrtsstaatliche Wucherungen argumentiert, wird mit Verweis auf die Solidarität zurückgepfiffen. Auch in Gegenrichtung: Ein CDU-Politiker hielt 2003 nichts davon, wenn man 85-Jährigen noch künstliche Hüftgelenke »auf Kosten der Solidargemeinschaft« implantiert. Da wusste er noch nicht, was zu Corona-Zeiten alles möglich ist: »Seid solidarisch!« lenkt bedenkenlos unser Denken. »Haltet euch an Hygieneregeln! Bleibt zuhause! Unterlasst alles, damit Menschen nicht sterben und das Personal in den Krankenhäusern geschont wird!«

Lange wurde Solidarität von der Bevölkerung durchweg positiv bewertet. Das hat sich im Laufe der Pandemie geändert. Vor allem zwischen dem ersten und dem zweiten Lockdown äußerte und verhielt man sich zwar öffentlich weitgehend solidarisch, murrte aber zunehmend im privaten Kreis: »Ich kann das Solidaritätsgerede nicht mehr hören!« Es war ja auch kaum nachvollziehbar, dass Kunstausstellungen und Gastronomie nach Aussage des Robert-Koch-Instituts keine Infektionstreiber sind – und trotzdem geschlossen wurden. Begründet wurde es, kaum überraschend, mit Solidarität – und bewehrt mit Denunziations-Hotlines gegen Solidaritätssaboteure.

Nun, was genau ist Solidarität? Die Frage zielt nicht auf Begriffsakrobatik, sondern auf soziale Umsetzbarkeit. Hilft der Appell an die Solidarität, eine zustimmungsfähigere Politik zu machen? Und wenn ja – warum verhalten sich viele Menschen unsolidarisch – offen oder verdeckt?

Der Begriff bedeutet zunächst Zusammenhalt und Unterstützung. Dabei ist Solidarität, schaut man genauer hin, partikularistisch. Solidarität ist Gruppensolidarität. Sie kann sich nicht auf alle und jeden beziehen, nicht auf die Menschheit, auch nicht auf die Gesellschaft, sonst löst sich der Begriff ins Grenzenlose auf. Wer sich solidarisiert, tut das mit einer Gruppe gegen Widerstand. Die zweite Bedingung für Solidarität sind gleiche Gesinnungen, gemeinsame Erfahrungen und entsprechende Ziele. Diese Faktoren stiften Einheit und legitimieren den Aufruf zur Geschlossenheit. Drittens sind es nicht beliebige Erfahrungen, die der Solidarität vorausgesetzt sind, sondern Benachteiligung, Ungleichheit, Mangel. Konkret also etwa die Erfahrungen von Afro-Amerikanern, Frauen (wahlweise Männern), Transsexuellen, Menschen unterhalb der Armutsgrenze oder Risikogruppen.

Legen wir diese Kriterien über die Corona-Appelle. Weder werden Gruppengrenzen genannt, die eine allgemeine Menschenliebe pragmatisch einschränken, noch kann man gemeinsame Erfahrung und Ziele unterstellen – allenfalls das sehr allgemeine Ziel, die Pandemie zu beenden. Zudem soll man offenkundig nicht deshalb solidarisch sein, weil man besondere Werte teilt, sondern einfach so. Auch die gemeinsame Erfahrung von Benachteiligung trägt den Appell nicht. Es ist ja nicht klar, wer da hauptsächlich geschädigt werden könnte: viele oder wenige Menschen? Junge oder Alte? Gesunde oder Vorerkrankte? Sind wir nur bedroht als Bio-Klumpen, die vor-sich-hin-stoffwechseln? Oder sind wir Menschen mit Würde? Was ist mit den Spätfolgen? Sowohl medizinischer, ökonomischer wie psychischer Art? Und kaum jemand hinterfragt die mentalen Konsequenzen der Freiheitsbeschneidungen. Solidarität unterstellt unter Corona-Bedingungen eine Gleichheit, die nicht existiert. Nicht zuletzt deshalb liefert der Appell, die Solidarität über die eigenen Interessen zu stellen, keine ausreichende Motivation, dies auch wirklich zu tun.

Schauen wir auf die Modalitäten, auf die Art und Weise von Solidarität, so sind das mindestens zwei: Solidarität ist, wenn wir sinnvoll von ihr sprechen wollen, *freiwillig* und *nicht-reziprok*.

Freiwilligkeit ist ihre wichtigste Eigenschaft; aufgezwungene Solidarität ist keine. Das wiegt umso schwerer für die nicht-parlamentarisch diskutierten, lediglich exekutiv erlassenen Corona-Maßnahmen. Wird Solidarität (zum Beispiel gegenüber vulnerablen Menschen) gar als moralische Pflicht ausgewiesen, dann ist sie vollständig torpediert. Freiwilligkeit ist die Bedingung ihres moralischen Charakters. Was erzwungen ist, hat keinen moralischen Wert.

Solidarität kann man sich daher wünschen, aber eben nicht einklagen, nicht herbeinötigen, auch nicht einfach voraussetzen. Der Kategorienfehler liegt offen zutage: Von Solidarität wird gesprochen, aber Gehorsam ist gemeint. Es wird nicht (nur) das nüchterne Befolgen der Corona-Anweisungen gefordert, sondern diese Forderung wird zusätzlich moralisiert. Warum? Offensichtlich ist dem Gesetzgeber ein Angemessenheitsdefizit der Maßnahmen bewusst. Deshalb scheut er davor zurück, sie konsequent durchzusetzen, verschiebt diese Konsequenz auf die normative Ebene, eben Solidarität. Diejenigen, die sich nicht an die Corona-Auflagen halten, sind also auch schlechte Menschen. Die moralische Codierung, die mit Solidarität möglich erscheint, überformt den Politikbereich und wird zur Machtmoral. Dann ist das Opfer schuld, nicht der Henker.

Nicht-reziprok. Solidarität setzt Ungleichheit voraus. Sie bedeutet Verzicht eines Menschen, der durch diesen Verzicht anderen Menschen helfen will, ihre Lage zu verbessern. So können Jüngere zugunsten von Älteren auf Zukunftschancen verzichten; Ältere können zugunsten von Jüngeren auf zusätzliche Lebensjahre verzichten. Was moralisch höher steht, mag jeder selbst entscheiden. Solidarisch handeln (und nicht nur bekunden) können aber Menschen nur, wenn sie gleichsam überschüssige Ressourcen haben. Man denke an die niedergelassenen Haus- und Kinderärzte, die sich während der Pandemie für die Durchführung von Impfungen zur Verfügung stellen und dafür teilweise ihre Praxen schließen. Solidarisch handelt auch jener Impfberechtigte, der anderen Impfwilligen den Vortritt lässt. Hingegen: Um 9 Uhr am Fenster applaudieren, ist lediglich bekundete Solidarität.

In der Diskussion um Freiheitsrechte für Geimpfte hört man immer wieder, es sei ein Gebot der Solidarität, Geimpfte nicht zu bevorzugen. Sie hätten nur Glück gehabt, früher geimpft worden zu sein. Was aber hat ein Nicht-Geimpfter davon, wenn einem Geimpften Freiheitsrechte verweigert werden? Wer da Solidarität fordert, bekämpft nicht das Virus, sondern die Bevölkerung.

Eingedenk dieser Modalitäten: Was ist der natürliche Ort der Solidarität? Wo gehört sie hin? In die Familie. Solidarität gehört in den Nahbereich, dort ist sie unersetzlich. Dort ist Solidarität, das Sprachspiel sei erlaubt, solide. Was aber seit der Corona-Krise mit Solidarität verbrämt wird, ist eine Politik, die die Gesellschaft nach dem Modell der Familie lenken will, die »große Welt« den Regeln der »kleinen Welt« unterwirft. So ist die Solidarität auf den Hund gekommen: eine rhetorische Moralkeule der Gemeinschaftsseligkeit, die Freiheitsrecht beschneidet.

Jedoch: Unverzichtbar ist Solidarität, wenn sie im Brecht'schen Sinne »gewaschen« ist, wenn sie freiwillig ist, nicht-reziprok und im Nahbereich gelebt wird. Dann ist sie eine der edelsten Tugenden, zu denen wir Menschen fähig sind. Sie ist hingegen zerstört, wenn sie erzwungen wird, wenn sie als kollektiver moralischer Imperativ, gar als politisches Programm zur Anpassung oder Umerziehung eingesetzt wird. Der Politik geht es mit der moralischen Codierung der Corona-Maßnahmen vor allem darum, das Gespräch zu beenden, Kritik zu unterbinden und Alternativen zu ersticken. Aber das kann sie nur erfolgreich tun, wenn kein Bürgersinn mehr vorhanden ist, der den Wert der Freiheit über das Leben stellt. Dabei hat das Leben als solches keine innere moralische Qualität. Es ist Zeit, sich dessen zu erinnern.

NZZ vom 15.02.2021

Das Büßerhemd als Outfit der Moderne

»Falls du glaubst, dass du zu klein bist, um etwas zu bewirken, dann versuche mal zu schlafen, wenn eine Mücke im Raum ist.« Ein tibetisches Sinnbild. Es lässt sich übertragen auf die Gegenwartsdebatten, die von minoritären Interpretationseliten beherrscht werden. Diese Minderheiten kommen richtungspolitisch von rechts oder von links, begründen sich mit Identität oder Religion oder Nation oder Menschenrechten, mit Hautfarbe, Rasse oder Geschlecht, mit Werten, Natur oder Sprache. Bekenntnisvirtuos belehren sie die Mehrheit darüber, welchen Partikularinteressen nunmehr allgemeine Geltung zu verschaffen sei und was man sagen oder tun darf. Und was nicht. Die Fähigkeit dieser ebenso lautstarken wie zum Teil winzigen Minderheiten, der Restgesellschaft ihre Denk- und Sprechmuster aufzuzwingen, ist aufmerksamkeitsökonomisch so erfolgreich, dass sie sogar zu »gefühlten« Mehrheiten werden.

Voraussetzung für diese Aufmerksamkeit ist nicht Leistung, sondern Benachteiligung. Dafür wird die Welt eingeteilt in Opfer und Täter. Um zum Opferklub zu gehören, muss man nicht diskriminiert werden, es reicht, sich diskriminiert zu fühlen oder sich moralisch zu mandatieren, im Namen von Opfern zu sprechen. Historisches oder strukturelles Unrecht wird dramatisiert, weil nur das Zugang zu den großmedialen Sprachrohren garantiert, die wiederum das Wertverständnis der Gesellschaft neu organisieren. Aus dieser Opferposition fordert man Rettung oder Wiedergutmachung.

Um die kulturkämpferischen Anspruchskollektive milde zu stimmen, wedeln die Täter mit Tugenden. In den Verlautbarungen der Wirtschaft wabert es nur so von Gemeinwohl, Nachhaltigkeit, hehren Werten, Ökologie und Verantwortung. Unternehmen gründen sich neu als Naturschutzbünde und vermarkten ihre Produkte als den moralisch besseren Konsum: Wer ein Bier kauft, rettet den Regenwald. Im Vordergrund steht nicht mehr unternehmerisch generierte Wertschöpfung für Kunden, sondern der Kampf gegen Kinderarbeit, Kolonialismus und Klimawandel. Selbst Banken werben mit einem »nachhaltigen« Konto (was immer das sei). Immer mehr Kleinkollektive (Ethnien, Religionen, Geschlecht) entschädigt man für »strukturelle Benachteiligung« durch Zwangsrepräsentation; aber natürlich nur dort, wo Geld oder Macht winken. Man gendert die Sprache bis zur Unverstehbarkeit und bewirbt das subventionierte Elektroauto als fahrbare Sittlichkeitsproklamation. Zu den Reinwaschungen gehört auch die Forderung, »systemrelevante« Berufe nicht nur zu beklatschen, sondern auch besser zu bezahlen. Wir nicken versonnen.

Warum aber lässt sich eine Mehrheit derart kujonieren? Nun, zunächst ist Widerspruch gegen das vermeintlich Gute ungehörig; man empört sich nicht gegen Empörungswellen. Wer ist schon gegen Minderheitenschutz? Schürft man aber tiefer, dann stößt man auf eine sozialpsychologische Mechanik: Die Minorität hat ein gutes Gewissen, die Majorität ein schlechtes. Die Selbstgewissheit alter Mehrheiten hatte sich zum schlechten Gewissen gewandelt. So lässt sich das gute Gewissen politisch ausschlachten.

Schon länger lebt das Alltagsbewusstsein in opaken Konfliktlagen. Deren Kausalketten verlaufen nicht im Sand, sondern haben eine feste Adresse: Sie landen bei einem selbst! Unsere bare Existenz ist der Sündenfall! Entsprechend haben viele Menschen das Gefühl, irgendwie »verkehrt« zu leben. Der 11. September 2001, den der islamistische Terror mit unserer Gottlosigkeit begründet, der Beinahe-Crash des Finanzkapitalismus, der unserer Gier und unserem Konsumismus zu danken ist, die Weltverhüllung in einen CO_2-Nebel, der unseren Produktionsmethoden, unserem Häuserbau und Rindfleischkonsum sowie dem Trockenlegen der Moore zu danken ist, das Abschmelzen der Gletscher, der Polkappen, der Tod der Arten und der Regenwälder, das Plastik im Meer, die Armutswanderungen, die alle unserem Überfluss zu danken sind. Wir fahren immer noch Verbrennungsmotoren, fliegen immer noch in Urlaub, duschen immer noch zu lange, kaufen immer noch möglichst billige Lebensmittel, erfreuen uns ultraniedriger Kleidungspreise, die der Kinderarbeit in Vorderasien zu danken sind. Männer lassen sich zu Quotendeppen machen, weil es ja auch irgendwie in Ordnung ist, für Jahrtausende patriarchalischer Herrschaft zu büßen. Mehr noch: Klimasünde »Kind« – hat Mutter Erde nicht schon genug Kinder? Die Party war wohl doch zu extrem. Deshalb ist die Mehrheit, die Zulanggekommenen, bereit zur Schuldübernahme. Man schaut auf die Verluste, nicht auf die Gewinne, und träumt von der Idylle einer achtsam-authentischen Existenz, von edlen Wilden und gnädiger Natur, von einer Alternative ohne Kollateralschäden, von einem Leben ohne Verlierer, von mehr Gleichheit, die man Gerechtigkeit nennt. Man akzeptiert moralbasierte Rechtsbeugung, Reglementierungslust und Gegendiskriminierungswut, nimmt die politisch korrekte Vergemeinschaftung des Denkens, Fühlens und Sprechens hin, unterschlägt vernünftige Aussagen und abgewogene Urteile, wenn sie »den Falschen« in die Hände spielen könnten. Der Bambi-Effekt der politischen Theorie, für den das Kleine und Minderheitliche als besonders schützenswert gilt, sorgt jedenfalls dafür, dass mancher sich fühlt wie ein Fremder im eigenen Land – so, als müsste sich die Mehrheit der Minderheit anpassen.

Warum aber triumphiert das schlechte Gewissen über das Wissen? Warum ersetzt das schlechte Gewissen die Vernunft? Leuchten wir noch etwas tiefer und betrachten den intrapsychischen Handel, die hier getrieben wird.

Menschen sind Gleichgewichtswesen. Sie können nicht lange in einer belastenden seelischen Situation leben. Sie müssen sich innerlich ausgleichen. Wenn jemand zum Beispiel die klare Forderung spürt, etwas nicht zu tun, es aber dennoch tut, dann gibt er das schlechte Gewissen gleichsam »in Zahlung«. Das können Schuldgefühle sein, Selbstbezichtigungen bis hin zum Selbsthass. Dadurch wird die Soll-Seite des eigentlich Richtigen mit der Haben-Seite des schlechten Gewissens verrechnet. »Es geht mir ja auch nicht gut dabei!« Danach fühlt man sich wieder einigermaßen balanciert.

Das hat eine weitgehend unbewusste Funktion: Ein schlechtes Gewissen erlaubt das Weitermachen. Das ist sein kleines, schmutziges Geheimnis. Es sagt: »Ich werde es wieder tun.« Es ist ein intrapsychisches Wechselgeld, das man gleichsam zahlt, um alles beim Alten zu lassen – obwohl man weiß, dass man es lassen sollte, es aber dennoch tut: »Mea culpa! Mea maxima culpa!« Etwa wenn Öko-Delegierte mit schlechtem Gewissen von einer Umweltkonferenz zur nächsten fliegen. Oder Übergewichtige mit schlechtem Gewissen Kuchenberge vertilgen. Oder Golfer mit schlechtem Gewissen auf Wüstenplätzen spielen, die täglich ungeheure Wassermengen saugen. In gleicher Weise konnte mancher, der für die Konzernverantwortungsinitiative stimmte, sich selbst und anderen vorgaukeln, man habe etwas Hochmoralisches getan. Dabei war es nur kostenlos.

Diese Mechanik macht das Büßerhemd zum Outfit der Moderne. Ein Triumph des Konjunktivs: »Man sollte ja eigentlich nicht …« Eine mentale Befriedigungstechnik wie der Sündenbock, den man rituell schlachtet, um sich zu reinigen – aber in der Sache selbst nichts tun zu müssen. Deshalb ist das schlechte Gewissen zu unterscheiden von der tätigen Reue. Wenn jemand etwas wirklich bereut, dann lässt er es zukünftig.

Aber schlechtes Gewissen ist auch lästig – die grassierende Angst der Mehrheit, Spaß an den falschen Sachen zu haben. Deshalb wird es gerne externalisiert, als Moralisierungsdruck: Man sieht den Splitter im Auge des anderen, aber nicht den Balken im eigenen. Wehe, der andere tut was, was ich auch gerne täte, mir aber nicht erlaube! Dann lautet die Parole: Wenn ich mir was verkneife, dann hast du dir das auch zu verkneifen! Und wehe, der andere tut etwas hemmungslos und voller Freude, was ich zwar auch tue, aber nur heimlich und mit schlechtem Gewissen. Das drückt mir alle Knöpfe gleichzeitig. Gerne wird dann Scham in Schuld getauscht, Neid in Solidarität umgegossen. Nichts ist so unerträglich wie die Freiheit des anderen.

NZZ vom 15.05.2021

»Ein Unternehmen ist vorrangig
eine Kooperationsarena.
Keine Koordinationsarena.«

Homeoffice sollte nicht zum Regelfall werden

Landauf, landab dieselbe Frage: Wie halten wir es nach Corona mit dem Homeoffice? Wir – das sind nicht die, die aufgabenbedingt vor Ort »Hand anlegen« müssen, sondern jene, die *remote* arbeiten können. Also Wissensarbeiter im weitesten Sinne. Immerhin sind das bis zu einem Drittel der Beschäftigten, je nach Studie und Land. Dynamisiert wird die Frage durch eine Scherenentwicklung: Mitarbeiter wollen vermehrt im Homeoffice bleiben, Führungskräfte wollen das nicht. Offenbar schaut man auf Unterschiedliches.

Mitarbeiter vermissen nicht die Präsenzkultur der Vor-Corona-Zeit, die Familie und Arbeit schlecht vereinbaren ließ, vermissen nicht die »Gesichtspflege«, die man in homöopathischen Dosen im Büro zu betreiben hatte. Sie vermissen auch keine Alpha-Chefs, bei deren Eintreten Eisblumen an den Fenstern des Sitzungszimmers wuchsen, die aber beim Eintreten in den virtuellen Meeting-Raum auf Scheinriesen schrumpfen. Manche erfreut das gute Öko-Gewissen, dünnt die Hausarbeit doch den täglichen Pendlerstrom aus. Interessant ist auch, dass viele Mitarbeiter eher einer Job-Ethik folgen, keiner Berufsethik. Sie wollen selbstständig arbeiten ohne selbstständig zu sein, größere Freiheit bei gleicher Sicherheit genießen. Einigen wurde wohl auch klar, dass eine Firma nicht das richtige Spielfeld für sie ist: Wem Homeoffice leicht fiel, hat vorher nicht wirklich zusammengearbeitet.

Das Mitarbeiterinteresse muss jedoch nicht notwendig mit dem Unternehmensinteresse konvergieren. Für Unternehmen gibt es zwar auch Vorteile: Kosten lassen sich reduzieren für das Vorhalten teurer Büroräume, die ohnehin schon vor Corona selten zu mehr als 50 Prozent gefüllt waren. Aber wie sieht die Seite der Produktivität aus? Ein Forscherteam um den Harvard-Ökonomen Ricardo Hausmann konnte nachweisen, dass virtuelle Arbeit geringere Produktivität erzeugt. Der Grund: Das Wissen, das in den Köpfen der Mitarbeiter steckt, vermittelt sich nur durch physische Begegnung. Andere Befunde zeigen, dass die Arbeiten von Forschungsteams, die an einem Ort zusammenarbeiten, etwa doppelt so häufig zitiert werden wie die Arbeiten von Wissenschaftern, die über die ganze Erde verstreut sind. Wissenschaftlich gut gestützt ist auch der »Kollegeneffekt«: Die Langsamen lassen sich von den Schnellen mitziehen, die Schwächeren von den Stärkeren. Allerdings muss man sich sehen können: Nur Kollegen, die von leistungsstarken Kollegen gesehen werden können, arbeiten besser.

Am folgenreichsten aber leidet die Kreativität unter der Virtualisierung der Arbeitswelt. Denn Kreativität entsteht durch heterogene Kooperation. Es sind Begegnungen unterschiedlichster Menschen, die Einzelteile neu zusammenfügen und so ein kreatives Mehr entstehen lassen – etwa durch Gespräche im Türrahmen oder am Kaffeeautomaten. Paradoxerweise geht im Silicon-Valley nichts ohne direkten menschlichen Kontakt. Google, Apple, Facebook & Co. haben ihre Unternehmensgebäude bewusst so konstruiert, dass die Menschen fast gezwungen sind, sich ungezwungen zu begegnen. Nicht von ungefähr hat Google in Zürich zusätzliche Büroräume angemietet – gegen den Virtualisierungstrend, von dem das Unternehmen lebt.

Das alles verweist auf Grundsätzliches: Ein Unternehmen ist vorrangig eine Kooperationsarena. Keine Koordinationsarena. Ihr logisches Zentrum ist das Zusammenarbeiten, nicht die Addition von Einzelleistungen. Um den Kooperationsvorrang durchzusetzen, bedarf es keiner Appelle an den Teamgeist, sondern institutioneller Entscheidungen. Es braucht verräumlichte Kooperationssysteme – eben das Büro. Denn es ist ein Unterschied, ob man *in* einer Mannschaft spielt oder *als* Mannschaft.

Wir sollten daher nicht in das Fließbanddenken des Taylorismus zurückfallen, wo Halbfertigprodukte weitergereicht wurden. Wir sollten uns auch nicht dem Diktat der Kostenvernichtung beugen. Ebenso wenig wie wir dem Ruf nach allgemeinen Regeln für das Homeoffice folgen sollten. Es gibt nämlich ganz sachliche Besonderheiten: Management geht online, Führung nicht; Administration geht online, Kundenkontakt nicht; Organisation geht online, Kreativität nicht; Koordination geht online, Zusammenarbeit nicht. Die Konsequenz daraus: Büro als Standard, Homeoffice als Ausnahme.

Wer sich Verantwortung für unsere Gesellschaft erhalten hat, sollte zudem bedenken, dass Arbeit die wichtigste Integrationsmaschine ist. Arbeit ist nicht nur ein zutiefst sozialer

Prozess, sondern auch ein sozialisierender. Nichts integriert mehr als das Gefühl des Dazugehörens und Gebrauchtwerdens. Und das ist an Orte gebunden. Es wäre naiv, auf physische Anwesenheit zu verzichten – anthropologisch wie betriebswirtschaftlich.

NZZ vom 07.06.2021

»Je mehr sich die Unternehmen digitalisieren, desto wichtiger wird der Mensch.«

Die Wiedereinführung des Menschen

Kathrin Meister: Herr Sprenger, Sie sind ein echtes Multitalent: Deutschlands meistgelesener Managementautor, erfolgreicher Managementberater und Führungsexperte, Referent, Coach, Philosoph und Musiker. Wie bekommen Sie das alles unter einen Hut?

Reinhard K. Sprenger: Der Hut muss gar nicht so groß sein. Viele der von Ihnen genannten Tätigkeiten hängen ja zusammen. Außerdem bin ich wohl das, was man einen »Happy Workaholic« nennt. Ich habe mich vor vielen Jahren entschieden, einigermaßen rücksichtslos das zu tun, was ich wirklich will. Dann tue ich das, wohin meine Energien auf natürliche Weise fließen, wo es für mich spannend ist, wo ich frische Ideen finde. Wenn es im christlichen Vaterunser heißt, dass Gott uns unser tägliches Brot geben möge, dann ist das eine zu eng gefasste Übersetzung. Gemeint ist nämlich kein Brot vom Bäcker, sondern eine tägliche Dosis Inspiration und Grenzerweiterung. Wenn ich so lebe, dann schaue ich nicht auf die Uhr, dann fantasiere ich auch nicht über Alternativen. Wer an seinem Schreibtisch sitzt und von Hawaii träumt, ist weder an seinem Schreibtisch, noch auf Hawaii.

Dennoch bleibt ja sicher das ein oder andere auf der Strecke, oder?

Natürlich, dafür ist ein Preis zu zahlen. Die eine oder andere Freundschaft leidet, Hobbies, die Familie. Aber das nehme ich in Kauf, weil man nun mal nicht alles haben kann und einiges für mich wichtiger ist als anderes. Aus diesem Grund ist auch eine ausgewogene Lebensführung weltfremd. Obwohl viele davon träumen. Wir leben immer unbalanciert. Balancieren ist notwendig, Balance eine Illusion.

Die Financial Times *bezeichnete Sie einmal als »scharfzüngigsten Managementdenker«. Ihre oft revolutionären Thesen basieren auf einem sehr freiheitlichen Menschenbild. Welche Eckpunkte charakterisieren diesen – wie Sie es nennen – »fundamentalen Humanismus«?*

Wer das für revolutionär hält, was ich sage und schreibe, sagt mehr über sich aus als über mich. Ein solches Prädikat zeigt vor allem, welchen Grad die kollektive Verblendung mittlerweile angenommen hat. Es gibt kaum mehr ein Feld der Unternehmensführung, auf dem nicht von vornherein feststeht, was gesagt werden darf und getan werden muss. Diese Hypnose bezieht sich vorrangig auf das Menschenbild und beruht auf bestimmten anthropologischen Grundannahmen. Dann wollen die Unternehmen im Mitarbeiter kein Freiheitswesen anerkennen. Dann sehen sie in ihm auch keinen selbstverantwortlichen Erwachsenen, sondern ein zu erziehendes Kind, das zu lenken, zu therapieren und zu motivieren ist. Übrigens genau in dem Maße, in dem sie das Gegenteil behaupten. Manchmal resultiert diese Haltung auch aus modischem Managementfirlefanz, manchmal aus Gedankenlosigkeit oder Unklarheit. Aber es hat Konsequenzen: Unklares Denken erzeugt unklares Sprechen erzeugt unklares Handeln.

Welche Vorteile hat selbstverantwortliches Handeln und wie kann man es lernen?

Unternehmen gewinnen den Wettbewerb nicht mehr mit Ja-Sager-Kultur, Anpassertum und »oben denkt, unten macht«. Deshalb müssen wir mehr Eigeninitiative und unternehmerische Kraft in der ganzen Breite des Unternehmens fördern. Das hat auch Vorteile für den Einzelnen. Ich bin überzeugt, dass die Fähigkeit zu selbstverantwortlichem Handeln die bestverteilte Sache der Welt ist. Jeder hat die reale Chance zur Selbstverpflichtung, zur Selbstachtung, zum Commitment, die eigenen Fähigkeiten als Potenzial der Freiheit zu verwirklichen. Wir müssen Bedingungen schaffen, die dieses Potenzial zur Entfaltung kommen lassen.

An welche Bedingungen denken Sie da konkret?

Zunächst einmal an Einsicht, Einsicht in Vorteile unternehmerischen Denkens und Handelns. Vor allem auch in den dezentralen Einheiten des Unternehmens. Und dann wirtschaftliche Notwendigkeit. Mit Luxuszielen schafft man das nicht. Drittens: Ausmisten statt Reparieren! Im Management kommt ja immer etwas hinzu. Selten sagt jemand:« Das machen wir nicht mehr.« Man muss aber mit etwas aufhören, wenn man mit etwas anfangen will. Man muss etwas *nicht mehr* machen, was die Unternehmen im Lauf der letzten Jahrzehnte hat verholzen lassen. Zum Beispiel starre Zielvorgaben oder endlose Planungsrituale. Wir können wieder aufatmen, wenn wir zur Seite räumen, was nur »Kundenablenkungsenergie« erzeugt.

In Ihrem Buch Radikal führen *fordern Sie als Antwort auf die Digitalisierung etwas provokant die »Wiedereinführung des Menschen« in die Unternehmen. Was genau ist damit gemeint?*

Digitalisierung ist nur vordergründig eine technologische Revolution. Sie ist in Wahrheit ein sozialer Umbruch. Je mehr sich die Unternehmen digitalisieren, desto wichtiger wird der Mensch. Klingt paradox, ist es aber keineswegs. Digitalisierung bedeutet ihn ihrem Kern eben keine Technikrevolution, gerade nicht die Macht der Maschinen und die Herrschaft der Algorithmen. Sondern Konzentration auf das Wesentliche, was nur Menschen leisten können. Insofern ist die digitale Transformation in ihrer Essenz eben keine reine Technikrevolution, sondern eine Kulturrevolution. In den Unternehmen geht es dabei um ganz entscheidende Prozesse, zum Beispiel vom »Ich« zum »Wir«, von der »Fehlervermeidung« zum »Ausprobieren« oder vom »Motivieren« zur »Motivation«.

Die Rückbesinnung auf die drei Faktoren Kunden, Kooperation und Kreativität besitzt Ihnen zufolge die Kraft, Unternehmen radikal zu transformieren. Geben Sie uns einen kleinen Einblick in Ihre These?

Die von Ihnen genannten K's waren schon mal da, wurden aber im Prozess des modernen Organisierens zurückgedrängt. So war der Kunde einst der Motor des Unternehmens. Dann aber wurden die Unternehmen größer und drehten sich zunehmend um sich selbst. Die jahrzehntelangen Aufrufe zur »Kundenorientierung« belegen das. Heute aber geht es wieder darum, das ganze Unternehmen vom Kunden her zu denken. Mit ihm in Ko-Evolution zu treten. Also das Unternehmen nicht mehr von innen nach außen zu denken, sondern von außen nach innen. Auch die Kooperation wurde im Prozess des Organisierens immer mehr geschwächt – zugunsten der Spezialisierung, des Expertentums, der Koordination. Der Manager zerteilte die Aufgaben und fügte sie wieder zusammen. Die Digitalisierung fordert nun aber von den Mitarbeitern ganz neue Formen der Zusammenarbeit, hierarchieübergreifend, funktionsübergreifend, abteilungsübergreifend. Sogar unternehmensübergreifend. Deshalb ist es wichtig, das Unternehmen nicht als Koordinationsarena zu begreifen, sondern erneut und verstärkt als Kooperationsarena. Der Kooperationsvorrang ist überall durchzusetzen. Das gilt auch für die verqueren Diskussionen um das Homeoffice.

Bleibt noch die Kreativität.

Kreativität war das größte Opfer des Effizienz-Paradigmas. Sie wurde dem Unternehmen zunehmend wesensfremd und deshalb ausgelagert an spezielle Institutionen – an Universitäten, Labors und Start-ups. Das kann sich heute kaum noch ein Unternehmen leisten. Denn das Spiel um die Zukunft wird an der Ideenfront entschieden. Weil nicht Technologie Ideen erzeugt, sondern Ideen Technologie.

Sie definieren Mitarbeitermotivation als »aktivierte Leistungsbereitschaft«. Wie kann ein Unternehmen die Leistungsbereitschaft seiner Mitarbeitenden am besten fördern?

In einer kurzen Formel zusammengefasst wäre das: (1) Finde die Richtigen, (2) fordere sie heraus, (3) sprich oft mit ihnen, (4) vertraue ihnen, (5) bezahle gut und fair und (6) gehe dann aus dem Weg.

Möchten Sie den letzten Punkt etwas ausführen?

Aus meiner Sicht ist das einzig legitime Ziel der Führung die Selbstführung. Wäre es nicht zu wünschen, dass die Mitarbeiter nicht nur ihre Hände, sondern auch ihre Köpfe und Herzen für das Überleben des Unternehmens einsetzen? Wäre es nicht wunderbar, wenn Mitarbeiter sich über das Schicksal des Unternehmens Gedanken machten, und nicht allein über ihren eigenen Job oder die nächste Beförderung? Wenn sie Abläufe verbesserten auch jenseits ihrer Stellenbeschreibung? Wenn sie Innovationen vorantrieben, ohne auf Anweisung zu warten? Wäre es nicht großartig, alle Mitarbeiter beim Kunden zu wissen – und nicht in der Zentrale? Wäre es nicht hilfreich, eigenverantwortliche Profis zu haben, die neue Ideen entwickeln und ihre Aktivitäten koordinieren und integrieren? Kurz: Wäre es nicht prima, man könnte die Kosten für das Management sparen? Natürlich klingt das zunächst einmal illusionär. Aber wenn ein Unternehmen nur ein paar Schritte in diese Richtung unternimmt, muss man sich weder um die Motivation der Mitarbeiter noch um die Zukunftsfähigkeit des Unternehmens sorgen. Die wahre Funktion von Führung ist daher weniger das Unterrichten, vielmehr das Aufrichten. Andere ermutigen, ihr Potenzial zu verwirklichen. An irgendeinem Punkt des Lebens brauchen wir alle jemanden, der dir sagt: Ich glaube an dich!

In Ihrem Buch Magie des Konflikts *schlagen Sie vor, die Lösung des Konflikts zu tauschen gegen den Konflikt als Lösung. Wie lässt sich die magische Kraft von Konflikten konstruktiv nutzen – beruflich und privat?*

Alles, was wir können, all unsere Talente verdanken wir Grenzsituationen, also Widerständen und Problemen. Sie fordern uns heraus, lassen uns wachsen. Im Kindesalter geht es los. Ich-Stärke zum Beispiel gibt es nur durch Konflikt. Als Abgrenzung gegenüber den Eltern. Dadurch wird Kraft freigesetzt, Kraft, die wir zum Wachsen brauchen. Auch Paarbeziehungen entscheiden sich im Konfliktfall – so wie Architektur sich nicht über die ruhigen Flächen definiert, sondern an den Rändern, Kanten und Übergängen. Beziehungen werden durch Konflikte gehärtet; auch auf Liebesordnungen wirken Konflikte stabilisierend. Wer in seiner Beziehung nie einen Konflikt hatte und diesen bewältigen musste, der bleibt anfällig für Erschütterungen. Auch Traumpaare erweisen sich nicht in den dahinplätschernden Regelabläufen, sondern in der virtuosen Kontroverse. Dann weiß man: Wir sind da gemeinsam durchgegangen und konnten uns anschließend wieder in die Augen sehen.

Aber in Unternehmen ist man doch eher konfliktscheu. Da will man doch, dass alle an einem Strang ziehen.

Man zieht durchaus an einem Strang, wenn man den Konflikt im Unternehmen als Katalysator für Entwicklung und Wachstum begreift. Konflikte stimulieren ja Veränderungen. Sie wirken wie Warnblinkleuchten: Es muss etwas geschehen! Das ist besonders wichtig für die Zukunftsfähigkeit des Unternehmens: Nur der Konflikt löst von den Fesseln vergangener Erfolge. Denn wir alle wissen doch, dass das, was uns hierhin gebracht hat, nicht zwangsläufig auch dorthin bringen wird. Jede Innovation, jeder Fortschritt ist aus einem Konflikt hervorgegangen. Oder nehmen wir die Zusammenarbeit im Unternehmen. Sie wird durch Konflikte klüger, gehaltvoller. Konflikte zeigen die Vielschichtigkeit von Sachverhalten auf, die sonst unbemerkt blieben. Wenn wir den anderen in seiner Weltsicht besuchen, wirklich interessiert sind. Im Konflikt finden wir heraus, was der andere *wirklich* will. Ich werde niemals mehr über jemanden erfahren und über das, was ihm wichtig ist, als wenn er dafür in den Konflikt geht! Insofern sind Konflikte produktiv im besten Sinne: Sie sind für das Unternehmen, was der Regen für die Felder ist: das Lebenselixier einer zukunftsfähigen Arbeitsgemeinschaft.

Zum Thema Konflikte: Was bringt Sie persönlich so richtig auf die Palme?

Da muss ich nicht lange nachdenken: dass Moralisierung alle anderen Werte verdrängt. Dass wohl keine Gesellschaft je zuvor mit solch ausgeprägtem schlechten Gewissen lebte. Dass permanent naturtrübe Sozialtherapeuten jedweder Couleur mit dem Ruf »Du musst dein Leben ändern!« an uns herantreten. Dass winzige Minderheiten unsere Alltagssprache zerstören. Dass es einigen aktivistischen Cliquen gelingt, durch forcierten moralbasierten Regelbruch die Justiz in ihren Grundpfeilern zu erschüttern. Dass also eine ganze Gesellschaft gekidnappt und an ihrem schlechten Gewissen wie an einem Nasenring durch die Manage gezogen wird.

Sie gelten als einer der wichtigsten Vordenker der Wirtschaft und Deutschlands profiliertester Managementberater. Setzt Sie das manchmal unter Druck?

Nein. Hat es nicht und tut es nicht. Ich reite ja langsam dem Sonnenuntergang entgegen. Da ist die Zeit nahe, da du alles vergisst und alle dich vergessen werden. Ohnehin ist diese ewige Vergleicherei nicht gut für das Seelenleben. Auch nicht für den wirtschaftlichen Erfolg. Ich habe mich nie wirklich für meine Wettbewerber interessiert, wollte nur meinen eigenen Weg gehen. Jeff Bezos hat mal gesagt, wir sollten nicht ständig über die Konkurrenz nachdenken, sondern auf den Kunden schauen. Weil niemals die Konkurrenz uns Geld gibt, sondern nur der Kunde.

Was bewegt den Menschen Reinhard Sprenger in Zeiten enormer globaler Herausforderungen?

Das, was Sie eingangs bei der Hut-Frage unerwähnt ließen – meine Kinder. Ich wäre für ihre Zukunft gerne optimistisch, bin es aber leider nicht. Ich sehe, dass vor allem die Demokratie weltweit auf dem Rückzug ist und dass wir in naiver Weise unsere Freiheit verspielen. Auch unsere geistige. Diese Entwicklung aufzuhalten ist für mich *time well wasted*.

Wordflow Konzept & Text, swisspartners Group AG, Zürich, 09/2022

»Der Ausnahmezustand
hat das Kerngeschäft von
Führung freigelegt.«

Warum gibt es Führung? Weil es Krisen gibt!

Wir leben in einer Stapelkrise. Finanzkrise, Immobilienkrise, Dieselkrise, Coronakrise, Rohstoffkrise, Migrationskrise, Ukrainekrise, Klimakrise, Fachkräftekrise. Die Gegenwart ist unübersichtlich geworden. In vielen Unternehmen gehören deshalb Verunsicherung, Frustration und aufgeheizte Gemüter zum Betriebsklima. Dort geht es auch gar nicht mehr um die Frage: »Wann ist die Krise vorbei?«, sondern »Wie gehen wir mit der Dauerkrise um?«

Aber was ist das eigentlich: eine Krise? Die Antwort hängt ab von der Konzeption dessen, was wir »normal« nennen. Die ist an historische Perspektiven gebunden. Die meisten Menschen haben für ihr Leben das innere Bild eines möglichst ruhigen Flusses, in dem Turbulenzen die Ausnahme sind. Der Krise kommt in dieser Vorstellung der Charakter des Besonderen zu. Sie ist eine Stromschnelle, die – um im Bild zu bleiben – möglichst zu umschiffen ist. Danach fließt das Wasser wieder ruhig und harmonisch. Dieses Bild war schon früher trügerisch: Dass die Zeit aus den Fugen ist, wusste schon Shakespeares Hamlet vor einigen Jahrhunderten. Im 19. Jahrhundert wurde Europa von Hungersnöten und Aufständen durchgeschüttelt. Ein Blick in die Zeitungen der 1920er- und 1930er-Jahre zeigt: Krise in allen Lebensbereichen. Nach dem Zweiten Weltkrieg aber lebten wir in einer beispiellosen Zeit der Nicht-Normalität. Wirtschaftlich und gesellschaftlich war alles nur aufsteigender Linie, alles wurde immer besser und wohlhabender. Wer zum Beispiel als deutscher Mann kurz nach 1945 geboren wurde, hatte in der Glückslotterie des Lebens das große Los gezogen – zuvor wäre er schon zigmal in Kriegen füsiliert worden.

Diese goldene Nicht-Normalität ist uns aber zur Normalität geworden. Wir erwarten von ihr Stetigkeit, als hätten wir Anspruch auf sie. Und sie hat uns, aufs Ganze gesehen, träge gemacht – auch weil die Erinnerung an kleine Zwischenkrisen verblasst ist: wie etwa die Beschäftigungskrise in den 1990ern oder die New-Economy-Krise. Das Wahrnehmen der Krise ist damit selbst die Krise – eine Krise der Urteilskraft. Unserer Epoche fehlt die Genauigkeit der historischen Einstufung. Wäre uns diese Perspektive präsenter, dann wüssten wir, dass das Bild vom ruhigen Fluss in die Irre führt. Und dass die Krise die Regel, die Nicht-Krise die Ausnahme ist.

Die Krise als Regel: Ist das zu bedauern? Nicht unbedingt: Das Leben beginnt, wo die Komfortzone endet. Denn Krisen sind die Motoren der Vitalität. Sie starten Entwicklung und Wachstum. Im Privaten: All unsere Talente verdanken wir Widerständen und Krisen. Sie fordern uns heraus, nötigen uns, etwas zu verändern, lassen uns neue Sichtweisen und Fähigkeiten entwickeln – auch wenn das oft unbequem ist. Auch Beziehungen entscheiden sich in der Krise; Beziehungen sind dann krisen-»gehärtet«. Ebenso Unternehmen. Auch hier stimulieren Krisen Veränderungen. Sie wirken wie Warnblinkleuchten: Es muss etwas geschehen! Besonders

MANFRED BOMM
Schattennetz

GEFANGEN IM SCHATTENNETZ Zwei Männer aus Sachsen kommen nach der Wende in die schwäbische Kleinstadt Geislingen. Lange Zeit geht alles gut, beide engagieren sich in der evangelischen Kirche. Doch 16 Jahre später werden sie von ihrer DDR-Vergangenheit eingeholt, nach langer »Waffenruhe« scheinen plötzlich alte Rivalitäten wieder auszubrechen. Kurz vor dem jährlichen Stadtfest wird einer der Kontrahenten tot im Turm der Stadtkirche aufgefunden.

Kommissar August Häberle erkennt schnell, dass er es mit einem raffiniert eingefädelten Verbrechen zu tun hat. Und der Mörder scheint sein grausiges Werk noch nicht vollendet zu haben, denn weitere Menschen müssen im Kirchturm ihr Leben lassen ...

Manfred Bomm hat bereits 21 Kriminalromane mit seiner Serienfigur Kommissar August Häberle geschrieben. In seinem jüngsten Werk, in dem Kriminalisten, Geheimdienstler und Verfassungsschützer eine Rolle spielen, befasst er sich mit einem Thema, das ihm persönlich am Herzen liegt: die Bewahrung der Schöpfung. Während das stark strapazierte Schlagwort vom Klimaschutz in aller Munde sei, werde oftmals übersehen, dass die Schöpfung im Ganzen betrachtet werden müsse – und zwar vom kleinsten Insekt bis zu den Weltmeeren. Vom unscheinbaren Wildkraut bis zu den Regenwäldern. Manfred Bomm möchte zum Nachdenken anregen und dabei auch daran erinnern, dass hinter allem eine große Macht und Kraft steht.

MANFRED BOMM
Schattennetz
Der siebte Fall für August Häberle

GMEINER

Personen und Handlung sind frei erfunden. Ähnlichkeiten mit lebenden oder toten Personen sind rein zufällig und nicht beabsichtigt.

Die automatisierte Analyse des Werkes, um daraus Informationen insbesondere über Muster, Trends und Korrelationen gemäß § 44b UrhG (»Text und Data Mining«) zu gewinnen, ist untersagt.

Bei Fragen zur Produktsicherheit gemäß der Verordnung über die allgemeine Produktsicherheit (GPSR) wenden Sie sich bitte an den Verlag.

Immer informiert

Spannung pur – mit unserem Newsletter informieren wir Sie regelmäßig über Wissenswertes aus unserer Bücherwelt.

Gefällt mir!

Facebook: @Gmeiner.Verlag
Instagram: @gmeinerverlag
Twitter: @GmeinerVerlag

Besuchen Sie uns im Internet:
www.gmeiner-verlag.de

© 2007 – Gmeiner-Verlag GmbH
Im Ehnried 5, 88605 Meßkirch
Telefon 0 75 75 / 20 95 - 0
info@gmeiner-verlag.de
Alle Rechte vorbehalten

Lektorat: Claudia Senghaas, Kirchardt
Herstellung: Mirjam Hecht
Umschlaggestaltung: U.O.R.G. Lutz Eberle, Stuttgart
unter Verwendung eines Fotos von pixelio.de
Druck: Zeitfracht Medien GmbH, Industriestraße 23,
70565 Stuttgart
Printed in Germany
ISBN 978-3-89977-731-4

Gewidmet allen, die unter Ungerechtigkeit und Intoleranz gelitten haben und sich noch immer von den Schatten der Vergangenheit bedroht fühlen.

Seien wir dankbar, dass auch finstre Zeiten ein Ende nehmen, wenn wir nur gemeinsam fest daran glauben.

Und wir sollten stets daran denken, dass es die Freiheit zu verteidigen gilt – ohne dabei Gerechtigkeit und Toleranz aus den Augen zu verlieren.

Dafür sollten wir uns alle engagieren.

Ein jeder an seinem Platz.

1

Die imposante Klangfülle der Kirchenorgel wollte nicht zu diesem heißen Sommernachmittag passen. In dem 400 Jahre alten gotischen Gotteshaus, das als kleines Abbild des Ulmer Münsters galt, schienen Hitze und Hektik der Fußgängerzone weit weg zu sein. Wenn die schwere Holztür ins Schloss fiel, – was einige Male vorkam, weil die Mesnerin ein Dutzend Sträuße weißer Dahlien aus einem Kombi hereinschaffen musste, – wurde das besonders deutlich: einerseits das geschäftige Treiben, das sich draußen, nur ein paar Schritte entfernt, in der heißen Sonne abspielte, und andererseits die andächtige Abgeschiedenheit der Stadtkirche. Hier war es kühl und dunkel, und es roch nach altem Mobiliar und Putzmittel.

Wenn Tilmann Stumper in die Tasten der Orgel griff, den Blick fest auf das spärlich beleuchtete Notenblatt gerichtet, dann waren dies jene Momente, in denen er sich völlig in der Musik verlor. Dann konnte er sein Umfeld vergessen und sich als ein großer Organist fühlen. Stumper, ein in Ehren ergrauter Kirchenmusikdirektor, nahm seine Aufgabe so ernst wie kaum ein anderer. Zumindest war er davon überzeugt. Und er ließ sich auch gerne als begnadeter Organist feiern, insbesondere an den hohen christlichen Feiertagen, denen er mit seiner Musik den würdevollen, manchmal auch respektvollen Rahmen verlieh. Stumper, der sein dünn gewordenes, grau meliertes Haar lang und ungekämmt trug, was er als Zeichen seines künstlerischen Schaffens verstanden wissen wollte, war nicht nur für die Stadtkirche dieser Kleinstadt am Fuße der Schwäbischen Alb zuständig, sondern für weitere Evangelische Gotteshäuser innerhalb der Kommune. Er dirigierte Kirchenchöre und engagierte sich auch für ehrenamtliche Gesangsgruppen, wenn diese zu bestimmten Anlässen Musicals inszenierten.

Jetzt, an diesem sonnigen Julinachmittag, standen ihm trotz der Kühle in der Kirche Schweißperlen auf der faltenreichen Stirn. Seit einer Stunde übte er wie besessen und gönnte sich keine Pause. Nichts konnte ihn von seinem Ziel abbringen.

Er hatte sich Großes vorgenommen: ›Toccata und Fuge in d-Moll‹, Bachwerkeverzeichnis 565. Nur Musikkenner können ermessen, worum es sich dabei handelt. Eines der bekanntesten Orgelwerke überhaupt, hatte Stumper der alten Mesnerin geduldig erklärt, deren Musikverständnis jedoch kaum erwarten ließ, dass sie das nachvollziehen konnte. Dennoch war ihr bereits vor zwei Wochen, als er sich nach langer Zeit wieder einmal an dieses schwere Bachwerk gewagt hatte, die Dramatik dieser Musik aufgefallen.

Er übte nun schon zwei Donnerstage an dem zweiteiligen Stück. Er hatte sich fest vorgenommen, es bis Weihnachten wieder perfekt spielen zu können. Bis dahin war es zwar noch eine Weile hin, doch würde er nur einmal pro Woche üben können. Immer donnerstags, wie heute.

Die mächtigen Orgelpfeifen erfüllten den sakralen Raum, ließen ihn geradezu erbeben, bündelten sich zu einem dramatischen Showdown, als Stumper plötzlich einen Schatten vor sich sah. Abrupt ließ er von den Tasten ab, woraufhin die letzten Töne mit einem gewaltigen Nachhall wenig virtuos verstummten.

»Du hier?«, war alles, was der Kirchenmusikdirektor in diesem Moment über die Lippen brachte. Es ärgerte ihn, wenn er aus einer Phase kreativen Schaffens gerissen wurde, noch dazu so unerwartet. Deshalb lehnte er sich zurück und verschränkte demonstrativ die Arme. »Ich schätze es nicht sehr, bei meinen Übungsstunden gestört zu werden.« Die Stimme klang vorwurfsvoll und war so leise, wie es sich in einer Kirche geziemte. Drunten fiel die schwere Eingangstür ins Schloss. Stumper blickte zu dem Mann hoch, der neben dem Orgelpodest stand. Das Gesicht war im Zwielicht der Empore nicht zu erkennen. Stumper jedoch wusste, mit wem er es zu tun hatte. »Ich denke, wir treffen uns heut Abend beim Runden Tisch bei der Dekanin«, fuhr er deshalb unwirsch fort. »Selbstverständlich, Tilmann, aber vielleicht sollten wir beide zuvor etwas besprechen. Inoffiziell, wenn du verstehst, was ich meine.«

Tilmann Stumper mochte solche Gespräche nicht. Er wandte den Blick von dem dunklen Gesicht und sah über seine Notenhalterung in das Kirchenschiff und zum Chorraum hinunter. Dort hing ein großes Kreuz mit dem sterbenden Jesus. Durch die hohen Spitzbogenfenster, wie sie für den gotischen Stil der Kirche typisch waren, fiel mattes Sonnenlicht auf das filigran geschnitzte Chorgestühl.

»Ich versteh natürlich, was du meinst«, griff Stumper nun die Bemerkung des Mannes auf. »Um ehrlich zu sein, ich möcht mich nicht einmischen. Im Übrigen bin ich gar nicht stimmberechtigt.«

»Das weiß ich doch«, entgegnete der Mann, der seine Hände tief in den Taschen seiner hellen Hose vergraben hatte. Seine Stimme verriet Nervosität. »Es geht mir auch nur um, ja – um moralischen Beistand, wenn ich das so ausdrücken darf.«

»Mensch, Konrad, es ist im Grunde genommen euer Problem – nicht meines. Ich möchte mich raushalten, verstehst du? Ich mach meine Arbeit so gut ich kann, aber was da so läuft, ist allein eure Angelegenheit.« In solchen Situationen wäre Stumper am liebsten aufgesprungen und hätte laut hinausgebrüllt, dass er keine Lust hatte, seine knapp bemessene Zeit mit provinziellen Problemen zu verplempern. Verdammt noch mal, sollten sie ihn doch in Ruhe lassen. Er spürte, wie er noch mehr schwitzte.

Die Glocke im Turm über ihnen schlug an. 4-mal den Doppelklang. Die volle Stunde. Danach drei tiefe Schläge.

Schon 3 Uhr, dachte Stumper. Er musste üben. Und er wollte sich die Zeit nicht stehlen lassen. Nicht mit Querelen, für die er nicht das geringste Verständnis hatte. »Pass auf«, holte er deshalb tief Luft, »ich schlag vor, ihr schafft das heut Abend ein für alle Mal aus der Welt. Und ich versprech dir, dass ich dem Herrn Pfarrer nahe lege, euch dabei zu helfen. Okay?« Stumper legte seine Hände auf die Tastatur und seine Augen suchten bereits die entsprechende Stelle auf dem Notenblatt.

»Bitte, Tilmann«, Konrad war einen halben Schritt näher gekommen und hatte ihm eine Hand auf die Schulter gelegt. »Lass mich jetzt nicht im Stich.«

Stumper zögerte. Etwas in Konrads Stimme hatte ihn stutzig gemacht. Es war ihm, als sei es ein verborgener Hilferuf gewesen. »Ihr solltet die Sache aber auch nicht dramatisieren«, sagte er, wie um sich selbst zu beruhigen. Noch bevor Konrad antworten konnte, begannen droben im Turm die Glocken zu läuten. Die beiden Männer lauschten einen Augenblick. Immer wenn die Klöppel gegen die schwingenden Glocken schlugen, erschütterten sie die gesamte Turmkonstruktion, was sich wie ein kurzes, dumpfes Dröhnen im Gebäude fortsetzte.

Seit geraumer Zeit, das war dem Kirchenmusikdirektor während seiner Übungsstunden schmerzlich bewusst geworden, riss ihn das sogenannte Kreuzläuten um 15 Uhr immer aus der meditativen Konzentration. Ein Glockenexperte der Evangelischen Landeskirche hatte den Kirchengemeinderäten vorgeschlagen, das prächtige Geläut alltäglich zur Todesstunde Jesu erklingen zu lassen. Das Gremium war damals von dieser Idee mehrheitlich angetan gewesen. Stumper hatte zwar kein Stimmrecht, doch sahen es Stadtpfarrer und Dekanin gerne, wenn er trotzdem an den Sitzungen teilnahm.

Konrad Faller, Inhaber einer kleinen Metallfabrik, galt als großzügiger Spender, wenn Geld für die Sanierung kirchlicher Einrichtungen gebraucht wurde, denen ansonsten die Schließung gedroht hätte.

»Wir sollten uns allein an der Sache orientieren«, meinte Stumper jetzt eine Spur lauter.

»Ich weiß. ›Liebet eure Nächsten‹, hat Jesus gesagt, oder so ähnlich. Und ausgerechnet wir tun uns damit schwer.«

»Ich nicht«, stellte Stumper selbstbewusst fest.

»Vergiss nicht, dass wir beide das vielleicht gar nicht verstehen können. Das sind Dinge, die entziehen sich unserer Vorstellungskraft.« Das Geläut verstummte.

Der Organist drückte auf eine Taste, was einer Orgelpfeife einen tiefen Ton entlockte. Er wollte nicht mehr länger diskutieren.

»So etwas kann eskalieren«, warf Faller ein und beugte sich – mit den Händen am Orgelpodest abgestützt – zu Stumper herab. Der wehrte ab: »Nun übertreib mal nicht. Wir habens schließlich mit ganz normalen zivilisierten Mitteleuropäern zu tun, wenn ich das richtig sehe.«

Ihre Konversation wurde durch Schritte auf der ächzenden Holztreppe unterbrochen, die aus dem Kirchenraum heraufführte. Die beiden Männer drehten sich um: die Mesnerin. Zwar hob sie sich im matten Gegenlicht eines Fensters nur schemenhaft ab, doch reichten allein die leicht gebückte Haltung und der schlurfende Gang aus, sie zweifelsfrei zu erkennen.

»Entschuldigen Sie«, – ihre Stimme klang schwach und verschüchtert – »aber ich bin jetzt fertig.« Sie blieb nach der obersten Stufe ehrfurchtsvoll stehen. »Würde einer von Ihnen nachher abschließen?«

»Klar doch, Frau Gunzenhauser«, antwortete Faller spontan, »Sie können beruhigt gehen.«

Stumper überlegte für einen kurzen Moment, weshalb die Mesnerin überhaupt heraufgekommen war. Wenn er hier übte, tat sie das nie.

»Ich muss noch kurz auf den Dachboden«, erklärte sie, als habe sie eine entsprechende Frage erwartet, und wandte sich dem dunklen Bereich der Empore zu, wo eine Tür in den engen Aufstieg einer steinernen Wendeltreppe führte – hinauf zum Dachboden des Kirchenschiffs und zum Turm.

Die Männer erwiderten nichts.

Stumper hatte gehofft, dass Faller jetzt gehen würde. Doch bevor sie beide etwas äußern konnten, drang aus dem Zwielicht der Empore die Stimme der Mesnerin zu ihnen herüber: »Wieso ist denn die Tür überhaupt offen?«

»Die Tür?«, echote Faller einigermaßen verunsichert.

Stumper schwieg.

»Ja. Da war doch heut noch keiner oben – oder sollte ich mich täuschen?«

Faller drehte sich zu ihr um, obwohl nur dunkle Umrisse zu erkennen waren. »Hat sicher wieder ein Schlamper offen gelassen. Wir werden das besprechen.«

Die Mesnerin erwiderte nichts. Ihr Schatten verschwand

im Dunkel des Treppenaufgangs, wo ihre schlurfenden Schritte noch über einige Stufen hinweg zu hören waren.

»Der entgeht nichts«, meinte Faller, »ist auch gut so.«

»Du entschuldigst jetzt, aber ich hab um vier schon meinen nächsten Termin.«

»Nur eins noch: Es darf kein Aufsehen geben. Unter keinen Umständen.«

»Du wirst doch nicht im Ernst glauben, dass ich rumrenne und jedem erzähle, was hier läuft?«

»Tilmann, ich sag dir, wenn du wüsstest, was da in Berlin gelaufen ist, würdest du auch mit dem Schlimmsten rechnen.«

»Wie? Du hast dich in Berlin umgehört?«, Stumpers Desinteresse war mit einem Schlag verflogen.

»Ich hab ein bisschen rumtelefoniert, ja. Da gibt es ein paar Leute, die sehr genau Bescheid wissen. Sehr genau, sag ich dir.«

Der Kirchenmusikdirektor holte tief Luft. Zwar hätte er gerne gewusst, welche Details Faller in Erfahrung gebracht hatte, doch jetzt störte dies seine Kreise. Er spürte innere Unruhe, die ihn jedes Mal befiel, wenn er sich fremdbestimmt fühlte, wenn andere seinen Terminplan durchkreuzten.

»Die Frage ist doch nur, was uns das bringt«, wandte er ein, ohne zu ahnen, dass diese Feststellung sein Gegenüber erst recht zu näheren Erläuterungen provozierte.

»Was das bringt? Klarheit bringt es«, nahm Faller die Frage Stumpers auf und gab gleich selbst die Antwort: »Man muss immer beide Seiten hören. Jedenfalls ist mir jetzt klar geworden, was da gelaufen ist. Und ich sag dir …« Er stellte sich vor das Organistenpult. »Ich sag dir, Tilmann, die Sache ist explosiv. Hochexplosiv.«

Der Angesprochene ließ sich von dieser Bemerkung nicht sonderlich beeindrucken, sondern starrte auf sein Notenblatt, worauf Faller noch theatralischer wurde: »Hochexplosiv, mein lieber Tilmann. Und auch du steckst mittendrin. Vergiss das nicht.«

Draußen auf dem Kirchplatz, wo seit über 100 Jahren der in Bronze gegossene Kaiser Wilhelm I. hoch zu Ross auf einem Sockel an vergangene Zeiten erinnerte, knallte die Julisonne gnadenlos von einem wolkenlosen Himmel. An der bewaldeten Hangkante der Schwäbischen Alb erhob sich der mittelalterliche Ödenturm, Wahrzeichen jener Kleinstadt, die sich einst damit rühmen konnte, die erste Gebirgsüberquerung einer Eisenbahn aufzuweisen. Heute war die Geislinger Steige nichts weiter als ein ungeliebtes Hindernis für die ICE-Züge, die diesen Abschnitt der Strecke Stuttgart-Ulm nur mit 70 km/h passieren durften. Und schweren Güterzügen musste zum Erklimmen der Alb eine Schublok angekuppelt werden. Geislingen selbst war in den vergangenen Jahren durch den Niedergang einiger wichtiger Betriebe wirtschaftlich stark gebeutelt worden. Und auch die Entwicklung des größten Arbeitgebers, der weltweit bekannten Württembergischen Metallwarenfabrik (WMF), bereitete immer wieder Sorge, insbesondere jedoch die unklaren Ziele, die ein neuer Schweizer Mehrheitsaktionär mit seinem übergroßen Einstieg in das Unternehmen verfolgte. Meldungen darüber hatten in diesen Julitagen für genügend Gesprächsstoff gesorgt und all jenen, die um ihren Arbeitsplatz bangten, die Stimmung für das bevorstehende Stadtfest vermiest. ›Hock‹ nennen die Einheimischen das zweitägige Straßenfest, das alljährlich eine Woche vor Beginn der großen baden-württembergischen Schulferien gefeiert wird.

Die Vorbereitungen hierfür liefen an diesem Donnerstagnachmittag. Auf dem Kirchplatz, der in die Fußgängerzone integriert war, hatten Mitarbeiter des städtischen Bauhofs Kabelanschlüsse für die Verkaufsstände gelegt. Hier würde morgen Abend der Oberbürgermeister den symbolischen ersten Fassanstich vornehmen. Ein Spektakel, das erfahrungsgemäß mit Böllerschüssen und Fanfarenklängen verbunden war.

Das Kreuzläuten war längst verklungen, als Konrad Faller die Kirchentür leise hinter sich ins Schloss zog. Er musste Kabelrollen und Brettern ausweichen, nickte den Bauhofmitarbeitern grüßend zu und strebte dem Altstadtkarree abseits der Fußgängerzone zu, wo er seinen BMW geparkt hatte. Als er hinter dem Chor der Kirche angelangt war, wo die gerade erst sanierte Tuffsteinfassade des historischen Gotteshauses einer städtebaulichen Sünde der 60er-Jahre gegenüberstand, fiel sein Blick auf eine Frau, die ihm entgegenkam. Sein bärtiges Gesicht verzog sich sofort zu einem Lächeln. Die attraktive Frau ließ ihn schlagartig die Probleme vergessen, die seit Wochen seine Gedanken beherrschten. Sabrina lief ihm in letzter Zeit häufig über den Weg, stellte er fest. Doch auch jetzt konnte dies nichts weiter als ein Zufall sein. Die Sonne ließ ihre blonden Haare besonders hell erscheinen und ihr weißes, weit ausgeschnittenes Kleidchen verfehlte seine Wirkung bei den Männern nicht.

»Hallo«, rief ihr Faller freundlich entgegen und beschleunigte seine Schritte, »was führt dich bei dieser Hitze in die Stadt?« Er schüttelte ihr die Hand.

»Was wohl schon?«, meinte sie und suchte im Schatten eines Gebäudes Schutz, »wir haben doch morgen wieder einen Stand.«

Faller nickte und sah ihr tief in die blauen Augen. Sabrina war Ende 30 und damit 15 Jahre jünger als er. Und sie war, das wusste die halbe Stadt, unglücklich verheiratet. Dieser Gedanke schoss Faller jedes Mal durch den Kopf, wenn er sie traf. Ihr Mann, Inhaber der Getränkehandlung Simbach, stammte aus den neuen Bundesländern und hatte Sabrina bei einem Fest in seiner sächsischen Heimatgemeinde Bischofswerda, der Partnerstadt Geislingens, kennengelernt. Damals, gleich nach der politischen Wende, war Sabrina als Mitglied einer Tanzgruppe zu einem Auftritt dorthin gereist und hatte sich Hals über Kopf in Alexander Simbach verliebt, obwohl sie erst 22 und er bereits 32 Jahre alt war. Schon ein halbes Jahr später heirateten sie in Geislingen, wo sich Simbach als Getränkehändler selbstständig machte. Bald wurde eine Tochter geboren, die inzwischen 16 war und das Gymnasium besuchte. Dieses Mädchen war vermutlich der einzige Grund für den Fortbestand der Ehe.

Am liebsten hätte er Sabrina in den Arm genommen und ihr ins Ohr geflüstert, was er ihr schon immer sagen wollte. Doch abgesehen davon, dass dies hier nicht der richtige Ort gewesen wäre, würde er es auch anderswo vermutlich niemals wagen.

»Wenn die Hitze anhält, wird einiges los sein«, beschränkte sich Faller auf den üblichen Small Talk, den er eigentlich hasste. Er war es eher gewohnt, die Dinge klar auszusprechen und zu sagen, was er wollte. Aber eben nur im Geschäftsleben, in seiner Fabrik.

»Ich darf gar nicht dran denken«, erwiderte Sabrina tief einatmend. Es klang wie ein Hilferuf: Hilfe, hol mich raus. Ich bin am Ende.

Er nickte aufmunternd. »Stress«, stellte er fest, »die einen feiern, die anderen haben die Arbeit. Aber sonst ...« Er unternahm den zaghaften Versuch, ihr etwas über die privaten Probleme zu entlocken. »Sonst geht es dir gut?«

»Na ja – man soll nicht klagen. Solange das Geschäft läuft.«

Sie mussten einem Auto ausweichen, das zu den privaten Parkplätzen hinter der Kirche fuhr, obwohl dort bereits ein Halteverbot ausgewiesen war, damit der Toilettenwagen fürs morgige Fest abgestellt werden konnte.

»Ja, Sabrina, so gehts uns allen«, seufzte Faller, »solange die Geschäfte laufen. Und dabei vergessen wir, was wirklich wichtig ist auf der Welt.« Wie zur Bekräftigung dessen, was er gesagt hatte, blickte er zur Kirchenfassade hinüber. »Wir alle hetzen nur unserem Geschäft hinterher oder halten uns mit Nebensächlichkeiten auf und verpassen dabei das Wichtigste.«

Ihre Augen glänzten verdächtig. Vielleicht wars aber auch nur ein Sonnenstrahl, dachte Faller.

Sie nickte. »Sag das mal dem Alexander. Wenn der nicht bald kürzer tritt, mach ich mir ernsthaft Sorgen um seine Gesundheit.«

»Er bürdet sich auch alles auf. Ich hab mich ohnehin gewundert, dass er sich in den ›Arbeitskreis Kirchensanierung‹ gedrängt hat.«

»Weißt du, Konrad …« Sie kämpfte mit sich. »Weißt du, er hat ein unbändiges Geltungsbedürfnis. Vielleicht liegts an seiner Kindheit und Jugend in der DDR, wo ihm alles verwehrt geblieben ist, was er sich beruflich gewünscht hat. Und das mit der Kirche, das tut er wirklich aus Überzeugung. Er war damals an den Montagsgebeten beteiligt. Du entsinnst dich doch an diese Gebete im Jahr 1989 in den Kirchen, was letztlich dazu geführt hat, dass alles ohne Blutvergießen über die Bühne gegangen ist.«

Faller gab sich verständnisvoll. »Dafür können wir wirklich Gott danken.« Weil er dabei den Blick zum Himmel richtete, fielen ihm die dunklen Wolken auf, die sich über das Tal schoben. »Schau dir das an«, meinte er, während es ihm bereits wieder leidtat, in dieser Situation übers Wetter zu reden.

Sabrina drehte ihren Kopf nach oben. »Ich glaub, es braut sich was zusammen.«

Fallers bärtige Gesichtszüge wurden wieder ernster. Er wünschte Sabrina einen stressfreien ›Hock‹, was natürlich nur so dahingesagt war, und verabschiedete sich mit einem festen Händedruck.

Sabrina Simbach war sauer auf ihren Mann. Wieder mal. Sie hatte sich seit Tagen um den Verkaufsstand bemüht, mit den Lieferanten verhandelt, eine Kühlanlage bestellt und bei der Stadtverwaltung den Anschluss an einen Hydranten beantragt. Alexander hingegen fuhr in der Gegend umher, angeblich, um Kunden zu besuchen, blieb nächtelang fort und genoss das gesellschaftliche Leben in vollen Zügen. Auch jetzt, als Gewitterwolken den Rest Himmel zuzogen, den sie zwischen den mittelalterlichen Häusern überblicken konnte, war er nicht da. Sie ließ sich jedoch nichts anmerken, sondern gab den Handwerkern, die den Getränkestand auf der Fußgängerzone zusammenzimmerten, einige Anweisungen. Heute musste alles so weit fertig sein, dass im Laufe des morgigen Freitags nur noch die Getränke herangekarrt zu werden brauchten.

Während sie den Männern zeigte, wo die rückwärtige Plane angebracht werden sollte, nickte sie einigen vorbeieilenden Passanten zu. Drüben im Eiscafé herrschte Hochbetrieb. Noch konnte man im Freien sitzen, doch die Wolkentürme verhießen nichts Gutes. »Hoffentlich hebts noch«, hörte sie unvermittelt eine Männerstimme hinter sich. Sabrina drehte sich um. Es war der Buchhändler, der erst vor wenigen Tagen ein komplett saniertes Altstadthaus bezogen hatte.

»Wenns regnet, können die Leute am Wochenende lesen«, frotzelte Sabrina, obwohl es ihr gar nicht danach war.

»Des einen Freud, des andern Leid«, entgegnete der schlanke und hochgewachsene Buchhändler. »Wo ist denn dein Mann?«

Sabrina zuckte mit den Schultern und ihr Blick wurde ernst. »Frag mich nicht. Du kennst ihn doch. Er hat ein tolles Talent, sich immer dann aus dem Staub zu machen, wenns nach Arbeit riecht.«

»Kann ich dir was helfen?« Der Buchhändler, der sich sein jugendliches Aussehen bewahrt hatte, obwohl er auch schon Mitte 30 war, lächelte.

»Nein, nein, danke.« Sabrina rüttelte prüfend an einer Holzstrebe. »Das ist lieb von dir. Aber ich krieg das schon hin. Die Jungs hier leisten gute Arbeit.«

Der Mann schaute verlegen und strebte seinem Laden zu. Sabrina erklärte den Handwerkern, wo sie die Abstellflächen für die Schmutzgläser und den Standort des großen Kühlschranks haben wollte. Dann verabschiedete sie sich und ging zur nächsten Quergasse, wo sie im Halteverbot ihren Kombi abgestellt hatte. Zum Glück war noch kein Strafzettel hinter die Scheibenwischer geklemmt worden. Das hätte ihr jetzt gerade noch gefehlt.

Allerlei Dinge gingen ihr durch den Kopf, als sie die kurze Wegstrecke bis zum Geschäft zurücklegte: die B 10 hinunter und dann rechts in ein ehemaliges Industriegebiet hinein, in dem Alexander eine alte Lagerhalle gemietet hatte, die sie seither als Getränkelager nutzten. Die kurzen Begegnungen mit Konrad Faller und dem Buchhändler empfand sie als kleine Lichtblicke, als winzige Zeichen von Anerkennung und Wertschätzung. Beides hatte sie daheim schon lange nicht mehr erfahren. Die Gespräche drehten sich, wenn es überhaupt welche gab, nur ums Geschäft. Ihn interessierte nicht einmal, wie es Silke, ihrer Tochter, in der Schule erging. Alexander war nur auf sich und seine Arbeit fixiert und strebte nach Höherem. Sein Selbstbewusstsein hatte noch mehr Auftrieb erhalten, als er in den Arbeitskreis der Kirche aufgenommen wurde. Ihn interessierten weniger die theologischen Themen als vielmehr alles, was handwerkliches Geschick erforderte. Er kümmerte sich seither geradezu übereifrig um das Kirchengebäude, machte regelmäßig seine Kontrollgänge bis hinauf zur Turmspitze und überprüfte auf dem riesigen Dachboden über dem Kirchenschiff, ob es undichte Stellen gab oder Tauben durch irgendwelche Spalten eingedrungen waren.

So sehr sie ehrenamtliches Engagement begrüßte – aber das, was Alexander praktizierte, war des Guten zu viel. Denn seine Unterstützung galt nicht nur der Evangelischen Kirchengemeinde, sondern auch einer Vielzahl von Vereinen, denen er gerade jetzt in der Zeit der Garten- und Waldfeste manchmal Getränkepreise bot, die kaum die Unkosten deckten.

Erschwerend kam hinzu, dass er sich die Freiheit nahm und mindestens einmal im Monat mit Freunden eine ganze Samstagnacht in Stuttgarter Diskotheken verbrachte. Dann war er nicht einmal per Handy erreichbar. Sabrina musste daran denken, dass er über Ostern zu seinem Bruder nach Bischofswerda gefahren war – allein und kurzfristig. Am Karfreitag hatte er es angekündigt und natürlich keinen

Widerspruch geduldet. In jüngster Zeit kamen ihr Zweifel, ob hinter den nächtlichen Diskofahrten nicht etwas anderes steckte. Möglichkeiten gab es viele. Vielleicht eine andere Frau. Doch gerade diesen Gedanken versuchte sie zu verdrängen. Nichts wäre schlimmer für sie gewesen, als betrogen zu werden. Nein, das durfte nicht sein. Vielleicht hing sein Verhalten auch mit den angeblichen Freunden zusammen, die er in jüngster Zeit um sich scharte. Es waren die Nachkommen deutscher Aussiedler aus Russland, von denen viele in Geislingen Fuß zu fassen versuchten, ohne sich wirklich zu integrieren. Ein sozialer Sprengstoff, wie Sabrina einmal in der Zeitung gelesen hatte. Sie war tief in Gedanken versunken zu der schmucklosen Getränkehandlung gefahren – fast wie in Trance, wie sie erschrocken feststellte. Sie parkte den Kastenwagen dicht an der Waschbetonwand, stieg aus und eilte zur Vorderfront des Gebäudes, wo sie vor einigen Jahren ein großes Mauerstück herausgerissen hatten, um ein Schaufenster einbauen zu können. Es vermittelte an der architektonisch wenig anspruchsvollen Industriehalle wenigstens den Eindruck, dass sich im Innern ein Ladengeschäft befand. Sabrina ging durch die offen stehende Tür, sah, dass ein halbes Dutzend Kunden in den Gassen zwischen den gestapelten Getränkekisten unterwegs war, und lächelte kurz den beiden Angestellten zu, ehe sie im rückwärtigen Teil im Büro verschwand, vor dem Paletten und verschiedenfarbige Plastikeimer den Weg versperrten.

Auf den beiden aneinander gerückten Schreibtischen herrschte Chaos. Aktenordner und Schnellhefter bildeten zusammen mit losen Zetteln und Fachzeitschriften ein unübersehbares Durcheinander. Irgendwo waren das Telefon und die Tastatur für den Computer vergraben, dessen

Monitor den Papierberg überragte und bunte Ornamente erscheinen ließ. An den Wänden hingen vergilbte Plakate einer Brauerei.

Sabrina ließ sich in einen der beiden Schreibtischsessel fallen, wischte sich mit der Handfläche Schweiß von der Stirn und zog das Telefon zu sich herüber. Sie drückte eine Kurzwahltaste, die mit Alexanders Handynummer belegt war. Während das Freizeichen ertönte, fünf-, sechsmal, begann sie mit der linken Hand Notizzettel zu sortieren, die ihr die Mitarbeiterinnen auf das Papierinferno gelegt hatten, in der Hoffnung, dass sie nicht untergingen. Alexander meldete sich nicht. Sie warf den Hörer verärgert auf den Apparat und sah erst jetzt, was auf einem der Papierfetzen handschriftlich vermerkt war: »Ihr Mann hat angerufen. Er kommt um vier.« Doch jetzt wars bereits kurz vor halb fünf. Sie kannte solche Versprechungen. Alles leeres Geschwätz. Und wenn er nicht ans Handy ging, dann war er wieder untergetaucht oder versackt.

Sabrina war wütend. Das waren die Momente, an denen sie am liebsten den ganzen Krempel hingeschmissen hätte und auf Nimmerwiedersehen verschwunden wäre – zusammen mit Silke. Sie lehnte sich für ein paar Sekunden zurück, versuchte sich zu entspannen und fasste dann einen Entschluss. Das Stadtfestwochenende würde sie noch durchziehen, mit Anstand und Würde. Am Dienstag aber, nach dem traditionellen Kinderfest, musste etwas geschehen. Hundertprozentig. Und wenn er ihr zuvor noch in die Quere kam, sie erniedrigte oder schikanierte, dann würde es sogar früher geschehen. Ganz bestimmt.

2

Die Dekanin konnte energisch werden. Ihre respektvolle Erscheinung verlieh der rhetorischen Argumentation zudem optisch einen gewissen Nachdruck.

»Ich kann nicht nachvollziehen, dass Herr Simbach heute ferngeblieben ist«, stellte sie mit strengem Unterton fest, nachdem sie die Sitzung des ›Runden Tisches‹ eröffnet hatte. Sie blickte in die Runde der fünf Männer und zwei Frauen, die sich um den großen Besprechungstisch gruppiert hatten. Ihr gegenüber, an der anderen Stirnseite, saß Kirchenmusikdirektor Tilmann Stumper, links von ihr war der Platz von Konrad Faller, daneben der des Stadtpfarrers.

»Damit ...« Sie hielt kurz inne und schichtete mehrere Schnellhefter um, die sie vor sich auf der Tischplatte liegen hatte, »damit wird es wohl kaum möglich sein, das Thema mit der nötigen Sorgfalt zu behandeln.« Sie blickte streng von einer Person zur anderen, ohne in einem der Gesichter eine Regung erkennen zu können. Niemand schien offenbar großes Interesse daran zu haben, das heiße Eisen anzupacken – schon gar nicht vor den Sommerferien. Dabei hatte sie, als die Unruhe größer geworden war, eigens eine Sitzung einberufen, die aus Mitgliedern des Kirchengemeinderats und des ›Arbeitskreises Kirchensanierung‹ bestand. Sie alle sollten ihre Meinung äußern.

Konrad Faller hob andeutungsweise die Hand, wartete aber gar nicht ab, bis ihm das Wort erteilt wurde.

»Ich bedaure sehr, dass wir unter diesen Umständen keine Klärung herbeiführen können. Weiß denn niemand, weshalb Herr Simbach nicht gekommen ist?« Er sah in ausdruckslose Gesichter. Tilmann Stumper wich ihm aus. »Schließlich müsste er doch im Lande sein, jetzt, da das Stadtfest stattfindet.«

Dekanin Gertrud Grüner blätterte in ihren Akten und schien das Thema bereits abgehakt zu haben.

Eine Dame mittleren Alters wagte einen zaghaften Vorschlag: »Und wenn uns der Herr Korfus die Situation schildert?«

Die Augen waren jetzt auf einen athletischen Mann gerichtet, der zwischen den beiden weiblichen Gremiumsmitgliedern saß und auf einen Kugelschreiber starrte, den er nervös in den Händen drehte. Er tat so, als fühle er sich nicht angesprochen. Dabei war er eine der Hauptpersonen.

»Herr Korfus hat uns seine Sicht der Dinge bereits zu Protokoll gegeben«, stellte die Dekanin knapp fest, ohne von ihren Akten aufzublicken. »Seinetwegen hätten wir uns nicht die Mühe machen müssen, uns heute zu treffen.« Allein schon der spitze Tonfall ließ erkennen, wie unangenehm ihr dies alles war. »Ich hätt jetzt gerne die Gegenseite gehört und dann die Konsequenzen gezogen«, dozierte sie. Korfus blickte nicht auf.

Konsequenzen, hatte sie gesagt. Darum würden sie alle nicht herumkommen. Die Frage war nur, wie diese aussahen und wie sie in der Öffentlichkeit aufgenommen wurden. Seit Tagen schon blätterte die Dekanin allmorgendlich die örtliche Tageszeitung mit gemischten Gefühlen durch. Irgendwann, das stand zu befürchten, würde die Bombe platzen. Inständig hatte sie gehofft, dass dies nicht noch vor den Ferien geschehen würde. Am liebsten hätte sie die

Angelegenheit hier und heute geregelt, um dann am Dienstag, nach dem Stadtfest, eine Pressemitteilung herauszugeben und damit klare Verhältnisse zu schaffen. Doch jetzt hatte dieser Simbach gekniffen.

Sie kochte innerlich. Du sollst den Nächsten lieben wie dich selbst. Irgendetwas in ihrem Kopf erinnerte sie an dieses Gebot. Sie war schließlich Theologin. Aber andererseits oblag es ihr, die Probleme innerhalb ihres Zuständigkeitsbereichs zu beseitigen. Und hier schwelte etwas, das keinen langen Aufschub mehr duldete.

»Wir werden das Thema vertagen«, entschied sie und machte damit deutlich, dass sie keine weitere Diskussion mehr wünschte. »Dann wird entschieden – und zwar mit oder ohne Herrn Simbach.« Ihr Blick wanderte zu Torsten Korfus, der wie immer einen Dreitagebart trug und seinen durchtrainierten Oberkörper in einem viel zu weiten dunkelblauen Sweatshirt versteckt hatte. »Dann werden wir selbstverständlich auch Herrn Korfus Gelegenheit zu einer persönlichen Stellungnahme geben.« Er sah auf und nickte zustimmend. Der junge Stadtpfarrer warf ihm einen verständnisvollen Blick zu.

Faller suchte erneut den Blickkontakt mit Stumper. Doch auch der wagte keinen Einwand. Es war für alle Beteiligten das Beste, vorläufig zu schweigen.

Alexander Simbach war nicht heimgekommen. Sabrina und ihre Tochter hatten dies auch nicht erwartet. Beide waren inzwischen zu der Überzeugung gelangt, dass es am besten wäre, sich von ihm zu trennen. Sabrina fühlte sich an diesem Freitagmorgen, nachdem Silke in die Schule gegangen war, schon wesentlich besser. Immerhin waren sie sich einig. So konnte es auf gar keinen Fall weitergehen. Wenn

Alexander glaubte, er müsse alles ausleben, was ihm in seiner Jugendzeit unter dem DDR-Regime versagt geblieben war, dann durfte er das – aber eben ohne sie. Eigentlich war er mit der neu gewonnenen Freiheit nie zurechtgekommen, hatte sie mit Abenteuer und Egoismus verwechselt und geglaubt, sich keinerlei Grenzen auferlegen zu müssen. Ihm war zwar ziemlich schnell das Prinzip von Kapitalismus und freier Marktwirtschaft klar geworden, doch hatte er sehr bald jegliches Augenmaß dafür verloren. Es war eine sinnvolle Entscheidung gewesen, bei der Eheschließung Gütertrennung zu vereinbaren. So konnte sie jetzt mit ihrem Ersparten ein neues Leben beginnen – auch wenn es schwierig werden würde. Doch sie war im Grund ihres Herzens lebenslustig, ehrgeizig und intelligent, dazu überaus hübsch, sodass sie selbstbewusst in die Zukunft blicken konnte. Sie musste nur wollen. Allein schon der Anblick der beiden Schreibtische bestätigte sie in ihrem Entschluss. Alexander konnte keine Ordnung halten. Wäre sie nicht gewesen, hätte er längst den Überblick verloren.

Sabrina war froh, dass sie vor einem Vierteljahr den arbeitslosen Sergije eingestellt hatten, einen jungen deutschstämmigen Russen, der in den neuen Bundesländern keine Arbeit gefunden hatte. Alexanders Bruder Anton, der in Sachsen lebte, hatte den 24-Jährigen vermittelt. Der junge Mann erwies sich als Glücksfall. Er sprang in die Bresche, wenn Alexander ausfiel, und organisierte jetzt auch den Getränkestand fürs Stadtfest. Nachdem Sabrina ihm 50 Euro versprochen hatte, war er nicht mehr zu bremsen.

»Es kann nichts mehr schief gehen«, erklärte der schlanke, groß gewachsene Mann, als er durch die offene Bürotür kam und vor den Schreibtischen stehen blieb.

»Danke«, lächelte Sabrina, »du bist mir eine große Hilfe.«

Sie überlegte, ob sie es sagen sollte. »Mein Mann lässt uns wieder mal im Stich.«

»Er kommt nicht?«

Sabrina schichtete Papiere um und seufzte. »Er meint wohl, es reicht aus, den Chef zu spielen und das schöne Leben zu genießen.«

Sergije hatte zwar längst mitbekommen, dass es um die Beziehung der beiden nicht zum Besten stand. Trotzdem fühlte er sich jetzt einigermaßen unsicher. »Wir ...« Er suchte nach einer passenden Formulierung. »Wir müssens also allein machen – heut Abend?«

»Sieht so aus«, stellte Sabrina fest, während sie in den Papierbergen nach etwas suchte und der Saum ihres Kleidchens weit über die Knie rutschte. Sergije nahm es zur Kenntnis.

»Soll ich noch ein paar Leute ...?«

»Nein, lass nur. Wir werden das schon hinkriegen.« Sie sah in sein erstauntes Gesicht. »Ist doch nicht das erste Mal, oder?«

»Okay«, erwiderte er, »dann sorg ich dafür, dass heut Nachmittag alles klargeht.«

»Ich verlass mich auf dich«, zeigte sich Sabrina erleichtert und wandte sich wieder ihren Unterlagen zu.

Sergije verließ wortlos den Raum und lehnte die Tür an, während Sabrina einige Tasten drückte und auf die Verbindung wartete. »Ja, ich bins, die Sabrina«, meldete sie sich. »Kannst du gerade reden oder ist es ungeschickt?«

Sie verzog das Gesicht zu einem zufriedenen Lächeln und lehnte sich zurück. Der Saum des Kleides rutschte noch weiter nach oben, aber niemand außer ihr konnte es sehen. »Er ist weg«, sagte sie leise und behielt die angelehnte Tür im Auge. »Ja, immer noch nicht heimgekommen.« Während sie lauschte, drehte sie mit den Fingern der linken Hand am Kabel. »Ich hab keine Ahnung«, erklärte sie dann. »Aber ich möchte dich um eines bitten.« Sie zögerte. »Meinst du, wir könnten uns am Dienstagabend sehen?« Er schien spontan dazu bereit zu sein. »Okay, danke. Das ist lieb von dir. Ich meld mich wieder.« Sie legte zufrieden auf. Jetzt waren alle Weichen in die richtige Richtung gestellt.

3

Der dumpfe Knall von Böllern hallte schaurig an den Hängen wider. Gleichzeitig schlug die Uhr der Stadtkirche 6-mal und zeigte damit die 18. Stunde des Tages an. Noch immer brannte die Sonne gnadenlos heiß vom Himmel. Die gestrigen Gewitter hatten sich nur örtlich entladen und die Luft noch schwüler gemacht, worauf die monströsen Wolkengebilde hindeuteten, die sich schon wieder über dem Mittelgebirge auftürmten. Davon unbeirrt waren die Ehrengäste und auch schon einige andere Besucher zum Vorplatz der Stadtkirche gekommen, wo in diesem Jahr der offizielle

Fassanstich für den ›Hock‹ stattfand. Die Biertischgarnituren waren gut besetzt, als neben dem Standbild Kaiser Wilhelms I. der Fanfarenzug der Freiwilligen Feuerwehr das musikalische Signal für den Beginn des Stadtfestes setzte. Auf einer hölzernen Showbühne, die direkt vor dem südlichen Portal der Stadtkirche stand, bereiteten sich unterdessen drei Männer auf die Eröffnung vor: Oberbürgermeister Hartmut Schönmann, Bierbrauer Friedrich Kaiser und Festorganisator Detlef Stenzli, der in seiner weißen Kochkleidung erschienen war. Von der Fußgängerzone, die in einen riesigen Biergarten verwandelt war, strömten immer mehr Menschen zur Showbühne bei der Kirche. Als die Fanfarenklänge verhallt waren, schaltete Stenzli das Mikrofon ein und hieß die Gäste willkommen. Er zeigte sich erfreut darüber, dass die Planungsphase diesmal ohne interne Reibereien erfolgt sei und wertete dies als gutes Omen für das bevorstehende Festwochenende.

»Hoffentlich täuscht er sich da nicht«, flüsterte an einem der Prominententische ein älterer Herr seiner Tischnachbarin zu. Die verstand offenbar nicht so recht, was damit gemeint war. Erst als der Mann zum Himmel deutete, war ihr klar, dass sich die Bemerkung auf das aufziehende Gewitter bezog.

Oberbürgermeister Schönmann trat ans Mikrofon. Frisch frisiert, den dünnen Backenbart exakt geschnitten, also wie aus dem Ei gepellt, präsentierte sich der sportlich schlanke Rathauschef dem Publikum, lächelte freundlich, wie er dies bei solchen Anlässen immer tat, und gab sich so selbstbewusst wie nie. Nicht einmal die Anwesenheit seines Amtsvorgängers Michael Schlauch, der sich wieder unter die Prominenten gemischt hatte, konnte ihn heute aus dem Konzept bringen. Lange Zeit war er in solchen Situationen irritiert und sogar verunsichert gewesen. Zwar hatte er vor acht Jahren den Verwaltungsfachmann Schlauch, der als übermächtig galt, mit großer Stimmenmehrheit aus dem Amt katapultiert, doch war Schönmann unterschwellig vorgeworfen worden, die Wahl nur gewonnen zu haben, weil viele Bürger dem anderen für dessen selbstherrliches Auftreten einen Denkzettel verpassen wollten. Hartnäckig hielt sich deshalb die Behauptung, Schönmann sei selbst von seinem damaligen Wahlerfolg überrascht gewesen, zumal er als Diplomingenieur weder die Führungsqualitäten noch die Fachkenntnisse der öffentlichen Verwaltung besaß. Sogar die Dekanin hatte ihm damals geraten, die Wahl nicht anzunehmen. Ihr wäre der andere Kandidat schon wegen seines Engagements innerhalb der Evangelischen Kirche lieber gewesen.

Doch jetzt, nach der jüngst erfolgten Wiederwahl, war alles anders. Jetzt bestand kein Zweifel mehr, dass Schönmann bewusst gewählt worden war – und dies sogar trotz zweier ernstzunehmender Gegenkandidaten. Daran musste auch Konrad Faller denken, der mit seiner Ehefrau am Tisch der Kirchengemeinderäte saß. Zwei Bänke weiter hatte er die Dekanin, den Stadtpfarrer und den ehemaligen Oberbürgermeister Schlauch entdeckt. Fallers Gedanken schweiften ab. Während Schönmann zum hölzernen Schlegel griff, um mit dem Fassanstich eine der wichtigsten Amtshandlungen im Jahresverlauf vorzunehmen, dachte er an jene ›Hock‹-Eröffnung, als Schlauch den Zapfhahn besonders kräftig hineindonnern wollte. Den hatte damals allerdings der Bierbrauer gehalten – mit fatalen Folgen: Schlauchs kräftiger Schlegelhieb verfehlte die Spitze des Zapfhahns und traf stattdessen den Daumen des Brauers. Faller musste in sich hineingrinsen und plötzlich feststellen, dass er den aktuellen Fassanstich überhaupt nicht mitbekommen hatte. Abgesehen von einigen Spritzern Bier, die nach allen Seiten herausgezischt waren, schien alles nach Plan abgelaufen zu sein. Beifall. Fanfarenklänge.

»Er hat was gelernt«, kommentierte Schlauch nun den Fassanstich so laut, dass es alle an seinem Tisch verstehen konnten. Ein Tischnachbar aus den eigenen politischen Reihen wagte die spitze Bemerkung: »Sie habens ihm ja vorgemacht, wie mans nicht machen soll.« Schlauch ignorierte das.

Der Oberbürgermeister hatte inzwischen wieder am Prominententisch Platz genommen, wo ihm ein braun gebrannter Mann mit markantem Schnauzbart gegenübersaß. Es war Andy Ebner, der Bürgermeister der sächsischen Partnerstadt Bischofswerda. Der ›Hock‹ bot alljährlich eine willkommene Gelegenheit, die Kontakte auf kommunalpolitischer Ebene aufzufrischen. Deshalb war auch eine Delegation der französischen Partnerstadt Montceau-les-Mines angereist, allen voran Madame Valabreque, die sich seit Jahr und Tag um kulturelle Zusammenarbeit bemühte.

Schon bildete sich vor der Showbühne, wo das angezapfte Fässchen für Freibier sorgte, die übliche Schlange derer, die alljährlich bereits auf diesen Augenblick lauerten. Die Ehrengäste hingegen holten sich ihre Halbe Bier am Stand der Brauerei. Vor dem drohenden Gewitter, das einen tropischen Regenguss befürchten ließ, schienen alle Besucher so schnell wie möglich ein Getränk ergattern zu wollen. Es war schließlich nicht abzuschätzen, wie lange man noch trockenen Hauptes im Freien sitzen konnte.

Auch Konrad Faller hatte geduldig gewartet und Ursula Schanzel getroffen, eine der beiden Kirchengemeinderätinnen, die gestern ebenfalls zum ›Runden Tisch‹ gebeten worden waren. »Dann hoffen wir, dass wir heute nicht so frustriert heimgehen müssen«, begann er ein Gespräch und war jedes Mal aufs Neue vom jugendlichen Aussehen dieser Frau überrascht, von der er wusste, dass sie ihren 40. Geburtstag bereits gefeiert hatte.

»Heute gibts höchstens eine Überraschung von oben«, meinte sie und deutete zum Himmel.

»Man kann nie wissen, was uns der Himmel beschert«, meinte Faller, während er zwei Männern zuwinkte.

»Und trotzdem würd mich interessieren, warum der Alexander plötzlich kneift. Wenn es tatsächlich so ist wie behauptet wird, hat er doch am allerwenigsten zu befürchten.« Ursula Schanzel musste lauter sprechen, weil auf der Showbühne eine italienische Gruppe zu spielen begann.

»Ich hoff nur nicht, dass die Sache eskaliert, schon gar nicht jetzt beim Stadtfest.«

Sie hielt im zunehmenden Gedränge ihre Handtasche fester. »Was mich ein bisschen stutzig macht, ist Torstens Verhalten. Er tut so, als ob ihn dies alles nichts anginge.«

Die Schlange bewegte sich einen Schritt nach vorne. Faller rechnete sich in Gedanken aus, dass sie bei diesem Tempo erst in 20 Minuten ein Bier kriegen würden.

»So gehts mir auch«, stellte er fest. »Manchmal hab ich den Eindruck, als ob eine Zeitbombe ticken würde.«

Als die Dunkelheit hereinbrach, was gegen 21.30 Uhr der Fall war, zuckten Blitze. Wer jetzt noch kein trockenes Plätzchen unter einem Vordach oder einer im Winde flatternden Plane gefunden hatte, musste sich sputen. Dicke Regentropfen wurden durch die Fußgängerzone getrieben und verscheuchten auch die hartnäckigsten Gäste. Innerhalb weniger Minuten waren Tische und Bänke triefend nass. Die Musiker auf den verschiedenen Showbühnen, die gleichmäßig im Altstadtbereich verteilt waren, spielten unterdessen vor den leeren Plätzen weiter. Menschen drängten in die wenigen Kneipen oder suchten Schutz unter den Verkaufsständen. Dort, wo Organisator Detlef Stenzli als Koch fungierte und zusammen mit seinem Team diverse Köstlichkeiten vorbereitet hatte, war die schützende Plane weit genug auf den Gehweg hinausgezogen worden, um einem halben Dutzend Personen Platz zu bieten. Hier, wo auch die Freunde aus der französischen Partnerstadt Montceau-les-Mines Spezialitäten aus Burgund anboten, traf sich erfahrungsgemäß im Laufe des Abends alles, was Rang und Namen hatte. Kirchenmusikdirektor Tilmann Stumper, der nach zwei Vierteln französischen Weißweins, einem Bourgogne Chardonnay, seine gewohnt vornehme Zurückhaltung abgelegt hatte und sogar über einen deftigen Witz des wohlbeleibten Stadtrats und Leichenbestatters Peter Leichtle lachen konnte, spürte schon gar nicht mehr, dass ihm das Regenwasser von der Plane direkt in den Hemdkragen tropfte. Konrad Faller, der sich auch durch den Gewitterschauer noch bis zu diesem Stand vorgekämpft hatte, ließ sich von der netten französischen Dame, dank derer die Städtepartnerschaft seit Jahren am Leben erhalten wurde, einen Teller köstlichen Käses reichen. Aus den Töpfen von Koch Stenzli quoll weißer Wasserdampf, vermischt mit feinsten Gerüchen, die seine Gourmetkünste erahnen ließen. Und von schräg gegenüber beschallte eine Band dieses Altstadtquartier.

Faller hatte sich gerade mit zwei alten Bekannten unterhalten, was angesichts des Geräuschpegels nur durch gegenseitiges Zurufen möglich war, als er bemerkte, dass sich die Mesnerin ganz dicht an den Kirchenmusikdirektor herandrängte. Das musste die ältere Dame einige Überwindung gekostet haben, zumal sie sich ihm normalerweise nur ehrfurchtsvoll näherte. Aber so eine lockere Festatmosphäre ließ Etikette vergessen, schon gar, wenn der Alkohol die Zungen flinker machte. Faller hätte aber jetzt zu gerne gewusst, was die Dame dazu bewogen haben mochte, Tilmann Stumper inmitten des Sturzbaches anzusprechen, der sich von der Plane auf sie ergoss. Ihre Haare waren bereits klatschnass. »Mir ist da was durch den Kopf gegangen«, flüsterte sie dem überraschten Kirchenmusikdirektor zu. Der musste sich vorbeugen, um sie verstehen zu können. Ein Blitz zuckte und schon den Bruchteil einer Sekunde später folgte ein gewaltiger Donnerschlag, der die Musik übertönte und den Boden erzittern ließ.

»Wegen dem Simbach«, erklärte die Mesnerin, ohne gefragt worden zu sein. »Kein Mensch weiß doch, wo der ist.«

Stumper drehte sein Weinglas in der regennassen Hand und ging einen Schritt weiter zurück in den Verkaufsstand hinein, um der Frau einen trockenen Unterstand zu bieten. Wieder zuckte ein Blitz, krachte ein Donnerschlag.

»Alle rätseln, ja«, knüpfte der Organist an die Feststellung der Mesnerin an und sah, wie ihn Faller musterte, der knapp zwei Meter entfernt in einer dicht gedrängten Personengruppe stand.

»Ich glaub, ich hab ihn gestern Nachmittag in der Kirche gesehen.« Die Mesnerin achtete darauf, dass keiner der Umstehenden sie hören konnte. »Als Sie gespielt haben«, fügte sie hinzu.

Stumpers Gesicht verriet Überraschung. »Und dann? Ich meine, was ist geschehen?«

»Nichts. Was soll schon geschehen sein? Ich hab ihn halt nicht mehr rauskommen sehen, wenn ich mir das so überlege.«

Es schüttete nun. Trotzdem schoben sich noch immer Festbesucher an der Rückseite des Verkaufsstandes vorbei. Manche versuchten hier ein trockenes Plätzchen zu finden, mussten aber einsehen, dass sie in diesem Gedränge keine Chance hatten. Koch Stenzli legte neues Fleisch in seine fettheiße Pfanne, was sich durch kräftiges Zischen bemerkbar machte.

Stumper ließ sich nicht ablenken. »Was heißt das: Er ist nicht mehr rausgekommen? Ich mein«, er überlegte, »der Letzte, der gegangen ist, war ich.«

»Das mein ich, ja«, sagte sie zögernd. »Sie müssten ihn noch gesehen haben. Wenn«, der Frau war es bei dieser Feststellung nicht ganz wohl. »Wenn, ja, wenn er rausgegangen wäre.«

»Na ja«, überlegte er, »ich sitz oben an der Orgel – und was in der Kirche geschieht, entzieht sich natürlich meinem Blickwinkel.«

Die Mesnerin holte tief Luft. Die Angelegenheit musste sie in den letzten Stunden sehr beschäftigt haben, denn sonst hätte sie es nie gewagt, den Kirchenmusikdirektor zu belästigen, schon gar nicht in dessen Freizeit. »Er ist aber raufgegangen«, sagte sie bestimmt. So hatte er sie noch nie erlebt. »Die Treppe rauf.«

Stumper kniff jetzt die Augen zusammen und sah sich um. Immer noch diese Blicke von Faller.

»Die Treppe rauf – zu mir?«

»Ja. Er hat wohl nicht bemerkt, dass ich ihn sehe. Er ist rauf und hat sich immer wieder umgeschaut. Als sei ihm das alles irgendwie peinlich.« Sie überlegte wieder. »Und Sie haben ihn nicht gesehen? Er müsste doch an Ihnen vorbeigekommen sein.«

Ein Blitz erhellte Stumpers blasses Gesicht. »Wie sollte ich ihn sehen?« Seine Antwort klang leicht missmutig und ging im Donner unter. »Wenn ich mich auf meine Noten konzentriere, sehe ich nicht, wer von der Treppe her kommt. Außerdem blendet mich das Licht am Pult.«

Die Mesnerin wischte sich die Nässe von den Schultern. »Aber«, sie sah ihn fest an, auch wenn sie im Dämmerlicht keine Details in seinem Gesicht erkennen konnte. »Aber später war die Tür zum Turm offen.«

Stumper schluckte. Tatsächlich. Das hatte die Mesnerin doch sogar noch bemängelt. »Sie sind dann aber doch auch hochgegangen, wenn ich mich recht entsinne …?«

»Um ehrlich zu sein, ich hab in diesem Moment nicht dran gedacht, dass Simbach dort oben sein könnte. Ich hab gedacht, er sei nur kurz zu Ihnen gegangen. Erst heut Mittag, als ich gehört hab, dass er verschwunden ist und gestern Abend nicht mal bei dieser Sitzung war, ist mir das wieder eingefallen.«

»Aber Sie waren doch oben. Da war er nicht?«

Sie schüttelte den Kopf. »Außerdem war ich nur auf dem Dachboden der Kirche – nicht oben im Turm.«

Stumper stellte sein leeres Glas auf eine Ablage und verschränkte die Arme. »Okay, Frau Gunzenhauser, selbst wenn er da hochgegangen ist. Ungewöhnlich wär das nicht. Er wird einen seiner Kontrollgänge gemacht haben. Dafür ist er doch Mitglied in diesem Arbeitskreis, der sich um die Kirche kümmern soll.«

»Verstehen Sie mich nicht falsch. Ungewöhnlich ist nicht, dass er da raufgegangen ist. Mich hat nur gewundert, wie er das getan hat und dass ich ihn nicht mehr runterkommen gesehen habe.«

Wieder ein Blitz. Diesmal krachte der Donner fünf, sechs Sekunden später. Das Gewitter zog ab, doch der tropische Regenguss prasselte weiter.

Stumpers Augen trafen sich erneut mit Fallers Blick.

»Und was wollen Sie damit sagen?«

»Entschuldigen Sie. Es war nur so ein Hinweis. Es könnte doch sein, dass ihm etwas zugestoßen ist.«

»Zugestoßen? Was soll ihm denn zugestoßen sein – droben im Turm?«

»Keine Ahnung. Aber wenn er nicht mehr runtergekommen ist, müsste er ja noch oben sein.«

»Gute Frau«, versuchte es Stumper jetzt auf die einfühlsame Art. »Seit gestern Nachmittag ist die Kirche immer wieder unverschlossen gewesen. Er hätte genügend Zeit gehabt, wieder rauszugehen, ohne gesehen zu werden.«

»Und wenn er nicht konnte? Wenn ihm wirklich etwas zugestoßen ist?« Stumper kniff die Lippen zusammen und überlegte. »Sie«, er suchte nach einer Formulierung. »Sie wollen jetzt aber damit nicht sagen, dass wir nachsehen sollten? Jetzt, bei diesem Wetter?«

Wieder zuckte die alte Dame mit den Schultern. »Ich hab es Ihnen gesagt und damit meine Pflicht getan.«

Beide schwiegen nun. Um sie herum waren die Gespräche trotz des heftigen Regens weitergegangen. Auch die Kapelle beschallte unvermindert die Fußgängerzone, auf der sich inzwischen großflächige Pfützen gebildet hatten.

Die Mesnerin wagte einen neuen Vorstoß, den sie ohne das Viertel Rotwein, das sie vorhin getrunken hatte, sicher niemals riskiert hätte. »Na ja – ich dachte nur. Ich wollte nicht gleich zur Polizei gehen.«

»Polizei?«, entfuhr es Stumper schlagartig, und er erschrak darüber, dass er viel zu laut geworden war. Offenbar hatte es sogar Faller gehört.

Sie hatten sich kurz verständigt und dann von den anderen Personen verabschiedet, mit denen sie unter der Plane gestanden hatten. Tilmann Stumper, Konrad Faller und Mesnerin Maria Gunzenhauser verließen den Verkaufsstand und gingen, dicht an die Hauswände gedrängt, um nicht dem vollen Regen ausgesetzt zu sein, die Fußgängerzone hinauf. Die Reihen der Biertische waren verwaist, unter den Verkaufsständen überlegte das Personal, ob sich eine weitere Anwesenheit noch lohnen würde. Zwar hielten sich die Temperaturen im angenehm lauen Bereich, doch wollte das Gewitter einfach nicht abziehen. Vom Turm der Stadtkirche schlug es 23 Uhr. Hätte das Wetter gehalten, wäre jetzt noch einiges los. So aber waren nur die hartnäckigsten Besucher geblieben und hatten die wenigen trockenen Sitzmöglichkeiten in Beschlag genommen, wie etwa unter der Passage des Verlagshauses der ›Geislinger Zeitung‹. Von gegenüber dröhnte Musik aus einem voll besetzten Lokal. Hier bogen die drei Personen in eine Seitengasse ein, um nach wenigen Schritten die Rückseite der Stadtkirche zu erreichen. Faller deutete an, dass sie nicht links zum Hauptportal, sondern rechts zum Nordeingang gehen sollten. Dort, abseits des ›Hock‹-Geschehens, wo die Lichtverhältnisse schlecht waren, hatten sie eine gute Chance, nicht gesehen zu werden. Vorbei am Toilettenwagen, in den gerade eine schwankende Gestalt stieg, folgten sie der Rundung des Chors und tauchten in die regennasse Dunkelheit ein. Das große Kirchengebäude schirmte diesen Bereich der Altstadt von der wattstarken Musik jener Showbühne ab, die auf dem jenseits gelegenen Kirchplatz aufgebaut war.

Wortlos erreichten die drei nächtlichen Passanten die Tür, wo sie unter einem kleinen Mauervorsprung Schutz vor dem Regen suchten. Während wieder ein Blitz zuckte und ein gewaltiger Donner die Luft erfüllte, sahen sie sich um. Mesnerin Gunzenhauser kramte aus ihrer Umhängetasche einen Schlüsselbund und reichte ihn Faller, als sei es ihr in dessen Gegenwart nicht erlaubt, die Kirchentür aufzuschließen. Er steckte den Schlüssel in das Schloss und ließ es zweimal aufschnappen. Noch einmal blickten sie sich prüfend um, ehe sie eintraten und die Tür hinter sich wieder verriegelten. Die Musik von draußen hallte. Durch die Fenster auf der anderen Seite drang diffus Scheinwerferlicht herein, sodass schemenhaft die Umrisse von Gegenständen und Bildern zu erkennen waren. Die Musik hörte sich seltsam verzerrt an. »Wir machen kein Licht«, entschied Faller leise, als habe er Angst, ein Fremder könnte mithören. Er ging an den Bänken vorbei nach hinten, wo es einen kleinen Veranstaltungsraum gab. Unterdessen holte die Mesnerin aus ihrer Tasche eine Taschenlampe hervor und leuchtete damit den Boden vor ihnen ab. Somit konnten sie wesentlich schneller zur Treppe gehen. Faller stieg als Erster hinauf, gefolgt von der Mesnerin, die ihm die Stufen ausleuchtete. Stumper folgte mit gemischten Gefühlen. Sie hatten gerade das Orgelpodest erreicht, als ein Blitz das Kircheninnere für den Bruchteil einer Sekunde taghell erleuchtete und ein Donner das gesamte Gebäude erbeben ließ.

»Das Gewitter ist dicht über uns«, stellte Stumper fest.

Niemand antwortete. Faller war jetzt an der Tür zum Dachboden angelangt. »Verschlossen«, meinte er knapp und griff wieder zum Schlüsselbund.

Maria Gunzenhauser leuchtete ihm. »Natürlich verschlossen. Ich hab doch gestern verriegelt.«

»Dann hätten Sie ihn ja eingesperrt«, kommentierte Stumper. »Wenn er droben gewesen wäre, mein ich.«

Die Tür schwenkte auf und Faller umgab ein Schwall warmer Luft. Der Geruch nach Holz und Sägespänen machte sich breit. »Also, rauf«, entschied er. Die drei Personen blieben eng beieinander, um den Lichtkegel der kleinen Taschenlampe nutzen zu können.

Faller spürte Spinnweben im Gesicht und schloss daraus, dass hier in den letzten Stunden niemand gegangen war. Schwer atmend erreichten sie den ersten Absatz, an den sich rechts der geräumige Dachboden des Kirchenschiffs anschloss. Vor ihnen standen die Metallkästen mehrerer Mobilfunkbetreiber, die hier, wie in vielen Kirchen landauf, landab, Sendeanlagen installiert hatten und dafür fürstliche Nutzungsgebühren bezahlten – soviel, dass zumindest ein Teil der Instandhaltung der Gebäude finanziert werden konnte. Die Kühlgebläse rauschten und übertönten den prasselnden Regen auf dem Ziegeldach. Dazwischen mischte sich die Musik, die vom Kirchplatz heraufdrang.

Stumper blieb stehen und atmete schwer. »Hier waren Sie?«, wandte er sich an die Mesnerin, die vor ihm stand.

»Dort, ja«, erwiderte Maria Gunzenhauser und ließ den Lichtkegel der Taschenlampe im Dunkel des Dachbodens gleiten. Sie schwitzte.

Faller war bereits ein paar Schritte weitergegangen und tastete sich zu einer alten Holztür vor, hinter der sich eine steil nach oben führende Treppe verbarg. Er kannte hier jeden Winkel, schließlich war er lange genug Mitglied des Kirchengemeinderats und hatte sich anfangs sogar um die Glocken gekümmert. Erst seit es den Arbeitskreis zur Erhaltung der Kirche gab, war diese Aufgabe an Torsten Korfus delegiert worden.

Faller war bereits fünf Stufen vorausgeeilt, als durch die schmalen Luken im Turmgemäuer ein aufzuckender Blitz ihm Orientierungshilfe bot. Wieder folgte ein Donnerschlag.

»Bei so einem Gewitter ist es nicht gerade gemütlich hier oben«, hörte er hinter sich Stumpers Stimme. Er schien außer Atem zu sein.

Inzwischen leuchtete die Taschenlampe wieder durch Fallers Beine.

»Hier drin passiert uns nichts«, versicherte die Mesnerin, die offenbar Mühe hatte, bei Fallers Tempo mitzuhalten. »Wir haben doch überall Blitzableiter. Außerdem …« Sie senkte die Stimme. »Außerdem wird uns Gott, der Herr, beschützen. Wir glauben doch alle an ihn, oder?«

Die beiden Männer erwiderten nichts. Faller hatte bereits den nächsten Zwischenboden erreicht. Dort befand sich der Schaltkasten für die elektrische Uhr, die von hier aus Zeiger, Stundenschlag und das Geläut droben im Glockenstuhl steuerte. Die Mesnerin leuchtete den kleinen Raum aus und wies mit dem Lichtkegel den Weg zur rechten Seite, wo eine Holztreppe weiter nach oben führte. »Ich glaub ja kaum, dass Simbach bis zu den Glocken hochgestiegen ist, warum auch?«, meinte Faller, während er bereits wieder deutlichen Vorsprung hatte. Er spürte, wie sich unter seinem regennassen Hemd Schweiß bildete. Seine beiden Begleiter hechelten jetzt schnell atmend hinter ihm her. »Wir habens gleich geschafft«, meinte die Mesnerin, als wolle sie sich damit selbst Mut zusprechen.

Faller näherte sich der Glockenstube. Seine Augen hatten sich inzwischen an die Dunkelheit gewöhnt, sodass er beim Hochsteigen bereits jene Metallkonstruktion erkennen konnte, zwischen der die Glocken wie schwarze Kolosse hingen. Bei der letzten Sanierung, vor rund 30 Jahren, hatte man das morsch gewordene Holz gegen ein Stahlgerippe ausgetauscht.

Die heiße Luft nahm plötzlich einen seltsamen Geruch

an. Faller verlangsamte instinktiv seinen Schritt. Es roch nicht mehr nach warmem Holz und altem Gemäuer. Ein seltsam beißender Gestank schlug ihm entgegen. Er blieb auf der zweitletzten Stufe stehen.

»Ist was?«, fragte die Mesnerin jetzt völlig außer Atem. Stumper hinter ihr schwieg und war froh, sich für einen Moment von den Strapazen des Aufstiegs in dieser schwülheißen Nacht erholen zu können.

Faller tastete hinter sich nach der Hand der Mesnerin, um die Taschenlampe greifen zu können. Er spürte das handwarme Metall und richtete die Lampe nach vorne.

»Warum geht ihr nicht weiter?«, meldete sich jetzt Stumper, der im Dunkeln stand.

Maria Gunzenhauser schien den Grund von Fallers plötzlichem Zögern erkannt zu haben. »Es riecht so komisch«, flüsterte sie.

Faller ließ den Strahl über die Metallkonstruktion gleiten und traf damit die vordere Glocke, deren dunkles Metall sämtliches Licht verschluckte. Gerade als er die paar Schritte vollends nach oben stieg, übertönte ein metallisches Klicken das unvermindert starke Rauschen des Regens. Die drei Personen blieben für einen Augenblick regungslos stehen. Niemand von ihnen konnte das Geräusch zuordnen. Zeit zum Nachdenken blieb nicht, denn eine halbe Sekunde später erfüllte ein gewaltiger Glockenschlag den Raum. Und dann, als sei es erst der Anfang eines Horrorszenarios, zuckte wieder ein Blitz, dem sofort der Donner folgte und den ganzen Turm erzittern ließ.

Faller war der Erste, der sich wieder fing. »Viertel nach 11«, stellte er sachlich fest, spürte dabei aber einen Kloß im Hals. Ob dieser von dem gerade überstandenen Schock herrührte oder von dem penetranten Gestank, hätte er nicht sagen können. Stumper, der jetzt auch die Glockenstube betreten hatte, war entsetzt: »Hier stinkts ja bestialisch.«

Faller sagte kein Wort. Er hatte den Lichtkegel der Taschenlampe nach rechts gerichtet – in den schmalen Freiraum zwischen der Glockenaufhängung und der Wand. Was er dort sah, ließ ihn schaudern. Er wollte etwas sagen, brachte aber keinen Ton heraus.

Nur langsam zog das Gewitter ab und der Regen ließ nach. Weil es nicht allzu sehr abgekühlt hatte, blieb die Nacht ungewöhnlich mild. Die Festbesucher, die unter Planen und Vordächern Schutz gesucht hatten, gruppierten sich jetzt wieder um die Verkaufsstände. Obwohl es inzwischen auf Mitternacht zuging, hatten die Bands und Showgruppen dem tropischen Regen getrotzt und weitergespielt.

Sabrina Simbach wischte sich den Schweiß von der Stirn. Ihre Füße waren nass, denn das Wasser hatte sich unter ihrem Stand hindurch einen Weg zum nächsten Gully gesucht. Sergije war den ganzen Abend über eine große Hilfe gewesen. Er hatte bedient, während sie kassierte und eine andere Angestellte für Nachschub sorgte und die Spülmaschine mit schmutzigen Gläsern belud und wieder entleerte.

Sabrina atmete ein paar Mal tief durch, als sie im Licht der Kandelaber einen Mann näher kommen sah. Es war Bierbrauer Friedrich Kaiser, dessen blaues Hemd am Oberkörper klebte. Sein ernstes Gesicht verzog sich zu einem breiten Lächeln. »Den Regenguss gut überstanden?«

Sabrina kam auf ihn zu und stand ihm am Verkaufstisch gegenüber. »Es ist ja wenigstens nicht kalt geworden«, erwiderte sie, während sie sich die Hände schüttelten.

»Ich glaub auch, dass wir noch mit einem blauen Auge davongekommen sind.«

»Aber morgen soll das Wetter wieder besser werden«, erwiderte Sabrina. »Wenn wir Glück haben, holen wir alles wieder rein.«

»Wo ist eigentlich Ihr Mann?«

Sie zuckte mit den Schultern. Was sollte sie jetzt auch sagen? Die ganze Stadt munkelte schließlich über Alexanders seltsames Verhalten. Und spätestens jetzt, nachdem er weder zu der gestrigen Sitzung mit der Dekanin erschienen war noch sich am Verkaufsstand hatte blicken lassen, würden neue Gerüchte die Runde machen. »Er hat sich der Verantwortung entzogen«, erklärte Sabrina. Sie war nicht mehr bereit, ihre Situation zu beschönigen oder ihn in Schutz zu nehmen. Das hatte sie viel zu lange getan und sich einengen lassen. Nein, wenn die ganze Stadt wusste, was los war, dann ging sie jetzt in die Offensive.

»Aber geschäftlich läuft es?«, hakte der Bierbrauer nach. »Oder hängt das alles jetzt an Ihnen?«

Klar, auch Kaiser hatte längst mitbekommen, dass Alexander kaum noch Interesse am Geschäft zeigte.

»Es hängt an mir. Und ich befürchte, daran wird sich auch kaum noch was ändern.«

Kaiser wusste nicht, was er darauf antworten sollte. »Wenn ich Ihnen irgendwie behilflich sein kann«, sagte er schließlich, »dann lassen Sie es mich wissen.« Er versuchte ein Lächeln, das sie erwiderte.

»Danke, Herr Kaiser. Es kann durchaus sein, dass ich auf Sie zukomme.«

Er zögerte einen Moment. Der Tonfall hatte ungewöhnlich bestimmt geklungen. »Sie befürchten … , dass es … Schwierigkeiten geben könnte?«

»Geben?«, wiederholte sie erschöpft. »Um ehrlich zu sein – ich glaub, ich bin schon mitten drin.«

»Wie gesagt – Sie können mich jederzeit anrufen.«

Eine hübsche Frau, dachte er und ging weiter. Oder wäre es besser gewesen, sich ihrer anzunehmen? Aber was würde das wieder für ein Geschwätz geben, wenn er jetzt den Seelentröster spielte?

Sie hatten sich über die Rot-Kreuz-Leitstelle per Handy die Telefonnummer des diensthabenden Arztes geben lassen. Noch spielte vor dem Hauptportal der Kirche eine Kapelle, weshalb sie ihn gebeten hatten, zum Hintereingang zu kommen. Sie wollten jetzt, kurz vor Mitternacht, kein Aufsehen erregen oder gar gegen betrunkene Schaulustige ankämpfen. Maria Gunzenhauser schluchzte, Stumper zitterte. Seine regennasse Kleidung ließ ihn frösteln. Nur Faller bewahrte Haltung. Sie lehnten in einer Kirchenbank und warteten auf Dr. Lutz. »So wie das hier stinkt, muss er seit gestern da oben liegen«, durchbrach Faller die Stille. Sie hatten dies bereits droben im Turm beim Anblick des Toten gemutmaßt.

»Die Hitze hat ihm zugesetzt«, meinte Stumper und holte tief Luft. Er sprach so leise, dass ihn die anderen wegen der lauten Musik vor dem Hauptportal kaum verstehen konnten.

Die Mesnerin schnäuzte sich. »Der ist doch aber …« Sie unterdrückte einen neuerlichen Weinkrampf. »Der ist doch nicht gestorben, weil ich ihn eingeschlossen hab?«

»Nein, Frau Gunzenhauser, ganz gewiss nicht«, beruhigte Faller die Frau. Seine Stimme hallte durch den sakralen Raum, über dem sich vorne das abgehängte Kreuz vom helleren Hintergrund des Chors abzeichnete. »Ein Mann wie Herr Simbach hätte die Tür locker eingetreten. Außerdem hatte er bestimmt auch ein Handy dabei. Machen Sie sich da mal keine Sorgen. Ich geh davon aus, dass er einen Herzinfarkt erlitten hat.«

Es klopfte an der Tür. Faller drehte den Schlüssel und öffnete. Vor ihm stand ein großer Mann, dessen Silhouette auf einen schlanken, durchtrainierten Körperbau schließen ließ.

»Dr. Lutz«, stellte er sich vor.

»Mein Name ist Faller, ich hab Sie angerufen«, erklärte der Kirchengemeinderat, ließ die Tür sanft ins Schloss fallen, ohne sie abzuschließen, und stellte die beiden anderen Personen vor. Er erklärte, worum es ging und dass man zunächst Aufsehen vermeiden wolle.

»Es riecht bereits ziemlich streng«, fügte er noch hinzu und forderte den Mediziner auf, ihnen nach oben zu folgen.

Die Mesnerin wollte sich weder das anstrengende Treppensteigen noch den Anblick des Toten ein zweites Mal antun und blieb sitzen. Der Organist überlegte einen kurzen Moment, wie er sich verhalten sollte, entschied sich dann aber doch, mit den beiden anderen in den Turm hochzusteigen. Als sie die Empore der Orgel erreicht hatten und sich Faller der Tür zur Treppe zuwandte, sah sich Dr. Lutz in der Dunkelheit um. »Diese Tür – war die verschlossen?« Es klang amtlich.

»Ja, natürlich«, antwortete Faller und war bereits im Aufgang verschwunden. Der Arzt, der einen schwarzen Koffer trug, eilte ihm hinterher. Stumper blieb dicht dran, um den Schein der Taschenlampe auch noch für sich nutzen zu können.

»Sonst ist Ihnen nichts aufgefallen?«

»Nichts«, sagte Faller. »Aber Sie werden verstehen, dass wir uns nicht lange aufgehalten haben.«

»Und Sie kennen den Mann?«

»Ja, er heißt Simbach, Alexander Simbach«, erklärte Faller, der bereits den ersten Zwischenboden bei den Mobilfunksendern erreicht hatte. »Sie kennen ihn sicher vom Namen her. Getränkehändler.«

»Ach?«, staunte der Arzt, der trotz des schnellen Aufstiegs überhaupt nicht außer Atem gekommen war.

»Sie kennen ihn also doch?«, kam Stumpers Stimme von hinten.

»Na ja, sein Getränkehandel ist doch bekannt. Ein Ossi, wenn ich es richtig weiß. Aber jetzt hört man Gerüchte, dass es mit seiner Ehe nicht mehr stimmen soll. Aber das kann auch nur Geschwätz sein.«

»Die halbe Stadt spricht davon«, bestätigte Faller von oben. Nach kurzer Pause fügte er hinzu: »Erschreckt jetzt bitte nicht.« Er hatte im elektronisch gesteuerten Uhrmechanismus ein verdächtiges Klicken vernommen.

Der Mediziner blieb auf der Treppe stehen. »Wieso – was ist los?« Faller war schon ein halbes Dutzend Stufen weiter.

»Sie werden es gleich hören«, kam seine Stimme dumpf herunter.

Mitternacht. Der Glockenschlag.

4-mal der Doppelschlag zur vollen Stunde. Dann 12-mal die tiefe Glocke.

Geisterstunde, musste Faller unweigerlich denken.

4

Auch Torsten Korfus war den ganzen Abend beim ›Hock‹ geblieben. Noch immer saß er gemeinsam mit Ehefrau Liliane in der lauschigen Weinecke, wohin sich die Liebhaber eines guten Tropfens und der volkstümlichen Musik gerettet hatten. Eine provisorische Überdachung schützte hier vor Regen und ein Alleinunterhalter spielte unermüdlich Schlager zum Mitsingen.

Das Ehepaar Korfus saß mitten im dichtesten Gedränge, umgeben von Freunden und Bekannten. Dass nun ausgerechnet das Gespräch auf Simbach kam, war ihnen zwar nicht gerade angenehm, doch hatten sowohl bei ihnen als auch bei den anderen am Tisch die vielen Viertele ihre Wirkung nicht verfehlt.

»Was da so erzählt wird, ist Quatsch«, erklärte Korfus. Der Alleinunterhalter stimmte das Lied: ›Die Hände zum Himmel – und lasst uns fröhlich sein‹ an, worauf sofort die meisten Arme himmelwärts gereckt wurden. Korfus und sein Gegenüber jedoch drehten ihre Gläser und beugten sich weiter über den Tisch, um besser kommunizieren zu können.

»Was so erzählt wird, Torsten, darauf halt ich sowieso nix«, erwiderte der andere, der deutlich älter, dafür aber ähnlich kräftig gebaut war. »Aber es heißt, ihr hättet euch ziemlich geklopft.«

»Quatsch, sag ich doch. Mensch, Rolf, glaub nicht all das dumme Zeug – alles Geschwätz.« Immer, wenn er sich aufregte, war sein sächsischer Dialekt besonders deutlich zu hören. Obwohl er nun schon seit über 15 Jahren im Schwäbischen lebte, war es ihm bisher nicht gelungen, sich sprachlich anzupassen. »Na ja«, meinte Rolf und kratzte sich verlegen an der Nase, »jedenfalls wär es ganz schön blöd, wenn sich zwei erwachsene Mitteleuropäer klopften.«

»Sag nicht immer klopfen. Das hört sich an, als ob wir uns geprügelt hätten.« Korfus sah zu seiner Frau, die sich aber mit den Damen neben ihr unterhielt. Die Musik war ohnehin so laut, dass bereits der Übernächste am Tisch von den Gesprächen nichts mehr mitbekam.

»Was wars denn dann?«, hakte Rolf grinsend nach. »Ein freundschaftlicher Klaps an die Backe, oder was?«

Korfus spürte, wie sein Blut in den Kopf schoss. Er wollte sich nicht provozieren lassen. Nicht jetzt. »Rolf, ich bitt dich«, presste er hervor, »nicht hier und nicht heute. Und eigentlich überhaupt nicht.«

Rolf hob seine behaarten und kräftigen Arme, als wolle er sogleich in die Defensive gehen. »Reg dich doch nicht künstlich auf, Torsten. Mir ist es doch scheißegal, was ihr zwei da miteinander auszutragen habt. Aber wie man so hört, hat sich sogar die Dekanin in die Sache eingeschaltet.«

»Dekanin! Das geht die aber schon gar nichts an. Gar nichts, verstehst du? Die bläst da was auf – und schon labert jeder in der Stadt drüber. Einschließlich dir.«

Der Mann links von Korfus sah irritiert zu ihnen her.

»Okay, Torsten. Ich find doch nur, dass ihr die Sache bereinigen solltet, verstehst du? Egal, was ihr beide für ein Problem habt – man sollte es nicht in der Öffentlichkeit austragen.«

»So seh ich das auch. Genau so. Ich wär sogar bereit gewesen, die Sache zu bereinigen. Aber der Feigling ist ja nicht gekommen.«

»Das hab ich auch schon gehört. Die Dekanin scheint ziemlich ungehalten zu sein.«

Korfus winkte ab. »Du weißt, ich engagier mich auch in der Kirche. Aber es gibt Dinge, da sollten sich die Theologen raushalten.«

»Das sagst ausgerechnet du?«

»Ja, das sag ich. Denn es gibt Dinge, die können die Damen und Herrn Theologen gar nicht verstehen.«

Der Alleinunterhalter forderte jetzt zum Schunkeln auf. Korfus war es nicht danach. »Ich muss mal«, sagte er zu seiner Frau, die aber so sehr in ihr Gespräch mit den Tischnachbarinnen vertieft war, dass sie es nicht zur Kenntnis nahm. Er stand auf und zwängte sich aus den beengten Sitzverhältnissen der Biertischgarnituren.

»Komm aber wieder«, rief ihm Rolf nach.

»Ich habs vor. Pass auf mein Glas auf.«

Als er sich zwischen den eng stehenden und voll besetzten Bierbänken zum schmalen Durchgang gekämpft hatte, tauchte vor ihm eine mächtige Gestalt auf. »He, jetzt geht man noch nicht heim«, dröhnte ihm eine Stimme entgegen. Es war Peter Leichtle, der Kommunalpolitiker, der bei jeder Gemeinderatswahl stets die meisten Stimmen einheimste. Sein Leibesumfang war beträchtlich. Leichtle streckte ihm seine feste fleischige Hand zur Begrüßung entgegen. »Junge«, sagte der Mann, der bis in die höchsten Ebenen der Politik Duzfreunde hatte, »ein schmächtiges Bürschchen wie du hat halt keine Kondition.« Der Mann kokettierte liebend gern mit seiner eigenen Leibesfülle und war mit seiner direkten Art weithin bekannt und geschätzt. Er konnte sich geschickt auf dem schmalen Grat zwischen deftigen Sprüchen und seriösem Small Talk bewegen. Er fühlte sich in rustikaler Umgebung so wohl wie auf dem

Parkett der Landes- und Bundespolitik. Und in seinem hölzernen Gartenhaus, das er sich abseits seines Wohnhauses hatte erstellen lassen, waren im Kreise erlauchter Freunde bei einem guten Tropfen Rotwein angeblich schon viele wichtige Entscheidungen gefällt worden. Leichtles Ideen und Vorschläge waren gefragt, ebenso sein bürgerschaftliches Engagement. Dass er Zeit dafür hatte, verdankte er seiner Ehefrau und seinem Sohn, die beide das Bestattungsunternehmen führten, wenn er seinen vielfältigen Aufgaben nachkam. Er hatte natürlich längst von dem gescheiterten Schlichtungsgespräch der Dekanin gehört.

»Haben ›se dich gestern noch mal laufen lassen?«

»Gerade noch, ja«, stammelte Korfus sächselnd. Ihm war es sichtlich unangenehm, hier inmitten der Menschenmenge darauf angesprochen zu werden.

»Ich sag in solchen Fällen immer: Zusammensitzen und schwätzen. Mensch«, Leichtle schlug ihm kräftig auf die Schulter. »Mensch, trinkt ein paar Viertel Wein und die Sache ist vom Tisch.«

»Manches kann man nicht so einfach vergessen.«

»Ich weiß zwar nicht, was da gelaufen ist – interessiert mich auch nicht ...« Leichtle sagte dies, obwohl es ihn insgeheim natürlich brennend interessiert hätte, worum es überhaupt ging. »Aber wenn die Dekanin nicht weiterkommt, dann lad ich euch mal ein – und ihr werdet sehn, dass wir das geradebiegen.«

Über Korfus' Gesicht huschte ein kurzes Lächeln. Der Alleinunterhalter stimmte ein neues Lied der ›Klostertaler‹ an.

»Vielleicht komm ich auf das Angebot zurück.«

»Macht euch doch das Leben nicht so schwer. Wir sollten das Leben genießen, verstehst du? Irgendwann komm

ich daher und pack euch alle in die Kiste. Dann wars das.«
Was wie eine Drohung klang, ging in ein breites Grinsen
über, mit dem Leichtle selbst die deftigsten Sprüche ins
Gegenteil verkehren konnte. Er klopfte ihm auf die Schultern und machte den Weg frei.

Faller und Stumper blieben an der Treppe stehen, während sich Dr. Lutz die Taschenlampe geben ließ und sich zu dem Mann hinunterbeugte, der zwischen der Metallkonstruktion des Glockenstuhls und der Wand am Boden lag – die Schultern und den Kopf seitlich zu den Glocken gedreht. Er trug eine olivfarbene Outdoorhose und ein kariertes kurzärmliges Hemd. Er wirkte gepflegt. Rein äußerlich, so dachte Faller, deutete nichts darauf hin, dass es einen Kampf gegeben hatte. Einen Kampf? Wieso kam er überhaupt auf eine solche Idee? Er erschrak über sich selbst. Er versuchte, den Gedanken sofort zu verdrängen. Vielleicht war es dieser schreckliche Geruch, der ihm den klaren Verstand raubte. Dieser Gestank, der ihn an eine Mülltonne erinnerte, in der Fleischreste viel zu lange der Sonne ausgesetzt waren. Ja, genau so roch es. Entsetzlich. Wo hielt sich überhaupt Stumper auf, der gerade noch hinter ihm gewesen war? Faller drehte sich um, hörte dann aber aus dem finstren Treppenabgang, wie sich jemand übergeben musste. Stumper hatte offenbar einen schwachen Magen. Doch das war ihm nicht zu verdenken. Noch immer drang Musik von der Showbühne herauf.

Faller blieb standhaft und versuchte beim Atmen nicht daran zu denken, wo dieser ekelhafte Gestank herrührte. Er beobachtete den Doktor, der sich Handschuhe übergestülpt hatte, in der einen Hand die Taschenlampe hielt und mit der anderen das Hemd des Toten aufknüpfte. So wie es Faller aus seiner Perspektive sehen konnte, hatten sich am Hals und auf der Brust kleine Bläschen gebildet. Und die Lippen kamen ihm seltsam dunkel vor. Nein, er wollte nicht noch mehr davon sehen. Am liebsten wäre er auch gegangen. Doch da lag ein Mensch, tot. Das Leben war entwichen. Einfach weg, fort. Die Seele – wo mochte sie jetzt sein? Viele Gedanken schossen Faller durch den Kopf. Was immer hier geschehen war, es hatte etwas Endgültiges an sich. Hier ließ sich nichts mehr ändern, noch mal überdenken, diskutieren. Diesen Menschen, der da lag, von dem er wusste, dass er Alexander Simbach hieß, den gab es nicht mehr. Nie mehr. Mochte die Erde noch Milliarden von Jahren bestehen – dieser Alexander Simbach war ebenso einmalig und unersetzlich, wie die vielen 100 Milliarden Menschen, die ebenfalls schon auf diesem Planeten gelebt hatten und von denen allenfalls noch ein paar Schädelknochen irgendwo in der Erde vermoderten.

Der Doktor erhob sich. »Könnten Sie die mal halten?« Er reichte Faller die Taschenlampe, um den Oberkörper des Toten mit beiden Händen anheben zu können. Das war nicht einfach in der Enge zwischen dem Metallgestänge und der Wand.

»Soll ich das große Licht anmachen?«, fragte Faller. Wenn er die Deckenbeleuchtung anknipste, brauchte er den Strahl der Taschenlampe nicht auf diese schreckliche Szenerie zu richten und es selbst mit anzusehen. Er wartete keine Antwort ab, sondern tastete mit der linken Hand an dem Pfosten der Treppenverschalung entlang, wo er den Lichtschalter vermutete. Er bekam ihn zu fassen und drückte auf die Wippe. Sogleich flammten Leuchtstoffröhren auf und hüllten den Glockenstuhl in ein grelles Licht. Zwar würde man von draußen durch die Schallöffnungen hindurch einen fahlen Lichtschein erkennen, doch wahrscheinlich fiel dies in einer Nacht wie heute niemandem auf.

Die beiden Männer kniffen die Augen zusammen, um sich an die plötzliche Helle zu gewöhnen. »Danke«, sagte Dr. Lutz, der seinen schwarzen Koffer geöffnet hatte. Faller blieb auch jetzt am Treppenabgang stehen. Er wollte sich den Anblick von Fäulnisblasen und Leichenstarre ersparen. Lutz hingegen besah sich den Toten ganz genau, drehte ihn um und zerschnitt das Hemd, um es ihm ausziehen zu können. Faller staunte, mit welcher Genauigkeit der Doktor vorging, obwohl es sich bei Lutz nur um einen praktischen Arzt handelte, der jetzt eben zufälligerweise Bereitschaftsdienst hatte. Faller erinnerte sich, irgendwo mal gelesen zu haben, dass es die Hausärzte bei der Feststellung der Todesursache nicht so genau nähmen und deshalb manches Verbrechen unentdeckt bleibe.

Überhaupt, so schoss es ihm durch den Kopf, was war jetzt zu tun? Polizei? Leichenbestatter? Er war als Kirchengemeinderat im Moment die einzige Person, die eine Entscheidung treffen musste. Sollte er den Stadtpfarrer verständigen – oder gar die Dekanin? Beide hatte er im Laufe des Abends auf dem Festgelände gesehen. Die Handynummer von Stadtpfarrer Cornelius Kustermann hatte er sogar einprogrammiert. Die Frage war nur, ob dieser das Klingeln hören würde, falls er noch irgendwo dort unten saß.

»Mindestens einen Tag«, hörte er Lutz sagen, der jetzt anfing, seine Utensilien wieder in den Koffer zu packen, während sich mit einem kurzen metallischen Klicken der Viertelstundenschlag ankündigte. Der Arzt zuckte zusammen, hatte sich aber schnell wieder gefangen. Er dozierte weiter: »Mehr als 24 Stunden liegt er hier, vermutlich sogar über 30. Die Hitze, die hier oben geherrscht hat, hat den Verwesungsprozess schneller in Gang gesetzt.«

»Und woran, ich meine, lässt sich feststellen, wie er gestorben ist?« Faller riskierte noch einen Blick auf den leblosen Körper, dessen Oberkörper der Arzt inzwischen wieder mit dem aufgeschnittenen Hemd zugedeckt hatte.

»Herzversagen. Plötzliches Herzversagen«, antwortete Lutz selbstsicher. »Hitze, Treppensteigen – ja, und außerdem schätz ich ihn auf fast 50. Ein gefährliches Alter.« Während er seine Gummihandschuhe abstreifte, sah er Faller ins Gesicht, als wolle er damit andeuten, dass auch er sich in Acht nehmen müsse. »Stress, Alkohol, womöglich Rauchen – und dann keine Bewegung, kein Sport ...« Lutz klappte seinen Arztkoffer zu und lehnte sich an eine Metallverstrebung. »Tja, und schon ist man weg.«

Faller nickte und überlegte, welche Sportarten dieser junge schlanke Arzt wohl betrieb. Reiten? Klettern? Zumindest würde er täglich vermutlich mehrere Kilometer joggen. Zum Golfen war er jedenfalls noch viel zu jung.

»Wer verständigt die Angehörigen?«, fragte Lutz sachlich. »Gibts eine Ehefrau?«

»Ja«, antwortete Faller nachdenklich. Man musste sie holen, klar. Es würde doch noch ein Aufsehen geben. Tod beim ›Hock‹.

»Ich werd den Totenschein ausstellen, dann kann seine Ehefrau einen Leichenbestatter beauftragen. Es wird nicht einfach sein, den Leichnam da runterzubringen«, konstatierte Lutz.

»Und Polizei? Sie meinen, wir können das einfach so regeln? Ohne Polizei?« Faller war irritiert.

»Warum die Polizei? Es gibt keinen Verdacht auf ein Fremdverschulden.«

Der Kirchengemeinderat nickte. »Wenn Sie das so sagen ...«

Stumper hatte sich in eine Kirchenbank gesetzt und tief durchgeatmet. Die Musik von draußen, die in dem finstren Raum verzerrt widerhallte, nahm er gar nicht mehr wahr. Mit einem Schlag war seine weinselige Laune verschwunden. Simbach tot im Glockenstuhl. Und alle würden vermuten, dies sei während seines Orgelspiels geschehen. Er versuchte seine Gedanken zu ordnen, was ihm nicht gelang, weil er feststellte, dass die alte Mesnerin offenbar die Kirche verlassen hatte.

Erst als er die Tür auf der Empore einrasten hörte und Männerstimmen zu vernehmen waren, wurde er sich bewusst, ebenfalls Teil dieses schrecklichen Geschehens zu sein. Er stand auf und erwartete Faller und Lutz, die aus dem Turm zurückkamen.

»Herzinfarkt«, erklärte Faller knapp. »Wir müssen seine Frau verständigen.«

Dr. Lutz setzte sich, legte seinen Koffer neben sich und holte Dokumente heraus. »Könnten Sie mir leuchten?« Die Bitte galt Faller, der sogleich den Strahl der Taschenlampe auf ein Schreibbrettchen richtete, das der Arzt auf den Schoß nahm. Er füllte ein Formular aus, ließ sich den genauen Namen des Toten sagen und notierte auch Fallers Personalien. Dann unterschrieb er und riss einen Teil des Formulars ab. »Für die Ehefrau«, erklärte er und reichte das Dokument Faller. Damit war die medizinische Seite des Falles abgeschlossen. »Ich werd mich morgen telefonisch mit Frau Simbach in Verbindung setzen. Wegen der Kosten.«

Natürlich, die Kosten, dachte Stumper. Der Mensch war bis zu seinem letzten Atemzug ein Kostenfaktor.

Der Arzt verabschiedete sich und ließ sich von Faller durch das Nordportal ins Freie bringen. Der Regen hatte inzwischen aufgehört.

»Jetzt sind wir dran«, meinte Faller und sah zu Stumper, der gar nicht ganz bis zur Tür gekommen war und am liebsten mit der Angelegenheit nichts zu tun gehabt hätte.

»Ich ruf den Pfarrer an«, entschied der Kirchengemeinderat. »Er soll auch Frau Simbach informieren.« Faller zog sein Handy aus dem Brusttäschchen des Hemdes und suchte die Nummer von Cornelius Kustermann. Während er die Ruftaste drückte, hoffte er inständig, dass der Pfarrer sein Handy hören würde. Nur dann konnten sie die Verantwortung loswerden.

Stumper verspürte Magenkrämpfe. Beim Gedanken an die nächsten Stunden, in denen sie mit Frau Simbach und mit dem Leichenbestatter konfrontiert werden würden, überkam ihn Übelkeit. »Das wird noch einen großen Aufruhr geben.«

Faller ging auf diese Bemerkung nicht ein. Er war erleichtert, als sich Kustermann meldete, hatte aber Mühe, ihn zu verstehen. Mit wenigen Sätzen erklärte der Kirchengemeinderat sachlich und emotionslos, worum es ging. Der Stadtpfarrer, der gerade erst das Fest verlassen hatte und sich jetzt nebenan im Pfarrhaus befand, versprach, sofort zum Nordportal der Kirche zu kommen.

Wenig später – vom Turm ertönte der zweimalige Doppelschlag für die halbe Stunde – war er da. Sie kamen überein, den Leichenbestatter zu rufen und gleichzeitig diskret Frau Simbach zu informieren, die sich vermutlich noch an ihrem Getränkestand aufhielt. Faller suchte aus dem Speicher seines Handys die Nummer von Leichenbestatter Leichtle, die jeder, der in dieser Stadt am öffentlichen

Leben beteiligt war, abrufbereit haben musste. Nicht eines unerwarteten Todesfalles wegen, sondern weil Leichtle zu fast allen Themen ein Ansprechpartner war, sich für eine neue Umgehungsstraße ebenso stark machte wie für ein Seniorenzentrum und auch sonst stets ein offenes Ohr für die Belange der Bürger hatte.

Ihn zu erreichen, war nicht schwierig. Er trug sein Handy Tag und Nacht bei sich, und wo man nicht telefonieren durfte oder es zu laut war, um die Klingeltöne zu hören, schaltete er es auf Vibration. Nichts war für den bürgernahen und leutseligen Mann schlimmer, als in einem Funkloch zu stecken und nicht erreichbar zu sein.

Er war auch jetzt erreichbar. Faller gab dem Angerufenen keine Chance, eine frotzelnde Bemerkung zu machen, sondern erklärte, dass man dringend seine Hilfe benötige. Leichtle beschied knapp: »Ich komm sofort«, und beendete das Gespräch.

Inzwischen war Stadtpfarrer Kustermann eingetroffen. Der hochgewachsene Mittvierziger traf die beiden Männer unter dem Kirchenportal und sah im Licht der Straßenlampe, wie blass ihre Gesichter waren. Seine dünnen blonden Haare hingen ihm wirr ins Gesicht. »Es besteht kein Zweifel, dass es Herr Simbach ist?«, fragte er vorsichtig nach.

»Keiner«, antwortete Faller und steckte sein Handy wieder in die Brusttasche.

»Nein, keiner«, bekräftigte Stumper, obwohl er nur einen ganz flüchtigen Blick auf den Toten geworfen hatte.

Der Pfarrer schluckte. Es war einer jener Momente, von denen er schon als Student gehofft hatte, dass ihm das Berufsleben möglichst wenige davon bescheren würde, inzwischen wusste er aber, dass er im Laufe eines Jahres stets einem halben Dutzend Angehöriger die Nachricht vom Tode eines nahestehenden Menschen übermitteln musste. Jetzt war es also wieder so weit.

»Frau Simbach …« Er überlegte und sah zu den Kronen der prächtigen Linden hinauf, die auf dieser Seite das Kirchenschiff säumten. Drüben am Hauptportal war die Musik jetzt verstummt. »Ist Frau Simbach noch an ihrem Stand?«

Faller nickte. »Ich geh davon aus, ja.«

»Warten Sie auf Leichtle«, entschied Kustermann. Er strich sich nachdenklich über den geschlossenen Mund. Als ob er nach passenden Worten suchte, blieb er für einen Moment schweigend stehen und löste sich dann langsam von den beiden Männern, um sich in Richtung Fußgängerzone zu entfernen. Seine schlanke Gestalt wurde im fahlen Licht der Straßenlampen zu einem Schatten und verlor sich in der nächsten Seitengasse.

»Keine angenehme Aufgabe«, kommentierte Stumper. »Da gehört viel innere Kraft dazu, dies ständig tun zu müssen.«

Faller sah vier miteinander herumalbernde Personen näher kommen, weshalb er in die Kirche zurückging und Stumper andeutete, es ihm gleichzutun. Sie ließen die schwere Holztür von innen einrasten. Die plötzliche Stille, die sich nach dem Ende des musikalischen Programms breit gemacht hatte, wirkte ernüchternd und fast bedrohlich. Durch die gotischen Spitzgiebelfenster an der Südseite drang nur noch wenig Licht ein, weil draußen die Scheinwerfer abgeschaltet worden waren.

Die beiden Männer lehnten schweigend an der letzten Kirchenbank und sahen in den dunklen Chorraum mit dem abgehängten Kreuz. Was für ein Kontrast, musste Faller denken. Da draußen die lockere Stimmung eines ausgelassenen Sommerabends – und ein paar Schritte davon entfernt das Lebensende – der Tod. Für eine Frau eine schicksalhafte Nacht. In diesen Minuten würde sie erfahren, dass ab sofort alles anders sein würde. Anders. Vielleicht sogar besser. Faller versuchte, diesen Gedanken zu verdrängen. Wie konnte ihm so etwas überhaupt jetzt in den Sinn kommen? Natürlich wusste jeder in der Stadt, wie es um die Ehe der beiden stand. Aber auch über Streit und Missgunst hinweg war der Tod eines Menschen ein schwerer Schlag.

Es klopfte. Faller holte tief Luft und öffnete. Draußen war es inzwischen still geworden. Der Mann, der in der Tür erschien, füllte den ganzen Rahmen aus. Leichtles enorme Silhouette zeichnete sich schwarz vom hellen Hintergrund ab. »Guten Tag, die Herrn«, grüßte er mit gedämpfter Stimme und kam herein. Faller ging einen Schritt zurück und ließ die Tür einrasten.

»Danke, dass Sie so schnell gekommen sind. Herr Stumper ist auch hier«, bemerkte er und wies auf den anderen Mann, der im Dunkeln ebenfalls nur schemenhaft zu erkennen war.

Leichtle versuchte, die Atmosphäre zu entspannen: »Sie wissen doch: Wenns ums Geschäft geht, kommt Leichtle Tag und Nacht.« Es sollte einer seiner Scherze sein, die in solchen Situationen eher als schwarzer Humor anzusehen waren. Doch die beiden Männer gingen nicht darauf ein.

»Er liegt oben«, sagte Faller sachlich, aber laut. Dem Nachhall der Stimme folgte die absolute Stille. Leichtle erkannte, dass eine Konversation nicht gewünscht war. »Also, gehen wir rauf«, entschied er.

Stumper überlegte für einen kurzen Moment, wie es Leichtle wohl schaffen würde, seinen massigen Körper bis zur Turmspitze hinauf zu bewegen. Doch dann musste er feststellen, dass der Leichenbestatter durchaus in der Lage war, Faller die Treppe hinauf zur Orgelempore zu folgen. Stumper schloss sich ihnen an und hatte Mühe, dicht am Lichtkegel der Taschenlampe zu bleiben. Noch immer wollten sie im Kirchenschiff die Deckenbeleuchtung nicht einschalten, um nach außen hin keine Aufmerksamkeit zu erregen. Vermutlich gingen einige ›Hock‹-Besucher auf dem Nachhauseweg direkt an der Kirche vorbei.

Auf dem ersten Zwischenboden bei den Funkanlagen blieb Faller stehen, um den beiden anderen eine kurze Verschnaufpause zu gönnen. Es schien so, als habe der schlanke Stumper weniger Kondition als der wohlbeleibte Leichenbestatter. »Der hätt sich auch einen anderen Platz aussuchen können«, meinte Leichtle und keiner der beiden anderen wusste so recht, was er darauf sagen sollte. Ein metallisches Klicken ließ sie aufhorchen. »Viertel vor eins«, kommentierte Faller beruhigend. Über ihnen erfolgte der dreimalige Doppelschlag.

Dann entschied Faller, weiter hochzusteigen. »Nicht erschrecken, es stinkt«, warnte er seinen Hintermann, doch war der längst weitaus Schlimmeres gewohnt. Bahnleichen zum Beispiel. Obwohl im Laufe des langen Berufslebens mit der ganzen Bandbreite menschlicher Schicksale konfrontiert gewesen, waren dies noch immer die grausigsten Anblicke. Leichtle hatte nie begriffen, weshalb sich ein Mensch vor einen Zug werfen konnte. Im Vergleich zu dem Anblick, der sich ihm in solchen Fällen entlang des Gleises bot, war eine leicht verweste Leiche doch reines Routinegeschäft. Schließlich würde jeder Mensch einmal verwesen. Ein ganz normaler Vorgang und von der Natur so gewollt.

Stumper blieb auf den letzten Stufen zurück, wo ihnen nicht nur das grelle Licht der brennenden Leuchtstoffröhren entgegenschlug, sondern auch dieser unerträgliche Geruch. Leichtle ging schwer atmend auf den Toten zu. »Simbach, tatsächlich«, stellte er fest und besah sich ein paar Sekunden lang die Umgebung – das metallene Glockengestühl, alte Holzbalken, Motoren, elektrische Leitungen, Spinnweben. »Nichts Außergewöhnliches festzustellen.«

Faller schluckte, denn auch ihm verursachte der Gestank ein unangenehmes Kratzen im Hals. »Ja, Herzinfarkt. Schon gestern. Für Doktor Lutz besteht gar kein Zweifel. Er hat das auch so auf den Totenschein geschrieben.«

»Und was hat Simbach hier oben gemacht?« Leichtle lachte kurz auf. »Hat er mal wieder was an die große Glocke hängen wollen?« Wieder dieser schwarze Humor, den dieser Mann wie ein Schutzschild brauchte, um schreckliche Ereignisse fernzuhalten. Jetzt aber spürte er sofort, dass den beiden anderen nicht nach Späßen zumute war, weshalb er einen sachlicheren Ton anschlug: »Hat er was bei sich gehabt?«

»Wir haben nichts angerührt«, erklärte Faller, während Stumper noch immer auf der Treppe stand.

Leichtle streifte sich dünne Plastikhandschuhe über, die er offenbar stets in seinen geräumigen Hosentaschen bei sich trug, zwängte sich zwischen Glockenstuhlgestänge und der grauen Wand zu dem Toten, dessen Oberkörper entblößt war. Die Augen waren weit geöffnet, die wenigen Haare ungekämmt. Er hob das zerschnittene Hemd an, das der Arzt auf die Beine der Leiche gelegt hatte. In der Brusttasche fand sich ein kleines Handy, das der Leichenbestatter herauszog und Faller weiterreichte: »Nehmen Sie das mal. Ist es eingeschaltet?«

»Ja, hier wird ein Anruf in Abwesenheit angezeigt.« Er steckte das Gerät in eine Hosentasche.

Leichtle tastete die vielen großen und kleinen Taschen der Outdoorhose ab. »Geldbeutel, Schlüsselbund«, stellte er fest und legte es neben den Toten.

»Und wie geht das jetzt weiter?«, fragte Faller.

Leichtle streifte sich die Plastikhandschuhe wieder ab und legte sie neben einen Metallpfeiler. »Ich ruf meinen Sohn an, dann nehmen wir ihn mit«, erklärte er. »Alles Weitere muss Frau Simbach entscheiden.«

»Und die Polizei?« Es war Stumpers Stimme, die dumpf aus dem Halbdunkel des Treppenabgangs kam.

»Polizei, wieso Polizei? Besteht irgendein Zweifel an dem, was der Doktor sagt?«

Die beiden Männer schwiegen – und der Leichenbestatter griff zu seinem Handy. Während er die Kurzwahltaste drückte, sah er zu dem Toten hinüber: »Erzähl mir jetzt bloß nicht noch die Story vom großen Unbekannten, der im Kirchturm lauert.« Am liebsten hätte er einen Witz gerissen, aber er verkniff es sich.

5

Sabrina Simbach hatte die Nachricht vom Tode ihres Mannes an ihrem Getränkestand entgegengenommen. Pfarrer Kustermann war behutsam vorgegangen und aufs Schlimmste gefasst gewesen. Doch anstatt in Tränen auszubrechen, starrte sie ihn sekundenlang nur an. »Tot?«, fragte sie schließlich ungläubig. »Er ist tot?« Sie sprach so laut, dass Sergije, ihr junger Mitarbeiter, beim Stapeln der Getränkekisten innehielt.

Pfarrer Kustermann nickte stumm.

Nach einer halben Minute des Schweigens entschied sich Sabrina Simbach, mit in den Kirchturm zu kommen. Sergije fragte, ob er sie begleiten solle, doch sie lehnte dankend ab. Sie werde dies alleine regeln können.

Kustermann staunte über das Selbstbewusstsein dieser Frau. Entweder hatte sie sich so gut unter Kontrolle, oder ihr ging der Verlust ihres Mannes tatsächlich nicht nahe. Der Pfarrer wusste noch nicht, für welche Variante er sich entscheiden sollte.

Die Frau legte die Schürze ab und bat Sergije und die anderen Mitarbeiter, den Verkaufsstand aufzuräumen.

Auf dem Weg zur Kirche, vorbei an leeren und noch immer nassen Biertischreihen, blieb sie abrupt stehen und sah dem Pfarrer in die Augen: »Was hat er denn da oben gemacht? Ich meine, jetzt, heut Nacht?«

Kustermann überlegte, wie er es ihr erklären sollte. »Nicht heute Nacht.« Er legte väterlich eine Hand auf ihre linke Schulter. »Es muss schon gestern geschehen sein. Deshalb ...« Es war nicht einfach, es ihr zu sagen. »Deshalb hätte ich Ihnen gerne den Anblick erspart. Die Hitze ...«

Ihr Gesicht war im Lichte eines Kandelabers fahl. Sie hatte seit Tagen schwer gearbeitet und die halbe Nacht bedient. »Sie wollen damit sagen, dass er schon, äh verwest ist?« Zum ersten Mal schwang in ihrer Stimme so etwas wie Entsetzen mit.

»Nicht direkt«, erwiderte Kustermann ruhig, »aber es ist kein sehr schöner Anblick.«

Sie gingen langsam und schweigend weiter und bogen bei den dunklen Schaufenstern eines Schuhgeschäfts in die Kirchstraße ein. Die plötzliche Stille wirkte gespenstisch. Nur vereinzelt spiegelten sich in den großen Pfützen noch die Schatten einiger heimwärts strebender Menschen. Das Wetter hatte dem ›Hock‹ nun doch ein frühzeitiges Ende beschert.

»Und was hat er da oben gewollt?«

»Na ja, er hat sich immer rührend um die Kirche gesorgt. Vielleicht wollte er mal wieder nachsehen, ob alles in Ordnung ist.« Dem Pfarrer fiel es schwer, eine plausible Erklärung zu finden. »Dafür sind wir ihm dankbar gewesen.«

»Sie wissen also auch nicht, weshalb er da oben war?«

»Nein, es war sicher einer seiner üblichen Kontrollgänge. Dr. Lutz ist der Meinung, dass es ein Herzinfarkt war.«

Sie näherten sich unter den mächtigen Linden dem Eingang, während Kustermann seinen Schlüsselbund aus der Hosentasche holte.

»Das bedeutet, dass wir keine Polizei brauchen?«

Er drehte sich zu ihr um. »Wieso sollten wir die Polizei brauchen? Es hat ihn doch keiner umgebracht, oder?«

Sabrina erwiderte nichts.

Sabrina Simbach hatte Leichenbestatter Leichtle gebeten, sich um die weiteren Formalitäten zu kümmern. Für ihn und seinen ebenso beleibten Sohn war es kein Problem gewesen, den in ein Tuch gewickelten Toten über die engen Treppen hinab zur Orgelempore zu tragen. Dort erst legten sie ihn in den Metallsarg, wie er für solche Fälle zur Verfügung stand. Als sie ihn durchs Nordportal zum Leichenwagen trugen, blieben zwei junge Pärchen irritiert stehen.

Sabrina Simbach bat darum, den Tod ihres Mannes vorläufig nicht zum Stadtgespräch zu machen. »Das würde die Stimmung des Stadtfestes trüben«, erklärte sie, als die beiden Leichtles, Pfarrer Kustermann, Faller und Stumper vor dem Leichenwagen standen. »Sie müssen wissen«, fügte sie hinzu, »dass das Verhältnis zwischen ihm und mir schon lange nicht mehr so war, wie es sein sollte. Aber wahrscheinlich ist Ihnen das bekannt.«

Alle außer Kustermann nickten.

Leichtle senior kam einen Schritt auf sie zu. »Wenn Sie Hilfe brauchen, melden Sie sich«, bot er leise an.

»Danke.« Über ihr Gesicht huschte ein Lächeln. »Ich hab zum Glück Silke. Sie wird mir eine große Stütze sein. Wissen Sie …« Sabrina sah von einem zum anderen. »Er ist in letzter Zeit gekommen und gegangen, wie und wann er wollte. Auch jetzt hab ich ihn seit Donnerstag nicht mehr gesehen. Ich hab deshalb keine Ahnung, wo er sich aufgehalten hat.« Sie hatte plötzlich das Bedürfnis, sich ihre Probleme von der Seele zu reden.

Pfarrer Kustermann fühlte sich gefordert. »Vielleicht … vielleicht sollten wir uns noch ein paar Augenblicke zusammensetzen …?«

Sabrina wusste nicht, was sie sagen sollte. Soeben hatte sie erfahren, dass ihr Mann verstorben war, doch sie spürte kein Gefühl von Trauer. Sie erschrak, dass ihre Gedanken in dieser Situation bereits in die Zukunft gerichtet waren. Sie dachte an das Geschäft und an Silke und die Pläne, die sie mit ihr geschmiedet hatte. Ausziehen. Alles hinter sich lassen. Raus aus dem Alltagstrott. Nun war der Weg frei. Oder vielleicht doch nicht. Denn wenn sie das gut florierende Geschäft aufgab, würde sie ihre wirtschaftliche Grundlage verlieren. Verdammt, wieso kamen ihr gerade jetzt solche Gedanken? »Danke für das Angebot«, sagte sie schließlich, an den Pfarrer gewandt. »Ich muss mich jetzt um meine Tochter kümmern. Ich werd mich bei Ihnen melden.« Sie gab ihm und den anderen Männern zum Abschied ihre kalte Hand und verschwand in der Schwärze der umliegenden Gassen.

»Eine starke Frau«, meinte Leichtle junior schließlich und öffnete die Fahrertür des Leichenwagens.

»Stark schon«, erwiderte sein Vater, »aber wie es drinnen aussieht, geht niemanden was an.«

Pfarrer Kustermann steckte die Hände in die Hosentaschen, während es vom Turm 2 Uhr schlug. »Mir war nicht klar, dass es bei denen in der Ehe derart gekriselt hat.«

»Ist Stadtgespräch. Aber sicher viel Klatsch und Tratsch«, mischte sich Faller ein. Stumper hingegen hielt sich noch immer im Hintergrund.

»Ein Pfarrer kann ja nicht alles wissen«, ulkte Leichtle völlig unpassenderweise. »Nur Gott ist allwissend. Stimmts?« Dann warf er die Tür zu und sein Sohn fuhr den grauschwarzen Mercedes-Kombi zur Bundesstraße vor.

Kustermann ging als Erster wieder zum Kirchenportal zurück, hinter dem ein spärliches Licht brannte. »Ich halte es für notwendig, dass wir uns morgen treffen«, entschied er und drehte sich zu Faller um. »Den Kirchengemeinderat, mein ich«, präzisierte er, um Stumper zu signalisieren, dass er nicht zu erscheinen brauche. Dieser schien es erleichtert zur Kenntnis zu nehmen. »Ich kann ohnehin nichts dazu sagen. Außerdem wäre es mir recht, wenn ich mich jetzt auch verabschieden könnte.«

Der Pfarrer nickte. »Klar, doch.«

Faller hatte die Kirche bereits betreten, als ihm etwas einfiel. »Ach ja, Tilmann, hast du eigentlich Frau Gunzenhauser noch gesehen?«

Stumper drehte sich im Weggehen noch einmal um und blieb stehen. »Die Frau Gunzenhauser? Ich? Wann denn?«

»Na ja, du bist doch runtergegangen, weils dir übel war?«

»Ach ja«, Stumper schien es peinlich zu sein, daran erinnert zu werden. »Stimmt. Als ich runterkam, war sie schon weg. Oder besser gesagt: Ich hab sie in der Dunkelheit weder gehört noch gesehen.«

»Seltsam«, kommentierte Faller und ließ Stumper nachdenklich zurück.

6

Dekanin Gertrud Grüner blickte sorgenvoll in die kleine Runde, die sich in ihrem winzigen, rundum mit Bücherregalen vollgestopften Büro eingefunden hatte. Nur vier Kirchengemeinderäte waren ihrem kurzfristigen Telefonrundruf und der Bitte, sich zu treffen, an diesem Samstagnachmittag gefolgt. Neben Faller zwängten sich ein wesentlich älterer Herr und zwei Damen mittleren Alters um den kleinen Besprechungstisch. Die Dekanin blieb hinter dem Schreibtisch sitzen, während Stadtpfarrer Kustermann auf einem Stuhl vor dem Fenster Platz genommen hatte.

Die Theologin lehnte sich zurück, sodass der Bürostuhl unter ihrer schweren Last bedrohlich ächzte. »Danke, dass Sie gekommen sind«, erklärte sie energisch. Dann ließ sie die Ereignisse der vergangenen Nacht noch einmal Revue passieren und betonte, dass Simbach eines natürlichen Todes gestorben sei.

Schließlich verfinsterte sich das Gesicht der Dekanin. »Ich kann zwar zu einem gewissen Teil verstehen, dass Herr Korfus meiner Einladung heute nicht Folge geleistet hat. Aber im Interesse der Sache wäre es dienlich gewesen.«

Faller räusperte sich und hakte nach: »Was hat er denn gesagt, weshalb er nicht kommt?«

»Er wolle mit der Sache nichts zu tun haben und könne auch nichts dazu beitragen.«

Kurzes Schweigen. »Stimmt ja wohl auch«, meinte die Dame mit dem Pagenschnitt. »Und was letztlich vorausgegangen ist, wissen wir nicht.«

Der ältere Herr schaltete sich ein. »Was heißt vorausgegangen?« Er sah zu der Dekanin hinüber, die mit einem Kugelschreiber spielte. »Simbachs Tod hat doch damit nichts zu tun.«

Niemand aus der Runde wollte diese Feststellung kommentieren. Auch Faller nicht.

»Das hat überhaupt nichts damit zu tun«, meinte die Dekanin und wartete auf eine Reaktion. Doch sie blickte in stumme Gesichter. »Herztod. Sekundenschnell«, ergänzte sie. »Auch seine Frau hat keinen Zweifel daran.«

Die Dame wagte eine Nachfrage: »Und die Polizei? Brauchen wir in diesem Fall denn keine Polizei?«

Dekanin Grüner sah zuerst zu Faller und dann zu Stadtpfarrer Kustermann hinüber, der sein dünnes Haar offenbar heute noch nicht gekämmt hatte. »Für die Polizei gabs keine Veranlassung«, erklärte er. »Der Arzt hat einen natürlichen Tod attestiert und die Umstände, wie wir ihn aufgefunden haben, lassen auch kein Fremdverschulden vermuten.« Und um dies zu bekräftigen, fügte er hinzu: »Auch die Leichtles haben das so gesehen.«

Die Dame hob kurz den rechten Zeigefinger, als wolle sie sich zu Wort melden, wartete aber nicht ab, bis es ihr erteilt wurde. »Nur eine Frage noch. Sie sagen, Herr Simbach sei vermutlich bereits vorgestern Nachmittag verstorben. Weiß man denn, was er da oben getan hat?«

»Darüber können wir nur spekulieren, Frau Schanzel«, erwiderte Faller. »Wir wissen alle, dass er als engagiertes Mitglied unseres Arbeitskreises die handwerkliche Seite übernommen hat. Deshalb hat er mehr oder weniger regelmäßig Kontrollgänge gemacht. Sie wissen ja, welche Probleme wir mit dem Dach hatten.«

Die anderen nickten. Vor wenigen Wochen erst war eine größere Sanierung abgeschlossen worden.

»Hatte er denn einen Schlüssel für die Kirche?«, bohrte die Dame weiter. Die Dekanin ermunterte mit einer Kopfbewegung den Stadtpfarrer zu einer Erklärung. »Nein«, erklärte er. »Er hatte keinen Schlüssel. Ich darf Sie daran erinnern, dass wir alle beschlossen haben, Schlüssel nur an Mitglieder unseres Gremiums zu vergeben.« Er überlegte einen kurzen Moment. »Als einziges Mitglied des Arbeitskreises hat Herr Korfus einen Schlüssel – er ist ja sozusagen das Bindeglied.«

»Und wie ist er am Donnerstagnachmittag reingekommen? War die Tür offen?«, fragte der ältere Mann irritiert.

Faller antwortete ihm direkt: »Natürlich. Frau Gunzenhauser war da und Herr Stumper hat wie üblich Orgel gespielt.« Er hielt inne, entschied sich dann aber für eine klare Aussage: »Und ich war auch dort – bei Stumper. An der Orgel.«

Alle Blicke waren auf ihn gerichtet. »Sie auch?«, staunte Ursula Schanzel, die Dame mit dem Pagenschnitt, als sei ihm die Anwesenheit in der Kirche verboten gewesen.

Im Gesicht der Dekanin zuckte ein Muskel. »Aber niemand hat Herrn Simbach kommen sehen«, stellte sie sachlich fest. Wäre es anders gewesen, daran hatte sie gar keinen Zweifel, hätte man es ihr längst berichtet. Ihre Autorität war groß genug, dass es niemand wagen würde, ihr das zu verschweigen.

»Niemand hat ihn gesehen, nein«, bestätigte Faller und spürte einen Kloß im Hals.

Die zweite Dame wurde hellhörig. »Ach, das wissen Sie so genau?« Die vorwurfsvolle Frage ließ Faller zusammenzucken. »Die Frau Gunzenhauser hat ihn also auch nicht gesehen?«

Faller zuckte mit den Schultern. »Ich geh mal davon aus. Gesagt hat sie jedenfalls nichts.«

Die Dekanin, für ihre schlagfertige und bisweilen auch polternde Art bekannt, wollte es genau wissen: »Aber rein theoretisch wäre es denkbar, dass Herr Simbach unbemerkt in den Turm gekommen sein könnte?«

Wieder zuckte Faller mit den Schultern. »Natürlich. Die Kirche ist dunkel, Frau Gunzenhauser ist mehrmals rausgegangen, um Blumen zu holen, und Stumper hat sich auf seine Orgel konzentriert. Und ich bin nur kurz da gewesen, um mit ihm etwas zu besprechen.«

Die Dekanin fuhr dazwischen: »Darf man erfahren, was?«

»Natürlich darf man das«, sagte er süffisant und wusste, dass sie solche Bemerkungen hasste. »Ich wollte seine Meinung zu Korfus und Simbach hören.«

Die anderen im Raum warteten gespannt auf die Reaktion der Dekanin, die sich mit beiden Händen fest an die Armlehnen ihres Stuhles klammerte.

»Korfus«, wiederholte sie, »ich würde mir nur eines wünschen, dass wir die ganze Sache so schnell wie möglich bereinigen und auch die Aufgaben neu verteilen. Was jetzt wohl ohnehin notwendig sein wird.«

Der ältere Herr, der sich kräftig in ein großes Stofftaschentuch schnäuzte und umständlich die Nase sauber rieb, griff die Feststellung der Dekanin auf. »Für mich stellt sich schon die Frage, was Simbach da oben gesucht hat. Wenn ichs richtig weiß, dann hat doch Herr Korfus die Verantwortung für den Glockenstuhl übernommen.«

Jetzt fühlte sich der Stadtpfarrer angesprochen. »Stimmt.

Sie selbst …« Er meinte damit das Gremium, »Sie selbst haben ihn zum Glockenbeauftragten gewählt. Herr Korfus nimmt diese Aufgabe übrigens auch sehr ernst. Das kann ich bestätigen. Wenn er es irgendwie einrichten kann, schaut er sich einmal die Woche das Läuten aus der Nähe an.«

Nachdem es keine weiteren Fragen mehr gab, entlastete die Dekanin ihren Drehstuhl und stützte sich mit den Ellbogen auf dem Tisch ab. »Damit sind wir uns einig, dass die Vorgehensweise heut Nacht richtig war«, resümierte sie. »Herr Kustermann und ich wollten dies nicht allein entscheiden. Auch wenn die Angelegenheit klar war.«

»Weiß man schon, wann die Beerdigung sein wird?«, wollte der ältere Herr wissen.

Der Stadtpfarrer zuckte mit den Schultern. »Vermutlich am Dienstag. Aber das ist Sache der Stadtverwaltung. Ich geh mal davon aus, dass Leichtle dies mit Frau Simbach regeln wird.«

»Ich will jetzt nicht pietätlos sein«, meinte die Dekanin und erhob sich. »Aber vielleicht birgt dieses traurige Geschehen auch die Chance, dass sich manches wieder beruhigt.«

»Oder es geht erst richtig los«, sagte Faller, ohne zu überlegen. Die Theologin wirkte verunsichert, entschied sich dann aber, nichts darauf zu erwidern. Sie verstand es, im entscheidenden Moment zu schweigen und damit ihr Gegenüber zu verunsichern.

Faller war insgeheim froh, dass niemand wissen wollte, was sich hinter seiner Bemerkung verbarg. Denn schließlich hätte er selbst auch keine plausible Antwort gehabt.

Die halbe Nacht noch hatte Sabrina Simbach mit ihrer Tochter über den Tod Alexanders gesprochen. Sie beide spürten mehr Betroffenheit als Trauer. Silke, ein überaus hübsches Mädchen mit schulterlangen blonden Haaren wirkte für ihre 16 Jahre ziemlich selbstbewusst. »Weißt du, Mutti«, sagte sie, während sie auf einen der Barhocker an der Küchentheke kletterte und ihre langen Beine übereinander schlug, »wir sollten jetzt in die Zukunft blicken. Er hat sich weder um dich noch um mich gekümmert.« Sie sah in das blasse Gesicht ihrer Mutter.

Sabrina schwieg. Gestern früh noch hatte sie sich gewünscht, es würde Alexander nicht mehr geben. Doch jetzt, da ihr das Schicksal diesen Zustand beschert hatte, fühlte sie eine innere Leere. Sie hatte kein Auge zugetan und sich die Zukunft in allen möglichen Varianten ausgemalt. Alles war mit einem Schlag anders.

Silke hüpfte von ihrem Hocker und kniete sich vor den Stuhl ihrer Mutter. »Ich versprech dir, ich werd dir helfen. Und Sergije tut das ganz sicher auch.«

Sergije, ja, dachte Sabrina. Ohne ihn würde jetzt überhaupt nichts mehr funktionieren. Und doch wollte sie nicht auf ihn angewiesen sein. Sie hatte ganz andere Pläne. Für einen Moment überlegte sie, ob sie Silke damit konfrontieren sollte. Dann aber entschied sie, es nicht zu tun. Noch nicht.

»Danke. Wir werden das schaffen. Schlimmer kanns nicht mehr kommen.« Auch für die Tochter ging ein Martyrium zu Ende. Ihre Mutter musste unweigerlich an den Morgen des 1. Mai denken, als ihre Tochter später als vereinbart von einer ›Party-Location‹ heimgekommen war. Alexander hatte sie an der Tür abgepasst und ihr eine so kräftige Ohrfeige verpasst, dass sie durch den Flur getaumelt und gegen die Wohnzimmertür gestoßen war.

Aber auch sie selbst hatte oft genug ähnliche Attacken

erlitten und sich dann aus Scham stundenlang nicht aus dem Haus getraut, wenn sich auf einer ihrer Wangen ein knallroter Handabdruck abzeichnete.

»Woran denkst du jetzt?«, fragte das Mädchen.

»An nichts«, sagte Sabrina tonlos. »Ich hoffe nur, dass es jetzt kein Geschwätz gibt.«

»Dieses alte Theater. Was geht das uns denn an?«

Sabrina holte tief Luft. »Ich hoffe, jetzt nicht mehr. Was du nicht wissen konntest ... Er war krankhaft eifersüchtig. Einerseits hat er uns beide geschlagen ...« – es war ihr sichtlich peinlich, dies anzusprechen – »ja, und andererseits war er eifersüchtig. Panisch eifersüchtig.«

»Eifersüchtig? Auf wen denn?«

Sabrina presste die Lippen zusammen. Sie wollte es nicht sagen. Nein. Nicht jetzt. Nicht heute. Silke würde es noch früh genug erfahren.

Am Abend des zweiten Hocktags waren die Fußgängerzone und die angrenzenden Gassen dicht gefüllt. Bei idealem Wetter zog es an diesem Samstagabend tausende Besucher in die Altstadt. Unter den Einheimischen sprach sich wie ein Lauffeuer herum, was sich in der vergangenen Nacht ereignet hatte. Allerdings blieb es meist bei wilden Gerüchten, zumal niemand genau zu sagen vermochte, was im Turm der Stadtkirche tatsächlich geschehen war.

Sabrina Simbach und ihre Tochter hatten beschlossen, an ihrem Getränkestand zu arbeiten, sich aber möglichst im Hintergrund zu halten, um neugierigen Fragen aus dem Weg zu gehen. Sergije und zwei Helferinnen übernahmen deshalb das Kassieren und die Getränkeausgabe, während Mutter und Tochter, meist mit dem Rücken zur Kundschaft, die Spülmaschine be- und entluden.

Es würde ohnehin genügend Klatsch und Tratsch geben, zumal manche Kleinstädter es nicht verstehen konnten, dass die beiden Frauen nach dem Tode Alexanders ihrer Arbeit nachgingen. Daran musste Sabrina immer wieder denken. Sie überkam ein Gefühl von Scham und Trotz, spürte innere Unruhe und Unsicherheit und hatte den Eindruck, dass alle Augen auf sie gerichtet waren. Deshalb mied sie jeglichen Blickkontakt und konzentrierte sich auf ihre Arbeit.

Nur ein einziges Mal konnte sie an diesem Abend einem Gespräch nicht ausweichen. Denn Tilmann Stumper hatte nur darauf gewartet, bis er seitlich an der zurückgefalteten Plane des Verkaufsstandes an sie herantreten konnte. »Hallo, Frau Simbach«, grüßte er mit gedämpfter Stimme, aber doch laut genug, um die Musik zu übertönen. »Wie geht es Ihnen?«

Sabrina sah ihn verwundert an. »Danke.« Mehr kam ihr nicht über die Lippen. Sie kannte Stumper bisher nur flüchtig.

»Es wird viel geredet …«, versuchte er ein Gespräch zu beginnen, doch er spürte, dass sich Sabrina nicht bei ihrer Arbeit stören lassen wollte. »Auch in Kirchenkreisen …«

»In Kirchenkreisen, ja«, antwortete sie unterkühlt. »Alexander hat nicht ins Klischee gepasst. Er hat gemacht, was er für richtig hielt.«

»So kann man es wohl ausdrücken. Und wir alle haben darunter gelitten. Am meisten aber wohl Sie …?«

Sabrina antwortete nichts. Sie brauchte kein Mitleid. Alexander hatte ihr mit seinem Doppelleben den Glauben genommen: einerseits der angeblich christliche Mensch, der sich mit seinem ehrenamtlichen Engagement und seinen großzügigen Spenden brüstete – andererseits aber der Haustyrann.

»Weiß man denn inzwischen, was Ihr Mann im Turm oben gewollt hat?« Stumper beugte sich weiter nach vorne, um nicht allzu laut schreien zu müssen.

»Wenn nicht mal Sie das wissen, woher soll ich es dann erfahren?«

»Wie kommen Sie drauf, dass ich es weiß?«

»Es geht doch um die Kirche, oder?«, entgegnete sie kühl.

»Da sind Sie besser informiert als ich.«

»Entschuldigen Sie. Ich wollte nicht indiskret sein. Aber es gehen einem halt so viele Dinge durch den Kopf.«

»Und? Was geht Ihnen durch den Kopf?«, fragte sie provokativ und selbstbewusst.

»Nichts. Nichts von Bedeutung.«

7

Der Sonntag gehörte am Stadtfestwochenende naturgemäß der Jugend: Rock- und Popkonzerte, ab dem frühen Morgen ein Flohmarkt beim Helfenstein-Gymnasium. Silke hatte ursprünglich vorgehabt, alte Schallplatten und Bücher anzubieten. Doch nun war es ihr nicht danach zumute. Sie hatte gestern Abend zwischendurch immer mal wieder am Getränkestand ausgeholfen und sich später in der Jugendecke unters Partyvolk gemischt. Den Sonntag aber wollte sie daheim verbringen, zusammen mit ihrer Mutter. Sie versuchten gemeinsam, ihre Gedanken zu ordnen und die für Dienstag geplante Beerdigung vorzubereiten. Zwar hatte das Bestattungsunternehmen Leichtle alle Formalitäten übernommen, doch galt es nun, den Sargschmuck auszusuchen und Karten mit der Todesanzeige zu verschicken. Die beiden Frauen waren nie mit Alexanders gesamter Verwandtschaft in Sachsen bekannt gemacht worden. Für Silke gab es dort, in Bischofswerda, irgendwo hinter Dresden, einen ›Onkel Anton‹, den Bruder ihres Vaters. Sie waren nur wenige Male dort gewesen, zuletzt nach dem Tode von Alexanders Vater, ihrem Opa. Die Großmutter lebte schon lange nicht mehr.

Sabrina hatte ihren Schwager Anton schon am Samstagvormittag angerufen und ihm die Todesnachricht übermittelt. Er war zunächst erstaunlich wortkarg gewesen, hatte dann aber weitere Details wissen wollen, die ihm Sabrina allerdings nicht nennen konnte. »Und was wird drüber gesprochen?«, drängte er. Die Betroffenheit über den Tod seines Bruders war schnell verflogen.

»Was soll denn gesprochen werden?«, echote Sabrina verärgert. »Man versucht hier, kein großes Aufsehen zu machen. Wir haben Stadtfest.«

Anton brummte etwas Unverständliches. »Und was er da oben auf dem Turm gewollt hat, weißt du natürlich auch nicht«, stellte er fest.

»Ich brauch dir doch nicht zu sagen, dass sich Alexander jegliche Freiheit rausgenommen hat. Ich hab ihn seit Donnerstagmorgen nicht mehr gesehen.«

Es blieb für einen Moment still und Sabrina befürchtete einen von Antons berüchtigten Tobsuchtsanfällen. Doch er schien sich ausnahmsweise zu beherrschen.

»Wir kommen zur Beerdigung«, wechselte er das Thema. »Außerdem werd ich die weiteren Verwandten und Bekannten informieren.« Sein sächsischer Dialekt war nicht zu überhören, doch seine Stimme klang sachlich. Nach kurzer Pause schob er noch eine ebenso emotionslose Bemerkung nach: »Ich denk, da werden auch einige aus Hohenschönhausen kommen.« Obwohl Sabrina mit diesem Hinweis nichts anfangen konnte, verzichtete sie auf eine Nachfrage. Die Erinnerung an dieses gestern geführte Gespräch hielt sie für einen Augenblick gefangen. Erst jetzt wurde ihr bewusst, wie wenig sich Anton vom Tod seines Bruders erschüttert gezeigt hatte. Silke beobachtete ihre Mutter, zögerte einen Augenblick und wagte dann die Frage, mit wie viel Trauergästen zu rechnen sei, weil sie doch für den Leichenschmaus ein geeignetes Lokal suchen müssten.

»Ich hab keine Ahnung«, entgegnete die Mutter, die den Schnellhefter mit Alexanders wichtigsten Dokumenten durchblätterte. Sie musste Anton noch mal anrufen. Der meldete sich auch sofort, erkundigte sich pflichtgemäß nach ihrem Befinden und wie sie den zweiten Abend überstanden habe. Sabrina antwortete nur knapp. Auf die Frage, wie groß die Verwandtschaft sein werde, mit der bei der Beerdigung zu rechnen sei, meinte er: »Nu, ich kann dir das nicht genau sagen. Aber meine Frau und ich auf jeden Fall, meine beiden Kinder natürlich und dann vielleicht unsere alte Tante mit Tochter aus Meißen.«

»Du hast aber gestern noch von irgendwelchen Bekannten gesprochen«, half ihm Sabrina vorsichtig auf die Sprünge.

Anton überlegte. »Ach ja, richtig. Die Jungs aus Hohenschönhausen. Viere oder Fünfe. Denen sag ich heute noch Bescheid. Da kannste davon ausgehn, dass sie auch kommen.«

»Jungs aus Hohenschönhausen? Verwandtschaft?«

»Nee, Bekannte.« Nach kurzer Pause fügte er hinzu: »Aus DDR-Zeiten. Ich weiß nicht – hat er dir davon erzählt?«

Sabrina versuchte, sich an entsprechende Äußerungen Alexanders zu entsinnen. »Ich glaub nicht, nein.«

Sie wollte gerade noch etwas sagen, doch Anton kam ihr zuvor: »Ist auch besser so. Alte Geschichten, weißt du. Euch Wessis ist manches von hier noch immer fremd. Deshalb sollten wir nicht drüber reden. Jetzt schon gar nicht mehr. Jetzt, wo Alexander tot ist.«

Am Montag nach dem Stadtfestwochenende fand das traditionelle Kinderfest statt. In aller Frühe zogen Fanfarenbläser durch die Straßen. Vor einigen Jahrzehnten noch hatten die Betriebe geschlossen, und wer auswärts arbeitete, nahm Urlaub. Doch im Zuge der Globalisierung wollten die neuen Manager von solchen Heimatfesten nichts mehr wissen. Zunehmend bröckelte die Feiertagsstimmung ab, sodass jetzt nur noch Urlaub nahm, wer Kinder hatte, die am großen vormittäglichen Umzug teilnahmen. An dessen Gestaltung jedoch, so wurde oftmals beklagt, sahen viele Lehrer auch nur eine lästige Pflichtübung. Ganz zu schweigen davon, dass die höheren Jahrgangsstufen der Gymnasien und der Berufsschulen wenig Begeisterung zeigten, sich in den Umzug einzureihen. Auch Silke nicht. Ihre Klasse hatte das Thema ›Saturday-Night-Fever‹ gewählt, weshalb sie nach Meinung ihrer Mitschüler als ›Diskomaus‹ im kurzen Kleidchen hätte mitmarschieren sollen. Zwar hätte sie keine Hemmungen gehabt, dies zu tun – doch nun hatte sie zusammen mit ihrer Mutter entschieden, nicht teilzunehmen. Eine Freundin würde dies dem Lehrer ausrichten.

Sabrina und Silke verbrachten den Tag im Geschäft, um die zurückgebrachten Gegenstände zu reinigen und wieder einzulagern. Zwischendurch rief Bestattungsunternehmer Leichtle junior an, um noch einige Modalitäten für die morgige Beerdigung zu regeln. Für den frühen Nachmittag hatte sich Stadtpfarrer Kustermann angesagt, der die Grabrede vorbereiten musste. Sabrina würde es schwer fallen, ihm einige positive Dinge über Alexander zu nennen. Sie spürte, wie sie bereits innerlich mit ihrem verstorbenen Mann abgeschlossen hatte. Es war – und dieser Gedanke erschreckte sie – als sei eine schwere Last von ihr gefallen. Bei einem anderen Anruf nahm sie das Mobilteil und zog sich in ihr Büro zurück. Silke wunderte sich schon lange nicht mehr über heimliche Telefonate ihrer Mutter. Bisher hatten sie aber nie konkret darüber gesprochen. Das Mädchen sah darin eine stillschweigende Duldung auch ihrer eigenen Telefongespräche. Seit Kurzem hatte sie einen Freund aus einer der oberen Klassen. Und vielleicht, so dachte sie jetzt, war es nach dem Tod des jähzornigen Vaters künftig einfacher, die nächtlichen Diskobesuche auszudehnen. Ihre Mutter schien dafür mehr Verständnis zu haben. Schon gar, wenn diese selbst nun auch wieder die Freude am Leben zurückgewinnen würde.

»Nicht mehr diese Woche, bitte«, sagte Sabrina, nachdem sie die Tür ihres Büros zugemacht und sich hinter ihren Schreibtisch gesetzt hatte. Sie lauschte, verzog das Gesicht zu einem Lächeln und spielte nervös mit einem Kugelschreiber. »Ja, ich hab mirs überlegt. Ehrlich. Ich möchte einfach jedem Geschwätz vorbeugen, verstehst du? Du weißt selbst, was die Leute denken. Und womöglich könnten sie sogar noch Schlimmeres denken.«

Sie hörte ein paar Sekunden zu und schüttelte dann den Kopf. »Nein, nein, natürlich nicht«, beeilte sie sich zu sagen. »Aber mich würde nicht wundern, wenn sie auch noch die Polizei einschalten.«

Ihr Gesprächspartner schien irritiert zu sein und reagierte mit einem langen Redeschwall, den Sabrina nicht unterbrechen konnte.

Das Kinderfest, das nach dem Umzug in einen unterhaltsamen Familiennachmittag mündete, bei dem es zwar Spiele für die Kinder, aber auch viel Bier für die Erwachsenen gab, war in diesem Jahr nicht gerade wetterbegünstigt. Vormittags hatte noch gelegentlich die Sonne geschienen, anschließend jedoch zog eine Regenfront auf. Die beiden Festplätze, die es in dieser Kleinstadt gab, lagen zeitweilig verwaist. Nur dort, wo es Planen oder ein dichtes Blätterdach von Parkbäumen gab, blieben vereinzelt Besucher sitzen. Dass es alljährlich – und dies seit Menschengedenken – zwei Festplätze gab, vermochten Außenstehende nicht zu verstehen. Dies jedoch war historisch bedingt. Einerseits gabs die sogenannte ›Obere Stadt‹, die eigentlich die Altstadt war, und andererseits das 1912 eingemeindete Altenstadt. Beides zu verwechseln, galt als Todsünde – schon gar in Anwesenheit von Altenstädtern, die allesamt noch die einstigen Grenzen kannten. Auch der Ausklang des Kinderfestes fand deshalb an zwei unterschiedlichen Orten statt: vor einer Kirche der Oberen Stadt und vor einer Kirche in Altenstadt. Seit jeher nannte man die Abschlussfeier ›Stäffelespredigt‹. Das ging wohl darauf zurück, dass die Redner, insbesondere der Pfarrer, meist auf den Eingangstreppen – hierzulande ›Staffeln‹ genannt – der Kirchen standen, um zu den versammelten Kindern und Eltern zu sprechen.

Trotz des wieder einsetzenden kühlen Nieselregens hatten sich vor der Stadtkirche an diesem Montagabend ein paar Dutzend Kinder mit ihren Angehörigen eingefunden, wobei möglicherweise weniger die Ansprachen des stellvertretenden Oberbürgermeisters und Pfarrer Kustermanns gelockt hatten als vielmehr der traditionelle Luftballonwettbewerb. Die Kinder warteten sehnsüchtig darauf, ihre diesmal blauen Luftballons gemeinsam in den Himmel steigen lassen zu können.

Angesichts des stärker werdenden Regens war die Veranstaltung schneller als üblich beendet. Und kaum waren die blauen Luftballons irgendwo im grauen Himmel abgetrieben und hinter den Giebeln der angrenzenden Altstadthäuser verschwunden, leerte sich der Kirchplatz auch schon wieder.

Als vom Turm um 20 Uhr das Abendläuten ertönte, schloss Stadtpfarrer Kustermann das Südportal der Kirche ab. Er bemerkte eine Person. Dekanin Grüner suchte Schutz unter dem Vordach. »Ich wollte nur noch mal schnell mit Ihnen reden«, erklärte sie und Kustermann wusste, dass es eine dienstliche Aufforderung war, ihr Gehör zu schenken. Er steckte die Schlüssel ein. »Kein Problem«, sagte er. »Wollen wir reingehen?«

»Nur ganz kurz«, erwiderte sie und steckte ihre Hände in die weiten Taschen eines dunklen, untaillierten Regenumhangs. »Die Beerdigung morgen – wir sollten darauf achten, dass keine Emotionen geschürt werden.«

Kustermann nickte.

»Keine Emotionen, die die Leute in den falschen Hals kriegen könnten«, fuhr die Dekanin bestimmend fort. »Man hört so einiges.«

Der Pfarrer vermochte diese Bedenken nicht nachzuvollziehen. Doch bevor er eine Frage stellen konnte, gab ihm die Theologin zu verstehen: »Manche wollen etwas hineininterpretieren.« Sie sah ihn scharf an und wollte sich abwenden, doch dann fiel ihr noch etwas ein: »Eins ist aber auch klar: Wenn an der Sache mit Simbach etwas faul ist, wird die Polizei eingeschaltet. Dass wir uns da richtig verstehen.«

8

Der Abend verlief ruhig. Im Polizeirevier in der Eberhardstraße stellte die gerade zurückgekehrte Besatzung eines Streifenwagens fest, dass das dreitägige Stadtfest überaus friedlich gewesen sei. »Heut hat das Wetter die Sache schnell beendet«, meinte einer der Uniformierten und legte seine feuchte Dienstmütze auf einen Aktenschrank. Sein Kollege blätterte in einem Schnellhefter, den er in einem Postkorb vorfand.

Der Beamte, der in dieser Nacht am Funktisch saß und bisher nur zwei Anrufe hatte entgegennehmen müssen, lehnte sich entspannt zurück. »Je schlechter das Wetter, desto weniger Idioten, die wegen jeder Lärmbelästigung aus der Nachbarschaft anrufen«, stellte er fest. Seine Kollegen nickten. Nichts hassten sie mehr, als sich mit derlei Lappalien auseinander setzen zu müssen. Als ob sie in der Nacht nicht genügend andere Aufgaben hätten! Manche Leute taten so, als könne man hierzulande monatelang im Freien Partys feiern – dabei erstreckte sich die echte Freiluftsaison mit mediterranem Flair auf maximal vier, fünf Wochen. Wenn überhaupt. Doch die Toleranz gegenüber den Nachbarn war in den letzten Jahren immer weiter geschrumpft. Was man in südlichen Urlaubsorten als besonders gemütlich empfand, nämlich das nächtelange Beisammensein im Freien, das wurde daheim nicht geduldet. Vielleicht wars bei manchen ja auch der pure Neid, nicht zur Party des Nachbarn eingeladen worden zu sein.

Diese Gedanken waren dem Beamten am Funktisch durch den Kopf gegangen, als ihn das Summen des Telefons ablenkte.

»Polizeirevier Geislingen«, meldete er sich, während seine beiden Kollegen nun gemeinsam in den Schnellhefter schauten. Er enthielt die Stellungnahme eines Verkehrssünders, den sie vorige Woche ertappt hatten.

»Seit wann?«, hörten sie die Stimme des telefonierenden Beamten. Sie blickten von ihrem Schriftsatz auf, denn der Tonfall ließ einen Einsatz vermuten.

»Wo genau wohnen Sie?« Der Uniformierte schrieb mit. »Mhm. Ich schick sofort eine Streife vorbei, ja. Wir brauchen eine Beschreibung von ihr, möglichst auch ein Foto. Und wie heißt Ihre Frau?«

Den beiden Streifenbeamten war klar, was dies bedeutete: ein Vermisstenfall. Mitten in der Nacht.

»Und wie heißt sie?« hakte der Kollege nach. »Wie? Gunzenhauser? Können Sie das bitte buchstabieren?«

Hubert Gunzenhauser war Rentner. Der pummelig wirkende kleine Mann führte die beiden Streifenbeamten in ein winziges Wohnzimmer im dritten Stock eines Altstadtgebäudes. Die Stilrichtung der Möbel ließ vermuten, dass er sie mit seinen ersten Löhnen gekauft hatte. Nur ein Flachbildschirm auf der massiven dunklen Schrankwand verlieh dem Raum eine moderne Atmosphäre. Die Beamten setzten sich in abgegriffene Sessel, Gunzenhauser nahm ihnen gegenüber auf der Couch Platz. Vor ihnen auf dem niederen Holztisch lagen einige Fotografien, die eine Frau zeigten.

»Ich kann mir nicht erklären, wo sie isch«, begann Gunzenhauser, der einen Mix aus Hochdeutsch und Schwäbisch sprach. »Sie hat nach der ›Stäffelespredigt‹ – Sie wissen, drüben bei der Stadtkirche …« – Er deutete mit dem Kopf zu einem Fenster, vor dem jedoch ein rostbrauner Vorhang zugezogen war. »Man muss wissen, sie ist Mesnerin dort. Hat dort putzen wollen – im Turm. Weil doch diese Leiche dort oben gelegen ist.«

Die beiden Beamten sahen den Mann ratlos an. »Leiche?«, fragte einer von ihnen vorsichtig.

»Sie wissen nix?«, staunte der ergraute Rentner und strich sich nervös über den buschigen Schnauzbart.

»Nein. Was für eine Leiche denn?«

»Simbach. Alexander Simbach. Getränkehändler. Müssten Sie kennen. Hat immer für die Kirche gschafft.«

Die beiden Beamten nickten.

»Herzinfarkt«, machte Gunzenhauser weiter. »Gstorben im Turm. Oben. Bei den Glocken.«

»Und wann war das?«

»Freitag haben se ihn gfunden. Abends. Gstorben ist er aber am Donnerstag – sagt der Doktor.«

»Und was hat Ihre Frau damit zu tun?«

»Nix. Sie war nur dabei, als man die Leiche gefunden hat – und jetzt hat sie putzen wollen, weil so viele Leute oben waren.«

»Und das war nach der ›Stäffelespredigt‹?«

»Ja, es war schon nach acht, nach der Tagesschau. Und jetzt ist es 1 Uhr und sie ist immer noch nicht da. Ich war an der Kirche, aber die Türen sind verschlossen. Was soll ich denn bloß machen?«

Bereits 10 Minuten später wurde die Vermisstenmeldung mit einer kurzen Beschreibung der gesuchten Frau an die umliegenden Polizeidirektionen und dann sofort an die Reviere und Streifenwagenbesatzungen weitergegeben. Da die Gesuchte nicht als verwirrt galt und kein Hinweis auf ein freiwilliges Verschwinden vorlag, wurde auch die Kriminalpolizei verständigt. Die Uniformierten in Geislingen waren froh, dass ein Kollege von der Außenstelle Nachtdienst hatte, dazu noch ein überaus sympathischer: Mike Linkohr. Er war zwar der jüngste Kriminalist hier draußen in der schwäbischen Provinz, aber ein sehr talentierter und sympathischer. Legendär waren bereits einige spektakuläre Fälle, die er in den vergangenen Jahren zusammen mit dem Göppinger Chefermittler August Häberle geklärt hatte. Einige davon hatten sogar bundesweites, ja weltweites Aufsehen erregt.

Linkohr zählte nicht zu den Hellsehern, wie die oft als arrogant geltenden Kriminalisten hausintern von den Uniformierten bezeichnet wurden. Er wusste sehr wohl, dass die Kollegen der Schutzpolizei stets die Ersten waren, die an einem Tatort eintrafen und dort manchmal sekundenschnell Entscheidungen treffen mussten, über die sich später ganze Heerscharen von Juristen kritisch ausließen. Die Uniformierten machten die eigentliche Drecksarbeit, waren an der Front und wussten, wie das Leben spielte. Häberle hatte nie eine Gelegenheit ausgelassen, dies den jungen Kriminalisten einzubläuen. Und es freute ihn, dass diese Ermahnungen bei Linkohr auf fruchtbaren Boden gefallen waren.

Linkohr traf bereits eine Viertelstunde später im Revier ein. Seit er die Trennung von seiner Freundin Juliane überwunden hatte, genoss er das Junggesellenleben und fühlte sich von allen Einengungen befreit. Immer häufiger waren sie aneinander geraten, weil sie ihre Schichtdienste nicht mehr in Einklang brachten. Juliane hatte als Krankenschwester in der Helfenstein Klinik immer dann Wochenenddienst, wenn er frei gehabt hätte – und umgekehrt. Außerdem war ihm zunehmend bewusst geworden, wie sie ihn bevormunden wollte – in allem, was er anzog, sagte und tat. Die Trennung war nicht leicht gewesen, doch er fühlte sich selbstständig und selbstbewusst genug, neue Wege zu gehen. Immerhin war er erst 27 und niemand konnte wissen, wie sich sein beruflicher Werdegang weiter entwickelte. Häberle hatte ihm mehrfach bereits eine große Zukunft vorhergesagt, dann aber auch wieder eingeschränkt, ›dass mans mit Schaffen in diesem Land zu nichts bringt‹. Nicht Arbeiten sei gefragt, sondern eine große Klappe, pflegte der Chefermittler frustriert über sein eigenes Berufsleben zu lamentieren. Wer immer nur brav und zur vollsten Zufriedenheit der Vorgesetzten seine Aufgaben erledige, werde nie auf der Karriereleiter nach oben steigen. Wenn sich Häberle seinen Ärger von der Seele redete, konnte er wortgewaltig sagen: ›Alle wichtigsten Posten in dieser Republik sind von Schwätzern besetzt‹.

Linkohr hatte sich trotzdem fest vorgenommen, in die Fußstapfen seines großen Vorbilds Häberle zu treten. Deshalb begrüßte er die uniformierten Kollegen in der Wache mit Handschlag und einem freundlichen Lächeln. Er ließ sich kurz den Sachverhalt schildern und erfuhr, dass eine Streifenwagenbesatzung gerade bei Gunzenhauser sei und darauf warte, in Begleitung des Kriminalisten die verschlossene Kirche zu durchsuchen. Man habe inzwischen den Stadtpfarrer aus dem Schlaf geklingelt, um sich die Tür öffnen zu lassen.

Linkohr fuhr deshalb gleich los und traf die vier Personen – Kustermann, Gunzenhauser und die beiden Uniformierten – vor dem Südportal der Kirche an, als vom Turm ein dreimaliger Doppelschlag ertönte. Viertel vor zwei. Im gelben Licht der Scheinwerfer, die nachts den Turm anstrahlten, war feiner Nieselregen zu erkennen.

Kustermann entriegelte die große Holztür, fingerte nach einem Lichtschalter, woraufeinige wenige Lampen angingen, und ließ die Männer eintreten. Danach drückte er die Tür zu und verschloss sie. »Ich geh voraus«, entschied er. Seine Stimme hallte durch das spärlich beleuchtete Gotteshaus. Die fünf Männer stiegen wortlos zur Orgelempore hoch, wo Kustermann die Klinke der Tür zur Turmtreppe niederdrückte. »Offen«, stellte er fest und drehte sich zu seinen Begleitern um, die einen Halbkreis bildeten.

»Ist das ungewöhnlich?«, fragte Linkohr sachlich.

»Eigentlich schon. Hier wird immer abgeschlossen.«

»Und die Kirche? Wann wurde die heute abgeschlossen?«

»Nach der ›Stäffelespredigt‹, um acht vielleicht. Ich hab abgeschlossen, nachdem ich noch mal reingeschaut hab, ob jemand drin ist.«

»Unten«, stellte Linkohr klar, als wüsste er, was gemeint war.

»Ja, unten. Ich ruf dann noch: Hallo, ist jemand da?, und wenn sich keiner meldet, schließ ich zu.«

»So war es auch heut Abend?«

»Ja.«

Linkohr gab mit einem zufriedenen Kopfnicken zu verstehen, dass er weitergehen wollte. Kustermann knipste im Treppenaufgang das Licht an und stieg voraus. Auf dem ersten Zwischenboden rauschte das Gebläse der Funkanlagen. »Mobilfunk«, erklärte Kustermann und drehte sich zu Linkohr um, der die grauen Schaltschränke kurz betrachtete und gleichzeitig darüber nachdachte, wer wohl alles einen Schlüssel für Kirche und Turm hatte.

Vorbei an der gähnenden Schwärze des Kirchendachbodens strebte der Pfarrer dem nächsten Treppenaufgang zu und knipste das Licht für den über ihnen liegenden Glockenstuhl an.

»Lassen Sie uns vorausgehen«, entschied Linkohr und gab den Uniformierten hinter ihm zu verstehen, dass einer auf dieser Etage bleiben solle. Wortlos tat dies der Jüngere, während sein Kollege, gefolgt von Linkohr, die nächste erklomm und dabei die Dienstwaffe aus dem Gurt nahm. Der Kriminalist drehte sich im Weitergehen um und wandte sich an den Stadtpfarrer und an Gunzenhauser: »Sie bleiben bitte auch zurück.« Die beiden Männer kamen der Aufforderung ohne Widerspruch nach.

Der Beamte mit der gezogenen Waffe stieg weiter nach oben und näherte sich jetzt vorsichtig dem Glockenstuhl, in den sich die seitlich verschalte Treppe erhob. Als der Fußboden vor ihm in Augenhöhe lag, blieb er kurz stehen, um aus dieser Perspektive einen Teil des Raumes zu überblicken. Doch außer einem Metallgestänge, das wohl zu den Glockenaufhängungen gehörte, war nichts zu sehen und zu hören.

Er stieg zwei, drei Stufen weiter und verharrte erneut, die Waffe jetzt nach vorne gerichtet. Es war nicht auszuschließen, dass sich jemand hinter den großen Glocken verbarg. Und wenn dies so wäre, gaben er und Linkohr eine gute Zielscheibe ab. Blitzartig suchten seine Augen Glocken und Gestänge nach Verdächtigem ab. Doch nirgendwo war ein Schatten oder etwas Verdächtiges zu entdecken. Bis er seinen Kopf leicht nach rechts drehte. Obwohl darauf gefasst und ein Berufsleben lang mit Schrecklichem konfrontiert, traf es ihn wieder einmal wie ein Donnerschlag. Dort lag ein Mensch. Ein Mann.

9

Für den Arzt, der in dieser Nacht den Notdienst versah, gab es zunächst keinen Zweifel: Der Tote im Kirchturm war an Herzversagen gestorben. Und zwar vor etwa fünf bis sechs Stunden. »Aber es ist doch ziemlich unwahrscheinlich, dass innerhalb von vier Tagen zwei Menschen da oben einen Herzinfarkt erleiden«, meinte Linkohr und blickte sich im Glockenstuhl um, während der Arzt seine Plastikhandschuhe in einer Tüte verstaute.

»Bedaure, ich kann Ihnen nur sagen, wovon ich überzeugt bin. Wenn Sie es aber so ausdrücken …« Er räumte seinen Einsatzkoffer wieder ein, »… tja, dann schlag ich vor, Sie lassen obduzieren. Dann bin ich die Verantwortung los.« Es klang, als halte er es geradezu für ausgeschlossen, eine Fehldiagnose abgegeben zu haben.

Linkohr spürte, dass er eine Entscheidung treffen musste. Die beiden Uniformierten und Pfarrer Kustermann standen ratlos an der Treppe und Hubert Gunzenhauser lehnte kreidebleich an der Wand. Der Rentner wusste nicht, ob ihn der Fund einer männlichen Leiche erleichterte oder noch mehr belasten sollte. Immerhin aber bestand die Hoffnung, dass seine Frau noch am Leben war. Der Tote, auf den er einen flüchtigen Blick geworfen hatte, kam ihm irgendwie bekannt vor. Es war mit Sicherheit ein Einheimischer. Aber keiner kannte seinen Namen.

Linkohr informierte den diensthabenden Staatsanwalt, der sich nach dem sechsten Freizeichen verschlafen meldete und grußlos darauf drängte, den Sachverhalt knapp geschildert zu bekommen. Linkohr erklärte, dass er angesichts des vorausgegangenen Todesfalls, der bislang nicht aktenkundig geworden sei, eine Obduktion beider Leichen für sinnvoll halte. Der Staatsanwalt verlangte Auskunft über das freitägliche Geschehen, doch gab ihm der junge Kriminalist erneut zu verstehen, dass es dazu noch keinerlei Erkenntnisse gab. Wieder hakte der Jurist nach, doch ging das Gesagte in zwei Doppelschlägen einer der Glocken unter. Linkohr musste ein paar Sekunden warten, bis sie verklungen waren, ehe er den Staatsanwalt bitten konnte, die Antwort noch mal zu wiederholen. »Wo sind Sie eigentlich?«, krächzte der. Linkohr holte tief Luft und hatte Mühe, sachlich zu bleiben. Hatte er nicht gerade erst erklärt, dass er sich im Turm der Geislinger Stadtkirche befand?

»Okay. Bringen Sie ihn zur Gerichtsmedizin«, entschied der Jurist schließlich. »Und veranlassen Sie, dass der andere morgen herkommt. Der ist doch noch nicht beerdigt?«

»Geht in Ordnung«, bestätigte Linkohr und beendete das Gespräch. So schnell jedoch wollte er die Leiche nicht wegbringen lassen. Zwei Herztode innerhalb von vier Tagen am gleichen Ort, das konnte kein Zufall sein. Und wenn es kein Zufall war, dann hatte hier jemand nachgeholfen. Deshalb mussten Spuren gesichert werden – auch wenn es ziemlich unwahrscheinlich erschien, noch etwas zu finden. Viel zu viele Personen waren inzwischen hier gewesen. Doch er wollte nichts unversucht lassen. Er informierte die entsprechenden Kollegen. Seinen direkten Vorgesetzten, den Außenstellenleiter Schmittke, würde er erst bei Arbeitsbeginn verständigen.

»Und meine Frau?«, wagte Gunzenhauser sich zu melden. »Was ist mit meiner Frau?«

»Die Fahndung ist raus«, erklärte Linkohr und deutete den Uniformierten an, sich um den Mann zu kümmern. »Sie gehen am besten nach Hause.«

»Nein«, wehrte Gunzenhauser ab, »ich werd suchen helfen. Sie muss doch hier sein. Sie kann doch nicht einfach verschwinden.« Und plötzlich schien ihm wieder die ganze Dramatik bewusst zu werden. »Vielleicht hat man sie auch umgebracht.«

Linkohr erwiderte nichts.

Sabrina Simbach und ihre Tochter Silke waren an diesem Dienstag früh aufgestanden. Sie hatten angesichts der Beerdigung, die um 13 Uhr stattfinden sollte, ohnehin kaum ein Auge zugemacht. Ihren Angestellten hatte Sabrina freigegeben und einen Zettel mit der Aufschrift: ›Wegen Todesfall geschlossen‹ an die Eingangstür geklebt.

Es war kurz vor halb acht, als das Telefon klingelte. Sabrina nahm ab. Es war Frau Leichtle, die ihr in sachlichem Ton erklärte, dass die Beerdigung heute nicht stattfinden könne. Soeben sei sie von der Kriminalpolizei beauftragt worden, die Leiche des Mannes in die Gerichtsmedizin nach Ulm zu fahren.

Sabrina konnte nichts erwidern. Sie spürte, wie ihre Knie weich wurden. »Gerichtsmedizin?« wiederholte sie ungläubig und ging die paar Schritte ins Wohnzimmer, um in einen Sessel zu sinken. Silke, die vom Esszimmer aus ihre Verwunderung bemerkt hatte, kam zu ihr herüber.

»Wieso denn Gerichtsmedizin? Was ist denn passiert?«, wollte Sabrina wissen und lauschte auf die Antwort. »Und jetzt? Wie geht das jetzt weiter?« Pause. »Mhm«, antwortete sie schließlich. »Danke.«

Sie drückte die Austaste und legte einen Arm um Silkes Schulter. Das Mädchen war neben dem Sessel in die Hocke gegangen.

»Die Beerdigung ist verschoben«, beschied Sabrina knapp. »Sie wollen Alexander obduzieren.« Dann erklärte sie, was in der vergangenen Nacht geschehen war und dass die Polizei nun einen natürlichen Tod anzweifle.

»Sie meinen ...« Silke stutzte. »Sie meinen, jemand könnte ihn umgebracht haben?«

Sabrina nickte.

»Aber Doktor Lutz hat doch gesagt, dass es ein Herzinfarkt war.« Ihre Mutter zuckte mit den Schultern und schaute auf die Armbanduhr. Viertel vor acht. »Onkel Anton ist längst unterwegs.« Gemeint war Alexanders Bruder. »Wir sollten ihn anrufen. Hast du eine Ahnung, wo Alexander die Handynummer hat?«

»Ne. Bei seiner Zettelwirtschaft kenn ich mich nicht aus. Ich glaub aber, dass er seine Nummern alle abgespeichert hat.«

Sabrina holte tief Luft. Sie spürte ihr Herz bis zum Hals schlagen.

»Hast du was?«

»Nein, nichts, gar nichts.« Sabrina erhob sich. »Es ist nur …« Sie ging zum Fenster und starrte abwesend in den grauen Morgen hinaus. »Es ist weg.«

»Wie, weg?«, Silke trat hinter ihre Mutter und legte einen Arm um ihre Schulter.

»Weg. Sein Handy ist weg. Verschwunden«, antwortete Sabrina.

»Du meinst …?« Silke wartete keine Antwort ab. »Aber Leichtle und all die Leute, die dabei waren, als man ihn gefunden hat. Sie haben nichts …?«

Sabrina schüttelte langsam den Kopf und blickte starr aus dem Fenster. »Man hat mir nur seinen Schlüsselbund und den Geldbeutel gebracht. Mir ist erst später aufgefallen, dass das Handy fehlt.«

10

August Häberle, Chefermittler der Kriminalpolizei in der nahen Kreisstadt Göppingen, war an diesem Dienstagvormittag im weißen Dienst-Audi entspannt die 20 Kilometer südwärts nach Geislingen gefahren. Seit nicht mehr Helmut Bruhn der Chef war und seine cholerischen Anfälle an den Untergebenen abreagierte, war die Atmosphäre wesentlich entkrampfter. Zwar hatte sich bei Bruhns Abschied gezeigt, dass er im Grunde seines Herzens gar nicht der hartgesottene Mensch war, für den man ihn immer gehalten hatte, doch mit Manuela Maller war eine Nachfolgerin gekommen, die ihren Beamten mehr Freiräume ließ und die bürokratischen Zwänge möglichst gering hielt. August Häberle hatte dies gleich in den ersten Tagen zufrieden festgestellt. So brauchte er auch heute Vormittag seine dienstliche Fahrt zur Kriminalaußenstelle nicht erst absegnen zu lassen. Dass die Angelegenheit merkwürdig war, das war ihm durch Linkohrs Erklärungen klar geworden. Auch Außenstellenleiter Schmittke hatte angeregt, dass Häberle die Sache federführend in die Hände nehmen sollte.

Als er auf die nebelverhangene Schwäbische Alb zufuhr, an deren nördlichem Rand sich die Fünftälerstadt Geislingen an die Hänge schmiegte, musste der altgediente Chefermittler an die großen Fälle denken, die ihn und diesen jungen Linkohr verbanden. Er hatte das Gefühl, als stünde wieder eine größere Sache an. Zwei Tote und eine vermisste Frau – das konnte kein Zufall sein. Schon gar nicht hier draußen in der Provinz, wo merkwürdige Todesfälle ohnehin eine Ausnahme bildeten. Das war damals in Stuttgart anders, als Häberle noch Sonderermittler des Landeskriminalamts gewesen war. Dort hatte er es mit organisierter Kriminalität zu tun gehabt – mit Drogenbanden und Mädchenhändlern, mit gekauften Killern und Erpressern. Er war vor geraumer Zeit wieder aus eigenen Stücken in heimatliche Gefilde zurückgekehrt, zumal er spürte, dass der Stress der Großstadt ihm auf die Nerven ging.

Als er im roten Backsteinhaus der Kriminalaußenstelle Geislingen Schmittke und einige Kollegen begrüßt und in Linkohrs Büro Platz genommen hatte, kam der junge Kriminalist sofort zur Sache. Das Wichtigste war der gefaxte Kurzbericht Dr. Kräuters von der Ulmer Gerichtsmedizin.

»Da hauts dirs Blech weg«, kommentierte Linkohr. Seit der Trennung von seiner Freundin Juliane wagte er es wieder, diesen von ihr verpönten Ausdruck allergrößten Erstaunens loszuwerden. Über ein Jahr lang hatte er seinen Lieblingsspruch unterdrücken müssen.

»Lassen Sie hören«, forderte Häberle ihn auf.

»Kräuter hat sich gleich heut früh an die Arbeit gemacht«, begann Linkohr und sortierte drei Blätter. »Er bestätigt, was unsere Ärzte hier als Todesursache angenommen haben. Akutes Herzversagen.«

Häberle nickte und verschränkte seine kräftigen Arme vor dem voluminösen Oberkörper.

»Die Herren Mediziner haben sich also nicht geirrt«, fuhr Linkohr fort. »Nur, was die Ursache anbelangt, die zu diesem akuten Herzversagen geführt hat, da waren sie möglicherweise ein wenig zu oberflächlich.«

»Ach?« Häberle unterdrückte seine innere Ungeduld.

Schließlich hatte Linkohr diese Art des spannenden Erzählens von ihm gelernt.

»Kräuter hält einen Stromschlag für denkbar«, brachte Linkohr das vorläufige Obduktionsergebnis auf den Punkt. »Und zwar bei beiden.«

Die Fahndung nach Maria Gunzenhauser war gleich mit dem ersten Morgengrauen auf das gesamte Stadtgebiet und die angrenzenden bewaldeten Hänge ausgedehnt worden. Während Linkohr und Häberle über dem Obduktionsergebnis brüteten, erfüllte seit 6 Uhr bereits das Knattern eines Hubschraubers den Talkessel. Der Helikopter der Landespolizeidirektion schwebte tief über die beiden Seiten des engen Talkessels hinweg, knapp über den Baumwipfeln, sodass die Besatzung das Waldgebiet langsam Stück für Stück in Augenschein nehmen konnte. Allerdings musste der Pilot ständig den morgendlichen Nebelfetzen und tief hängenden Wolken ausweichen. Die Chance, durch den dichten Blätterwald eine Person zu erspähen, war äußerst gering. Deshalb konzentrierte sich die Crew im Cockpit schließlich auf die freien Flächen auf der Anhöhe, wo Mais und Getreide heranwuchsen. Obwohl es als unwahrscheinlich galt, dass die Frau, die nicht allzu gut zu Fuß war, aus unersichtlichen Gründen mitten in der Nacht auf die Albhochfläche hinaufgestiegen war, so wollten die Einsatzleiter trotzdem nichts unversucht lassen. Schließlich hatten sie schon die seltsamsten Fälle erlebt.

Unterdessen traf auch ein Hundeführer ein, der zusammen mit Beamten der Bereitschaftspolizei aus Göppingen die gesamte Kirche durchsuchen sollte. Dekanin Grüner und Pfarrer Kustermann hatten sich bereit erklärt, sämtliche Räume zu öffnen, auch wenn das Hauptinteresse des

Einsatzleiters dem Turm, vor allem aber dem riesigen Dachboden über dem Kirchenschiff galt. Dort, unter dem spitz und steil aufragenden Holzgewölbe, lagerte eine Vielzahl sakraler Gegenstände, verpackt in Kartons und Kisten, über die sich respektlos Staub und Schmutz verteilt hatten, die durch einige Ritzen zwischen den Dachziegeln hatten eindringen können. Taubenkot ließ darauf schließen, dass es irgendwo auch größere Öffnungen geben musste. Ein paar Leuchtstoffröhren, die an roh belassene Balken geschraubt waren, tauchten den Raum in ein fahles Licht. Von den hölzernen Sparren wogten sanft Spinnennetze, an denen der Staub der Vergangenheit klebte. Den Beamten fiel die Vorstellung schwer, dass sie nur ein dünner Holzboden von dem Kirchenschiff unter ihnen trennte, wo seit Menschengedenken kunsthistorische Schätze und religiöse Andacht vereint waren.

Brotus, der Schäferhund, zerrte ungeduldig an der Leine. Sein Herrchen, ein uniformierter Hauptkommissar, war mit vier Kollegen der Bereitschaftspolizei bei den Schaltkästen der Mobilfunkanlagen stehen geblieben, um auf die Anweisungen des Einsatzleiters zu warten. »Die Vermisste könnte hier oben gewesen sein«, erklärte er. »Sie ist Mesnerin und hat noch ein Stück weiter oben bei den Glocken putzen wollen. Es sieht aber danach aus, als ob es dazu nicht gekommen ist. Deshalb wollen wir ganz sicher gehen und hier oben jeden Winkel durchsuchen.« Er deutete in den nur diffus erhellten Dachboden hinein. »Ganz vorne, überm Chorraum, also überm Altar«, fuhr er fort, »da sollten Sie darauf achten, dass der Holzboden endet, weil sich dort das gemauerte Gewölbe des Chors abzeichnet, in das man von oben hineinsteigen kann.« Er blickte in erstaunte Gesichter. Um gar keine Verständnisfrage aufkommen zu lassen, die er ohnehin nicht hätte beantworten können, fügte er schnell hinzu: »Jedenfalls hat der Stadtpfarrer das so gesagt.« In seinem Funkgerät, das an einem schmalen Gurt vor seiner Brust hing, rief eine blecherne Stimme eine Nummer. Der Beamte wusste, dass er gemeint war, drückte eine Taste und meldete sich knapp: »Hört.«

»Zur Information: Der Tote ist identifiziert«, kam es zurück und der Einsatzleiter hielt das Gerät dichter an sein Ohr. Weil der Name ausblieb, drückte er wieder die Sprechtaste und drängte ungeduldig auf weitere Angaben, während sich der Hundeführer und die vier uniformierten Kollegen untereinander kurz verständigten. Sie wollten mit der Durchsuchung des Dachbodens auf der linken Seite beginnen und im Uhrzeigersinn vorgehen.

Als die Stimme im Funkgerät den Namen des Toten nannte, schlug es im Glockenstuhl oben 9 Uhr. Der Einsatzleiter hatte kein Wort verstanden.

11

»Müssen wir den kennen?«, fragte Häberle, der in Linkohrs Büro am Besuchertisch saß und bereits über die Zusammenstellung einer Sonderkommission nachdachte.

Der junge Kollege hinterm Schreibtisch, der gerade telefonisch erfahren hatte, wer der zweite Tote im Kirchturm war, schüttelte langsam den Kopf. »Ist mir kein Begriff. Ich lass mal bei den Kollegen im Streifendienst nachfragen.« Als Häberle nickte, drückte Linkohr zwei Tasten am Telefon und informierte Revierleiter Watzlaff von der neuesten Entwicklung. Watzlaff, der wie Häberle ein Mann des Volkes war und großen Wert auf Orts- und Personenkenntnisse legte, anstatt die Beamten mit Bürokratismus zu gängeln, versprach, sich sofort umzuhören, fügte jedoch hinzu: »Wenn mich nicht alles täuscht, hat der irgendwo so ein Immobiliengeschäft. Bin mir aber nicht sicher. Möglicherweise vermarktet er alte Industriebrachen in dem Gebiet der ehemaligen DDR und sonst wo im Osten.«

»Okay, danke«, sagte Linkohr und beendete das Gespräch.

Häberle hatte bereits zum örtlichen Telefonbuch gegriffen, das auf Linkohrs Schreibtisch lag. »Wie schreibt sich das noch mal?«, fragte er, um sich den Namen des Toten noch mal geben zu lassen.

»Czarnitz. Rolf Czarnitz«, erwiderte Linkohr. »Mit Cz am Anfang.«

Häberle blätterte und hatte die entsprechende Seite rasch gefunden. »Hier, tatsächlich. Czarnitz, Gewerbe-Immobilien, Osteuropaspezialist.« Er reichte Linkohr das aufgeschlagene Telefonbuch über den Tisch. »Hat sein Büro auf dem Gelände der ehemaligen Firma Süd-Tank, draußen in Eybach.« Linkohr grinste. In diesem Stadtteil hatten er und Häberle vor Jahren ihren allerersten Fall gehabt.

Auch Häberle musste daran denken, ohne etwas dazu zu sagen. »Hat er Angehörige?«, wollte er stattdessen wissen.

»Die Kollegen sind gerade dabei, dies festzustellen.«

»Vor allen Dingen müssen wir wissen, was der Herr Czarnitz da oben gewollt hat und wie er überhaupt raufgekommen ist.« Häberle sah auf seine Armbanduhr und entschied: »Wir stellen eine Sonderkommission zusammen. Informieren Sie Maggy.« Gemeint war die neue Kripochefin, deren Spitznamen ihr längst vorausgeeilt war. Linkohr grinste. Endlich durfte er direkt mit der Leitung des Hauses sprechen. Unter Bruhn hätte es das nicht gegeben.

»Sie haben im Turm schon Spuren sichern lassen?«, vergewisserte sich Häberle.

»Kollegen waren heut früh oben, ja«, erklärte Linkohr. »Aber natürlich noch nicht unter dem Gesichtspunkt eines Stromschlags. Sie haben Spuren am Liegeort der Leiche, am Fußboden und auf der Treppe gesichert – aber wohl nichts Verwertbares gefunden. Außer viel Staub und einige Schuhabdrücke, was aber kein Wunder ist bei den vielen Personen, die in den letzten Tagen da oben waren. Vom Leichenbestatter bis zu den beiden Opfern und diversen Kirchenmenschen.«

»Mal angenommen«, überlegte Häberle, »der Doktor Kräuter in Ulm hat sich nicht getäuscht, was wohl weitere Untersuchungen zeigen werden, dann muss da oben irgendetwas unter Strom gestanden haben.«

»Davon ist auszugehen. Was bei dem vielen Metall im Glockenstuhl auch kein Problem sein dürfte.«

»Mit einem Schönheitsfehler nur«, warf Häberle ein. »Wenn da etwas unter Strom stehen würde, hätts schon wesentlich mehr Tote geben müssen. Offenbar sind doch in den vergangenen Tagen jede Menge Personen da oben gewesen.« Der Chefermittler war in Gedanken allerdings schon einen Schritt weiter, wartete aber darauf, ob sein junger Kollege zu einem ähnlichen Ergebnis kommen würde.

»Es muss ja nicht immer Strom geflossen sein«, antwortete der prompt – und Häberle war zufrieden. »Die Kollegen der Spurensicherung müssen noch mal ran«, sagte er. »Und sie sollen einen Stromexperten hinzuziehen. Ich will eine genaue Untersuchung der elektrischen Anlagen.« Dann erhob er seinen kräftigen, aber dennoch durchtrainierten Körper – schließlich war er Judokatrainer –, um sich endlich ein eigenes Bild vom Tatort zu verschaffen. Er war keiner, der nur am Schreibtisch saß und die Arbeit delegierte. Nur, wer die Örtlichkeiten kannte, so pflegte er immer zu sagen, wer sich jedes Detail einprägte und die Atmosphäre auf sich wirken ließ, konnte das Geschehene auch nachvollziehen.

Als er bereits das Büro verlassen wollte, klingelte Linkohrs Telefon. Der junge Kollege lauschte dem Anrufer, bedankte sich kurz und legte wieder auf.

»Sie haben sie gefunden«, erklärte er ernst.

Lokaljournalist Georg Sander hatte während des Stadtfestwochenendes von einem seltsamen Todesfall im Kirchturm munkeln hören. Niemand jedoch war bereit oder willens gewesen, ihm detaillierte Informationen zu geben. Alle stadtbekannten Persönlichkeiten und solche, die sich dafür hielten, flüchteten sich in allgemeine Formulierungen und behaupteten, auch nur Gerüchte zu kennen. Selbst Polizeirevierleiter Watzlaff musste ehrlicherweise passen. Doch jetzt, nachdem an diesem Dienstagvormittag seit Stunden ein Hubschrauber knatterte und gleich hinterm Verlagsgebäude, das direkt an die Stadtkirche grenzte, mehrere weiße Kombis parkten, die den erfahrenen Journalisten sofort an Zivilfahrzeuge der Polizei erinnerten, bestand gar kein Zweifel mehr, dass etwas geschehen sein musste. Er entschied, mal wieder nicht den Umweg über Polizeipressesprecher Uli Stock zu nehmen, der ihm aus dem fernen Göppingen ohnehin nur gesagt hätte, dass der Einsatz vor der Haustür des Verlagsgebäudes streng geheim und demzufolge noch nichts für die Medien sei.

Sander eilte durch den Hinterausgang direkt zum regennassen Kirchplatz, wo er einen kurzen Moment zögerte. Unterm Vorbau des Südportals erspähte er die Dekanin, die sich mit einem Kripobeamten unterhielt, dessen Name ihm aber nicht einfallen wollte. Sander überlegte, ob es klug war, das Gespräch zu stören, zumal die Dekanin, wie er mehrfach schon gespürt hatte, auf ihn nicht gerade gut zu sprechen war. Ein konkreter Grund dafür aber war ihm nie klar geworden. Er verlangsamte seinen Schritt und sah in diesem Moment einen weißen Audi auf den Kirchplatz einbiegen. Den Mann am Steuer erkannte er trotz der reflektierenden Windschutzscheibe. Häberle, ja, das war Häberle.

Der Audi parkte direkt vor dem Sockel des Reiterstandbildes. Sander ging auf den Wagen zu, worauf sich die beiden Männer lautstark begrüßten, so als seien sie alte Freunde. Im Grunde genommen waren sie dies auch – obwohl sie sich nur bei den ganz großen Kriminalfällen trafen. Aber beide waren lange genug in ihren jeweiligen Berufen tätig, um immer wieder Berührungspunkte gehabt zu haben. Unterbrochen allerdings in den Jahren, als Häberle Sonderermittler in der Landeshauptstadt gewesen war.

»Ich hab schon gedacht, Sie seien im Urlaub«, frotzelte Häberle und verschloss das Auto. »Schon halb 10 und noch kein Anruf von Sander.«

»Stimmt, ich bin heut spät dran. Aber das Stadtfest war ein bisschen anstrengend.«

Häberle grinste. »Stadtfest ist gut.« Er schaute zum Turm hinauf. »Ein Fest stell ich mir ein bisschen anders vor. Immerhin gabs drei Tote.«

Sander stutzte. »Drei?«

Häberle klopfte ihm mit seiner Rechten auf die Schulter. »Ich denk, das wissen Sie schon. Drei, ja. Aber wir reden nachher drüber. Rufen Sie mich gegen Mittag an.« Er ließ einen völlig irritierten Sander zurück. Das klang nach einer riesigen Geschichte. Ausgerechnet heute, wo ihn ein kräftiger Kater mit dröhnendem Kopfweh plagte.

Häberle hatte trotz seiner Körperfülle die Höhe zur ersten Etage im Kirchturm mühelos erklommen. Die Dekanin war hingegen bereits auf dem Orgelpodest außer Atem geraten und merklich zurückgefallen. Sie würde sich im Fitnessstudio noch mehr plagen müssen, dachte sie.

Der Chefermittler orientierte sich vor den rauschenden Schaltkästen der Mobilfunker kurz, erkannte aber sofort, wo die Kollegen waren: auf der rechten Seite, am Ende des Dachbodens. Dort waren inzwischen mehrere Handscheinwerfer auf Balken gestellt worden, um die Szenerie besser auszuleuchten. Häberle warf einen kritischen Blick auf den Fußboden, der einen durchaus vertrauenserweckenden Eindruck machte und stabil zu sein schien. Ohne zu zögern, näherte sich der Chefermittler den Beamten, die offenbar im Halbkreis in ein Loch blickten. Mehr konnte Häberle nicht erkennen, weil ihn die Lampen blendeten. Erst als er bis auf fünf Meter an die Personen herangekommen war, die ihn freudig überrascht begrüßten, wurde ihm klar, worum es sich bei der Vertiefung im Boden handelte: Es war die Oberseite des spitzgieblingen Chorgewölbes, das hier wie ein umgekehrter Trichter im Boden steckte und an den Seiten einen vier Meter tiefen, enger werdenden Graben ausbildete. In einer der Ecken lehnte eine hölzerne Leiter, über die zwei Beamte hinabgestiegen waren. Häberle wunderte sich, dass es überhaupt möglich war, das Gewölbe zu betreten.

»Sie liegt da unten«, erklärte einer der Kriminalisten und deutete zu der ihnen gegenüberliegenden Seite der Vertiefung. Häberle ging am Rande entlang, um einen Blick auf das Kleiderbündel zu werfen.

»Keine äußere Gewalteinwirkung erkennbar«, kommentierte ein anderer Beamter.

»Aber sie ist es?«

»Die Beschreibung stimmt. Alles deutet darauf hin, dass es Frau Gunzenhauser ist.«

12

Sabrina hatte den Bruder ihres Mannes nie sonderlich sympathisch gefunden. Deshalb waren sie auch nur selten beieinander gewesen. Anton war für sie ein Großschwätzer, einer, der unablässig behauptete, früher sei alles besser gewesen. Früher, in der DDR. Damals, so argumentierte er häufig, habe man sich nicht dem Stress aussetzen müssen, in unzähligen Supermärkten stets nach der billigsten Butter Ausschau zu halten. Dass sie einst jedoch stundenlang Schlange gestanden waren, um ein Kilo Bananen zu ergattern, wie es Sabrina oftmals gehört hatte, das wollte Anton nicht mehr wahrhaben. Auch war er schon mehrfach auf die Kanarischen Inseln gereist, was ihn aber ebenfalls nicht von den Vorteilen der wiedergewonnenen Freiheit überzeugt hatte. Dass während der DDR-Zeiten seine Reisemöglichkeiten stark eingeschränkt waren und die Karibik nur aus Kuba bestand, schien er gleichfalls zu verdrängen. Sabrina hatte es bei den wenigen Besuchen in Bischofswerda deshalb stets vermieden, politische Gespräche zu führen.

Jetzt saß ihr und Silke in dem viel zu kleinen Wohnzimmer die ganze Familie gegenüber, die zur Beerdigung angereist war: Anton, seine strohblonde und spindeldürre Anke sowie die 18-jährige Nadine und der 15-jährige Jonathan.

Anton, der bei allem, was er sagte, keinen Zweifel aufkommen ließ, wer allein nur recht haben konnte – nämlich er –, stützte sein Kinn auf die geballten Fäuste. »Und du hast das zugelassen, dass sie ihn sezieren?« Der sächsische Dialekt war unverkennbar. Es klang vorwurfsvoll.

»Was heißt da zugelassen? Glaubst du im Ernst, du kannst verhindern, was der Staatsanwalt anordnet?«, gab Sabrina zurück.

Anton verschränkte die Arme vor der Kleiderschrankbrust, die in ein schwarzes Jackett gezwängt war. »Hat man denn in diesem Land überhaupt keine Rechte mehr? Muss man sich gefallen lassen, dass der eigene Bruder zersäbelt und zerlegt wird wie ein Stück Vieh? Du sagst doch selbst, dass der Doktor keen Fremdverschulden festgestellt hat.«

»Der erste Doktor nicht, das stimmt.«

»Und nu wolln se een Mord draus machen?« Anton schüttelte verständnislos den Kopf. Gleich würde er aufspringen und diesen ›Miststaat‹, wie er sich auszudrücken pflegte, in Grund und Boden verdammen.

Sabrina versuchte ruhig zu bleiben. Am Nachmittag würde der Spuk vorbei sein, denn Anton musste morgen wieder arbeiten – ebenso Tochter Nadine, die gerade ihre Ausbildung als Friseurin abgeschlossen hatte und in ihrem Lehrbetrieb weiterbeschäftigt wurde. Nur Jonathan, der das Gymnasium besuchte, hatte noch Ferien.

»Es tut mir leid, dass ich euch nicht mehr verständigen konnte«, versuchte Sabrina den Dialog zwischen sich und Anton zu entkrampfen. »Aber wir haben deine Handynummer nicht gefunden.«

»Aber Alex müsste sie doch gehabt haben. Er hat mich doch gelegentlich angerufen«, gab sich Anton erneut vorwurfsvoll, als lauere er nur darauf, einen neuerlichen Grund für eine Attacke zu finden.

»Er hatte sie in seinem Handy, aber das finden wir nicht.«

»Sein Handy ist weg?« Antons Frage klang wie eine misstrauische Feststellung.

»Ja, wir könnens nicht finden.«

Anton standen jetzt Schweißperlen auf der Stirn. »Dann sind alle Nummern, die er gespeichert hat, verloren?«

»Wenn das Gerät nicht mehr auftaucht, ist das so«, gab Sabrina schnippisch zurück und konnte sich eine zynische Bemerkung nicht verkneifen: »Er wird sie jetzt ja wohl kaum noch brauchen.«

»Und wo ist es geblieben? Hats jemand geklaut?«

»Ich hab keine Ahnung, wirklich nicht. Es ist doch überhaupt nicht wichtig.« Sie war selbst über ihre Gelassenheit erstaunt.

»Für dich vielleicht«, konterte Anton, dessen dunkle Augen gefährlich blitzten. Seine Frau und die beiden Kinder sahen ihn von der Seite an. Sie wussten, dass man ihm jetzt nicht widersprechen durfte.

Sabrina schwieg. Sie fühlte sich an Alexander erinnert. Vermutlich bezogen auch Schwägerin Anke und die beiden Kinder Prügel.

»Ich brauch die Telefonnummern nicht«, sagte Sabrina plötzlich und war selbst über ihren Mut überrascht. Sie ließ sich von niemandem mehr den Mund verbieten.

»Die Nummern gehen dich auch nichts an«, konterte er. »Ihr Wessis habt sowieso keene Ahnung, was früher gelaufen ist.« Er blickte seine Frau an, doch die verzog keine Miene.

»Im Übrigen will ich das auch gar nicht wissen«, gab sich Sabrina erneut trotzig. »Alexander hat auch nie etwas erzählt. Ist mir auch absolut egal, was ihr allesamt früher getrieben habt. Und soll ich dir noch eins sagen?« Sabrina war jetzt in Fahrt und genoss es, ihren Schwager damit zu irritieren. Anton war es nicht gewohnt, Widerspruch und Widerstand von einer Frau zu erhalten. »Ich mach mir auch so meine Gedanken. Wo sind sie denn hin, die strammen Stasileute, die Grenzwächter und Wärter in den Gefängnissen, die Todesschützen und Spitzel, die Verräter und Wendehälse? Wie vom Erdboden verschluckt. Keiner wars. Kein Einziger. Dabei müsste bei der Menge von Stasispitzeln, die es gegeben hat, doch jeder Fünfte von euch da drüben eine zweifelhafte Vergangenheit haben.«

Anton holte tief Luft. »Sabrina, ich sag dir«, begann er drohend. »Wenn du jetzt noch behauptest, ich sei ein Stasimitarbeiter gewesen, dann kannste was erleben, du.« Er sprang auf und richtete seine rechte Hand mit ausgestrecktem Zeigefinger auf seine Schwägerin, die ungerührt sitzen blieb. »Und zwar hier und heute kannst du was erleben.«

»Was willst du denn tun? Willst du mich dann umbringen, oder was?«

Anton stieß den Sessel beiseite und wandte sich zum Fenster hinter ihm ab. »Es ist mir zu dumm, mich mit dir zu unterhalten. Du kannst Alexander alleene verscharrn – ja, verscharrn, so wirst du es wohl nennen. Wir gehn.«

Doch Sabrina setzte noch eins drauf: »Jetzt haben wir dich mal wieder erlebt, wie du wirklich bist. So, wie du dich vermutlich in Stasikreisen am wohlsten gefühlt hast. Stimmts?«

Jetzt war das Fass übergelaufen. Endgültig. Irgendetwas, das in Reichweite war, musste dran glauben. Er biss die Zähne zusammen, verzog das Gesicht zu einer Fratze und schleuderte mit einer einzigen Handbewegung einige Dekorationsgegenstände vom Regal der Schrankwand. Gläschen, Porzellanfiguren und ein Kerzenhalter schossen im weiten Bogen durch den Raum, krachten gegen die Wand und zersplitterten. Sabrina und Silke hielten sich schützend die Hände vors Gesicht. Anke, Nadine und Jonathan sprangen entsetzt auf und verließen das Wohnzimmer. »Da hast du deinen Scheiß«, brüllte Anton, stürmte ebenfalls hinaus und warf die Tür zu.

Sabrina schloss die Augen und atmete tief durch. Damit war dieses Kapitel auch abgeschlossen, ein für alle Mal. Und ›die von Hohenschönhausen‹, die Anton noch am Telefon angekündigt hatte, würden auch nicht mehr kommen. Er hatte sie gleich bei der Ankunft per Handy von der verschobenen Beerdigung informiert, sodass sie wieder umdrehen konnten.

Auf die Schnelle waren 15 Kriminalisten verfügbar. Linkohr hatte im Auftrag Häberles die neue Kripochefin gebeten, Kollegen für eine Sonderkommission abzustellen. Als sie hörten, wer der Leiter sein würde, stimmten diese hochmotiviert zu. Denn unter Häberle zu arbeiten, bedeutete Teamarbeit vom Feinsten.

Im Lehrsaal des Geislinger Polizeireviers waren bis zur Mittagszeit die technischen Voraussetzungen geschaffen, Computer verkabelt und Schreibtische zusammengerückt worden. Häberle bedankte sich für das rasche Erscheinen der Kollegen und erteilte Linkohr das Wort, der die Ereignisse der vergangenen Tage kurz zusammenfasste.

»Die wichtigste Frage, die sich uns also stellt«, resümierte er, »ist die Sache mit dem Strom. Wenn die beiden Männer durch einen Stromschlag getötet wurden – und daran hat Dr. Kräuter inzwischen keinen Zweifel mehr –, dann muss im Glockenstuhl irgendeine Manipulation vorgenommen worden sein, die wir im Augenblick noch nicht kennen. Aber die

Kollegen der Spurensicherung und ein Elektro-Sachverständiger sind derzeit damit beschäftigt, die gesamte elektrische Anlage zu überprüfen.« Linkohr sah zu Häberle hinüber, der sich auf einen Schreibtisch gesetzt hatte. »Dazu zählt auch die Mobilfunkgeschichte, die ein Stockwerk tiefer installiert ist. Antennen, Verstärker und so weiter. Und die Orgel.«

Ein älterer Beamter unterbrach: »Die Manipulation, wenn es denn eine gab, muss aber darauf ausgerichtet sein, dass die Stromzufuhr nur zu bestimmten Zeiten erfolgt – sonst hätte es ja wohl schon mehr Tote gegeben.«

Ein anderer fügte hinzu: »Weiß man denn, was die beiden Männer dort oben getrieben haben – und vor allem, wer da so alles raufkommt. Ich dachte immer, das läuft alles automatisch.«

Linkohr hob die Hände, um weitere Einwände erst einmal abzuwürgen. »Kommt alles noch, liebe Kollegen. Die Frage nach der Manipulation«, er wandte sich an den Kollegen Fludium, »das werden wir in den nächsten Stunden beantworten können – und wer sich normalerweise so alles im Turm rumtreibt, müssen wir rauskriegen. Ganz entscheidend jedoch ist die Frage, in welchem Verhältnis die beiden Männer zueinander standen. Denn sie beide muss etwas verbinden, was ihren Tod provoziert hat – durch wen auch immer.«

Häberle nickte. Der junge Kollege macht sich gut, dachte er. Die Beziehung beider Männer zueinander könnte tatsächlich der Weg zum Täter sein.

»Wir dürfen aber Frau Gunzenhauser nicht vergessen«, fuhr Linkohr fort. »Sie ist nicht durch einen Stromschlag umgekommen, sondern ersten Untersuchungen zufolge durch Erwürgen. Jemand hat ihr sozusagen den Hals zugedrückt. Auf ganz üble Weise.«

Häberle musste daran denken, wie ein Gerichtsmediziner einmal vor dem Landgericht diese Art des Tötens geschildert hatte. Minutenlang stünden sich dabei Mörder und Opfer Auge in Auge gegenüber. Der Täter durfte, um sein Ziel zu erreichen, nicht locker lassen. Eine entsetzliche Vorstellung. Häberle verdrängte diesen Gedanken.

Fludium aus der hintersten Reihe glaubte, bereits eine Schlussfolgerung ziehen zu können: »Die Frau hat den Täter in der Kirche überrascht, er hat sie erwürgt und dann in diesem Loch oder was das ist – ich habs ja noch nicht gesehn – kurzerhand versteckt.«

»Könnte so gewesen sein«, räumte Linkohr ein. »Aber weshalb treibt sich der Täter in der Kirche rum, wenn seine Vorrichtung doch automatisch funktioniert?«

Schweigen. Häberle verschränkte seine Arme und sah in die Runde: »Genau das ist der Punkt. Wir dürfens uns nicht zu einfach machen. Der junge Kollege hat den Schwachpunkt erkannt. Und genau da müssen wir ansetzen.« Oft genug schon hatte er in eine einzige Richtung ermittelt, um dann feststellen zu müssen, dass alles ganz anders war.

Linkohrs Telefon dudelte. Er nahm den Hörer ab und ließ sich von dem Anrufer etwas schildern, das er sogleich auf der Rückseite eines Faxes notierte.

Die Kollegen im Saal warteten gespannt auf das Ende des Gesprächs, um ebenfalls zu erfahren, worum es ging. »Sie haben etwas gefunden«, klärte sie Linkohr schließlich auf. »Etwas ganz Raffiniertes.«

13

Stadtpfarrer Cornelius Kustermann hatte die Kirchengemeinderäte telefonisch von der verschobenen Beerdigung Simbachs unterrichtet. Inzwischen war die Nachricht von den beiden weiteren Toten im Kirchturm zum Stadtgespräch geworden. Und schon machten die wildesten Gerüchte die Runde. Vor allem aber wollte niemand mehr daran glauben, dass Simbach und Czarnitz zufällig am gleichen Ort eines natürlichen Todes gestorben sein könnten, zumal es mit Maria Gunzenhauser auch noch ein drittes Opfer gab.

Konrad Faller hatte sich in sein Chefbüro zurückgezogen und die Tür ins Vorzimmer einrasten lassen. Er wollte ungestört mit der Dekanin telefonieren. Glücklicherweise meldete sie sich sofort.

»Tut mir leid, wenn ich Sie störe«, begann er vorsichtig und strich sich über seinen Vollbart. »Aber ich glaube, es ist an der Zeit, einige Dinge anzusprechen.«

Die Dekanin erwiderte nichts.

»Ich befürchte, dass uns einige unangenehme Fragen nicht erspart bleiben«, machte er weiter. Noch ehe er darauf eingehen konnte, unterbrach sie ihn energisch: »Wieso denn unangenehm? Ich wüsste nicht, weshalb. Wir haben uns nichts vorzuwerfen.« Der Tonfall ließ keinen Widerspruch zu. »Wir haben uns bemüht, die Angelegenheit auf korrekte Art und Weise zu regeln. Nun ist das Sache der Polizei – und wir werden alles darlegen, was wir wissen.«

Faller kniff die Augen zusammen. Natürlich hatte die Dekanin recht. Und natürlich war sie überaus korrekt, da bestand nicht der geringste Zweifel. Aber musste deshalb alles an die Öffentlichkeit? »Alles?«, wiederholte er deshalb.

»Ja, alles«, entschied die Theologin.

Faller räusperte sich. »Na ja«, machte er weiter, »ich weiß nicht, inwieweit Sie informiert sind …«

Schweigen.

Faller fuhr fort: »Aber ich denke, wir sollten uns dann auch von Torsten Korfus trennen – und zwar so schnell wie möglich.«

»Wir werden einige Konsequenzen ziehen müssen«, stimmte die Theologin zu, um nach kurzer Pause nachzuhaken: »Sie sagen trennen? Wie soll ich das verstehen?«

In diesem Augenblick drangen schrille elektronische Töne aus Fallers Schreibtischschublade. Er erschrak und überlegte, ob er zwei Dinge gleichzeitig tun sollte. Dann entschied er sich, das Gespräch abzubrechen. »Entschuldigen Sie bitte, ich hab ein wichtiges geschäftliches Gespräch. Ich ruf Sie gleich wieder an.«

»Wenn Sie mir etwas Neues zu sagen haben, können Sie das gerne tun«, erklärte die Dekanin. Faller drückte die Austaste auf dem mobilen Telefonteil, zog die Schublade auf und entnahm ihr ein Handy. Auf dem beleuchteten Display war der Hinweis »Unbekannter Anrufer« zu lesen. Faller drückte die grüne Taste und hob das Gerät ans Ohr. »Ja?«, fragte er vorsichtig.

»Mit wem spreche ich denn?«, hörte er eine Männerstimme, deren Akzent ihn an die neuen Bundesländer erinnerte.

»Das hätt ich auch gern von Ihnen gewusst«, gab er selbstbewusst zurück.

Doch der andere schien ebenso schlagfertig zu sein: »Ihnen dürfte klar sein, dass an dem Handy, mit dem Sie soeben telefonieren, Blut klebt.«

Faller war für einen Moment schockiert. »Ich verstehe nicht.« Sein Mund wurde trocken.

14

Sabrina konnte nach dem Streit mit ihrem Schwager keinen klaren Gedanken fassen. Silke versuchte zwar, sie aufzurichten, doch für ihre Mutter waren die schrecklichen Ereignisse der vergangenen Tage wie ein Albtraum. Sabrina hatte inständig gehofft, mit der Beerdigung alles hinter sich lassen zu können: die verkorkste Ehe und die brodelnde Gerüchteküche, den Stress mit dem Geschäft und die Ungewissheit, die über allem schwebte. Nun aber schien es ihr so, als sei sie in einem Teufelskreis gefangen, aus dem sie nicht würde entrinnen können. Wenn Alexander tatsächlich keines natürlichen Todes gestorben sein sollte, dann war damit zu rechnen, dass die Polizei in ihrem persönlichen Umfeld zu ermitteln begann.

Silke hatte Kaffee gemacht und stellte sich und ihrer Mutter eine Tasse auf den Esszimmertisch. »Anton ist ein Kotzbrocken. Das weißt du doch.«

»Das wissen wir beide. Anton und Alexander stehen sich da in nichts nach.« Für einen kurzen Moment bedauerte sie diese Äußerung auch schon wieder. Schließlich war Alexander erst seit vier Tagen tot. Aber sie konnte beim besten Willen keine Trauer empfinden.

Auch Silke führte die Tasse zum Mund. »Vater hat sich hier nie zurechtgefunden«, erklärte sie dann. »Er hat alles gegen sich gerichtet gesehen. Manchmal hatte ich den Eindruck, er fühlte sich verfolgt.«

Sabrina zuckte mit den Schultern. »Anfangs hab ich noch gehofft, das würde sich ändern. Doch mit zunehmendem Alter ... na ja, du weißt ja selbst, was er uns angetan hat.« Sie umklammerte die Kaffeetasse.

»Nicht nur uns«, meinte Silke. »Die Sache im Martin-Luther-Haus hat sich bis heute nicht beruhigt. Du brauchst dich ja nur umzuhören, was in der Stadt gesprochen wird.«

Sabrina schloss die Augen. Sie wollte nichts mehr davon wissen. Nie wieder. Ohnehin wusste sie nicht so genau, was damals, vor fünf Wochen, als in dem Gemeindehaus eine kulturelle Veranstaltung stattgefunden hatte, tatsächlich vorgefallen war. Alexander und Torsten, so hieß es jedenfalls, seien im Foyer heftig aneinander geraten und hätten sich verprügelt. Dass etwas dran sein musste, daran hatte sie nie gezweifelt, schließlich war Alexander mit einer blutenden Nase heimgekommen. Doch keiner der beiden Kontrahenten hatte verlauten lassen, worum es gegangen war. Fast schien es Sabrina so, als sei es ein ganz persönliches

Geheimnis. Wären sie beide nicht so sehr in der Kirche engagiert gewesen, hätte dies vermutlich auch keinen interessiert. Doch die Dekanin verlangte Aufklärung. Allerdings war auch sie in den vergangenen Wochen wenig erfolgreich gewesen. Und nun würde Alexander sein Geheimnis mit ins Grab nehmen.

Sabrina schossen viele Dinge durch den Kopf. »Es wird bald noch viel mehr gesprochen in der Stadt«, knüpfte sie an Silkes Vermutung an. »Denn wenn er tatsächlich umgebracht wurde, wird Torsten gezwungen sein, etwas darüber zu erzählen.«

»Und was hat er bisher dazu gesagt?« Silke sah ihre Mutter kritisch von der Seite an.

»Was fragst du mich das? Woher soll ich das denn wissen?«

Silke schwieg und nahm einen kräftigen Schluck Kaffee. Ihre Mutter überlegte und meinte: »Vielleicht hat sie beide ihre Vergangenheit eingeholt.«

»Etwas Raffiniertes entdeckt?«, wiederholte einer der Kriminalisten, die im Lehrsaal des Polizeireviers gespannt darauf warteten, von Linkohr zu erfahren, welche Nachricht er gerade telefonisch erhalten hatte.

»Die Kollegen der Elektrotechnik haben im Glockenstuhl eine seltsame Entdeckung gemacht. Eine Schaltung, wie sie sie noch nie gesehen hätten.«

Häberle konnte zwar nachvollziehen, dass Linkohr die Spannung steigern wollte. Doch jetzt fand er sein Verhalten übertrieben. »Dann erzählen Sie es uns doch.«

Der Kriminalist sah in die Runde. »Immer, wenn der Antriebsmotor einer bestimmten Glocke eingeschaltet wird, steht das Metallgestänge des Glockenstuhls unter Strom.«

Überraschtes Schweigen. Häberle forderte seinen jungen Kollegen mit einer Kopfbewegung auf, weitere Informationen preiszugeben.

»Die Kollegen haben Manipulationen an der Verkabelung festgestellt. Nahezu fachmännisch gemacht. Denn dazu sei es notwendig gewesen, den Erdleiter zu entfernen – sonst hätts gleich einen Kurzschluss gegeben.«

»Wir werden uns das ansehen«, entschied Häberle. Die übrigen Kollegen bat er, sämtliche Personen ausfindig zu machen, die einen Schlüssel für die Kirche hatten. »Außerdem solltet ihr euch noch mal genau um die Todesursachen kümmern.« Er nickte den Kriminalisten lächelnd zu und verließ mit Linkohr den Raum. Noch unterm Türrahmen hielt er inne und drehte sich um: »Und lasst euch von dem Doktor in Ulm mal genau erklären, weshalb sich seine Geislinger Kollegen so getäuscht haben.«

Draußen auf dem Flur trafen die beiden Ermittler auf Revierleiter Manfred Watzlaff, der sich nach dem neuesten Stand der Ermittlungen erkundigen wollte. Häberle begrüßte den Uniformierten mit einem kräftigen Handschlag und der ironischen Feststellung: »Wieder was los in der Provinz.« Die beiden schätzten sich gegenseitig als bodenständige Praktiker, die Land und Leute kannten. Watzlaff war einen halben Kopf kleiner als Häberle, neigte ebenso wie der Kriminalist zu leichtem Übergewicht, was aber seinen sportlichen Ambitionen als leidenschaftlichem Radfahrer keinen Abbruch tat.

»Drei Leichen, mein lieber Mann ...«, witzelte Watzlaff. »Damit ist das Mordkontingent in Geislingen für die nächsten 10 Jahre erfüllt.«

»Und das noch in der Kirche«, entgegnete Häberle. »Ich bin schon auf die Schlagzeilen gespannt.«

»Habt ihr denn schon Anhaltspunkte?« Watzlaff wurde ernst.

»Die Kollegen der Elektrotechnik haben was entdeckt, ja«, erklärte der Chefermittler. »Wir wollen es uns mal zeigen lassen. Aber sag mal ...« Häberle grinste ihn an. »Du kennst doch hier Gott und die Welt. Was war denn das für einer, dieser Simbach?«

Watzlaff zuckte mit den Schultern. »Jedenfalls kein Gewöhnlicher«, antwortete er. »Bekannt wie ein bunter Hund – durch seine Getränkehandlung und seine Tätigkeit in der Kirche. Und andererseits ...« Wieder zuckte er mit den Schultern. »Na ja, den schönen Dingen des Lebens nicht abhold, um es mal so auszudrücken.«

»Weiber?«, hakte Häberle direkt nach, während Linkohr vielsagend grinste.

»Genaues weiß man nicht. Er soll sich in letzter Zeit verstärkt auch in den Kreisen der russischen Aussiedler herumgetrieben haben – was natürlich zunächst nichts heißen muss.«

»Simbach kommt aus Ossiland, hat mir der Kollege Linkohr gesagt ...?«, vergewisserte sich Häberle.

»Ja, aus unserer Partnerstadt Bischofswerda. Von dort sind nach der Wende einige rübergekommen. Manche als Lehrlinge, und sind hier hängen geblieben. Wie das halt so ist.«

Linkohr sah die Gelegenheit gekommen, auch seine Orts- und Personenkenntnisse einzubringen: »Und nicht alle Ossis scheinen hier Freundschaften geschlossen zu haben.«

Häberle nickte. »Ich befürchte, dass uns die deutschdeutsche Vergangenheit noch ein paar Tage beschäftigen wird.«

»Wie heißts doch so schön …?«, beendete Watzlaff das Gespräch. »Wir sind das Volk.«

»Menschenskind, die Sache ist verdammt heiß«, zischte Konrad Faller, nachdem ihn Torsten Korfus mit in das kleine Büro seiner Kfz-Werkstatt genommen hatte, damit die beiden Monteure nicht mithören konnten. Es roch nach Öl und Reifen, und auf dem Schreibtisch herrschte ein heilloses Durcheinander. Korfus wischte sich die öligen Hände an seinem blauen Arbeitsanzug ab und ließ sich auf einen abgegriffenen Bürostuhl fallen. »Sie sollten jetzt endlich rausrücken mit der Sprache«, erklärte Faller, der auf der anderen Seite des Schreibtisches Platz genommen hatte. Sein Gesicht war aschfahl, was der schwarze Vollbart im grellen Licht der Leuchtstoffröhre noch besonders hervorhob.

»Wie oft soll ich Ihnen noch sagen, dass es ganz persönliche Probleme waren«, gab Korfus trotzig zurück. »Was zwischen Alexander und mir war, geht die Öffentlichkeit nichts an und hat mit seinem Tod nichts zu tun.«

»Ihr habt euch geprügelt. Öffentlich. Wie dumme Jungs.« Faller war nicht mehr länger bereit, Zurückhaltung zu üben. »Die Dekanin hat alles versucht, die Angelegenheit zu klären. Und was haben Sie getan? Drumrum geschwätzt. Ihr hättet euch über frühere politische Ansichten gestritten.«

Korfus verschränkte die Arme vor der breiten Brust.

»Soll ich Ihnen mal was sagen?«, wetterte Faller und schlug mit der Faust auf die zerkratzte Schreibtischplatte. »Wenn Sie jetzt nicht klipp und klar sagen, was da gelaufen ist, dann wird Sie die Polizei dazu zwingen. Und – was noch viel schlimmer ist: Sie bringen uns in die Zwickmühle. Jawohl. Uns alle. Man wird fragen, weshalb es die Kirche geduldet hat, dass sich zwei ihrer …« Er suchte nach Worten. »Ja, zwei ihrer Funktionäre – dass sich zwei ihrer Funktionäre prügeln wie die Idioten.«

»Wir haben uns hier nichts zuschulden kommen lassen«, beharrte Korfus und bemühte sich, den sächsischen Akzent zu unterdrücken.

»Hier nicht«, wiederholte Faller scharf. »Das hab ich auch nicht gesagt. Natürlich hier nicht. Aber vielleicht drüben. Denn ich sag Ihnen: Seit einer Stunde bin ich mir absolut sicher, dass an der Sache noch mehr dranhängt. Bisher hab ichs nur vermutet, hab im Internet recherchiert und ein bisschen rumtelefoniert – aber nun weiß ich es. Und glauben Sie mir, ich kriegs raus. Wenn nicht ich, dann die Polizei.«

Korfus' Blick hatte sich verfinstert. Er schluckte und schwieg.

»Oder …« Fallers Gesicht bekam wieder Farbe. »Oder soll alles genau so geklärt werden, wie das andere auch?«

»Seien Sie vorsichtig«, presste Korfus hervor. »Überlegen Sie gut, was Sie sagen. Wenn Sie gekommen sind, um mir zu drohen, dann möchte ich Sie bitten, meinen Betrieb zu verlassen.«

»Kein Problem. Mir ist völlig wurst, wer sonst noch dahinter steckt. Jedenfalls können Sie denen ausrichten, dass ich mich nicht einschüchtern lasse.«

Korfus sprang auf, sodass der leichte Bürodrehstuhl gegen die Wand krachte. »Jetzt hören Sie doch endlich auf. Sie leiden doch unter Verfolgungswahn. Ihr Wessis vermutet doch bei allem, was aus dem Osten kommt, einen alten Stasispitzel. Glauben Sie denn, ihr hättet die große Freiheit gehabt? Man hats euch eingeredet und hat euch manipuliert. Die schöne heile Welt, ja, die hat man euch präsentiert – und dafür schuften lassen.« Korfus begann zu schreien.«Und was ist draus geworden? Kapitalismus pur. Die einen werden immer reicher – und die anderen gehen vor die Hunde. Solange das Volk auch ein bisschen davon abbekommen hat, mag es stillgehalten haben. Okay, hat man gesagt: Lasst doch den Bonzen ihre Villen im Tessin oder in der Karibik – uns gehts doch auch gut. Jetzt aber …« Er winkte ab. »Jetzt kapiert auch ihr langsam, wohin der Hase läuft. Ausgenommen werdet ihr.« Korfus blickte seinem Gegenüber scharf in die Augen. »Ach, was – was sag ich denn – was heißt ›ihr‹? Wir alle werden ausgenommen.«

»Natürlich«, äffte Faller zurück, »natürlich – früher war alles besser. Bei euch. Drüben, in der DDR.«

»Das sag ich nicht. Ihr solltet nur nicht so tun, als käme das Böse allein immer von uns. Und wir seien an allem schuld.«

Faller schwieg für einen Augenblick. »Entschuldigung«, sagte er ruhig. »Wir sollten keine Grundsatzdebatte über die DDR führen, sondern uns auf unsere Probleme konzentrieren. Und da fällt mir eben auf …« Er hob die Arme, als wolle er damit andeuten, dass er für die Fakten nicht verantwortlich zu machen sei. »Ja, da fällt mir auf, dass doch einige Personen aus den neuen Bundesländern an dieser Sache beteiligt sind.«

Korfus war irritiert. »Was heißt da an dieser Sache? Wollen Sie jetzt alle, die hier rübergekommen sind, in Grund und Boden verdammen? Habt ihr nicht alle die Wiedervereinigung gewollt? Habt ihr nicht Jahr für Jahr permanent den Tag der Deutschen Einheit gefeiert? 17. Juni und so?«

Faller blieb gelassen. Er staunte über diesen emotionalen Ausbruch. So hatte er Korfus nie zuvor erlebt. »Na ja, jetzt nehmen Sie das doch nicht gleich so persönlich. Mir ist eben aufgefallen, dass auch der Herr Czarnitz mit den neuen Bundesländern zu tun hat.«

»Na und? Ist das verboten?«, keifte Korfus zurück. »Wer sind denn die größten Geschäftemacher nach der Wende gewesen? Doch ihr Wessis, oder? Kaum war die Grenze damals offen, seid ihr wie die Heuschrecken eingefallen, um uns Versicherungsverträge und Bausparverträge aufzuschwatzen und klapprige Gebrauchtwagen anzudrehen. Was haben Sie denn für eine Ahnung, wie viele da drüben noch an solchen Verträgen zu knabbern haben! Man hat die Euphorie und die Ahnungslosigkeit der Menschen dort schamlos ausgenutzt. So sieht das nämlich aus.«

Faller überlegte, ob er etwas entgegnen und die Situation noch mehr anheizen sollte. Er entschied sich, das Gespräch abzubrechen. »Vielleicht ergibt sich mal die Gelegenheit, in Ruhe drüber zu reden. Dass beide Seiten Fehler gemacht haben – da geb ich Ihnen recht. Nur stellt sich mir immer die Frage, was denn aus all den strammen Stasispitzeln geworden ist. Aus den Todesschützen an der Grenze, aus den unseligen Juristen und den Henkern, die es bei euch ja auch noch in den Achtzigern gegeben hat.«

Korfus kochte innerlich. Am liebsten hätte er Faller etwas an den Kopf geworfen. Doch er blieb wie erstarrt stehen und schaute mit zusammengekniffenen Lippen dem Kirchengemeinderat nach.

15

Es hatte abgekühlt, sodass auch aus dem Kirchturm der warme Modergeruch entwichen war. Als Häberle und Linkohr die enge Glockenstube betraten, drängten sich dort mehrere Kriminalisten. Werkzeugkoffer waren geöffnet, diverse Prüfgeräte lagen am Boden. Die Männer begrüßten sich, worauf sofort einer aus der Runde zur Sache kam: »Das müssen Sie sich anschauen«, forderte er die Ankömmlinge auf und deutete in den schmalen Gang, der zwischen dem Metallgestänge und der Außenmauer den Zutritt zu einem großen Verteilerkasten ermöglichte, der an der rückwärtigen Wand in Augenhöhe montiert war. Von seiner Unterseite führte ein verstaubtes, nahezu armdickes Kabelbündel senkrecht nach unten, wovon knapp überm Fußboden jeweils die Hälfte davon nach links und rechts abzweigte.

Häberle und Linkohr folgten dem Elektroexperten und hatten Mühe, in der Enge des Raumes nah genug an den Kasten heranzukommen, dessen Deckel abgeschraubt war, sodass sich ein Gewirr von Kabeln und Klemmen zeigte. »Genial gemacht«, erklärte der Kollege und deutete mit einem isolierten Schraubenzieher auf einige Verbindungen. »Keine Angst, wir haben die Hauptsicherung rausgedreht. Hier hat jemand die Stromzufuhr zum Motor der großen Glocke angezapft. Mit diesem Kabel …« Er deutete auf ein Kabel, dessen weiße Ummantelung sauberer erschien als das der anderen. Es führte durch ein fachmännisch herausgebrochenes Loch an der linken Seite des Kastens ein Stück an der Wand entlang und endete an einer dort im Mauerwerk verankerten Metallstrebe des Glockenstuhls.

Häberle begriff sofort. »Sobald die Glocke eingeschaltet wird, steht das ganze Zeug hier unter Strom. Seh ich das richtig?«

Der Kollege nickte, während Linkohr sofort nachfragte: »Aber ich denk, diese Metallkonstruktion muss mit einem Schutzleiter geerdet sein.«

»Richtig. So ist es Vorschrift. Aber auch daran hat der Bastler gedacht.« Er deutete mit dem Schraubenzieher auf einen Draht, der offenbar aus einer Klemme gelöst worden war. »Einfach weggemacht.«

»Sie sagen Bastler«, griff Häberle die Aussage des Experten auf. »So einfach dürfte das aber nicht sein. Wenn ich mir das so anschau, dann gehört doch wohl schon eine gewisse Fachkenntnis dazu.« Er besah sich die Klemmen und Verschraubungen. »Man muss zumindest wissen, wohin welches Kabel verläuft und was von alledem der Schutzleiter ist.«

»So ist es«, bestätigte der Kollege und fügte lächelnd hinzu: »Die Mesnerin wird es kaum gewesen sein.« Häberle klopfte ihm grinsend, aber anerkennend auf die Schulter und gab gleichzeitig Linkohr mit einer Geste zu verstehen, dass sie den engen Gang wieder verlassen sollten.

»Danke, das habt ihr super gemacht«, lobte der Chefermittler die umstehenden Männer und bat sie, jedes technische Detail zu dokumentieren. »Vor allem sollten wir versuchen, am Schaltkasten und an dem neuen Kabel dort hinten DNA-Material zu sichern.« Seit es die Möglichkeit gab, aus winzigsten Hautpartikeln eine Erbgutanalyse herzustellen, waren unzählige Verbrechen auf diese Weise geklärt worden. Häberle musste sich jedoch eingestehen: »Das wird hier aber vermutlich nicht ganz einfach sein.«

»Noch was, Herr Häberle«, meldete sich einer der jungen Männer zu Wort, die das Gespräch aufmerksam verfolgt hatten. »Wir haben unter dem hinteren Metallsockel …«, er zeigte zur größten Glocke hinüber, »einen Schraubenzieher gefunden. Wohl ein ziemlich altes Modell.« Häberle zeigte sich interessiert, worauf der Kollege einen Folienbeutel hob, in dem ein knapp 10 Zentimeter langer Schraubenzieher mit mausgrauem Griff sichergestellt war. Der Chefermittler besah ihn sich aus der Nähe und nickte. »Nicht gerade ein Designermodell.«

»Kann natürlich sein, dass er schon seit Jahrzehnten hier oben liegt«, meinte einer aus der Runde.

Häberle zuckte mit den Schultern und wandte sich ab.

»Oder das Ding kommt von woanders her.«

Noch auf dem Weg durch den schmalen Treppenabgang hatte Häberle entschieden, jetzt sofort zusammen mit Linkohr die Dekanin aufzusuchen, deren Büro sich nur knapp 100 Meter von der Kirche entfernt befand. Sie klingelten, stellten sich über die Sprechanlage der Sekretärin vor und wurden sogleich mit dem elektrischen Türöffner eingelassen. Die beiden Kriminalisten waren noch nie in diesem Altstadthaus gewesen, weshalb sie sich in dem dunklen Flur zunächst orientieren mussten. Weil dort nichts auf das Büro des Dekanats hindeutete, entschied Häberle, rechts die Holztreppe hochzusteigen. Die Stufen knarrten, als sie sich dem ersten Obergeschoss näherten, wo die Dekanin bereits auf sie wartete und sie durch Räumlichkeiten führte, in denen gewohnt, verwaltet und seelsorgerische Arbeit geleistet wurde. Die Dekanin nahm hinter ihrem Schreibtisch Platz, während sich die Kriminalisten auf einer Couch niederließen, die abseits eines Besprechungstisches stand. Häberle hatte bereits bei der Begrüßung um Nachsicht für das plötzliche Erscheinen gebeten und kurz die jüngsten Erkenntnisse erwähnt.

»Sie werden verstehen, dass wir deshalb ganz genau wissen müssen, wer wann Zutritt zur Kirche, beziehungsweise zum Turm hatte – vor allem aber, wie es mit den Schlüsseln aussieht«, knüpfte Häberle an das bereits Gesagte an.

Die Dekanin beugte sich nach vorne zur Schreibtischplatte und stützte sich mit den Unterarmen ab. »Sie können von mir alle Information erhalten«, erklärte sie. »Gerüchte gibt es bereits genügend.«

Linkohr zog einen Notizblock aus den vielen Taschen seiner Outdoorhose und schrieb mit.

»Dann beginnen wir doch ganz von vorne«, schlug der Chefermittler vor. »In der Nacht zum Samstag hat man im Turm Herrn Simbach aufgefunden, was zunächst wohl wie ein normaler Todesfall ausgesehen hat. Herzversagen.« Die Dekanin nickte.

»Nachdem jetzt klar ist, dass sowohl er als auch Herr Czarnitz dort oben einem Stromschlag zum Opfer gefallen sind, stellt sich für uns die Frage, wer Interesse daran haben könnte, sie auf diese Weise umzubringen. Vor allem aber, wer sich so sicher sein konnte, dass diese beiden Männer ausgerechnet dann, wenn die große Glocke läutete, in der Glockenstube sein würden.«

Wieder nickte die Dekanin. »Die große Glocke«, erklärte sie ruhig, »sie wird täglich beim Kreuzläuten und beim Abendläuten eingeschaltet.«

»Kreuzläuten?«, gab sich Linkohr erstaunt.

»Ja, um 15 Uhr. Wir haben dies erst vor Kurzem eingeführt – auf Vorschlag des Glockenexperten unserer Landeskirche. Er hat gemeint, unsere Kirche hätte ein so schönes Geläut, das man öfters nutzen sollte.«

Linkohr notierte sich diese Aussage.

»Und seither haben wir auch das Abendläuten jahreszeitlich angepasst«, erklärte die Dekanin weiter. »Im Winter um 18 Uhr, im Sommer, also jetzt, um 20 Uhr und in den Übergangszeiten um 19 Uhr.«

»Und beim Gottesdienstläuten? Wird da die große Glocke auch dazugeschaltet?«, wollte Häberle wissen.

»Nein«, entgegnete die Theologin. »Wir haben das noch nicht umgestellt. Sie wurde nur an hohen Feiertagen genutzt, also an Weihnachten und Ostern.«

Häberle überlegte kurz und stellte fest, dass mit diesen Angaben zumindest die möglichen Todeszeitpunkte einigermaßen eingegrenzt werden konnten: Simbach war vermutlich am Donnerstagnachmittag oder am Abend gestorben – Czarnitz mit Sicherheit am Kinderfestabend um 20 Uhr, kurz nach dieser ›Stäffelespredigt‹.

»Von Herrn Simbach«, so fuhr der Chefermittler fort und ließ seinen Blick über die beeindruckenden Bücherregale wandern, »von ihm wissen wir inzwischen, dass er sich sehr um die Kirche bemüht hat.«

»Sehr, ja. Sie haben vielleicht gelesen, dass wir zum Erhalt unserer Kirche einen Arbeitskreis gegründet haben. Die Gelder fließen auch bei der Evangelischen Landeskirche nicht mehr so, wie es wünschenswert wäre. Deshalb sind wir zunehmend auf Ehrenamtliche angewiesen. Und Herr Simbach hat uns nicht nur großzügige Spenden zukommen lassen, sondern sich auch handwerklich um die kleinen Reparaturen gekümmert. Sie können sich vorstellen, dass immer etwas anfällt.«

Häberle nickte verständnisvoll und verschränkte die Arme vor seiner Jeansjacke. »Und er war auch für die Glocken verantwortlich?«

»Nein, eben nicht. Herr Simbach hat sich nur um die Gebäudesubstanz gekümmert.«

»Wozu aber auch das Dach gehört – und der Turm«, schaltete sich Linkohr ein.

»Natürlich. Insbesondere natürlich das Dach. Teile dieser Konstruktion sind inzwischen über 800 Jahre alt.«

Häberle wollte das Thema vertiefen: »Und die Glocken? Wer ist dafür verantwortlich?«

»Korfus, Torsten Korfus. Ist auch Mitglied des Arbeitskreises – Inhaber einer Kfz-Werkstatt. Vielleicht ist er Ihnen ein Begriff.«

Der Chefermittler schüttelte den Kopf. »Und der prüft die Glocken regelmäßig? Zu bestimmten Zeiten?«

Linkohr sah von seinem Notizblock auf.

»Meist montags – entweder beim Kreuzläuten oder beim Abendläuten.«

»Und in welchem Bezug stehen Simbach und Korfus zueinander?«

»So genau weiß ich das auch nicht. Sie sind wohl beide nach der Wende hierher gekommen – aus Bischofswerda, unserer Partnerstadt in Sachsen. Es scheint aber wohl so zu sein, dass sie sich eher zufällig hier getroffen haben. Simbachs Frau ist eine Geislingerin.«

Linkohr schrieb wieder eifrig mit. Er würde anschließend ein Protokoll anfertigen, um die Erkenntnisse allen Mitgliedern der Sonderkommission zugänglich zu machen.

»Was wissen Sie sonst über die beiden?«, bohrte Häberle weiter.

»Ich weiß nicht, was Sie wissen. Es wird ja viel geredet. Tatsache ist, dass uns die beiden erheblichen Kummer bereitet haben.«

»Ach?«, staunte der Chefermittler. »Wie ist das zu verstehen?«

»Uns, dem Kirchengemeinderat«, erklärte die Frau und wurde ernster. »Es hat vor einigen Monaten einen Vorfall gegeben, den wir bis jetzt nicht bereinigen konnten. Was genau war, weiß ich nicht, aber es soll eine Prügelei gegeben haben.«

Die Kriminalisten zeigten sich überrascht. »Prügelei?«, wiederholte Häberle ungläubig.

»Ja, nach einer Veranstaltung im Martin-Luther-Haus. Im Foyer – vor vielen Leuten. Eine höchst peinliche Sache. Wir haben uns im Kirchengemeinderat bemüht, die Angelegenheit zu klären. Na ja. Wir wollten die Sache nicht so hoch hängen, wenn Sie verstehen, was ich meine.« Nach kurzer Pause fügte sie hinzu: »Aber natürlich wollten wir Konsequenzen ziehen, gar keine Frage.«

Häberle hatte daran keinen Zweifel. Nur war es halt wie immer, ob in der Kirche oder in der Politik: Bloß kein Aufsehen erregen. Das Volk musste schließlich nicht unbedingt wissen, wie es hinter den Kulissen brodelte. Wichtig war die schöne heile Welt. Wieder musste Häberle daran denken, wie lange sich dies die Bevölkerung noch gefallen lassen würde. Aber dagegen, was in der großen Politik lief, waren die Prügeleien zwischen zwei Ossis wohl eher Peanuts. Auch wenn vielleicht mehr dahinter steckte als nur ein provinzieller Zoff.

»Die beiden haben sich also hier getroffen und beide haben sich in der Kirche engagiert. Wie kams denn dazu?«

Die Theologin brauchte auch für diese Antwort nicht lange nachzudenken: »Sie waren wohl bei den Montagsgebeten aktiv. Sie erinnern sich: 1989, als in der DDR montags immer mehr Menschen zu Friedensgebeten in die Kirche strömten.«

Häberle hatte diese Wochen und Monate noch lebhaft in Erinnerung, während Linkohr damals gerade erst 10 Jahre alt gewesen war. Er gehörte fast schon zu einer herangewachsenen Generation, die den Kalten Krieg, die Mauer und die innerdeutsche Grenze nur noch vom Hörensagen kannte. Häberle musste daran denken, wie er mit seiner Frau Susanne mit dem Wohnmobil einige Male über die Transitautobahn nach Westberlin gefahren war – mit all den schikanösen Grenzkontrollen. Unterwegs hatten sie im Auto kein kritisches Wort über die DDR gesprochen – man konnte ja nie wissen, mit welchen Abhörmethoden die Volkspolizisten und Stasispitzel arbeiteten, die gewiss hinter jeder Hecke lauerten, um den Klassenfeind zu kontrollieren. Häberle sah vor dem geistigen Auge den Kontrollpunkt Dreilinden in Westberlin, wo man schon von Weitem, als die Autobahn aus einer leichten Senke herauskam, die Flaggen der Westmächte flattern sah. ›Hurra, wir leben noch‹, hatte er damals stets gesagt und gespürt, wie das beklemmende Gefühl von ihm abfiel.

»Und dieser Czarnitz?«, brachte Häberle sich wieder selbst in die Realität zurück, um seine Gedanken nicht noch weiter abschweifen zu lassen. »Hatte der auch etwas mit den beiden zu tun?«

Die Dekanin zuckte die Schultern. »Da fragen Sie mich zuviel. Keine Ahnung. Ich weiß nur, dass er mit alten Gewerbe-Immobilien gehandelt hat, vermutlich in den neuen Bundesländern. Ob er selbst auch von dort kommt, ist mir nicht geläufig.«

»Mit der Kirche hatte Czarnitz nichts zu tun?«

»Nein. Ich weiß auch nicht, welcher Konfession er angehört.«

»Und wie ist das nun mit den Schlüsseln für die Kirche?«

»Ihre Kollegen haben mich auch schon angerufen«, erwiderte die Dekanin jetzt leicht gereizt. »Es sind nicht sehr viele Personen im Besitz eines Schlüssels. Neben mir und dem Stadtpfarrer hat unser Kirchenmusikdirektor, der Herr Stumper, einen. Außerdem einige Mitglieder des Kirchengemeinderats – und natürlich Frau Gunzenhauser.«

»Und Simbach und Korfus?«, wollte Häberle wissen.

»Simbach nein, Korfus ja – er ist im Gegensatz zu Simbach nicht nur im Arbeitskreis tätig, sondern auch offizielles Mitglied des Kirchengemeinderats. Sozusagen eine Art Bindeglied zwischen den beiden Gremien, wenn man so will.«

»Und diese Schlüssel sind alle da?«

»Leider nein – das heißt, eigentlich lässt sich alles genau nachvollziehen.«

»Wie ist das zu verstehen?«

»Frau Gunzenhauser war am Samstag bei Pfarrer Kustermann drüben und hat einen Ersatzschlüssel geholt.« Noch bevor Häberle weitere Erläuterungen verlangen konnte, erklärte die Dekanin, was geschehen war: »Ihren hat sie in der Freitagnacht unserem Kirchengemeinderat Konrad Faller gegeben, weil sie gemeinsam im Kirchturm Herrn Simbach gesucht haben.«

»Und der hat den Schlüssel nicht wieder zurückgegeben?« Häberle stutzte und auch Linkohr hob den Kopf wieder von seinem Notizblock.

»Das Stadtfestwochenende lag dazwischen«, argumentierte die Dekanin. »Er hat wahrscheinlich nicht mehr dran gedacht. Sie können ja mit ihm reden – er wird es sicher erklären können.«

»Und dieser Ersatzschlüssel?«

»Keine Ahnung. Hat man ihn nicht bei Frau Gunzenhauser gefunden?«

Häberle antwortete nicht, sondern griff einen anderen Aspekt auf: »Ich denke, dieser Herr Faller hat einen eigenen Schlüssel?«

»Natürlich – aber den hat er in der Freitagnacht beim ›Hock‹ natürlich nicht dabei gehabt. Frauen tragen ihre Utensilien doch eher in der Handtasche mit sich rum.«

Da hat sie recht, dachte Häberle und sah im Geiste die Handtasche seiner Frau Susanne vor sich. Niemals würde er ergründen können, weshalb das weibliche Geschlecht stets den halben Hausrat mit sich herumschleppte. Ihm selbst genügten Geldbeutel, Handy und Schlüsselbund.

»Dieser Herr Faller«, gab sich Häberle interessiert, »der war einer von jenen, die den toten Simbach gefunden haben. Und wer waren die anderen?«

»Unser Kirchenmusikdirektor Stumper und Frau Gunzenhauser – soweit ich weiß. Der Herr Doktor Lutz hat den Tod festgestellt und dann haben sie sehr schnell den Leichenbestatter geholt, den Herrn Leichtle.«

Endlich konnte Linkohr seine Frage anbringen, die ihn schon die ganze Zeit über auf den Nägeln brannte: »Und, dass kein natürlicher Tod vorliegen könnte, daran hat niemand gedacht?«

»Na hören Sie mal. Hätten Sie daran gezweifelt, wenn Ihnen das ein Arzt sagt?«

Die beiden Kriminalisten gingen nicht darauf ein. Linkohr kam aber wieder die Aussage des Leitenden Oberstaatsanwalts in den Sinn, der einmal die Befürchtung gehegt hatte, dass vermutlich nicht alle Tötungsdelikte erkannt würden.

Häberle wollte sich gerade für das Gespräch bedanken, doch die Dekanin kam ihm zuvor: »Was den Herrn Faller anbelangt … Ich glaube, Sie sollten einmal mit ihm sprechen.«

»So?«, staunte der Chefermittler.

Die Theologin sagte nichts, sondern lächelte nur fein und erhob sich, um die beiden Kriminalisten zu verabschieden.

16

Allein die kurze, wie immer in dürren Worten gehaltene Pressemitteilung der Polizeidirektion Göppingen, wonach es in der Kleinstadt Geislingen ein Verbrechen mit drei Toten gegeben habe, hatte die Medien der halben Republik aufgeschreckt. Insbesondere war es der Tatort, der die Boulevardblätter und privaten Fernsehstationen anlockte: Bluttaten in einer Kirche. So etwas sorgte für großes Aufsehen. Am Nachmittag hatten sich bereits mehrere Journalisten beim örtlichen Polizeireporter über die bisherigen Erkenntnisse informiert – wie dies immer geschah, wenn sich in der Provinz ein Ereignis von überörtlicher Bedeutung zutrug. Georg Sander, seit Jahr und Tag mit den örtlichen Gegebenheiten und den Charakteren der wichtigsten Persönlichkeiten bestens vertraut, half gerne weiter. Mit

Interesse verfolgte er dann jedes Mal, wie geschickt es insbesondere die Boulevardpresse verstand, den Tatsachen den besonderen Kick zu verleihen. Am meisten ärgerte es ihn dann, wenn solche aufreißerischen Artikel dazu führten, dass ihm seine Leserschaft mangelnde Recherche vorwarf. »Aber die habens doch geschrieben«, bekam er dann oft genug zu hören. Zwar versuchte er, diese Vorwürfe mit dem Hinweis zu entkräften, dass manches in den bunten Blättern reine Spekulation sei. Doch hatte er jedes Mal den Eindruck, dass in einigen Bevölkerungskreisen weniger die fundierte und sachliche Berichterstattung der Heimatzeitung gefragt war als vielmehr die aufgeblasenen Darstellungen in den Boulevardblättern. Und wenn dann auch noch eine Fernsehstation – und mochte sie sich noch so provinziell und stümperhaft präsentieren – die Angelegenheit aufgriff, galt dies vollends als das ›Evangelium‹. Denn, so die kritiklose Einstellung vieler Zuschauer, ›es ist ja sogar im Fernsehen gekommen‹.

Sander, der den Journalismus vor über 35 Jahren von der Pike auf gelernt hatte, beginnend als freier Mitarbeiter, der über Vereinsjubiläen und Kaninchenausstellungen berichten musste, tat sich zunehmend mit den Veränderungen in der Medienlandschaft schwer. Hatte man einst auf penibel genaue Recherche Wert gelegt, dafür Stunden, ja manchmal sogar Tage aufgewandt, so blieb dafür heute kaum noch Zeit – insbesondere nicht bei einer Tageszeitung. Viel zu sehr war man inzwischen mit technischen Arbeiten eingedeckt, war an den Computer gefesselt und erledigte Aufgaben, für die es früher ganze Stäbe von Fachleuten gab: Setzer, Metteure, Chemigrafen. Auch die Abgrenzung zwischen Journalismus und Werbung, zu Sanders Anfangszeiten noch eine ›heilige Kuh‹, war längst verschwommen. Zwar gab es durchaus noch Richtlinien, aber wenn er manches Printmedium oder auch manchen Fernsehsender sah, hatte er Zweifel, wo der unabhängige Journalismus aufhörte und die unterschwellige Werbebotschaft anfing. Mittlerweile aber, das hatte er oft schon mit Kollegen diskutiert und bedauert, schienen weite Bevölkerungsteile diese bedenkliche Verschmelzung schon gar nicht mehr zu bemerken. Das in der PISA-Studie beklagte gesunkene Bildungsniveau hatte wohl auch dazu bereits beigetragen.

Gedanken dieser Art beschlichen den Mittfünfziger, als er an diesem Dienstagnachmittag zu Fuß in den Lehrsaal der Feuerwehr ging, wohin die Polizeidirektion zu einer Pressekonferenz geladen hatte. Sander war nicht nur gespannt, wie viele Journalistenkollegen von auswärts anreisen würden, sondern auch, wie sich die neue Chefin der Kriminalpolizei präsentieren würde. Fast überkam ihn ein bisschen Wehmut, dass ihr Vorgänger Helmut Bruhn nicht mehr da war, der mit kernigen Worten und Türe schlagend zum Ausdruck brachte, wer das Sagen hatte. Vor einigen Monaten war der Mann, dessen cholerische Anfälle man in Polizeikreisen landesweit gefürchtet hatte, in den Ruhestand getreten. Zwar hatte Sander mit ihm oft über die Bedeutung der Medien gestritten, doch letztlich war Bruhn einer gewesen, unter dessen harter Schale sich ein weicher Kern verbarg.

Maggy, wie sie die Neue bei der Kripo nannten, hatte an der Oberkante der U-förmig angeordneten Tische zwischen dem Leitenden Oberstaatsanwalt Dr. Wolfgang Ziegler und dem neuen Chef der Polizeidirektion, Hermann Kauderer, Platz genommen. Neben ihm saß Pressesprecher Uli Stock, der kritisch in die Runde der etwa 20 Journalisten blickte, zwischen denen auf zwei Stativen Fernsehkameras geschraubt waren. Eigentlich hätte auch Häberle kommen sollen, doch hatte er sich wieder einmal erfolgreich gedrückt. Es müssten dringend einige Vernehmungen vorgenommen werden, hatte er seiner Chefin Manuela Maggy Maller am Telefon gesagt und charmant hinzugefügt, dass sich eine hübsche Frau vor den Kameras ohnehin besser mache als ein alter Knabe wie er.

Sander saß zwischen der Kollegin und dem Kollegen der beiden Stuttgarter Tageszeitungen, ihm gegenüber eine junge Frau eines privaten Radiosenders, die sich verzweifelt mit ihrem digitalen Aufnahmegerät abmühte.

»Meine Damen und Herren«, begann Direktionsleiter Kauderer, selbst Kriminaldirektor, während die Gespräche verstummten. »Wir begrüßen Sie hier in Geislingen und danken für Ihr Kommen.« Er stellte die Personen neben sich vor und erwähnte, dass es sowohl für ihn als auch für Frau Maller die erste Pressekonferenz in ihren neuen Positionen sei und dass auch sie das Ausmaß dieses Verbrechens schockiert habe. »Es ist auch in meiner Laufbahn noch nicht oft vorgekommen, dass ich es gleich mit drei Opfern zu tun hatte. Und was uns alle noch mehr betroffen macht, ist der Ort des schrecklichen Geschehens: eine Kirche.«

Nach der unvermeidlichen Bitte, sachlich zu berichten und die Fragen der Polizei zu veröffentlichen, reichte er das Wort an Manuela Maller weiter, die mit sympathischem Lächeln die Medienvertreter begrüßte und dann selbstbewusst erläuterte, was sich seit Freitag in dieser Kleinstadt zugetragen hatte. Sie kam schnell auf die Manipulationen an der Stromzufuhr zu sprechen, ohne jedoch darüber zu spekulieren, ob der Anschlag tatsächlich den beiden Männern gegolten hatte oder ob sie zufällige Opfer geworden waren. Mesnerin Gunzenhauser, so ließ die Kripochefin durchblicken, könne möglicherweise den Täter in der Kirche getroffen haben und deshalb von ihm getötet worden sein.

Die Journalisten schrieben mit oder richteten ihre Mikrofone in Richtung Mallers. »Wir haben nun einige Fragen, bei denen Sie uns hilfreich sein könnten«, kam sie schließlich zur Sache. »Erstens sollten wir wissen, wer Herrn Simbach am Donnerstag oder Freitag gesehen hat, in oder außerhalb der Kirche. Oder wo er sich seit seinem Verschwinden aufgehalten hat. Es gibt Hinweise, dass er einen großen Bekanntenkreis hatte und sich auch gelegentlich in Diskotheken im Großraum Stuttgart aufgehalten hat.« Die Kripochefin suchte Blickkontakt zu den Medienvertretern aus Stuttgart. »In der Pressemappe, die Herr Stock nachher verteilt, ist auch ein Bild enthalten. Vielleicht besteht die Möglichkeit, es zu veröffentlichen.«

Der Leitende Oberstaatsanwalt Dr. Ziegler schaltete sich ein: »Was die Persönlichkeitsrechte an diesem Bild anbelangt, ist die rechtliche Situation klar. Sie können es zur einmaligen Veröffentlichung im Rahmen unserer Ermittlungen verwenden.«

»Außerdem«, so fuhr Maggy fort, »außerdem wollen wir wissen, in welchem Bezug Herr Simbach und das andere Opfer, Herr Rolf Czarnitz, zueinander standen. Das dürfte eine Frage sein, die vermutlich eher im Großraum Geislingen zu klären ist.«

Sander nickte.

»Hingegen«, so fuhr die Rednerin fort und blickte auf ihre Notizzettel, »gibt es auch Fragen von überörtlicher Bedeutung – wie etwa, welche Kontakte Herr Simbach in seine Heimatgemeinde Bischofswerda pflegte.« Sie verwies kurz darauf, dass er nach der politischen Wende in die Partnerstadt Geislingen übergesiedelt war.

»Dann geben uns noch zwei Dinge momentan Rätsel auf«, fuhr sie fort. Zum einen ist das Handy von Herrn Simbach verschwunden, vermutlich ein Nokia-Handy – und zum anderen haben wir im Kirchturm einen Schraubenzieher gefunden. Es scheint sich um ein älteres Modell zu handeln. Uns würde interessieren, ob jemand weiß, wer in letzter Zeit mit so einem Schraubenzieher hantiert hat oder uns sagen kann, wo ein solches Modell herstammen könnte. Wir haben Ihnen in der Pressemappe eine reproduzierbare Vorlage beigefügt.«

Der Leitende Oberstaatsanwalt bedankte sich für die Ausführungen. Noch ehe er nach Wortmeldungen fragen konnte, rief ein hemdsärmeliger junger Journalist von ›Bild‹ Stuttgart dazwischen: »Kann es denn sein, dass religiöse Motive eine Rolle spielen? Es ist nicht gerade ein gewöhnlicher Tatort, mit dem wirs hier zu tun haben. Außerdem hat diese Stadt, wenn ich richtig informiert bin, einen sehr hohen Ausländeranteil – insbesondere Türken.«

Ziegler antwortete in seiner gewohnt besonnenen Art: »Dazu gibt es keinerlei Erkenntnisse. Bisher gehen wir davon aus, dass das Motiv im persönlichen Umfeld zu suchen ist. Was aber nicht ausschließt«, so fügte er seine Standardformulierung hinzu, »dass wir in alle Richtungen ermitteln.«

Eine junge Frau, vermutlich Praktikantin eines privaten Radiosenders, wollte wissen, bis wann mit der Aufklärung der Verbrechen zu rechnen sei. Ziegler lächelte charmant. »Ich hoffe bald«, erklärte er.

Nachdem weitere Journalisten vergeblich nach Einzelheiten zu den Manipulationen an der elektrischen Schaltung gefragt und auch keine Auskunft über die persönlichen Verhältnisse der beiden getöteten Männer oder die Gewohnheiten der Mesnerin erhalten hatten, meldete sich Georg Sander zu Wort: »Was mich wundert, ist der Umstand, dass der Tod des Herrn Simbach überhaupt niemanden misstrauisch gemacht hat. Wie ist es möglich, dass ein Arzt einen Herztod feststellt, wenn die Ursache ein Stromschlag war?«

Ziegler sah den Geislinger Polizeireporter misstrauisch an. Er wusste natürlich genau, worauf Sander anspielte. Bei seiner ersten Pressekonferenz, die Ziegler vor einigen Jahren als frischgebackener Leiter der Staatsanwaltschaft abgehalten hatte, hatte er selbst darüber geklagt, dass es manche Ärzte bei der Feststellung der Todesursache nicht so genau nähmen. Zwar waren damals neue Kriterien eingeführt worden, doch bestand natürlich weiterhin die Möglichkeit, dass nicht jedes Tötungsdelikt tatsächlich bekannt wurde. »Sie wissen«, begann er deshalb gelassen, »wir haben uns schon mal darüber unterhalten. Sie werden niemals ausschließen können, dass jedes Kapitalverbrechen auch als solches erkannt wird. Wir sind dabei auf die Sorgfalt der Ärzte angewiesen. Wie dies im vorliegenden Fall gelaufen ist, entzieht sich bisher meiner Kenntnis. Sie dürfen aber versichert sein, Herr Sander, dass wir auch dies prüfen werden.«

Der Journalist nickte. Eine andere Antwort hatte er auch gar nicht erwartet. Seine Frage jedoch weckte die Neugier eines bis dahin zurückhaltenden Kollegen des Südwestrundfunks: »Es könnte also sein, dass etwas vertuscht werden sollte?«

Ziegler winkte ab. »Aus der Tatsache, dass ein Arzt nicht die richtige Todesursache dokumentiert hat, sollten Sie nicht gleich voreilig falsche Schlüsse ziehen. Wie gesagt, wir werden dies prüfen.«

Ein junger Zwischenrufer, der im Auftrag eines wöchentlich erscheinenden Anzeigenblatts gekommen war, schnitt ihm das Wort ab: »Aber es könnte doch sein, dass Kirchenkreise stark daran interessiert waren, keine Polizei einzuschalten. Die Dekanin soll ja ziemlich dominant sein …«

»Also, ich bitt Sie, solche Spekulationen haben hier nun wirklich nichts zu suchen. Wir sollten uns nicht mit Gerüchten und Vermutungen aufhalten, die jeglicher Grundlage entbehren. Noch weitere Fragen?«

»Eine noch«, hallte eine Männerstimme aus dem hinteren Teil des Lehrsaals. »Man hört so manches und auch Sie sprechen vom persönlichen Umfeld, auf das Sie sich konzentrieren. Herr Simbach war verheiratet.« Ein kurzes Raunen ging durch die Reihen. »Und die Ehe scheint nur noch auf dem Papier bestanden zu haben.«

Manuela Maller fühlte sich angesprochen. »Wir stehen erst am Anfang der Ermittlungen. Was soll ich dazu sagen?« Sie verzog ihr Gesicht zu einem Lächeln. »Beziehungsgeschichten führen manchmal zu den schrecklichsten Bluttaten – und bringen viel Einfallsreichtum hervor.«

Sander überlegte, ob Maggy aus dieser Erfahrung heraus ledig geblieben war.

17

»Ich möchte von dir nur eines wissen.« Sabrina hatte sich an diesem Dienstagabend in ihr Büro zurückgezogen. Sie hielt den Telefonhörer fest umklammert. Ihr Blick wanderte nervös zwischen den papierbeladenen Schreibtischen und der Tür hin und her. Zwar war der Laden wegen der geplanten Beerdigung geschlossen, doch hatte sich Sergije bereit erklärt, im Lager für Ordnung zu sorgen. Und auch Silke konnte jeden Augenblick zurückkommen. Sie war zur Wohnung gefahren, um sich angeblich eine Stunde auszuruhen. Vermutlich aber, so dachte Sabrina, wollte sie sich mit ihrem neuen Freund treffen, wogegen nichts einzuwenden war.

»Weich mir bitte nicht immer aus«, beharrte sie und wartete ungeduldig auf eine klare Aussage ihres Gesprächspartners, um nach einigen Sekunden verärgert anzufügen: »Nein, nicht heute und auch die nächsten Tage nicht. Das muss auch in deinem Interesse sein. Die Stadt wimmelt von Polizei.«

Sie wickelte sich das Telefonkabel um den rechten Zeigefinger. »Mich beunruhigt, dass du mir etwas verschweigst. Und ich lass mich nicht länger so abspeisen«, brauste sie plötzlich auf. »Du kannst mir doch, verdammt noch mal, endlich sagen, was es mit denen in Hohenschönhausen auf sich hat.«

Wieder keine konkrete Antwort. Sabrina sprang auf und wischte dabei mit dem Telefonkabel einige Rechnungen und Lieferscheine vom Schreibtisch. »Soll ich dir mal was sagen …« Sie war so laut, dass sie erschrak und gleich wesentlich leiser fortfuhr: »Silke hat im Internet nachgeschaut. Du brauchst mich nicht länger für dumm zu verkaufen. Wir wissen inzwischen, was sich dort abgespielt hat.«

Auch die Stimme im Telefon wurde lauter. Aber Sabrina ließ den Mann nicht aussprechen. »Und damit eines klar ist: Wenn du mir nicht klipp und klar sagst, was da geschehen ist, ziehe ich meine Konsequenzen.« Sie war jetzt nicht mehr zu bremsen. »Ich hab vieles auf mich genommen, vergiss das nicht. Du brauchst mir jetzt nichts vorzujammern. Nichts. Ist das klar? Denk darüber nach – und unternimm ja nicht den Versuch, hier aufzutauchen. Wir werden drüber reden. Aber erst, wenn Gras über die Sache gewachsen ist.«

Sie gab ihrem Gesprächspartner die Chance zu antworten, giftete aber sofort zurück: »Das weiß doch ich nicht«, zischte sie. »Jedenfalls reden wir erst weiter, wenn die Polizei wieder weg ist.«

Sabrina wollte noch etwas sagen, doch das Öffnen der Tür ließ sie verstummen. Während die Stimme im Telefon einen neuerlichen Versuch unternahm, sich Gehör zu verschaffen, nahm Sabrina Blickkontakt mit Sergije auf, der verschwitzt im Türrahmen stand und ihr mit gedämpfter Stimme zurief: »Die Polizei ist da.«

Sabrina blieb für einen Moment wie angewurzelt stehen und erbleichte. Ohne noch etwas zu sagen, ließ sie langsam den Telefonhörer sinken, aus dem eine Männerstimme krächzte, und legte ihn auf.

18

Sie waren am Abend wieder in Bischofswerda eingetroffen. Auf der ostwärts führenden, gut ausgebauten Autobahn hatte Anton Simbach seinen nagelneuen Mercedes der E-Klasse voll ausfahren können – meist auf der linken Spur, vorbei an der endlosen Kolonne des Schwerlastverkehrs, der von Jahr zu Jahr zunahm.

Antons Frau Anke saß die meiste Zeit schweigend neben ihm, während Nadine und Jonathan im Fond des Wagens Musik mit einem MP3-Player hörten.

Die Simbachs hatten vor einigen Jahren im Neubaugebiet ›Am Klengelweg‹ am nördlichen Stadtrand von Bischofswerda ein schmuckes Einfamilienhaus gebaut. Anton verdiente als Chef eines Security-Dienstes nicht schlecht, und außerdem war ein gutes finanzielles Polster vorhanden, das noch aus den Zeiten herrührte, als die alte DDR-Mark zu einem respektablen Kurs in bundesdeutsche D-Mark umgewandelt worden war. Selbst Anton, der sich bis zum heutigen Tage nicht mit der Wiedervereinigung anfreunden konnte und dies bisweilen sogar als ›feindliche Übernahme durch den einstigen Klassenfeind‹ bezeichnete, musste gelegentlich einräumen, dass dieser Geldtausch ein guter Deal war. Immerhin konnte man an den sozialen Errungenschaften der Wessis Anteil haben, ohne dazu auch nur eine einzige müde Mark beigetragen zu haben. Dass dies natürlich nicht gut gehen konnte, und der westliche Wohlstand dadurch in die Knie gehen würde, hätte jeder erkennen müssen. Doch die Euphorie und Aufbruchstimmung, die sich mit dem Fall der Mauer breit gemacht hatte – nicht nur durch die kühne Behauptung des damaligen Bundeskanzlers Helmut Kohl, es werde im Osten bald blühende Landschaften geben –, hatte sämtliche Bedenken und jeglichen Pessimismus weggewischt.

Anton hatte den Mercedes-Kombi in die Garage gefahren und das Ausladen diverser Reiseutensilien seiner Frau und den Kindern überlassen. Er ging wortlos durch den Flur in die Diele und besah sich im Spiegel. Sein Gesicht war nach der langen Fahrt fahl und faltig. Er fühlte sich abgespannt und müde, schließlich waren sie im Morgengrauen losgefahren und nun am frühen Abend wieder zurückgekehrt. Dennoch wollte er jetzt dringend etwas erledigen, das ihn seit heute Vormittag beschäftigte. Wenn sein Bruder Alexander tatsächlich umgebracht wurde – und daran bestand inzwischen kein Zweifel mehr –, dann konnte dies unabsehbare Folgen haben. Anton Simbach verschwand in seinem Büro, ließ sich ermattet in den ledernen Chefsessel fallen und drückte am Telefon eine Nummer.

»Ja, ich bins«, sagte er, ohne sich zu melden. »Wir sollten uns treffen. Dringend.« Er lauschte auf die Stimme im Hörer, sah auf seine Armbanduhr und entschied: »Okay. Um halb 10 – ja … gegenüber der Frauenkirche. Wie immer.«

Er legte auf. Ihm blieb noch Zeit für eine erfrischende Dusche. Länger als eine halbe Stunde brauchte er bis Dresden nicht. Als er aus seinem Büro kam, sah ihn Anke vorwurfsvoll an, wagte aber nichts zu sagen.

»Ich bin zum Abendessen nicht da«, knurrte er und wandte sich dem Schlafzimmer zu, um die Kleidung zu wechseln. »Muss mit Carsten was besprechen.«

»Heute noch? Bist du nicht müde?«
Anton antwortete nicht.

19

Häberle und Linkohr hatten auf abgewetzten Schreibtischstühlen Platz genommen. Sie blickten in das blasse Gesicht einer Frau, das deutlich von Sorgen und Stress gezeichnet war. »Wir können Ihnen ein paar Fragen nicht ersparen«, begann Häberle mit sonorer Stimme. Linkohr staunte, wie es dem erfahrenen Kriminalisten immer wieder gelang, eine verkrampfte Atmosphäre zu entspannen.

»Sie tun nur Ihre Pflicht.«

»Und diese Pflicht ist manchmal sehr unangenehm«, gab Häberle einfühlsam zurück. »Ihren Mann«, kam er dann zur Sache, »haben Sie am Donnerstag zuletzt gesehen, wie Sie meinen Kollegen berichtet haben?«

»Ja, er hat nicht gesagt, wohin er wollte. Aber das hat nichts zu bedeuten.« Es fiel ihr schwer, darüber zu reden. »Er ist gekommen und gegangen, wann er wollte. Und wenn ich das so sage, dann dürfen Sie daraus den Schluss ziehen, dass es mit unserer Ehe nicht zum Besten stand.« Jetzt war es raus. Es hatte keinen Sinn mehr, die heile Welt vorzuspielen. Wahrscheinlich, so dachte Sabrina, waren die Gerüchte ohnehin schon bis zu den Kriminalisten vorgedrungen. Gerüchte darüber, dass sie nur noch des Geschäfts und der Tochter wegen zusammen waren.

Linkohr machte sich wieder Notizen und dachte darüber nach, wie es ihm wohl mit seiner Freundin Juliane ergangen wäre, wenn er die Beziehung nicht abgebrochen hätte.

Häberle spürte, wie Sabrina mit den Formulierungen kämpfte. »So was zu erleben, ist nichts Ehrenrühriges«, munterte er sie auf. »Beziehungsprobleme sind für uns beinahe etwas Alltägliches.« Er versuchte, ihr das Reden zu erleichtern. »Manchmal ist es hilfreich, darüber zu sprechen.«

»Um ehrlich zu sein«, begann Sabrina und stützte sich auf der Schreibtischplatte ab. »Es wäre gelogen, wenn ich die trauernde Witwe spielen würde. Mein Mann hat mich und meine Tochter tyrannisiert. Am Donnerstag ist er mal wieder verschwunden und hat irgendwann im Laufe des Tages angerufen und hier ausrichten lassen, er komme am Nachmittag wieder. Aufgetaucht ist er nicht.«

»Gibt es Anhaltspunkte, wo er gewesen sein könnte?«

Sabrina schüttelte den Kopf. »Nein, die gibt es nicht. Vielleicht ist er mit seinen Russendeutschen in einer Kneipe gewesen – was weiß ich. Vielleicht hat er auch rumgehurt – mit den jungen Russinnen oder Polinnen oder was weiß ich …« Sie kämpfte mit den Tränen.

Häberle ließ ein paar Sekunden verstreichen. »Was uns hauptsächlich interessiert, ist die Frage, was er im Kirchturm getan hat.«

»Keine Ahnung. Einerseits hat er rumgehurt, was jeder in der Stadt weiß, andererseits spielte er den biederen, christlichen Bürger, hat für die Kirche gespendet und sich ehrenamtlich eingesetzt.«

»Mal angenommen, jemand wollte ihn umbringen – und nimmt dazu entsprechende Manipulationen an der Elektrik des Glockenstuhls vor. Die Chance, dass sich Ihr Mann dann ausgerechnet beim Kreuz- oder Gebetsläuten dort oben aufhielt, war doch äußerst gering – oder wie muss ich das verstehen?«

»Das ist eine Frage, die sich meine Tochter Silke und ich heute schon den ganzen Tag über gestellt haben. Alexander hat sich um die Gebäudesubstanz gekümmert, nicht aber um die Glocken. Das tat Herr Korfus.«

»So hat es uns die Frau Dekanin auch berichtet«, zeigte sich Häberle verständnisvoll. »Wenn man also jemanden auf diese Weise umbringen konnte, dann doch eher den Herrn Korfus.«

Linkohr sah auf. Sein Chef hatte natürlich recht.

»Sie wollen damit sagen, der Mordanschlag hat gar nicht Alexander gegolten, sondern Herrn Korfus?«

»Es wäre zumindest denkbar.«

Die junge Frau schluckte und begann nervös, ein Blatt Papier zusammenzurollen. »Aber wenn es der Täter gar nicht auf Alexander abgesehen hat, bleibt trotzdem rätselhaft, was er dann da oben gemacht hat.«

»Genau das ist unser Problem.«

Linkohr hatte eine Idee: »Und dieser Korfus – der war ein Bekannter Ihres Mannes?«

»Sie kommen beide aus dem Osten«, antwortete sie knapp.

»Und?«, fragte Linkohr ein bisschen zu scharf, wie Häberle es empfand.

»Was heißt und?«, gab sich Sabrina kühl. »Eine große Freundschaft wars wohl nicht.«

Häberle hob eine Augenbraue. »Die beiden mögen sich nicht.«

»Wie kommen Sie denn darauf? Bloß, weil es da vor einigen Wochen einen Zwischenfall gegeben hat, über den die Leute hier ein Gerücht nach dem anderen in die Welt setzen?«

»Die Prügelei?«

»So sagt man. Mein Mann hat mit mir nicht drüber gesprochen und mir war das auch egal. Ich denk, dass da eine alte Sache hochgekocht ist. Aus DDR-Zeiten.«

Der Chefermittler lehnte sich zurück, musste aber schmerzhaft spüren, dass die Lehne seinem breiten Rücken nicht gerecht wurde. »Ihr Mann und Herr Korfus haben eine gemeinsame Vergangenheit in der DDR?«

»Ja, natürlich. Aber fragen Sie mich bitte nicht, welche. Alexander hat nie über die Zeiten vor der Wende sprechen wollen. Und sein Bruder ist schlichtweg ein Ekel.«

Linkohr wurde hellhörig. »Haben Sie seine Adresse?«

»Natürlich hab ich die. Ich kann sie Ihnen geben, wenn Sie wollen.«

Linkohr bat darum und notierte die Anschrift in Bischofswerda. »Postleitzahl weiß ich nicht«, fügte Sabrina an. »Liegt aber hinter Dresden – Richtung polnische Grenze. Löbau und Bautzen, die Ecke.«

Häberle wechselte abrupt das Thema. »Von Herrn Korfus wissen Sie auch nichts? Was er drüben gemacht hat und wo es da zu unliebsamen Begegnungen mit Ihrem Mann gekommen sein könnte?«

»Ich sagte Ihnen doch, dass ich von der Vergangenheit nichts weiß – und auch nichts wissen wollte. Als wir uns kennengelernt haben, der Alexander und ich, da sind wir in der großen Euphorie der Wiedervereinigung geschwommen. Ich weiß nicht, ob Sie das verstehen. Wir fühlten uns als ein Paar, das sich über die einstige Zonengrenze hinweg gefunden hat. Es war traumhaft.«

»Es war traumhaft?«, stellte Häberle sachlich fest und wollte es wie eine Frage klingen lassen.

»Ja, es war«, antwortete Sabrina. »Nicht lange. Silke, unsere Tochter, kam zur Welt – und dann haben wir das Geschäft aufgebaut. Das hat Zeit und Nerven gekostet. Doch Alexander hat die neu gewonnene Freiheit genossen. Plötzlich konnte er hin, wo er wollte. Grenzenlose Freiheit – hat er immer gesagt.«

»Entschuldigen Sie die indiskrete Frage«, meinte Häberle mit sanfter Stimme. »Hatte Ihr Mann denn Grund zur Eifersucht?«

Sabrinas Gesichtszüge froren ein. Sie zögerte. Wieso fragt er das?, zuckte es durch ihren Kopf. Hatte ihm irgendjemand etwas erzählt?

»Ich verstehe nicht, warum Sie das interessiert?« Ihre Stimme verriet Unsicherheit, sodass Linkohr instinktiv von seinem Notizblock aufsah, was sie zusätzlich irritierte.

»Nun …«, gab sich Häberle weiterhin einfühlsam. »Wir versuchen, uns von allen Beteiligten ein Bild zu verschaffen. Ich hätt auch anders fragen können …«

»Ob ich einen Freund hab«, konterte die Frau energisch. »Das wollen Sie doch wissen. Ob ich fremdgegangen bin. Ob ich getan hab, was für ihn selbstverständlich war.« Sabrinas Stimmung wechselte schlagartig von Irritation in Zorn. »Nein. Ich nicht. Da mögen andere etwas anderes sagen. Glauben Sie meinetwegen, was Sie wollen. Aber wenn ich jetzt in den Schmutz gezogen werde, nur weil sich Alexander aufgeführt hat wie ein Idiot, dann find ich dies unglaublich.«

Die beiden Kriminalisten erwiderten nichts. Häberle nickte bedächtig. Nach zwei, drei Sekunden des Abwartens unternahm er einen erneuten Vorstoß: »Da ist noch die Sache mit dem Handy. Es ist verschwunden ...«

Sabrina zupfte sich den Kragen ihrer Jacke zurecht und setzte sich aufrechter. »Ja, so sieht es aus«, bestätigte sie kühl. »Ihre Kollegen haben mich schon danach gefragt. Er hats immer dabei gehabt. Wenn es nicht bei ihm gefunden wurde, kann ich Ihnen auch nicht weiterhelfen.«

Linkohr mischte sich ein: »Dass ers versehentlich daheim vergessen hat, schließen Sie aus?«

»Ich habs nicht gefunden. Außerdem hatte er es immer dabei. Immer und überall. Es war auch so was wie sein Terminkalender oder Notizbuch.«

»Ach?«, staunte Häberle. »Er hat all seine Termine ins Handy eingegeben?«

»Ja. Die Dinger bieten doch heutzutage alles. Kalender, Notizblock – um ehrlich zu sein, ich kenn mich da nicht so aus. Mir ist nur aufgefallen, dass es ab und zu gepiepst hat und er damit wohl an einen Termin erinnert wurde.«

Häberle nickte. Oft genug schon hatte er dienstlich mit den technischen Möglichkeiten eines Handys zu tun gehabt. Sie wurden immer komfortabler, immer raffinierter – aber auch immer komplizierter. Dabei, so hatte er schon oft gedacht, brauchten Menschen seiner Generation das Gerät doch nur zum Telefonieren. Allenfalls mal für eine SMS. Die heutigen Jugendlichen jedoch konnten sich erstaunlich schnell in die Technologie eindenken und kapierten auf Anhieb die Menüführung, die ihm meist unlogisch erschien, weshalb er bei der kleinsten Funktionsänderung die umständlich formulierte Gebrauchsanweisung zurate ziehen musste. Er war längst zu der Überzeugung gelangt, dass zur Bedienung elektronischer Geräte eine Logik beherrscht werden musste, wie sie offenbar in den Köpfen der Kinder und Jugendlichen längst drin war. Er kämpfte gegen die innere Stimme, die ihm weismachen wollte, er sei eben alt und habe den Anschluss an die schöne neue Technikwelt verpasst. Seine Eltern mochten ihrerseits genau so gedacht haben, als er sich mit 12 Jahren mit einem Tonbandgerät auseinander gesetzt und zur Heiterkeit der ganzen Verwandtschaft die sonntagmittäglichen Debatten im Familienkreis aufgenommen hatte. Damals war es noch eine Sensation gewesen, die eigene Stimme zu hören. Heute konnte man damit keinen mehr locken.

»Sie meinen, das Handy könnte für jemanden von Interesse gewesen sein«, konstatierte Häberle schließlich.

Sabrina blieb kühl und abweisend. »Aber deswegen bringt man doch nicht gleich jemanden um.«

»Oh, Frau Simbach«, seufzte Häberle. »Was glauben Sie, wozu Menschen in der Lage sind! Was Außenstehenden als Banalität erscheinen mag, kann aus der Sicht des Täters eine Katastrophe sein. Oft sind es kleine Dinge.« Er überlegte. »Oft aber sind es Trennungen und Beziehungskrisen, die tödlich enden.«

Sabrina schwieg.

20

Anton war in der aufkommenden Abenddämmerung über die Autobahn nach Dresden gefahren. Knapp 45 Minuten hatte er bis zur Stadtmitte gebraucht, wo er seinen Mercedes in der Münzgasse ins Halteverbot stellte. Von hier aus waren es nur ein paar Schritte zum ›Café zur Frauenkirche‹. Obwohl das Wetter für einen Juliabend rau und ruppig war, kamen ihm ständig Besuchergruppen entgegen. Die wieder aufgebaute Frauenkirche hatte sich zu einem starken Anziehungspunkt entwickelt, was Anton Simbach zwangsläufig daran erinnerte, wie still und verlassen der Platz mit den zerbombten und teilweise bereits eingewachsenen Mauerresten einst gewesen war. Für ihn hatten die Trümmer der Kirche den Irrsinn symbolisiert, mit dem britische Bomber in der Nacht zum 14. Februar 1945 die Stadt in Schutt und Asche gelegt hatten. Dass sich sein Staat, für den er gekämpft und gelebt hatte, so plötzlich dem einstigen Klassenfeind an den Hals geworfen hatte, das würde er nie überwinden. Dresden war nicht mehr sein Dresden, seit es von den kapitalistischen Geschäftemachern beherrscht wurde, seit Shoppingcenter und Filialisten das Straßenbild prägten. Natürlich erstrahlte das Theaterviertel in neuem Glanz – das Schloss und die wieder aufgebaute Frauenkirche –, aber letztlich waren dies in seiner Vorstellungswelt nichts weiter als prunkvolle Symbole, mit denen der Westen protzen und seine Macht manifestieren wollte. Seine Gedanken schweiften ab zu jenen Spionen und staatsfeindlichen Elementen, die meist als Touristen eingereist waren, um die DDR auszuspähen. Oder an die Bürger der eigenen Republik, die sich durch das Westfernsehen aufstacheln ließen. Zum Glück waren im Bereich Dresden die Sender aus der BRD nur schwer zu empfangen gewesen.

Als Anton Simbach aus der Münzgasse herauskam, fiel sein Blick auf die neue Frauenkirche, vor der auch jetzt noch viele Touristen standen. Hier, am Eck, hatte er sein Ziel erreicht und verschwand rasch im Eingang des Cafés zur Frauenkirche. Sein alter Freund Carsten Kissling und er benutzten dieses Restaurant schon seit einigen Jahren, um in gepflegtem Ambiente und bei gutem Essen Probleme zu besprechen. Hier, umgeben von Besuchern aus aller Welt, fielen sie nicht auf. Sie konnten genauso gut Durchreisende sein, die hier ein Touristenmenü aßen. In den Frühjahrswochen, das wussten die beiden Männer aus Erfahrung, gab es vorzügliche Spargelgerichte. Doch jetzt, Ende Juli, entschieden sie sich für die Grillplatte. Anton hatte großen Hunger.

In einem der hinteren Bereiche war ein kleiner Tisch frei gewesen, sodass sie sich in Ruhe unterhalten konnten. Carsten Kissling, rund 10 Jahre älter als Anton, aber sportlich durchtrainiert, wie es schien, strahlte übers ganze Gesicht, als sie sich mit Rotwein zuprosteten. »Ich freu mich zwar, dich zu sehen, aber was du da heut früh am Telefon erzählt hast, bereitet mir großen Kummer.« Der Mann, der ein weißes Jackett ohne Krawatte trug, wurde ernst. »Danke, dass du gleich angerufen hast. Wir haben sofort umgedreht, irgendwo bei Crailsheim.«

»Die Staatsanwaltschaft ist eingeschaltet«, berichtete Anton Simbach mit gedämpfter Stimme. »Sie gehen davon aus, dass Alexander umgebracht wurde. Ich hab von unterwegs meine Schwägerin noch mal angerufen – ein kratzbürstiges Weibsbild übrigens. Sie will zwar nichts mehr mit mir zu tun haben – ich im Übrigen auch nicht mit ihr –, doch sie hat dann doch gesagt, dass Alexander durch einen Stromschlag ums Leben gekommen ist.«

»Stromschlag, im Kirchturm?«, staunte Kissling.

»Stromschlag, ja. Der Arzt hat das wohl in der Freitagnacht nicht erkannt.«

»Und wie ist das geschehen?« Kissling gab sich jetzt keine Mühe mehr, seinen sächsischen Dialekt zu unterdrücken. Sie waren schließlich unter sich.

»Weiß sie noch nicht. Jedenfalls sieht das nach einem ganz raffinierten Anschlag aus. Und das Schlimmste ist, dass es auch Rolf erwischt hat.«

Kisslings braun gebranntes Gesicht verhärtete sich. »Rolf? Czarnitz? Ist er auch …?«

Simbach nickte betroffen.

»Das kann doch nicht wahr sein. Auch mit Strom?«

»Weiß ich nicht. Aber es ist auch im Turm passiert.« Und um es endlich loszuwerden, fügte er sogleich hinzu: »Es hat sogar noch ein drittes Opfer gegeben. Die Mesnerin. Ihre Leiche hat man im Dachstuhl des Kirchenschiffs gefunden.«

»Das darf nicht wahr sein. Weißt du, was das bedeutet?«, presste Kissling nach einigen Sekunden hervor. Aus seinem Gesicht war jeglicher Optimismus entwichen.

»Ich befürchte, da gehts nicht nur um verschmähte Liebe«, stellte Simbach fest.

»Wieso denn gerade Rolf?«

Simbach schwieg und starrte in sein Weinglas. Irgendwie war ihm der Appetit vergangen.

»Wieso gerade er?«, wiederholte Kissling.

Simbach holte tief Luft, blickte auf die anderen Gäste, die jedoch weit genug weg waren und nichts hören konnten.

»Ich bin dran schuld«, flüsterte er dann und beugte sich über den Tisch. »Ich.«

Nachdem sie die Getränkehandlung Simbach verlassen hatten, blies den beiden Kriminalisten ein ungewöhnlich rauer Wind entgegen. Das schöne Sommerwetter schien bereits vorbei zu sein. Häberle musste unweigerlich an seinen Urlaub denken, den er mit Ehefrau Susanne wieder im Wohnmobil am Luganer See verbringen wollte – oder vielleicht doch eher am Lago Maggiore, wo ihm im italienischen Landstrich die Restaurants günstigere Preise boten. Für Anfang September hatte er Urlaub geplant – und er hoffte inständig, dass dieser Fall bis dahin geklärt sein würde.

Er wollte keine Zeit verlieren. Außerdem, das wusste er aus Erfahrung, sank mit jedem Tag, der seit einem Verbrechen vergangen war, die Chance, den Täter zu fassen. Und das Erinnerungsvermögen von Zeugen und Betroffenen wurde auch nicht besser.

Deshalb entschied Häberle, sofort auch noch diesen Konrad Faller aufzusuchen, der beim Auffinden von Simbachs Leiche dabei gewesen war – und der gegenüber der Dekanin seltsame Andeutungen gemacht haben soll.

Linkohr fingerte aus dem Handschuhfach des Audis ein örtliches Telefonbuch, um nach Fallers Adresse zu suchen. »Faller Metallbau, hab ich«, sagte er, während Häberle den Wagen aus dem Gewerbegebiet Talgraben hinaussteuerte. »Draußen in den Neuwiesen«, fügte der junge Kriminalist hinzu. Sein Chef nickte und wusste, um welches Industriegebiet es sich handelte.

»Die Simbach war richtig erbost, weil Sie sie nach ihrem Liebesleben gefragt haben«, stellte Linkohr fest.

»Hat mich auch gewundert. Als ob wir sie da irgendwie an einem wunden Punkt getroffen hätten.«

»Liebhaber, zerrüttete Ehe – und dann den Ehemann beseitigt«, grinste Linkohr, obwohl er diese Bemerkung keinesfalls nur als witzig verstanden wissen wollte.

»Das hat nur einen Schönheitsfehler: Es gibt noch einen zweiten Toten. Von der Frau Gunzenhauser mal ganz abgesehen, die möglicherweise durch einen dummen Zufall in die Sache reingeraten ist. Zur falschen Zeit am falschen Ort sozusagen.«

»Ich weiß. Die Sache wär zu einfach, wenns nur eine Herz-Schmerz-Geschichte mit Todesfolge wäre.«

»Andererseits«, meinte Häberle ernst, »sind viele Fälle viel einfacher, als wir denken. Wir neigen nur manchmal dazu, zu viel hineinzuinterpretieren.«

Linkohr überlegte, wie dies in der aktuellen Sache gemeint sein könnte.

Sie schwiegen sich eine Weile an, während der Audi im Kolonnenverkehr der Bundesstraße 10 dahinkroch.

»Denken Sie immer dran, dass wir zwei Opfer haben, die innerhalb kürzester Zeit am gleichen Ort mit der gleichen Methode umgekommen sind. Da liegt es nahe, dass sie beide wegen ein und derselben Sache sterben mussten – und der Täter sich absolut sicher sein konnte, sie dort oben im Turm auf raffinierte Weise töten zu können«, dozierte Häberle.

»Entweder verbindet die Opfer ein Geheimnis, das wir noch nicht kennen. Oder einer von beiden ist ein Zufallsopfer.«

Fallers Metallbaufabrik war abseits der großen Supermärkte in den Hallen eines vor Jahren pleite gegangenen Unternehmens untergebracht. Auf dem Parkplatz standen nur wenige

Fahrzeuge. »Die haben längst Feierabend«, meinte Linkohr, worauf Häberle beim Blick auf die Uhr im Armaturenbrett erst bewusst wurde, dass es schon kurz vor 20.30 Uhr war. »Ein schwäbischer Unternehmer ist um die Zeit noch im Betrieb«, erwiderte er und hoffte, dass er recht behalten würde.

Die beiden Kriminalisten stiegen aus und versuchten vergeblich, am vorgesetzten Bürotrakt die stabile Glastür zu öffnen, hinter der ein geräumiges Foyer mit Grünpflanzen zu erkennen war. Häberle drückte auf den einzigen Klingelknopf, den es gab, worauf sich wenig später eine genervte Stimme im Lautsprecher meldete: »Ja?«

»Herr Faller?« fragte Häberle und bückte sich zu der Sprechanlage.

»Ja«, kam es kurz zurück.

»Kriminalpolizei, mein Name ist Häberle. Mein Kollege und ich hätten Sie gerne kurz gesprochen.«

»Kommen Sie rein.«

Kaum hatten Häberle und Linkohr das Foyer betreten, stürmte ihnen aus einer der Türen ein vollbärtiger Mann entgegen, begrüßte die Besucher mit Handschlag und schien seine anfängliche Verärgerung über die Störung sofort abgelegt zu haben. Er bat die Kriminalisten in sein Büro und bot ihnen Platz auf einer schwarzen Ledercouch an. Er selbst setzte sich jenseits eines Schiefertisches in einen Sessel.

»Ich hab Ihren Besuch schon erwartet. Die ganze Stadt ist in Aufruhr. Mir ist unerklärlich, wer zu so etwas fähig ist.«

Häberle nickte ernst, während sein junger Kollege insgeheim über den blitzblanken Schreibtisch staunte. Die linke Wand zierte ein großes, ziemlich realistisches Gemälde einer Geislinger Altstadtansicht samt Stadtkirche.

»Sie waren in der Freitagnacht dabei, als Herr Simbach aufgefunden wurde«, stellte Häberle sachlich fest. »Das haben meine Kollegen bereits ermittelt. Uns würde aber viel mehr interessieren, was Sie über den Getöteten wissen. Was er für ein Mensch war, welche Kontakte und Beziehungen er hatte …«

»Na ja«, unterbrach Faller den Kriminalisten und strich die Ärmel seines hellblauen Hemdes glatt. »Alexander Simbach war nicht einfach. Er war in vielem sehr eigenwillig. Das mag aber auch daran gelegen haben, dass er gleich nach der politischen Wende hierher gekommen ist.« Er verzog das Gesicht zu einem Lächeln. »Sie kennen die Mentalität von uns Schwaben selbst. Wir sind zurückhaltend und skeptisch, wenn … ja, wenn wir den Eindruck haben, jemand will uns über den Haufen schwätzen, wie wir so schön sagen.«

Häberle fühlte sich mal wieder bestätigt. Schwätzer, dachte er, die allgegenwärtigen Schwätzer glauben, die zurückhaltenden Schwaben für dumm verkaufen zu können. Nur weil die Schwaben erst den Gehirnkasten einschalten und dann schwätzen – und nicht umgekehrt, wie dies neuerdings in dieser Republik weit verbreitet war. Er hätte auf Anhieb viel dazu sagen können. Doch er hielt sich zurück und knüpfte behutsam an Fallers Redefluss an: »Und Herr Simbach zählte zu dieser Sorte?«

»Es entsprach wohl seiner Mentalität. Im Grunde genommen war er gutmütig und bereit, sich ehrenamtlich zu engagieren, wie Sie sicher wissen. Die Art und Weise, wie die politische Wende 1989 zustande gekommen ist, hat ihn tief beeindruckt und geprägt. Er hat immer gesagt, diese Montagsgebete damals hätten so viel positive Gedankenenergie geschaffen, dass sich das DDR-Regime plötzlich und ganz ohne Blutvergießen aufgelöst habe. Für ihn war dies wie ein Wunder – und ein Beweis dafür, dass ein Volk durch kollektives positives Denken seine Zukunft zum Guten beeinflussen kann, genau so, wie es anders herum im negativen Sinne sein könne – denken Sie an das Dritte Reich.«

»Glaube versetzt Berge«, entgegnete Häberle. »Positives Denken hat dieses Land in der Tat nötig.«

Faller nickte. »So ist es. Die WM hat doch jetzt den Beweis erbracht. Kein Mensch hätte unserer Mannschaft auch nur die geringste Chance eingeräumt. Und was ist dann passiert? Mit Klinsmann ist ein positiv eingestellter Mensch aufgetaucht, der nicht nur seine Spieler motiviert, sondern die Menschen des ganzen Landes in eine unglaubliche Euphorie versetzt hat. Wer hätte sich bis dahin getraut, die Deutschlandflagge aus dem Fenster zu hängen oder gar ans Autofenster zu stecken?«

»Jeder wär als alter Nazi verschrien gewesen«, stimmte Häberle zu.

»Ich bin davon überzeugt«, fuhr Faller fort, »Deutschland wäre Weltmeister geworden, wenn nicht diese Sache mit Frings die positiven Kreise gestört hätte. Seine plötzliche Sperre wegen irgendwelchen Rempeleien, die gar nicht von ihm ausgegangen sind. Die Altherrenriege der Fifa hat doch nur auf Druck der italienischen Presse, oder sagen wir der Mafia, diese Entscheidung getroffen. Das hat in den positiven Schwingungen eine Störung verursacht. Wie es ausgegangen ist, wissen wir. Zwei Minuten vor Schluss zwei Tore. Aber unglücklich brauchen wir trotzdem nicht zu sein. Wir sind Weltmeister der Herzen geworden.«

Linkohr fügte aus vollster Überzeugung an: »Managertypen wie Klinsmann bräuchte das Land.«

»Absolut richtig«, erwiderte Faller. »Wenn diese WM 2006 eine Signalwirkung in die Zukunft haben sollte, dann diese: Leute, glaubt an euch, lasst euch nicht beirren, krempelt die Ärmel hoch, packt gemeinsam an. Wenn meine Unternehmerkollegen nicht nur an den schnellen Euro dächten, an Gewinnmaximierung und das Einsparen von Personalkosten, wenn sie wie Klinsmann ihre Mannschaft motivieren könnten, anstatt Unfrieden zu stiften und das Betriebsklima zu vergiften, ginge es in Deutschland längst bergauf. Natürlich ist es nicht damit getan, vom Chefsessel aus gemeinsames Zupacken zu propagieren – nein.« Faller schien Ansprachen dieser Art schon häufiger gehalten zu haben. »Nein«, wurde er jetzt energischer. »Das muss vom Manager bis zur Putzfrau geschehen. Alle müssen ein einziges Ziel verfolgen.« Er senkte seine Stimme wieder. »Auf dem Spielfeld heißt das gemeinsame Ziel, Tore zu schießen – und hier bei uns, im Betrieb: Qualität und Service.«

Häberle wollte dem nichts hinzufügen, sondern zeigte sich interessiert: »Und bei Ihnen läufts so?«

»Ich kann nicht klagen. Meine Mannschaft hält zusammen – und ich werd auch nicht auslagern, nur, um mir EU-Subventionen zu erschleichen und auf Kosten der Steuerzahler hier Arbeitsplätze abzubauen. Aber das ist ein anderes Kapitel.«

So gern sich Häberle noch länger mit dem Unternehmer über Themen dieser Art unterhalten hätte, so wichtig waren ihm aber auch seine Fragen. Jetzt schien ihm die Gelegenheit günstig zu sein, sie anzubringen. »Die Abwanderung in den Osten macht uns überall zu schaffen. Auch Herr Simbach ist dort hergekommen …?«

»Bischofswerda, ja«, bestätigte Faller. »Dass wir in den neuen Bundesländern Aufbauhilfe leisten mussten, ist natürlich klar. Die Frage stellt sich mir aber – wie lange noch? Muss um jedes unbedeutende Nest dort eine Umgehungsstraße gebaut werden, während man uns hier in Geislingen mit unserer B 10 seit 50 Jahren hängen lässt? Mit fadenscheinigen Argumenten und immer neuen unglaubwürdigen Politikerversprechungen. Ist Ihnen, meine Herren, eigentlich bewusst, wie lange wir allesamt schon den sogenannten Solidaritätszuschlag bezahlen? Glauben Sie im Ernst, dass der jemals abgeschafft wird?«

»Nein«, entgegnete Häberle schnell.

»Eben. Den bezahlen noch Generationen nach uns, die nicht mal mehr wissen, was die DDR war.«

Häberle wünschte sich insgeheim, mit Faller mal einen Abend lang bei einem Viertele oder einem Weizenbier zusammenzusitzen und zu diskutieren. »Herr Simbach«, so versuchte er erneut überzuleiten, obwohl auch Linkohr äußerst aufmerksam zugehört hatte. »ist mit den neuen politischen Verhältnissen offenbar nie zurechtgekommen?«

»So kann man dies sicher nicht sagen. Es scheint nur Differenzen gegeben zu haben mit Torsten Korfus. Ich weiß nicht, ob Sie davon gehört haben.«

»Doch, doch. Es soll eine Prügelei gegeben haben.«

»Prügelei«, wiederholte Faller abwertend. »Ob man das so sagen kann, weiß ich nicht. Da soll vor einigen Wochen nach einer Veranstaltung im Martin-Luther-Haus etwas eskaliert sein. Wir im Kirchengemeinderat haben versucht, dies ohne großes Aufsehen zu klären. Na ja – dazu ist es nun nicht mehr gekommen.«

»Haben denn Sie sich mal erkundigt, was der Grund für diese Differenzen war?«

Faller zögerte einen Moment. »Sie dürfen mir gerne glauben, dass ich versucht habe, mir ein Bild davon zu machen. Seit sich die beiden öffentlich in die Haare gekriegt haben, gibt es die wildesten Gerüchte. Aber da sag ich Ihnen sicher nichts Neues.« Er lehnte sich zurück. »Deshalb bin ich der Meinung, dass Sie in Ihre Nachforschungen auch die Vergangenheit der beiden mit einbeziehen sollten.«

Linkohr blickte interessiert auf, Häberle schwieg.

»Mit Vergangenheit mein ich die DDR-Zeit«, stellte Faller klar. »Mein Eindruck ist der, dass die beiden noch immer im Schlagschatten stehen, den ihre eigene Vergangenheit auf sie wirft.«

Häberle ließ ein paar Sekunden verstreichen, während deren sich die drei Männer lauernd anblickten. »Sie können uns sicher Näheres darüber berichten«, ermunterte er schließlich Faller zu weiteren Angaben. Der jedoch schluckte hart. »Leider nein«, sagte er schließlich entschlossen. »Aber ich denke, dass Sie kraft Ihres Amtes diese Schatten der Vergangenheit beleuchten können.«

»Ich geh mal davon aus«, erklärte der Chefermittler leicht verstimmt. »Aber vielleicht können Sie uns in einem anderen Punkt helfen. Es gibt da nämlich noch ein paar Fragen.« Häberle legte wieder eine seiner Kunstpausen ein.

»Und die wäre?«

»Es fehlen Kirchenschlüssel. Und zwar zwei. Die Mesnerin hat Ihnen wohl in der Freitagnacht einen Schlüssel gegeben?«

»Ja, selbstverständlich. Sie wollte nicht selbst aufschließen und deshalb hab ichs getan.«

»Und was ist mit dem Schlüssel dann passiert?«

Faller verengte die Augenbrauen. »Ich hab ihn. Natürlich.« Er sah seine Gegenüber verständnislos an. »Ich hab vergessen, ihn zurückzugeben. Soll ich ihn holen?«

»Nein, nein«, wehrte der Chefermittler ab. »Ich wollte das nur geklärt wissen, weil Frau Gunzenhauser dann am Samstag den Ersatzschlüssel beim Stadtpfarrer geholt hat.«

»Ach, da hätt die liebe Frau aber auch mich anrufen können.«

»Hätte sie tun können, ja«, stimmte ihm Häberle zu.

»Und noch eine Frage.«

»Die wäre?«

»Es sieht danach aus, als sei Simbachs Handy verschwunden. Jedenfalls ist es bisher nirgendwo aufgetaucht.«

»So?« Fallers Haltung verriet Spannung. Er stützte die Ellbogen auf den Oberschenkeln ab und kam mit dem Oberkörper nach vorne.

»Wir dachten, vielleicht ist es in der Freitagnacht im Turm aufgetaucht und dann verloren gegangen?«

»Obs verloren gegangen ist, weiß ich nicht. Der Leichenbestatter hats Simbach aus der Hose oder aus dem Hemd genommen und mir gegeben.«

»Ach. Und dann?«

»Dann hab ichs auf einen Fenstersims gelegt«, erklärte Faller. »Da, wo diese Schallluken sind.«

»Und dort liegen lassen?«, hakte der Chefermittler nach.

»Ja.« Häberle schwieg.

Es war schon kurz vor 22 Uhr, als die beiden Kriminalisten wieder in den Lehrsaal des Polizeireviers zurückkehrten. Die Kollegen der Sonderkommission, so berichtete der permanent ungekämmte Herbert Fludium, hatten sich inzwischen mithilfe einiger informatorischer Vernehmungen ein Bild davon verschafft, wie und von wem die beiden Männer im Kirchturm aufgefunden worden waren. Außerdem hatte man in den vergangenen Stunden noch mal die gesamte Kirche durchsucht, was sich als äußerst aufwendig erwies. Schlösser wurden sorgfältig geprüft, eine Vielzahl von Spuren gesichert und auch Anwohner und Beschäftigte der angrenzenden Häuser und Geschäfte befragt, ob ihnen in den letzten Tagen im Bereich des Gotteshauses etwas Verdächtiges aufgefallen sei. Zu diesem Personenkreis zählten die Erzieherinnen des benachbarten Kindergartens ebenso wie die Angestellten der ›Geislinger Zeitung‹, die von ihrer als Raucherzimmer missbrauchten Kleinküche einen hervorragenden Blick auf die Kirche hatten. Niemand jedoch konnte den Kriminalisten brauchbare Hinweise geben.

Während Häberle kurz von den Vernehmungen der vergangenen Stunden berichtete, machte sich Linkohr bereits daran, seine dabei gemachten Notizen in den Computer zu hämmern. Er beließ es bei stichwortartigen Aufzählungen, ohne die vielen Tippfehler zu berichtigen. Wichtig war es, dass alle Details, vor allem aber auch seine persönlichen Eindrücke und Beobachtungen, allen Mitgliedern der Sonderkommission zugänglich gemacht wurden.

»Gibts eigentlich inzwischen eine Erklärung, weshalb der Medizinmann bei der Todesursache von Simbach so daneben gelegen ist?«, fragte Häberle, worauf sich aus der Runde der umherstehenden Kollegen ein junger Mann zu Wort meldete: »Ich hab mich ausführlich mit Dr. Kräuter unterhalten.« Ohne aufgefordert zu werden, berichtete der Kriminalist von seinem Telefongespräch mit dem Ulmer Gerichtsmediziner, der ihm offenbar eine wissenschaftliche Lesung über die Feststellung eines tödlichen Stromschlags gehalten hatte. »Es soll tatsächlich Fälle geben, bei denen so gut wie keine äußerlichen Merkmale erkennbar sind«, erklärte der junge Mann, während er zu einem der Schreibtische ging, um sich seine Aufzeichnungen zu holen. »Manchmal handle es sich nur um stecknadelkopfgroße bräunliche Punkte, die sich auf der Haut gebildet hätten – sogenannte Strommarken.« Die Kollegen hörten aufmerksam zu.»In seltenen Fällen seien solche Strommarken zunächst gar nicht oder kaum zu erkennen. Sie zeigen sich dann erst einen Tag später.«

Ein Kollege, der sich auf einen Schreibtisch gesetzt hatte, traf dazwischenrufend die Feststellung: »Das heißt also, wenn der Doktor nicht genau hinschaut, schöpft er keinen Verdacht.«

»So ist das zu interpretieren. Häufig führt der Stromfluss zu Muskelverkrampfungen, was dann – so meint Kräuter – mit der Leichenstarre nicht übereinstimmt. Sie würde also zu früh eintreten.«

Häberle nickte. »Ich möcht lieber nicht wissen, wie viele Mordopfer schon jährlich still und heimlich beerdigt wurden.« Er schaute in die Runde und fügte hinzu: »Und den Herren und Damen Doktoren kann man nicht mal einen Vorwurf machen. Wenn, wie bei Simbach, nichts auf eine Fremdeinwirkung hindeutet, werden sie wohl kaum den Staatsanwalt aufscheuchen wollen.«

Betretenes Schweigen. Dann bat Häberle, jemand solle bei Leichenbestatter Leichtle anrufen und sich sagen lassen, wie sich das mit Simbachs Handy verhalten habe. »Ich will wissen, ob beim Auffinden der Leiche ein Handy entdeckt wurde – und wenn ja, was mit dem Ding geschehen ist.« Ein älterer Kollege begann sofort, im Telefonbuch zu blättern.

»Dann hätte ich gerne gewusst«, fuhr der Chefermittler fort, »was sich über Simbach und diesen Torsten Korfus findet. Über ihre Vergangenheit daheim in Bischofswerda, vor, während und nach der Wende. Vielleicht gibt es auch alte Stasiakten – bei dieser ehemaligen Gauck-Behörde, die jetzt irgendwie anders heißt.«

»Birthler-Behörde«, rief Fludium dazwischen.

»Danke, ja«, erwiderte Häberle. »Habt ihr eigentlich

schon jemanden ausfindig gemacht, der bei dieser Prügelei der beiden im Martin-Luther-Haus dabei war?«

»Ja, klar«, meldete sich ein Kollege. »Es war wohl keine richtige Prügelei. Nicht so, wie wir das ansonsten gewohnt sind. Die Zeugen, darunter übrigens die Garderobenfrau, berichten von einer zunächst verbalen Auseinandersetzung, die schließlich eskaliert sei. Simbach soll Korfus am Kragen gepackt und geschüttelt haben – und daraufhin sei Korfus ausgerastet und habe ihm mit der Faust auf die Nase geschlagen.«

»Und worüber haben die beiden sich gestritten?«

»Niemand hat den Anfang des Streits so richtig mitgekriegt. Es war ja gerade die Veranstaltung aus und im Foyer entsprechend viel los. Die Garderobenfrau glaubt sich jedoch zu entsinnen, dass Korfus geschrien haben soll: ›Du bist der größte Heuchler, den ich je kennengelernt hab‹. Oder so ähnlich. Und Simbach habe sinngemäß voller Zorn, zwar leise, aber für die Frau gut hörbar gesagt, es sei schade, dass sie ihn damals nicht auch eliminiert hätten.«

»Wer?«, fragte Häberle. »Wer wen nicht eliminiert?«

»Lässt sich nicht sagen.« Um dies zu unterstreichen, wiederholte der Kollege das soeben Gesagte: »Es heißt nur, es sei schade, dass sie ihn nicht auch eliminiert hätten.«

»Und dann? Was ist dann geschehen?«

»Schlag auf die Nase«, erwiderte der Kriminalist stichwortartig. »Und das wars.«

Eine andere Stimme meldete sich: »Leichtle sagt, dass er das Handy an Faller weitergegeben hat.« Es war der Kollege, der mit dem Leichenbestatter telefoniert hatte. »Wohin es Faller getan hat, daran kann sich Leichtle nicht mehr erinnern. Er meint aber, Faller habe es in die Hosentasche gesteckt.«

»Dann bitt ich euch, noch heute Abend die richterliche Anordnung zur Einholung der Verbindungsdaten von Simbachs Handy beizubringen«, beschloss Häberle, der sich inzwischen in den Türrahmen gelehnt hatte. »Von Simbachs Handy«, wiederholte er, »und von Fallers Festnetzanschluss.« Er sah in den Gesichtern, dass sich Skepsis breitmachte. Es würde nicht einfach sein, den diensthabenden Amtsrichter von der Notwendigkeit dieser Maßnahme zu überzeugen. Häberle setzte trotzdem noch eins drauf: »Und beantragt dies auch gleich für die Telefone – Handy und Festnetz – dieses Herrn Korfus.«

»Aber gegen den können wir doch erst recht nichts vorweisen«, schaltete sich einer aus der Runde ein.

»Die Prügelei mit dem Mordopfer – ist das nichts?«, fragte Häberle und verzog das Gesicht zu einem dezenten Grinsen. »Außerdem will ich wissen, zu wem dieser Czarnitz Kontakte gehabt hat. Also auch seine Telefonverbindungen brauchen wir.«

Fludium meldete Bedenken an: »Und wie wollen Sie das ohne dringenden Tatverdacht begründen? Ich weiß nicht, welcher Richter heut Abend Bereitschaftsdienst hat – aber wenns wieder nur ein Familienrichter ist ... Oder einer von auswärts?«

»Dann sagen Sie ihm, dass wir einen ganzen Sumpf trockenlegen wollen«, unterbrach Häberle ungeduldig, aber freundlich.

»Einen Sumpf ...?«

»Oder sollten wir besser Seilschaft sagen?«

21

Häberle hatte entschieden, Torsten Korfus sofort aufzusuchen. Der würde zwar jetzt, gegen 22.30 Uhr nicht mehr in seiner Kfz-Werkstatt anzutreffen sein, aber Linkohr machte ihn telefonisch in der Wohnung im Brunnensteig ausfindig. Das Wohngebiet befand sich jenseits der Bahnlinie, die hufeisenförmig am Stadtkern vorbeiführte, um auf diese Weise genügend Höhe für den folgenden Anstieg zur Hochfläche der Schwäbischen Alb zu gewinnen. Der Brunnensteig war nur 200 Meter vom Altstadtkern entfernt und lag abgeschieden im Ausläufer eines engen Geländeeinschnitts, in dem sich im Laufe der Zeit einige Menschen angesiedelt hatten, die die steil aufragenden, vor allem aber Schatten werfenden Hänge der Alb nicht fürchteten. Während knapp unterhalb des Waldrandes eine Villa im kühlen Betonstil der 60er-Jahre am Berg stand, bewohnten Korfus und seine Ehefrau eines der eher unauffälligen Häuser im Talgrund direkt am Bahndamm.

Kaum hatte Häberle geklingelt, stand ein kräftiger Mann mit unrasiertem, blassen Gesicht vor den beiden Kriminalisten. Er war nach Linkohrs Anruf zwar auf den späten Besuch vorbereitet gewesen, deshalb aber keineswegs freundlicher. »Kommen Sie rein«, murmelte er, während droben auf dem Bahndamm die Räder eines scheppernden Güterzugs in der engen Gleiskurve quietschten. Ein kalter Fahrtwind war zu spüren.

Häberle und Linkohr folgten dem Mann durch einen schmalen, schlecht beleuchteten Flur, an dessen Ende sich vor einer geöffneten Tür die Silhouette einer zierlichen Frau abzeichnete, die ein recht kurzes und ärmelloses Kleidchen trug. Die beiden Kriminalisten schüttelten ihr die Hand, während Korfus, ohne sie vorzustellen, in den Raum eilte, der offenbar ein provisorisches Büro darstellte. Er schob ein Laptop beiseite, legte Schnellhefter übereinander und stellte sein nahezu leeres Weizenbierglas an die Oberkante des Tisches, an dem die Kriminalisten auf hölzernen Stühlen Platz nahmen. Eine grelle Leuchtstoffröhre erhellte den Raum, der an zwei Seiten von prall mit Aktenordnern und Zeitschriftenstapeln beladenen Regalwänden umgeben war.

»Machen wirs kurz.« Seine Frau, die um die vierzig und hübsch anzusehen war, wie Linkohr insgeheim dachte, zupfte wie ein Teenager verlegen am Saum ihres bunten Kleidchens und ließ sich auf einem Hocker nieder und schlug die nackten Beine übereinander, was den jungen Kriminalisten wiederum ein wenig irritierte.

»Wir bemühen uns, die Fragen so schnell wie möglich loszuwerden. Mein Kollege hat Ihnen am Telefon bereits gesagt, worum es geht?«

»Simbach, ja«, unterbrach Korfus sächselnd, um so schnell wie möglich zur Sache zu kommen. »Sie wollen wissen, was ich mit ihm zu tun hatte. Klar – die Sache im Martin-Luther-Haus. Dass es zwischen uns gekriselt hat, ist kein Geheimnis. Aber unser Streit wär nie so weit gegangen, dass wir uns gegenseitig umgebracht hätten – falls Sie das denken.«

»Ich kann Sie beruhigen, so denken wir nicht. Wir wollen nur mit allen Beteiligten reden.«

Korfus' Frau verfolgte das Gespräch interessiert.

»Simbach war ein Stichler«, fuhr er fort. »Alte Geschichten. Weibergeschichten – er hat sie immer wieder aufgekocht. Vor allem, wenn er Alkohol getrunken hatte. Dann gab ein Wort das andere, tja, und dann ist das eskaliert.«

»Mit einem Faustschlag«, ergänzte Häberle sachlich.

»Ja, ich hab ihm eene in die Fresse geknallt.«

»Was ja unter zivilisierten Mitteleuropäern nicht gerade üblich ist«, meinte der Chefermittler und sah in das regungslose Gesicht der hellblonden Frau.

»Da stimme ich Ihnen zu. Aber wahrscheinlich wissen Sie selbst, dass so was in den feinsten Kreisen vorkommt.«

»Trotzdem würden wir gerne mehr über das Verhältnis von Ihnen beiden wissen. Sie engagieren sich in der Kirche, wie er das auch getan hat?«

Korfus nickte und spielte mit seinen Fingern, an denen schwarze Rückstände von Öl zu sehen waren, am Kabel des Laptops. »Wir haben beide vor der Wende in der DDR eine ... ja, sagen wir mal, eine Entwicklung durchgemacht. Als das mit den Montagsgebeten immer mehr und immer mehr wurde – da war klar, dass sich etwas bewegen würde. Entweder eine große Katastrophe, ein Blutbad – woran ich aber nach dem Verhalten der Sowjetunion und des ganzen Ostblocks nicht glauben wollte –, ja, oder der Ausverkauf der DDR, wenn man es so nennen will.«

»Sie sagen, Sie hätten eine Entwicklung durchgemacht?« Häberle hatte die Zwischentöne verstanden.

»Na ja, sag'n wir mal so: Wenn sie in diesem System aufgewachsen und erzogen worden sind, haben Sie nichts anderes kennengelernt. Wir waren sozusagen die Guten und ihr da drüben die Feinde.«

Linkohr sah in das traurige Gesicht der jungen Frau, die müde und gestresst wirkte.

»Darf ich fragen, was Sie vor der Wende drüben gemacht haben?«

»Ich bin gelernter Kfz-Mechaniker und hab in einem volkseigenen Betrieb gearbeitet – VEB hat man das genannt.«
»Und politisch?«
»Na ja, wie alle jungen Männer. Militärdienst natürlich. Was allerdings kein Zuckerschlecken war, kann ich Ihnen sagen.«
Häberle zeigte sich verständnisvoll. »Als was haben Sie gedient?«
»Zuletzt als Kfz-Mechaniker, zuvor an der Zonengrenze.«
»Grenzsoldat?«
»Ja«, erwiderte Korfus knapp und wich Häberles Blick aus. »Ein paar Monate.«
Endlich saß ihm einer gegenüber, dachte der Chefermittler. Nie zuvor hatte er jemanden getroffen, der diese menschenverachtende Demarkationslinie inmitten Deutschlands bewacht hatte. Alle waren sie doch irgendwie untergetaucht. Keiner wills gewesen sein. Er wechselte das Thema: »Und dann haben Sie sich also drüben schon in der Kirche engagiert?«
»Nicht engagiert, nein. Aber gebetet. Ja, ich hab gebetet, wie das alle getan haben. Montags. Wir haben gespürt, dass etwas Großes geschehen würde.«
»Und Herr Simbach hat das auch getan?«
»Alexander, ja.«
»Sie kennen sich aus der Jugendzeit?«
Korfus nickte.
»Und was hat er gelernt und getan?«, fragte Häberle.
»Er hat eine Elektrolehre absolviert und ist dann im Sicherheitsbereich tätig gewesen.«
Der Chefermittler suchte eine bessere Sitzposition. Der Holzstuhl war für sein breites Kreuz viel zu klein. »Bei

der Volkspolizei?«, fragte er, ohne allzu großes Interesse daran erkennen zu lassen. »Nein, nicht Volkspolizei«, erwiderte Korfus. »Bei der Justiz. So was wie ein Wachtmeister – oder so ähnlich. Genau weiß ich das nicht. Interessiert mich auch nicht.«

»Aber damals, vor der Wende, da waren Sie doch zusammen?«

»Wir haben uns sporadisch getroffen. Nicht regelmäßig, nee.« Er beäugte misstrauisch Linkohr, der wieder zu schreiben begann. »Soll das eigentlich ein Verhör sein?«

»Nichts Offizielles«, beruhigte Häberle. »Wir versuchen, uns ein Bild von den Lebensumständen der Toten zu machen. Weiter nichts.« Er lächelte. »Deshalb interessiert uns eben Simbachs Vergangenheit.«

»Wie gesagt, ich weiß nicht viel von ihm. Er selbst hat auch nicht viel drüber geredet. Wie wir überhaupt diese unselige Vergangenheit lieber vergessen möchten.«

»Dass Sie sich hier in Geislingen wieder getroffen haben – war das Zufall?«, wechselte Häberle das Thema.

»Ja, reiner Zufall. Seine Frau ist von hier. Er hat sie gleich nach der Wende in Bischofswerda bei einem Fest kennengelernt. Und wir beide …« – er sah zu seiner Frau und quälte sich ein Lächeln ab –, »wir sind uns 1990 in Bautzen über den Weg gelaufen. Liliane hat Freunde besucht. Sie hatte irgendwie schon vor der Wende Kontakte. Na ja – dann hats bei uns gefunkt und zwei Jahre später haben wir dann in Geislingen die Kfz-Werkstatt aufgemacht. Liliane kommt aus der Gegend hier – und weil Geislingen die Partnerstadt von Bischofswerda ist, haben wir uns hier niedergelassen. Dass Simbach hier bereits eine Getränkehandlung hatte, hab ich erst später erfahren.«

»War das eine Freude, hier einen alten Bekannten zu treffen?«, fragte Häberle.

»Was heißt Freude? Wissen Sie, in diesen Zeiten damals, war jeder sich selbst der Nächste. Jeder wollte möglichst schnell am Kapitalismus teilhaben. Viele sind bös auf die Nase gefallen. Da blieb keine Zeit für Freundschaften.«

Linkohr hatte den Eindruck, dass das eine ausweichende Antwort war, und machte sich eine entsprechende Notiz.

»Aber in der Kirchenarbeit hat man sich zusammengefunden«, resümierte Häberle.

»Er hat sich als Sponsor hervorgetan – ja, und mich haben se sogar in den Kirchengemeinderat gewählt.« Korfus deutete wieder ein Lächeln an. »Daran sieht man, dass auch wir Ossis hierzulande langsam akzeptiert werden. Mir liegt zwar weniger der Verwaltungskram. Aber ich hab gesagt, ich bring mich handwerklich ein.«

»Sie sind für die Glocken zuständig?«

»Richtig. Glockenbeauftragter heißt das. Trotz aller Elektronik ist die Technik im Turm mit viel Mechanik verbunden. Motoren, Antrieb, Aufhängung und so weiter.«

»Wie muss man sich das vorstellen? Machen Sie regelmäßige Kontrollgänge?«

»Ja, in der Regel. Am sinnvollsten natürlich, wenns läutet.«

Die beiden Kriminalisten sahen ihn gespannt an. Häberle gab sich wissend: »Verstehe. Sie müssen ja prüfen, ob die Mechanik in Ordnung ist.«

»Da schwingen tonnenschwere Kolosse. Da müssen Sie schon sorgfältig nachsehen.«

»Und wie oft tun Sie das?«

»Einmal die Woche, kann man sagen. Meist montags zum Gebetsläuten.« Korfus machte eine Pause. »Nur gestern nicht«, fügte er rasch an. »War ja Kinderfest und ›Stäffelespredigt‹.«

Die Männer schwiegen.

Es war kurz vor Mitternacht, als Konrad Faller mit seinem BMW die Türkheimer Steige aufwärts fuhr. Rechts schimmerten die Lichter der Stadt Geislingen durch das Blätterdach des bewaldeten Hangs herauf. Ein leichter Wind blies, und die Außentemperatur betrug nur 13,5 Grad. Viel zu wenig für einen Sommerabend Ende Juli, dachte Faller für einen kurzen Moment. Doch dann hämmerten wieder jene Gedanken durch seinen Kopf, die ihn seit Stunden nicht mehr losließen. Bohrende Zweifel hatten sich seiner bemächtigt. Zweifel, ob das, wozu er sich letztlich entschieden hatte, richtig war. Hätte er sich nicht doch lieber diesem Kommissar anvertrauen sollen? Alles war so schnell gegangen. Und nun schien es ihm, als sei er in eine Sache hineingeraten, aus der es kein Entrinnen mehr gab.

Faller spürte, wie er schwitzte. Er drehte die Klimaanlage ein paar Grad niedriger und geriet durch diese kurze Unachtsamkeit mit seinem Wagen ein Stück zu weit nach links, sodass ein Entgegenkommender die Lichthupe betätigte. Faller zog den BMW wieder nach rechts und versuchte, sich auf die Straße zu konzentrieren, über der sich der Himmel von den vorbeihuschenden, schwarzen Baumwipfeln abhob. Gleich würde er die Abzweigung erreichen. Noch könnte er einfach geradeaus weiterfahren. Er schaute in den Rückspiegel. Keine Scheinwerfer hinter ihm. Fahr weiter, fahr weiter – quälte ihn eine innere Stimme. Sein Verstand jedoch machte ihm klar, dass damit alles nur schlimmer werden würde. Bieg ab, setz den Blinker nach links – schien die Vernunft zu sagen.

Die Hinweisschilder, die zur Heidelandschaft ›Schildwacht‹ und zum ›Ostlandkreuz‹ wiesen, reflektierten bereits im Scheinwerferlicht. Faller holte tief Luft, sah noch einmal in den Rückspiegel und setzte den Blinker nach links. Gleichzeitig drückte er den Knopf der Zentralverriegelung, womit sich alle Außentüren mit einem dumpfen Klicken automatisch schlossen.

Der BMW rollte nach links in einen asphaltierten Weg, der bereits nach wenigen Metern in die freie Landschaft führte und sich verzweigte. Es waren nun einzelne Sterne zu sehen. Links am Horizont funkelten die Lichter einer Ortschaft herüber, die jenseits des Geislinger Talkessels lag. Faller verlangsamte auf Schrittgeschwindigkeit, um das weite Gelände vor sich überblicken zu können. Doch das Getreide stand bereits hoch, und auch der Mais war offenbar gut herangewachsen. Nirgendwo erspähte Faller ein auffälliges Licht. Er gab wieder Gas und bog an der Wegegabelung nach rechts ab – hinüber zu der Hochfläche, die in verschiedenen Schwarzschattierungen vor ihm lag. Hier kannte er sich aus, hier oben, wo die landwirtschaftlichen Flächen in die Heidelandschaft der ›Schildwacht‹ übergingen, auf der ein mächtiges, bei Nacht beleuchtetes Kreuz in den Himmel ragte, das an die vertriebenen Südmährer erinnerte, deren Patenstadt Geislingen war. Da hatte Faller in seiner Kinderzeit ›Räuber und Gendarm‹ gespielt und später, als Jugendlicher, bei Mondschein die ersten romantischen Erfahrungen gesammelt.

Wie konnte er jetzt an so was denken? Jetzt, ausgerechnet jetzt, während sein BMW auf dem asphaltierten Weg durch die Getreidefelder rollte. In ein paar 100 Metern würde er das ›Geiselsteinhaus‹ erreichen – das Vereinsheim der Turngemeinde Geislingen. Dort, das wusste er, war er mutterseelenallein. Werktags war geschlossen – und bei dieser kühlen Witterung dürfte an der Feuerstelle kaum jemand grillen. Vermutlich würde auch in keiner dieser verwachsenen Parkplatznischen das Auto eines Liebespaars stehen.

Den ganzen Abend über hatte Faller mit der lauter werdenden Stimme gekämpft, die ihn davor warnte, sich in einen Hinterhalt locken zu lassen. Dort draußen am Geiselsteinhaus hörte der Fahrweg auf. Und keine 100 Meter davon entfernt fiel der Steilhang nahezu senkrecht ins Rohrachtal hinab – dorthin, wo sich die Eisenbahnsteige und die Bundesstraße 10 zur Albhochfläche hinaufschlängelten. Der Geiselstein, der dem Vereinsheim den Namen gab, war ein grandioser Aussichtspunkt. Ein Weiterkommen aber gabs hier für Fahrzeuge nicht.

Faller nahm beim Gedanken daran instinktiv den Fuß vom Gaspedal, als wolle er die Ankunft am vereinbarten Treffpunkt möglichst lange hinauszögern. An seinem Handy, das in der Freisprecheinrichtung steckte, hatte er auf die mittlere Taste, die Fünf, den Notruf 110 als Schnellwahl programmiert. Notfalls brauchte er nur draufzudrücken und er wäre augenblicklich mit der Polizei verbunden. Ein schwacher Trost, durchzuckte es ihn. Bis eine Streife hier oben sein würde, konnte er längst tot sein.

Die Scheinwerfer pflügten sich durch die Nacht, dünne Äste streiften am Lack entlang. Faller behielt die Umgebung im Auge, links die Felder und den weiter entfernt gelegenen Wald, hinter dem das gelbe Scheinwerferlicht des Ostlandkreuzes den schwarzen Himmel erhellte. Er versuchte, sich das Wegenetz hier oben einzuprägen. Vom Parkplatz beim Geiselsteinhaus gab es zwei, drei Möglichkeiten, wieder zur Landstraße zurückzukommen. Notfalls, wenn es brenzlig würde und er flüchten musste, würde er auch einen Wiesenweg nehmen.

Als er nur noch 100 Meter vom Parkplatz entfernt war, schaltete er das grelle Xenon-Fernlicht ein, das die Umgebung in Flutlicht tauchte. Doch es gab nichts, was auf die Anwesenheit einer Person hindeuten würde. Fallers Blick streifte die digitale Uhr im Armaturenbrett. 23.59 Uhr. Er war pünktlich. Aber wo, verdammt noch mal, waren die anderen? Oder würde es nur einer sein?

Der Wagen rollte langsam aus. Noch suchte Faller mit zusammengekniffenen Augen die Landschaft ab, trat wieder sanft aufs Gaspedal, um einen Kreis zu fahren und somit das Gelände nach allen Seiten ausleuchten zu können. Nichts. Er stellte den Wagen in die Mitte des Parkplatzes, sodass er zwei Fluchtwege in Richtung Landstraße erreichen konnte. Den Motor ließ er laufen, das Abblendlicht angeschaltet.

Um Mitternacht geschah etwas, womit er nicht gerechnet hatte.

22

Häberle hatte die meisten Kollegen der Sonderkommission nach Hause geschickt. Linkohr stellte fest, dass die Mannschaft bereits viele Fakten und Daten zusammengetragen hatte – insbesondere Details zur Arbeit des Kirchengemeinderats und zum Auffinden der Leichen. Häberle schlug dem jungen Kollegen vor, noch ein Weizenbier zu trinken, das sich im Kühlschrank des Aufenthaltsraums fand. Sie setzten sich auf der dortigen Eckbank gegenüber und prosteten sich zu. »Wenn alles getan ist, darf man sich ein Bierchen gönnen«, meinte Häberle und wischte sich mit dem Handrücken den Schaum vom Mund. »Und heut haben wir eine ganze Menge getan.«

»Aber so richtig weitergekommen sind wir nicht.«

»Trotzdem wissen wir einiges. Da treffen sich zwei Ossis – und anstatt sich über das Wiedersehen zu freuen, scheinen sie an alten Dingen zu knabbern, über die keiner so richtig reden will.«

»Unsere Kollegen haben ihre Fühler bereits nach Ossiland ausgestreckt«, stellte Linkohr fest. Er hatte gelesen, dass entsprechende Telefonate mit sächsischen Dienststellen geführt wurden.

»Wir werden morgen noch einigen Herrschaften auf den Zahn fühlen. Diesen Stumper will ich mir mal genauer ansehen – diesen Orgler. Er war doch beim Auffinden der Leiche dabei.«

»Auch den Herrn Gunzenhauser sollten wir mal über

die Arbeitsgewohnheiten seiner Frau befragen. Wir gehen zwar davon aus, dass sie eher zufällig in die Sache reingeraten ist – aber niemand gibt uns die Gewissheit.«

»Na ja. Das alte Weible wird sich ja wohl kaum mit den Ossis angelegt haben.«

Linkohr zuckte mit den Schultern. »Sie wissen selbst, es gibt die verrücktesten Dinge.«

»Wichtiger scheint mir der Czarnitz«, erklärte Häberle. »Der scheint ein Geschäftemacher gewesen zu sein. Zumindest hör ich das aus allem so raus.«

»Und was halten Sie von Korfus?«

»Der Bursche ist schwer einzuschätzen. Aalglatt. Haben Sie bemerkt, wie eingeschüchtert seine hübsche Frau rumgesessen ist?«

»Kein Wort hat sie gesagt«, bestätigte Linkohr.

»Dafür hat sie Sie mit ihrem Kleidchen ganz schön abgelenkt.«

Der junge Kollege schaute verlegen. »Aber jetzt dürfen Sie mir nicht unterstellen, ich hätt etwas verpasst.« Er nahm ebenfalls einen Schluck.

»Ach – was. Ich bin sicher, Ihnen geht dasselbe durch den Kopf wie mir.«

Linkohr stutzte. Meist behielt der Chefermittler seine ersten Ideen für sich, um die weiteren Recherchen nicht allzu früh nur in eine bestimmte Richtung zu lenken. Doch jetzt schien er das Ergebnis seiner legendären Kombinationsgabe ziemlich bald preiszugeben. »Wenn Sie mich so fragen, na ja, man könnte fast den Eindruck gewinnen, der Mord im Kirchturm hätte Korfus gegolten.«

»Exakt. Denn wär der Montag hier kein örtlicher Feiertag gewesen, wäre Korfus, wie immer montags, zum Gebetsläuten in den Turm raufgestiegen.«

»Trotzdem hat dies alles gleich mehrere Haken. Erstens: Wieso kommt drei Tage vorher Simbach um? Zweitens: Wenn der Täter ein Hiesiger ist, muss er gewusst haben, dass am Kinderfest der Tagesablauf möglicherweise anders sein würde. Er konnte sich also nicht sicher sein, dass ihm Korfus in die Stromfalle gehen würde. Und drittens stellt sich sofort die Frage, weshalb war dann dieser Czarnitz zu diesem Zeitpunkt da oben? Einer, der mit der Kirche wohl gar nichts am Hut hat.«

»Richtig erkannt«, meinte Häberle. »Kein Mensch treibt sich grundlos im Kirchturm rum.«

Linkohr nickte. »Da fällt mir aber was ein. Wahrscheinlich gibts viel mehr Menschen, die da ein- und ausgehen, als wir denken. Die Mobilfunker müssen mit Sicherheit regelmäßig ihre Sendeanlage dort oben überprüfen.«

»Mann, Kollege, Sie sind spitze«, entfuhr es Häberle, der diese Erkenntnis gleich mit einem weiteren Schluck Weizenbier begoss. »Lassen Sie das morgen früh prüfen. Wir müssen wissen, wann zuletzt ein Mobilfunker am Werk war. Das sind Leute, die sich mit der Elektrik auskennen. Und eigentlich kommen nur solche für diese Basteleien an der Glockensteuerung in Frage. Sei doch alles professionell gemacht worden, sagen die Experten.«

»Schade nur, dass ein gelernter Elektriker schon tot ist.«

Häberle nickte, denn er wusste sofort, worauf Linkohr anspielte.

Anton Simbach war müde. Die lange Autofahrt nach Geislingen und wieder zurück hatte ihn schon angestrengt, dann das Gespräch mit Carsten Kissling in Dresden und nun wars Mitternacht, als er wieder in seinem Haus in Bischofswerda eintraf. Seine Frau schlief bereits – oder zumindest tat sie so, als habe sie ihn nicht kommen hören. Sie wollte sich heraushalten. In der Stimmung, in der sich Anton derzeit befand, würde eine einzige Bemerkung reichen, sich eine Ohrfeige einzufangen. Nein, sie wollte mit ihm nicht mehr reden. Nadine und Jonathan hatten sich in ihre Zimmer im Obergeschoss zurückgezogen.

Anton Simbach ging in sein Büro, holte aus dem Aktenschrank eine Flasche Whisky und genehmigte sich einen kräftigen Schluck. Dann lehnte er sich in seinem Schreibtischstuhl zurück und ließ die Ereignisse des Tages noch einmal vor seinem geistigen Auge ablaufen. Die Mordfälle in diesem kleinen Nest im Schwäbischen waren noch lange nicht ausgestanden. Schon auf der Autobahn hatte er sich den ganzen Tag über vorgestellt, wann die Polizei auch ihm unangenehme Fragen stellen würde. Carsten Kissling wollte zwar seine Kontakte nutzen, die er in all den Jahren seit der politischen Wende nie hatte abbrechen lassen. Doch letztlich würden auch die Beziehungen in höchste Kreise kaum etwas nutzen, um vor der Polizei sicher zu sein. Vielleicht aber würde die Kripo nicht zu tief in der Vergangenheit herumrühren. Man hatte doch ohnehin über manche dubiose deutsch-deutsche Affäre den vornehmen Mantel des Schweigens gehüllt, sodass sich einst wichtige Kontaktpersonen nun eines vornehmen Alterssitzes an bayrischen Seen erfreuen konnten. Wem würde es auch nützen, jetzt alte Geschichten aufzukochen?

Carsten hatte nach ihrem Gespräch im Café zur Frauenkirche im Beisein von Anton Simbach einige Telefonate geführt und die Situation geschildert. Doch jetzt wollte er selbst noch mit einem Mann sprechen, auf den es ganz entscheidend ankam. Simbach sah auf seine Armbanduhr. 10 Minuten nach Mitternacht. Er würde noch warten.

Während er die Whiskyflasche erneut an die Lippen setzte, schaltete er den Computer ein. Eine halbe Minute später zeigte der Bildschirm die gewohnten Icons. Simbach wollte seine Mails abrufen. Er erkannte eine Vielzahl von sogenannten Spams, also unerwünschten Werbemails, die er sofort löschte. Eines jedoch erweckte seine Aufmerksamkeit. Als Absender war kein echter Name zu lesen, sondern eine Fantasiebezeichnung: ›Look4x4x18‹. Der Betreff enthielt nur ein Wort: ›Eilt!‹ Simbach klickte drauf und bekam sofort den Text angezeigt, der – so war dem Eintrag in der Kopfzeile zu entnehmen – um 23.27 Uhr an ein halbes Dutzend weiterer Empfänger versandt worden war, die sich ebenfalls hinter ihren ›Nicknames‹ versteckten, wie die anonymen Adressen genannt wurden.

Simbach überflog den Text hastig, um gleich das Wichtigste zu erfassen. ›Äußerste Vorsicht geboten‹, stach ihm in die Augen – und der Halbsatz: ›auf den Fortgang Einfluss zu nehmen‹.

Dann erst begann er, die Mail ohne Anrede Wort für Wort zu lesen: ›Den Erkenntnissen zufolge ist mit intensiven polizeilichen Ermittlungen zu rechnen. Wichtig: Aussagen knapp formulieren und auf das Nötigste beschränken. Auf kein langes Gespräch einlassen. Grundsätzlich ist äußerste Vorsicht geboten. Außerdem wichtig: Angaben zur Vergangenheit wie in Protokoll 19 festgelegt. Nachlesen und einprägen! Gespräch üben. Überzeugendes Auftreten absolut wichtig. Es wird versucht, über unsere Infokette auf den Fortgang Einfluss zu nehmen. Bitte feindliche Kontaktaufnahme sofort melden‹. Simbach las den Text ein zweites Mal. Protokoll 19. Er würde es nachher aus den Aktenordnern holen, die in dem Wandschrank eingeschlossen waren. Sein Blick blieb am letzten Satz hängen. ›Feindliche Kontaktaufnahme‹. Er musste grinsen. Der Junge konnte es einfach nicht lassen, dachte er, während sein Blick auf die Digitaluhr fiel: 00:23. Sollte ers jetzt versuchen?

23

Faller war sehr erschrocken. Während er im Lichtkegel der Scheinwerfer angestrengt irgendeine Bewegung wahrzunehmen versuchte, hatte sich der elektronische Ton seines Handys schrill in das kaum hörbare Brummen des BMW-Motors und das sanfte Rauschen der Klimaanlage gebohrt. Die Beleuchtung des Displays blinkte und signalisierte einen ›Unbekannten Anrufer‹. Faller sah instinktiv nach allen Seiten, obwohl sich links und rechts von ihm nur die schwarzen Silhouetten der Sträucher vom helleren Himmel abhoben. Er meldete sich mit einem knappen: »Ja.«

»Jetzt passen Sie mal auf.« Die männliche Stimme im Lautsprecher erfüllte den Innenraum. »Sie fahren jetzt wieder zur Landstraße zurück und tun genau, was ich sage. Haben Sie verstanden?«

Faller saß wie gelähmt hinterm Steuer und starrte durch die Windschutzscheibe auf die angestrahlte hölzerne Umzäunung des Parkplatzes. »Natürlich verstehe ich Sie«, erwiderte er leise.

»Das ist eine reine Vorsichtsmaßnahme, falls Ihnen jemand gefolgt ist«, kam es schnell zurück. »Damit Sie jetzt gleich gar nicht auf die Idee kommen, jemanden anzurufen, legen Sie nicht auf. Haben Sie das verstanden?«

»Okay. Und nun?«

»Sie fahren wieder zur Landstraße zurück und dort links nach Türkheim«, befahl der Unbekannte. »Hinterm Ort gibts das Gewerbegebiet Schwäbische Alb – beim neuen Kreisverkehr. Sie fahren rein und sehen nach etwa 100 Metern links am Straßenrand einen gelben Eimer stehen. In den werfen Sie das Ding rein und verschwinden sofort in Richtung Geislingen. Bestätigen Sie!«

Faller hatte im Geiste die Anweisung nachvollzogen. Dieses Gewerbegebiet, das der Unbekannte meinte, war erst vor Kurzem außerhalb des Stadtbezirks Türkheim auf der Hochfläche erschlossen worden. Bisher hatte sich zum Leidwesen der Stadtverwaltung noch kein einziger Betrieb angesiedelt, sodass nur asphaltierte Straßen das Ausmaß der künftigen Gewerbefläche erahnen ließen. Und dort, wo einmal Lampen stehen sollten, ragten Elektrokabel aus dem Gehweg.

»Ich hab Sie verstanden«, bestätigte Faller mit belegter Stimme. »Ich fahre los.« Er fühlte sich beobachtet. Irgendwo musste der Unbekannte lauern. Verdammt geschickt eingefädelt. Man konnte sich in dem weitläufigen Gelände problemlos verstecken und die Situation per Fernglas im Auge behalten.

»Sie schalten das Handy nicht aus. Immer schön dranbleiben und Position durchgeben.«

»Ich fahre zur Landstraße vor«, antwortete Faller. Er beschleunigte und raste viel zu schnell an den Getreidefeldern entlang, aus denen um diese Jahreszeit allerlei Getier herausrennen konnte. Doch jetzt verschwendete er keinen einzigen Gedanken daran. Er wollte diese Sache endlich hinter sich bringen. Die Maisstängel huschten im Scheinwerferlicht vorbei.

»Landstraße erreicht«, meldete er, als er an der Einmündung kurz abbremste, um sich zu vergewissern, dass er keine Vorfahrt zu beachten brauchte. Er bog links ab und beschleunigte in Richtung des drei Kilometer entfernten Orts. Noch bevor er auf der Hochfläche ein kurzes Waldstück passierte, streiften in der dortigen Linkskurve die Scheinwerfer einen Kastenwagen, der auf einem Parkplatz stand. Faller sinnierte einen kurzen Augenblick, ob er von dort aus beobachtet wurde. Dann aber jagte er den BMW mit 120 km/h durch das Waldstück, beschleunigte weiter und nahm mit quietschenden Reifen die folgenden Kurven. Schon tauchten vor ihm die Lichter von Türkheim auf, als er im Rückspiegel plötzlich Scheinwerfer sah, deren Herkunft er sich nicht erklären konnte. Bis auf 200 bis 300 Meter waren sie schon aufgeschlossen. Entweder hatte sie der Fahrer erst jetzt angeschaltet oder er war aus einem Feldweg eingebogen, was Faller jedoch für unwahrscheinlich hielt, denn dann hätte er den Wagen doch im Vorbeifahren sehen müssen.

»Kurz vor Türkheim«, sagte er, als links die große Steinofenbäckerei auftauchte, die erst vor wenigen Jahren in diesem Stadtbezirk gebaut worden war.

»Brav, sehr brav«, kam es zurück.

»Sind Sie das hinter mir?«, fragte Faller zögernd, während er abbremste, um die stationäre Tempomessanlage mit 50 km/h zu passieren. Der Wagen blieb trotzdem jetzt weit zurück.

»Das braucht Sie nicht zu interessieren«, antwortete der Unbekannte. »Sie tun, was ich Ihnen gesagt habe und verschwinden wieder. Dann brauchen Sie nichts mehr zu befürchten – und alles hat sich für Sie erledigt.«

Faller schwieg und beschleunigte hinter dem ›Blitzer‹ wieder auf 70 km/h. Die Ortsdurchfahrt war wie ausgestorben. Er folgte ihr in Richtung Autobahnanschlussstelle Merklingen und traf ein paar 100 Meter hinterm Ort auf den beschriebenen Kreisverkehr, mit dem das neue Gewerbegebiet an die Landstraße angebunden worden war. Die Scheinwerfer erhellten den mit Unkraut bewachsenen Erdhügel. Faller bog in den engen Kreis ein und verließ ihn gleich an der ersten Ausfahrt wieder.

»Kreisverkehr verlassen«, meldete er und sah links und rechts die großen Sickerbecken, in denen das Oberflächenwasser aufgefangen wurde. Vor ihm führte die breite asphaltierte Erschließungsstraße sanft aufwärts, umgeben von jungen Bäumen, die an Holzpfähle gebunden waren. Aus den Fahrbahnrändern ragten in regelmäßigen Abständen Kabel und Plastikrohre hervor. Dort, wo längst hätten Arbeitsplätze entstehen sollen, hatte sich die Natur wieder breit gemacht: Gräser, wildes Getreide und Stauden bedeckten die Wunden, die die Baumaschinen der Landschaft zugefügt hatten.

Faller reduzierte das Tempo und konzentrierte sich auf den linken Straßenrand. Von Weitem bereits erkannte er den gelben Eimer.

»Und, was ist?«, forderte ihn die Stimme ungeduldig und gereizt zu einer neuerlichen Standortmeldung auf. Faller sah in den Rückspiegel. Nichts zu sehen. Und hier auf diesem Gelände hatte er noch kein Fahrzeug entdeckt. Doch im oberen Teil, das wusste er, gab es hohe Erd- und Schotterhügel, und außerdem führte dort, nur knapp 200 Meter entfernt, eine andere Landstraße vorbei. Es gab genügend Plätze, von denen aus man das Gewerbegebiet überblicken und ein beleuchtetes Auto sehen konnte.

Dann traf der Lichtkegel den gelben Eimer, der links am Gehwegrand stand. »Habe den Eimer erreicht«, bestätigte er und ließ beim Näherkommen das linke Seitenfenster hinuntergleiten. Er spürte sein Herz bis in den Hals pochen. Wenn das alles eine Falle war, wenn man ihn in einen Hinterhalt gelockt hatte, dann hatte er nur eine Chance: Vollgas und über die Ringstraße, mit der das Gebiet erschlossen war, wieder zurück zum Kreisverkehr. Gleichzeitig würde er die Handyverbindung trennen und die Kurzwahltaste für den Polizeinotruf drücken. Die energische Stimme im Lautsprecher erinnerte ihn an seine Mission: »Also – was ist? Ist der Auftrag erledigt?«

Faller hatte den Wagen so zum Stehen gebracht, dass Fahrertür und Eimer dicht beieinander waren.

»Werfen Sie das Ding raus, drehen Sie um und hauen Sie ab. Aber lassen Sie das Handy unbedingt eingeschaltet. Sie geben Ihre Position beim Zurückfahren durch, bis Sie in der Stadt sind. Haben Sie das verstanden?«

Faller schluckte. Er spürte einen mächtigen Kloß im Hals – und panische Angst, die ihn zu lähmen schien. Ein kalter Wind blies ihm ins Gesicht, als er mit der rechten Hand zum Beifahrersitz griff. Dort musste das verdammte Ding doch liegen.

Der übliche mitteleuropäische Sommer, so stand es an diesem Mittwochmorgen in der Zeitung. Häberle hatte beim

Frühstück müde in sich hineingeseufzt, während seine Frau Susanne den Artikel über die Geislinger Mordfälle überflog. »Der Sander hat mal wieder zugeschlagen«, stellte sie fest und meinte damit den Polizeireporter.

»Na ja, wann ist in diesem Provinznest schon mal was los? Und jetzt kommts gleich knüppeldick.«

»Und dieses Handy ist tatsächlich verschwunden?«

»Nicht ganz«, räumte er ein und strich sich Marmelade aufs Brot. »Gestern Abend haben wir noch erfahren, dass mans wohl bei diesem Simbach gefunden hat – aber dann hats einer, der im Turm dabei war, auf einen Fenstersims gelegt. Sagt er jedenfalls.«

»Aber da liegts natürlich nicht mehr?«

»Offenbar nicht. Nein. Die Spurensicherung hat keines entdeckt.«

»Aber ihr kriegt doch sonst immer raus, wo das Gerät zuletzt war, oder?«

»Wir sind schon heftig dran«, bestätigte er und zog den Sportteil aus der Zeitung.

»Und was hats mit diesem geheimnisvollen Schraubenzieher auf sich, von dem Sander hier schreibt? Davon hast du mir gestern gar nichts mehr erzählt.«

»Ist da so rumgelegen«, sagte Häberle und studierte die neueste Entwicklung beim Bundesliga-Hallenhandballverein ›Frisch Auf Göppingen‹. »Muss nicht unbedingt mit der Sache zu tun haben.«

Die beiden Eheleute schweigen sich noch ein paar Minuten Zeitung lesend an. Als im Radio die morgendlichen Regionalnachrichten kamen, in denen die Geislinger Verbrechen ebenfalls ein Thema waren, lauschten sie beide auf den Sprecher. »Noch gibt es keine Hinweise auf den oder die Täter«, endete die Meldung.

Häberle drückte seiner Frau einen Kuss auf die Wange. »Wünsch dir einen schönen Tag«, sagte er und strich ihr übers Haar. Sie rief ihm nach: »Viel Erfolg.« Dass es am Abend später werden konnte, brauchte er in solchen Fällen nicht besonders zu erwähnen. Susanne war es gewohnt. In den langen Ehejahren hatte sie oft genug erfahren, wie sich ihr Mann in einen Fall hineinknien konnte.

Er brauchte eine dreiviertel Stunde, bis er die 20 Kilometer zur Geislinger Kriminalaußenstelle zurückgelegt hatte. Irgendwann würde er die Ampeln zählen, schwor er sich, als er zum x-ten Mal vor einem Rotlicht stoppen musste. Der Weiterbau der neuen Bundesstraße 10 von Stuttgart her hatte sich zu einer unendlichen Geschichte entwickelt. Gerade hatten sie die Umgehung von Eislingen eingeweiht. An diesem viereinhalb Kilometer langen Teilstück ist fünf Jahre rumgedoktert worden, dachte Häberle, als die Kolonne kurz vor der Gemeinde Kuchen wieder mal nur im Schritttempo vorwärts kam. In solchen Momenten erschien es ihm völlig unmöglich, dass man es in den neuen Bundesländern innerhalb kürzester Zeit geschafft hatte, meilenweit neue Straßen aus dem Erdboden zu stampfen. Hier in den Südstaaten, wie sich Häberle oftmals auszudrücken pflegte, weitab von der Hauptstadt, schien es so, als fände der Straßenbau noch mit Schaufel, Pickel und Stoßkarre statt. Vermutlich war dieses Schneckentempo politisch gewollt, um die lautstarken Befürworter der neuen B 10 wenigstens mit ein paar neuen Straßenmetern bei Laune zu halten, während drüben im Ostteil der Republik auch vollends die letzte Hundertseelengemeinde eine Umgehungsstraße und ein neues Gewerbegebiet kriegen konnte. Häberle hatte seinem Unmut darüber schon mehrfach bei Gesprächen mit Landes- und Bundespolitikern Luft gemacht. Doch gefruchtet hatte es nichts. Er hatte dies auch gar nicht erwartet.

So in Gedanken versunken erreichte er das Polizeirevier, in dem er die uniformierten Kollegen freundlich begrüßte, die er im Treppenhaus traf. Droben im Lehrsaal hatten sich bereits sieben Kriminalisten um zwei Bildschirme versammelt. »Guten Morgen, die Herren«, rief Häberle in den Raum und erntete sogleich mehrstimmige Erwiderung. Einer der Männer berichtete, dass es auf Sanders Artikel noch keine Resonanz gegeben habe. »Weder zum Handy noch zum Schraubenzieher. Auch sonst nichts.«

»Und aus Kirchenkreisen auch nichts«, stellte Fludium enttäuscht fest. »Mir will nicht in den Schädel, dass keiner was weiß.«

»Wissen vielleicht schon«, meinte ein beleibter Kriminalist, der sich an den Aktenschrank gelehnt hatte. »Aber zwischen wissen und uns was sagen besteht halt ein himmelweiter Unterschied. Dafür haben wir heut früh schon was rausgefunden.« Er zögerte, um die Aufmerksamkeit auf sich zu lenken. »Wir sollten dringend diesen Czarnitz unter die Lupe nehmen. Seine Immobiliengeschichte in den neuen Bundesländern scheint sehr gut gelaufen zu sein.«

Häberle lehnte sich in den Türrahmen. Erst jetzt fiel ihm auf, dass Linkohr gar nicht da war. »Ihr habt den Czarnitz überprüft?«

»Ja, liegt aber nichts gegen ihn vor. Auch nicht gegen Alexander Simbach übrigens«, erklärte der Kriminalist vom Aktenschrank. »Aber ein Immobilienhändler, der hier in der Stadt das Gras wachsen hört – ein Alteingesessener, den ich gut kenn –, der hat mir gestern Abend vertraulich ein paar Tipps gegeben.«

Häberle nickte anerkennend. Er schätzte es ganz besonders, wenn die Kollegen Land und Leute kannten und die Kontakte auch pflegten. Orts- und Personenkenntnis, das predigte er seit Jahrzehnten, waren in diesem Beruf weitaus wichtiger als Bürokratismus und Verwaltungskram. Doch die in Stuttgart, wie er oft zu sagen pflegte, forderten Flexibilität – sprich: heute hier, morgen dort. Nach diesem Motto wurden auch Chefstellen besetzt – also in der Regel von Auswärtigen, die keinerlei Bezug zu ihrem Wirkungsbereich hatten. Häberle hatte schon oft darüber nachgegrübelt, welcher Sinn sich hinter solcher Personalpolitik verbarg. Vermutlich keiner. Im Laufe der Zeit hatte er aufgehört, nach einem vernünftigen Grund zu suchen. Denn ihm war klar geworden, dass sich alles nur an der Bürokratie orientierte. Und damit wäre die Suche nach der Vernunft vergebliche Liebesmüh gewesen. Und wo die Bürokratie nicht ausreichte, half etwas anderes. Etwas, für das es im Osten der Republik eine treffende Bezeichnung gab: Seilschaften.

An dies musste Häberle innerhalb einer Sekunde denken. »Und?«, hakte er nach und forderte den Kollegen auf, die vertraulichen Tipps preiszugeben.

»Czarnitz hat gleich nach der Wende alte Gewerbeflächen aufgekauft – zum Schnäppchenpreis. Aber nur solche, bei denen keine Altlasten zu erwarten waren«, erklärte der Beamte am Aktenschrank. »Dann hat er überwiegend großflächigen Handel angesiedelt: Baumärkte und Fressalien. Er soll da drüben wie der King aus dem Westen aufgetreten sein.«

Aha, Typ Großschwätzer, dachte Häberle und grinste in sich hinein.

»Er hat für seine Erschließungen überall irgendwelche Tochtergesellschaften gegründet und auch mal den einen oder anderen Konkurs hingelegt«, fuhr der Kollege fort, was Häberle zu der Bemerkung veranlasste: »Und dabei ein paar Teilhaber übern Jordan gehen lassen.«

»Natürlich, klar. Aber ihm selbst hats bei der Gelegenheit zu einer Villa am Gardasee gereicht – Lazise, schöner mediterraner Ort, ganz unten im Süden.«

Noch bevor Häberle dazu etwas sagen konnte, tauchte neben ihm Linkohr auf, der es eilig zu haben schien und gleich alle Blicke auf sich zog. Er nickte seinem Chef zu und deutete auf mehrere Seiten Papier, die er triumphierend in der Hand hielt. »Da hauts dirs Blech weg«, kommentierte er wieder einmal. »Ratet mal, was ich hier hab«, rief er in die Runde und drängte sich an Häberle vorbei in den Raum. Die Antwort gab er sich selbst: »Telekom und Vodafone haben schon reagiert. Und ich hab bereits was Spannendes gesehen.« Er legte die ausgedruckten Mails auf einen Tisch.

24

Anton Simbach hatte beim Frühstück wie immer nicht viel gesprochen. Ihm brummte der Schädel. Er hatte in der Nacht zu viel Whisky getrunken und dann noch ein langes Telefonat geführt. Die Kinder waren bereits gegangen und seine Frau machte sich schweigend und untertänig in der Küche zu schaffen. »Bei mir wirds später«, beschied er militärisch knapp und verließ das Haus. Er stieg in seinen dunkelblauen Mercedes-Kombi und fuhr aus dem Wohngebiet hinaus. Unterdessen drückte er am Handy, das in der Freisprecheinrichtung steckte, einige Tasten. Mit einem kurzen »Ja?«, meldete sich eine Männerstimme.

»Ich bins, der Anton. Hast dus schon erfahren? Wir haben das Ding gekriegt.«

»Na, prima. Und der Kerl hat richtig gespurt?«, kam es sächselnd zurück.

»Keine Vorkommnisse, alles perfekt erledigt.«

»Und wie läufts jetzt weiter?« Der Angerufene schien mehr an der bevorstehenden Entwicklung interessiert zu sein als an Simbachs organisatorischem Erfolg.

»Ich fahr heut zu den Jungs rauf und hol gerade noch den Carsten ab«, erklärte Simbach, während er auf die Bremse treten musste, weil vor ihm ein völlig verschmutzter Lastwagen aus Polen abrupt anhielt.

»Ihr müsst natürlich damit rechnen, dass die Bullen an der Sache dranbleiben.« Die Stimme räusperte sich. »Und dass sie möglicherweise mehr wissen, als wir ahnen. Oder hältst du diesen Kerl da ... diesen ... na, du weißt schon, wen ich meine ... hältst du den für so zuverlässig, dass er sich an die Abmachungen hält? Dass er nicht zu den Bullen rennt?«

Simbach war irritiert. Woher sollte er das wissen? Er fuhr an dem stehenden Lkw vorbei und erreichte endlich den Stadtrand von Bischofswerda. »Ich geh mal davon aus, dass er ganz schön Schiss hat. Ich werd dafür sorgen, dass er in den nächsten Tagen immer mal wieder zu spüren kriegt, dass wir ihn observieren. Das dürfte ihn davon abhalten, auf dumme Gedanken zu kommen.«

»Du musst nur aufpassen, wenn die Bullen hier bei uns loslegen«, gab der Mann zu bedenken.

»Keine Sorge«, erwiderte Simbach überlegen. »Das erfahr ich früher, als du denkst.« Er lächelte und besah sein Gesicht im Innenspiegel. Dann beendete er das Gespräch und trat kräftig aufs Gaspedal. Nach Berlin waren es immerhin über 350 Kilometer. Aber der Tag war ja noch jung.

Sabrina Simbach fühlte sich wie gerädert. Sie hatte in der vergangenen Nacht so gut wie kein Auge zugetan, noch stundenlang mit Silke gesprochen und sich von ihr vorschwärmen lassen, was für ein traumhafter Typ doch ihr neuer Freund sei. Sabrina hatte nur mit einem halben Ohr zugehört und sich insgeheim gewünscht, auch sie könnte eines Tages wieder die schönen Seiten des Lebens genießen. Lange genug hatte sie im Schatten gestanden, im Schatten eines autoritären Mannes. Seit einigen Tagen hatte sich alles geändert, doch mehr und mehr spürte sie Zweifel, ob der Weg, den sie nun gehen wollte, der richtige sein würde. Vergangene Nacht hatte sich in ihr der Wunsch breit gemacht, ganz neu zu beginnen. Und ganz neu hieß: Alle Brücken abbrechen, wohin auch immer. Raus aus einem Netzwerk, das eigentlich Alexander gesponnen hatte und nicht sie. Sie musste zu ihrem eigenen Leben finden, ihre eigenen Vorstellungen realisieren. Da gab es keinen Platz mehr für das, was Alexander hinterlassen hatte. Und schon gar nicht für die Freunde und Bekannten, die aus seinem Umfeld stammten.

Sabrina trug ihre langen blonden Haare hochgesteckt und hatte eine Jeanshose und einen engen Pullover angezogen, als sie das Haus verließ, um mit dem VW-Bus zum Geschäft zu fahren. Dort waren ihre Angestellten bereits damit beschäftigt, angelieferte Getränkekisten zu sortieren und zu stapeln. Sergije wischte sich die Hände an der blauen Arbeitshose ab und kam auf sie zu. »Gehts Ihnen gut?«, fragte er höflich.

»Danke, wies halt so geht«, erwiderte sie kühl, obwohl sie es gar nicht so klingen lassen wollte.

Der junge Mann berichtete ihr, welche Lieferanten heute bereits da gewesen waren.

»Danke dir«, zeigte sich Sabrina zufrieden und eilte durch die schmalen Gänge, die die aufgestapelten Kisten bildeten, in ihr Büro. Sergije folgte ihr mit einigen Schritten Abstand und blieb an der offenen Tür stehen. »Entschuldigen Sie«, machte er sich dort bemerkbar, während Sabrina ihre Handtasche auf einen abgegriffenen Polsterstuhl warf und einige Lieferscheine überflog, die ungeordnet auf die ohnehin mit Papier übersäte Schreibtischplatte gelegt worden waren.

Die Frau drehte sich verwundert um. »Ja?«, fragte sie irritiert.

»Haben Sie einen Moment Zeit?«

»Natürlich«, antwortete sie verwundert. »Hast du ein Problem?«

»Das nicht«, erklärte er verlegen. Sein Deutsch war akzentfrei, obwohl seine Eltern, mit denen er als Vierjähriger von Russland nach Sachsen übergesiedelt war, die Sprache ihrer Vorfahren nie richtig gelernt hatten. Sergije hatte die Hauptschule in Bischofswerda mit bestem Klassendurchschnitt absolviert, dort aber trotzdem keine Ausbildungsstelle gefunden. Sein jetziger Job in der Partnerstadt machte ihm sichtlich Spaß.

»Was dann?«, knüpfte Sabrina an seine kurze Bemerkung an. »Was hast du auf dem Herzen?«

Er kam einen Schritt näher und zog die Tür hinter sich zu. Das hatte er noch nie getan.

25

Die Mitglieder der Sonderkommission gruppierten sich im Halbkreis um den Tisch, auf den Linkohr die Ausdrucke der beiden Telefongesellschaften gelegt hatte. »Es zeigt sich halt mal wieder, welch ergiebige Quelle das Telefon ist«, erklärte er stolz. Mochten manche auch behaupten, der Mensch werde auf diese Weise gläsern – wer jedenfalls nichts Böses im Schilde führte, brauchte vor derlei Möglichkeiten keine Angst zu haben. Linkohr hatte dieses Argument im Bekannten- und Freundeskreis schon oft vorgebracht und erntete zu seinem Erstaunen und Leidwesen meist Skepsis.

»Ich habs nur mal auf die Schnelle durchgeschaut und einige Nummern überprüft«, fuhr er fort und deutete auf die Papiere, die lange Auflistungen mit Telefonnummern, Uhrzeiten und Gesprächsdauern erkennen ließen. »Das Erste, was auffällt, sind die telefonischen Kontakte, die es zwischen Frau Sabrina Simbach und dem Herrn Korfus gegeben hat.«

»Na so was«, kommentierte Häberle süffisant.

»Ja, sie haben nahezu jeden Tag miteinander telefoniert, meist gings aufs Handy von Frau Simbach. Und just am Freitag, nachdem ihr Herr Gemahl im Kirchturm verblichen ist, hat Korfus im Getränkehandel Simbach auf dem Festnetz angerufen.« Linkohr zeigte mit dem Kugelschreiber auf die entsprechende Stelle. »Freitagvormittag 10.57 Uhr, um genau zu sein.«

Die Kollegen schwiegen. Jeder schien für sich darüber nachzudenken, welche Schlüsse daraus zu ziehen seien.

»Noch mal gab es dann am Montagnachmittag und am Dienstagabend einen Kontakt mit Korfus. Am Montag hat er sie angerufen, am Dienstag ging das Gespräch in die umgekehrte Richtung. Also von ihr zu ihm«, machte Linkohr weiter. »Ich kann mir kaum vorstellen, dass die beiden nur über Getränkelieferungen geplaudert haben.«

Durch die Reihe der Kollegen ging ein Raunen.

»Dann hat sie«, dozierte Linkohr weiter, »hier …« – er deutete wieder auf eine Zahlenreihe –, »sowohl am Samstagmittag als auch am Sonntagnachmittag und am frühen Dienstagvormittag eine Nummer in Bischofswerda angerufen. Bei den ersten beiden Mal kam ein Gespräch zustande, beim dritten nicht.«

Häberle stutzte. »Wie, die Frau Simbach telefoniert im Osten rum, obwohl sie doch damit gar nichts mehr zu tun haben will?« Dann fiel ihm aber ein: »Oder hat sie ihren Schwager angerufen, diesen …« An den Namen konnte er sich nicht entsinnen.

Linkohr nickte triumphierend. »Richtig. Genau den. Anton heißt er. Der Anschluss ist zwar auf einen Security-Dienst in Bischofswerda eingetragen. Aber dahinter steckt Anton Simbach.«

»Dann haben sich die Telefonate um den Tod seines Bruders gedreht.«

»Es gibt noch mehr«, dozierte Linkohr weiter und wandte sich einem anderen Blatt zu. »Czarnitz – hier. Das ist ungewöhnlich. Seit Samstagmittag wurde er mehrere Male aus Bischofswerda angerufen. Allerdings immer von ein und derselben Nummer …«

»Und was ist das Ungewöhnliche daran?«, wollte ein älterer Kollege wissen.

Linkohr hatte auf so eine Frage gehofft. »Das Ungewöhnliche ist die Nummer selbst – sie wird einer öffentlichen Sprechstelle in der Innenstadt zugerechnet, ganz in der Nähe vom Rathaus.«

»Das ist in der Tat ungewöhnlich«, meinte ein anderer aus der Runde. »Wer führt heut schon noch Gespräche von einer Telefonzelle? Und dann so viele.«

»So ist es«, entgegnete Linkohr. »Die anderen Nummern, die Czarnitz selbst angerufen hat, müssen wir noch checken. Daraus lässt sich vermutlich auf seine geschäftlichen

Kontakte schließen – und auf die eine oder andere krumme Sache, die er möglicherweise gedreht hat.« Er hob mehrere Blätter mit Nummern und machte damit deutlich, dass es mühsamer Arbeit bedurfte, die Anrufer und Angerufenen ausfindig zu machen.

»Jetzt aber kommt das Highlight: Alexander Simbachs Handy. Wir haben zwar das Gerät nicht, aber die Nummer. Und da ergibt sich etwas Hochinteressantes.«

Häberle hatte wieder mal Mühe, den jungen Kollegen nicht zur Eile zu drängen. Linkohr verstand es trefflich, seine Zuhörer zu fesseln, stellte der Chef insgeheim fest und war ein bisschen stolz darauf, dass er ihm dies beigebracht hatte.

»Mit Alexander Simbachs Handy wurde noch telefoniert, als er längst tot war«, brachte es Linkohr schließlich auf den Punkt, was sofort erstaunte Bemerkungen auslöste. Häberle gab keinen Kommentar ab.

»Das Handy wurde am Dienstagnachmittag angerufen – und zwar um 15.04 Uhr aus einer Telefonzelle, die beim Rasthaus in der Nähe von Plauen steht.«

»Plauen?«, echote eine Stimme aus dem Hintergrund. »An der A 9 nach Berlin?«

»Nein. Richtung Chemnitz-Dresden«, gab sich Linkohr wissend. Er hatte dies bereits auf einer Landkarte überprüft.

»Weiß man, wie lange gesprochen wurde?«, wollte ein anderer wissen.

»Neun Minuten und 48 Sekunden«, las der junge Kriminalist von dem Blatt, was den ironischen Kommentar von Herbert Fludium provozierte: »So lang schwätzt man nicht mit einem Toten.«

»Aber mit dem Mörder«, gab Linkohr zurück.

»Die Geodaten haben wir aber noch nicht?« Häberle hatte sich aufgerichtet.

Linkohr schüttelte den Kopf. »Nein, hab ich aber bereits angefordert.« Er wusste aus Erfahrung, dass es für die Telefongesellschaften ein Leichtes war, die Funkzelle zu benennen, aus der Handygespräche geführt wurden. Damit ließ sich der Standort, je nach Topografie, bis auf einen Radius von wenigen Kilometern eingrenzen. Denn entgegen weitverbreiteter Meinung kommunizieren Handys nicht direkt mit Satelliten, sondern nur mit dem nächstgelegenen Sendemast – und der war allenfalls 10 bis 20 Kilometer weg. Für diese Technik war ab Mitte der 90er-Jahre nahezu die ganze Welt in kleine, wabenförmige Funkzellen aufgeteilt worden. Und weil jedes Handy regelmäßig automatisch dem großen Zentralrechner meldete, in welcher Zelle es sich aufhielt, um ankommende Gespräche empfangen zu können, hinterließ es elektronische Spuren. Diese werden eine Zeitlang gespeichert. Linkohr und Häberle waren auf diese Weise schon vielen Tätern im wahrsten Sinne des Wortes auf die Spur gekommen. Allerdings wurden die Kriminellen zunehmend vorsichtiger – insbesondere natürlich jene mit den ›weißen Westen‹.

»Das bringt uns doch einen entscheidenden Schritt weiter«, lobte Häberle. »Das heißt also, dass wir diesen Anton Simbach ausfindig machen müssen – und das Umfeld dieses Czarnitz abklopfen sollten.«

»Nicht zu vergessen die Frau Simbach und den Herrn Korfus. Da ist doch was im Busch, meinen Sie nicht?«, warf Linkohr ein.

»Oder bei der Frau Korfus«, grinste Häberle und musste daran denken, wie Linkohr die Frau ins Visier genommen hatte.

»Tja, leider Gottes ist unsere Kundschaft nicht nur weiblich. Wir haben nämlich auch die Namen der Mobilfunkservicetechniker gekriegt, die im Kirchturm die Sendeanlagen warten.«

Fludium schaltete sich voreilig ein: »Und? Die waren natürlich vorige Woche da, was?«, fragte er mit ironischem Unterton.

»Nicht ganz so«, gab Linkohr zurück. »Aber der eine vor zwei Wochen und der andere vor vier.«

»Jetzt sagen Sie aber bloß nicht, dass einer von beiden aus Ossiland stammt und ein Verhältnis mit Frau Simbach hat«, witzelte Fludium.

»Malen Sie mal den Teufel nicht an die Wand«, erwiderte Linkohr. »Aber der von Vodafone wohnt tatsächlich in Leipzig.«

»Nu – ei verbibbsch«, äffte einer der Kriminalisten den dort beliebten Ausspruch nach, was Linkohr wieder einmal zu seiner ureigensten Feststellung veranlasste: »Da hauts dirs Blech weg.«

26

Sergije hatte den abgegriffenen Polsterstuhl zu sich hergezogen. »Es tut mir alles so leid«, beteuerte er und setzte sich. Sabrina Simbach sah ihn von der Seite an und lächelte verkrampft.

»Schon gut«, erwiderte sie. »Ich krieg das schon hin.«
»Weiß man denn schon etwas von der Beerdigung?«
»Nein, ich hab bisher nichts gehört«, antwortete Sabrina, während sie Lieferscheine beiseite legte.
»Ich wollte Ihnen nur sagen, dass Sie sich auf mich verlassen können. Es geht doch weiter – oder …?«
Sie zögerte. »Du meinst – mit dem Geschäft hier?«
Er nickte und legte die Beine übereinander.
»Um ganz ehrlich zu sein, Sergije, du kannst dir vielleicht vorstellen, was ich momentan durchmache.« Sabrina holte tief Luft und lehnte sich zurück. »Ein Wechselbad der Gefühle. Du weißt, es war mit Alexander nicht einfach. Aber ohne ihn … ohne ihn wird es mit dem Geschäft schwierig – auf die Dauer jedenfalls.«
Sergije nickte verständnisvoll.
»Versteh mich bitte nicht falsch«, machte Sabrina weiter. »Du hast mir wahnsinnig viel geholfen in den letzten Wochen. Aber ob ich das weiter packe – und ob ich das überhaupt will, das muss ich mir alles gründlich überlegen.«
»Und Silke?«
»Silke ist 16. Sie macht irgendwann das Abitur, hoffentlich.«

Das Leuchten aus seinen Augen verschwand. Für einen kurzen Augenblick überlegte Sabrina, was der Grund dafür war. War es die Sorge vor dem Verlust des Jobs – oder galt die Enttäuschung womöglich Silke? Schon einige Male hatte Sabrina den Eindruck gehabt, dass er sich um ihre Tochter bemühte.

»Vielleicht findet sich aber auch ein anderer Ausweg. Ich meine …« Sergije kämpfte mit sich, ob ers sagen sollte. »Ja, wir könnten doch versuchen, das Geschäft mit vereinten Kräften …«

»Danke, nett von dir«, unterbrach ihn Sabrina leicht unterkühlt. Wenn das jetzt ein Versuch war, sich über Umwege an Silke heranzumachen, dann gewiss zum denkbar ungünstigsten Zeitpunkt. Sie würde es auf gar keinen Fall dulden, dass ihre 16-jährige Tochter mit einem acht Jahre älteren Mann ein Techtelmechtel anfing. Im Übrigen hatte Silke bisher keine Anstalten gemacht, Sergije heiß zu machen, wie man heutzutage wohl zu sagen pflegte. Dass sie jetzt im Sommer gerne Shorts trug, wenn sie nachmittags ins Ladengeschäft kam, hatte sicher nichts mit dem jungen Mann zu tun, dachte Sabrina. Oder sollte ihr etwas entgangen sein?

»Ich muss mich erst mal neu orientieren«, versuchte sie das Thema zu wechseln. »Ich hab doch keine Ahnung, welche Geschäfte Alexander sonst noch gemacht hat. Nachts und auswärts.«

»Er hat Ihnen nie gesagt, wo er war, wenn er nicht heimgekommen ist?« Die Frage war eigentlich überflüssig, weil er die Antwort kannte, aber Sergije wollte damit dokumentieren, dass er Anteil nahm.

»Nie«, erwiderte sie. »Gar nie. Ich hab mir schon überlegt, ob vielleicht du etwas weißt. Er hatte doch angeblich Freunde, die ebenfalls aus Russland übergesiedelt sind.«

»Ich hab davon gehört, aber ich hab so gut wie keinen Kontakt zu den Landsleuten hier.« Er kniff die Lippen zusammen und fuhr nach kurzem Nachdenken fort: »Die hängen doch nur rum und saufen Wodka. Viele in meinem Alter sind bis heute nicht damit zurechtgekommen, dass ihre Eltern sie im Kindes- oder Jugendalter mit rübergenommen haben. Sie sprechen kaum Deutsch und haben Probleme, sich zu integrieren, weil sie es auch nicht wollen.« Sergije beugte sich mit seinem kräftigen Oberkörper zur Schreibtischplatte vor. »Wenn ich nicht gleich Deutsch gelernt hätte, wäre ich nun einer von denen.«

Sabrina lächelte ihm aufmunternd zu. »Ganz bestimmt, ja. Nur wer die Sprache des Landes beherrscht, kann sich beruflich und sozial integrieren. Wer das nicht tut, bringt meiner Ansicht nach zum Ausdruck, dass er nicht ernsthaft in die Gesellschaft aufgenommen werden will, sondern nur die Vorteile genießen möchte.« Wenn sie daran dachte, wie viel Steuer- und Sozialversicherungsgelder auf diese Weise ausgegeben werden mussten, überkam sie jedes Mal ohnmächtiger Zorn. »Oder überhaupt etwas ganz anderes im Schilde führt«, gab sie zu bedenken, ohne näher darauf einzugehen. In ihrem Geiste tauchten bei solchen Gelegenheiten immer wieder die einstürzenden Türme des World-Trade-Centers auf, dessen Zerstörung zumindest teilweise auch auf deutschem Boden ausgebrütet worden war.

»Wie gut kennst du eigentlich Anton?«, fragte sie plötzlich, um diese Bilder loszuwerden.

»Ihren Schwager? Na ja, Sie wissen ja, dass er mir die Arbeit bei Ihnen verschafft hat. Ich war drüben arbeitslos, wie die meisten in meinem Alter es sind.« Sergije lehnte sich zurück. »Ich war vier, als meine Eltern aus der Gegend von Leningrad – heute sagt man ja Sankt Petersburg – zuerst nach Potsdam, dann nach Lübbenau im Spreewald und schließlich nach Bischofswerda gekommen sind. Dort hab ich die Hauptschule abgeschlossen – nach einmaligem Sitzenbleiben.«

»Und wie haben Sie meinen Schwager kennengelernt?« Eigentlich hatte Sabrina ihn dies schon lange fragen wollen, doch hatte sich nie die Gelegenheit geboten. Und Alexander war diesem Thema immer ausgewichen.

»Ich hab mich mal bei ihm beworben – als Sicherheitsmann. Doch ohne Ausbildung, das seh ich ein, macht das wenig Sinn. Er hat deshalb auch meist auf erfahrene Kräfte zurückgegriffen.«

»Erfahrene Kräfte?«

»Na ja, ehemalige Polizisten und so. Leute eben, die entsprechende Kenntnisse haben und die nach der Wende auch plötzlich arbeitslos waren.«

»Auch Stasimitarbeiter?«

»Mit Sicherheit, ja. Aber das ist nichts Ungewöhnliches – bei der Menge von Stasispitzeln, die es gegeben hat. Ich vermute, dass er eher Polizisten und Angehörige der Nationalen Volksarmee bevorzugt hat.«

Sabrina nickte. »Das kann ich mir vorstellen. Hat er denn jemals …« Sie hielt inne, weil in diesem Moment die Bürotür aufgerissen wurde und Silke vor ihr stand. Sergije drehte sich auf dem Stuhl um und erhob sich. Er schaute in das blasse Gesicht des groß gewachsenen Mädchens. »Hallo, Silke«, strahlte er sie an. Für eine Sekunde blickte er in ihre blauen Augen und erhoffte eine Reaktion. Doch mehr als ein »Hallo, Sergije« kam nicht zurück. Sie ging zu ihrer Mutter, bückte sich zu ihr und drückte ihr einen Kuss auf die Wange. »Habt ihr eine Besprechung?«, fragte sie. »Soll ich wieder gehen?« Sie warf dem jungen Mann, der sich wieder gesetzt hatte, einen provozierenden Blick zu, was ihn verunsicherte. Er wollte etwas sagen, wagte es aber in Gegenwart ihrer Mutter nicht. Deshalb erhob er sich wieder. »Nein, nein«, gab er sich bescheiden. »Ich hab mich nur erkundigen wollen, wie es deiner Mutter geht.« Er lächelte Sabrina zu und verließ den Raum.

»Was hat er denn gewollt?«

»Ich glaub, er macht sich Sorgen, wie es hier weitergeht. Um ehrlich zu sein, ich mir auch.«

»Du solltest dir jetzt nicht zu viele Gedanken machen, Mami. Mit Sergije läuft es doch ganz gut, oder?«

»Vielleicht macht er sich sogar Hoffnungen, im Geschäft mitmischen zu können.«

»Wär doch nicht schlecht«, meinte Silke und grinste vielsagend.

»Wie soll ich denn das jetzt verstehen?«

»Wenn er dringend einen Job braucht, wird er keine großen Ansprüche stellen. Wenn du ihn rausschmeißt, steht er auf der Straße. Ohne Berufsausbildung – und nur mit Hauptschulabschluss.«

Sabrina sah ihre Tochter vorwurfsvoll an. »Du denkst schon wie dein Vater. Einschüchtern und ausnützen.«

»Aber so läuft es doch überall. Lies doch die Wirtschaftsnachrichten und vergiss deine soziale Ader. Oder red mal mit meinen Schulfreunden. Die können dir die tollsten Storys von ihren Eltern erzählen, die als Angestellte oder Arbeiter schamlos ausgenutzt werden. Und die Bosse lassen sich feiern – Hauptsache, sie faseln was von Arbeitsplätzen, die sie natürlich unbedingt erhalten wollten.«

Sabrina überlegte, auf welcher Seite ihre Tochter im Moment stand. Wollte Silke die Methoden der Unternehmer anprangern oder vorschlagen, es ihnen nachzutun?

»Wenn du Sergije vorjammerst, du könntest den Laden

hier nur fortführen, wenn er auf 10 Prozent seines Gehalts verzichtet und täglich eine Stunde länger arbeitet, dann kannst du mehr aus der Klitsche rausschlagen«, schlug das Mädchen vor und fügte hinzu: »Wenn ihm an dem Job liegt, wird er dir die Füße küssen, wenn du ihm auch noch andeutest, dass sein Arbeitsplatz damit vermutlich für mindestens ein Jahr gesichert ist.«

Sabrina sah zu ihrer Tochter auf. So hatte sie nie geredet, als Alexander noch lebte. »Im Moment besteht keine Notwendigkeit, an diesem Arbeitsverhältnis etwas zu ändern«, entgegnete sie ruhig.

»Ist doch egal. Jetzt ist die Zeit günstig. Glaubst du denn im Ernst, der allgemeine Sozialabbau sei überall betriebswirtschaftlich notwendig gewesen? Nie im Leben! Man macht das, wenn die Zeit günstig ist.«

Sabrina vermutete, dass Silke neuerdings einen sozialkritischen, vermutlich rot-grün angehauchten Lehrer hatte – oder war es ihr neuer Freund, der sie politisch beeinflusste?

»Und ich sag dir, Mami. Diese günstige Zeit hat Bundeskanzler Schröder eingeleitet. Nur der.« Silke stellte sich jetzt provozierend vor den Schreibtisch ihrer Mutter. »Das war ein waschechter Kapitalist im sozialistischen Gewande.« Sie verzog das Gesicht zu einem Grinsen. »In der Computersprache würde man sagen: Ein trojanisches Pferd.«

Sabrina war es nicht zum Lachen zumute. Sie durchzuckte plötzlich etwas, als habe sich ihrer ein Gedanke bemächtigt, der ihr bis dahin völlig fremd gewesen war. Nein, nicht Silkes Redefluss und ihre politischen Ansichten hatten sie irritiert. Es war etwas anderes gewesen.

So hatte sich Häberle einen Kirchenmusikdirektor immer vorgestellt: Feingliedrige Finger, sensibel, leicht abwesend, dünnes, widerspenstiges Haar – eben ein Künstler, dachte der Chefermittler, als er zusammen mit Linkohr in dem antiquarisch eingerichteten Wohnzimmer auf einer massigen Couch Platz nahm. Das Haus, das an eine Jugendstilvilla erinnerte, schmiegte sich an einen Südwesthang oberhalb des Hauptbahnhofs – an die sogenannte Schlosshalde. Tilmann Stumper und seine Ehefrau saßen den beiden Kriminalisten auf Sesseln gegenüber und lauschten aufmerksam Häberles Begründung für den Besuch. Stumper zeigte dafür Verständnis und erklärte, dass er bereits gestern damit gerechnet habe, seine Angaben zu Protokoll geben zu müssen. Dann schilderte er bereitwillig, was er am späten Freitagabend und in den folgenden Nachtstunden erlebt und gesehen hatte. Häberles Interesse galt jedoch den Stunden vorher: »Sie haben am Donnerstagnachmittag in der Kirche Orgel gespielt?«

»Ja, immer donnerstags tue ich das«, erwiderte Stumper und machte mit den Fingern flinke Bewegungen, als wolle er sich gleich an das Klavier setzen, das links von ihm an der holzvertäfelten Wand stand. »Toccata und Fuge in d-Moll, Bachwerkeverzeichnis 565«, fuhr er fort. »Ich weiß nicht, ob Ihnen das etwas sagt. Ziemlich kompliziertes Stück. Ich will es an Weihnachten spielen.«

Häberle ging nicht darauf ein, während Linkohr hinter den gläsernen Türchen des Wandschranks glänzende Becher und Schalen erkannte.

»Das war also am Nachmittag«, kam der Chefermittler zur Sache. »Einem meiner Kollegen haben Sie bei einer informatorischen Vernehmung gesagt, dass Sie während des Spielens gestört worden seien.« Häberle hatte dies dem Bericht eines Mitglieds der Sonderkommission entnommen.

»So ist es. Herr Faller ist zu mir raufgekommen und

wollte sich mit mir über diese dumme Sache zwischen Simbach und Korfus unterhalten.« Er verzog verärgert das Gesicht. »Es war der denkbar ungünstigste Augenblick. Ich war gerade mittendrin im Spiel.«

Frau Stumper, schlank und für Häberles Begriffe in heimischer Umgebung sehr fein gekleidet, zupfte sich im schneeweißen Haar und lächelte: »Sie müssen wissen, es war erst der zweite Übungsnachmittag für dieses Stück. Da lässt man sich nur ungern stören.« Linkohr schloss aus dieser Bemerkung, dass auch sie musikalisch war.

»Ja«, fuhr Stumper fort, »er wollte unbedingt, dass ich ihn bei dem Runden Tisch unterstütze, der für den Abend vorgesehen war. Ich hab ihm aber deutlich gemacht, dass ich mich aus den ganzen Querelen raushalten wolle. Deshalb dürfen Sie mich jetzt auch nicht fragen, worum es überhaupt gegangen ist. Das hat mich nicht interessiert.«

»Herrn Faller aber schon?«

»Er ist immer um Ausgleich bemüht. Und als Kirchengemeinderat sah er sich fast gezwungen, die Wogen zu glätten. Er hat sich wohl auch ziemlich reingekniet.«

»Wie darf ich das verstehen?«

»Er hat so eine seltsame Andeutung gemacht. Sinngemäß, wenn ich mich richtig entsinne, hat er gesagt, das übersteige alles unser Vorstellungsvermögen – oder so ähnlich.«

Stumpers Frau nickte. Offenbar hatten sie diese Bemerkung bereits ausgiebig miteinander diskutiert.

»Wessen Vorstellungsvermögen?«, zeigte sich Häberle interessiert.

»Unseres«, wiederholte Stumper, »also das der Wessis. So hab ich das jedenfalls verstanden. Als ob es um etwas ginge, das die beiden aus ihrer ostdeutschen Vergangenheit mit rübergebracht haben.«

»Sie können sich aber nicht vorstellen, was dies sein könnte?«

»Nein. Wissen Sie, meine Frau und ich sind eigentlich keine politischen Menschen. Politik hat nur selten Gutes gebracht. Die wirklich großen bleibenden und wichtigen Dinge des Lebens haben Wissenschaft und Kultur hervorgerufen. Selbst die sogenannte Wende haben nicht die Politiker zuwege gebracht, sondern das Volk. Und der Glaube an das Gute.« Häberle wollte nicht widersprechen. Keine Frage, Stumper saß lieber an seiner Orgel als diskutierend an irgendwelchen ›Runden Tischen‹.

»Vielleicht«, so warf jetzt seine Frau ein, »vielleicht solltest du sagen, dass Konrad noch etwas von Berlin gesagt hat.«

»Stimmt. Ja, er habe sich in Berlin umgehört und einiges erfahren. Ich hab nicht nachgefragt – wieso auch? Ich wollte einfach nur in Ruhe weiterspielen. Aber so wie er es gesagt hat, geh ich davon aus, dass er im Internet recherchiert hat. Das tut er immer, wenn er sich in ein Thema vertieft.« Er schien nachzudenken, ob er noch mehr dazu sagen sollte. Seine Frau drängte ihn: »Sag doch, wie ernst ers gemeint hat.«

Über Stumpers Gesicht huschte ein verlegenes Lächeln. »Vielleicht hat er auch nur dramatisiert. Aber er hat gesagt, dies alles sei hochexplosiv und wir seien beide mittendrin. Aber …«, wiegelte er ab. »Aber für mich hat das so geklungen, als wolle er dramatisieren.«

Linkohr schrieb diese Aussage wörtlich mit. Er konnte zwar nicht stenografieren, doch dafür hatte er sich in den vergangenen Jahren seine eigenen Kürzel angeeignet.

»Dann war da noch eine Begegnung mit Frau Gunzenhauser«, erinnerte sich Häberle an die Notizen seiner Kollegen. Obwohl ihn Stumpers Aussage brennend interessierte, ließ er sich dies nicht anmerken. Eine Eigenschaft, die schon manchen Gesprächspartner irritiert hatte.

»Die Frau Gunzenhauser«, so griff Stumper das geänderte Thema erleichtert auf. »Ja, sie hat unten den Blumenschmuck erneuert und pausenlos die Tür krachen lassen.« Noch jetzt schien er darüber verärgert zu sein. »Schließlich ist sie auch noch zu uns raufgekommen – während wir uns an der Orgel unterhalten haben. Ich weiß aber nicht, was der Grund war. Jedenfalls ist sie zum Treppenaufgang rüber, um irgendetwas auf dem Dachboden zu erledigen.«

»Wie lange war sie oben?«, wollte Häberle wissen.

Stumper zuckte mit den Schultern. »Weiß ich beim besten Willen nicht. Konrad ist wieder gegangen, und ich hab weitergespielt. Wenn das Licht am Notenpult brennt, blendet es, und außerdem konzentriere ich mich dann aufs Spiel.«

»Sonst war nichts Außergewöhnliches?«

Stumper zögerte wieder, doch auch diesmal nickte ihm seine Frau aufmunternd zu. »Frau Gunzenhauser hat sich beim Raufgehen gewundert, dass die Tür zum Treppenaufgang nicht verschlossen war.«

»Und das war ungewöhnlich?«

Stumper schaute ratlos seine Frau an, doch auch diese zuckte mit den Schultern. »Um ehrlich zu sein«, sagte er, »ich kümmere mich nicht um solche Dinge.«

Häberle hatte auch nichts anderes erwartet. Er dachte an das Protokoll, das er gelesen hatte. Frau Gunzenhauser hatte demnach am Freitagabend Stumper darauf angesprochen, dass sie sich um den verschwundenen Simbach sorge.

»Frau Gunzenhauser war ausschlaggebend dafür, dass man spätabends am Freitag in den Turm gestiegen ist – Sie, Herr Faller und die Frau?«, resümierte Häberle fragend.

»Ja, weil die Frau Gunzenhauser mir gegenüber behauptet hat, sie habe Herrn Simbach im Laufe des Donnerstagnachmittags zu mir zur Empore hochsteigen sehen.« Stumper lächelte verlegen, als halte er dies für völlig absurd. Linkohr blickte auf.

»Hätten Sie ihn denn sehen müssen?«, fragte Häberle ruhig.

»Ich sagte doch schon, wenn ich mich auf die Noten konzentriere und die Leselampe eingeschaltet habe – was immer der Fall ist –, dann seh ich nicht, was sich um mich rum in der dunklen Kirche bewegt. Auch nicht auf der Empore. Außerdem interessiert es mich auch gar nicht.«

»Herr Simbach hätte aber allein nicht in die Kirche reinkönnen«, stellte der Chefermittler fest. »Er hat ja keinen Schlüssel.«

»So ist es.«

»Sie haben einen Schlüssel?« Es war eher eine rhetorische Feststellung. Doch Häberle bemerkte ein Zucken in Stumpers blauen Augen und dann wieder ein verlegenes Lächeln, das in einen eher ratlosen Gesichtsausdruck überging.

»Sie fragen mich nach meinem Kirchenschlüssel?«, zeigte sich Stumper verunsichert und schielte wieder zu seiner Frau, die ihm moralischen Beistand gab: »Mein Mann hat da ein kleines Problem.«

»Ein Problem?«

»Nun …«, begann Stumper und es fiel ihm offenbar schwer. »Ich hab ihn verloren, vermutlich gestern oder vorgestern.« Er blickte die beiden Kriminalisten völlig entgeistert an. »Jedenfalls kann ich ihn nicht mehr finden.«

»Er ist weg? Ihr Kirchenschlüssel ist weg?«

»Ja, was soll ich Ihnen sagen?«, bedauerte Stumper. »Er ist weg.«

»Wann haben Sie das bemerkt?«

»Heut früh, als ich reinwollte.«
»In die Kirche?«
»Ja, ich dachte, ich hätt ihn in die Jacke gesteckt.«
»Sie bewahren ihn einzeln auf – also nicht an einem Schlüsselbund?«
»Ja.«
»Haben Sie den Verlust schon gemeldet?«
»Nein, bis jetzt nicht. Ich weiß, das war ein Fehler.«

27

Georg Sander hatte an diesem Mittwochvormittag vergeblich versucht, den Polizeipressesprecher ans Telefon zu bekommen. Seine Sekretärin ließ ausrichten, dass er gerade für den Privatradiosender ›Big FM‹ ein Telefoninterview zum aktuellen Stand der Ermittlungen gebe; und sein Vertreter mühe sich zwischenzeitlich mit dem täglichen Pressebericht ab – auch wenn dessen Inhalt, bestehend aus Unfallfluchten und Sachbeschädigungen, an einem Tag wie heute vermutlich keinen interessieren würde. Auch der Versuch,

Häberle bei der Sonderkommission direkt zu erreichen, schlug fehl. Zwar hatte ihm der Chefermittler längst seine Handynummer anvertraut, doch wollte Sander sie nur im Notfall benutzen. Er überlegte einen Moment, ob er die neue Kripochefin anrufen sollte, verwarf aber auch diesen Gedanken, zumal es ihr erster großer Fall war.

Sander blickte durch die Fensterfront über die Fußgängerzone hinweg zum Turm des Alten Rathauses. 10 vor halb 12. Ein trüber Julitag. Kein Sommer mehr in Sicht. Sanders Kollegen saßen im Konferenzraum, um die morgige Ausgabe zu planen, deren erste Lokalseite erneut von den Verbrechen der vergangenen Tage beherrscht sein würde. Seit Menschengedenken hatte es solche Bluttaten in dieser Provinzstadt nicht mehr gegeben. In solchen Fällen, das wusste Sander aus über 30-jähriger Erfahrung in diesem Job, beschritt die Heimatzeitung einen schmalen Grat. Zwar erwarteten die Leser detaillierte Informationen zu dem Verbrechen, das in Stadt und Umland längst alle weltpolitischen Ereignisse in den Schatten stellte. Andererseits aber bekam Sander dann oftmals zu hören, dass er ›schlimmer als die Bild-Zeitung‹ sei, wenn er den Ablauf eines Verbrechens schilderte. Dies machte ihm jedes Mal aufs Neue deutlich, dass die Menschen zwar jede schreckliche Untat aufsogen, wenn sie sich fernab der Heimat zutrug. Aber vor der eigenen Haustür sollte man tunlichst nicht darüber berichten. Und wenn, dann aber nur dezent. Denn in der unmittelbaren Umgebung hat die Welt in Ordnung zu sein.

Sander hatte sich für die Konferenz entschuldigt, um keine Zeit für seine Recherche zu verlieren. Er musste in solchen Fällen immer an Häberle denken, der bei jeder Gelegenheit betonte, dass ›nicht mit Schwätzen etwas bewegt wird, sondern durch Taten‹.

Der Journalist rang mit sich, ob er den Anruf tätigen sollte, den er sich bereits frühmorgens vorgenommen hatte. Die Sekretärin, die links von ihm ein paar Meter entfernt saß, schien seine Unschlüssigkeit bemerkt zu haben: »Was ist denn los?«, holte sie ihn aus seinen Gedanken zurück. »Fällt dir heut nichts ein?«

Er reagierte nicht, sondern sortierte die Notizzettel, die auf seinem völlig mit Papier überladenen Schreibtisch lagen. Alles Telefonnummern, die er anrufen sollte. Kollegen von auswärtigen Zeitungen, Radiostationen und von einem privaten Fernsehsender aus Ulm. Sander kannte diese Anrufe: Sobald sich in der Provinz etwas Großes abspielte, gierten die Journalisten aus der halben Republik nach Informationen. Erster Ansprechpartner war in solchen Fällen stets der örtliche Lokaljournalist.

Er hatte jetzt keine Lust zurückzurufen, sondern entschied sich für ein anderes Gespräch. Sander blätterte im Telefonbuch und suchte die Nummer des Evangelischen Dekanats. Augenblicke später hatte er die Sekretärin am Apparat. Er meldete sich und bat darum, mit der Dekanin verbunden zu werden.

Es gab wenige Gesprächspartner, bei denen er sich im Voraus schon genau überlegte, was er sagen und fragen sollte. Die Dekanin gehörte dazu. Sie meldete sich wie üblich kurz und schien sofort mit dem Grund des Anrufs konfrontiert werden zu wollen – ohne Umschweife, ohne Small Talk. Obwohl er davon ausging, dass sie sein Anliegen kannte, erwähnte Sander kurz die Ereignisse der vergangenen Tage und bemühte sich dabei, seine Stimme so ernst und seriös klingen zu lassen, wie es nur ging. Nachdem keine irgendwie geartete Reaktion aus dem Hörer drang, kam er gleich zur Sache: »Es wär gut, wenn wir kurz miteinander reden könnten.«

»Ich glaub, dass ich alles der Kripo gesagt habe. Wir sollten abwarten, was die Ermittlungen ergeben.«

Sander hatte mit einer solchen Reaktion gerechnet, weshalb er sofort darauf abhob, dass mithilfe weiterer Berichte möglicherweise auch entscheidende Hinweise aus der Bevölkerung kämen. Schließlich lenkte sie ein und gab Sanders Bitte nach, gleich kommen zu dürfen.

Er brauchte von der Redaktion aus nur zwei Minuten, denn das Dekanatsamt war nebenan in einem Altstadthaus in der Hansengasse untergebracht.

Die Theologin holte ihn am oberen Ende der Treppe ab und führte ihn in ihr Büro, wo sie sich am Besprechungstisch niederließen. Sander bedankte sich für die Zeit zu dem Gespräch und erklärte, dass auch er alles daransetzen wolle, zur Aufklärung dieser schrecklichen Bluttaten beizutragen.

»Mir sind einige Dinge durch den Kopf gegangen, die ich einfach zum besseren Verständnis gerne mit Ihnen besprochen hätte«, machte er weiter und staunte insgeheim über die unzähligen Bücher, die hinterm Schreibtisch mehrere Regale füllten.

»Sie werden verstehen, dass ich über die Betroffenen nichts sagen möchte«, stellte die Dekanin gleich klar. »Und was es mit dem Streit der beiden im Martin-Luther-Haus auf sich hatte, weiß ich auch nicht.«

Sander nickte verständnisvoll. »Alle reden nur von Simbach, Korfus und Czarnitz. Mir kommt es aber so vor, als gerate die arme Frau Gunzenhauser viel zu sehr in den Hintergrund. Glauben Sie denn auch, dass sie nur ein Zufallsopfer geworden ist – weil sie den Täter gesehen hat?«

»Was ich glaube, bester Herr Sander, das ist nicht maßgebend. Fakt ist, dass sich die Frau nie in irgendwas eingemischt hat. Sie hat mit Liebe und Hingabe ihre Arbeit gemacht und hatte – so weit ich das einschätzen kann – auch nie etwas mit Simbach und Czarnitz zu tun.«

»Aber als Mesnerin hat sie doch zwangsläufig mal mit den Personen zu tun gehabt«, wandte Sander ein. Er ließ den Notizblock in seiner hellgrauen Windjacke stecken. Wenn er jetzt mitschreiben würde, wäre die Dekanin sofort wieder wortkarg, dachte er und beschloss, sich das Gesagte einzuprägen.

»Natürlich haben die sich mal getroffen – liegt doch in der Natur der Sache. Aber sie hat sich bestimmt nicht um irgendwelche Querelen gekümmert.«

»Und ihr Mann – der Herr Gunzenhauser?«

Ein angedeutetes Lächeln huschte über das Gesicht der Dekanin. Sie schien zu ahnen, worauf Sander hinauswollte. »Herr Gunzenhauser hat ihr geholfen. Und das war gut so.«

Sie schwieg.

»Aber er war nicht immer dabei, wenns in der Kirche was zu tun gab?« Sander fragte behutsam weiter, um ja nicht den Verdacht aufkommen zu lassen, er könne es auf eine Sensation abgesehen haben.

»Nein, er hat sporadisch mitgeholfen, wenn es was zu erledigen gab, das für seine Frau zu schwer war. Sie müssen wissen, Herr Gunzenhauser ist handwerklich sehr begabt und trotz seines Alters noch sehr geschickt.«

»Hm«, überlegte Sander. »Was ist er denn von Beruf?«

Sie schien für eine Sekunde zu überlegen, ob sie die Frage beantworten sollte, entschied sich dann aber doch dafür: »Er hat lange Zeit im Albwerk gearbeitet. Als Elektromeister.«

Sander kniff die Augen zusammen und wollte etwas sagen, doch die Dekanin ließ ihn nicht zu Wort kommen:

»Ich weiß, was Sie jetzt denken. Fangen Sie mir aber bloß nicht an, irgendetwas in der Zeitung rumzuspekulieren.«

Die beiden Männer, die auf der A 13 in Richtung Berlin fuhren, kannten seit Stunden nur ein Thema: Mit welchen Folgen musste nach den Morden an Alexander Simbach und Rolf Czarnitz gerechnet werden? Anton Simbach, der hinterm Steuer saß, war die meiste Zeit auf der linken Spur gefahren und machte auch jetzt keine Anstalten, nach rechts einzuscheren, obwohl hinter ihm ein Porsche die Scheinwerfer aufblitzen ließ. »Arschloch«, kommentierte Simbach beim Blick in den Rückspiegel. Die Tachonadel zeigte auf 180 und rechts gab es keine ausreichende Lücke. Carsten Kissling auf dem Beifahrersitz interessierte dies nicht. Schon bei den jungen Pionieren, wie damals die Jugendgruppen hießen, hatte er gelernt, sich auf das Wesentliche zu konzentrieren. Erst recht aber, als er an der innerdeutschen Grenze den Patrouillendienst versehen und mit dem Fernglas über den Todesstreifen hinweg ins Reich des Erzfeindes geblickt hatte. All dies, wofür er gelebt hatte, was einmal seine Ideale waren, durfte nun nichts mehr gelten. Es war verpönt, öffentlich darüber zu reden. Wenigstens taten es noch die Jungs in Hohenschönhausen, dachte er. Die ließen sich nicht so einfach kleinkriegen – von den Kapitalisten, die inzwischen alles an sich gerissen hatten. Oder von den Medien, die alle in die Hände mächtiger Verlagshäuser geraten waren. Alles hatte sich so zugetragen, wie man es ihnen in der Schule für den Fall einer kapitalistischen Herrschaft angedroht hatte. Ein Schreckensszenario. Und was hatten sie damals nicht alles getan, um diesen Imperialismus des Westens zu stoppen, vor allem aber zu unterwandern? Manchmal hatte er darüber gestaunt, wie einfach es doch gewesen war, die Geheimdienste der BRD zu foppen. Ihm kam die Zeit in Sonneberg in den Sinn. Plötzlich schien es ihm, als verselbstständigten sich seine Gedanken. Bilder tauchten auf, die er längst vergessen hatte. Sie verschwanden abrupt, als Anton Simbach rechts einscherte, um dem drängelnden Porsche Platz zu machen.

»Sie sind heut Abend alle da«, sagte Simbach plötzlich und drosselte das Tempo. »Vor allem müssen wir dann klären, wie das in Geislingen weitergeht.« Er sah seinen Beifahrer von der Seite an.

»Ich könnt mir durchaus eine Lösung vorstellen. Aber dann haben wir alle am Hals.«

Anton schwieg, bis beide vom Signalton des Handys aufgeschreckt wurden, das in der Freisprecheinrichtung steckte. »Ja«, meldete sich Simbach.

»Bin ich mit Herrn Simbach verbunden? Anton Simbach?«

»Bin ich, ja«, gab er zurück.

»Entschuldigen Sie die Störung«, erklärte der Anrufer. »Mein Name ist Häberle. Kriminalpolizei Göppingen.«

28

Häberle grinste, als er Linkohr beim Polizeirevier ablieferte. Der junge Kollege war Ohrenzeuge des Gesprächs geworden, das sein Chef soeben mit Anton Simbach geführt hatte. »Das Gesicht hätt ich gern gesehen. Egal, wo wir den erreicht haben, der hat ja beinah in die Hose gemacht.«

»Jetzt können wir mal gespannt sein, was sich tut. Ich bin mir absolut sicher, dass irgendjemand ziemlich Muffe kriegt.«

»Sie wollen wirklich rüber?«, zweifelte Linkohr und spielte damit auf Häberles Ankündigung an, die er soeben gegenüber Simbach gemacht hatte.

»Warum denn nicht? Eine kleine Dienstreise wär längst mal wieder fällig. Und Maggy ist sicher nicht so kleinlich, wie unser guter Bruhn das war.« Das war zwar nur eine Vermutung, aber jetzt bot sich die Gelegenheit, einmal auszutesten, wie ernst es die Chefin mit ihrem Versprechen nahm, den allgegenwärtigen Bürokratismus eindämmen zu wollen.

Häberle hatte Linkohr vorgeschlagen, den Ehemann der Mesnerin aufzusuchen, während er selbst einen Überraschungsbesuch bei Sabrina Simbach machen wollte, ohne vorher anzurufen.

Häberle parkte den Dienst-Audi eine Fabrikhallenlänge vor der Getränkehandlung und ging zu Fuß zum Eingang. Erst jetzt wurde ihm bewusst, dass es halb eins war und Frau Simbach möglicherweise gerade Mittagspause machte. Doch die Eingangstür ließ sich öffnen und innen erhellten

Leuchtstoffröhren die Reihen aufgestapelter Getränkekisten. Er blieb vor der jungen Kassiererin stehen, hinter deren Platz zwei Dutzend Kunden darauf warteten, den Inhalt ihrer Einkaufswagen bezahlen zu können. »Entschuldigen Sie, ich such die Frau Simbach«, sagte er und bekam eine entnervt klingende Antwort: »Ist hinten.« Das Mädchen deutete ohne aufzublicken mit einer Kopfbewegung an, was sie meinte. Häberle wusste Bescheid, verschwand in der zweiten Gasse, die beidseitig mit Kisten gebildet wurde, und traf vor Paletten und Plastikeimern auf einen großen jungen, stoppelhaarigen Mann, der gerade ein neues Preisschild malte. Er grüßte ihn und erreichte mit wenigen Schritten die Bürotür, die einen Spalt weit offen stand. Häberle klopfte, drückte sie vollends auf und blickte in das überraschte Gesicht von Frau Simbach. Sie hatte gerade telefonieren wollen, legte jedoch den Hörer sofort wieder auf. Häberle entschuldigte sich, schüttelte ihr die Hand und setzte sich unaufgefordert. »Ich halt Sie bestimmt nicht lange auf«, versprach er, während Sabrina Simbach einen Schnellhefter schloss und sich auf ihrem Bürostuhl zu dem Besucher drehte. »Kein Problem«, meinte sie leicht unterkühlt.

»Sie werden verstehen, dass wir ein weites Umfeld abchecken müssen«, begann Häberle und besah sich beiläufig ein Werbeplakat der örtlichen Adler-Brauerei mit dem Slogan: ›Ein Bier zieht seine Kreise‹. Sabrina schob die Papierberge weiter von sich weg, um wenigstens einen Ellbogen auf der Schreibtischplatte abstützen zu können. Der Flachbildschirm ragte irgendwo dazwischen auf.

»Ihr Schwager Anton Simbach …«, erklärte Häberle ruhig und wurde sofort unterbrochen: »Anton«, fiel ihm Sabrina ins Wort. »Erwarten Sie jetzt bitte nicht, dass ich in Entzücken ausbreche.«

»Ich erwarte gar nichts«, blieb der Chefermittler gelassen und entsann sich, dass sie ihn bereits im ersten Gespräch als ›Ekel‹ tituliert hatte. »Verwandtschaftliche Beziehungen interessieren mich nicht, sofern sie für die Ermittlungen keine Rolle spielen.« Er wollte vorläufig nicht tiefer einsteigen. Allein der giftige Tonfall und diese kurze Bemerkung reichten ihm, sich ein Bild zu verschaffen. »Mich würde nur interessieren, welche Kontakte Ihr Schwager hierher hat.«

»Fragen Sie ihn doch selbst. Ich hab Ihnen seine Adresse doch bereits gegeben.«

»Ich hätt es gerne zunächst mal von Ihnen gehört. Hatte er denn persönliche oder – sagen wir mal – geschäftliche Beziehungen in unsere Gegend?«

»Ich weiß es nicht. Jedenfalls keine, an die ich mich entsinne. Er hat gelegentlich bei uns angerufen, dann aber nur mit Alexander gesprochen. Wenn ich am Apparat war, hat er sofort meinen Mann verlangt. Um ehrlich zu sein, ich hätt auch gar nicht gewusst, was ich mit ihm hätt reden sollen.«

»Und Ihr Mann – worüber hat er sich mit ihm unterhalten?«

»Er ist dann meist rausgegangen. Ich hab nur einige Male mitgekriegt, dass es oft um frühere Zeiten gegangen ist: um irgendwelche Freunde, die mit den heutigen politischen Verhältnissen nicht zurechtkämen. Wissen Sie, mich hat das überhaupt nicht interessiert.«

»Ihr Mann hatte wohl ebenfalls Probleme, sich zurechtzufinden?«

»Ich glaub, das hatten sie alle«, meinte Sabrina. »Alle, die unter diesem Regime aufgewachsen sind. Die jetzt nachfolgende Generation natürlich nicht mehr. Aber den Älteren kann man es ja auch nicht verdenken – sie haben doch nie etwas anderes kennengelernt.«

Häberle nickte verständnisvoll. »Was zusammengehört, muss zusammenwachsen – aber allein schon der Begriff wachsen macht deutlich, dass alles seine Zeit braucht.«

Sabrina wollte dazu nichts sagen, weshalb Häberle wieder zur Sache kam: »Und zu Czarnitz hatte Anton auch keinen Kontakt?«

»Keine Ahnung – wirklich nicht. Denkbar wäre es natürlich. Czarnitz kommt doch auch von drüben, oder?«

»Frau Simbach«, holte Häberle tief Luft, »es gibt da noch einen Punkt, den ich ansprechen muss.«

Sie stutzte. »So?«

»Sie werden verstehen, dass wir in einem Fall wie diesem sehr viele Ermittlungen aufnehmen. Dabei hat sich ergeben, dass Sie am Freitagvormittag ein Telefongespräch mit Herrn Korfus geführt haben … Das heißt, er hat Sie angerufen.«

Sabrina erbleichte. »Sie hören mein Telefon ab?«

»Nicht Abhören und auch nicht Ihres«, pflegte Häberle bei solchen Gelegenheiten stets zu sagen. »Wir haben uns nur die Verbindungsdaten von Herrn Korfus' Telefon besorgt und dabei unter anderem festgestellt, dass er Sie hier im Büro angerufen hat.«

»Und was schließen Sie daraus?«

»Nun, es könnte sein, Herr Korfus ist Kunde bei Ihnen und hat Getränke bestellt.« Er machte eine Pause. »Es könnte aber auch sein, dass es etwas Privates zu bereden gab. Oder dass er Ihren Mann sprechen wollte, der allerdings zu diesem Zeitpunkt bereits tot war.«

Sabrina schluckte, während ihre Augen nervös durch den Raum wanderten, um Häberles Blicken auszuweichen. Nach zwei Sekunden hatte sie sich aber wieder im Griff. »Er hat Alexander sprechen wollen. Das kam zwar selten vor, aber wahrscheinlich gings um den Vorabend – wegen dieser Aussprache, die nicht stattfinden konnte.«

»Sie haben aber nicht konkret gefragt, worum es ging?«

Sie schüttelte den Kopf und umklammerte mit einer Hand die Schreibtischkante. »Sie kennen Alexander nicht. Er hat sich strikt verbeten, dass sich jemand in seine Angelegenheiten einmischt. Ich nicht und unsere Tochter Silke nicht.«

»Sie haben ihm dann gesagt, dass Ihr Mann verschwunden ist?«

»So direkt nicht. Ich hab gesagt, er solls am Nachmittag noch mal versuchen.«

»Und das wars dann?«

Sabrinas Gesicht zeigte keine Regung. Sie schien nachzudenken und mit sich zu kämpfen. »Nicht ganz«, sagte sie schließlich. »Er hat sich am Montagnachmittag noch mal gemeldet, wollte etwas wegen der Beerdigung wissen. Und irgendwann am Dienstagabend hab ich angerufen.« Sie hatte sich zu diesem Bekenntnis durchgerungen, weil sie vermutete, dass der Kommissar auch die folgenden Gesprächsverbindungen bereits kannte. »Nachdem die Beerdigung abgesagt war, wollte ich von ihm als Kirchengemeinderat wissen, wie die weiteren Modalitäten sein würden. Wir hatten ja in Todesanzeigen den Beerdigungstermin genannt – und nun musste alles umorganisiert werden.«

»Aber mehr Kontakte gab es zwischen Ihnen und Herrn Korfus nicht?«

Sie zögerte und schüttelte langsam den Kopf.

Häberle räusperte sich. »Dann muss ich Ihnen leider sagen, dass Sie lügen.« Er sagte es, als sei es eine ganz normale Feststellung. Sabrina schien für einen Moment wie elektrisiert zu sein. Sie schauten sich zwei, drei Sekunden

wortlos an, worauf Häberle ruhig fortfuhr: »Es kann natürlich für alles auch eine ganz normale Erklärung geben.«
Sabrina schloss die Augen und atmete schwer.

Linkohr war mit einem weißen Polo zur Wohnung der Gunzenhausers gefahren, die sich im dritten Geschoss eines Gebäudes am Rande der Altstadt befand – nur etwa 200 Meter von der Stadtkirche entfernt. Er stellte den Kleinwagen im eingeschränkten Halteverbot ab und klingelte an der verwitterten Holztür. Der Mann, der öffnete und gut einen Kopf kleiner war als Linkohr und ebenfalls einen Schnauzbart trug, presste ein schüchternes: »Ja?« hervor, erkannte dann Linkohr aber sofort wieder. »Kommat Se mit«, forderte ihn Gunzenhauser auf und stieg vor ihm über ausgetretene und knarrende Holzstufen nach oben. »Mir wohnet ganz oben«, erklärte er unterwegs und es klang, als sei er völlig außer Atem. Im dritten Geschoss führte er den Kriminalisten durch einen dunklen Flur ins Wohnzimmer, das zwischen den alten Möbeln nur wenig Platz bot. Es roch nach Holz und Bohnerwachs. Linkohr ließ sich in einem abgegriffenen Sessel nieder, Gunzenhauser auf der ebenso verschlissenen Couch. Auf dem niedrigen Holztisch vor ihnen lag der Lokalteil der örtlichen Tageszeitung mit dem Bericht über die Verbrechen.

Linkohr stellte sich vor, wie schlimm es für Gunzenhauser sein musste, nach dem Tod seiner Frau hier allein zu sein, die Stille und Leere um sich, versunken in einer gewissen Hilflosigkeit, die Menschen seines Alters – Linkohr schätzte ihn auf über siebzig – in solchen Fällen ereilen konnte. Der Mann saß in sich zusammengesunken da, legte das Kinn in die Hände, deren Ellbogen er auf den Oberschenkeln abstützte. Ein Häufchen Elend, dachte der Kripobeamte und wusste nicht, wie er beginnen sollte. Weil Gunzenhauser mit den Tränen kämpfte, versuchte er ruhig auf ihn einzureden, ganz so, wie Häberle es in solchen Momenten auch tat. »Ich weiß, es ist nicht einfach für Sie, darüber zu reden«, begann er. »Aber ich kann Ihnen ein paar Fragen nicht ersparen – denn wir wollen doch beide dasselbe, nämlich den Täter all dieser schrecklichen Verbrechen fassen.« Linkohr wandte den Blick von ihm und entdeckte in einer Ecke des Zimmers ein schräg abgehängtes Kreuz. Für einen Moment durchzuckte ihn die Frage, wie dieser fromme Mann es wohl verkraften würde, dass Gott ihm ein solches Schicksal aufgebürdet hat.

»Machet Se nur«, entgegnete Gunzenhauser. Ihm wäre es sichtlich peinlich gewesen, Tränen zu zeigen.

»Sie haben meinen Kollegen bereits geschildert, was Ihre Frau und Sie in der Kirche getan haben. Uns würde aber jetzt interessieren, wie gut Sie Herrn Simbach und Herrn Czarnitz gekannt haben. Und was Sie über die beiden wissen.«

Gunzenhauser lehnte sich zurück, sodass der Gürtel seinen Bauch fest zusammenpresste. »Den Czarnitz kenn ich überhaupt nicht – und ich bin sicher, auch Maria hat ihn nicht kannt«, erklärte er und versuchte Hochdeutsch zu reden, was in Gegenwart Linkohrs gar nicht nötig gewesen wäre.

»Und Simbach?«

»Den natürlich, klar. Aber – ich sags Ihne im Vertraue …« Er senkte seine Stimme, als habe er Angst, im eigenen Hause belauscht zu werden. »So ganz geheur isch mir der nie vorkomme.«

Linkohr hob neugierig die Augenbrauen, ohne etwas zu erwidern.

»Der ond Korfus, die hent sich net rieche könne.«

Weil der Mann erneut zögerte, ermunterte ihn Linkohr mit verständnisvollen Bemerkungen: »Dass die beiden sich nicht gemocht haben, wissen wir inzwischen auch. Bisher konnte uns aber niemand sagen, weshalb. War es geschäftlich – oder privat? Oder was hat man sonst so gehört?«

»Keiner hat drüber gschwätzt«, beharrte Gunzenhauser. »Keiner. Oder man hat nur gmunkelt.«

»Und was hat man gemunkelt?«

»Alte DDR-Zeiten. I glaub, vieles, was da passiert isch, werdet mir nie erfahre.«

»Und was könnte da passiert sein?«

Gunzenhauser zuckte mit den Schultern und verfiel wieder in Schweigen. Die beiden Männer sahen sich einigermaßen ratlos an, bis Linkohr wieder die Initiative ergriff: »Aber vielleicht hat doch mal jemand eine Bemerkung gemacht. Oder man hat beiläufig über etwas gesprochen. Jede Kleinigkeit könnte für uns interessant sein.«

»Gschwätzt wird viel«, wiederholte er nachdenklich. »Aber jetzt, wo Maria tot isch, isch mir auch alles egal.«

Linkohr überlegte, wie diese Bemerkung zu deuten war. Er sah seinem Gegenüber aufmunternd ins Gesicht.

»Jemand hat mal gsagt«, fuhr Gunzenhauser schließlich fort, »die beide ginget über Leicha.«

»Wer? Simbach und Korfus?«

Gunzenhauser nickte. »Die hättet des en dr DDR net bloß einmal gmacht«, flüsterte der Mann jetzt und fügte hinzu: »So sagt man halt.«

Der Kriminalist spürte plötzlich eine innere Unruhe. Wenn stimmte, was Gunzenhauser vom Hörensagen wusste, dann bekam der Fall eine ganz andere Dimension. Ehe Linkohr eine Frage stellen konnte, wollte der Mann noch etwas loswerden: »Ich bin mir sicher«, versuchte er es jetzt wieder auf Hochdeutsch, »die beide habn einige Menschen aufm Gwissen. Und dies mit staatlicher Unterstützung.«

Linkohr kam schlagartig jener Filmagent ins Gedächtnis, der angeblich eine Lizenz zum Töten hatte.

Simbach und Korfus killende Agenten? Er musste mit Häberle reden.

»Na gut«, fing sich Sabrina Simbach. Sie konnte sich ausrechnen, dass Häberle über all ihre Telefonate Bescheid wusste.

»Ich glaub, es ist besser, wenn Sie mir alles erzählen.«

»Ja, wir haben öfters miteinander telefoniert – Herr Korfus und ich. Er hat mich immer wieder auf dem Handy angerufen – und ich ihn auch.« Sie ließ die Blätter eines Schnellhefters durch Zeigefinger und Daumen der rechten Hand gleiten, immer wieder. »Sie werden mich jetzt als Lügnerin ansehen und Ihre Schlüsse draus ziehen.«

»Es gibt Situationen, in denen man etwas sagt, das man später so nicht mehr sagen würde«, kam ihr Häberle entgegen. »Denn manchmal fällt es schwer, gleich auf Anhieb die Tatsachen zu nennen. Ein menschlicher Zug.« Nach einer kurzen Pause fügte er hinzu: »Und weil wir alle Menschen sind, können wir auch darüber reden.«

Sabrina schien von dieser Feststellung angetan zu sein. »Torsten ... also Korfus und ich – ja, wir haben uns gut verstanden.« Sie wirkte verlegen. »Er hat sich um mich bemüht, wie man so schön sagt. Ganz anders, als dies Alexander getan hat.«

»Es war also so etwas wie eine Beziehung?«, wollte Häberle wissen.

»Na ja – Beziehung. Es war ein Abenteuer – eine Heimlichtuerei. Auch Torsten ist verheiratet.«

Häberle musste an die attraktive Frau Korfus denken und wunderte sich insgeheim, weshalb sich deren Ehemann anderweitig orientierte. »Aber die jeweiligen Partner haben nichts gewusst?«

Sabrina gab mit einem geradezu empörenden »Hm«, das ihren ganzen Körper durchzucken ließ, zu erkennen, dass diese Vorstellung geradezu schrecklich gewesen wäre. »Alexander hätt mich totgeschlagen«, erklärte sie knapp.

»Wie lange ging dieses Verhältnis bereits?«

»Seit Fasching. Wir sind uns bei einer Faschingsveranstaltung in Donzdorf nähergekommen – an der Bar.« Sabrina ließ ein Lächeln erkennen, das aber sofort wieder verschwand.

»Und jetzt? Ich meine – hat sich inzwischen etwas verändert?«

»Ja«, sagte sie kühl. »Ich will mit denen nichts mehr zu tun haben. Ein für alle Mal.«

»Mit denen?«

»Mit Alexanders Freunden«, entgegnete sie fest. »Auch Torsten, so nett er sein kann, hats nur auf das Eine abgesehen. Das ist mir jetzt klar geworden.«

Häberle schwieg für einen Moment. »Mal angenommen«, begann er vorsichtig, »Herr Korfus hätte Sie für sich allein gewollt. Hielten Sie es für denkbar, dass er Ihretwegen Ihren Mann hätte umbringen können?«

Sabrinas Gesichtszüge wurden trotz des grellen Lampenlichts finster. »Sie wollen doch nicht im Ernst sagen …?« Sie wagte nicht, es auszusprechen.

»Nur eine Frage, sonst nichts.«

»Nein«, antwortete sie selbstbewusst. »Nein. Das glaub ich nicht.« Im selben Moment zuckte ihr ein entsetzlicher Gedanke durch den Kopf. »Sie denken jetzt aber nicht, dass womöglich ich …?«

Häberle kam nicht dazu, etwas zu erwidern. Denn in diesem Augenblick wurde abrupt die Bürotür aufgerissen. Er drehte sich um und sah eine junge Dame, deren knallenge Jeans die weiblichen Formen bestens betonten. Er schätzte das Mädchen auf allenfalls 18.

»Meine Tochter Silke«, stellte Sabrina schnell vor, während Häberle sich erhob und ihr die Hand schüttelte. »Häberle, Kriminalpolizei«, sagte er knapp und nahm wieder Platz, während das Mädchen hinter Sabrina an einen Aktenschrank lehnte. »Gibts denn was Neues?«, wollte Silke wissen.

»Ich hab dem Kommissar gesagt, wie gut wir Torsten kennen«, antwortete ihre Mutter, woraus Häberle schloss, dass sie ihr keine Details dazu nennen wollte. Er nahm jedoch die Gelegenheit wahr, die Familienverhältnisse näher zu beleuchten und wandte sich an das Mädchen: »Darf ich fragen, wie Ihr Verhältnis zu Ihrem Vater war?«

Silke sah zu ihrer Mutter, die ihr zunickte. »Denkbar schlecht«, erklärte das Mädchen. »Er hat uns nur schikaniert, Mami und mich. Und geschlagen.« Sie kämpfte mit sich, ob sie es sagen sollte. »Erst vor ein paar Wochen hat er mir nachts zwei Ohrfeigen verpasst, nur weil ich spät heimgekommen bin.«

Häberle zeigte sich betroffen. Er hatte während seines langen Berufslebens viele zerrüttete Familien erlebt. Und er staunte, wie viele prügelnde Männer es heute noch gab. Die Frage, ob die beiden Frauen den Tod Simbachs bedauerten, schien sich zu erübrigen. Dem Kommissar ging allerdings eines nicht mehr aus dem Kopf: Wieso hatte Sabrina Simbach versucht, ihn anzulügen, wenn sie doch die Beziehung zu Torsten Korfus angeblich beendet hatte? Es wäre doch völlig unproblematisch gewesen, die Telefonkontakte gleich einzuräumen. Die kurze Stille wurde durch das neuerliche Öffnen der Bürotür unterbrochen. Es war der junge Mann, den Häberle beim Betreten des Geschäfts bereits gesehen hatte. »Entschuldigung« war alles, was Sergije beim Anblick der drei Personen herausbrachte. »Ich wollte Sie nicht stören.«

»Das ist mein Mitarbeiter, Sergije. Einer meiner zuverlässigsten.«

Sergije wirkte verlegen. »Draußen ist eine Frau Schanzel, die Sie gerne sprechen möchte. Ich hab gesagt, Sie hätten gerade eine Besprechung, aber sie meinte, es sei wichtig.«

Sabrina zögerte, doch Häberle erlöste sie: »Von meiner Seite aus ist unser Gespräch beendet.« Für einen kurzen Moment war sie noch immer unschlüssig, erhob sich dann aber, um mit Häberle den Raum zu verlassen. Der Kriminalist jedoch schüttelte nur ihr die Hand und bat darum, sich kurz mit Silke und Sergije unterhalten zu dürfen. Dies führte zwar zu allgemeinem Erstaunen, doch verschwand Sabrina trotzdem in den Laden und ließ die Bürotür ins Schloss fallen. Sergije war inzwischen um die Schreibtische herumgegangen und hatte sich gegenüber Silke an die Wand gelehnt. Häberle nahm wieder Platz und besah sich die beiden. Dass der junge Mann unterdessen Blickkontakt zu dem Mädchen suchte, entging ihm nicht.

»Ich hab mit Frau Simbach bereits ausführlich darüber gesprochen«, kam der Kommissar zur Sache. »Trotzdem würde mich auch von Ihnen interessieren, was Sie zu den Kontakten von Herrn Simbach zu Herrn Korfus oder zu Herrn Czarnitz wissen.«

Silke schüttelte heftig den Kopf. »Er hat nie drüber gesprochen. Und wir haben uns auch gar nicht getraut, ihn nach irgendetwas zu fragen. Auch nicht, weshalb er manchmal nächtelang nicht heimgekommen ist.«

»Er ist nächtelang weggeblieben?«

»Hat Ihnen das Mami nicht gesagt? Deshalb haben wir uns doch auch nichts dabei gedacht, dass er am Donnerstag verschwunden ist.«

»Und man weiß nicht, wo er sich dann aufgehalten hat?«

»Wir vermuten in Stuttgart. Diskotheken, Frauengeschichten. Außerdem hatte er Freunde in der …« Sie stockte und überlegte, ob sie es in Sergijes Gegenwart sagen sollte. »Ja, in den Kreisen von übergesiedelten Russen.«

Häberle verstand ihr Zögern. Der Name Sergije deutete auf eine ähnliche Abstammung hin. Er nahm deshalb sofort die Gelegenheit wahr, den jungen Mann darauf anzusprechen, der jetzt lässig an dem Schrank lehnte: »Sie sind auch übergesiedelt?«

Sergije lächelte. »Mit den Eltern, ja.«

»Und was hat Sie hierher nach Geislingen verschlagen?«

Der junge Mann sah zu Silke hinüber, doch das Mädchen erwiderte keinen seiner Blicke.

»Silkes Onkel«, antwortete Sergije. »Meine Eltern sind nach der Wende von Leningrad in die Oberlausitz gekommen – nach Bischofswerda. Auf der Suche nach einem Job hab ich mich bei Anton Simbach beworben. Ein Wach- und Sicherheitsdienst. Aber weils keine Stelle gab, hat mich Herr Simbach hierher vermittelt.«

Häberle versuchte, diese Verflechtungen zu registrieren. Ohne den mitschreibenden Linkohr tat er sich manchmal schwer, all die Daten und Fakten zu behalten – vor allem aber, wer was gesagt hatte. Er würde sich dies nachher im Auto sofort notieren.

»Dann kennen Sie also Herrn Anton Simbach relativ gut?«

»Gut nicht, aber ich kenne ihn, natürlich.«

»Ist Ihnen bekannt, ob er Kontakte hierher hat. Also nicht nur zu den Verwandten, sondern in die Stadt?«

Sergije schüttelte den Kopf und presste die Lippen zusammen, um schließlich zu bemerken: »Keine Ahnung. Ich glaub aber eher nicht.«

»Und was seine Kontakte zu den deutschstämmigen Übersiedlern anbelangt?«

»Dazu weiß ich nichts, weil ich mich in diesen Kreisen nicht bewege«, erklärte Sergije. »Ich hab mich frühzeitig integriert. Nicht so wie viele meiner Landsleute, die nur rumhängen und Wodka saufen.«

»Vielleicht«, unterbrach Silke seinen Redefluss, »vielleicht sollten Sie sich mal auf etwas anderes konzentrieren, falls Sie es noch nicht getan haben.« Das Mädchen gab sich energisch. »Geben Sie im Internet bei Google mal das Stichwort Hohenschönhausen ein.«

Häberle war für einen Moment irritiert. Irgendwo hatte er diesen Ort schon mal gehört.

»Hohenschönhausen«, wiederholte Silke und erntete damit einen finstren Blick von Sergije, wie Häberle im Augenwinkel registrierte. »Dort könnte sich vielleicht etwas ergeben.«

»Inwiefern?«

»Keine Ahnung. Aber schauen Sie mal nach.«

Häberle wechselte schnell das Thema. »Wer ist eigentlich diese Frau Schanzel, die gerade gekommen ist?«

Sergije zuckte mit den Schultern, während Silke die Antwort gab: »Eine Kirchengemeinderätin.«

29

Linkohr hatte darauf verzichtet, Häberle anzurufen, weil er ihn nicht stören wollte. Stattdessen berichtete er während der Fahrt in Richtung Ulm per Handy den Kollegen der Sonderkommission von seinem Gespräch mit dem alten Gunzenhauser. Vor allem aber, was dieser über die Vergangenheit von Simbach und Korfus gemutmaßt hatte. Er bat die Ermittler, die Kontakte nach Bischofswerda zu verstärken und auf die Dringlichkeit der Zusammenarbeit hinzuweisen. Sie wollten jetzt auch die beiden Landeskriminalämter in Stuttgart und Dresden einschalten.

Linkohrs Kollegen hatten inzwischen herausgefunden, wo sich an diesem Mittwochnachmittag der Vodafone-Servicetechniker aufhielt, der erst vor zwei Wochen die Mobilfunkanlage in der Stadtkirche inspiziert hatte. Dass er ihn als Ersten von zwei in Frage kommenden Technikern vernehmen wollte, lag an dessen Herkunft: Leipzig. Linkohr hatte die Handynummer erhalten und sich angemeldet. Der Mann war gerade in der sogenannten ›Schapfenmühle‹ tätig. Die Bezeichnung klang nach einer klappernden Mühle im Tal, war jedoch ein moderner, hoch aufragender Silobau, der erst vor wenigen Jahren auf der Hochfläche an Ulms nördlichem Stadtrand errichtet worden war. Wer sich aus Norden über die Alb hinweg näherte und am Horizont eigentlich den Turm des Münsters vermutete, dem stach zuerst die ›Schapfenmühle‹ ins Auge.

Linkohr hatte vom Parkplatz aus noch einmal den Servicetechniker angerufen und ihm mitgeteilt, dass er nun angekommen sei. Wenig später tauchte ein Mann im Freizeitlook auf: Jeans und leichte Sommerjacke, sportlich und schätzungsweise Mitte 30. Er stellte sich als Harry Spiegler vor, worauf Linkohr ihn bat, zu einem kurzen Gespräch in den Kripo-Polo zu steigen. »Wir können auch draußen bleiben«, meinte Spiegler, der sich große Mühe gab, seinen sächsischen Dialekt zu verbergen. Der Himmel war zwar bedeckt, die Luft aber mild.

Linkohr willigte ein, worauf sie zwischen dem Polo und einem daneben geparkten Opel Zafira stehen blieben. Spiegler, der eine randlose Brille trug und seine vermutlich blonden Haare auf wenige Millimeter Länge gestutzt hatte, wusste durch Linkohrs Anruf bereits, worum es ging. »Sie traun mir zu, ich hätt an den Glocken rummanipuliert«, begann er deshalb vorwurfsvoll.

Linkohr lehnte sich gegen die Fahrertür des Polos und besah sich das mächtige Gebäude, das wie ein Wolkenkratzer auf der grünen Wiese in den Himmel ragte. »So dramatisch dürfen Sie das nicht sehen. Wir wollen nur mit allen reden, die in den letzten Wochen im Kirchturm waren. Auch Ihren Kollegen von T-Mobile werden wir konsultieren.«

»Um es kurz zu machen«, kam Spiegler ungefragt sogleich zur Sache. »Ich hab nachgeschaut. Ich war am 11. Juli dort. War ein Dienstag.«

»Und wie läuft so eine Überprüfung der Anlage ab?«, fragte Linkohr, wohl wissend, dass er nichts verstehen würde, falls dieser Spiegler auch zu jener weit verbreiteten Technikerspezies zählte, die mit Fachbegriffen um sich warfen, um ihr Herrschaftswissen zu beweisen.

»Es werden im Schaltschrank verschiedene Module auf ihre Funktionstüchtigkeit hin geprüft. Auch natürlich das

Gebläse, das für die Kühlung der elektronischen Bauteile sorgt.« Um gleich gar kein Missverständnis aufkommen zu lassen, fügte er an: »An den Glocken und an der Starkstromelektrik hab ich nichts zu schaffen.«

»Wenn Sie kommen, melden Sie sich an?«, lenkte Linkohr das Gespräch in die gewünschte Richtung.

»Ja, natürlich. Wir haben eine Telefonnummer. Das ist der Pfarrer. Für alle Fälle haben wir weitere Nummern.« Er zog ein Notizbuch aus der Innentasche seiner Jacke und blätterte. »Ja, der Pfarrer und dann das Dekanatsamt. Und noch einen Herrn Faller.« Er blickte genauer auf die Seite. »KGR hab ich hinter seinem Namen notiert. Heißt wohl Kirchengemeinderat.«

»Und als Sie Anfang des Monats dort waren – wer hat Sie eingelassen?«

»Das war am frühen Nachmittag. Es war der Pfarrer«, entsann sich Spiegler und steckte sein Notizbuch wieder ein.

»Sie werden eingelassen und gehen hoch – allein, nehm ich an?«

»Ja, natürlich. Die ganze Prozedur dauert dann etwa eine Stunde. Die Anlage dort in Geislingen ist ziemlich neu. Sie wurde erst ein paar Jahre nachdem die Netze schon voll in Betrieb waren dort installiert. Ein ganz schwacher Sender, mit dem ein Funkloch am Rande des Stadtkerns abgedeckt wurde.«

»Ihnen ist an diesem Nachmittag nichts aufgefallen, was anders war als üblich?«

»In keinster Weise«, antwortete Spiegler und vergrub die Hände in den Hosentaschen. »Aber Sie müssen bedenken, dass ich im Normalfall nur jedes halbe Jahr mal komme. Was sollen mir da Veränderungen im Turm auffallen?«

»Sie sagen – im Normalfall?«, hakte Linkohr nach.

»Turnusmäßig«, erklärte der Techniker. »Wenns eine Störung gibt, muss ich natürlich sofort hin.«

»Und hats eine solche Störung in jüngster Zeit gegeben?«

Spiegler schüttelte den Kopf. »Seither nicht.«

»Und vorher?«

»Ich entsinn mich – am Freitag vorher, das müsste dann der Siebte oder so gewesen sein, da hat die Anlage offenbar eine Unregelmäßigkeit gemeldet. Das wird alles zentral überwacht, müssen Sie wissen. Aber schon ein, zwei Minuten später hat sie wieder funktioniert. Ich bin dann nicht extra hin, weil ja ohnehin der Servicetermin schon feststand.«

»Es hat sich dann aber kein Fehler gefunden?«

»Nein, nichts.«

»Und wie erklärt sich dann diese Fehlermeldung?«

»Netzspannung. Schon geringste Schwankungen im Netz können die Elektronik manchmal zum Spinnen bringen.«

»Im öffentlichen Netz?«

»Ja, ein Blitzschlag in weitem Umkreis kann dies auslösen – oder irgendwo ein Kurzschluss. Das kommt zwar heutzutage glücklicherweise selten vor. Ginge ja auch nicht, bei all dem elektronischen Zeug. Aber man erlebt es doch selbst, dass manchmal das Licht kurz zuckt.«

Linkohr überlegte. »Mal angenommen, im Turm hat jemand an der Elektrik rumgebastelt. Dann könnte es sein, dass es zu einer solchen Schwankung gekommen ist?«

Spiegler zuckte mit den Schultern. »Möglich ist alles. Wer sich mit der Elektronik befasst, hält alles für möglich.« Und um seine bitteren Erfahrungen zu bekräftigen, fügte er hinzu: »Gar alles.«

»Und wann, sagen Sie, war die Störungsmeldung?«

Der Mann holte erneut sein Notizbuch hervor und schlug die Seiten mit dem Jahreskalender auf. »Es war der

Freitag, bevor ich hin bin. Ja, der 7. Juli wars. Vormittags, das weiß ich noch. Ich war gerade in Kaufbeuren. Aber wenn Sies genau wissen wollen, lässt sich das in der Zentrale nachvollziehen.«

Linkohr war zufrieden. »Darf ich noch eine ganz persönliche Frage an Sie richten?«

»Nur zu – das ist Ihr Job.«

»Sie stammen aus Leipzig. Was ich jetzt frage, ist reine Routine – und nicht gegen Sie gerichtet.«

Der Techniker grinste.

»Leipzig und die Oberlausitz sind ein Stück weit auseinander«, stellte der Kriminalist fest. Er hatte sich auf der Straßenkarte orientiert, nachdem ihm dieser Teil Deutschlands bisher nicht allzu geläufig war. »Trotzdem die Frage: Sagen Ihnen die Namen Simbach, Korfus und Czarnitz etwas?«

»Sind das Ihre Opfer?«, fragte der Techniker zurück.

»Zwei davon, ja.«

»Ich muss Sie enttäuschen, mir ist keiner ein Begriff. Sind ja auch nicht gerade weitverbreitete Namen.«

»Und Kontakte nach Bischofswerda haben Sie auch keine?«

»Bischofswerda?« Spiegler schien nachzudenken.

»Das liegt doch kurz vor Bautzen, wenn ich das richtig weiß.«

Linkohr bejahte.

»Ich war nie dort.«

»Sie haben vorhin den Namen Faller erwähnt«, blieb Linkohr hartnäckig. »Hatten Sie zu ihm mal Kontakt?«

Spieglers Gesicht verriet Misstrauen. »Das hört sich jetzt aber verdammt nach einem Verhör an.«

Der junge Kriminalist war von dem plötzlichen Stimmungswandel seines Gesprächspartners überrascht. »Ich kann Sie beruhigen – alles dient nur dazu, die Situation im Umfeld dieser Geschehnisse zu beleuchten.« Wie er es von Häberle gelernt hatte, kam er gleich wieder zur Sache: »Sie kennen Faller also?«

»Nur flüchtig. Er ist bei meinem vorletzten Besuch in Geislingen – das müsste dann irgendwann Anfang Januar gewesen sein – zu mir hochgekommen und hat sich die Anlage erklären lassen.«

»Gab es dafür einen bestimmten Grund?«

»Ich glaub, es hat gewisse Unstimmigkeiten darüber gegeben, dass die Kirchengemeinde den Turm an die Mobilfunker vermietet hat. Sie kennen ja die Angst vor der Strahlung und so. Diffuse Ängste. Ja – da wollte Herr Faller wissen, wie das funktioniert und welche Feldstärken hier vorhanden sind. Elektromagnetische Felder – Sie wissen schon.«

Linkohr wusste sehr wohl, worum es ging, hatte er sich doch bei einem seiner früheren Fälle mit dieser Problematik auseinandersetzen müssen – damals, als Häberle und er möglicherweise einem Trugschluss aufgesessen waren. Ein Fall, der bis zuletzt unklar geblieben war.

»Sie haben ihm das dann erklärt?«

»Ja, natürlich. Da ist nichts Geheimnisvolles dran.«

»Hat er denn auch wissen wollen, wie das mit der elektrischen Versorgung geregelt ist?«

Spiegler zögerte wieder. »Wenn Sie jetzt aber anfangen, Herrn Faller in etwas reinzuziehen, weiß ich nicht, ob ich Ihnen antworten darf.«

»Gäbe es denn einen Anlass, ihn …« Er überlegte, ob er Spieglers Formulierung aufgreifen sollte. »Ihn in etwas reinzuziehen?«

»Nu«, verfiel Spiegler in seinen sächsischen Dialekt, »die Frage liegt doch nahe, wie die Anlage mit Strom versorgt wird. Natürlich gibts für jede einen eigenen Zähler. Das hab ich ihm gezeigt.«

»Er hat also gesehen, wo die Anschlüsse sind.«

»Sagte ich doch gerade.«

»Mal angenommen, da wäre irgendetwas manipuliert worden, wäre Ihnen dies bei ihrem Besuch vor drei Wochen aufgefallen?«

»Nein«, räumte Spiegler ein. »Im Übrigen ist doch in Ihrem Fall an der Glockentechnik manipuliert worden. Viel weiter oben im Turm. Sie sollten sich nicht verrennen. Das eine hat mit dem anderen nichts zu tun.«

Häberle hatte den Eindruck, dass er zwar viele Teile eines Netzes in den Händen hielt, es aber trotzdem noch nicht spannen konnte. Beim Verlassen der Getränkehandlung grüßte er Frau Simbach und ihre Besucherin, stieg ins Auto und drückte die Kurzwahltaste der Sonderkommission. Der Kollege Herbert Fludium meldete sich und berichtete ihm, was Linkohr in Erfahrung gebracht hatte. Sie hätten inzwischen mit dem Kripochef von Bautzen telefoniert und ihn gebeten, Anton Simbachs Umfeld zu überprüfen. Der Kollege habe zwar Unterstützung zugesichert, aber dann wortreich seine permanente Personalnot beklagt. Nun werde man es wohl über die zuständige Direktion in Görlitz oder die Landeskriminalämter Stuttgart und Dresden versuchen, was Häberle als sinnvolle Vorgehensweise erachtete. »Jetzt hab ich auch noch eine Bitte«, nannte er den Grund seines Anrufs. »Notiert euch mal Hohenschönhausen. Mir kommt das irgendwie bekannt vor. Schaut mal im Internet nach, was sich da findet – und gebt mir Bescheid. Ich fahr noch mal schnell bei Faller vorbei.«

Fludium wiederholte den Ortsnamen, während Häberle im Hintergrund eine aufgeregte Stimme hörte, die offenbar nach ihm verlangte. »Moment«, sagte Fludium und reichte den Hörer weiter, worauf sich eine andere Männerstimme meldete. »Ich hab Linkohr am Apparat. Er möchte Ihnen was Wichtiges sagen.«

»Soll mich gleich anrufen«, gab Häberle zurück und unterbrach das Gespräch.

Eine halbe Minute später meldete sich der junge Kriminalist. »Stör ich?«, fragte er.

»Sie stören nie«, gab Häberle zurück. »Sie haben Spannendes zu berichten?«

»Ich war bei diesem Vodafone-Menschen«, kam es aus dem Lautsprecher der Freisprechanlage. »Eigentlich hatte er nichts Aufregendes zu berichten. Bis ich ihn dann auf Faller angesprochen habe. Und jetzt kommts: Als der Techniker im Januar zuletzt im Turm war, hat sich Faller für die Technik interessiert und sich alles erklären lassen.« Linkohrs Stimme verriet seine Aufregung. Er schien auf eine Reaktion Häberles zu warten, doch der hielt sich zurück.

»Das ist doch seltsam, oder?«

»Zumindest bemerkenswert ist es«, zeigte sich Häberle zurückhaltend.

»Aber es gibt noch was. Am 7. Juli könnte es im Turm eine Unregelmäßigkeit in der Elektrik gegeben haben. Vodafone verzeichnete nämlich eine kurzzeitige minimale Spannungsschwankung, was zu einer Störung geführt hat.«

»Sie meinen, da hat einer rumgebastelt?«

»Genau das mein ich.«

»Dann lassen Sie beim Albwerk prüfen, ob die auch was festgestellt haben.«

Geislingen war noch in der glücklichen Lage, als Kleinstadt nicht nur eine eigene Zeitung, ein Polizeirevier und ein Amtsgericht zu haben, sondern auch ein Elektrizitätsunternehmen, das zwar insbesondere ein Stromverteiler war, aber als Genossenschaft einen weithin guten Ruf hatte. »Ich mach noch einen Abstecher zum Immobilienbüro Czarnitz«, erklärte Häberle sein weiteres Vorgehen an diesem Nachmittag. »Und dann treffen wir uns bei der Soko.«

Linkohr bestätigte und erinnerte an die Pressekonferenz, die Stock und der Leitende Oberstaatsanwalt Dr. Ziegler auf 15 Uhr anberaumt hatten. »Werden Sie dabei sein?«

»Wenns mir reicht.« Er sah auf die Uhr im Armaturenbrett: 13.45 Uhr. »Aber ich denk schon. Ich will ja Maggy nicht enttäuschen.«

30

Das Immobilienbüro Rolf Czarnitz befand sich im abgetakelten Verwaltungsgebäude einer ehemaligen Öltankfabrik im Stadtbezirk Eybach. In früheren Zeiten war es Teil der Schlossbrauerei gewesen, die den Grafen von Ackerstein gehörte, deren Schloss sich schräg gegenüber an den Steilhang schmiegte, direkt unter der gewaltigen Kalksteinwand des Himmelsfelsens.

Häberle hatte unweit des Eingangs zum Schlosshof geparkt und war die restlichen 50 Meter zu Fuß bis zum Verwaltungsgebäude gegangen. Es gab mehrere Klingelknöpfe, die allesamt keinen sehr vertrauensvollen Eindruck machten. Nur an einigen waren Namensschilder angebracht. Häberle entdeckte ›Czarnitz‹ und klingelte. Er musste noch zweimal auf den Knopf drücken, bis sich hinter der zersprungenen Milchglasscheibe der Tür ein Schatten näherte. Als geöffnet wurde, stand vor Häberle ein etwa 17-jähriges Mädchen, das ihn sogleich mit großen blauen Augen anstrahlte. »Ja, bitte?«, hauchte die junge Frau und verbreitete den Duft eines Parfüms, das herb und aufregend roch. Sie hatte schwarze, schulterlange Haare und trug ein eng anliegendes, ärmelloses Oberteil und einen knapp knielangen Rock. Häberle lächelte charmant zurück, stellte sich vor und fragte, ob Frau Czarnitz zu sprechen sei.

»Frau Czarnitz ist da, aber sie möchte eigentlich niemanden sprechen.« Das Lächeln war aus dem Gesicht des Mädchens verschwunden.

»Das kann ich mir durchaus vorstellen«, erklärte Häberle. »Aber es ist auch in ihrem Interesse, wenn ich mit ihr kurz reden kann.«

Das Mädchen wich zur Seite und ließ Häberle in den dunklen Flur treten, in dem die Luft kühl war und modrig roch. Rechts führte eine Treppe hoch, über die er der Frau in die erste Etage folgte. Oben wandte sie sich zu ihm um: »Ich sag Frau Czarnitz Bescheid.« Dann verschwand sie hinter einer der Türen, die von dem schmucklosen Gang abzweigten. Häberle wunderte sich, dass ein Immobilienmakler keinen Wert auf repräsentativere Räume legte. Andererseits, so überlegte er, handelte Czarnitz mit alten Industrieflächen und nicht mit Villen am Lago Maggiore. So gesehen mochte das längst sanierungsbedürftige Ambiente durchaus passen.

Statt des Mädchens tauchte jetzt eine Frau von Ende 40 auf. Ihr Gesicht erschien in dem diffusen Licht fahl und ernst. Häberle sprach ihr sein Beileid aus und bat um Verständnis, dass er so hereinplatze. Seine Kollegen hätten zwar bereits mit ihr gesprochen, fuhr Häberle fort, doch nun wolle er sich selbst von den Betroffenen die ganzen Zusammenhänge erklären lassen.

Sie zeigte Verständnis und führte den Kriminalisten in einen helleren Raum, der jedoch ebenso den Charme der 50er-Jahre ausstrahlte, wie alles andere in diesem Gebäude. Auch hier schmucklose weiße Wände, vor denen eine völlig abgewetzte braune Couch und zwei ebenso heruntergekommene Sessel um einen niedrigen Holztisch standen. Das einzige Fenster zeigte zur Rückseite zur einstigen Fabrikationshalle, in der jetzt viele kleine Betriebe untergebracht waren – darunter eine Gussputzerei, über deren Lärm regelmäßig die Anwohner klagten, wie Häberle schon öfters der Zeitung entnommen hatte.

Frau Czarnitz, deren Hosenanzug ihr das Outfit einer Chefin verlieh, schien nicht die Kraft zu haben, sich auf ein längeres Gespräch einzulassen. Häberle sah ihr dies an und wollte deshalb ohne lange Vorrede zum Thema kommen. Er erklärte, dass er und seine Kollegen noch immer keine Zusammenhänge zwischen Simbach und ihrem Mann erkennen könnten. »Wenn man einerseits den Ansatzpunkt im kirchlichen Bereich sucht, dann fällt es schwer, die Verbindung zu Ihrem Mann zu finden«, schilderte Häberle den Stand der Ermittlungen und sah in ein von Sorgen gezeichnetes Gesicht.

»Mir ist sein Tod ebenso unverständlich wie der Ort, an dem es geschehen ist. Rolf in der Kirche. Das ist absurd.«

»Wir werden den oder die Schuldigen finden«, versprach Häberle. »Dazu brauchen wir aber Ihre Hilfe.«

Sie nickte und lehnte sich zurück.

»Ihr Mann stammt aus Ostdeutschland«, griff der Chefermittler den Faden auf. »Herr Simbach und Herr Korfus ebenfalls, mit dem es offenbar Differenzen gab. Inwiefern hatte auch Ihr Mann Kontakte zu den beiden?«

»Das hat sich erst hier in Geislingen ergeben. Er ist nach der Wende eher zufällig hier gelandet. Er ist mit Freunden über Prag gekommen – die Sache in der Botschaft damals, Sie erinnern sich sicher. Damals, als Außenminister Genscher die Nachricht überbracht hat, dass sie ausreisen dürften. Da war Rolf dabei. Er ist dann nach Göppingen gekommen, wo er mit vielen 100 anderen in einer Sporthalle im Berufsschulzentrum untergebracht wurde. Wie das damals halt so war.«

Häberle konnte sich lebhaft entsinnen. Ihm schien es, als sei es voriges Jahr gewesen. Doch es war 1989.

»Rolf war damals 27 und Polier auf dem Bau gewesen. Einen Job zu finden, war hier natürlich illusorisch. Damit war der Traum vom goldenen Westen ziemlich schnell geplatzt. Rolf hat dann angefangen, Gewerbeflächen im Osten an Kleinbetriebe aus dem Westen zu vermitteln. Tja – und daraus ist dann dieses Geschäft hier geworden.« Frau Czarnitz hob die Arme und deutete in den Raum. »Natürlich sind wir hier nur in Miete. Aber es läuft.«

»Und wann haben Sie Ihren Mann kennengelernt?«

»Vor acht Jahren. Auf der Schwäbischen Woche in Göppingen, dieser Ausstellung. Ich war damals noch bei einem anderen Immobilienhändler angestellt und wir hatten dort einen Stand.«

Wahrscheinlich hatte sie sich damals scheiden lassen, dachte Häberle, wollte aber nicht darauf eingehen. Er hatte das Gefühl, sie würde sich dies alles jetzt von der Seele reden wollen. Deshalb kam er wieder zur Sache: »Darf ich fragen, wo die Schwerpunkte Ihres Geschäfts liegen – ich mein, in welcher Gegend?«

»Anfangs natürlich dort, wo Rolf herkam – aus Mecklenburg-Vorpommern, rund um die Seenplatte da oben. Später hat sich das dann auf die ganzen neuen Bundesländer ausgedehnt. Wir arbeiten mit Architekten und Investoren zusammen. Aber inzwischen ist der Bauboom abgeflacht.«

Häberle konnte sich dies lebhaft vorstellen. Jedes Kaff hatte im Osten inzwischen ein nagelneues Gewerbegebiet, das oft nur aus Straßen und Lampen bestand. Finanziert mit dem Ossi-Zuschlag.

»Aber mit Simbach oder Korfus hat Ihr Mann keine Geschäfte gemacht?«, vergewisserte sich der Kommissar.

»Wie kommen Sie denn da drauf? Simbach ist Getränkehändler, Korfus Kfz-Mechaniker. Da gibt es keine Berührungspunkte.« Frau Czarnitz sprach langsam.

»Und zu Bischofswerda? Gab es da in letzter Zeit geschäftliche Kontakte?«

Sie überlegte. »Die Geislinger Partnerstadt?« Häberle erschien es, als zögere sie. »Nein, nicht dass ich wüsste. Wir haben da mal was gehabt, aber das liegt sicher schon fünf Jahre zurück.«

Häberle ließ ein paar Sekunden verstreichen. »Es fällt auf«, erklärte er dann ruhig, »dass Ihr Mann am vergangenen Samstag mehrfach von dort aus auf seinem Handy angerufen wurde.«

»Sie haben seine Handydaten ausgewertet?«

»Ist so üblich. Vielleicht führt uns dies zum Täter. Deshalb die Frage: Wer könnte ihn angerufen haben?«

»Es muss sich doch feststellen lassen, wer angerufen hat.«.

»Nicht, wenn der Anruf aus einer Telefonzelle kommt«, erklärte Häberle. »Und genau das ist so ungewöhnlich. Wer macht sich schon heute noch die Mühe, gleich mehrmals von einer Telefonzelle aus anzurufen?«

Sie nickte. »Das ist in der Tat ungewöhnlich.«

»Haben Sie an Ihrem Mann am Wochenende etwas Ungewöhnliches festgestellt. War er nervös, aufgeregt – irgendwie anders als sonst?«

»Nicht, dass es mir aufgefallen wäre. Er war ein paar Mal hier im Büro, hat er jedenfalls gesagt – und ich hab keinerlei Grund daran zu zweifeln, falls Sie das meinen.«

»Und am Montag, beim Kinderfest? Er muss doch irgendwann in den Kirchturm gegangen sein.«

Jetzt war wieder jener Punkt erreicht, der ihr am meisten zu schaffen machte. Rolf in der Kirche. Seit sie ihn dort tot gefunden hatten, zermarterte sie sich den Kopf.

»Wir waren vormittags beim Umzug, doch dann wurde das Wetter zunehmend schlechter. Wir sind deshalb nachmittags hier ins Büro und haben ziemlich lange gearbeitet. Ich bin dann gegen sechs heimgefahren und er wollte spätestens um neun kommen«, schilderte sie den letzten Nachmittag, an dem sie ihren Mann lebend gesehen hatte.

»Er wollte hier noch arbeiten?«

»Ja, das war nicht außergewöhnlich. Rolf hat gern lang gearbeitet – und ist morgens spät aufgestanden.«

»Dass er dann nicht um neun gekommen ist, hat Sie sicher beunruhigt?«

»Natürlich. Ich hab um halb 10 hier angerufen, hab es auf seinem Handy versucht – aber nichts. Na ja, es kam in seltenen Fällen vor, dass er noch in der Eybtalstube vorbeischaute – die Gaststätte in der Eybtalhalle, wo sich abends manchmal die ›Jedermannsturner‹ treffen. Männer in seinem Alter. Aber dann ruft er mich meistens vorher an. Außerdem weiß ich gar nicht, ob dort am Kinderfestmontag abends überhaupt etwas los war.«

»Sie waren also beunruhigt«, fasste Häberle zusammen.

»Schon, ja. Aber ich wollte doch nicht gleich die Polizei rufen. Rolf ist ein erwachsener Mann.«

»Es war aber schon nach 1 Uhr am Dienstagmorgen, als man ihn gefunden hat …«

Sie atmete tief ein. »Gefunden, ja. Ich weiß. Ich hatte mir gerade vorgenommen, noch bis 2 Uhr zu warten.« Sie kämpfte mit den Tränen.

Georg Sander hatte den ganzen Tag über telefoniert und sogar die Garderobenfrau des Martin-Luther-Hauses ausfindig gemacht. Er würde zwar eine komplette Zeitungsseite füllen können, aber mehr als über mögliche Hintergründe und Zusammenhänge spekulieren konnte er nicht. Dass Czarnitz im Osten seine Projekte mit einem weithin bekannten Architekten eingefädelt hatte, der seinerseits schon mehrfach in die Schlagzeilen geraten war, musste nicht unbedingt etwas besagen. Sander wurde wieder einmal bewusst, wie eng in der Provinz die Beziehungsnetze geflochten waren. Schon machten auch wilde Gerüchte die Runde, militante Mobilfunk-Gegner hätten im Kirchturm an den Sendeanlagen manipulieren wollen. Andere beharrten darauf, die Verbrechen müssten mit dem Stadtfest zu tun haben, weshalb sie argwöhnten, im Rathaus und natürlich im Dekanat werde versucht, die wahren Hintergründe zu verschleiern. An all dies mochte Sander nicht glauben, denn nach seinen Recherchen war ihm mehr und mehr klar geworden, dass diese Kleinstadt zwar den Tatort bot, die Motive dazu aber vermutlich ganz woanders zu suchen waren. Als der Journalist auf dem Weg zur Pressekonferenz in den Lehrsaal der Feuerwehr war, musste er an Häberles große Fälle aus jüngster Vergangenheit denken. Es wäre nicht das erste Mal, dass der Ermittler auf Dienstreise gehen würde.

Am Treppenaufgang zum Lehrsaal wurde Sander von Stadtbrandmeister Emil Strohsacker begrüßt, der als Hausherr die Besucher willkommen hieß. Der Journalist wechselte mit dem uniformierten Feuerwehrchef ein paar freundschaftliche Worte. Sie beide verband eine manchmal zwar raue, aber meist doch herzliche Freundschaft. Sander hatte es längst verkraftet, dass der oberste Feuerwehrmann der Stadt bei einem Brand natürlich zunächst Wichtigeres zu tun hatte, als die Presse zu informieren. Doch meist schon ein paar Minuten später war Strohsacker ein angenehmer Gesprächspartner, der sehr wohl um die Wirkung einer ausführlichen Berichterstattung wusste.

Die Kollegen landesweiter Medien, die Sander flüchtig oder gar nicht kannte, hasteten nur mit einem knappen ›Hallo‹ an dem Kommandanten vorbei nach oben, wo die Plätze an den U-förmig aufgereihten Tischen nahezu alle belegt waren. Sander zählte knapp 20 Medienvertreter, darunter viele von privaten Radiostationen. Auch das Südwestfernsehen und der neue Regionalsender aus Ulm waren mit Videokameras anwesend.

Sander ging zielstrebig zum quer stehenden Tisch der ›Offiziellen‹ und begrüßte Pressesprecher Uli Stock, den Leitenden Oberstaatsanwalt Dr. Wolfgang Ziegler, die Kripochefin Manuela Maller sowie Kriminalhauptkommissar

August Häberle. Heute war sogar der Kripo-Außenstellenleiter Rudolf Schmittke gekommen.

Nachdem Sander in der hintersten Reihe Platz genommen hatte, wie er das immer tat, um das Heer der wichtig tuenden Kollegen von auswärts überblicken und sich darüber amüsieren zu können, hieß Pressesprecher Stock die Anwesenden willkommen und erteilte das Wort dem Leitenden Oberstaatsanwalt. Der grinste in die Runde und zeigte sich von dem großen Medienauflauf überrascht. »Wenn Sie jetzt aber große Neuigkeiten erwartet haben, muss ich Sie enttäuschen«, kam er dann zur Sache. »Einen Täter können wir Ihnen nicht präsentieren.« Dafür, dass es also kaum etwas Neues gab, sprach er erstaunlich lange: Sechs Minuten, so stoppte Sander ab, erläuterte er den enormen personellen Einsatz und das große Engagement, mit dem die Sonderkommission in den vergangenen 24 Stunden eine Vielzahl von Personen im hiesigen wie auch im auswärtigen Bereich überprüft habe. Dann dankte er der Bevölkerung, die einige Hinweise gegeben hatte, wenngleich die erhoffte heiße Spur nicht darunter gewesen sei. Immerhin aber hätten sich einige Bürger gemeldet und den Schraubenzieher, der im Kirchturm gefunden worden war, als ein Relikt aus ehemaligen DDR-Zeiten identifiziert. Ob dies stimme, werde derzeit geprüft. Während die Journalisten eifrig mitschrieben und junge Radiopraktikantinnen wieder mal Mikrofone in die Höhe reckten, erwähnte Ziegler, dass Manuela Maller, die neben ihm saß, die Sonderkommission kräftig unterstütze und dafür sorge, dass einerseits für die Ermittlungen genügend Beamte abgestellt würden, andererseits aber noch ausreichend Personal fürs aktuelle Tagesgeschäft vorhanden sei.

Frau Maller lächelte. Als ihr das Wort erteilt wurde, lobte auch sie das engagierte Vorgehen der Kollegen, die erkannt hätten, wie sensibel gerade dieser Tatort sei: »Wir haben es mit Verbrechen zu tun, die an einem Ort verübt wurden, der bei vielen Menschen Gefühle verletzt. Und es sind Verbrechen, die sich weit außerhalb jener Milieus zugetragen haben, die wir gewohnt sind. Vermutlich handelt es sich nicht um eine der tragischen Beziehungstaten, bei denen verschmähte Liebe oder Eifersucht eine Rolle spielen. Viel mehr könnten alte Rivalitäten dahinterstecken, wobei wir aber bislang nicht wissen, in welche Richtung dies geht, geschweige denn, weshalb sich dies alles im Kirchturm, beziehungsweise auf dem Dachboden des Kirchenschiffs zugetragen hat.«

Ein Journalist aus der ersten Reihe hob die Hand, um etwas zu sagen, wurde aber ignoriert. Stattdessen erteilte Ziegler dem Chefermittler das Wort. Häberle hatte sich auf der Herfahrt ein paar Sätze überlegt, wollte aber kein Statement abgeben, sondern Fragen beantworten. Er vermied es auch, auf Mallers Hinweis einzugehen, man habe es nicht mit verschmähter Liebe oder Eifersucht zu tun. Nach seinem jüngsten Gespräch mit Sabrina Simbach wollte er diese Variante nicht ausschließen. »Sehen Sie mir bitte nach«, begann er, »dass ich zu den bisherigen Ermittlungsergebnissen nichts sagen kann. Nur so viel: Es gibt viele Ansatzpunkte, die nun der Reihe nach abgeklärt werden müssen. Sie können sich denken, dass uns das Umfeld der Toten besonders interessiert. Erst wenn wir wissen, in welcher Beziehung Simbach und Czarnitz zueinander standen, haben wir den entscheidenden Faden in der Hand, an dem wir ziehen können.« Häberle hatte für die Journalisten dann doch noch eine Überraschung parat: »Wir wissen inzwischen, dass das verschwundene Handy von Herrn Simbach in andere Hände geraten ist.« Ein erstauntes Raunen ging durch die Zuhörerschar. »Ihnen brauch ich nicht zu sagen, dass bei Kapitalverbrechen alle möglichen technischen Hilfsmittel hinzugezogen werden. Stichwort: Telefonverbindungen. Dies hat uns die Erkenntnis beschert, dass mit Simbachs Handy noch gestern Nachmittag, also am Dienstag, eine Verbindung bestand – und zwar aus einer Telefonzelle, die beim Rasthaus Plauen an der A 72 steht – Fahrtrichtung Ost. Das Handy selbst, ein Nokiagerät, ist weiterhin verschwunden. Wo Simbachs Handy zum Zeitpunkt des Gesprächs eingeloggt war, wissen wir noch nicht. Die Telefongesellschaft hat uns diese Unterlagen für die nächsten Stunden in Aussicht gestellt.«

Nun gab Pressesprecher Uli Stock die Fragerunde frei. Endlich konnte der Lederjacken tragende Journalist in der ersten Reihe seine Fragen loswerden: »Sie sagen«, begann er laut und auf Hochdeutsch, »dass eine Eifersuchtstat so ziemlich auszuschließen sei. Meine Recherchen haben ergeben, dass es da eine Prügelei gegeben hat zwischen Simbach und einem Kirchengemeinderat … er heißt …« Der Mann blätterte in einer Hand voll Schmierzettel. »Korfus. Torsten Korfus.«

Sander wurde hellhörig. Wahrscheinlich ein Kollege von ›Bild‹, dachte er. Vermutlich waren sie drei, vier Mann hoch in die Stadt eingefallen und hatten den ganzen Tag über mit der ihnen eigenen Art recherchiert.

»Korfus stammt wie Simbach aus den neuen Bundesländern«, dozierte der Journalist weiter und schien sich mit seinen Erkenntnissen brüsten zu wollen. »Und wie man so hört, hat es in beiden Ehen ziemlich gekriselt. Frau Simbach, so wird in dieser Stadt gemunkelt, soll das eine oder andere Techtelmechtel angezettelt haben – unter anderem mit Herrn Korfus. Läge es da nicht nahe, dass der Liebhaber beschließt, den ungeliebten Ehemann aus dem Weg zu räumen?«

Ziegler winkte ab. »Ich bitte Sie, Herr Steinfurt. Das sind Spekulationen, die mit unseren fundierten Erkenntnissen nicht unbedingt in Einklang zu bringen sind. Ich kann nur davor warnen, solche Schlüsse in die Öffentlichkeit zu tragen.«

Klar, dachte Sander. Eine Herz-Schmerz-Geschichte wäre den Kollegen des Boulevardblatts sicher lieber als alte Rivalitäten.

Der Journalist namens Steinfurt wollte sich so schnell nicht abspeisen lassen: »Dann neigen Sie eher zu der Variante, dass Ossis hier in der Provinz alte Rechnungen beglichen haben?«

»Wir neigen zu gar nichts«, wehrte Ziegler gelassen ab. »Wir halten uns an Fakten.« Dann benutzte er, wie Sander es empfand, seine Lieblingsformulierung: »Wir ermitteln in alle Richtungen.«

Die Praktikantin eines Privatradios, die die ganze Zeit über aus fünf Meter Distanz ihr Mikrofon hochgehoben hatte, obwohl dies mit Sicherheit keine sendetauglichen Aufnahmen ergab, fragte mit schriller Stimme: »Wie verdächtig ist denn die Dekanin? Man erzählt sich, sie könne sehr energisch sein.«

Ziegler und Häberle sahen sich an. Weil sie beide nicht wussten, was sie sagen sollten, sprang Kripochefin Maller geduldig in die Bresche: »Die Frau Dekanin wird mit Sicherheit nicht mehr und nicht weniger überprüft wie alle Personen, die sich im direkten Umfeld der Opfer bewegt haben.« Das Mädchen war zufrieden. Sander überlegte, wie sich der Beitrag später im Radio anhören würde. Vielleicht so: »Auch die Dekanin ist in Geislingen ins Visier der Ermittler geraten …« Sander staunte, wie wenig sensibel meist die jungen Kollegen waren, vor allem aber, wie wenig Ahnung sie von polizeilicher Arbeit hatten. Man konnte ihnen aber nicht mal einen Vorwurf machen, denn ihre Ausbildung beinhaltete kaum noch die journalistische Kleinarbeit an der Front, nämlich im Lokalen, wo man mit allen Themen und Facetten des Lebens konfrontiert wurde. Und dies konnte halt beim besten Willen nicht im beliebten Feuilleton geschehen, wohin es die jungen Kollegen so gerne drängte. Früher, daran musste Sander bei solchen Gelegenheiten denken, hatten die Verleger noch Wert darauf gelegt, Nachwuchs heranzuziehen, der mit beiden Beinen fest im Leben stand. Bevorzugt wurden deshalb Bewerber, die bereits irgendeine andere Berufsausbildung hinter sich gebracht hatten, also wussten, wie es im Alltag in den Betrieben ablief. Seit meist nur noch Hochschulabsolventen eine Chance hatten, war die Distanz immer größer geworden, die sich zwischen dem Leser einer Heimatzeitung und den jungen Journalisten auftat, die keine Ahnung davon hatten, wie rau der Alltag im normalen Berufsleben war. Viel zu häufig, so empfand es Sander, wurden Unternehmer bejubelt, die mal wieder ein paar Lehrlinge einstellten oder ein paar Arbeitsplätze schufen, während die Verhältnisse innerhalb der Betriebe nie beleuchtet wurden: Wie die Mitarbeiter drangsaliert wurden, seit sie um ihren Job fürchten mussten, wie ihnen Abend-, Samstag- und Sonntagsarbeit aufgenötigt wurde und Lehrlinge nur billige Arbeitskräfte waren. Niemand schien sich an solche Themen heranzuwagen – oder hatte eine Ahnung von diesen Missständen, zumal auch die Gewerkschaften vornehm schwiegen. Sander musste an die Zeit denken, als er Volontär war und einen Chef hatte, der zu jenen zählte, die man einen ›aufrechten Sozialdemokraten‹ nennen konnte. Aber das lag jetzt 35 Jahre zurück.

Sander wurde erst aus seinen Gedanken gerissen, als ein anderer Kollege wissen wollte, bis wann Häberle gedenke, den Fall zu lösen und dieser erklärte: »Bis zum Wochenende.« Sander stutzte. Denn jetzt war bereits Mittwochnachmittag. Wenn Häberle so überzeugend sprach, war das kein Zweckoptimismus.

31

Es war eine lange und anstrengende Fahrt. Lkw an Lkw, Baustellen. Das Wetter diesig, und je weiter sie in den Norden kamen, umso unwirtlicher. Anton Simbach hatte die ganze Zeit über das Navigationsgerät eingeschaltet, um sich in dem Gewirr aus Autobahnen und Bundesstraßen zurechtzufinden. Zwar war er früher oft in Berlin gewesen, dessen östlicher Teil sich damals auf großflächigen Schildern als ›Hauptstadt der DDR‹ bezeichnet hatte. Doch seit der politischen Wende hatte er immer seltener Gelegenheit gefunden, von Bischofswerda raufzufahren. Sein Beifahrer, Carsten Kissling, war nach langer Diskussion über den Anruf dieses schwäbischen Kommissars doch noch eingedöst. Jetzt aber, als ihr Ziel vor ihnen lag, wurde auch er wieder wach. Die Plattenbauten, die einst als sozialistischer Fortschritt gepriesen wurden, ragten grau und trist in den ebenso grauen Julihimmel. Auch wenn sich inzwischen Balkonnischen mit fröhlichen Farben abhoben und ganze Gebäudeteile farblich unterschiedlich gestaltet waren, so verbreitete diese Wohngegend noch immer den herben Charme der DDR. Eine Straßenbahnlinie führte hier vom Alexanderplatz heraus. Mit ihr kamen auch die Touristen, denen die Fremdenführer ein wenig schreckliche DDR-Vergangenheit versprachen. Simbach hielt von derlei politischem Tourismus überhaupt nichts, zumal dies alles, wie er stets behauptete, ohnehin von westlicher Propaganda gesteuert wurde. Überhaupt empfand er jeglichen Versuch, die Vergangenheit aufzuarbeiten – und mochte es noch so neutral und sauber recherchiert erfolgen – als reine westliche Propaganda. Und alle seine Freunde, die hier in der Genslerstraße und drum herum wohnten, sahen es ähnlich. Deshalb waren ihnen auch all jene ein Dorn im Auge, die hier draußen versuchten, den Sozialismus und den Kampf gegen den Imperialismus durch den Schmutz zu ziehen. So und ähnlich jedenfalls hörte man viele der Bewohner dieser Plattenbauten reden. Erst vor wenigen Monaten hatte es bei einer Veranstaltung eine heftige Auseinandersetzung zwischen ihnen und ihren Opfern aus damaligen Zeiten gegeben. Simbach und Kissling waren davon überzeugt, dass jetzt nach kapitalistischer Manier versucht wurde, die einst zentralen Steuerungszentren der DDR zu vermarkten. Anton Simbach war einmal inkognito bei so einer Touristenführung durch dieses Areal hier draußen dabei gewesen und hätte den Mann, der die Vergangenheit in den schrecklichsten Bildern schilderte, beinahe am Kragen gepackt. Mittlerweile war aus all dem, wofür er und seine Kollegen gekämpft hatten, was ihnen wichtig, ja geradezu heilig war, eine Art Museum geworden, in dem die Staatsfeinde von einst das große Wort führten. Allein diese Vorstellung trieb ihm den Blutdruck nach oben. Taten die Jungs hier doch gut daran, die Touristen, wenn sie nach dem Aussteigen aus der Straßenbahn nach dem Weg fragten, in die falsche Richtung zu schicken.

Simbach chauffierte den Mercedes-Kombi durch die Genslerstraße, wo ihnen viele Touristen entgegenkamen. Von Weitem bereits erkannte Simbach die ihm wohlvertrauten Gebäude, die innerhalb eines mit Mauern und Zäunen umgebenen Areals standen. Dann jedoch bog er nach rechts zu den Wohnblöcken der Lössauer Straße ab und parkte den Wagen in einem menschenleeren Innenhof, dessen Grünfläche sehr mitgenommen aussah. Früher hatten hier nur Trabis und Wartburgs gestanden, jetzt waren es überwiegend Limousinen der mittleren bis gehobenen Klasse. In solchen Fällen fragte sich Simbach immer, ob dies die Menschen nun glücklicher machte.

Die beiden Männer gingen schnellen Schrittes zu einer der Haustüren, an denen weit mehr als 30 Klingelknöpfe angebracht waren. Kissling beugte sich zu den Namensschildern und drückte neben ›Oehme‹ auf einen Knopf. Weil die Eingangstür offen war, warteten sie gar nicht ab, bis sie jemand abholen würde. Er ging voraus die Treppe hoch in den vierten Stock. Dort stand im dunklen Flur eine männliche Gestalt. »Willkommen daheim«, sagte der Mann und begrüßte die Besucher mit einem angedeuteten Bruderkuss. »Kommt rein.«

Simbach und Kissling betraten den schlecht beleuchteten Wohnungsflur, wo ihnen eine hochgewachsene, schlanke Frau entgegenkam. »Grüß dich«, sagte sie nacheinander zu den beiden Männern und umarmte sie. Dann führte sie die Besucher ins Wohnzimmer, das ganz in Weiß gehalten war: Ledersofa, Couchtisch sowie eine Regelwand, in der Metall und Glas dominierten. Achim Oehme bot den Gästen einen Platz an, er und seine attraktive Frau setzten sich ihnen gegenüber. »Was zu trinken?«, fragte Oehme. Die beiden nickten. »Ja, bitte, wenn du ein Bierchen hättest«, antwortete Kissling. Die Frau fühlte sich angesprochen und verschwand in der Küche.

»Wie war die Fahrerei?«, wollte Oehme wissen und schlug die Beine lässig übereinander. Er war Mitte 50 und wirkte für sein Alter durchtrainiert und fit, auch wenn seine Bräune von einem Solarstudio herrühren mochte.

»Ein Lkw nach dem andern«, erklärte Simbach. »Unser Land wird überrollt.« Wenn er unser Land sagte, meinte er für gewöhnlich nur die neuen Bundesländer.

»Alles Kack«, zeigte sich Oehme verächtlich. »Die rußen uns vollends ein. Hast du mal gelesen, was ein einziger Lkw rausbläst? Da quatschen se im Reichstag was von Rußpartikelfilter für Pkw. Alles nur Scheingefechte. Der Kleine wird abgezockt und an die Konzerne trauen se sich nicht ran. Dabei hab ich gedacht, die Merkel sei eine von uns.« Er winkte energisch ab. »Vergiss es.«

Kissling nickte zustimmend. »Genau genommen hat uns der Kapitalismus überrollt. Und was am schlimmsten ist – alles, wofür wir gekämpft haben, soll nicht mehr wahr sein. Als ob wir, ein ganzes Volk, 40 Jahre lang einem großen Irrtum unterlegen wären.«

»Mach dir nichts vor, Carsten«, gab ihm sein Freund zu

denken. »Es war eben eine feindliche Übernahme – von einer Clique, die in uns das Reich des Bösen gesehen hat. Das musst du dir immer vor Augen führen. Und die paar von uns, die sich in diese machtbesessene Regierungsclique reingemogelt haben, haben die Mechanismen schnell begriffen.«

Irina Oehme, die deutlich jünger sein musste als ihr Ehemann, hatte sich drei bereits entkorkte Bierflaschen unter die Arme geklemmt und stellte umständlich drei Pilsgläser auf den Tisch.

Während sie sich wieder setzte, schenkten sich die Männer ein.

»Umso wichtiger, dass wir zusammenstehn«, resümierte Oehme und prostete den anderen zu. »Jetzt habn se sogar noch da drübn vier Tafeln angebracht, vorigen Freitag«, fügte er hinzu und deutete zu den Nebenhäusern, während die anderen bereits tranken. »Eine Tafel zum Gedenken der Opfer der kommunistischen Diktatur. Und der Momper – ihr wisst, das ist der Präsident des Abgeordnetenhauses –, der hat eine große Lippe riskiert.«

Die beiden Männer hörten den empörten Ausführungen ihres alten Freundes zu, doch dann kam Kissling, nachdem er sich den Schaum vom Mund gestrichen hatte, zur Sache: »Ich hab dir am Telefon gesagt, worum es geht.«

»Ich bin informiert. Hab ja auch meine Kontakte. Bleibt ihr eigentlich heut Nacht hier?«

»Ne«, entgegnete Simbach, »ich hab morgen einen Termin. Wir wechseln uns bei der Heimfahrt ab.«

»Sonst hätt ich euch ›ne gute Pension empfohlen. Ein paar Straßenzüge weiter. Ein guter Kumpel von mir.« Oehme nahm noch mal einen kräftigen Schluck, während seine Frau ihn und die beiden anderen schweigend beobachtete.

»Danke«, meinte Simbach. »Das ist nett von dir. Aber ich muss morgen Vormittag wirklich wieder zurück sein.« Er wollte nicht sagen, weshalb ihm dies so wichtig war, sondern wechselte das Thema: »Du hast alles vorbereitet?«

»Natürlich. Wie immer. Ich hab auch die anderen alle informiert, wie besprochen. Wenn es sein muss, schicken wir noch n‹ paar Leuter runter.« Oehme wirkte energisch und entschlossen. Das war genau die Art, die Simbach an ihm gefiel. Er hatte nichts von der Autorität eingebüßt, mit der er früher so erfolgreich war.

Kissling rutschte nervös auf der Ledercouch hin und her. »Was mir gar nicht gefällt, ist dieser Anruf von der Kripo.«

»Von der Kripo?«, fuhr Oehme dazwischen.

»Nun, ja«, erklärte Simbach, »es war ja klar, dass sie die Spur aufnehmen werden. Man hat angekündigt, mich morgen früh anzurufen, um einen Termin zu vereinbaren.«

»Wie? Der Kommissar will kommen. Hierher?«

»Keine Ahnung, aber er hat so etwas angedeutet. Natürlich nicht hierher nach Berlin, sondern zu mir – nach Bischofswerda.«

Kissling sah sich vorsichtig um und fügte hinzu: »Vielleicht sind sie auch schon da.« Es klang, als fürchtete er, abgehört zu werden.

»Und Czarnitz?«, fragte Oehme unvermittelt. »Wie hat das passieren können?«

Die beiden Besucher zuckten mit den Schultern, während Frau Oehme ebenso gespannt wie ihr Mann auf eine Antwort wartete.

»Woher sollen wir das wissen?«, entgegnete Simbach. »Wenns angeblich nicht mal die Polizei weiß.«

»Und wie schätzt ihr die Lage ein – in Geislingen?«

»Die haben natürlich längst rausgekriegt, dass die beiden sich verklopft haben«, erklärte Kissling.

»Und beißen sich daran fest wie Bluthunde«, mutmaßte Oehme, der noch einen Schluck nahm, worauf Kissling meinte: »Ich hab meine Fühler ausgestreckt.« Er lächelte überlegen, wie er das auch früher getan hatte, als er noch an den Schaltstellen wichtiger Informationen saß. »Sobald sich im LKA was tut, kriegen wir Bescheid.« Er konnte sich auf die Kollegen von einst verlassen. Viele waren zwar in alle Winde verstreut, doch der Zusammenhalt schien ungebrochen.

»Weißt du, wie viele kommen werden?«, wollte Simbach wissen, der inzwischen ein paar Blicke mit Frau Oehme gewechselt hatte.

»11 haben zugesagt. Um 20 Uhr in Peters Kellerbar drüben.«

Simbach nickte. Peters Kellerbar war ihm ein Begriff aus alten Zeiten. Die hatten sie im Wohnblock nebenan im Keller eingerichtet und nächtelang gesoffen und den ›Playboy‹ rumgereicht, der auf irgendwelchen Kanälen aus dem Westen rübergekommen war. Auch Videofilme, wenngleich in schlechter Qualität, waren auf diese Weise in den Ostteil der Stadt geschmuggelt worden. Manchmal stammte das Zeug auch von Westdeutschen, die es verbotenerweise in die Hauptstadt der DDR mitgenommen hatten. Am S-Bahnhof Friedrichstraße, der damaligen Grenzübergangsstelle für Besucher aus dem Westen, waren solche Materialien zuhauf beschlagnahmt worden. Simbach musste für einen Moment an einige jener Personen denken, die er selbst dort festgenommen hatte, weil sie der Spionage oder Fluchthilfe verdächtigt wurden. Staatsfeinde. Viel später hatte er erfahren, dass ein junges Mädchen, das im Frühjahr 1989 aus dem Besucherstrom herausgefischt worden war, aus jener Gegend stammte, in die es später seinen Bruder verschlagen hatte. Zu drei Jahren Knast hatte man dieses junge Ding damals verurteilt, dann aber im Dezember 1989, ein paar Wochen nach der Wende, in Bautzen wieder laufen lassen. Von den vielen Verdächtigen, die er abgeführt hatte, war sie ihm in all den Jahren nicht aus dem Gedächtnis entschwunden. Sie war überaus hübsch gewesen, hatte versucht, ihn beim ersten Verhör mit ihrem aufreizend kurzen Röckchen zu verwirren. Die üblichen Tricks dieser staatsfeindlichen Elemente. Doch er war, wie es die Vorschrift besagte, hart geblieben, hatte ihr die mausgraue Anstaltskleidung verordnet und sie in Einzelhaft gesperrt. Was wohl aus dieser Frau geworden war?, überlegte er und rechnete nach, dass sie jetzt wohl 36 sein musste. Für ein paar Sekunden hatte Simbach nicht mitgekriegt, was um ihn herum gesprochen wurde. Erst das Handy in seiner Jackentasche riss ihn aus den Gedanken. Die Gespräche verstummten, während er das Gerät herausholte und auf dem Display ›Unbekannter Anrufer‹ ablas.

»Ja?«, meldete er sich knapp.

»Kannst du gerade reden?«, fragte die Männerstimme im Hörer.

Simbach bejahte.

»Also pass auf. Holzapfel hat sich gemeldet.«

Simbach war für einen Moment wie elektrisiert. Holzapfel, so hatten sie ihn früher immer genannt. Offenbar war er diesem Decknamen treu geblieben.

»Beim LKA in Dresden ist eine Anfrage über dich eingegangen«, fuhr die Stimme fort. Die drei anderen Personen im Raum schweigen gebannt.

»Und?«

»Mehr nicht«, kam es zurück. »Aber sie wollen sowohl über dich als auch über den Torsten und den Rolf Nachforschungen anstellen.«

»Und wie muss ich mir das vorstellen?«

»Na ja, natürlich nicht nur, was Vorstrafen anbelangt, sondern alles.«

»Alles?«

»Soweit sich in den Akten etwas findet.«

»Du meinst Gauck, Birthler?«

»Ja, klar. Wenn ich mir deshalb eine Anmerkung erlauben darf: Ihr solltet euch eine gemeinsame Strategie zurechtlegen. Klare Aussagen, keine Widersprüche. Jetzt kommt es drauf an.«

Simbach überlegte einen Moment, bedankte sich für die Hinweise und bat, auf dem Laufenden gehalten zu werden. Dann beendete er das Gespräch.

»Holzapfel«, sagte er, während er das Gerät wieder einsteckte. »Zuverlässig wie eh und je.«

Die beiden anderen Männer nickten zufrieden. Nur Frau Oehme wusste mit diesem Namen nichts anzufangen.

Simbach blickte wieder ernst in die Runde. »Jetzt haben sie Dresden verständigt.«

Einem kurzen betretenen Schweigen folgte Oehmes Entscheidung: »Vielleicht wärs da unten besser, wenn noch jemand von der Bildfläche verschwände.«

Simbach und Kissling wurde mit einem Schlag bewusst, welche Dimension alles angenommen hatte.

Torsten Korfus hatte an diesem trüben Juliabend noch lange in seiner Werkstatt gearbeitet und sich von seiner Frau Liliane abholen lassen, wie sie dies immer tat, wenn sie den VW-Passat nachmittags brauchte. Sie waren anschließend noch bei einem Italiener Pizza essen gewesen. Den ganzen Abend über hatten sie sich über Alexander Simbach und Rolf Czarnitz unterhalten, deren Tod sich auch Torsten Korfus angeblich nicht erklären konnte. Je häufiger er dies betonte, desto mehr kamen seiner Frau Zweifel. Doch jedes Mal, wenn sie dies durchblicken ließ, trieb es Torsten die Zornesröte ins Gesicht, worauf sie ihn sofort wieder beschwichtigte. Von seiner Vergangenheit wusste sie ziemlich wenig. Außerdem fiel es auch ihr schwer, über Vergangenes zu reden. Und doch gab es etwas, das sie – die Wessi – mit dem Mann aus dem Osten verband.

Jetzt saßen sie schweigend beieinander – er tief in den Beifahrersitz gesunken, sie hinterm Steuer. Als sie den Passat aus der schmalen Gasse des Italieners herausfuhr, an der gelblich angestrahlten Stadtkirche scharf nach rechts abbog, um abseits des Turms links in die Bundesstraße 10 einzubiegen, verließ der Wagen zwischen den Gebäudekomplexen des Altenpflegeheims und des Kauflands den Altstadtbereich. Gleich darauf setzte Liliane den Blinker nach links. Es war inzwischen kurz nach Mitternacht und dieser äußere Teil der Hauptstraße menschenleer. Im Radio waren gerade die 24-Uhr-Nachrichten vorbei, als sie zweimal links abbog, um die andere Seite der Altstadt zu erreichen. Das Nachtprogramm startete mit dem Titel ›Jariots of Fire‹ von Vangelis, während das Scheinwerferlicht beim Abbiegen an blinden Schaufensterscheiben und den Fassaden sanierungsbedürftiger Altstadthäuser entlangstrich. Seit ein Shoppingcenter mit Parkdeck die historisch gewachsene Hauptstraße hier zerschnitt, war der äußere Bereich wie der geknickte Ast eines Baumes abgestorben. Die deutschen Hauseigentümer hatten längst die Flucht ergriffen und das Feld größtenteils türkischen Käufern überlassen.

Frau Korfus hielt das vorgeschriebene Tempo 40 penibel genau ein, passierte die links abzweigende Auffahrt zum Parkdeck, von dem die Scheinwerfer eines herabkommenden Autos die Straße quer erleuchteten, und setzte dann den Blinker nach rechts zum Brunnensteig. Diese abseits gelegene Ansiedlung war nur durch die schmale Unterführung der Eisenbahnlinie zu erreichen. Die kantige Betonkonstruktion, im Volksmund auch ›Rosendol‹ genannt, war zwar beleuchtet, doch konnte sie sich, seit sie hier wohnten, in der Nacht nie des Eindrucks erwehren, dass sie in eine finstre und verlassene Gegend eintauchte. Hinter dem ›Loch‹, so schien es ihr, war sie fern ab der Stadt, deren Kernbereich doch nur 200 Meter entfernt lag. Wenn überhaupt.

Zwar ließen einige Villen auf eine feine Umgebung schließen. Aber bei einigen anderen Häusern, die sich beidseits an den Steilhang reihten, hatten Eigentümer und Mieter in jüngster Zeit häufig gewechselt, sodass man sich gegenseitig kritisch beäugte.

Der Wagen rollte durch die Unterführung, deren Wände das Motorengeräusch widerhallen ließen. Schon trafen die Scheinwerfer das erste Haus, das die Ecke zwischen dem aufwärts führenden Brunnensteig und der rechts, parallel zur Bahnlinie, weiterführenden Wohnstraße markierte. Noch knapp 30 Meter trennten jetzt den Passat von der schmalen Hofeinfahrt zu diesem Eckgebäude. Liliane musste sich jedes Mal konzentrieren, im richtigen Augenblick scharf nach rechts einzubiegen, ohne die Begrenzungspfosten zu streifen. Geradeaus führte die spärlich beleuchtete Straße weiter aufwärts, rechts von Sträuchern und einem Kastanienbaum gesäumt. Dazwischen parkten Autos. Nach etwa 150 Metern mündete die Straße in einen gesperrten Forstweg, der sich hinter den Häusern am Hang entlang zur Hochfläche schlängelte.

Links erstreckte sich das zunächst sanft ansteigende Areal einer Geislinger Unternehmerfamilie bis zur Waldgrenze empor. Während im unteren Bereich ein Haus im Stil der 50er-Jahre hinter Sträuchern und Birken stand, duckte sich droben am Hang eine Villa aus dem Betonzeitalter zwischen dem niedrigen Bewuchs. All dies war jetzt in tiefes Schwarz gehüllt. Das Streulicht der Straßenlampen ließ nur die Fassade des unteren Hauses erahnen.

Der Wagen hatte gerade die Unterführung verlassen, als ein kurzer, dumpfer Schlag das Motorengeräusch und die Musik von Vangelis übertönte. Im Bruchteil einer einzigen Sekunde schien alles gleichzeitig zu geschehen: ein weiterer dumpfer Schlag, dann ein dritter. Blitze. Liliane war wie gelähmt. Es schien ihr wie eine halbe Ewigkeit, doch es war nur der Bruchteil einer Sekunde. Den Blitzen im linken Augenwinkel war ein undefinierbarer Luftzug gefolgt. Eine Bombe? Schüsse? Ein Überfall? Sie konnte keinen einzigen vernünftigen Gedanken fassen. Dann drang die panische Stimme ihres Mannes in ihr Bewusstsein: »Gib Gas, gib Gas, fahr los!« Torsten hatte die Situation schneller erkannt als sie. »Gas, Gas, Gas, Gas«, brüllte er in Todesangst.

Ohne nachzudenken, trat sie das Pedal voll durch. Der Motor heulte auf und der Passat schoss im zweiten Gang die Straße hinauf.

»Gas, Gas, Gas«, rief Torsten wie besessen. Noch einmal krachte etwas Dumpfes gegen das Fahrzeug. Diesmal wurde das Heck getroffen,

Der Wagen beschleunigte enorm, während Korfus blitzartig mit der linken Hand ins Steuerrad griff und so fest er nur konnte auf die Hupe drückte und sie nicht mehr losließ.

Bedrohlich schnell kam das Ende der asphaltierten Straße auf sie zu. Die Sträucher, zwischen denen Autos parkten, jagten rechts vorbei. Noch 50 Meter. Die Hupe erfüllte den Geländeeinschnitt und hallte von den Hängen wider. Verdammt noch mal, warum reagierte niemand?, schoss es Korfus durch den Kopf. Irgendjemand musste in diesem gottverlassenen Winkel doch kapieren, dass jemand Hilfe brauchte.

Gleich gab es keine Chance mehr. Die Scheinwerfer erfassten das rot umrandete Verbotsschild am Waldrand. »Pass auf, da oben!«, schrie er verzweifelt.

Der Forstweg. Sollten sie es wagen?

Links die leicht zurückversetzte, aber mit Gittertor versperrte Zufahrt zur Villa.

Liliane nahm das Gas weg, worauf sich der Wagen an dem Steilstück sofort verlangsamte. Ihr Mann hielt noch immer die Hupe gedrückt. »Was jetzt?«, schrie seine Frau.

»Rüber«, entschied Korfus und deutete nach links. Es konnte doch, verdammt noch mal, nicht mehr ewig dauern, bis hier irgendwo Lichter angingen, ein Hund bellte oder sich hinter einem der Fenster jemand bemerkbar machte.

Sie saßen in der Falle. So oder so. Würden sie den Forstweg nehmen, stünden sie nach ein paar 100 Metern mutterseelenallein im Steilhang. Das wäre weitaus schlimmer, als hier im Siedlungsgebiet das Schreckliche abzuwarten.

Liliane war mit einem kräftigen Linksschwenk vors feuerverzinkte Tor der Unternehmervilla gefahren, weshalb ihr Mann die Hand von der Hupe zurückzog. Der Wagen stoppte abrupt, der Motor wurde abgewürgt. Das Fernlicht blieb eingeschaltet – und Korfus drückte wieder auf die Hupe. Allein schon dieses alles durchdringende Geräusch, so hoffte er inständig, würde den Angreifer von weiteren Attacken abhalten.

Noch immer spielte der Titel von Vangelis. ›Jariots of Fire‹, Feuerfackeln. Eine dramatische Musik, die im Hupen unterging. Das Ehepaar saß mit pochenden Herzen vor dem Tor, dessen Eisenstäbe im Scheinwerferlicht gespenstische Schatten auf die asphaltierte Hofeinfahrt warfen.

Je mehr Sekunden verstrichen, desto größer die Chance, den Angreifer in die Flucht geschlagen zu haben. Korfus wandte den Kopf nach links und erkannte im Licht einer von links herüber schimmernden Straßenlampe, was die dumpfen Schläge verursacht hatte: Das linke hintere Seitenfenster war in ein wildes Geflecht von Kristallen zersprungen, die ihren Ursprung in zwei etwa 30 Zentimeter auseinander liegenden, centgroßen Löchern zu haben schienen. Schüsse, durchzuckte es Korfus. Man hatte auf sie geschossen. Von links. Aber man hatte wohl die Fahrbewegung des Autos falsch eingeschätzt. Der Schütze, daran bestand kein Zweifel, hatte auf Fahrer und Beifahrer gezielt, doch als die nacheinander abgefeuerten Kugeln das Fahrzeug erreichten, war es bereits einen halben Meter weiter gerollt, sodass sie nur noch die hintere Seitenscheibe durchschlugen. Korfus glaubte sich zu entsinnen, vier Schläge wahrgenommen zu haben. Vermutlich hatten die anderen das Blech getroffen.

Seine Frau atmete schwer und war über das Lenkrad gesunken. Vangelis kam zum fulminanten Musikfinale. Korfus hielt immer noch die Hupe gedrückt. Er spürte, dass er wieder einen klaren Gedanken fassen konnte. Das Handy, ja, das Handy, durchzuckte es ihn. Er konnte die Polizei rufen. Während er gerade 110 tippen wollte und erschrocken seine zitternden Finger besah, flammten auf der Zufahrt zur Villa die Lichter auf. Gleichzeitig blinkte an der Sprechanlage neben dem Tor eine rote Lampe auf. Korfus erkannte, dass dort auch eine Videokamera angebracht war. Er nahm die Hand von der Hupe, ließ seine Seitenscheibe herabgleiten und rief so laut er konnte: »Hilfe, Hilfe – helfen Sie uns. Überfall.«

Aus dem Lautsprecher dröhnte blechern eine energische Stimme: »Was ist ›n da los? Was ist passiert?«

»Hilfe, Hilfe«, rief Korfus noch mal. »Polizei. Rufen Sie die Polizei und machen Sie alle Lichter an.«

Liliane verfolgte das Geschehen wie in Trance. Sie hatte panische Angst vor dem Sterben. Noch waren sie nicht in Sicherheit. Denn der Angreifer schien zu allem entschlossen. Angst und Panik vermischten sich mit realen Bildern und den Gedanken der vergangenen Tage zu Horrorvisionen. Sie spürte Schüttelfrost. Ihr wurde übel.

Ihr Mann stellte erleichtert fest, dass der Villenbesitzer sämtliche Gartenlichter angeknipst hatte, sodass nahezu das gesamte Hanggelände hell erleuchtet wurde. Inzwischen war offenbar auch ein Bewohner des unteren Hauses wach geworden, vor dem nun ebenfalls Lampen angingen. »Was ist denn das für ein Spektakel?«, hallte jetzt von dort eine energische Männerstimme über das Gelände. »Ich komm gleich raus – dann ist aber was los.« Die Stimme ließ keinen Zweifel daran aufkommen, dass diese Drohung ernst zu nehmen war.

Korfus lehnte sich zurück. Das Schlimmste war überstanden. Sein Gesicht verzog sich zu einem kurzen Lächeln, als er im Scheinwerferlicht hinter den Gitterstäben des Tores einen Hund anwatscheln sah. Der Villenbesitzer hatte schon mal seinen Dackel rausgelassen.

32

Es war ziemlich hitzig zugegangen. In der alten Kellerbar von Peter roch es modrig und feucht. Zigarettenqualm vermischte sich mit herbem Biergeruch. An den Wänden klebten großformatige Plakate leicht beschürzter Mädchen, der stabile Ecktisch bot den 13 Männern nur wenig Platz. Sie hatten trotz der ernsten Lage zunächst das Wiedersehen begossen, sich dann aber von Kissling und Simbach erläutern lassen, was geschehen war.

Achim Oehme verstand es auch jetzt wieder, die dazu entbrannte Diskussion in die richtige Richtung zu lenken: »Es hat in den vergangenen Jahren immer wieder Anlässe zu polizeilichen Ermittlungen gegeben. Und es wird sich auch in Zukunft nicht vermeiden lassen, dass die Bullen beim einen oder anderen die Vergangenheit durchleuchten. Soweit mir aber bekannt ist, hat das nie dazu geführt, dass über den Grund der Ermittlungen hinaus noch Weiteres an die Öffentlichkeit getragen wurde.«

Seine Zuhörer nickten. Sie waren alle in seinem Alter und hatten nach der Wende gleich wieder einen Job gefunden.

»Ich erinnere an die Vereinbarungen zur Wiedervereinigung«, machte Oehme weiter, denn mit dieser Materie kannte er sich aus. »Niemand darf für etwas bestraft oder verfolgt werden, was in der DDR erlaubt war.« Er machte eine Pause und sah mit finstrer Miene in die Runde. »Auch wenn sie den einen oder anderen Kameraden der

Nationalen Volksarmee verurteilt haben, nur weil er an der Grenze seine Pflicht getan und Republikflüchtlinge gestoppt hat.«

Gestoppt, sagte er. Die Worte Schießbefehl und Mord hatte er in diesem Zusammenhang aus seinem Vokabular gestrichen. Dies war für ihn reine westliche Propaganda.

Einer aus der Runde unterbrach ihn, ohne die Zigarette aus dem Mund zu nehmen: »Wenn die drüben ernsthaft jeden Kameraden hätten verknacken wollen, der an der Grenze nichts weiter als seine Pflicht getan hat, hätt Antons Bruder Alexander auch ein paar Jahre runterreißen müssen. Da hätten ihm sein Wendehalsverhalten und sein bigottes Getue zum Schluss auch nix mehr genützt.«

Anton verzog keine Miene. Daran wollte er nicht erinnert werden. Schon gar nicht, nachdem Alexander nun tot war. Gleichzeitig plagte ihn wieder die Frage, wer ihn auf diese hinterhältige und ungewöhnliche Weise umgebracht hatte. Dass der Gedanke, der ihm seit Samstag nicht mehr aus dem Kopf wollte, offenbar gar nicht so abwegig war, schloss er aus der weiteren Bemerkung des Mannes, der ihm am Tisch gegenübersaß: »Verdammte Scheiße auch, dass ausgerechnet die beiden sich in dem Kaff da unten treffen müssen.«

Ein anderer Gesprächsteilnehmer fügte hinzu: »Torsten hat bei Gott mehr Dreck am Stecken, wenn mans aus Sicht der Wessis sieht.«

»Was heißt Dreck am Stecken?«, empörte sich Peter, dessen Kopf nur noch ein schmaler Haarkranz zierte. Er war der Älteste am Tisch, hatte gerade sein Bierglas abgesetzt und sich den Schaum vom Mund gewischt. »Er hat auch nichts anderes als seine Pflicht getan.«

»Ich sagte aus Wessisicht«, stellte der Kritisierte lautstark klar.

»Allein schon die Formulierung gefällt mir nicht. Die USA richten alle paar Wochen einen hin – elektrischer Stuhl, Giftspritze, Strick, was weiß ich –, da kräht kein Hahn danach. Allenfalls ein paar Menschenrechtler jaulen pflichtgemäß auf. Aber die Staatengemeinschaft hält still. Hat die EU jemals ernsthaft dagegen interveniert? Sie lehnen zwar die Todesstrafe ab, aber wenn das große Amerika sie praktiziert, gehen alle in die Knie. Dabei sind die Prozesse da drüben doch reine Show. Wer das Geld hat, sich einen Staranwalt zu leisten, hat große Chancen, seinen Kopf aus der Schlinge ziehen zu können.«

Keiner am Tisch wollte widersprechen. Oehme bekräftigte deshalb: »Wir sind uns einig. Torsten hat einen Job gemacht, der zwar unpopulär sein mag, aber den es auch in den USA gibt.«

»So ist es«, stellte ein anderer fest, der sich gerade eine Zigarette anzündete. »Und ich sag euch eines: Irgendwann werden auch die Europäer wieder begreifen, dass sich freiheitliche Staaten nur mit der Todesstrafe gegen das Böse wehren können.« Kurzes Schweigen. Er schien irritiert zu sein, auf keine euphorische Zustimmung zu stoßen. Nicht mal bei Peter. Stattdessen ergriff Kissling das Wort: »Lasst uns wieder die eigentliche Problematik angehen. Die Frage, die sich uns stellt, ist doch ganz einfach die: Wie können wir vermeiden, dass die ganze Sache ausufert? Erste Erfolge, wir haben es im Laufe des Abends bereits erörtert, sind zu verzeichnen. Das Handy ...« Noch einmal rekapitulierte er das bereits besprochene Thema, obwohl es nun schon halb eins war. Es sei zumindest gelungen, Alexander Simbachs Handy zu sichern, erklärte er. Und alles sehe danach aus, als ob die Daten und Adressen nicht in falsche Hände geraten seien. Alexander habe eben wie ein alter Kämpfer gehandelt und alles unter einem Passwort abgelegt. Andererseits seien natürlich ankommende und abgehende Anrufe gespeichert worden – teilweise mit Nummern.

»Wie sicher können wir sein, dass dieser Kerl ... wie heißt der noch mal?«, fragte Peter und erntete nur Schulterzucken, »Dass dieser Kerl schweigt?«

Anton Simbach fiel zwar der Name auch nicht ein, doch wusste er, wer gemeint war. »Ich glaub, der hat die Hosen gestrichen voll. Er ist sicher froh, das Ding los zu sein. Und ...« Er überlegte und lächelte, »es sind noch ein paar kleine Einschüchterungsversuche geplant.«

Noch bevor er sie näher erläutern konnte, unterbrach ihn Kisslings Handy. Dieser zog es aus der Brusttasche des Hemds, blickte kritisch aufs Display und meldete sich mit »Ja?« Er lauschte kurz und gab mit verengten Augenbrauen gefährlich zischend zurück: »Du Idiot.«

Innerhalb weniger Minuten waren drei Streifenwagen der Polizei beim Rosendol eingetroffen. Uniformierte Beamte leuchteten die Umgebung der Unterführung ab, erhellten den Bahndamm und die angrenzenden Grundstücke und suchten erste Spuren. Ein Fahrzeug des Roten Kreuzes war bis ans Ende des Brunnensteigs hochgefahren. Die Besatzung kümmerte sich um Liliane Korfus, die unter Schock stand. Hingegen hatte ihr Mann das Geschehen bereits einigermaßen verdaut und einem Hauptkommissar der Schutzpolizei stichwortartig geschildert, was sich ereignet hatte. Inzwischen hatte sich auch der Villenbesitzer hinter seinem Tor vorgewagt und den verstörten Dackel an die Leine genommen.

Vom Turm der nahen Stadtkirche schlug es Viertel nach eins, als Häberle eintraf. Der Bereitschaftsdienstler hatte ihn alarmiert, nachdem der Name des Ehepaars einen Zusammenhang zu den aktuellen Verbrechen vermuten ließ.

Häberle stellte seinen Audi vor der Unterführung auf der Straße ab, die inzwischen gesperrt war. Er eilte durch das Rosendol und begrüßte die Kollegen der Schutzpolizei, die ihm im Lärm eines vorbeiratternden Güterzugs erklärten, wo sich der Tatort befand. Dann setzte er seinen Weg in Richtung des Rotkreuz-Fahrzeugs fort, das er am Ende der aufsteigenden Straße sah, entlang derer mehrere Anwohner aufgeregt diskutierten. Ziemlich außer Atem kam er oben an, stellte sich dem kreidebleichen Villenbesitzer vor und wandte sich dann an Korfus und den protokollierenden Schutzpolizisten, der kurz und prägnant die Lage schilderte: »Herr Korfus ist mit seiner Ehefrau durch das Rosendol gefahren und beschossen worden. Zwei Projektile haben die hintere Seitenscheibe durchschlagen.« Er deutete in die entsprechende Richtung. »Eines hat den hinteren Querholm getroffen und eines den Kofferraum.«

»Und Frau Korfus?«, fragte Häberle dazwischen.

»Nur Schock«, beruhigte der Kollege. »Sie wird im Krankenwagen behandelt.«

Häberle erklärte, dass er die Spurensicherung angefordert habe, um Patronenhülsen ausfindig machen zu können. Die mögliche Fluchtrichtung des Täters jedoch ließ sich schwer ermitteln. Falls er zu Fuß unterwegs war, konnte er ebenso entlang der Bahnlinie verschwinden wie durchs Rosendol zur Innenstadt. Dort hatte er unauffällig ein Fahrzeug bereitstellen können. Korfus glaubte sich zwar zu entsinnen, beim Vorbeifahren am Parkdeck des ›Sonnecenters‹ einen Pkw gesehen zu haben. Doch dieser Hinweis war mehr als vage. Und einen Verdacht, wer ihm und seiner Frau nach dem Leben trachten konnte, hatte er angeblich auch nicht.

Trotzdem wollte Häberle nichts unversucht lassen. Er entschied, mithilfe weiterer Polizeistreifen angrenzender Reviere, einen Umkreis von einigen 100 Metern durchkämmen zu lassen, wohl wissend, dass davon der gesamte Innenstadtbereich betroffen sein würde. Gleichzeitig beorderte er von der Landespolizeidirektion Stuttgart eine Hubschrauberbesatzung herbei, die mit Wärmebildkameras die bewaldeten Hänge nach Personen absuchen sollten.

Das übliche große Programm, seufzte er insgeheim. Mehr, als dass die gesamte Innenstadt in Aufruhr käme, würde dies kaum bewirken. Der Schutzpolizist, der einen Teil der Anweisungen mit seinem tragbaren Funkgerät an das Revier weitergab, machte Häberle noch auf einen weiteren Aspekt aufmerksam: »Wir dürfen nicht übersehen, dass der Täter auch hier am Brunnensteig wohnen könnte.«

Häberle nickte und sah die vielen Menschen, die inzwischen die Straße bevölkerten. Und er blickte in das aschfahle Gesicht des Villenbesitzers, dessen Dackel an der Leine zerrte. »Ich hab nichts gehört und nichts gesehen«, erklärte der Mann und wollte sich in Richtung seines Grundstücks entfernen.

Häberle lächelte. »Wir haben auch nicht von Zeugen gesprochen. Sondern vom Täter.«

33

»Da hauts dirs Blech weg«, kommentierte Häberles junger Kollege die Situation kurz nach sieben. Auch er war in der Nacht noch draußen gewesen. Dass sie schließlich im Fahrzeug von Korfus alle vier Projektile und im Böschungsbereich sogar die Hülsen gefunden hatten, galt immerhin als kleiner Erfolg. Doch bislang gab es niemanden, der in der Zeit zwischen Mitternacht und 1 Uhr dort verdächtige Wahrnehmungen gemacht hatte. Alle Bewohner waren erst durch das Hupen aufmerksam geworden.

»Die beiden hatten ein riesiges Glück«, stellte Häberle fest. »Ein Waffenexperte wird sicher mal ausrechnen, um wie viel das Auto zu schnell war, um die Einschläge auf Fahrerhöhe abkriegen zu können.«

»Oder um wie viel Millisekunden der Schütze zu spät abgedrückt hat«, meinte ein Kollege der Sonderkommission. Sie alle waren übermüdet und blass. Doch schlafen wollte niemand. Denn jetzt musste mit allem Nachdruck ermittelt werden. Jetzt oder nie.

»Wir drehen den Korfus durch die Mangel«, entschied Häberle. »Ich hab ihn heut Nacht noch geschont. Jetzt will ich alles über ihn wissen. Alles. Vergangenheit und Gegenwart. Und noch mal sein ganzes Umfeld. Dekanin, Kirchengemeinderat, Pfarrer. Es wird doch irgendeinen Menschen geben, der etwas über ihn weiß.« Häberle zögerte. »Und seine Frau natürlich. Ja, nicht zu vergessen seine Frau.« Es kam selten vor, dass der Chefermittler so energisch seine

Anweisungen gab. Aber drei Tote und ein Mordanschlag innerhalb einer einzigen Woche, das würde in dieser Kleinstadt für erhebliche Unruhe sorgen. Ganz zu schweigen davon, wie viele Medienvertreter nun zusätzlich von auswärts angelockt wurden. Selbst Pressesprecher Uli Stock war in der Nacht noch an den Tatort geeilt, was schon ein Zeichen dafür war, wie brisant die Direktion im fernen Göppingen die Angelegenheit inzwischen einstufte.

Ein Kriminalist, der auf einem der Schreibtische saß, erhob sich und trat in die Mitte der zuhörenden Kollegenschar. »Bevor jetzt alle ausschwärmen, sollten wir uns noch mit neuen Erkenntnissen befassen. Ich hab da zwar alles in das System reingeschrieben.« Er deutete auf einen Computerbildschirm. »Aber ihr müsst es alle wissen.« Dann griff er zu einem Schnellhefter und schlug ihn auf. »Erstens: So schnell wie selten hat die Gerichtsmedizin ein vorläufiges DNA-Gutachten zu den Spurenfunden bei Frau Gunzenhauser übermittelt.« Er sah in die Runde und fügte ergänzend hinzu: »Die Mesnerin.« Den Hinweis quittierten einige Kollegen abschätzig. Ihnen brauchte man wirklich nicht schulbubenhaft Nachhilfeunterricht zu geben. »Sie stammen mit hoher Wahrscheinlichkeit von Rolf Czarnitz.«

Die Überraschung hielt sich in Grenzen. Eigentlich hatte sich nur bestätigt, was seit Langem vermutet worden war: Czarnitz war in der Kirche von der Mesnerin überrascht und erkannt worden, weshalb er sie umgebracht hatte.

»Volltreffer«, kommentierte deshalb auch nur einer der Kriminalisten.

»Ich weiß, das reißt euch nicht vom Hocker«, räumte der Referent ein. »Zweitens. Das Material, das wir am Stromkasten und an der Technik sichergestellt haben, reicht für keine DNA-Analyse aus, auch nicht das vom Schraubenzieher.«

»Wär auch zu schön gewesen, um wahr zu sein«, sagte Fludium lustlos.

»Aber vielleicht interessiert euch drittens eher«, fuhr der Ermittler mit dem Schnellhefter fort. »Die Gauck-Behörde, jetzt also Birthler, hat auch eine Mail geschickt.« Er blätterte weiter. »Simbach, Czarnitz und Korfus werden in der Akte eines unter dem Decknamen Holzapfel geführten Führungsoffizier erwähnt.«

»Holzapfel?«, echote eine Stimme.

»Mehr haben die Kollegen in der Behörde nicht rausfinden können. Sie geben uns Bescheid, sobald sie mehr über Holzapfel wissen. Aber zu den drei anderen finden sich ein paar aufschlussreiche Hinweise, die sie als stramme Funktionäre ausweisen. Alexander Simbach wird anfangs als zuverlässig und loyal bezeichnet, dann jedoch, ab Anfang 89 als latent gefährdet und zunehmend als politisch unberechenbar eingestuft. Er hat sich dann wohl zu dem entwickelt, was man später als Wendehals bezeichnete.« Der Redner blätterte weiter. »Czarnitz wird von Holzapfel durchweg positiv geschildert. Offenbar hat er sogar mal einen Orden gekriegt, weil er einen Fluchthelfer aus Berlin hat auffliegen lassen. Der Betroffene bekam fünf Jahre Bautzen aufgebrummt. Hat das abgesessen von 1983 bis 1988.«

Die Kollegen konnten sich vorstellen, was dies zu DDR-Zeiten bedeutete. Bautzen II, genau genommen. Jener Teil des Gefängnisses, in dem die Staatsfeinde untergebracht waren und dessen Existenz die DDR-Führung bis zuletzt bestritten hatte.

»Und dann noch zu Korfus«, machte der Referent weiter. »Er muss gegen Mitte der 80er-Jahre einen vertrauensvollen Job gekriegt haben. Holzapfel hielt ihn dafür geeignet, sowohl was seine psychische und physische Stabilität anbelangt, als auch durch seine innere Einstellung zur Deutschen Demokratischen Republik und durch seine toleranzlose Autorität. Zitat Ende. Dann noch eine spätere Bemerkung – ich zitiere: Er hat die Aufgabe ohne Emotionen ausgeführt. Zitat Ende. Leider schweigt sich Holzapfel über die Art der Aufgabe aus.«

»Was Rechtes kanns ja nicht gewesen sein«, kommentierte Fludium aus dem Hintergrund.

»Aber vielleicht etwas, das ihm jetzt das Leben kostet. Die Schatten der Vergangenheit holen ihn ein«, überlegte Häberle. »Noch was?«

»Noch was, ja«, erwiderte der Kriminalist stolz. »Wir haben dieses Hohenschönhausen abgecheckt. Und wenn man jetzt all dies, was dieser Holzapfel notiert hat, im Hinterkopf behält, dann erscheint das, was ich euch jetzt berichte, in einem interessanten Licht.« Der Redner legte den Schnellhefter beiseite und griff nach zwei losen Blättern, die auf seinem Schreibtisch lagen. »Hohenschönhausen«, begann er, »das weiß in der Ex-DDR jedes Kind. Nur wir Wessis tun uns manchmal schwer damit. Hohenschönhausen war das berühmt-berüchtigte Stasi-Untersuchungsgefängnis. Am Nordrand von Berlin. Ist heute ein Dokumentationszentrum. Zum Leidwesen übrigens der alten Stasiseilschaften, die inzwischen heftig dagegen wettern.«

Klar, fuhr es Häberle durch den Kopf. Natürlich hatte er schon davon gehört.

»Das Beste zum Schluss«, meldete sich ein junger Kollege, der zum ersten Mal in einer Sonderkommission mit Häberle zusammenarbeitete. »Die Geodaten von Simbachs Handy sind auch gekommen.«

Häberle lehnte sich gegen den Rahmen der Tür und zwinkerte Linkohr zu.

»Das Handy war zum Zeitpunkt des Gesprächs am Dienstagnachmittag hier in Geislingen eingeloggt – und zwar bei einem Sender, der auf einem der Hochhäuser am westlichen Stadtrand steht. Richtung Industriegebiet Neuwiesen.«

Jetzt war erst mal Korfus fällig. Häberle hatte sich vorgenommen, ihn trotz der frühen Morgenstunde daheim aufzusuchen. Der Chefermittler war davon überzeugt, dass Korfus nicht das arme Opfer eines Mordanschlags war, sondern sehr wohl ahnen konnte, wer ihn und seine Frau beseitigen wollte. Häberle ließ in der Wohnung des Ehepaars anrufen, um seinen Besuch anzukündigen.

Ein paar Minuten später saß er bereits den Eheleuten gegenüber. Die beiden waren blass und müde und hatten auf den ungemütlichen Holzstühlen des provisorischen Büros Platz genommen. Korfus wirkte noch unrasierter als sonst und hatte ein halbärmliges weißes T-Shirt übergezogen und sich in eine helle Hose gezwängt. Liliane hingegen erinnerte Häberle mit ihrem kurzen Hauskleid an einen Teenager, der eine lange Diskonacht hinter sich hatte.

»Ich kann verstehn, dass Sie noch mal kommen«, gab sich Korfus kooperativ. »Aber Sie müssen entschuldigen, dass wir noch immer unter einem gewissen Schock stehen.«

»Aber selbstverständlich«, entgegnete Häberle ruhig. »Ich werde Sie auch nicht länger als notwendig belästigen. Aber es haben sich heut früh glücklicherweise schon einige Erkenntnisse ergeben, die ich ... na, sagen wir mal ... gesprächsweise mit Ihnen durchgehen möchte.«

Liliane Korfus holte Luft. »Aber wir haben Ihnen doch schon alles gesagt.«

»Davon geh ich aus. Aber wir Kriminalisten wollen es halt immer genau wissen.«

Korfus spielte mit seinen Fingern, die schwarze, ölhaltige Spuren aufwiesen. »Ich werde Ihnen jede Frage beantworten.«

»Dann kommen wir doch gleich zur Sache«, begann Häberle. »Sie können sich wirklich keinen Menschen vorstellen, der Ihnen nach dem Leben trachtet?«

»So sehr ich auch darüber nachdenke – nein.«

»Wir haben uns ja schon drüber unterhalten: Ihr Verhältnis zu Alexander Simbach und so. Da gibt es nichts?«

Er schüttelte heftig den Kopf, während seine Frau regungslos blieb.

»Und wenn ich Ihnen ein Stichwort geben würde?«

»Ich bitte darum.« Es klang nicht mehr so überzeugend.

»Holzapfel.«

Für einen kurzen Moment glaubte Häberle in Korfus' Augen ein Zucken zu erkennen. Doch es kam nur eine Gegenfrage: »Holzapfel? Was muss mir das sagen?«

»Das will ich von Ihnen wissen.«

Liliane verfolgte das Gespräch gespannt.

»Holzapfel? Sagt mir gar nichts. Ehrlich nicht. Keine Ahnung.«

»Aber Hohenschönhausen sagt Ihnen schon was«, stellte Häberle provokativ fest.

»Natürlich sagt mir das was«, räumte er ein. »Das sagt jedem in der DDR etwas.«

»Und was sagt es Ihnen? Ich mein, Ihnen persönlich«, blieb Häberle gelassen.

Korfus blickte irritiert zu seiner Frau, doch deren Gesicht blieb ausdruckslos. »Nun – es ist kein Geheimnis. Ich bin Kraftfahrzeugmechaniker, war damals eine Zeit lang Grenzsoldat. Aber das wissen Sie doch schon alles«, stammelte er.

»Ja, das ist mir bekannt«, erwiderte Häberle. »Nur: Was hat das eine mit dem anderen zu tun?«

»Fangen Sie jetzt an, in der Vergangenheit zu kramen?« Korfus gab sich keine Mühe mehr, den sächsischen Dialekt zu verbergen. »Ich dachte, Sie ermitteln in Ihrem Mordfall.«

»Sie werden mir nachsehen, wenn ich mir die Freiheit nehme, alles zu beleuchten. Und ich denke, auch Ihnen müsste daran gelegen sein, den Mordanschlag auf Sie und Ihre Frau aufzuklären.«

»Was soll diese Frage? Natürlich bin ich das. Aber ich wees nicht, was Sie mit Ihren Fragen bezwecken wolln.«

»Zunächst mal gar nichts. Also«, kam er wieder zur Sache, »Sie sind Kfz-Mechaniker, das weiß ich – und waren Grenzsoldat, haben Sie gesagt. Demnach scheint beides in einem Zusammenhang zu stehen.«

»Na ja«, Korfus zögerte, »nach meiner Militärzeit haben se mich gefragt, ob ich mich weiterhin in den Dienst der Republik stellen möchte. Als Kraftfahrzeugmechaniker. Das bin ich dann geworden – in einer Einrichtung des Staates. Eben in Hohenschönhausen. Ich glaub nicht, dass man mir da draus einen Strick drehen kann.« Er hatte wieder Oberwasser. Nur seine Frau schaute ängstlich.

»Ich will Ihnen keinen Strick drehen. Möglicherweise aber steht Ihre damalige Tätigkeit in irgendeiner Weise mit den Vorkommnissen hier in Verbindung.«

»Nun machen Se mal halblang, Herr Kommissar. Das ist alles 17 Jahre und noch länger her.«

»Es ist eine Binsenweisheit, dass einen die Vergangenheit irgendwann einholt.« Häberle sah in das blasse Gesicht von Frau Korfus.

Schweigen. Der Kriminalist suchte weitere Anknüpfungspunkte.«Mehr als Autos repariert haben Sie in Hohenschönhausen nicht?«

»Was soll diese Frage? Was hätt ich auch sonst tun sollen?«

»Nun«, erwiderte Häberle, »bei allem, was man so hört, hat man dort auch jede Menge sonstiges Personal gebraucht.« Er legte wieder eine seiner rhetorischen Pausen ein. »Wachpersonal, Vernehmungspersonal.«

»Ach, hören Sie doch damit auf.« Korfus wirkte gereizt. »Ich bin Kraftfahrzeugmechaniker und sonst nichts. Das können Se überall nachlesen.«

»Ich hab das getan. Und da gibt es noch was, was mich stutzig macht.«

»Und das wäre?«

»Er hat die Aufgabe ohne Emotionen ausgeführt«, zitierte Häberle aus dem Gedächtnis und registrierte bei seinem Gegenüber nervöses Augenzucken.

»Was?« Korfus' Stimme war schwach geworden.

»Er hat die Aufgabe ohne Emotionen ausgeführt«, wiederholte Häberle und ergänzte: »So stehts in einer Beurteilung über Sie.«

»Woher haben Se das?«, zischte Korfus.

»Das spielt keine Rolle. Er hat die Aufgabe ohne Emotionen ausgeführt«, blieb Häberle hartnäckig. »Ich kann mir schlecht vorstellen, dass mit dieser Aufgabe die Reparatur eines Trabis gemeint sein konnte.«

Korfus Mundwinkel zitterten. »Da müssen Se den fragen, der das geschrieben hat.«

»Holzapfel?«, fragte Häberle provokativ.

»Ich hab Ihnen bereits gesagt, dass ich keinen Holzapfel kenne.«

»Sie können sich also nicht erklären, welche Aufgabe Sie

damals so emotionslos ausgeführt haben? Muss so Mitte der Achtziger gewesen sein.«

»Nein, keine Ahnung.«

»Na schön. Es könnte ja sein, dass diese Aufgabe, die Sie so zur Zufriedenheit erledigt haben, auch so ein Schatten aus der Vergangenheit ist, der Sie gerade eingeholt hat.«

Korfus schien Gift und Galle spucken zu wollen. »Danke, vielen Dank. Aber ich kann schon auf mich aufpassen. Auf mich und Liliane.« Er warf ihr einen Blick zu.

»Vergangene Nacht hats nicht so ausgesehen«, gab Häberle sachlich zu bedenken. »Soll ich Ihnen einen Personenschutz besorgen?«

»Personenschutz? Sie dürfen mir glauben, dass ich Vorsorge treffen werde, dass dies kein zweites Mal mehr vorkommt.«

»Sie sollten nur bei allem, was Sie tun, daran denken, dass es keine Selbstjustiz gibt«. Und er fügte beiläufig hinzu: »Und, dass Sie sich nicht als der Vollstrecker fühlen dürfen.«

Aus Lilianes Gesicht war die letzte Farbe verschwunden.

Häberle brannte noch eine Frage auf den Nägeln. Doch er entschied, sie nicht zu stellen. Nicht, wenn beide vor ihm saßen.

Häberle besah sich beim Verlassen des Hauses noch einmal die Bahnunterführung und den aufwärts führenden Brunnensteig. Vergangene Nacht hatte dies alles einen ziemlich finsteren Eindruck hinterlassen. Jetzt, als sich ein schöner Tag ankündigte, auch wenn die Sonne hier an dem Steilhang der Alb noch lange auf sich warten lassen würde, erschien die Gegend wie ein unwirkliches Idyll direkt am Rand der City.

Er ging zu seinem Audi, den er jenseits der Bahnlinie in der Zufahrt zur Fußgängerzone abgestellt hatte und rief

Linkohr an. Er berichtete ihm kurz vom Inhalt des soeben geführten Gesprächs und bat ihn, Korfus in dessen Werkstatt abzupassen und sofort Bescheid zu geben, wenn dieser dort eingetroffen sein würde. »Aber nur, wenn er ohne seine Frau dort auftaucht«, erklärte Häberle. »Ich muss ihn mit einer Frage konfrontieren, die ich ihm in Gegenwart seiner schönen Liliane nicht stellen wollte.«

»Seine Kontakte zu Sabrina Simbach?«

»Exakt. Ich wollte ja nach dieser Schreckensnacht nicht auch noch ein Ehedrama auslösen. Rufen Sie mich also an, wenn er in seinem Betrieb eintrifft – oder falls er schon da ist, wenn Sie runterfahren, dann geben Sie mir auch gleich Bescheid. Aber achten Sie drauf, dass er Sie nicht sieht.«

»Alles klar. Und dann gehn wir beide rein?«

»Nein. Für Sie hab ich dann einen Spezialauftrag, der Sie freuen wird: Sie knöpfen sich zeitgleich seine Ehefrau vor. Ich will alles über sie wissen. Weshalb sie schon so frühzeitig Kontakte nach drüben hatte. Detailliert. Alles.«

»Okay. Und was haben Sie jetzt vor?«

Häberle sah auf die Uhr im Armaturenbrett. Kurz nach neun. »Faller«, sagte er. »So einfach lass ich mich von dem nicht abspeisen.«

Georg Sander hatte noch in der Nacht von den Schüssen erfahren. Der Polizeihubschrauber war nicht nur über die obere Stadt gekreist, sondern auch minutenlang in knapp 30 Metern Höhe über dem Brunnensteig gestanden, um mit starken Scheinwerfern das gesamte Gelände von oben zu erhellen. Erst als das Technische Hilfswerk mit einem Lichtmast aufgetaucht war, hatte die Hubschrauberbesatzung die Suche aus der Luft fortgesetzt. Dieses nächtliche Spektakel war der Grund dafür, dass auch Sander verständigt wurde. Er pflegte dieses jenseits der Bahnlinie gelegene kleine Siedlungsgebiet als ›Eulengreuth‹ zu bezeichnen, womit der Schwabe eine Gegend meint, in der sich für gewöhnlich Fuchs und Hase gute Nacht sagen.

Sander hatte mit der Digitalkamera einige Fotos geschossen und sich mit Häberle unterhalten, der ihm kurz und prägnant berichtete, was geschehen war. Anschließend sprach der Lokaljournalist unter einer Straßenlampe bei dem Kastanienbaum mit einigen Bewohnern des Brunnensteigs und erfuhr, dass Korfus offenbar nach den Schüssen hupend ganz nach oben gerast sei, um auf sich aufmerksam zu machen. Erfreut stellte Sander fest, dass die Anwohner äußerst gesprächsbereit und aufgeschlossen waren. Nicht immer war dies bei solchen Anlässen der Fall. Doch er war lange genug Lokaljournalist, um zu wissen, dass Einzelpersonen meist Hemmungen hatten, ihm das Erlebte und Gesehene zu schildern. Sobald jedoch mehrere Augen- oder Ohrenzeugen beieinander standen, versuchten sie sich mit ihren Schilderungen meist gegenseitig zu übertrumpfen.

So hatte der Mann mit dem Dackel berichtet, wie er durch das wilde Hupen aufgewacht und sofort und ohne zu zögern zum Tor seiner Villenzufahrt hinabgerannt sei. Der Bewohner des unteren Gebäudes, offensichtlich sein Schwager, schilderte hingegen, dass er wohl der Erste gewesen sei, der gleich vom Balkon aus einen Schrei rausgelassen habe. Auch die übrigen Personen, die aus den Häusern von der gegenüberliegenden Hangseite gekommen waren, erzählten übereinstimmend, dass sie durch das Hupen aufgeschreckt worden seien. Schüsse jedoch hatte niemand gehört. Einig waren sich aber alle in der Einschätzung, dass Korfus in die Verbrechen um die Kirche verwickelt sein musste und ihm deswegen nach dem Leben getrachtet werde.

Eine Frau mittleren Alters, die mit ihrem Mann bei den diskutierenden Anwohnern stand, kam schließlich auf Sander zu und deutete ihm an, ein paar Schritte zur Seite zu gehen. »Was mir aufgefallen ist«, sagte sie so leise, dass es die Umstehenden nicht hören konnten. »Alle reden nur von Herrn Korfus.« Die korpulente Dame, die einen halben Kopf kleiner war als Sander, begründete auch gleich, was ihr zu denken gab: »Frau Korfus aber hatte genauso viele Kontakte in den Osten«, flüsterte sie so leise, dass sie gerade noch die dröhnenden Stromaggregate übertönte. Sander machte noch ein paar weitere Schritte von den anderen weg, worauf die Frau ihm folgte, während ihr Mann auf Distanz blieb. »Sie meinen, sie ist auch in die Sache verwickelt?«

»Schaun Sie doch mal in Ihrem Zeitungsarchiv nach. Sie haben schon mal über sie berichtet. 1989«, erklärte die Frau.

»Ich?«

»Sagt Ihnen der Name Liliane Lechner was?«

Der Journalist versuchte, sich zu erinnern. Lechner. Natürlich. Dieses Mädchen, Dezember 1989. Tagelang hatte er über dessen Schicksal berichtet.

»Frau Korfus ist Liliane Lechner?«, fragte er ungläubig nach.

Die Informantin nickte.

Der Journalist hatte sich für diesen Hinweis bedankt, war gegen 3 Uhr nach Hause gefahren, konnte aber kein Auge mehr zutun. Liliane Lechner. Vor seinem geistigen Auge lief die ganze Geschichte von damals ab. Sie hatte ihm unendlich leidgetan.

Sander stand um 6 Uhr wieder auf und erklärte seiner Partnerin, was ihn beschäftigte. Er brühte einen Kaffee, trank ihn und aß appetitlos ein Marmeladebrötchen, während er die neueste Zeitung auseinander faltete und seinen Artikel las. Seine Lebensgefährtin verfolgte über die Küchentheke hinweg, dass er den heißen Kaffee viel zu hastig trank.

20 Minuten später verließ er das Haus, fuhr durch den sommerhellen Morgen in die Redaktion und vergrub sich sofort im zweiten Untergeschoss in die alten Zeitungsbände. 1989 hatte es noch kein elektronisches Archiv gegeben. Damals waren alle Artikel ausgeschnitten und in langen Ordnerreihen abgelegt worden. Sander, der sich damit nie zurechtfand, machte sich deshalb gleich über die monatsweise gebundenen Zeitungsbände her, die im klimatisierten Keller in Metallregalen aufgereiht standen. Dezember 1989. Er hatte den schwarzen Band zielsicher gefunden, ihn aus dem Regal gezogen und auf den alten Holztisch gelegt, der in dem leuchtstoffröhrengrellen Raum das einzige Möbelstück war.

Es musste um den 10. herum gewesen sein, entsann sich Sander. Er blätterte sich durch den Monat, befeuchtete immer mal wieder die Finger, blieb an dem einen oder anderen Artikel hängen, sah die Schlagzeilen dieser spannenden Wendezeit und las auf der Titelseite der Ausgabe vom 5. Dezember: »In DDR wächst die Angst vor Gewalt.« Dann aber konzentrierte er sich auf den Lokalteil des 29. Novembers. Und da fand er das Gesuchte: eine Reportage mit Bild. Überschrift: ›Am Grenzübergang verschwunden‹. Er blätterte weiter, bis er auch den letzten Artikel zu diesem Thema fand. Ein Bericht über vier Spalten hinweg – samt jenem Foto, an das er sich noch lebhaft erinnerte: Ein junges hübsches Mädchen saß am Tisch, die kurzberockten Beine kess übereinander geschlagen: Liliane Lechner. Tatsächlich. Das Gesicht – sie war es. Sie, die er damals mit dem Göppinger Fotograf in der elterlichen Wohnung aufgesucht hatte. Er spürte, wie sein Herz zu klopfen begann und sein Blutdruck stieg. Er hatte eine Entdeckung gemacht, die er unbedingt Häberle mitteilen musste.

Konrad Faller saß wie vorgestern in seinem Sessel, Häberle auf der Couch. Der bärtige Unternehmer war nicht gerade erfreut gewesen, erneut von einem Kriminalisten gestört zu werden – und dies auch noch relativ früh morgens. »Seit vorgestern hat sich nichts verändert«, stellte Faller selbstbewusst fest.

Häberle öffnete die Knöpfe seiner olivfarbenen Jacke und lachte freundlich. »Es wäre schlimm, wenn dem so wäre«, meinte er leicht triumphierend. »Eine Sonderkommission muss ständig dafür sorgen, dass sich die Situation verändert.«

»Und? Hat sie sich denn verändert?«, wurde Faller unsicher. Sein dunkles Jackett spannte.

»Sonst würd ich Sie jetzt nicht stören.« Häberle verstand es wieder einmal perfekt, ein selbstbewusst auftretendes Gegenüber zu verunsichern.

»Sie werden es mir gleich verraten.«

»Das werd ich. Und ich möchte Sie inständig bitten, mir alles zu sagen, was Sie wissen.« Er sah ihn eindringlich an. »Alles«, wiederholte er. »Und wenn ich das sage, meine ich das auch so.«

»Sie reden, als würde ich Sie anlügen«, kam es vorwurfsvoll zurück.

»Genau so ist es«, erklärte Häberle mit entwaffnender Ehrlichkeit, was bei Faller Sprachlosigkeit auslöste. Er schnappte nach Luft.

»Jetzt passen Sie mal auf«, machte der Kriminalist weiter und ließ damit durchblicken, dass er wild entschlossen war, alles zu erfahren. »Sie erzählen uns die Story vom Pferd und glauben im Ernst, wir nehmen sie Ihnen ab.«

Faller wusste noch immer nicht, wie er reagieren sollte.

»Sie stecken tiefer in der Sache drin, als Sie uns sagen wollen.«

Faller lehnte sich zurück und versuchte, locker zu wirken. Häberle ließ sich nicht beeindrucken.

»Also«, machte er weiter, »Thema Handy – und nur darum gehts mir. Simbachs Handy. Sie erinnern sich. Der Leichenbestatter hats Ihnen gegeben, sagen Sie. Und Sie habens auf den Fenstersims gelegt, im Turm. Behaupten Sie.«

Faller verzog keine Miene.

»Und dort ist es spurlos verschwunden. Der große Unbekannte ist gekommen, hats eingesteckt und hat – jetzt hören Sie gut zu – und hat sich damit anrufen lassen. Und ich sag Ihnen auch, wo sich Ihr großer Unbekannter hat anrufen lassen.«

Noch immer keine Reaktion.

»Hier«, sagte Häberle. Die Geodaten des Handys hatten zwar nur auf den westlichen Stadtrand und damit auf dieses Industriegebiet hingedeutet. Der Chefermittler aber ließ keinen Zweifel daran aufkommen, wo er den Standort des Handys zum Zeitpunkt des Anrufes vermutete: »Hier drin«, bekräftigte er. »Sie sind an den Apparat gegangen, als er geklingelt hat. Sie.« Häberle wurde laut.

»Entschuldigen Sie …« Faller wollte einen Einwand wagen, doch Häberle ließ ihn nicht zu. »Sie haben das Gerät noch tagelang hier bei sich gehabt«, stellte er fest. »Warum auch immer. Wahrscheinlich haben Sie auf eigene Faust rauskriegen wollen, was dieser ungeliebte Simbach so getrieben hat – vor allem aber, weshalb er zusammen mit

Torsten Korfus die Kirche in Verruf gebracht hat. Wahrscheinlich wollten Sie den großen Skandal in der Stadt vermeiden.« Häberle überlegte. »Ich hoffe mal in Ihrem Interesse, dass es so war. Man könnte Ihr Verhalten natürlich auch anders auslegen.«

»Was heißt, anders auslegen?«

Häberle fühlte sich in seiner Theorie bestätigt. »Der Staatsanwalt könnte auch zu der Überzeugung gelangen, Sie hätten das Handy ganz bewusst beseitigen wollen. Beihilfe zum Mord zum Beispiel.«

Faller erschrak. »Sie werden doch nicht im Ernst …« Er schien das Undenkbare nicht aussprechen zu wollen.

»Sie wären nicht der Erste, der das Ausmaß solchen Verhaltens erst in Ulm überblickt hat.«

»In Ulm?« Faller war kreidebleich geworden.

»Ja, in Ulm. Schwurgericht. Wissen Sie, was auf Beihilfe zum Mord steht?« Häberle war sich jetzt ganz sicher, den Unternehmer weichgekocht zu haben. Jetzt war es Zeit für einen Frontalangriff. »Also«, wurde er wieder sachlich. »Dienstagnachmittag kurz nach drei hat das Handy geklingelt. Sie hatten es hier«, dozierte der Ermittler. »Stimmt das?«

Faller war in sich zusammengesunken. Er holte tief Luft und kniff die Augen zu. Noch bevor er etwas sagen konnte, hielt ihn Häberles Handy davon ab. Ausgerechnet jetzt. Widerwillig holte Häberle das Gerät aus der Innentasche seiner Jacke und überlegte, dass er Faller jetzt nicht verlassen durfte. Egal, was dieser Anrufer jetzt von ihm wollte.

34

Sander war in die Artikel vertieft. Er hatte noch einmal zurückgeblättert, um sich einzulesen. Damals, so entsann er sich, war ein Verwandter dieses Mädchens in die Redaktion gekommen und hatte darüber geklagt, dass die damals 18-Jährige noch immer als politisch Gefangene in Bautzen sitze, obwohl doch das DDR-Regime aufgehört habe zu existieren. Die Erleichterung darüber mischte sich aber mit der großen Sorge, die verbliebenen Agenten der Staatssicherheit könnten die Spuren ihrer unrühmlichen Vergangenheit beseitigen wollen – und zwar nicht nur die Akten, sondern möglicherweise auch die eingesperrten Menschen. Niemand hatte in diesen Spätherbsttagen des Jahres 1989 wissen können, wie sich die instabil gewordene Lage entwickeln würde. Sämtliche Abgeordneten des Wahlkreises Göppingen wurden eingeschaltet, um das Mädchen freizubekommen. Doch erst in der Ausgabe vom 16. Dezember stieß Sander auf jenen Artikel, mit dem er über die Freilassung der jungen Frau berichtet hatte. 263 Tage, so las er, sei sie im Gefängnis gewesen – seit Ostern. Einige Tage davon auch in Einzelhaft.

Sander beugte sich tief über den Zeitungsband und sog jeden Satz in sich hinein. Nach und nach wurde die Erinnerung auch an Details wieder wach.

Sander fasste den Entschluss, die Artikel zu fotokopieren. Dies war zwar verboten, weil die dicken Bände aus dem Leim gingen, sobald man sie aufgeschlagen und umgekehrt auf das Gerät legte. Aber jetzt gings um wichtige Ermittlungen und da mussten solche Bedenken einmal zurückstehen. Er nahm den Band untern Arm, fuhr mit dem Aufzug in die Redaktionsräume hinauf und bat eine der Sekretärinnen, die gerade heute Dienst hatte, ihm beim Fotokopieren behilflich zu sein. Die neugierige Frage von ihr und den anderen Kollegen, was es mit dem Bericht auf sich habe, beschied der Journalist mit dem geheimnisvollen Hinweis, dass ihm nur so eine Idee gekommen sei. Häberle würde staunen.

Häberle hatte das Gespräch mit Faller widerwillig unterbrochen und sich von Linkohr informieren lassen, dass Korfus nun in seiner Werkstatt eingetroffen sei. »Okay«, sagte der Chefermittler leicht genervt. »Bleiben Sie dort, ich bin in einer halben Stunde da.« Faller saß noch immer kreidebleich auf dem Sessel und starrte Häberle an.

»Wir waren beim Dienstagnachmittag«, fuhr der Ermittler fort. »Das Handy war hier eingeloggt und Sie haben ein Gespräch entgegengenommen. Ich kann Ihnen sogar sagen, woher der Anruf kam.«

Faller schluckte. Der Optimismus, den er vorgestern zur Schau getragen hatte, war verflogen. Seine Augen versuchten, den Blicken Häberles auszuweichen, doch er schien nicht so recht zu wissen, wohin er überhaupt schauen sollte.

»Ich kann Ihrem Gedächtnis auf die Sprünge helfen. Das Gespräch kam aus einer Telefonzelle vom Autobahnrasthaus Plauen. In Sachsen. Und Sie haben ziemlich lange telefoniert. Vermutlich so lange, bis der Akku vollends leer war.« Weil Faller noch immer nichts sagte, fügte Häberle an: »Der Akku konnte gar nicht mehr viel Ladung drauf haben. Simbach muss ihn am Donnerstag noch aufgeladen haben, sonst hätt es gar nicht so lange gereicht – trotz des relativ neuen Geräts. Frau Simbach hat uns berichtet, dass es erst einen Monat alt war.«

Faller rang sich zu einer Erklärung durch: »Und was erwarten Sie jetzt von mir? Ein Geständnis oder was?«

»Die Wahrheit. Wenns etwas zu gestehen gibt, dann wäre es jetzt an der Zeit, dies zu tun.«

Faller wischte sich mit einem Papiertaschentuch Schweiß von der Stirn. »Es ist alles ganz anders, als Sie denken«, presste er schließlich mühsam hervor. »Ich will darüber nicht reden.« Er stand wortlos auf, ging zu seinem Schreibtisch, zog aus der Schublade ein Blatt Papier heraus und schrieb mit einem Kugelschreiber blitzschnell ein paar Worte auf. Häberle verfolgte die Szenerie staunend, wollte aber nicht eingreifen.

Faller kam an den Couchtisch zurück und legte dem Ermittler das Blatt schweigend vor. Häberle las stirnrunzelnd: »Habe Angst, abgehört zu werden. Komme in 1 Stunde in Ihr Büro. Okay?«

Häberle sah hoch. »In Ordnung«, sagte er. Ihm lagen viele Fragen auf der Zunge, doch wenn tatsächlich die Gefahr bestand, dass der Raum verwanzt war – von wem auch immer –, dann machte es Sinn, jetzt nichts mehr zu besprechen. Er erhob sich und gab sich Mühe, einen etwaigen Mithörer auf eine falsche Fährte zu hetzen: »Okay, wenn Sie sich ausschweigen, werden Sie allein die Folgen zu tragen haben. Ich wünsche Ihnen einen schönen Tag.« Er nickte Faller zu, deutete auf die Armbanduhr, was heißen sollte, dass der Termin klar gehe, und verließ das Büro.

Häberle hatte unterwegs keine einzige Geschwindigkeitsbegrenzung beachtet. Innerhalb weniger Minuten war er bei Korfus' Kfz-Werkstatt eingetroffen, wo Linkohr knapp 50 Meter entfernt mit dem weißen Polo wartete. Der Chefermittler parkte hinter ihm, stieg aus und erklärte, was zu tun sei: Er solle jetzt sofort Frau Korfus daheim aufsuchen und sie über ihre Vergangenheit aushorchen. Linkohr freilich war sich inzwischen im Klaren, dass dies dringender denn je war. Sander hatte nämlich angerufen und versucht, Häberle zu erreichen, und dabei die alten Zeitungsberichte erwähnt. »Dann wissen Sie ja, was Sie der Dame entlocken müssen«, stellte der Kommissar zufrieden fest. »Wichtig ist, dass Sie das jetzt gleich tun, noch ehe Korfus sie von meiner Anwesenheit bei ihm unterrichten kann. Oder besser gesagt: sie einschüchtern und beeinflussen kann.«

Linkohr nickte und kurbelte die Seitenscheibe wieder zu. Häberle schob noch eine süffisante Bemerkung nach: »Viel Vergnügen.«

Dann ging er die paar Schritte bis zu der Werkstatt, deren großes Rolltor geschlossen war. Häberle betrat das Gebäude deshalb durch eine Metalltür, hinter der ihm strenger Ölgeruch entgegenschlug. Drei Fahrzeuge waren auf Hebebühnen in luftige Höhen gehievt, zwei Arbeiter, offenbar türkischer Abstammung, machten sich daran zu schaffen. Häberle ging auf einen zu und erkundigte sich, wo er den Chef finde. Der Mann deutete zu einer Tür, die zwischen Regalen und Schränken kaum zu erkennen war. Häberle bedankte sich und zwängte sich an Werkzeugwagen und gestapelten Reifen vorbei zu der rückwärtigen Wand, klopfte energisch an der Tür und öffnete sie, ohne die Aufforderung dazu abzuwarten. Korfus saß hinter einem wackeligen Schreibtisch, auf dem Akten und Kleinteile kreuz und quer durcheinander lagen, und legte beim Anblick des Kommissars den Telefonhörer wieder auf.

»Entschuldigen Sie«, begann Häberle und schloss die Tür hinter sich. »Ich muss Sie leider schon wieder belästigen. Aber es gibt noch ein paar Dinge zu bereden, die ich gerne unter vier Augen mit Ihnen besprochen hätte.« Er zog einen Holzstuhl zu sich her und setzte sich Korfus gegenüber. Der schien sprachlos zu sein.

»Und ich denk, es ist in Ihrem Interesse, mir die Wahrheit zu sagen«, fuhr der Ermittler entschlossen fort. »Welcher Art sind Ihre Beziehungen zu Frau Simbach?«

Die Frage traf Korfus offenbar wie ein Donnerschlag. Seine Gesichtsfarbe wechselte ins Rötliche. Er wischte sich die öligen Hände am blauen Overall ab. »Meine Beziehungen?«, fragte er ungläubig.

Häberle überlegte, inwieweit Korfus von Sabrina Simbach bereits wusste, dass die Kontakte bekannt waren. »Sie haben mehrfach miteinander telefoniert – und zwar, nachdem Alexander Simbach bereits tot war.«

»Ja, das ist richtig. Und ich denke, dass dies nicht verboten ist. Sehr viele Männer telefonieren mit verheirateten Frauen – oder umgekehrt.«

»Ihre privaten Beziehungen würden mich auch gar nicht interessieren«, erklärte der Ermittler, »wenn sie in meinem Fall keine Rolle spielen würden. Aber Sie werden verstehen, dass ich alles wissen muss, was zwischen Ihnen und Herrn Simbach einerseits – und auch dem Herrn Czarnitz andererseits gelaufen ist. Also …« Häberle war nicht mehr gewillt, länger herumzureden.

»Es waren Privatgespräche«, lenkte Korfus ein. »Ja, wir sind uns halt sympathisch. Flirt am Telefon. Techtelmechtel, wie man so schön sagt.« Damit schien für ihn die Sache erledigt zu sein.

Nicht aber für Häberle. »Techtelmechtel«, echote er.

»Wie darf man sich das vorstellen? Geheime Treffen? Mal ein Abenteuer?«

Korfus holte so tief Luft, dass sein Overall spannte. »Nun … wie das halt so ist.«

»Und wie ist das?«

»Wir haben uns gemocht, ja. Aber Alexander hätt sie totgeschlagen, wenn das rausgekommen wär.«

»Sie haben sich gemocht?«, reflektierte Häberle und betonte das haben. »Jetzt nicht mehr?«

»Seit Alexander tot ist, hat sie sich zurückgezogen. Kann ich auch verstehn.«

»Aber …« Häberle überlegte, wie er es sagen sollte. »Jetzt, wo er tot ist – ich meine, da wäre doch der Weg frei. Zumindest für Frau Simbach.«

Korfus sah ihn angriffslustig an. »Ich weiß, was Sie jetzt denken.« Er wurde lauter. »Klar, doch. Ich hab Alexander aus dem Weg geräumt, den krankhaft eifersüchtigen Ehemann, der Frau und Tochter grün und blau geprügelt hat. So denken Sie doch, oder?«

Häberle blieb wie immer in solchen Situationen gelassen. »Weiß denn Ihre Frau von diesem Abenteuer?«

Korfus öffnete jetzt den Reißverschluss seines Overalls ein Stück. »Nein«, sagte er fest überzeugt.

»Sie haben Ihre Frau nach der Wende kennengelernt, so war es doch?«

»Ja, bei mir daheim.«

»Und Ihre Frau hatte damals schon Beziehungen in den Osten?«

Korfus wandte seinen Blick dem Fenster zu, vor dem ein Kastenwagen stand. »Sie hat bei uns drüben als Staatsfeindin gegolten. Bis zur Wende.« Er lächelte.

35

Als Linkohr den Brunnensteig hinter der Bahnlinie erreicht hatte, trafen die Strahlen der höher gestiegenen Sonne auch diesen Taleinschnitt. Liliane Korfus war wenig erbaut, schon wieder einen Kriminalisten vor sich zu haben. Ihr Gesichtsausdruck verriet, dass sie sich schlapp und müde fühlte. Entsprechend widerwillig führte sie den jungen Beamten in das provisorische Büro. Der folgte ihr und bestaunte wieder einmal das bunte Hauskleid, das vor ihm mit jedem Schritt dieser attraktiven Frau bis zum Poansatz hochwippte.

Sie setzte sich an die Oberkante des Tisches, während sich Linkohr einen Stuhl heranzog. Er gab sich verständnisvoll darüber, dass es nach den Ereignissen der Nacht sicher nicht angenehm sei, noch einmal Fragen beantworten zu müssen. »Sie beide sind aber für uns ganz wichtige Zeugen, wenn man so will.«

»Sie brauchen sich nicht zu entschuldigen. Sie tun ja nur Ihre Pflicht.«

»Wir haben erfahren, dass es in Ihrer Vergangenheit etwas gibt, das Sie aus verständlichen Gründen vergessen wollen«, begann Linkohr und glaubte, in ihren Augen so etwas wie Erleichterung zu erkennen.

»Meine Zeit im Gefängnis«, entgegnete sie, als sei sie froh darüber, es endlich sagen zu können.

»Ein Dreivierteljahr war ich eingesperrt. In Bautzen. Sie können sich nicht vorstellen, wie es ist, eingesperrt zu sein.

Und das noch in einem Land, in dem Sie von niemandem Hilfe erwarten können, weil Sie ein Staatsfeind sind.«

»Und sie waren eine Staatsfeindin?«

»So haben sie mir das ausgelegt, ja. Nach all den Verhören und Schikanen in der Untersuchungshaft – in diesem Hohenschönhausen. Ich weiß nicht, ob Ihnen das was sagt.« Sie blickte auf die gegenüberliegende Wand, als durchlebe sie noch einmal einen Teil der erlittenen psychischen Qualen. »Einzelhaft, ohne zu wissen, was auf Sie zukommt. Kein Buch, kein Radio, nur Warten. Und zwischendurch immer wieder zum Verhör abgeholt werden. Ich hab noch heut das Schlüsselrasseln im Ohr, das Scheppern der Riegel und den Befehlston: Kommen Se«.

Linkohr hörte betroffen zu. »Dann hat man mich durch die langen Gänge geführt, vorbei an den Zellen, in denen überall Menschen waren, die ich nie zu Gesicht gekriegt hab. Man wurde immer nur einzeln abgeführt.«

Dem Kriminalisten wurde plötzlich bewusst, wie wenig er als Wessi von diesen Haftbedingungen wusste.

»Die haben das so perfektioniert, dass sie an den Fluren sogar eine Art Ampel installiert hatten. Stand sie auf rot, durften meine Aufpasser mit mir nicht um die Ecke gehen, weil dort gerade ein anderer Gefangener abgeführt wurde. Damit wir uns nicht begegnen konnten, gab es extra an den Flurecken winzige Räume, in denen man schnell weggesperrt werden konnte.«

»Und bei den Verhören hat man Sie gefoltert?«

»Nicht körperlich, wenn Sie das meinen. Aber psychisch schon. Das konnten sie – diese Stasischweine. Sie müssen sich das mal vorstellen: In dem Komplex in Hohenschönhausen hats etagenweise nur Verhörräume gegeben. Kleine Büros. Der Vernehmer thronte wie der King hinterm Schreibtisch, während Sie auf einem viel zu niedrigen Holzschemel Platz nehmen mussten – und zwar so, dass sie hinter der Bürotür saßen, wenn sie nach innen aufging.«

Linkohr verstand den Sinn nicht so recht, was an seiner Miene abzulesen war.

»Wenn Sie hinter der Tür sitzen«, erklärte Liliane deshalb, »dann werden Sie von jemandem, der plötzlich reinkommt, nicht gesehen. Auch das war so gewollt.«

»Wie oft hat man Sie zum Verhör geholt?«

»In den eineinhalb Monaten, die ich dort war, vielleicht 20 Mal. Manchmal zwei-, dreimal am Tag, dann wieder längere Zeit überhaupt nicht. Sie glauben nicht, wie langsam die Zeit vergehen kann. Und dann durfte man sich tagsüber nicht aufs Bett liegen. Nur stehen oder sitzen. X-mal hat man Sie deswegen durch den Spion in der Tür begafft. Auch in der Nacht, denn da durften Sie nur auf dem Rücken liegen und Arme und Hände nicht unter der Decke verschwinden lassen. Wenn Sie gegen diese Vorschriften verstoßen haben und das Wachpersonal es gesehen hat, wurde mit der Türklinke ein Heidenlärm veranstaltet, der Ihnen in der kleinen Zelle beinahe das Trommelfell hat platzen lassen. Vor allem sind Sie derart erschrocken, dass Sie nicht mehr einschlafen konnten.«

Linkohr ließ ein paar Sekunden verstreichen, dann versuchte er, mehr über die Gründe dieser Inhaftierung zu erfahren, von der ihm die Kollegen nach Sanders Hinweisen berichtet hatten: »Sie wurden also an Gründonnerstag festgenommen – warum eigentlich?«

Liliane überlegte und zog den Saum ihres Kleidchens ein bisschen in Richtung Knie. »Ich war damals naiv – so kann man das ruhig sagen. In einer der Diskos in Stuttgart hab ich ein paar Leute kennengelernt, die politisch engagiert waren und die Kontakte nach drüben hatten. Sie erzählten davon, dass sie den Eindruck hätten, es werde bald irgendetwas geschehen. Und dass die Leute, die drüben etwas bewegen wollten, Unterstützung aus dem Westen bräuchten. Ja, wir waren damals alle voll Euphorie, helfen zu wollen. Ich weiß wirklich nicht, wie der Kontakt zu einigen Studenten nach Dresden und Ostberlin zustande gekommen ist. Aber ich erinnere mich noch, dass die Jungs aus Stuttgart – es waren aber auch Mädchen dabei –, dass denen bereits viele Kanäle zur Verfügung standen.«

Sie lächelte Linkohr an, was er nicht zu deuten vermochte. Aber sie war wirklich sehr sympathisch, dachte er.

»Weil ich nie zuvor in Berlin war und alle gesagt haben, ich müsse mir diese Mauer mal ansehen und diese beklemmende und bedrückende Atmosphäre selbst erleben, bin ich dann mit meinem damaligen Freund kurz vor Ostern losgefahren – mit einem alten VW-Bus. Transitautobahn und so. Es war wirklich beklemmend. Diese Grenzkontrollen, diese militärisch knappen Anweisungen, denen man nicht zu widersprechen wagte. Dann die lange Fahrt auf der Autobahn. Auf den Parkplätzen Volkspolizei. Haben Sie das noch erlebt?«

»Leider nicht.« Er war von dem Lächeln dieser Frau leicht irritiert, weshalb er hinzufügte: »Oder besser wohl gesagt – Gott sei Dank nicht.«

»Nein, es ist wirklich so. Wer das nicht selbst gesehen hat, wird nie verstehen können, was da innerhalb Deutschlands abgegangen ist. Mittlerweile ist bereits eine ganze Generation herangewachsen, die die Mauer und die innerdeutsche Grenze nur vom Hörensagen her kennt.«

Linkohr nickte wieder. »Sie waren dann in Westberlin?«

»Ja, Campingplatz Kohlhasenbrück. Weiß ich noch genau. Ganz im Südwesten und ganz in der Nähe von dem Grenzübergangspunkt Dreilinden. Wir haben uns zwei Tage Westberlin angeschaut und wollten am Gründonnerstag die Bekannten unserer Stuttgarter Freunde in Ostberlin treffen. Na ja – das ging nur über den S-Bahn-Bahnhof Friedrichstraße. Mit all dem Aufwand. Zwangsumtausch und so. Dort ist es dann passiert.«

»Sie wurden festgenommen?«

»Roland, so hieß mein Freund, war bereits durch die Pass- und Polizeikontrolle durch und ich kam ein, zwei Personen hinterher. War ja viel los damals, kurz vor Ostern. Plötzlich trat ein zivil gekleideter Mann an mich heran und sagte: Augenblick bitte, wir müssen etwas klären. Kommen Sie mit. Ich war für einen Moment wie elektrisiert. Man hat so viel gehört damals – auch von willkürlichen Festnahmen. Bis Roland gemerkt hat, dass ich nicht mehr hinter ihm war, hatte mich der Mann schon am Oberarm gepackt und in ein Büro gedrängt. Ich war so perplex, dass ich weder schreien noch mich wehren konnte.«

»Und was hat man Ihnen vorgeworfen?«

»Beihilfe zur Fluchthilfe. Sie haben mich von unten bis oben durchsucht.« Sie überlegte, ob sies sagen sollte. »Ich musste mich ausziehen. Ganz. Nackt bin ich rumgestanden. Können Sie sich das vorstellen? Diese Erniedrigung. Dann haben sie in meiner Tasche die Telefonnummern von den Bekannten aus Ostberlin entdeckt. Von da an wars aus.« Sie stockte. »Das seien staatszersetzende Elemente haben sie gesagt, oder so ähnlich. Mich haben sie dann mit so einem kleinen Kombi abgeholt, der mit irgendeiner unverfänglichen Aufschrift versehen war. Ohne Fenster. Ich musste hinten einsteigen und mich in eine winzige Zelle setzen. Dann sind sie mit mir endlos rumgekurvt. Ich hatte keine Ahnung, wohin sie mich bringen würden.

Haben auch nichts gesagt. Ich hatte panische Angst.« Ihr Gesicht verriet, dass sie noch immer darunter litt.

»Ich weiß nicht, wie lange wir gefahren sind. Jedenfalls hielt der Wagen in einer Halle an, in der die Tore verschlossen waren, als ich aussteigen durfte. Mich haben einige uniformierte Personen in Empfang genommen, auch Frauen – und ein paar Stufen hoch in ein Büro geführt, in dem einige Personen miteinander tuschelten. Ich hab nur verstanden, dass für mich eine Einzelzelle angeordnet sei. Meine Bitte, dass ich einen Anwalt sprechen möchte, wurde mit schallendem Gelächter abgetan. Du wirst erst mal Zeit zum Nachdenken kriegen, hat eine Frau gesagt und gleich mit Dunkelhaft gedroht, falls ich mich noch länger widersetzen wolle. Dabei hab ich doch gar nichts getan.«

Linkohr nickte wieder und versuchte, sich in die damalige Lage dieser Frau einzudenken. »Und dann hat man sie einfach eingesperrt?«

»Ich will Sie jetzt nicht mit Details langweilen. Es ist unbeschreiblich, was in Ihnen in solchen Momenten vorgeht. Ich war nicht mal fähig zu schreien. Sie haben mich derart eingeschüchtert.« Liliane schloss die Augen. »Wieder ausziehen – vor all den Aufsehern. Die haben sich einen Spaß draus gemacht, ein junges Mädchen herumzukommandieren. Schließlich war ich froh, ja ich war froh, endlich allein eingesperrt zu sein.«

Linkohr überlegte, ob sie diese hübsche Frau auch vergewaltigt hatten. Aber diese Frage verkniff er sich. Das tat jetzt nichts zur Sache. »Gab es irgendwann auch so etwas wie eine Gerichtsverhandlung?«

»So etwas Ähnliches, ja. Es war natürlich reine Schau. Drei Jahre haben sie mir gegeben. Drei Jahre. Ich war fix und fertig. Man hat mir zwar einen Anwalt zur Seite gestellt, aber das war wirklich nur Schau, sonst nichts.«

»Sie wissen heute, wo Sie eingesperrt waren?«, fragte Linkohr ebenso ruhig, wie dies Häberle in einer solchen Situation tun würde.

»Jetzt schon. Das war das berüchtigte Untersuchungsgefängnis der Staatssicherheit in Hohenschönhausen. Nach dem Urteil haben sie mich dann nach Bautzen gefahren – in einem richtigen Viehtransporter, kann ich Ihnen sagen. Bautzen II, wo die Staatsfeinde saßen. Ich wär wahrscheinlich da drin gestorben, wenn ich drei Jahre hätte bleiben müssen.« Sie kämpfte für einen Augenblick mit den Tränen. »Wir haben natürlich mitgekriegt, was sich politisch tat in diesen Herbstmonaten. In der Nacht des 9. Novembers. Wir wussten aber nicht, was dies bedeuten würde. Krieg?« Die junge Frau zuckte mit den Schultern. »Dann hätten sie uns wahrscheinlich gleich an die Wand gestellt.«

»Und wann hat man sie freigelassen?«

»Erst fünf Wochen später. Das müssen Sie sich mal vorstellen. Da hat sich das Regime aufgelöst und uns hat man noch immer gefangen gehalten. Inzwischen weiß ich, dass sich viele Politiker für uns eingesetzt haben. Erst am 15. Dezember hat man uns abgeholt und nach Ostberlin gebracht. Aber noch immer wussten wir nicht, was uns erwarten würde.«

Der Jungkriminalist war von den Schilderungen betroffen. Nie zuvor hatte er mit jemandem gesprochen, der aus eigener Anschauung die damaligen Zustände schildern konnte. Gerne hätte er sich mit dieser tapferen Frau noch länger unterhalten. Er überlegte, ob er sie einfach zu einem Kaffeeplausch einladen sollte. Nein, entschied er sofort. Solange die Ermittlungen liefen, war dies nicht angeraten.

»So gern ich mich noch länger mit Ihnen unterhalten möchte ...« Er deutete ein schwaches Lächeln an. »Aber vielleicht können wir das mal nachholen. Jetzt muss ich aber auf unseren Fall zurückkommen.« Der Kripobeamte räusperte sich. »Sie sind trotz allem später wieder in die DDR zurückgekehrt?«

Liliane lehnte sich auf dem unbequemen Holzstuhl zurück und rückte ihre Beine provokativ, wie Linkohr erschien, in das Blickfeld des Mannes. »Nicht in die DDR«, betonte sie. »Sondern in das, was noch übrig war. Ich hab die Freunde des Stuttgarter Bekannten ein Jahr später besucht, zum ersten Tag der Deutschen Einheit. Die waren inzwischen in die Gegend von Bischofswerda gezogen. Daraus hat sich eine richtige Freundschaft entwickelt.« Sie brach verlegen ab.

»Und da haben Sie Ihren Ehemann kennengelernt?«

»Ja. Torsten hat sich sehr um mich bemüht, wie man so schön sagt. Er war voller Tatendrang, wollte etwas aufbauen und hat von dem Bürgermeister von Bischofswerda den Tipp auf die Partnerstadt Geislingen gekriegt. Er hats dann als Wink des Schicksals gesehen, dass ich auch aus der Gegend kam.« Sie lächelte wieder. »Ich hab damals draußen in Bad Ditzenbach gewohnt. Ja – so sind wir dann hierher gekommen.«

»Was uns besonders interessieren würde, ist die Vergangenheit Ihres Mannes. Denn vieles deutet darauf hin, dass es etwas geben muss, das ihn und Herrn Alexander Simbach verbindet – oder besser entzweit hat.« Linkohr war gespannt, was sie dazu sagen würde.

»Um ehrlich zu sein, Torsten spricht so gut wie nie über seine Zeit vor der Wende. Ich hab das auch lange Zeit verstanden und akzeptiert, denn wir aus dem Westen können uns ohnehin nur schwer in diese damaligen Verhältnisse hineindenken.«

»Sie haben nie konkret danach gefragt?«

»Nicht wirklich, nein. Und wenn ich den Versuch unternommen hab, hat er nur ausweichend geantwortet.«

»Trotzdem noch mal die Frage, was zu dem Streit zwischen Ihrem Mann und Alexander Simbach geführt haben könnte.«

Sie zuckte heftig mit den Schultern. »Ich weiß es wirklich nicht.« Ihr Blick verriet, dass es da noch etwas geben musste. Sie schien innerlich mit sich zu kämpfen, ob sie es sagen sollte.

»Und sonst?«, machte Linkohr weiter. »Gibt es etwas, das wir wissen sollten, um die ganze Situation zu verstehen?«

Sie nickte zögernd.

36

Häberle war nach dem Gespräch mit Torsten Korfus sofort zur Dienststelle zurückgefahren. Die Kollegen der Sonderkommission, die inzwischen den Lehrsaal in ein einziges Chaos aus Aktenordnern, Papierbergen und kreuz und quer auf den Schreibtischen stehenden Computern verwandelt hatten, drehten sich um. Sie erhofften sich Neuigkeiten. »Ich hab den Faller am Wickel«, sagte er unkonventionell. »Er hat Angst, abgehört zu werden. Deshalb wird er gleich hier auftauchen.«

»Na, super«, kommentierte Fludium aus den Reihen der Kollegen.

»Wir haben inzwischen auch was erfahren«, machte sich einer zum Sprecher und blätterte in einem Notizblock. »Die Jungs vom Schusswaffenerkennungsdienst haben schon reagiert. Den Projektilen und den Hülsen zufolge handelt es sich bei der Waffe von heut Nacht um eine Pistole vom Typ Tokarev TT 33, Kaliber 7,62 Millimeter. Standardwaffe der Roten Armee und vieler Verbündeter.« Er blätterte um. »Wird auf dem schwarzen Markt eingeführt und ist im ehemaligen Ostblock oder auf dem Balkan relativ leicht zu beschaffen.« Dann fügte er noch hinzu: »Das Magazin umfasst acht Schuss. Vier hat er bei uns abgefeuert.«

»Ostblock«, griff Häberle das Gehörte auf. »Was anderes hätt mich auch gewundert. Wahrscheinlich schleppen manche da drüben noch so ein Ding mit sich rum.«

Eine andere Stimme meldete sich aus dem Hintergrund: »Hat nicht die Frau Simbach gesagt, ihr Mann habe Kontakte zu Deutschrussen?«

»Ja«, stellte Fludium fest, der an einen Fenstersims gelehnt stand. »Aber wir haben noch keinen einzigen Über- oder Aussiedler gefunden, der dies bestätigen könnte. Ich glaub nicht, dass es solche Kontakte hier in der Stadt gegeben hat. Allenfalls vielleicht in Stuttgart.«

»Bleibt dran«, bat Häberle. »Und versucht den Schwenger davon zu überzeugen, dass wir auch Fallers Telefondaten kriegen. Auch sein Handy.« Gemeint war der Amtsrichter, der die entsprechenden Verfügungen ausstellen musste.

Dann verschwand Häberle in sein Büro, ließ aber die Tür einen Spalt weit offen, wie er dies immer tat, um ständig für seine Mitarbeiter erreichbar zu sein. Er sah auf die Uhr und vermutete, dass Faller bald auftauchen würde. Zuvor wollte er noch Maggy anrufen, um ihr seine Absicht schmackhaft zu machen, am morgigen Freitag eine Dienstreise in den Osten zu unternehmen. Er hatte seinen Navigator bereits ausrechnen lassen, wie weit es bis Bischofswerda war und wie lange er unterwegs sein würde: sieben Stunden für 513 Kilometer. Vorausgesetzt, es gab nicht allzu viele Baustellen.

Vorbei die Zeiten, als solches Ansinnen bei dem inzwischen pensionierten Kripochef Helmut Bruhn äußerst vorsichtig und diplomatisch angegangen werden musste. Manuela Maller hörte sich Häberles Plan an und erwiderte sofort: »Wenn Sie das für geboten halten, dann fahren Sie.« Der Chefermittler hielt es für geboten. Denn die Zusammenarbeit übers sächsische Landeskriminalamt und den Kollegen in der Oberlausitz war bisher nicht gerade vielversprechend gewesen. Häberle schien es so, als sei man sich dort der Brisanz des Falles gar nicht bewusst. Auch der Hinweis auf die mögliche Stasivergangenheit einiger der Beteiligten schien nicht sonderlich gefruchtet zu haben. Wahrscheinlich, so dachte Häberle insgeheim, gab es bei den Kollegen dort häufiger Anfragen dieser Art.

Er bedankte sich für die Genehmigung der Dienstreise, worauf er sofort seine Frau Susanne anrief, damit sie ihm das Nötigste zusammenpacken konnte, denn heute Abend würde es sicher spät werden. Als er wieder auflegte, stand Faller vor ihm. Häberle bot ihm einen Platz am Besuchertisch an, drückte die Tür zu und setzte sich zu ihm.

»Sie haben tatsächlich Sorge, dass man Sie in Ihrem eigenen Büro abhört?«, fragte Häberle zweifelnd nach.

»Bei allem, was ich erlebt hab, muss ich mit allem rechnen. Und was ich Ihnen jetzt sage, muss unter uns bleiben. Absolut. Können Sie mir das zusichern?«

»Wir sind unter uns«, entgegnete Häberle beruhigend.

»Ich werde erpresst«, begann der Unternehmer, während seine Lippen zitterten. »Man hat mir gedroht, den Betrieb anzuzünden und meine Frau umzubringen, falls ich zur Polizei gehe.«

Häberle lauschte gespannt.

»Es geht um das Handy von Alexander Simbach. Ich hab es in der Freitagnacht mitgenommen – einfach versehentlich. Einfach eingesteckt, als es mir der Leichenbestatter gegeben hat. Ich hab dann wirklich nicht mehr dran gedacht.« Er sah den Kommissar verzweifelt hat. »Das müssen Sie mir glauben.«

Häberle nickte.

»Erst im Laufe des Samstags ist mir bewusst geworden, was ich da mitgenommen hab. Zunächst hab ich mir nichts dabei gedacht.« Er löste seinen Krawattenknoten. »Es sah doch alles nach einem normalen Tod aus. Ja – und da hab ich dann angefangen, mir das Handy mal genauer anzusehen. Angenommene Anrufe, abgehende und so weiter. Sie kennen das ja. Ich dachte, die Gelegenheit wär günstig, etwas über Simbachs Kontakte zu erfahren. Wegen der Sache mit Korfus. Es wird doch einiges gemunkelt, seit die beiden sich öffentlich geprügelt haben. Ich hab mir das Ding genauer angeschaut. Seltsamerweise gab es nicht einen einzigen Eintrag im Adressbuch des Geräts. Keinen einzigen. Deshalb hab ich mir nur die Nummern einiger an- und abgehender Gespräche aufschreiben und anrufen können – aber nicht von diesem Handy aus, sondern von meinem Büroapparat aus. Es waren alles Nummern in Ostdeutschland.« Jetzt griff er in die Innentasche seiner Jacke und zog einen zerknitterten Zettel heraus, den er auf der weißen Schreibtischplatte glatt strich. »Hier – das ist sein Bruder, der offenbar eine Detektei oder so was Ähnliches betreibt. Und diese Nummer drunter gehört einem Oehme. Achim – hab ich im Internet rausgefunden. Der wohnt in Hohenschönhausen. Und dann gibts noch einen Carsten Kissling aus Dresden. Das ist diese Nummer. Und dann …« Er klopfte mit dem rechten Zeigefinger auf eine dritte Nummer. »Diese hier ist eine Handynummer. Sie gehört … ich habs hier hingeschrieben … einem Vodafone-Techniker namens Harry Spiegler. Der Anruf zu ihm lag allerdings schon ein paar Wochen zurück.«

Häberle ließ sich sein gestiegenes Interesse nicht anmerken. »Nur eine Frage«, blieb er ruhig. »Wo ist das Handy jetzt?«

»Das ist doch der Grund, weshalb ich jetzt hier bin«, antwortete Faller nun sichtlich aufgewühlt. »Ich hab doch erst am Dienstag erfahren, dass Simbach keines natürlichen Todes gestorben ist – aber da war alles schon zu spät. Durch meine Anrufe und meine neugierigen Fragen sind wohl die Hintermänner nervös geworden.« Er sprach jetzt im Flüsterton, als habe er panische Angst.

Häberle gab sich deshalb weiterhin gelassen. »Hintermänner?«

»Plötzlich ruft mich am Dienstagmittag jemand auf diesem Handy an. Der Akku hat gerade noch gereicht für dieses Gespräch. Ein Mann hat gesagt, an diesem Handy klebe Blut – oder so ähnlich. Er hat mich aufgefordert, es noch am Dienstagabend auf der Schildwacht jemanden zu übergeben. Falls nicht, würde er meinen Betrieb anzünden und meine Frau umbringen. Was hätt ich denn tun sollen in dieser Situation?«

Der Kommissar nickte verständnisvoll. »Was haben Sie dann getan?«

»Ich bin auf die Forderung eingegangen.« Faller berichtete mit zitternden Lippen, was er vorgestern Abend getan hatte, wie er zur Schildwacht gefahren ist und wie er über sein Handy von dort wieder wegdirigiert wurde – hinüber zum gerade erst erschlossenen Gewerbepark Schwäbische Alb. »Dort stand dann der gelbe Eimer. Ich bin rangefahren, hab das Gerät reingeworfen und bin so schnell ich konnte abgehauen. Ich hatte panische Angst, Herr Häberle, ehrlich. Der Anrufer hat mich rumdirigiert, als würde er mich beobachten. Die ganze Aktion hat der doch nur gemacht, um zu sehen, ob ich die Polizei eingeschaltet habe. Dann hätt er bemerkt, wenn mir jemand gefolgt wär. Nur so macht es Sinn, oder wie sehen Sie das?«

Der Ermittler musste zuerst einmal in Ruhe über diesen Sachverhalt nachdenken – vor allem aber auch darüber, ob er Faller glauben sollte.

»Seitdem haben Sie nichts mehr gehört?«

»Nein«, bestätigte Faller. »Aber das, was ich Ihnen gesagt habe, kommt nicht an die Öffentlichkeit?« Es sollte eine Bitte sein, klang aber wie eine Aufforderung.

»Keine Sorge.«

»Ich weiß ja nicht, was Sie von dieser Sache in Hohenschönhausen wissen. Ich hab im Internet recherchiert, nachdem man in der Stadt so einiges munkelt – dass beide, Simbach und Korfus, damit etwas zu tun hätten. Und dass Frau Korfus mal drüben eingesperrt war. Ich weiß nicht, ob man das öffentlich sagen darf.«

»Darf man. Das stand damals sogar bei uns in der Zeitung. Allerdings hat Frau Korfus damals noch Lechner geheißen.«

Faller sah den Chefermittler ein paar Sekunden an, zögerte kurz, erklärte dann aber: »Wissen Sie, die Leute, die hinter allem stecken, scheinen sehr gut informiert zu sein. Der Anrufer hat noch was gesagt, das Sie aber ganz diskret behandeln sollten. Er hat … nun ja …« Faller verzog sein Gesicht zu einem süffisanten Lächeln. »Wir Männer tun manchmal Dinge, die nach außen hin schlimmer aussehen, als sie sind. Aber dieser Anrufer glaubt auch, mich damit erpressen zu können. Er behauptet, ich hätt ein Verhältnis mit Sabrina Simbach.« Jetzt war es raus. »Und er würde dies meiner Frau sagen, falls ich zur Polizei gehe.«

Häberle sah ihn mitleidig an. Wie oft hatte er in seinem Berufsleben solche oder ähnliche Aussagen gehört? Wie viele Männer waren durch ein schnelles Abenteuer in so eine Situation geraten?

»Und …«, fragte Häberle zaghaft nach, »ist denn was dran an dieser Behauptung?«

Faller zuckte mit einer Wange. »Wir haben uns ein-, zweimal getroffen. Nichts weiter. Jedenfalls nicht so, wie es der Anrufer zu wissen glaubt.«

Häberle sagte nichts. Offenbar war Sabrina Simbach eine begehrte Frau. Bisher schien nur ihr Mann im Wege gestanden zu sein. Aber dieses Problem hatte sich nun im Kirchturm erledigt.

Liliane Korfus ist wirklich hübsch, dachte Linkohr. Aber schätzungsweise 10 Jahre älter als er selbst, rechnete er nach. Nun saß sie ihm gegenüber, die Beine wieder übereinander geschlagen und offenbar entschlossen, ihm etwas anzuvertrauen.

»Es gibt noch etwas, ja«, sagte sie. »Etwas, das in all den Jahren zwischen Torsten und Alexander gestanden ist.« Sie schien zu überlegen, wie sie es erklären sollte. Linkohr ließ ihr Zeit und ließ seinen Blick unauffällig, wie er meinte, auf ihre Knie gleiten, dann aber war es ihm peinlich, als sie es bemerkte.

»Um es kurz zu machen. Alexanders Bruder Anton war es, der mich damals festgenommen hat.«

Linkohr war für einen Moment perplex. Da hatten sich also Opfer und Täter wieder getroffen, hier in der Provinz. »Anton Simbach hat Sie damals festgenommen?«

»Ja. Ich hab das Schwein sofort wieder erkannt, als er mal mit Alexander hier in Geislingen aufgetaucht ist – vor drei, vier Jahren beim Stadtfest.« Ihre Stimme zitterte. »Torsten und ich – wir sind beim ›Hock‹ durch die Fußgängerzone gegangen, wie man das immer so tut – da standen die beiden plötzlich mit ihren Frauen vor uns. Ich war wie gelähmt, das dürfen Sie mir glauben. Diese Augen, diese Fratze – ich hab sie in all den Jahren nicht vergessen. Und wie er mich dann mit seinem sächsischen Dialekt begrüßt hat, war mir vollends alles klar.« Aus Liliane sprudelten die Worte jetzt nur so heraus. »Dieser alte Stasibonze treibt sich ungestraft hier rum. Ihm ist aber, so denk ich, überhaupt nicht klar geworden, wer ich bin. Kein Wunder, er hat damals sicher hunderte Frauen erniedrigt. Aber ich hab mir sein Gesicht eingeprägt.«

Linkohr sah in ihre blitzenden Augen. Hass und Zorn las er daraus. Aber auch bittere Enttäuschung.

»Ich bin einfach weggerannt und in der Menge untergetaucht.« Sie überlegte. »Anstatt ihm vor aller Öffentlichkeit eine runterzuhauen. Dieses Schwein hat mich nicht nur festgenommen, sondern dann auch wochenlang verhört und mir jedes Wort im Munde rumgedreht. Einmal hab ich es gewagt, auf meinem Arme-Sünder-Schemel zu widersprechen, da hat er mir zwei Tage Dunkelhaft verpasst. Zwei Tage in einer stockfinstren Zelle. Wissen Sie, wie das ist? Ohne Uhr. Sie haben keine Ahnung, wie viel Zeit vergeht.« Liliane schüttelte mit geschlossenen Augen den Kopf, als wolle sie dieses Trauma endlich loswerden. »Stockfinster. Ohne Zeitgefühl und mit der Angst, dass sie einen womöglich verhungern lassen. Kein Bett, kein Stuhl. Nur blanker Betonboden.« Sie kämpfte mit den Tränen. »Und einmal hat er mich nachts zum Verhör holen lassen und behauptet, ich plane einen Ausbruch. Wie denn auch?« Sie zuckte mit den Schultern. »Dann hat das Schwein eine Leibesvisitation angeordnet. Ausziehen hat das bedeutet. Nackt hinstellen und sich begaffen und beschimpfen lassen.«

Linkohr nickte. »Ich kann mir vorstellen, dass man einem solchen Menschen nicht mehr gegenüberstehen will.« Was hätte er auch jetzt sonst sagen sollen?

»Dann hat das angefangen – zwischen Torsten und Alexander. Denn beide haben bis dahin wohl nicht gewusst, dass Anton mich damals festgenommen hat. Dann sind die alten Streitereien wieder ausgebrochen, um die ich mich nie gekümmert habe. Danach schon gar nicht mehr. Ich wollte mit Alexander auch nichts mehr zu tun haben – und irgendwie sind wir uns alle schließlich aus dem Weg gegangen.«

»Sie und die Simbachs?«

»Als dies bekannt geworden ist, hat sich auch Sabrina Simbach von ihrem Mann entfernt, um es mal vorsichtig auszudrücken.«

»Und Ihre Ehe?«, sah Linkohr endlich die Gelegenheit gekommen, auch dies anzusprechen. »Ich hab Torsten wirklich geliebt. Sehr geliebt sogar. Sonst hätt ich mit ihm dies alles hier nicht aufgebaut. Den Betrieb und so. Aber man wird älter …« Sie lächelte wieder, »… und da macht man sich mehr Gedanken. Seit ich weiß, dass Anton dieses Stasischwein war, hab ich mir immer häufiger überlegt, dass sie alle noch unter uns sind. Solche wie Anton. Es hat so viele von dieser Sorte gegeben. Und wer weiß, so hab ich mir überlegt, womöglich hat auch Torsten …« Sie stockte. Eigentlich hatte sie dies alles nicht sagen wollen, aber die Ereignisse der vergangenen Nacht hatten in ihr ein ungeheures Bedürfnis geweckt, alles loszuwerden, was sie seit Jahren bedrückte und ihr beinahe das Leben gekostet hätte. Linkohr hoffte, dass sie jetzt etwas sagen würde. Doch er blickte in leere Augen, die ihn fassungslos anstarrten.

»Haben Sie auch mal mit Frau Simbach darüber gesprochen?«

»Nein. Uns verbindet zwar das gleiche Schicksal, wenn man so will – beide haben wir einen Mann von drüben –, aber trotzdem ist nie eine richtige Freundschaft draus geworden. Weil das die Männer nicht gewollt haben, denk ich.«

»Warum sich die beiden so hassen, das haben Sie nie rausgekriegt? Die beiden haben sich doch vor der Wende in der Kirche engagiert – und tun es hier wieder. Da fällt es einem doch schwer, noch an das Gute im Menschen zu glauben.«

»Herr Linkohr«, sah Liliane ihn eindringlich an. »Zwischen dem, was Menschen tun, und dem, was in ihnen steckt, besteht manchmal ein himmelweiter Unterschied.«

Linkohr wollte nicht widersprechen. »Und Sie haben sich auch niemals umgehört, was Ihr Mann früher gemacht hat?«

Sie holte tief Luft. »Nein. Ich hab das lieber nicht getan. Aber vielleicht kommt ja jetzt alles raus.«

37

Häberle und Linkohr hatten sich in der Pizzeria ›Antica Roma‹ in der Karlstraße zu einem verspäteten Mittagessen getroffen. Eigentlich hätten sie gerne auf der Terrasse über den Altstadtdächern gesessen, doch war es trotz des Sonnenscheins noch kühl. Deshalb ließen sie sich entlang der Fensterfront nieder, von wo man auf den gegenüberliegenden Schwanenteich blicken konnte. Es war bereits halb zwei und das Lokal ziemlich leer, als ihnen Kono die ›Salumieri‹ servierte und sie einen kräftigen Schluck Weizenbier nahmen. Sie hatten die Erkenntnisse des Vormittags ausgetauscht und sich in ihrer Auffassung bekräftigt gefühlt, dass diese Kleinstadt nur der Tatort war, die Fäden dazu aber ganz woanders zusammenliefen. »Es gibt da etwas, das sie alle in Aufruhr versetzt hat«, konstatierte Häberle und schnitt die Pizza an. »Das können nicht nur Weibergeschichten sein und irgendwelche Abenteuer, die für diese Herrschaften hier jetzt peinlich sein mögen.«

Linkohr nahm den ersten Bissen. »Da will jemand verhindern, dass Korfus auspackt«, sagte er spontan, fügte aber gleich hinzu: »Oder seine Liliane.«

»Oder die Jungs, die Faller über Simbachs Handy rausgekriegt hat.« Häberle zog einen Zettel aus der Jacke, die er über den Stuhl gehängt hatte. »Ein Oehme in Hohenschönhausen oder ein Kissling in Dresden. Ich hab unsere Kollegen mal darauf angesetzt. Die sollen die Adressen rausfinden, damit ich den Herrschaften morgen mal persönlich auf den Zahn fühlen kann.«

»Wie? Sie fahren rüber – morgen schon?«

»Was heißt schon? Es wird höchste Zeit. Und Sie sollten noch mal diesen Harry Spiegler kontaktieren – den von Vodafone. Ganz geheuer ist mir der Kerl nicht. Sie sagten doch, er sei auch von Ossiland, oder?« Häberle nahm ein großes Stück Pizza in den Mund.

»Leipzig«, entgegnete Linkohr. »Spricht so herrlich Sächsisch.«

Häberle grinste. »Frag bloß nicht, wie sich unser Schwäbisch in den Ohren der Nordlichter anhört.«

»Mir ist so eine Idee gekommen. Vielleicht sollten wir die Sabrina Simbach noch mal unter die Lupe nehmen. Und ihr hübsches Töchterlein …«

»Oha, oha«, fuhr Häberle frotzelnd dazwischen. »Der junge Kollege beschränkt sich heute auf die Damenwelt. Liliane, Sabrina, Silke – da fällt mir ein, ich könnte Ihnen noch eine Dame bieten. Allerdings wird sie nicht ganz Ihrer Altersgruppe entsprechen.«

Linkohr stutzte. »Das wäre?«

»Eine Frau Schanzel. Muss auch Kirchengemeinderätin sein.«

»Wie kommen Sie denn auf die?«

»Sie ist gestern Mittag bei Sabrina Simbach im Geschäft aufgetaucht.«

Linkohr notierte sich den Namen ›Schanzel‹ auf dem Rand eines Bierdeckels der Kaiserbrauerei. »Von allen aber«, sagte er dabei, »haben Sabrina Simbach und ihre Tochter Silke den plausibelsten Grund, den Alten umzubringen. Frau Simbach hat jede Menge Liebhaber oder solche, die es gerne wären, doch ihr Mann ist krankhaft eifersüchtig – und Silke kriegt regelmäßig Prügel von ihm.«

»Nur wird keine von beiden in der Lage sein, im Kirchturm an der Elektrik rumzumanipulieren«, gab Häberle lustlos zu bedenken, während er seine Pizza jetzt in der Mitte durchschnitt und Kono, der Pizzabäcker, im Vorbeigehen fragte, ob alles in Ordnung sei. Die beiden Kriminalisten bejahten.

»Die nicht, natürlich nicht«, räumte Linkohr auf Häberles Feststellung hin ein. »Aber in Auftrag geben kann man es doch.«

»Schade nur, dass Simbach selbst Elektriker war«, lächelte der Chef. »Wär er nicht das Opfer, hätten wir mit ihm einen genialen Verdächtigen. Dazu noch mit diesem Schraubenzieher aus DDR-Zeiten. Nein, so einfach ist das alles nicht.« Häberle nahm einen Schluck Bier und sah auf die Straße hinab, die gerade umgebaut wurde. »Wenn das Handy von Simbach von so großem Interesse war – für wen auch immer –, dann kann es nicht nur um Liebschaften und Ehedramen gegangen sein.«

»Sie sagten, es seien gar keine Adressen gespeichert gewesen?«

Häberle drehte sich wieder um und aß weiter. »Sagt Faller und der hat das Ding genau angeguckt.«

»Ein Nokia wars?«, hakte Linkohr nach, worauf Häberle nickte. »Von denen weiß ich zufällig, dass es da eine Brieftaschenfunktion gibt, die mit Passwort gesichert werden kann. Hat Faller dazu was gesagt?«

»Nein. Und was bedeutet das – so eine Brieftaschendings …?«

»Man kann da alles Mögliche speichern. Adressen, Daten, Notizen – einfach alles. Und rankommen tut nur, wer das

Passwort kennt«, erklärte Linkohr, als sei dies alles das Normalste von der Welt. »Sie meinen also«, stellte Häberle mit vollem Mund fest, »jemand hatte deswegen so großes Interesse an dem Ding, weil da möglicherweise brisante Sachen gespeichert sind?«

Linkohr nickte eifrig.

»Und was, bittschön, könnte das gewesen sein?«

»Keine Ahnung. Adressen vielleicht, Telefonnummern – mit denen wir Rückschlüsse auf ganze Gruppen und Gruppierungen hätten ziehen können.«

»Wenn wir das Passwort geknackt hätten«, gab der Chefermittler zu bedenken.

»Na ja, das wäre für unsere Computerexperten doch kein Problem gewesen.«

»Jedenfalls haben da einige Leute großen Aufwand betrieben, um an das Gerät zu kommen. Sie haben es nicht einfach irgendwo bei Nacht und Nebel ablegen lassen – weil sie wohl Angst hatten, wir könnten einen solchen Ort observieren. Stattdessen dirigierten sie den Faller da oben auf der Alb durch die Nacht, bis sie sicher sein konnten, dass er nicht verfolgt wurde. Das geht doch nur, wenn man in seiner Nähe ist, oder?«

Linkohr nickte. »Bis spätestens morgen früh wissen wir, woher er angerufen wurde und wer ihn gelotst hat.«

»Und ich mach jede Wette, dass der, der ihn gelotst hat, auch geschossen hat«, konstatierte Linkohr.

Häberle nahm noch mal einen kräftigen Schluck. »Möglicherweise«, überlegte er, »möglicherweise ist Czarnitz nur deshalb gestorben, weil er im Turm oben das Handy gesucht hat. Weil er den Auftrag hatte, das verschwundene Ding unter allen Umständen sicherzustellen – nachdem wohl Frau Simbach gegenüber ihrem Schwager schon am

Samstag die Bemerkung gemacht hat, dass das Handy nicht zu finden sei.«

»Hat sie das gesagt?«, staunte Linkohr.

»Wir haben sie ja auch nicht danach gefragt. Auch das könnten Sie noch tun.«

»Wenn man dies so sieht«, knüpfte Linkohr an die Schlussfolgerungen des Chefs an, »dann sind wir womöglich bisher von falschen Voraussetzungen ausgegangen. Wir haben immer jemanden gesucht, der Interesse daran hatte, Simbach und Czarnitz zu beseitigen. Wenn aber Czarnitz auf der Suche nach dem Handy nur zufällig umgekommen ist, weil er die elektrischen Manipulationen nicht kannte und gerade den Glockenstuhl berührt hat, als die Gebetsglocken läuteten, dann ergibt das ein ganz anderes Bild.«

Häberle nickte. »Wir haben bisher einen Mörder gesucht, der gleich drei Menschen auf dem Gewissen hat – und seit heut Nacht beinahe fünf. Aber ...« Er sah Linkohr direkt ins Gesicht. »Vielleicht hat das alles nur einer einzigen Person gegolten.«

»Simbach«, versuchte Linkohr, Häberles Gedanken nachzuvollziehen.

»Wer weiß«, sagte dieser nur. Wie immer gab er seine Überlegungen nicht vorschnell preis. Dies würde die Ermittlungen des gesamten Teams sofort nur noch in diese eine Richtung lenken. Stattdessen war es sinnvoller, auch andere Möglichkeiten weiterhin zu verfolgen. Häberle war keinesfalls so kühn zu behaupten, er läge jedes Mal richtig. Es gab auch schon einen Fall, da kam die wirkliche Wahrheit sogar erst einen Tag vor der Urteilsverkündung beim Landgericht an den Tag. Dennoch wagte er erneut seine Prognose, mit der er schon bei der Pressekonferenz hat aufhorchen lassen: »Kollege, bis Sonntag wissen wir mehr.« Er hob das Weizenbierglas und trank es aus.

Die Kollegen der Sonderkommission hatten inzwischen eifrig telefoniert und die Adressen von Oehme und Kissling ausfindig gemacht. Häberle war zufrieden und ließ sich die Aufschriebe geben. Linkohr versprach, sich um den Vodafone-Techniker und die Frauen zu kümmern. Dann zog sich Häberle in sein Büro zurück, um Anton Simbach auf dessen Handy anzurufen. Eine Männerstimme meldete sich mit knappem »Ja.«

»Sind Sie das, Herr Simbach?«, fragte Häberle.

»Am Apparat«, kam es unwirsch zurück.

»Häberle hier. Kriminalpolizei Göppingen. Wir haben gestern bereits miteinander telefoniert.« Keine Antwort. Der Kriminalist fuhr fort: »Wir sollten uns dringend treffen.«

»Das haben Sie bereits gestern gesagt.«

Kotzbrocken, dachte Häberle und sagte: »Ich werd morgen Nachmittag bei Ihnen sein. Gegen 15 Uhr. Ich ruf Sie eine Stunde vorher an.«

»Ich kann mir zwar kaum vorstellen, was dieser Aufwand bringen soll«, sächselte es aus dem Hörer. »Aber Sie werden schon wissen, was Sie tun.«

Häberle ging nicht darauf ein, sondern zog seinen zerknüllten Zettel aus der Jackentasche. »Und falls Sie heute noch Ihre Freunde anrufen ... den Herrn Oehme und den Herrn Kissling, dann richten Sie ihnen bitte aus, dass ich sie auch gern gesprochen hätte. Vielleicht kann mir ja der Herr Oehme ein Stück entgegenkommen – auf halber Strecke oder so. Vielleicht Leipzig mit dem ICE. Er kann sich das ja mal überlegen. Aber vielleicht ist er gerade bei Ihnen.«

Häberle hatte so schnell und laut gesprochen, dass Anton Simbach keine Chance hatte, ihn zu unterbrechen.

Und jetzt war Stille in der Leitung. Häberle befürchtete für einen Moment, Simbach könnte aufgelegt haben. Doch es schien ihm nur die Sprache verschlagen zu haben – und das musste bei einem vor Selbstbewusstsein strotzenden Kerl etwas bedeuten, dachte der Chefermittler. »Hallo, sind Sie noch dran?«, erkundigte er sich freundlich.

»Ja, ja«, kam es ärgerlich zurück. »Sie sollten Ihre Möglichkeiten mal nicht überschätzen.«

Häberle überlegte, was diese Bemerkung bedeuten konnte. »Ich könnte Sie auch alle zu meinen Kollegen ins Landeskriminalamt vorladen lassen«, gab er drohend zurück, ohne zu wissen, welchen bürokratischen Aufwand dies wiederum bedeutet hätte.

»Sie sollten nicht übers Ziel hinausschießen«, sagte Simbach jetzt wieder ruhiger. »Wenn Sie ehrbare Bürger in eine Sache reinziehen, nur weil wir mal einem Staat gedient haben, den es leider Gottes nicht mehr gibt, dann sollten Sie sich auch an die geltenden Gesetze der BRD halten. Wir haben nichts getan, was strafbar gewesen wäre.« Er betonte BRD so, wie dies früher Honecker immer getan hatte – oberflächlich schnell.

»Sie brauchen mich da nicht zu belehren«, knurrte Häberle und war bereits im Begriff, den Hörer aufzulegen, als er noch Simbachs Stimme hörte: »War ja nur eine gut gemeinte Empfehlung.«

38

Ursula Schanzel war eine energische Frau. Selbstbewusst und zielstrebig. Knapp über 40, schätzte Linkohr, vor allem aber ein kleines Energiebündel. Sie hatte den jungen Kriminalisten in die eingeschossige Villa am Nordwesthang hoch über der Stadt gebeten, war voraus in das Wohnzimmer geeilt und darauf bedacht, gleich zu erfahren, worum es ging.

Dass die Schanzels eine kleine Maschinenfabrik besaßen, war Linkohr beim Blick ins Telefonbuch klar geworden. Ihre Firma hatten sie vor einigen Jahren in das Gewerbegebiet einer Albgemeinde verlegt, um näher und verkehrsgünstiger an der Autobahn A 8 zu sein.

Das Wohnzimmer war in hellen Farben gehalten und im sachlichen Stil mit klaren Linien eingerichtet: Eine große weiße Ledercouch schloss sich an einen schlichten Kachelofen an. Der Blick ging durch eine breite Fensterfront weit in das sich Richtung Göppingen öffnende Filstal hinaus. Linkohr bemerkte, dass seine Gesprächspartnerin offenbar wenig Zeit hatte, aber bemüht war, ihre Ungeduld zu unterdrücken. Deshalb erklärte er in knappen Worten, dass es ihm ums Umfeld von Simbach und Korfus gehe, zumal – wie sie sicher gehört habe – vorige Nacht ein weiteres Verbrechen verübt worden sei. »Sie als Kirchengemeinderätin«, kam er schließlich zur Sache, »könnten in den vergangenen Wochen oder Monaten etwas gehört haben, was uns weiterhelfen könnte.«

»Ich muss Sie enttäuschen«, sagte die Frau distanziert und steckte ihre Hände in die Jackentaschen ihres grauen Hosenanzugs. »Wenn da etwas gewesen wäre, hätt ich es Ihnen längst berichtet.«

Linkohr hatte nichts anderes erwartet und überlegte, wie er diese eiskalte Mauer durchbrechen könnte. »Manchmal sind es ja die Kleinigkeiten, die uns weiterbringen. Ich mein, Herr Korfus ist immerhin Mitglied Ihres Gremiums. Da kann ich mir vorstellen, dass intern drüber nachgedacht wird, was da gewesen sein könnte – und warum man heut Nacht auf ihn und seine Frau geschossen hat.«

Ursula Schanzel legte ihre Beine übereinander und nahm ihre Hände wieder aus den Taschen. Sie hatte einen roten Kugelschreiber zum Vorschein gebracht und begann, mit ihm zu spielen. »Dass wir in den vergangenen Tagen nicht untätig waren, dürfen Sie voraussetzen«, erklärte sie kühl. »Schließlich stand auch Herr Simbach der Kirche nahe. Es ist dem guten Ruf nicht zuträglich, wenn so entsetzliche Dinge geschehen wie in den vergangenen Tagen. Dazu noch, wenn dies alles in der Presse rumgeschmiert wird.« Sie hob eine Augenbraue als Zeichen größten Abscheus. »Ich weiß nicht, ob Sie den Sander kennen. So ein Sensationsreporter. Geschmacklos und maßlos übertrieben, was ich in den vergangenen Tagen von dem gelesen hab. Ich versteh nicht, dass man in der Zeitung alles austreten muss. Immer nur das Negative.«

Linkohr sagte nichts dazu. Immerhin hatte sich sein Chef bisher stets positiv über Sanders Berichterstattung geäußert. Aber hier in der Provinz war es halt so üblich, dass man in der Heimatzeitung möglichst nur das Schöne lesen wollte, während gefälligst die schrecklichen Dinge des Lebens verschwiegen werden sollten – es sei denn, sie spielten sich weit entfernt ab. Dann konnten die Geschichten nicht blutrünstig und grauenvoll genug sein. Hauptsache, die heimische Umgebung blieb sauber und wurde nicht von den ›Zeitungsschmierern‹ beschmutzt. Linkohr erinnerte sich an Leserbriefe, in denen Sander oft schon in unqualifiziertester Weise attackiert worden war. Man hatte ihm mangelnde Recherchefähigkeit vorgeworfen und ihm nahe gelegt, den Griffel wegzulegen. Dies alles schoss Linkohr durch den Kopf, als Ursula Schanzel ihre Kritik abgab. Dann jedoch versuchte er, das Gespräch wieder in die gewünschte Richtung zu lenken. »Sie haben sich also in den vergangenen Tagen auch gewisse Gedanken gemacht. Sicher auch, weil Sie Frau Simbach persönlich kennen.«

Frau Schanzel stutzte. Sie hatte jetzt den Kugelschreiber in seine Bestandteile zerlegt. »Darf ich fragen, was diese Andeutung soll?«

»Sie ist ganz ohne Hintergedanken. Die Vermutung liegt doch nahe, dass Sie Frau Simbach auch persönlich kennen. Schließlich ist sie die Ehefrau zu einem Mann, der sich auch kirchlich engagiert hat. Nicht nur als Sponsor, sondern auch ehrenamtlich. So ist es doch?«

»Natürlich ist es so«, gab sie schnippisch zurück und mühte sich ab, die Teile des Kugelschreibers einschließlich der dünnen Metallfeder wieder zusammenzubauen. »Aber mit Frau Simbach hab ich so gut wie keinen Kontakt.«

»Auch jetzt nicht, in dieser für Frau Simbach schwierigen Situation?«

»Auch jetzt nicht, nein. Und wenn Sie wissen wollen, was in den vergangenen Tagen auf der Kirchenschiene gelaufen ist, sollten Sie besser mit der Dekanin reden.«

»Ist denn was gelaufen?«

»Ich sagte doch – man schaut all dem nicht tatenlos zu.«

»Erlauben Sie eine letzte Frage. Sie waren gestern Mittag bei Frau Simbach in der Getränkehandlung …«

Weiter kam er nicht, denn Frau Schanzel sprang auf und fuhr ihm barsch über den Mund: »Was sagen Sie da? Sie spionieren mir nach? Sie wollen mir womöglich unterstellen, ich verheimliche Ihnen was? Das brauch ich mir nicht bieten zu lassen. Ich kann besuchen, wen ich will. Ich verbiete Ihnen, mich auf so eine hinterhältige Art und Weise auszufragen.«

Linkohr spürte, dass das Gespräch beendet war. Er stand auf, um mit der Frau auf gleicher Augenhöhe zu sein. »Es besteht kein Grund zur Aufregung. Wenigstens nicht aus meiner Sicht«, sagte er und hielt ihren Blicken stand. »Aber vielleicht wäre es in Ihrem Interesse, wenn wir in Ruhe über alles reden könnten.«

»Es ist alles gesagt«, stellte sie fest. »Frau Simbach hat Probleme. Erhebliche Probleme. Aber all dieses Geschwätz, diesen Klatsch und Tratsch, diese Stammtischparolen, das kennen Sie doch schon. Tun Sie doch nicht so, als sei das noch nicht bis zu Ihnen gedrungen. Wenn eine Frau sich mal nicht den moralischen Begriffen unterwirft, wird sie gleich abgestempelt, während Männer gerade tun und lassen dürfen, was ihnen einfällt. Und wenn ich in einer solchen Situation der Frau Simbach beistehe, hat das mit Ihrem Fall absolut nichts zu tun. Und ich bitte Sie, dies zu respektieren.«

Linkohr ließ zwei Sekunden verstreichen. »Und trotzdem würde mich interessieren, was es gestern Mittag zu bereden gab.«

»Wer gibt Ihnen eigentlich das Recht, mich derart zu belästigen? Ich verlange, dass Sie mir sofort sagen, wer Ihr Vorgesetzter ist.«

»Häberle. August Häberle. Erster Kriminalhauptkom-

missar bei der Polizeidirektion Göppingen. Leiter der Sonderkommission. Soll ich Ihnen seine Telefonnummer geben?«
»Verschwinden Sie«, zischte Ursula Schanzel und war kreidebleich geworden.
Linkohr nickte höflich und verließ die Villa.

Häberle wollte frische Luft schnappen und zu Fuß ins Dekanat gehen. Linkohr hatte ihm kurz von dem Gespräch mit Frau Schanzel und ihrem Hinweis berichtet, dass auf Kirchenebene einiges gelaufen sei. Vielleicht hatten sich in den vergangenen beiden Tagen auf diese Weise neue Erkenntnisse ergeben, dachte der Chefermittler, als er das Polizeigebäude verließ und an der vielbefahrenen Eberhardstraße entlangging. Dass der Weg zur oberen Stadt nicht gerade beste frische Luft bescherte, sondern jede Menge Lkw-Abgase, musste er wieder einmal feststellen. Er bog deshalb gleich nach dem Amtsgericht von der B 10 ab und ging quer über den Wilhelmsplatz in Richtung Fußgängerzone, die ihn durchs Herz der City zum Dekanat führte.
Die Dekanin bot ihm in ihrem Büro einen Sessel an, während sie selbst hinterm Schreibtisch sitzen blieb. »Glauben Sie mir«, begann sie, »mich beschäftigen diese Verbrechen genauso wie Sie. Man kommt sich ja langsam vor wie im Wilden Westen. Heut Nacht die Schüsse da drüben …« Sie deutete mit dem Kopf verächtlich in Richtung des Rosendols, das sich nur knapp 50 Meter hinterm Dekanatsareal befand, gerade mal getrennt von einer Grünfläche und der Straße.
»Ich bin zu Ihnen gekommen – nicht, weil ich mir von Ihnen konkrete Antworten auf konkrete Fragen erhoffe«, erklärte Häberle und öffnete die Knöpfe seiner Freizeit-

jacke. Ihm war heiß. »Mir wäre nur an Ihrer persönlichen Einschätzung gelegen. Denn inzwischen gibt es so viele Gerüchte und noch mehr Gerede.« Der Ermittler war über seine eigenen Worte selbst erschrocken. Es klang ja fast so, als ob er seelischen Beistand suche. »Aber vielleicht haben Sie eher Einblick in dieses Geflecht, das aus kirchlichem Engagement einerseits und einer dunklen Vergangenheit andererseits bestehen dürfte.« Dann erwähnte er, was Frau Schanzel gegenüber Linkohr angedeutet hatte.

Dies jedoch schien die Dekanin nicht gerade freudig zur Kenntnis zu nehmen. »Ich wollte heute noch offiziell an Sie herantreten. Sie können sich denken, dass wir auch versucht haben, die Dinge zu beleuchten.« Ihre Stimme klang energisch. »Ich werde nichts dulden, was dem Ansehen der Kirche Schaden zufügt. Andererseits sollten Sie bedenken, dass es überall Menschen gibt, die ihre eigenen Schwächen und Stärken haben.«

Häberle nickte. »Das ist bei der Polizei nicht anders«, sagte er zustimmend, um dann zur Sache zu kommen: »Sie haben also etwas erfahren, das Sie uns heute noch mitteilen wollten?«

»Ja. Ich muss Sie allerdings bitten, dies alles äußerst diskret zu behandeln. Ich will nicht, dass nachher behauptet wird, ich hätt jemanden angeschwärzt. Oder dass dies morgen so in der Zeitung steht.«

»Keine Sorge. Wir sind jetzt ganz unter uns und was hier gesprochen wird, dringt nicht nach draußen.«

»Dann will ich Ihnen mal was sagen«, fuhr die Dekanin jetzt noch eine Stufe entschlossener fort. »Uns interessiert in erster Linie der Herr Korfus. Als Mitglied des Kirchengemeinderats muss er über jeden Verdacht erhaben sein – egal, in welche Richtung. Ich hab nach dieser Prügelei ... ja, sagen wir ruhig Prügelei ... im Martin-Luther-Haus viel zu lange abgewartet. Viel zu lange – und das muss ich mir jetzt selbst vorwerfen. Wir haben ihn zwar zu einer Stellungnahme aufgefordert, doch hat er dann nur eine ziemlich allgemein gehaltene Erklärung abgegeben. Ich hab sie schriftlich – dort in den Akten.« Sie deutete auf ein Regal. »Dann wollten wir heute vor einer Woche, am Donnerstag, ein klärendes Gespräch, weshalb wir auch Herrn Simbach zu einer Sitzung eingeladen hatten. Dass der zu diesem Zeitpunkt bereits tot war, konnten wir nicht wissen.«

Häberle spürte eine innere Ungeduld, versuchte aber, sie zu dämpfen. »Deshalb haben Sie über Herrn Korfus Informationen eingeholt?«

»Über die Kirche in Bischofswerda, ja. Niemand weiß dort so genau, wann Korfus wieder aus Berlin zurückgekehrt ist. Es muss aber im Juni oder Juli 1989 gewesen sein. Wenig später ist er in der Evangelischen Kirche groß in Erscheinung getreten. Das hat viele Menschen verwundert, weil er doch als äußerst strammer SEDler gegolten hat, von dem man in seiner Heimatgemeinde wenig gewusst hat. Manche vermuten sogar noch heute, dass er bei der Staatssicherheit eine führende Rolle gespielt haben könnte. Allerdings finden sich wohl keine genauen Akten über ihn.« Die Dekanin verzog ihr Gesicht zu einem ihrer seltenen Lächeln. »Da hat wohl jemand bei der Wende ganze Arbeit geleistet. Und doch gibt es eine interessante Aussage, die irgendwo zitiert wird.« Sie suchte in den Papieren auf ihrem Schreibtisch nach einer Notiz und las vor: »Er hat die Aufgabe ohne Emotionen ausgeführt. Was immer das heißen mag. Aber wenn so etwas in den Akten Erwähnung findet, dann muss es eine Aufgabe gewesen sein, bei der das Nichtvorhandensein von Emotionen sehr bemerkenswert und demnach so wichtig war, dass es sich in einer Bewertung der Person Korfus' niederschlägt.«

»Sie wissen aber nicht, was damit gemeint war?«

»Leider nein, Herr Häberle. Aber man kann sich so seine Gedanken machen«, beließ sie es bei Andeutungen. »Jedenfalls scheint Herr Korfus umgeschwenkt zu sein, politisch, mein ich. Vielleicht hat er rechtzeitig erkannt, dass das Regime am Ende war und es geraten erschien, sich so schnell wie möglich auf die Seite des Guten zu schlagen. So ist es den Menschen in Bischofswerda aufgefallen.«

Sie schob ihren Zettel wieder in den Dokumentenstapel zurück.

Häberle ärgerte sich über die Kollegen in der Oberlausitz. Wären diese kooperativer gewesen, hätten diese Erkenntnisse längst in die Arbeit der Sonderkommission einfließen können.

»In dieser Zeit kam auch Simbach ins Spiel. Die beiden kannten sich von Kindheitstagen an, doch haben sich ihre Wege getrennt. Korfus machte irgendwie in der Partei oder bei der Stasi Karriere, während Simbach nach dem Wehrdienst ein kleiner Elektriker wurde. Unscheinbar und unbedeutend, wie es heißt. Er stand wohl auch im Schatten seines Bruders Anton, der ein gefürchteter Stasispitzel gewesen sein soll, eine Art Blockwart in einem dieser Plattenbauten, wo jeder jeden bespitzelt und das Gehörte weitergemeldet hat. Wir haben keine Ahnung, wie sich die Menschen gegenseitig denunziert haben.« Die Dekanin lehnte sich zurück, was ihr Stuhl mit bedrohlichem Ächzen quittierte. »Und wie viele Protokolle sie angefertigt haben. Wer irgendwo ein Gespräch belauscht hatte, sei es durch die Wand oder wie auch immer, hat das sofort mit der Schreibmaschine zu Papier gebracht. Wenn Sie mal Gelegenheit haben, dann besuchen Sie in Berlin das Stasimuseum. Dort sind ein paar Auszüge aus solchen Protokollen zu sehen. Sind wir nur froh, dass der ganze Irrsinn geendet hat, bevor das Computerzeitalter so richtig losgegangen ist. Wenn denen damals schon die heutigen Computer zur Verfügung gestanden hätten, vor allem die endlosen Speicherkapazitäten, hätten die wahrscheinlich jedes Wort, das ein Bürger gesprochen hat, in Datenbanken festgehalten.« Sie lächelte erneut. »So aber wars dann doch ein bisschen mühsam, alles auf Papier zu dokumentieren und Gespräche mit klapprigen Tonbandgeräten mitzuschneiden.«

Sie hat recht, dachte Häberle, wollte sich jetzt aber auf keine lange Diskussion darüber einlassen. »Und wie kam es dann zwischen Korfus und Alexander Simbach zu dem Zerwürfnis?«

»Als Korfus wieder in Bischofswerda war, damals im Sommer 89, soll er versucht haben, seinen alten Schulfreund Alexander Simbach politisch umzudrehen, wie man sagen könnte. Das jedoch ist ihm nicht gelungen. Zunächst nicht. Denn Alexanders großer Bruder Anton hat darauf geachtet, dass keiner in der Familie abtrünnig wurde.«

Häberle folgte gespannt den Ausführungen der Kirchenfrau. Sie hatte offenbar gut recherchiert und alle Hebel in Bewegung gesetzt. Wahrscheinlich war es sogar besser, sie ermittelte in Kirchenkreisen, als wenn es die Polizei getan hätte. Die Dekanin besaß gewiss genügend Durchsetzungsvermögen, um zu erfahren, was sie wissen wollte.

»Dass sie schließlich doch beide zu sogenannten Wendehälsen wurden, hat dann alle verwundert«, berichtete sie weiter. »Das muss aber erst Mitte, Ende Oktober gewesen sein, also wenige Wochen vor der politischen Wende. Da hat man sie beide bei den Montagsgebeten gesehen, wenngleich mit gemischten Gefühlen. Wer konnte damals auch schon wem trauen?«

»Sie meinen, das könnte nur Schau gewesen sein? Um auszuspionieren?«, hakte Häberle nach.

»Kann sein – muss aber nicht. Wie gesagt, damals machte es natürlich Sinn, sich rechtzeitig auf die richtige Seite zu schlagen.«

»Aber wie sie dann später hier aufgetaucht sind, haben sie sich doch beide bei der Kirche engagiert«, stellte der Chefermittler fest.

Die Dekanin nickte nachdenklich. »Sogar so sehr, dass Herr Korfus das Vertrauen der Bevölkerung gewann und in den Kirchengemeinderat gewählt wurde. Zwar nicht mit überwältigender Mehrheit – aber immerhin.«

»Also doch aus Überzeugung religiös geworden?«

»Sie fragen mich Sachen! Überzeugend religiös – das ist ein dehnbarer und relativer Begriff. Sind Sie es denn?«

Häberle hatte mit dieser Frage nicht gerechnet. Er war nicht auf ein theologisches Gespräch eingestellt. »Um religiös zu sein, muss man nicht unbedingt in der Kirche ein Ehrenamt annehmen oder jeden Sonntag in die Kirche gehen«, entgegnete Häberle. Mehr war ihm auf Anhieb nicht eingefallen, denn seine Gedanken kreisten um etwas anderes.

»Wenn es nach der Zahl derer ginge, die in den Gottesdienst kommen, wäre es um unseren Glauben schlecht bestellt«, beschied ihm die Theologin. »Die Bereitschaft, sich in der Kirche zu engagieren, ist sehr gering, das wissen wir beide. Und doch bin ich davon überzeugt, dass in den Menschen ein tiefer Glaube vorhanden ist. Sie wollen es nur nicht zeigen – nicht jetzt, solange es ihnen noch gut geht. Aber denken Sie nur mal an die Zeit, als 1989 plötzlich von den Kirchen ausgehend eine Bewegung in Gang kam, mit der niemand gerechnet hätte. Plötzlich haben die Menschen die große Macht entdeckt, die allein etwas zu ändern vermag, wenn wir sie nur darum bitten.«

Genau das hatte Häberle schon oft gedacht. Auch ihm war während seines langen Berufslebens oftmals klar geworden, dass Menschen in Todesangst oder im Augenblick allergrößter Schicksalsschläge plötzlich anfingen, von Gott zu reden oder zu beten. Und dabei spielte es dann gar keine Rolle, ob sich ihre Hoffnung auf Jesus richtete oder auf einen anderen Gott, dessen Namen zwar je nach religiöser Zugehörigkeit und Weltanschauung variierten, doch im Grunde genommen nur eines war: die große Macht, die hinter allem steckte. Häberle hatte schon oft darüber nachgedacht, wie hirnrissig es war, dass sich Menschen dieses Gottes wegen gegenseitig totschlugen. Dabei hatte keiner von ihnen jemals seinen Gott gesehen oder jemals einen handfesten Beweis erbringen können, dass all die Geschichten, Legenden, Überlieferungen und Erzählungen stimmten. Nur eines aber, da bestand für Häberle gar kein Zweifel, konnte mit hoher Sicherheit gesagt werden: Es musste eine Macht geben, die hinter allem stand, die das Universum eingerichtet und das Leben erschaffen hat. Warum nur konnte sich die Menschheit nicht auf diesen kleinsten gemeinsamen Nenner einigen und diesen einen Gott anbeten, ohne ihn zu personifizieren, ohne ihm verschiedene Geschichten und Legenden anzudichten, die dazuhin noch unterschiedlich ausgelegt werden konnten? Welcher Irrtum, musste Häberle denken, dass sich der Mensch seine Götter schuf – anstatt sich bewusst zu werden, dass es nur einen geben konnte. Der Kriminalist nahm sich vor, dies alles einmal mit der Dekanin zu bereden, wenn der Fall gelöst war.

»Ich glaube, unsere Berufe verbinden uns mehr als wir bisher vermutet haben«, holte ihn die Stimme der Theologin nach zwei, drei Sekunden des Nachdenkens wieder in die Realität zurück. »Beide haben wir es mit Menschen zu tun, die einen Ausweg suchen. Verzweifelte, Verzagte, Ängstliche, Hoffnungslose. Und wenn wir uns ihrer annehmen, stellen wir fest, dass die Wurzeln des Elends sehr tief liegen. Und dass diese Menschen oftmals in etwas hineingeraten sind, für das sie selbst keine Erklärung haben. Weil sie zur falschen Zeit am falschen Ort waren, weil sie in etwas hineingeboren wurden, das ihnen wie ein vorbestimmtes Schicksal vorkommt, als ob sie nie die Wahl gehabt hätten, einen anderen Weg zu beschreiten.«

»Glauben Sie denn an so etwas wie einen vorbestimmten Lebensweg?«, fragte Häberle, während er noch darüber grübelte, was ihm die Dekanin mit diesen Ausführungen sagen wollte.

»Gott hat für jeden von uns einen Plan. Aber er hat auch den Menschen einen freien Willen gegeben, diesen Plan auszuführen oder sich dagegen zu entscheiden.«

Das waren Sätze, wie sie Häberle nicht gefielen. Wischiwaschi. Überhaupt konnte er mit manchem, was die Theologen aus der Bibel herauslasen oder besser: in sie hineininterpretierten, nicht sehr viel anfangen. Er verkniff es sich, etwas zu erwidern.

»Wenn wir jetzt wieder unseren Fall betrachten«, schwenkte er um und bedauerte es bereits, dass er das Wort »Fall« in den Mund genommen hatte. »Wenn wir also sehen, was in der vergangenen Woche hier geschehen ist, dann stehen wir vor dem Ende dreier Leben. Drei Menschen mussten sterben – und wir wissen immer noch nicht warum.«

»Auch wenn wir die Antwort finden«, entgegnete die

Dekanin, »und daran hab ich gar keinen Zweifel – dann wird dies nichts an all dem Schrecklichen ändern, das hier geschehen ist. Wir werden versuchen, es zu verstehen, aber der Tod ist etwas Endgültiges.«

»Das klingt so, als seien Sie nicht davon überzeugt, dass es weitergeht. Auferstehung und so?«

»Wir glauben an das ewige Leben. Das Universum ist ewig – deshalb kann nichts verloren gehen.« Sie lächelte. »Wir werden natürlich nicht in unseren Körpern wiederkommen, sondern mit dem Geist, der Seele. Auch Jesus war nach der Auferstehung ein anderer, wenn Sie sich erinnern.«

Häberle hatte dies so nicht mehr in Erinnerung.

»Jesus konnte nach der Auferstehung durch Mauern und Türen gehen«, erklärte sie. Häberle wollte gerade daran anknüpfen und trotz allen Stresses eine theologische Frage stellen, da unterbrach ihn ein sanftes Klopfen an die Tür. Die Dekanin rief: »Ja, bitte?« und sogleich streckte ihre Mitarbeiterin den Kopf herein. »Herr Stumper ist da«, informierte sie.

Häberle erhob sich und schüttelte dem leicht eingeschüchterten Kirchenmusikdirektor die Hand. Auch die Theologin stand auf, reichte Stumper die Hand zur Begrüßung und bot ihm den Platz neben Häberle an. »Entschuldigen Sie«, räusperte sich Stumper verlegen. »Ich wollte Sie keineswegs stören. Aber eine Schülerin hat mir heut Mittag etwas Interessantes erzählt.«

Die Dekanin klärte den Kommissar auf: »Herr Stumper gibt Orgelunterricht. Auch wir müssen etwas für den Nachwuchs tun.«

»Ja«, Stumper lächelte zurückhaltend und hinterließ den Eindruck, als fühle er sich in dieser Gesellschaft nicht allzu wohl. »Die Kerstin, die Tochter von Frau Schanzel – sie geht ins Gymnasium. Parallelklasse zu Silke Simbach.« Er wandte sich erklärend an Häberle: »Die Tochter des verstorbenen Herrn Simbach.«

Die Dekanin wurde ungeduldig. »Was ist mit der?«

»Sie soll ziemlich rechtsradikale Sprüche losgelassen haben – diese Silke Simbach«, kam Stumper zur Sache. »Nicht nur gegen Türken, sondern ganz speziell gegen Russen, um genauer zu sein: gegen Deutschrussen, gegen die Über- oder Aussiedler.«

»Was heißt das: ziemlich rechtsradikal?«, hakte Häberle nach. »Wie muss man sich das vorstellen?«

»Na ja, dass denen alles zuzutrauen sei. Mafiosi. Und dass sie davon überzeugt sei, dass auch ihr Vater von solchen Banden umgebracht worden ist.«

Die Dekanin schaltete sich ein: »Hat sie denn gesagt, was sie zu dieser Annahme veranlasst?«

»Anscheinend nicht. Aber es muss heftig gewesen sein, was sie nach dem Unterricht heut von sich gegeben hat.«

»Man darf sicher jetzt nicht alles auf die Goldwaage legen, was das Mädchen in dieser Situation sagt«, stellte die Theologin fest, obwohl sie ansonsten hellwach war, wenn auch nur der Anschein von Rechtsradikalismus im Raum stand.

Der Kommissar lehnte sich zurück. »Wir werden der jungen Dame mal auf den Zahn fühlen. Kann nichts schaden, wenn sie merkt, dass wir uns auch für so etwas interessieren.«

»Dann sollten Sie noch etwas wissen. Kerstin hat noch etwas anderes berichtet – von Silke. Die scheint einen ziemlichen Hass auf die Menschen, die aus dem Gebiet der ehemaligen DDR stammen, zu haben.« Er hielt inne, während Häberle nickte und erklärte: »Kann ich mir vorstellen. Die Silke hat ziemlich Prügel bezogen. Ihre Mutter auch.«

Stumper sah sich jetzt zu weiteren Schilderungen ermuntert. »Korfus, so soll Silke gesagt haben, sei drüben ein ganz übler Typ gewesen. Ich weiß ja nicht, ob ich es wiederholen darf?« Er blickte die Dekanin Hilfe suchend an, doch diese verzog keine Miene.

Häberle sprang in die Bresche: »Sie dürfen hier alles sagen. Alles, was Sie gehört haben.«

»Es kann natürlich Geschwätz von Jugendlichen sein, die sich wichtig machen wollen. Pubertäres Geschwätz«, wiegelte Stumper ab, als sei es ihm unangenehm, das Gehörte zu wiederholen. »Aber Silke soll gesagt haben, Korfus sei der letzte Henker der DDR gewesen.«

Jetzt war es raus. Die drei Personen schwiegen betroffen. Häberle sah für ein paar Sekunden in das irritierte Gesicht der Dekanin. Stumper stand derweil wie ein Schulbub da und war völlig verunsichert.

»Henker?«, echote Dekanin Grüner. Der Kommissar versuchte, sich krampfhaft an die Justiz der DDR zu entsinnen. Es hatte dort tatsächlich noch lange die Todesstrafe gegeben. Wenn er sich richtig entsann, war sieben, acht Jahre vor der Wende die letzte Hinrichtung vollstreckt worden. Vorausgesetzt natürlich, die Aufzeichnungen dazu waren korrekt. Mit einem unerwarteten Nahschuss, so hatte Häberle es mal gelesen, waren die Delinquenten hingerichtet worden. Schlagartig erinnerte sich der Kommissar an die paar Textzeilen, die sich in sein Gedächtnis eingebrannt hatten: Der Staatsanwalt habe dem völlig ahnungslosen Delinquenten in zwei Sätzen eröffnet, dass das Gnadengesuch abgelehnt sei und die Hinrichtung unmittelbar bevorstehe. Daraufhin sei der Henker unbemerkt von hinten an den Todeskandidaten herangetreten und habe ihm mit einer Armeepistole in den Hinterkopf geschossen. Für einen Augenblick war Häberle von dieser entsetzlichen Vorstellung gefangen. Wenn sich das so zugetragen hatte, woran er gar keinen Zweifel hatte, dann lag dies gerade mal 20 oder 25 Jahre zurück. Noch immer hing fassungsloses Schweigen im Raum. »Sie meinen«, durchbrach Häberle schließlich die Stille. »Sie meinen, Korfus war ein Henker?«

Stumper blickte verängstigt von einem zum anderen. »Ich meine gar nichts«, gab er sich zurückhaltend. »Ich hab nur zitiert.«

Die Dekanin schien erst jetzt das ganze Ausmaß dieser Vermutung erfasst zu haben. Ihr Gesicht war fahl geworden. Sie saß zusammengesunken auf ihrem Bürosessel und schien sich auszumalen, was es bedeutete, den Vollstrecker von Todesurteilen in den eigenen Reihen zu haben. Dann wiederholte sie tonlos, was sie erst vor wenigen Minuten gesagt hatte: »Er hat die Aufgabe ohne Emotionen ausgeführt.«

Stumper verstand den Sinn nicht, aber Häberle nickte langsam.

Häberle war wieder zu Fuß zum Polizeigebäude zurückgekehrt und kämpfte gegen die Vorstellung an, wie Korfus mit entsicherter Waffe hinter der Tür vortrat, um dem Todeskandidaten kaltblütig von hinten in den Kopf zu schießen. Wie viel Menschenverachtung gehörte zu so einem Job? Mit einer Armeepistole, das hatte er irgendwo einmal gelesen, waren die Todesurteile vollstreckt worden. Mit einer Tokarev? Womöglich, ja, hämmerte es Häberle in den Gedanken. Aber vorige Nacht wäre doch Korfus selbst beinahe mit so einer Waffe umgebracht worden? Häberle hatte gar nicht bemerkt, wie er durch die Fußgängerzone gegangen war. Jedenfalls stand er jetzt vor der schweren Tür des Polizeireviers, zog sie nach außen auf und betrat den Vorraum.

Durch die schusssichere Scheibe winkte er dem Beamten zu, der telefonierend am Funktisch saß und dem Kommissar mit einer Handbewegung andeutete, dass er die Tür ins Treppenhaus öffnen würde. Augenblicke später summte der elektrische Öffner und Häberle konnte ins Obergeschoss zu den Kollegen der Sonderkommission hochsteigen. Nachdem er sein soeben im Dekanat geführtes Gespräch geschildert hatte, herrschte auch hier betretenes Schweigen.

»Wir sollten alle bisherigen Erkenntnisse unter diesem Aspekt betrachten«, sagte er und lehnte sich in den Türrahmen. »Und ich werde das morgen auch tun.« Einige Kollegen sahen ihn fragend an. Nicht alle wussten von seinem Plan, am nächsten Tag in aller Frühe nach Bischofswerda zu fahren.

Linkohr war der Erste, der die Stille des Staunens und Entsetzens brach. »Auch wir haben etwas Neues«, sagte er, wohl wissend, dass er den Chef jetzt nicht übertrumpfen konnte.

»Zwei Dinge – zuerst unser Vodafone-Techniker. Er kann sich tatsächlich an einen Anruf von Simbach entsinnen. Der habe ihn gefragt, wann der nächste Service-Termin im Kirchturm sei.«

»Ach?«, staunte Häberle.

»Ja, Spiegler hat ihm den voraussichtlichen Termin genannt und wollte von Simbach wissen, weshalb ihn das interessiere.«

»Und?«

»Simbach soll gesagt haben, er würde sich die Technik mal gerne erklären lassen, weil doch immer mehr kritische Stimmen wegen der Strahlung laut würden.«

»Und … haben die sich dann beim Termin getroffen?«

»Nein«, erwiderte Linkohr, um nach kurzer Pause fortzufahren: »Dazu jetzt noch ein weiterer Gesichtspunkt. Herr Gunzenhauser war hier. Der Mann der Mesnerin«, erklärte er. »Und er hat etwas mitgebracht.« Linkohr ging ein paar Schritte zu einem Schreibtisch und hob eine Klarsichthülle hoch, in der sich der ausgedruckte Quittungsbeleg befand. »Lag zwischen zwei Schränken in der ersten Turmetage. Er hats gefunden, als er heut Mittag putzen wollte.«

Für die übrigen Kollegen im Raum wars keine Neuigkeit mehr. Sie hatten bereits ausgiebig darüber diskutiert und sogar erste Ergebnisse erzielt. »Ein Kassenbeleg des Albwerks«, erklärte Linkohr, während der Chef aufmerksam zuhörte und sich die Klarsichthülle geben ließ. Ein Beleg des örtlichen Energieversorgungsunternehmens vom 6. Juli. Häberle las vor: »NYM, 20 Meter à 75 Cent. 15 Euro, inklusive Mehrwertsteuer.« Er besah sich den Beleg. »NYM, 20 Meter«, wiederholte er. »Ist das ein Kabel?«, fragte er so, als ob es daran keinen Zweifel gäbe.

»Bingo«, antwortete einer der Kollegen anerkennend. »Sie kennen sich aus.«

Häberle grinste. »Schließlich sitz ich nicht nur am Schreibtisch, sondern hab Haus und Hof, wo es immer was zu basteln gibt. Und hier«, er gab Linkohr die Klarsichthülle wieder zurück. »Hier hat einer 20 Meter Stromkabel gekauft, vermutlich dreiadrig, wenn ich den Preis richtig deute.«

»Einer?«, gab Linkohr zurück. »Nicht irgendeiner, Chef. Wir haben im Albwerk bereits den Verkäufer gefunden, der sich noch an den Kunden erinnert hat. Nachdem er die Uhrzeit auf dem Beleg gesehen hat – 16.04 Uhr, kurz nach Feierabend in der Werkstatt –, da ist ihm sofort eingefallen, wer ihn da noch hingehalten hat.«

Häberle wurde ungeduldig und brachte dies mit einer Kopfbewegung zum Ausdruck, worauf Linkohr nicht mehr länger drumrum reden wollte: »Den Beschreibungen nach muss es Alexander Simbach gewesen sein.«

Häberle überlegte. »Simbach war Elektriker. Gelernter zumindest. Da erscheint es zunächst nicht ungewöhnlich, wenn er Stromkabel kauft.«

»Absolut richtig«, erwiderte Linkohr, der die Klarsichthülle auf den Schreibtisch zurücklegte. »Wir haben aber bereits gecheckt, dass bei den Manipulationen im Kirchturm ein solches Kabel benutzt wurde. Und einen Tag nach dem Kauf des Kabels hats diese Stromschwankung gegeben, die sich im übrigen Netz des Albwerks nicht bemerkbar gemacht hat, wie wir inzwischen wissen.«

Häberle sah schmunzelnd in die Runde. »Dann hätten wir ja den Täter überführt – mit nur einem kleinen Schönheitsfehler: Unser vermeintlicher Täter ist selbst zum Opfer geworden.«

Häberle war eigentlich hundemüde und wollte sich angesichts der langen Autofahrt, die ihm morgen bevorstand, am liebsten zeitig ins Bett legen. Doch er hätte vermutlich kaum schlafen können. Was Stumper berichtet hatte, wäre ihm stundenlang durch den Kopf gegangen. Der Chefermittler bat die Kollegen der Sonderkommission, sich am nächsten Morgen auf die von Vodafone angekündigten Handyverbindungen von Fallers Telefon zu konzentrieren, und ihm sofort die Ergebnisse mitzuteilen. Dann entschied er sich, Silke Simbach mit den Erzählungen Stumpers zu konfrontieren. Er rief in der Getränkehandlung an und erfuhr von der Mutter, dass Silke soeben mit Sergije in die örtliche Kaiser-Brauerei gefahren sei, um 10 Kisten Weizenbier zu holen. Häberle beendete das Gespräch, noch ehe Sabrina Simbach eine Frage stellen konnte. Er griff nach seiner Jacke, warf sie über und verließ den Lehrsaal. Die Kaiser-Brauerei war zwar nur ein paar 100 Meter vom Polizeirevier entfernt, doch Häberle entschied sich trotzdem fürs Auto, zumal er anschließend sofort heimfahren wollte. Die Sonne warf bereits lange Schatten, als er den Audi aus dem Polizei-Areal hinaussteuerte und sich in die vorbeiführende B 10 einfädelte. Nach wenigen Metern bereits stand er im Stau der Ampel vom Wilhelmsplatz. Schon verfluchte er die Idee, mit dem Auto gefahren zu sein. Vermutlich wäre er zu Fuß schneller am Ziel gewesen – und jetzt konnte es sogar passieren, dass er die beiden verfehlte. Es war ihm nämlich günstig erschienen, sie außerhalb des mütterlichen Geschäfts gemeinsam befragen zu können. Es ging aber schneller voran als gedacht. Er bog an der Ampel rechts ab und sogleich wieder links in die Bismarckstraße, wo schon von Weitem ein Transparent mit dem schwäbischen Werbeslogan: ›A gscheits Bier‹ zu sehen war, das die Fahrbahn überspannte. Es kaschierte die Rohrleitungen, die in luftiger Höhe die Brauereigebäude beidseits der Straße miteinander verbanden.

Häberle parkte den Audi im Halteverbot entlang der großen Lagerhalle, in der sich auch die automatische Abfüllanlage befand. Vor Jahren war er mal hier gewesen, als er ein Partyfässchen Bier abgeholt hatte. Deshalb fiel ihm die Orientierung leicht. Er stieg die paar Stufen an der Laderampe hoch und gelangte in die große Lagerhalle, in der sich die grünen Bierkisten türmten. In der kühlen Luft hing der Geruch nach Bier und Feuchte. In einem kleinen Büro, dessen Tür offen stand, entdeckte der Chefermittler die gesuchten Personen. Silke beugte sich gerade über den Schreibtisch, um einen Lieferschein zu unterschreiben, während sich Sergije mit einem Brauereimitarbeiter unterhielt. Dessen Aufmerksamkeit richtete sich dann aber auf den Kommissar. »Kann ich Ihnen helfen?«, fragte er. Häberle deutete auf Silke und Sergije: »Entschuldigen Sie, wenn ich so reinplatze. Ich such eigentlich diese beiden Herrschaften.«

Sergije, der mit verschränkten Armen am Schreibtisch stehen geblieben war, erwiderte das Lächeln nicht. Auch Silke, die sich aufrichtete, schien über das unerwartete Treffen wenig erfreut zu sein. »Sie verfolgen uns …?«, fragte sie irritiert, während der ziemlich dickbauchige Brauerei-Mitarbeiter insgeheim rätselte, was hier vorging.

»Ich würde mich gern kurz mit Ihnen unterhalten. Vielleicht können wir das draußen im Auto tun«, erklärte Häberle ruhig und wandte sich an den unbeteiligten Zuhörer, um ihn nicht länger im Unklaren zu lassen: »Ich bin Kripobeamter und hab nichts weiter als ein paar Routinefragen.«

Der Angesprochene sah kurz von einer Person zur anderen und schlug ohne zu zögern vor, dass sie ihr Gespräch auch in seinem Büro führen könnten. Er müsse ohnehin die Ware herrichten. Häberle nahm das Angebot dankend an und bat die beiden jungen Leute, auf den Holzstühlen Platz zu nehmen, die an die Wand gerückt waren. Dann zog er die Tür zu und setzte sich auf den Bürostuhl. Über das Papierchaos des Schreibtisches hinweg erklärte er, dass er noch einige Details wissen müsse. Er sprach Sergije direkt an: »Darf ich fragen, wann Sie nach Geislingen gekommen sind?«

Der junge Mann hatte sich lässig auf den Stuhl gelümmelt und das rechte Bein mit der Wade auf den linken Oberschenkel gelegt. »Vor zwei Jahren. Genau genommen im

April vor zwei Jahren«, erwiderte er knapp. Seine Gesichtsfarbe war im Licht der Leuchtstoffröhre sehr weiß.

»Und wie kam es dazu?«

»Soll das jetzt ein Verhör werden?«, gab er zurück und klopfte mit den über der Lehne hängenden Armen gegen das Holz des Stuhles.

»Das wird es erst, wenn ich Sie vorlade. Mir geht es nur drum, ein paar Hintergründe zu beleuchten. Wie sind Sie ausgerechnet hierher gekommen?«

»Über Silkes Onkel. Ich hab einen Job gesucht – ja, und hier hats einen gegeben. So einfach war das.«

»Sie fühlen sich wohl hier?«

»Ich kann nicht klagen.« Er sah verschüchtert seitlich zu Silke hinüber, die seinen Blick aber nicht erwiderte.

»Dass Sie hier als Ausländer gelten, obwohl Sie deutschstämmig sind, hat nie zu Reibereien geführt?«, wollte der Kommissar wissen. Silkes Miene schien sich zu versteinern.

»Sie meinen Rechtsradikale, Nazis und so?«

»So könnte man es salopp formulieren«, bestätigte Häberle und fügte langsam hinzu: »Manchmal kommt das aus einer Ecke, von der man es nicht erwartet hätte.«

»Na ja, Bemerkungen gibt es schon mal«, überlegte der junge Mann. »Ist drüben auch so – sogar noch mehr.« Er meinte seine neue Heimat, die er nach der Übersiedlung aus der einstigen Sowjetunion in Sachsen gefunden hatte.

»Und wie sieht das die junge Chefin?«, wandte sich Häberle jetzt mit ironischem Unterton an Silke, die diese Formulierung keinesfalls lustig fand.

»Ich bin nicht seine Chefin«, gab sie bockig zurück und sah ihn von der Seite an. »Und darüber kann er froh sein.«

Häberle verengte die Augenbrauen. Nach einigen Sekunden des Schweigens, während deren von draußen das Scheppern leerer Flaschen hereindrang, verlangte der Kommissar Klarheit: »Sie verstehen sich nicht sonderlich gut?«

Sergije behielt noch immer seine lockere Haltung bei und grinste.

»Ich versuch gerade Sergije klarzumachen, dass er uns – also Mutti und mir – zwar sehr hilfreich ist, dass er aber nicht darauf hoffen kann, den Betrieb zu übernehmen.« Ihre Stimme klang so kühl, wie die Luft es in diesem Raum war. »Es fällt ihm schwer, dies zu verstehen.«

Sergije fixierte durch den Glaseinsatz der Bürotür irgendeinen Punkt draußen in der Lagerhalle, als ob ihn die Diskussion überhaupt nichts anginge.

»Mutti und ich wollen den Betrieb verkaufen und wegziehen. Wir wollen mit allem nichts mehr zu tun haben. Mit niemandem. Mit Sergije nicht mehr und mit meinem Onkel nicht.«

Jetzt konnte sich Sergije nicht mehr zurückhalten. »Aber am Wochenende, als es euch beiden scheißdreckig gegangen ist, da war ich recht.« Seine Gesichtszüge verfinsterten sich.

»Da haben wir auch manches noch nicht gewusst.« Häberle wartete eine Sekunde. »Darf ich erfahren, was sich seither verändert hat?«

»Das hat nicht direkt mit Sergije zu tun«, schwächte sie ihre Aussage ab, als tue es ihr bereits wieder leid. »Nein, mit Onkel Anton hat es zu tun. Der hat meinen Vater noch immer beeinflusst und ihn gegen uns aufgestachelt. Und Sie haben ja gerade eben selbst gehört, wie Sergije zu uns gekommen ist: über Anton.«

»Aber das ist ja nichts Neues«, gab Häberle zu bedenken. »Das müssten Sie doch schon von Anfang an gewusst haben.«

»Natürlich haben wir das gewusst. Selbstverständlich.

Aber nachdem nun alles so gekommen ist, wollen wir alle Kontakte abbrechen.« Sie stockte, worauf Sergije plötzlich dazwischenschrie: »Sag doch, dass du mich für einen Spitzel hältst. Sag doch, dass ihr beide glaubt, ich würd eurem Anton alles berichten, was hier abgeht. Ich weiß zwar nicht was – aber glaubt es halt!«

Häberle sah beide nacheinander an. Irgendwie erinnerten sie ihn an trotzige Kinder, von denen jedes das jeweils andere beschuldigte, ein Spielzeug kaputt gemacht zu haben.

»Welche Rolle spielt dabei Herr Korfus?«

»Torsten Korfus?«, erwiderte Silke. »Wie meinen Sie das denn?«

»Wie ich es sage«, erklärte der Kriminalist. »Der scheint doch an allem nicht gerade unbeteiligt zu sein. Oder sehe ich das falsch?«

»Der hat seine eigene Vergangenheit«, erwiderte sie frostig, während Sergije wieder demonstrativ in sich zusammensackte und durch die Tür schaute.

»Eine etwas, na, sagen wir mal, ziemlich finstre Vergangenheit«, versuchte Häberle das Mädchen aus der Reserve zu locken.

»Woher wissen Sie das denn?«

»Glauben Sie mir, wir wissen mehr, als Sie denken. Schließlich bewegt sich Herr Korfus auch in gewisser Weise im öffentlichen Leben. Und da lässt es sich nicht vermeiden, dass die eine oder andere Aktennotiz auftaucht.« Häberle sprach bewusst langsam, um die Bedeutung des Gesagten zu unterstreichen. Seine Absicht hatte das Ziel offenbar nicht verfehlt. Sergije wandte seinen Blick zu Häberle und musterte ihn mit schmalen Augen.

Der Kriminalist ließ sich davon nicht abbringen und drängte Silke: »Da gibt es also eine finstere Vergangenheit?«

Sie sah zu Sergije, dann wieder zu Häberle. Doch sie wollte dazu nichts sagen. Nicht jetzt.

39

Dekanin Gertrud Grüner hatte an diesem Abend noch lange in ihrem Büro über Akten gebrütet, die sich um die Sanierungsarbeiten an der Stadtkirche drehten. Nach den Sommerferien würde sich der Kirchengemeinderat damit befassen müssen – auch wenn bis dahin, wie sie befürchtete, immer noch ein anderes Thema im Vordergrund stehen dürfte. Vom nahen Kirchturm schlug es bereits Mitternacht, als sie den Ordner mit den Rechnungen und Lieferscheinen wieder ins Regal steckte und im Schein einer Stehlampe nach einem Schnellhefter griff, der in einem der Plastikkästchen auf ihrem Schreibtisch lag. Sie ließ sich in einen der Sessel fallen, die um den Besprechungstisch gruppiert waren, während durchs gekippte Fenster das lang anhaltende Rattern eines vorbeifahrenden Güterzugs den Raum erfüllte.

Die Theologin blätterte in dem Schnellhefter, in dem sie Faxe und ausgedruckte Mails abgelegt hatte. Absender waren verschiedene Personen in Bischofswerda und Dresden, aber auch Pfarrer und kirchliche Institutionen. Sie alle hatten mit Stellungnahmen und Berichten dazu beigetragen, dass sie sich nun ein Bild von jenen Personen verschaffen konnte, die in diese äußerst schrecklichen Verbrechen verwickelt waren. In den vergangenen Tagen hatten sie und ihre Mitarbeiterin unzählige Telefonate geführt, im Internet recherchiert und aus Kirchenkreisen erfahren, wie sich die Situation zu Zeiten der politischen Wende dargestellt hatte.

Die Dekanin, die das historische Altstadthaus allein bewohnte, zog sich erst gegen 1 Uhr in den privaten Teil des Gebäudes zurück, dessen Fachwerkkonstruktion in so warmen Sommernächten knackte und zu leben schien. Derlei Geräusche, wie sie die Temperaturschwankungen zwischen Tag und Nacht auszulösen vermochten, waren der Theologin längst nicht mehr fremd. Ruhig war es in diesem Winkel der Altstadt ohnehin nicht. Denn auf der Bahnlinie, die keine 100 Meter Luftlinie entfernt vorbeiführte, verkehrten auch nachts regelmäßig Züge.

Es war kurz vor 2.30 Uhr, als die Theologin trotz der Probleme, mit denen sie sich beschäftigt hatte, längst schlief. Die Altstadt lag dunkel und verlassen, die schmale Gasse vor dem Haus wirkte finster und einsam. Hinter keinem der Fenster brannte mehr ein Licht, auch drüben in der Fußgängerzone nicht. Es waren jene Stunden des Tages, an denen die Kleinstadt schlief. Hier in der City gab es keine Clubs oder Diskotheken, die um diese Zeit noch geöffnet waren. Spätestens, wenn um 1 Uhr die Kneipe an der Ecke der Fußgängerzone zur Hansengasse dicht machte, verschwanden auch die letzten Nachtschwärmer in der Dunkelheit.

Dass sich in dieser Julinacht irgendwo zwischen den Häusern ein Schatten gelöst hatte, eine menschliche Gestalt, das hätte jeden, der auf ihn aufmerksam geworden wäre, stutzig gemacht. Doch es gab niemanden, der diese lautlose Bewegung wahrnahm. Es war eine schlanke, große Gestalt und offenbar ein Mann, der eine Kapuze über den Kopf gezogen hatte. Er kam von der Stadtkirche herüber und strich am dunklen Schaufenster des Verlagsgebäudes der ›Geislinger Zeitung‹ entlang, um in der Fußgängerzone kurz zu verharren. Sein prüfender Blick traf die menschenleere Straße, deren Kandelaber auf nächtlichen Sparmodus geschaltet waren und deshalb nur ihr abgedimmtes Licht verbreiteten. Der Mann sah zu den Giebeln der Altstadthäuser hinauf, wo die Fenster wie schwarze Löcher erschienen. Er überquerte die Fußgängerzone und ging hinüber zur Hansengasse, drückte sich am Gebäude der Eckkneipe entlang und tauchte in den nachtschwarzen Schatten ein, der über dem engen Straßenraum lag. Von hier aus konnte er die umliegenden Häuser beobachten, deren beide Obergeschosse sich in der Dunkelheit des sternenlosen Himmels verloren. Der Mann sah zu dem rechts vor ihm liegenden Gebäude hinauf, in dem ebenfalls kein Licht brannte. Zufrieden atmete er die kühle Nachtluft ein und trat wieder aus dem Schatten heraus, um zur gepflasterten Fußgängerzone zurückzugehen. Was er gesehen hatte, ermunterte ihn, seinen Plan zu Ende zu führen. Er bog an der Eckkneipe nach links ab und folgte dem dunklen Schaufenster eines Textilgeschäfts, an dessen Ende sich ein schmales Stück verwilderten Gartens anschloss. Davor erhob sich der unbeleuchtete Koloss des ›Sonnecenters‹, links zweigte die Rosenstraße ab, wo ein paar Garagen in den Garten hineingebaut waren. Von hier aus konnte der Mann auch zum Kirchplatz hinüberblicken, auf dem sich im Licht der Straßenlampen die Reiterstandfigur silhouettenartig vom dahinter liegenden Pfarrhaus abhob. Während er sich die Umgebung einprägte, jedes Detail in sich aufsog, schwoll das Rattern eines näherkommenden Güterzugs an. Ein paar Sekunden später donnerten mehrere Dutzend Waggons über das beleuchtete Rosendol hinweg. Währenddessen kam ihnen unten auf der parallel verlaufenden Straße ein Kastenwagen entgegen.

Der Mann drückte sich an den Garagen vorbei, erreichte schließlich die schmiedeeiserne Umzäunung des Gartens und damit die Rückseite jenes Karrees, zu dem das Dekanatsgebäude gehörte. Dunkle Fenster, keine Auffälligkeiten – zumindest was im wenigen Streulicht der Straßenlampen zu erkennen war. Mit einer schnellen Flanke überwand der Mann den Zaun und landete im taufeuchten Gras, das ihm fast bis zu den Knien reichte. Er spürte, wie seine leichte Stoffhose an den Waden nass wurde, als er sich mit wenigen Schritten einem der Häuser näherte. Sein Ziel war ein ebenerdiges und gekipptes Fenster, das er bereits im Laufe des Abends ausgekundschaftet hatte. Es befand sich links neben einer Holztür. Dass sie offen sein würde, konnte der Mann zwar nicht erwarten. Doch weil er nichts unversucht lassen wollte, drückte er mit der Handschuh geschützten Rechten die Klinke vorsichtig nieder. Vergeblich. Wie erwartet. Zufrieden stellte er fest, dass er im Schatten der Sträucher gut getarnt war. Mit wenigen Griffen hob er das gekippte Fenster aus den Angeln und ließ es nahezu lautlos – und nur noch am unteren Kloben verankert – nach innen schwenken.

Der Mann blickte sich erneut um, doch an keinem der umliegenden Häuser war Licht angegangen. Ihn aus Distanz zu beobachten, wäre ohnehin schwer gewesen, zumal die Sträucher nicht nur ein perfekter Sichtschutz waren, sondern im diffusen Licht der Straßenlampen auch einen Wirrwarr aus Schatten entstehen ließen. Er fühlte sich jetzt absolut sicher, umfasste mit beiden Händen den unteren Teil des Fensterrahmens, stieß sich mit den Beinen ab und kniete auf den Sims. Der Geruch eines Reinigungsmittels stieg ihm in die Nase. Als er vorsichtig in den Raum hineingestiegen war, um das Fenster nicht zu beschädigen, wurde ihm die Ursache des seltsamen Geruchs klar: Er befand sich in einer Toilette.

Er fingerte aus einer Hosentasche eine dünne Halogenlampe und richtete den Strahl auf die windschiefe Tür, die sich leise in den Flur hinein öffnen ließ, wo mehrere auf dem Boden liegende Aktenbündel den Durchgang verengten. Links zweigten zwei Türen ab, denen der Mann jedoch keine Bedeutung beimaß. Dass sich Wohnung und Büroräume in der oberen Etage befanden, war ihm geläufig. Zufrieden stellte er fest, dass er es hier noch mit einem Steinboden zu tun hatte, der kein Knarren verursachen konnte. Mit vier, fünf Schritten erreichte er die vordere Eingangstür, durch deren milchglasigen Einsatz von außen schwaches Licht hereindrang.

Er ließ den dünnen Lampenstrahl an der Wand entlangtanzen, bis er links auf den geschwungenen Treppenaufgang traf. Für einen Moment blieb er stehen, lauschte und erhellte dann die Holzstufen. Sie würden mit Sicherheit knarren, dachte er, während er den rechten Fuß am äußersten rechten Rand auf die erste Stufe setzte. Kein Geräusch. Er atmete auf. Linker Fuß, zweite Stufe. Vorsichtiges Belasten. Vergeblich. Er erschrak über das zwei- und dreifache Knarren und blieb reglos stehen. Eine halbe Minute lang. Als er gerade die dritte Stufe betreten wollte, drang von außen aufkommendes Rauschen an sein Ohr. Ein Zug, durchzuckte es ihn. Ein Zug zur rechten Zeit. Ihn hatte der Himmel geschickt. Wenn der Geräuschpegel anschwoll, so nahm sich der Mann vor, würde er mit einem einzigen Anlauf die obere Etage erklimmen. Doch der Erleichterung folgte gleich Ernüchterung: Ein lauter Güterzug konnte auch die Dekanin aus dem Schlaf reißen. Aber wahrscheinlich, so versuchte er sich sofort wieder zu beruhigen, war sie diese Geräusche gewohnt. Instinktiv tastete er nach dem Messer, das in einem Etui am Hosenbund steckte. Er war auf alles gefasst und entsprechend ausgerüstet – auch wenn er angesichts der stattlichen Statur der Frau eine direkte Konfrontation unter allen Umständen vermeiden wollte.

Während der Güterzug seinen Höllenlärm verbreitete, stieg er zur ersten Etage hinauf, wo die Treppe ohne eine Tür direkt in den Flur mündete. Dort fiel der Strahl der Taschenlampe auf ein Schild, das den Weg zum Dekanatsamt nach rechts wies.

Der Mann nutzte die Geräuschkulisse des Güterzugs, um über den Holzboden des Flurs bis zur Bürotür vorzudringen und diese zu öffnen. Er hatte es geschafft. Sanft drückte er hinter sich die Tür ins Schloss und ließ den Halogenstrahl durch den Raum zucken. Das Licht traf auf schwer beladene Bücherregale, auf Aktenordner und Papierberge. Wo um Gottes willen sollte er hier suchen? Wenn es Akten gab, die belastend waren, dann müsste er stundenlang blättern und lesen. Natürlich konnte er auf gut Glück einige Ordner mitnehmen – aber welchen Sinn hätte dann die ganze Aktion gemacht, wenn es die falschen Dokumente waren?

Es gab nur eine einzige sichere Methode, schoss es ihm durch den Kopf, während die Hände bereits in den Taschen der Hose und anschließend im leichten Sommerjackett nervös etwas suchten. Wenn er die Akten schon nicht mitnehmen konnte, dann mussten sie an Ort und Stelle vernichtet werden. Noch einmal ließ er den Halogenstrahl durch den Raum blitzen. Es bedurfte sicherlich keiner großen Anstrengung, all das Papier und das trockene Zeug zu entflammen, dachte er und ging am Regal mit den Aktenordnern entlang, auf denen Aufschriften wie ›Kirchengemeinderat‹, ›Tagesordnungen‹ oder ›Vorlagen‹ standen. Er schätzte, dass es zwei Dutzend solcher Ordner im Regal gab. Und auf dem Schreibtisch lagen kreuz und quer buntfarbene Schnellhefter.

Er löschte seine Lampe und verharrte für eine halbe Minute in dem Büro, durch dessen Fenster diffuses Licht der Straßenbeleuchtung fiel. Es konnte dem Mobiliar keine Farbe geben. Der Mann schätzte, dass die Wohnung der Theologin drei, vier Zimmer weiter entfernt lag. Die Wahrscheinlichkeit, dass sie nicht rechtzeitig erwachen würde, so versuchte er sich einzureden, war zwar gering, dennoch schlug sein Gewissen Alarm. Denn wenn ihr tatsächlich etwas zustoßen würde, könnten ihm die Juristen einen üblen Strick draus drehen: versuchten Mord oder gar vollendeten. Irgendwo hatte er einmal gelesen, dass ein Brandstifter stets mit der Anwesenheit von Menschen rechnen müsse, weshalb seine Tat dann auch als Mord zu werten sei.

Er wollte diesen Gedanken verdrängen, doch es gelang ihm nicht. Schon spürte er, wie er sich selbst darüber ärgerte. Dann fasste er einen Entschluss: Er würde zwar ein Feuer legen, aber die Bewohnerin wecken und erst flüchten, wenn sichergestellt war, dass ihr nichts geschehen konnte. So würde man ihm keinen Mord vorwerfen können. Vorausgesetzt, es lief alles glatt und geriet nicht außer Kontrolle.

In einer der vielen Taschen seiner Freizeithose hatte er gefunden, was er suchte: ein Feuerzeug. Jetzt von seinem Plan überzeugt, ging er zum Schreibtisch, griff in den Stapel der vielen Zettel und Dokumente, zerknüllte eine Hand voll und erschrak über das laute Rascheln, das er damit verursachte. Beim zweiten Mal versuchte er deshalb, einige Blätter geräuschlos zu falten und über die zerknüllten Papierbällchen auf dem Schreibtisch zu legen. Er wiederholte diese Prozedur zehnmal, bis die gesamte Schreibtischplatte mit Papier übersät war. Zuletzt fischte er einige Ordner aus dem Regal und garnierte damit die Ränder der imaginären Brandfläche.

Im Geiste malte sich der Mann aus, welches Inferno in wenigen Minuten losbrechen würde. Und welchen Großeinsatz von Polizei und Feuerwehr dies auslösen würde. Dann wars mit der Ruhe in dieser Kleinstadt vorbei. Aber auch mit allen angeblichen Beweisen und Schriftstücken, die in diesem Büro ganz gewiss gesammelt worden waren.

Der Mann stand mit dem Rücken zur Tür, als er zum Feuerzeug griff, es ein-, zwei-, dreimal drückte und knipste, dabei zwar Funken stoben, aber keine richtige Zündung zustande kam. Er bückte sich tiefer zur Schreibtischplatte, wo er das Feuerzeug nun direkt zwischen den Papierknäueln zur Zündung bringen wollte. 4-, 5-mal derselbe Versuch. Erneut Fehlanzeige.

Noch ein Versuch. Während er sich erneut abmühte und Schweißperlen auf der Stirn spürte, hatte er nicht bemerkt, dass hinter ihm die Bürotür langsam aufgedrückt wurde. Im Rahmen war eine stattliche Person erschienen. Sie verfolgte ein paar Sekunden lang, was an ihrem Schreibtisch geschah – um dann loszubrüllen: »Lassen Sie das! Bleiben Sie sofort stehen oder es knallt.« Es war eine Frauenstimme. Energisch und laut.

Der Mann fuhr herum und schleuderte dabei das Feuerzeug quer durch den Raum. Er fühlte sich, als habe ihn der Blitz getroffen. Seine Knie wurden weich wie Gummi, sein Puls begann zu rasen. Es dauerte eine ewige Schrecksekunde lang, bis seine rechte Hand den Befehl ausführte, das feststehende Messer aus dem Lederetui zog. Es blitzte gespenstisch im fernen Licht einer Straßenlampe.

Die Frau blieb wie erstarrt im Türrahmen stehen. Damit hatte sie nicht gerechnet. Schlagartig wurde ihr bewusst, dass schon drei Menschen getötet worden waren. Vorige Nacht wären es beinahe zwei weitere gewesen. War sie jetzt die Nummer vier?

40

»Du Idiot, du verdammter Idiot.« Anton Simbach brüllte so laut, dass er befürchten musste, Frau und Kinder könnten erwachen. Er war um 2 Uhr aufgestanden und hatte sich in sein kaltes Büro zurückgezogen. Angeblich, um einige wichtige Verträge auszuarbeiten, wie er seiner Frau bereits am Abend angekündigt hatte, falls er nicht schlafen konnte. Und er hatte nicht schlafen können. Viel zu aufgeregt fieberte er diesem Anruf entgegen. Doch nun war alles ganz anders gekommen. »Du bist unfähig, einfach unfähig. Ein Trottel«, tobte er und sprang von seinem Schreibtischstuhl auf. Er gab dem Anrufer nur wenige Sekunden Zeit, um sich zu rechtfertigen. »Und jetzt? Kannst du mir sagen, was nun werden soll?«, zischte er und starrte durch die Fensterscheibe in die Nacht hinaus, wo sich nur vereinzelt Lichtpunkte abzeichneten. Er atmete laut und schwer, wie ein Raubtier, das dem Angreifer Auge in Auge gegenüberstand. »Ich werde dich für alles verantwortlich machen. Für alles.« Simbach spürte, wie er vor Aufregung innerlich zitterte. Kaum hatte er die Drohung ausgestoßen, musste er sich insgeheim eingestehen, dass es natürlich Schwachsinn war, diesen Kerl für etwas verantwortlich machen zu wollen, das er niemals würde einklagen können. Was auch? Und wie auch? »Du bist ein Dilettant, ein Idiot, ein verdammter Idiot«, fuhr er den anderen noch einmal an. Als dieser plötzlich schwieg, wurde ihm bewusst, dass die Kontakte trotzdem nicht abbrechen durften. »Bist du noch da?«, rief er deshalb irritiert in den Hörer.

»Ja, klar«, kam es zurück.

»Pass auf. Du bleibst, wo du bist. Ich erwarte Meldung. Ich will alles wissen. Alles. Hör dich um. Überall. Radio. Lokale Fernsehsender. Und denk dran. Egal, was geschieht. Keinen Ton. Hast du verstanden – keinen Ton!«

»Geht klar«, erklärte der Anrufer.

Das hatte ihm gerade noch gefehlt. Häberle hatte sich vorgenommen, früh aufzustehen, um nach Bischofswerda zu fahren – und dann dies. Drei Minuten nach drei hatte das Telefon geklingelt. Wenn dies zu nächtlicher Stunde geschah, hatte das nie etwas Gutes zu bedeuten. Und so war es auch: Der Polizeiführer vom Dienst, im Fachjargon ›PvD‹ genannt, hatte ihm mitgeteilt, dass es in Geislingen einen neuerlichen Mordanschlag gegeben habe. Als er hörte, wem dieser gegolten hatte, war Häberle sofort hellwach. Er rief den Namen seiner Frau Susanne zu, die vom Ehebett aus gelauscht hatte.

»Die Dekanin?«, fragte sie ungläubig nach.

Häberle hatte sich unterdessen bereits in seine Jeans gezwängt. »Machst du mir ein Frühstück, wenn ich zurück bin?«, kleidete er seine Bitte in eine Frage, drückte Susanne einen Kuss auf die Stirn und verschwand. Solche plötzlichen Einsätze war sie gewohnt. Glücklicherweise kam dies seltener vor, seit August wieder in die Provinz zurückgekehrt war. Jetzt aber schien es ihn knüppeldick zu erwischen. Mit Sorge dachte sie daran, dass er in den vergangenen Tagen wenig geschlafen hatte – und ihm am Vormittag die lange Fahrt nach Bischofswerda bevorstand. Sie rief ihm noch etwas hinterher, was er aber schon nicht mehr hören konnte.

Unter Missachtung aller Geschwindigkeitsbegrenzungen, was zu dieser Zeit keine allzu große Gefährdung für andere Verkehrsteilnehmer darstellte, erreichte er bei ausgeschalteten Ampeln bereits nach einer Viertelstunde die Geislinger Innenstadt, wo ihn zuckende Blaulichter empfingen. Er war durch die Fußgängerzone bis zum ›Sonnecenter‹ vorgefahren. Mehrere Streifenwagen blockierten die Hansengasse und die Rosenstraße, von der aus mittlerweile einige aufgeschreckte Bewohner der umliegenden Gebäude die Szenerie verfolgten. Sie diskutierten eifrig darüber, dass es bereits die zweite Nacht in Folge sei, in der es einen Großeinsatz der Polizei gebe. Das Gerücht machte die Runde, die Dekanin sei ermordet worden.

Häberle schüttelte einigen Beamten die Hände und ließ sich von einem uniformierten Hauptkommissar zur Eingangstür des Dekanats bringen. »Sie ist oben«, informierte der Kollege und deutete die Treppe hoch. Da sich Häberle auskannte, stieg er hinauf und traf dort zwei Geislinger Kriminalisten, die inzwischen im Büro damit begonnen hatten, Spuren zu sichern. »Er hat ein Feuer legen wollen«, erklärte Fludium knapp, nachdem Häberle auch ihnen die Hände geschüttelt hatte. »Zum Glück hat das Feuerzeug nicht gezündet«, stellte der andere fest und deutete auf die zerknüllten Blätter auf dem Schreibtisch. »Sonst wär hier alles abgefackelt.«

»Das ist der Stuhl«, sagte Fludium und zeigte in die entsprechende Richtung. »Sie hat ihm damit gewaltig eine übergebraten – und dann ist er durchs Fenster raus.«

Erst jetzt sah Häberle, dass das Fenster offen stand.

»Und hier«, fuhr der Kriminalist fort, »das ist das Messer. Klingenlänge 12 Zentimeter, feststehend.« Er hatte es bereits in eine Folie gesteckt. »Hat er bei dem Schlag mit dem Stuhl verloren. Ebenso das Feuerzeug und eine Halogentaschenlampe.« Auch diese beiden Gegenstände waren fein säuberlich in Klarsichthüllen verpackt.

Häberle nickte zufrieden. »Und draußen?«

»Wir gehen davon aus, dass es Schuhabdrücke im Gras gibt. Da muss die Spurensicherung ran.«

»Wo ist Frau Grüner?«

»Nebenan. In ihrer Wohnung.«

Häberle folgte dem Flur zu einer angelehnten Tür, hinter der er Stimmen hörte. Er klopfte zaghaft und trat ein. Sein Blick fiel auf die kreidebleiche Theologin, die in einer Essecke einem Kripobeamten gegenübersaß. Sie hatte sich noch vor dem Eintreffen der ersten Polizeistreife mit einem schwarzen Hosenanzug gekleidet. Nur die unfrisierten Haare ließen vermuten, dass sie aus dem Schlaf gerissen worden war. Häberle schüttelte ihr die Hand, sagte ein paar beruhigende Worte, begrüßte dann auch seinen Kollegen und zog sich einen Stuhl her. Seiner Bitte um einen kurzen Bericht kam der Polizist sofort nach, erklärte, wie der Täter hereingekommen war und was sich dann zugetragen hatte: »Frau Grüner hat ihn in die Flucht geschlagen. Sie ist an einem Geräusch aufgewacht und wollte nach dem Rechten sehen. Vom Flur aus hat sie gesehen, dass die Bürotür offen stand und jemand mit einer Taschenlampe hantierte.« Die Dekanin nickte und holte tief Luft.

»Sie hat sich ohne Licht anzumachen angeschlichen. Und gerade, als der Mann das Papier anzünden wollte, was sie in der Dunkelheit erkannt hat, hat sie ihn angeschrien«, fuhr der Beamte fort und orientierte sich dabei an seinen Notizen. »Er hat das Messer gezogen, das wir sicherstellen konnten, doch bevor es zu einer direkten Konfrontation kommen konnte, hat Frau Grüner einen Stuhl geschnappt und ihn mit aller Kraft seitlich gegen den Mann geschleudert. Der war so perplex und geschockt, dass er sein Messer verlor. Trotzdem aber hat er schnell reagiert, sich ebenfalls einen Stuhl geschnappt und ihn gegen Frau Grüner gestoßen.«

Häberle konnte sich sehr gut vorstellen, dass diese Frau durchaus kräftig hätte zupacken können.

»Dann hat er das Fenster aufgerissen und ist raus.« Der Kriminalist erhob sich und zeigte in den jetzt mit Scheinwerfer beleuchteten Garten hinab. »Dürften so um die dreieinhalb bis vier Meter sein. Vermutlich ist er nicht einfach rausgesprungen, sondern hat sich am Sims gehalten und dann mit gestrecktem Körper runterfallen lassen. Das müssten wir an den Spuren erkennen.«

Häberle war zufrieden und wandte sich an die Dekanin: »Das war nicht ungefährlich«, stellte er fest. »Nicht auszudenken, wenn das Feuer ausgebrochen wäre.«

Sie nickte stumm.

»Haben Sie den Mann erkannt?«

»Nein, leider nicht. Es war dunkel, er hat sich eine Kapuze über den Kopf gezogen – und ich hab in der Aufregung auch das Licht nicht angeknipst«, sagte sie. »Außerdem war ich viel zu aufgeregt, um mich auf Details zu konzentrieren. Es ist ja alles so schnell gegangen. Fragen Sie mich auch nicht, weshalb ich nach dem Stuhl gegriffen hab. Es war ein Reflex. Ich wusste nur, dass ich etwas tun musste.«

Wieder nickte Häberle. »Und das Alter des Mannes? Hat er etwas gesprochen?«

»Gesprochen hat er nichts. Und das Alter? Na ja, mittel würd ich sagen. Mittel bis jünger.«

»Statur?«

»Groß, würd ich sagen. Mittelmäßig. Jedenfalls nicht korpulent.« Die Kirchenfrau antwortete sachlich und kühl, als läge das Geschehen schon Tage zurück.

»Hat er Sie denn an jemanden erinnert? Von der Art, wie er sich bewegt hat – oder wie er durchs Fenster geklettert ist.«

»Er war flink, ja, das kann man so sagen. Flink und sportlich.«

»Sie haben mir gestern Abend erzählt, dass Sie in Kirchenkreisen recherchiert hätten. Halten Sie es für möglich, dass jemand Ihre Aufzeichnungen, Briefe, Dokumente oder Akten beseitigen wollte?«

»Was soll ich dazu sagen? Ich sagte Ihnen ja bereits, dass wir viel rumtelefoniert haben. Wenn da jemand glaubt, wir hätten uns hier Akten angelegt, mag das für den einen oder anderen unangenehm sein.«

»Und Akten über Kirchengemeinderäte?«

»Ein paar Personaldaten, natürlich. Aber doch sicher nichts, was einen Einbruch mit Brandstiftung rechtfertigen könnte.«

Häberles Kollege hielt sich zurück. Er verfolgte das Gespräch interessiert, während draußen auf dem Flur heftig über die aufgefundenen Gegenstände diskutiert wurde.

»Es gibt also auch eine Akte von Torsten Korfus?«, hakte Häberle nach.

»Was heißt Akte?«, entgegnete die Dekanin. »Ein bisschen Lebenslauf ...«

»Haben Sie das gerade zur Hand?«

Sie überlegte einen Moment, erhob sich und zog aus der gegenüberliegenden Regalwand einen Ordner heraus. Sie brachte ihn zum Schreibtisch zurück und fand nach kurzem Blättern die entsprechenden Papiere. »Hier. Die wichtigsten Daten. Da steht nichts drin, was ihn verdächtig machen könnte. Ich hab das die letzten Tage bereits studiert.«

Häberle zog den Ordner zu sich her und blätterte weiter. »Geht denn etwas daraus hervor, was auf Stumpers gestrige Behauptung schließen ließe?«

»Sie meinen die Sache mit dem Henker?« Sie ließ durch die Betonung erkennen, dass sie dieses Wort nur ungern aussprach.

»Zum Beispiel.«

»Wenn Sie manche Formulierung unter diesem Gesichtspunkt auf sich wirken lassen, hört sie sich natürlich anders an«, meinte die Theologin und blätterte nun ihrerseits weiter. »Hier. Da steht, dass er eine verantwortungsvolle Aufgabe innegehabt habe, die – ich zitiere – höchste Konzentration und Souveränität erfordert habe. Was immer sich dahinter verbergen mag.«

Sie ließ den aufgeklappten Ordner liegen und setzte sich wieder auf ihren Stuhl.

»Es ist ja auch nicht auszuschließen, dass jemand hier von meinen Nachforschungen erfahren hat«, überlegte sie. »Man hat vielleicht beiläufig eine Bemerkung gemacht – und irgendjemand hat seine Rückschlüsse gezogen.«

Häberle stutzte. Wie recht die Frau doch hatte.

Der Chefermittler war hundemüde. Es war kurz nach fünf, als er im Morgengrauen wieder heimwärts fuhr. Auf der B 10 machte sich bereits der Berufsverkehr bemerkbar. Häberle malte sich aus, welch gewaltige Anstrengung es sein würde, in Richtung Osten weiterzufahren. Er brauchte dringend einen starken Kaffee. Das Schlimmste für ihn war bei langen Fahrstrecken auf der Autobahn der Kampf mit dem Einschlafen. Obwohl er wusste, wie lebensgefährlich es sein konnte, auch nur für den Bruchteil einer Sekunde die Augen zu schließen, wollte er seinen Plan nicht verwerfen. Er hatte sich telefonisch angekündigt – und wenn die Spuren im Osten zusammenliefen, wonach es aussah, dann duldete dies keinen Aufschub. Jetzt war die Zeit reif, davon war er felsenfest überzeugt. Susanne versuchte ihm zwar noch die Bahn schmackhaft zu machen, doch hätte er in diesem Fall schon einen der ersten Züge nehmen müssen. Er ließ sich nicht umstimmen. Auch Susanne wusste dies. Wenn sich August etwas in den Kopf gesetzt hatte, führte er es auch aus.

Es war 6.30 Uhr, als er frisch geduscht das Haus verließ, den kleinen Koffer auf den Rücksitz des Audis warf und seiner Frau zum Abschied noch ein Lächeln schenkte. Spätestens am Sonntag wollte er wieder zurück sein.

Der Morgen war kühl, die Albkante noch in sanften

Nebel gehüllt. Über Süßen und Böhmenkirch steuerte er Aalen an, um das herum eine neue, aber schmale Umgehungsstraße führte, vorbei an Wasseralfingen und zur Anschlussstelle Westhausen der Autobahn A 7. Als er in Richtung Würzburg einfuhr, schien die Morgensonne durch das rechte Seitenfenster. Häberle trat das Gaspedal durch, ging auf die linke Spur und jagte den Audi mit 160 km/h nordwärts. Solange er sich noch fit fühlte, wollte er Land gewinnen. Erst wenn ihn der Schlaf zu übermannen drohte, wollte er sich rechts in die Kolonne der Lastwagen einreihen.

Bereits nach einer halben Stunde Autobahnfahrt, kurz hinter dem Autobahnkreuz Feuchtwangen/Crailsheim, wo er zur A 6 Richtung Nürnberg abgebogen war, bemerkte er, wie sich seine Gedanken verselbstständigten und um die Ereignisse der vergangenen Nacht zu drehen begannen. Die Konzentration ließ nach und er spürte, dass ihn der ständige Wechsel von der Überhol- zur mittleren Spur enorm anstrengte. Schließlich beschloss er, sich dem Tempo auf der Mitte anzupassen. Wer, so hämmerte es in seinem Gehirn, wer konnte Interesse haben, im Dekanat Akten zu beseitigen? Oder gar die Dekanin umzubringen? War es Korfus, der all seine Felle davonschwimmen sah? Oder war es einer dieser Hintermänner im Osten? War einer davon nach Geislingen gefahren, um belastendes Material verschwinden zu lassen? War dieser Täter jetzt schon wieder auf dem Rückweg und auf dieser Autobahn unterwegs? Häberle wunderte sich selbst, dass ihm so ein Gedanke gekommen war. Als auf Bayern 1 die 8-Uhr-Nachrichten kamen und die Sonne vor ihm bereits hochgestiegen war, drückte Häberle am Handy die Nummer der Sonderkommission und verlangte Linkohr. Der brachte zunächst seine ganze Hochachtung vor Häberles Diensteifer zum Ausdruck, zeigte sich dann aber leicht verschnupft, dass man ihn in der Nacht nicht aus dem Bett geklingelt hatte. Häberle ging nicht darauf ein, sondern kam zur Sache: »Eine Bitte: Sobald die Handyverbindungen vorliegen, sagen Sie mir Bescheid. Auch, wenn die Spurensicherung beim Dekanat etwas Neues ergibt. Messer, Feuerzeug, Taschenlampe und so weiter.«

Linkohr bestätigte knapp. Seine Kollegen hatten ihn bereits über die Geschehnisse informiert.

»Dann hätte ich noch was gerne gewusst – finden Sie über Frau Czarnitz raus, ob ihr Mann ein aktuelles Immobilienprojekt im Raum Dresden oder Bischofswerda laufen hatte.«

Linkohr versprach, sich wieder zu melden.

Häberle beendete das Gespräch und blieb in der Lkw-Kolonne, die gleichmäßig mit 90 dahinrollte. Schnell genug, wenn den Fahrer andere Probleme plagten. Bereits heut früh im Gespräch mit der Dekanin waren ihm Zweifel gekommen, ob er nicht gestern Abend einen entscheidenden Fehler gemacht hatte.

41

Der Einbruch ins Dekanat sprach sich im Laufe des Vormittags wie ein Lauffeuer herum. Faller war von der Theologin beauftragt worden, alle Kirchengemeinderäte zu informieren – einschließlich Korfus. Dieser meldete sich jedoch weder in seiner Werkstatt noch in der Wohnung. Dort nahm nur Liliane ab, die noch in der Nacht erfahren hatte, was in ihrer unmittelbaren Nachbarschaft, jenseits des Bahndamms, geschehen war. »Torsten ist gestern Abend heimgefahren«, erklärte sie kühl und meinte damit Bischofswerda. »Er will dort ein paar Dinge klären und am Montagmorgen wieder hier sein. Hat er jedenfalls gesagt.«

»Kann man ihn per Handy erreichen?«, erkundigte sich Faller misstrauisch.

»Er hat es nicht dabei. Es liegt hier in der Schublade.«

»Dann ist er also nicht erreichbar?«

»Bei seinen Verwandten vielleicht.«

Faller unterließ es, nach der Telefonnummer zu fragen. Stattdessen erkundigte er sich vorsichtig: »Er kommt aber schon wieder? Ich mein, er hat nicht vor, zu verschwinden?«

Liliane atmete laut. »Wenn Sie mich so fragen ... woher soll ich das wissen?«

Faller entschuldigte sich für die Störung und legte auf.

Sein nächster Anruf galt Ursula Schanzel, die in den Frühnachrichten eines Lokalsenders von dem Einbruch erfahren hatte. »Ist das nicht entsetzlich?«, ließ sie Faller gleich gar nicht ausreden. »Jetzt geht das schon eine Woche. Eine geschlagene Woche. Und die Kriminalpolizei kommt keinen Schritt weiter. Ich frag mich, wer hier sonst noch alles sterben muss, bis die den alten Stasibonzen endlich das Handwerk legen. Da steckt doch nur der Korfus dahinter – oder jemand aus Simbachs Clique. Seilschaft, sagt man da wohl.«

»Danach sieht es aus«, bekräftigte Faller und versuchte, ihren Redefluss zu stoppen. »Wichtig wäre es, wenn alle, die etwas wissen, dies endlich der Polizei sagen würden.«

»Wissen und Gerüchte sind zweierlei Paar Stiefel, Herr Faller«, kam es zurück. Ursula Schanzel schien die Andeutung verstanden zu haben. Faller hatte nämlich inzwischen durch Stumper von den Behauptungen ihrer Tochter Kerstin erfahren.

»Aber wenn es stimmt, was Silke gegenüber Ihrer Tochter gesagt hat, dann scheint einiges im Untergrund zu gären.«

»Fangen wir lieber nicht damit an«, kam es zurück. »Man muss nur genügend bohren, dann findet sich bei jedem von uns etwas. Wie heißt es so schön? Wer frei sei von Schuld, der werfe den ersten Stein – oder so ähnlich.«

Faller ging nicht darauf ein. Denn wenn er genau nachdachte, was in der vergangenen Woche geschehen war, dann war er heilfroh, dass er noch lebte. Außerdem gab es genügend Ungereimtheiten. Noch immer wollte ihm nicht in den Kopf, dass Dr. Lutz bei Simbach die wahre Todesursache nicht erkannt hatte. Oder weshalb Stumper vorletzten Donnerstag während seines Orgelspiels angeblich nicht bemerkt hatte, wer zum Turm hinaufgestiegen war. Vermutlich, so dachte er, liefen im Hintergrund Ermittlungen, von denen er nichts ahnte.

Mike Linkohr konnte sich seinen Ausspruch wieder mal nicht verkneifen. Die Liste der Telefonverbindungen lag vor.

Sie war per Mail übersandt worden und er hatte sie ausgedruckt und sich anschließend eine halbe Stunde lang in sie vertieft. Jetzt, da er einige wichtige Erkenntnisse gewonnen hatte, stürmte er in den Lehrsaal, um die anwesenden Kollegen der Sonderkommission zu informieren. Er breitete seine Blätter auf einem der Schreibtische aus. »So unglaublich es klingt«, begann er, während sich die anderen Kriminalisten wie immer im Halbkreis versammelten oder gegen Wände, Fenstersimse und Schreibtische lehnten, »aber es sieht so aus, als sei Konrad Faller am Dienstagabend von Dresden aus über die Schildwacht dirigiert worden.«

Die Kriminalisten vermochten diese Aussage nicht nachzuvollziehen und warteten schweigend auf weitere Erklärungen.

»Während er über die Hochfläche gefahren ist, um Alexander Simbachs Handy loszuwerden, wurde er aus einer Telefonzelle in Dresden angerufen«, erläuterte Linkohr und fuhr mit dem Kugelschreiber an einer Reihe von Nummern entlang. »Die Verbindung wurde 14 Minuten lang gehalten. Das ist genau die Zeit, die er gebraucht hat, um vom Geiselsteinhaus rüber zum Gewerbegebiet zu fahren.«

Ein junger Kollege wagte den Einwand: »Und wie konnte der Anrufer aus Dresden wissen, ob Faller tatsächlich tut, was er ihm anweist?«

»Gute Frage«, gab Linkohr zurück. »Es muss also in der Nähe von Faller eine Person gegeben haben, die parallel dazu mit dem Anrufer in Verbindung stand. Was natürlich heutzutage überhaupt kein Problem darstellt.«

»Eine Konferenzschaltung zwischen der Schwäbischen Alb und Dresden«, frotzelte ein anderer aus der Runde.

»Genau danach sieht es aus«, bestätigte Linkohr und legte jetzt ein anderes Blatt obenauf. »Wir haben vorsorglich bei allen Mobilfunkanbietern feststellen lassen, wer in der Nacht zum Mittwoch dort oben telefoniert hat. Und siehe da …« Wieder legte er eine seiner theatralischen Pausen ein: »Es gab tatsächlich einige Herrschaften, die zu dieser späten Stunde dort gequasselt haben.« Das war nicht überraschend. Die Erfahrung zeigte, dass selbst an den verlassensten Funkzellen zu allen möglichen Uhrzeiten Handys eingeloggt waren. Offenbar gab es keinen Ort mehr, an dem nicht rund um die Uhr telefoniert wurde. »Beim flüchtigen Durchsehen der Nummern ist mir vorhin bereits etwas aufgefallen. Es gibt unter all den Handyverbindungen, die zur selben Zeit bestanden, außer dem Gespräch mit Faller nur noch eine einzige weitere mit Dresden. Ob die dortige Funkzelle mit dem Standort der Telefonzelle identisch ist, müssen wir noch abklären. Es mag ja viele Zufälle geben …« Linkohr sah in die staunenden Gesichter seiner Kollegen, »… aber dass von dieser gottverlassenen Hochfläche dort zur selben Zeit zwei Gespräche mit Dresden geführt wurden, die nichts miteinander zu tun haben, das muss mir erst mal einer erklären.«

»Und wer hat nun wen angerufen?«, fragte ein Kollege ungeduldig dazwischen.

»Das ist jetzt unsere Aufgabe«, gab Linkohr zurück. »Ich bin überzeugt, wenn wir die beiden Gesprächspartner haben, sind wir einen großen Schritt weiter. Eigentlich doch logisch: Der Anrufer, der den Faller von der Telefonzelle aus dirigiert hat, muss gleichzeitig ein Handy gehabt haben, über das er mit seinem Beobachtungsposten auf der Schildwacht verbunden war.«

»Klingt plausibel«, räumte eine Männerstimme ein. »Aber wozu der ganze Aufwand? Der Beobachtungsposten hätte doch auch direkt Faller kontaktieren können. Weshalb der Umweg über Dresden?«

»Reine Vorsichtsmaßnahme«, argumentierte Linkohr. »Wäre Faller zur Polizei gegangen, hätten wir doch unser ganzes technisches Equipment eingesetzt. Das weiß die Gegenseite auch. Also dirigiert man den Faller sozusagen ferngesteuert von einer anonymen Telefonzelle aus durch die Landschaft. Auch eine reine Vorsichtsmaßnahme. Damit konnte der Beobachtungsposten, der auf dieser Hochebene Fallers Auto problemlos im Blickfeld hatte, den gesamten Schauplatz ins Visier nehmen und hätte sofort bemerkt, wenn sich dort um diese Zeit andere Fahrzeuge bewegt hätten. Ich finde, dass dies genial eingefädelt war.«

Linkohr unterstrich mit seinem Kugelschreiber die beiden Nummern, deren Inhaber es nun herauszufinden galt. »Ich glaub, der Chef behält recht«, sagte er. »Bis zum Wochenende ist der Fall geklärt, hat er den Journalisten versprochen.«

Eine Stimme aus dem Hintergrund klang skeptisch: »Wenn er nur nicht da drüben in ein Wespennest sticht.«

Worauf ein älterer Kollege gelassen ergänzte: »Wenn schon, dann wird er auf Hornissen stoßen.«

Häberle hatte Nürnberg bereits hinter sich gelassen und näherte sich gerade der Ausfahrt Bayreuth, als der Handyton den Radiolautsprecher abschaltete. Der Kriminalist drückte die grüne Taste und meldete sich. Es war Linkohr, der ihm von den Telefonverbindungsdaten berichtete. Bereits in Kürze lägen auch die Namen der Inhaber der beiden fraglichen Handys vor. Häberle spürte, wie ihm diese Nachricht wieder Energie einflößte. Und dies zusätzlich zu jener, die er sich von einem süßen Bonbon erhoffte, das er soeben in den Mund genommen hatte. Der Lkw-Verkehr war hinter Nürnberg dichter geworden, weshalb er jetzt auf der mittleren Spur blieb, auf der es aber auch nur mit 120 km/h voranging. Doch Linkohrs Mitteilungen beflügelten ihn geradezu: »Die Kollegen der Spurensicherung haben ein paar interessante Dinge festgestellt.« Linkohr schien auf eine Antwort zu warten, weshalb der Chefermittler ein kurzes: »Ach?« von sich gab.

»Ja, im Garten lag das abgebrochene Plastikteil eines roten Kugelschreibers.« Er wusste nicht so recht, wie er es erklären sollte und fügte deshalb hinzu: »Ein kleines Stück von diesem abstehenden Teil, mit dem man den Kugelschreiber ins Hemd stecken kann.«

»Die Klammer sozusagen«, erwiderte Häberle, um zu zeigen, dass er verstanden hatte.

»Das Ding lag direkt unterm Fenster, aus dem er gesprungen ist«, fuhr Linkohr fort.

»Rot, sagen Sie?«, hakte Häberle nach und nahm das Gas weg, weil er einem Lkw zu nahe gekommen war.

»Rot, ja«, bestätigte Linkohr, »und vom Werbeaufdruck ist noch ein S drauf.«

Häberle überlegte und zeigte sich sofort an etwas anderem interessiert: »Und das Feuerzeug? Kriegt man raus, woher es stammt? Ist es auch ein Werbeartikel?«

»Die Kollegen sind noch dran. Jedenfalls hat es keinen Werbeaufdruck. Auch sonst keine Typenbezeichnung. Es scheint aber nichts Teures zu sein. Eher so ein Billigzeug, wie man es an jeder Tankstelle kaufen kann.«

»Sein Geld wars ja nicht wert«, frotzelte Häberle. »Zum Glück nicht, sonst hätten wir ein flammendes Inferno gekriegt.«

»Es gibt leider weder am Feuerzeug noch am Messer irgendwelche Fingerspuren, auch nicht an der Taschenlampe. Wir schicken es aber trotzdem zum LKA. Vielleicht gibt es verwertbare DNA.«

Der Chefermittler war zufrieden, bedankte sich und bat darum, auf dem Laufenden gehalten zu werden.

42

Silke Simbach konnte sich inzwischen über den Beginn der großen Ferien freuen, die in Baden-Württemberg diesmal relativ spät begannen. Das Frühstück mit der Mutter hatte deshalb an diesem Freitagvormittag länger als üblich gedauert. Sabrina konnte sich dies ausnahmsweise leisten, denn die drei angestellten Frauen, die in der Getränkehandlung wechselweise beschäftigt waren, bewältigten vormittags den Kundenverkehr alleine. Außerdem war Sergije da, der die Lagerhaltung im Griff hatte, wenngleich vermutlich nicht mehr so engagiert wie bisher. Wie lange sie noch auf ihn bauen konnten, schien eher fraglich zu sein. Nachdem ihm Sabrina klargemacht hatte, dass er das Geschäft nicht einfach so übernehmen könne, denn sie wolle es möglichst meistbietend verkaufen, wirkte er zerknirscht und lustlos. Zudem war er maßlos enttäuscht, dass ihn Silke hatte abblitzen lassen und damit begann, ihn regelrecht zu schikanieren.

Sabrina Simbach war von den Ereignissen der vergangenen Tage gezeichnet. Außerdem fühlte sie sich ausgebrannt und leer. Immerhin war jetzt endlich die Beerdigung anberaumt, die nun am kommenden Montag stattfinden sollte. Zwar hatte sie mit Silke schon viele Male darüber gesprochen, wie es weitergehen solle. Doch zu einem richtigen Ergebnis waren sie bisher nicht gekommen. Jetzt aber war die Witwe wild entschlossen, alle bestehenden Brücken abzubrechen und woanders hinzuziehen. Egal, wie alles ausgehen würde, etwas blieb in dieser Kleinstadt an ihr haften. Sie wusste, dass ihre heimliche Beziehung Gesprächsthema an den Stammtischen war. Außerdem auch ihr kurzes Techtelmechtel mit Faller. Dass sie diese Abenteuer inzwischen bereute und sie am liebsten aus ihrem Leben gestrichen hätte, tat dabei nichts zur Sache. Womöglich galt sie sogar als die Wurzel allen Übels. Sie hatte den Ehemann betrogen, ja, wahrscheinlich wurde sogar hinter vorgehaltener Hand vermutet, sie hätte ihn umgebracht oder zumindest beseitigen lassen.

Seit Silke übers Internet und durch diverse andere Recherchen Torstens dunkle Vergangenheit entdeckt hatte, war für Sabrina eine Welt zusammengebrochen. Niemals hätte sie dies vermutet. Niemals. Er konnte so charmant und einfühlsam sein, hatte ihr das Gefühl gegeben, akzeptiert und verstanden zu werden. Überhaupt gab es in den vergangenen Monaten zwischen ihnen nichts, was unausgesprochen geblieben wäre. Zumindest hatte sie dies bis gestern geglaubt. Das Schrecklichste aber war in seinem Kopf verborgen geblieben. Diese Hände, so schauderte es ihr, diese Hände, mit der er sie gestreichelt hatte, diese Hände hatten eine Waffe entsichert und einen anderen Menschen getötet. Einen oder vielleicht sogar mehrere.

Für sie war dieses Kapitel endgültig vorbei. Auch, wenn sie es nie, niemals aus dem Gedächtnis würde löschen können. Und wer wusste schon, welches Geheimnis Alexander mit ins Grab genommen hatte? Auch er war seltsam einsilbig geworden, wenn das Gespräch auf seine Vergangenheit kam.

»Ich hab mich durchgerungen«, sagte Sabrina und trank ihre Tasse Kaffee leer. Es klang nach Aufbruch. »Zum Quartalsende mach ich den Laden dicht.«

»Du meinst, du willst verkaufen«, stellte ihre Tochter klar.

»Ja, natürlich. Genauso, wie wir dies die letzten Tage besprochen haben. Ich bin jetzt davon überzeugt. Spätestens seit gestern.«

Silke sah sie von der Seite an. »Es ist die einzige Lösung, von all dem wegzukommen«, sagte ihre Mutter. »Ich werd inserieren und du könntest mich, was das Internet betrifft, unterstützen. Ich kenn mich ja nicht so gut aus.«

Silke lächelte aufmunternd. Vermutlich würden sie ein paar 1000 Euro für das Geschäft erzielen. Immerhin konnten sie auf einen guten Kundenstamm verweisen. So etwas gab man nicht einfach an einen Nachfolger weiter, ohne sich dies bezahlen zu lassen.

Die Tochter wollte gerade etwas sagen, als das Mobilteil des Telefons klingelte, das in Reichweite auf einem Schränkchen lag. Sabrina griff danach, meldete sich und lauschte ein paar Sekunden gespannt. »Das ist ja furchtbar«, entfuhr es ihr, was Silke sofort zum Anlass nahm, zu ihr rüberzukommen und das linke Ohr dicht an den Hörer zu pressen, um mithören zu können.

»Eingebrochen, ja«, hörte sie eine Frauenstimme sagen. Vermutlich war es eine Angestellte aus dem Betrieb. »Aber ihr ist nichts passiert. Kam gerade im Radio.«

Silke überlegte, um wen es sich handeln könnte.

»Und wer es war, weiß man nicht?«, hakte ihre Mutter nach.

»Anscheinend nicht. Und noch etwas. Hat Sergije eigentlich heute frei?«

Sabrina stutzte. Und auch Silke war irritiert. »Nein, wieso?«, fragte Sabrina.

»Er ist nicht da«, erklärte die Angestellte.

Auch heute konnte Häberle jenes Gefühl nicht unterdrücken, das ihn jedes Mal beim Überqueren der einstigen deutsch-deutschen Grenze überkam. Zwar gab es entlang der Autobahn nirgendwo mehr eine Spur davon, doch musste er unweigerlich an die paar Fahrten denken, die er mit dem Wohnmobil nach Westberlin gemacht hatte. Jedes Mal war ihm beim Anblick der Grenzanlagen inmitten Europas ein Schauer über den Rücken gelaufen. Irgendwann, so hatte er damals befürchtet, würde es deshalb wieder einen großen Krieg geben. Umso mehr genoss er es, diesen einstigen Todesstreifen jetzt einfach mit 130 km/h überqueren zu können. Seit einer halben Stunde gähnte er hemmungslos, weshalb er das nächstgelegene Rasthaus bei Plauen ansteuern wollte.

Plauen oder genauer gesagt »Vogtland Süd« war ohnehin in den Akten aufgetaucht. Von dort, so rief er sich ins Gedächtnis, war am Dienstagnachmittag von einer Telefonzelle aus das Handy von Alexander Simbach angerufen worden, als es bereits bei Faller im Büro lag. Häberle wusste, dass es keinen großen Sinn machte, diese Telefonzelle zu suchen. Doch weil er erstens hundemüde war und zweitens gerne jeden Schauplatz eines Falles selbst sehen wollte, entschied er, hier eine Pause zu machen.

Er parkte und rief Anton Simbach an, um sich den Termin noch mal bestätigen zu lassen. Man konnte ja nie wissen. Simbach war, wie erwartet, nicht sonderlich begeistert. »Was soll die Frage?«, gab er unwirsch zurück. »15 Uhr. Ich erwarte Sie.«

Häberle knurrte etwas und beendete das Gespräch gleich wieder.

Dann zog er das Handy aus der Freisprechanlage, steckte es in die Brusttasche und stieg aus. Es war schwül geworden. Sein Hemd klebte am Rücken. Er verschloss den Wagen und ging zu den Toiletten.

Anschließend joggte er die 50 Meter zum Fahrzeug zurück. Er musste sich unbedingt fit halten. Die Zeit drängte. Noch weitere Anschläge oder gar Tote durfte es auf gar keinen Fall geben. Es hatte bisher wenige Fälle gegeben, die gleich so viele Folgetaten nach sich zogen. Nur an zwei ähnlich gelagerte konnte er sich entsinnen. Aber das war damals, als er in Stuttgart noch Sonderermittler des Landeskriminalamts war und sich mit organisierter Bandenkriminalität befassen musste.

Noch einmal joggte er zu den Toiletten zurück. Die frische Luft tat ihm gut und die Bewegung würde sein Gehirn wieder besser durchbluten. Sein Hungergefühl unterdrückte er. Würde er jetzt etwas essen, überkäme ihn ein unüberwindbares Schlafbedürfnis.

Linkohr rief an und wollte wissen, wo er war. »Plauen«, informierte Häberle schwer atmend und wartete gespannt, was ihm der junge Kollege zu berichten hatte. »Was ist denn mit Ihnen los?«, fragte dieser stattdessen. Er hatte Häberles Atem gehört.

»Frühsport«, gab der zurück. »Ich war beinah am Einschlafen.«

»Übertreiben Sies bloß nicht«, sagte Linkohr, um dann zur Sache zu kommen: »Wir haben es. Die beiden Herrschaften, die am Dienstagabend auf der Schildwacht miteinander telefoniert haben, sind uns bekannt. Und ich sag Ihnen ganz ehrlich: Da hauts dirs Blech weg.«

»Und?« Häberle war gespannt.

»Der eine heißt Kissling. Carsten Kissling. Und wohnt in Dresden.« Linkohr wartete einen Moment und fügte hinzu: »Den Herrn werden Sie ja heute noch kennenlernen, nehm ich an.«

Häberle sagte nichts. Er wollte jetzt wissen, mit wem Kissling telefoniert hatte.

»Den anderen haben wir auch schon kennengelernt«, sagte er, um Häberles Neugier noch zu verstärken, der inzwischen das andere Ohr zuhielt, weil ein Sattelzug dicht an ihm vorbeifuhr. Doch als Linkohr den Namen nannte, übertönte das Dröhnen des Dieselmotors seine Stimme.

Sabrina Simbachs Verhältnis zu Liliane Korfus war in all den Jahren, seit sie beide mit Männern aus dem Gebiert der ehemaligen DDR verheiratet waren, stets nur oberflächlich gewesen. Auch Alexander hatte keinen großen Wert darauf gelegt, freundschaftliche Kontakte zu pflegen. Man saß zwar bei irgendwelchen Festen beieinander, doch wirkliche Gespräche waren nie aufgekommen. Als Silke nach dem Frühstück weggegangen war, ohne zu sagen, wohin, hatte Sabrina eine halbe Stunde mit sich gerungen, ob sie Liliane anrufen sollte. Schließlich fasste sie sich ein Herz. Wider Erwarten meldete sich diese sofort unter ihrer Privatnummer. Sabrina stand am Fenster und blickte zum blauen Himmel. Sie fühlte sich wie ein kleines Mädchen, das eigentlich gar nicht so recht wusste, was es sagen sollte. »Entschuldige, wenn ich dich einfach so anrufe«, begann sie und es klang ein bisschen hilflos. »Es ist viel passiert in den letzten Tagen …«

Die andere schwieg, was sie noch mehr verunsicherte. Warum, dachte sie, warum sagte sie denn nichts?

»Deshalb …«, fuhr Sabrina fort. »Deshalb hab ich gedacht, wir könnten uns mal treffen, um drüber zu reden.«

»Drüber reden?«

Sabrina bekam plötzlich ein schlechtes Gewissen. Wieso hatte Liliane das so seltsam betont? Dann aber fasste sie sich ein Herz: »Über alles. Die ganze Stadt redet von Alexander und Torsten – ich denk, es wär an der Zeit, dass wir beide …«

»Über dich und Torsten«, griff Liliane die Bemerkung auf und bekräftigte. »Die Stadt redet über dich und Torsten.«

Jetzt war es also raus. Sabrina starrte noch immer zum Himmel, als erwarte sie von dort Hilfe, vor allem aber einige gute Formulierungen. »Da wird viel dummes Zeug geschwätzt«, versuchte sie abzuwiegeln. »Gerade deshalb sollten wir uns mal treffen und reden.«

Liliane schwieg.

»Kannst du reden?«, erkundigte sich Sabrina, weil ihr plötzlich eingefallen war, Torsten könnte in der Nähe sein.

»Torsten«, antwortete die Stimme im Hörer und wiederholte mit entsprechender Betonung: »Dein Torsten … er ist weg. Seit gestern Abend.«

Häberle hatte seit dem letzten Telefonat pausenlos an Linkohrs Mitteilung gedacht. Und an den Namen, den der junge Kriminalist noch einmal wiederholt hatte. Häberle war nicht mehr aus der Lkw-Kolonne ausgeschert, um alle Varianten des Falles gedanklich durchspielen zu können. Dass er an Zwickau, Chemnitz und Dresden vorbeikam, nahm er nur beiläufig zur Kenntnis. Und einmal hatte er sogar innerhalb eines Baustellenbereichs das Tempo 60 missachtet, weil er nur dem vorderen Lkw hinterherfuhr, der konstant seine 90 einhielt. Jetzt aber verließ Häberle bei Burkau die Autobahn. Von hier aus waren es nur noch rund 10 Kilometer bis ins südlich gelegene Bischofswerda. Bisher hatte er den Namen dieser Stadt nur aus Zeitungsberichten gekannt, wenn eine Delegation zu Gast in Geislingen weilte. Am Ortseingang entdeckte er ein großes Schild, das unter anderem auf diese Partnerschaft hinwies.

Das kleine Städtchen, das noch bis vor einigen Jahren sogar Sitz einer Landkreisverwaltung war, machte auf Häberle den Eindruck einer modernen, aufstrebenden Kommune. Aber darin unterschied sich Bischofswerda kaum von anderen Gemeinden im Osten. In den 16 Jahren seit der Wiedervereinigung war schließlich verzweifelt versucht worden, Kohls einstiges Versprechen von den blühenden Landschaften zu realisieren. Zwar hatte man seither, so Häberles Gefühl, die Landschaften umgepflügt, Umgehungsstraßen gebaut und Gewerbegebiete erschlossen. Doch so richtig blühen wollte es trotzdem nicht. Da half auch der Solidaritätszuschlag nichts, den die Bundesbürger seither treu und brav zahlten. Oder besser gesagt: zahlen mussten.

Sein privates Navigationsgerät, das er mit dem Saugnapf an der Windschutzscheibe befestigt hatte, führte ihn in das Neubaugebiet ›Am Klengelweg‹, in dem Simbachs Haus stand. »Sie haben Ihr Ziel erreicht«, meldete die Frauenstimme. Häberle war zufrieden. Es war kurz nach 15 Uhr und er war beinahe pünktlich. Er parkte neben dem Mercedes-Kombi, nahm noch eines dieser Bonbons in den Mund, die ihm stets neue Energie bescherten, und stieg aus. Es war im Laufe des Tages wieder richtig sommerlich warm geworden.

Die schwere Eichentür wurde geöffnet, noch ehe der Kriminalist klingeln konnte. Vor ihm stand ein großer und kräftiger Mann mit braungebranntem Gesicht. Er trug ein kurzärmliges Jeanshemd und eine weiße Hose.

»Ich nehm an, Sie sind der Kommissar«, kam er leicht sächselnd auf Häberle zu, der dies bestätigte und ihm die Hand schüttelte.

»Dann haben Sie aber eine lange Fahrt hinter sich«, gab sich Anton Simbach leutselig. Von seiner Verärgerung, die er am Telefon zum Ausdruck gebracht hatte, war nichts mehr zu spüren. »Kommen Sie rein.«

Häberle sah sich kurz um, staunte über den großzügig gestalteten Garten und traf im Flur auf eine große, schlanke, strohblonde Frau. Anton stellte sie im Vorbeigehen als seine Gattin vor und fragte den Kriminalisten, was er trinken wolle. Häberle bat um ein Mineralwasser, was die Frau sofort dazu bewog, in einem der Räume zu verschwinden.

Dann geleitete Anton seinen Gast in das Büro, in dem drei gepolsterte Stühle um einen Couchtisch gruppiert waren. »Nehmen Sie Platz«, sagte Anton, während seine Frau mit einer Flasche und zwei Gläsern hinterher kam. »Lass uns bitte allein«, wandte sich Simbach an sie. Häberle schien es, als sei sie weniger die Ehefrau als vielmehr die Bedienung. Frau Simbach verließ das Büro und schloss die Tür.

»Sie machen ziemlich viel Aufwand«, begann Simbach und goss die beiden Gläser voll. »Hätte es nicht auch gereicht, mich von Ihren Kollegen aus Bautzen vernehmen zu lassen?«

»Theoretisch schon, aber ich verschaff mir meist selbst ein Bild von der Lage. Das hat sich in vielen Fällen schon als hilfreich erwiesen.«

»Dann gehen Sie davon aus, dass die Lage, wie Sie es formulieren, hier bei uns womöglich ihren Ausgangspunkt genommen hat?«

»Nun«, erklärte der Chefermittler und nahm gleich einen kräftigen Schluck Wasser, »das vermag ich noch nicht zu sagen. Aber zumindest könnten Sie mir ein bisschen etwas über Ihren verstorbenen Bruder erzählen …«

»Den umgebrachten Bruder, Herr Kommissar. Es war doch Mord? Oder seh ich das falsch?«

»Ihr Herr Bruder ist bedauerlicherweise eines unnatürlichen Todes gestorben«, formulierte es Häberle vorsichtig. »Und wie Sie wissen, nicht nur er, sondern auch ein Herr Czarnitz, den Sie vermutlich auch kennen.«

»Ja, natürlich. Wir alle, die wir ihn kennen, sind bestürzt. Er war ein erfolgreicher Immobilienhändler.«

»Auch hier in Bischofswerda?«

»Ja, er hat ein paar alte Sachen wieder aktivieren können.«

»Und aktuelle?«

»So eine alte Fabrikhalle hat er vor einigen Wochen wohl übernommen. Ich hab aber keine Ahnung, was er damit wollte.«

»Herr Czarnitz war hier beliebt?«, hakte Häberle nach.

»Beliebt ist ein dehnbarer Begriff. Es gibt hier immer noch genügend Menschen, die der Meinung sind, alles, was wir früher gemacht haben, sei Scheiße gewesen.«

»Und Herr Czarnitz hat so etwas früher gemacht?« Häberle wusste, dass er vorsichtig sein musste, um sein Gegenüber bei Laune zu halten.

»Er hat zu DDR-Zeiten einen Orden gekriegt«, entgegnete Simbach. »Er hat dem Staat gedient, wie Sie dies auch tun. Es war unser Staat, verstehen Sie? Nein, das können Sie als Wessi nicht verstehen. Rolf, also Herr Czarnitz, hat sich rechtmäßig verhalten, weil er verhindert hat, dass immer noch mehr Bürger dem imperialistischen Klassenfeind in die Hände gelaufen sind.«

Häberle wagte jetzt eine klare Feststellung: »Er hat Fluchthelfer verraten.«

Simbachs Miene verfinsterte sich. »Das sind die typischen Formulierungen aus dem Westen.«

»Sie haben sich nie an die geänderten Verhältnisse gewöhnen können.«

Simbach ballte die Hände zu Fäusten. »Jedes System hat seine Schwächen. Aber es war einfach nicht in Ordnung, alles aufzugeben. Wir werden noch zwei Generationen lang die belächelten Ossis sein.«

Häberle wollte sich auf keine Diskussion einlassen. Wollte nicht sagen, dass es schließlich 15 Jahre nach der Wiedervereinigung eine Frau aus Ossiland in den Chefsessel des Bundeskanzleramts geschafft hatte. Dass sehr viele Ministerposten von Ossis besetzt waren.

»Als sich Ihr Bruder Alexander und sein Ex-Schulfreund Torsten Korfus in der Partnerstadt Geislingen wieder trafen, war die Wiedersehensfreude nicht sehr groß«, dozierte Häberle und trank das Glas leer.

Simbach zuckte zusammen. »Mir ist völlig schleierhaft, warum Sie Korfus noch nicht festgenommen haben. Es liegt doch auf der Hand, dass er meinen Bruder aus der Welt schaffen wollte – mit einem perfiden Trick. Torsten hat an der Glockentechnik manipuliert – und brauchte nur darauf zu warten, dass Alexander zum richtigen Zeitpunkt dort oben am Gestänge steht.«

»Wenn das so einfach wär, Herr Simbach. Erstens war nicht Ihr Bruder für die Glocken zuständig, sondern Herr Korfus, und zum anderen hätte der nie damit rechnen können, dass Ihr Bruder ausgerechnet dann im Glockenstuhl sein würde, wenn das Läutewerk eingeschaltet wurde.«

»Kriminalfälle lassen immer Raum für Spekulationen«, meinte Simbach kühl, »das brauch ich Ihnen doch nicht zu sagen.«

»Ihr Herr Bruder«, fuhr Häberle fort, ohne seinen Gesprächspartner aus den Augen zu verlieren, »der hat in den Tagen vor seinem Tod noch Kabel gekauft. Ausgerechnet dasselbe, das bei den Manipulationen an der Elektrik verwendet wurde, wie wir festgestellt haben. NYM heißt es. Ich geb allerdings zu, dass es ein ziemlich geläufiges ist. Dreiadrig, übliche Haushaltsstärke.«

»Und was wollen Sie damit andeuten?«

»Dass vielleicht alles ganz anders war, als wir meinen.«

Simbach kniff die Augen zu schmalen Schlitzen zusammen. »Dass sich mein Bruder selbst eine Art elektrischen Stuhl gebastelt hat. Stimmts? Das wollen Sie doch sagen? Einen elektrischen Glockenstuhl sozusagen. Herr Kommissar, ich bitt Sie. Das sind absolut absurde Spekulationen.«

»Vielleicht können wir dies im Gespräch mit den Herren Kissling und Oehme erörtern«, lenkte der Chefermittler ein. Dass er sie alle treffen wollte, hatte er am Telefon angekündigt.

»21 Uhr«, antwortete Simbach knapp. »Um 21 Uhr sind sie hier. Früher hats nicht geklappt. Oehme kommt immerhin aus Berlin runter.«

Häberle nickte. »Und wo?«

»Nicht hier«, sagte Simbach und trank nun auch. »Meine Frau und meine Kinder brauchen das nicht zu wissen.« Er lächelte gekünstelt. »Wie Sie richtigerweise bemerkt haben, sind wir … also …« – Simbach suchte nach einer Formulierung – »ja, wir Ehemaligen sozusagen nicht überall gern gesehen. Es wäre auch ungeschickt und undiplomatisch, wenn wir uns in einem Restaurant treffen würden.« Simbach schien auf Häberles Verständnis zu hoffen. »Ich bin schließlich Geschäftsmann, wie Sie sicher wissen. Security-Service. Sicherheitsdienst. Deshalb haben wir uns so etwas wie einen kleinen Vereinsraum eingerichtet – obwohl wir natürlich kein Verein sind.«

»Wir?«, staunte Häberle.

»Wir hier in Bischofswerda und Umgebung. Ich sagte Ihnen doch, wir sind eine Minderheit. Eine kleine Minderheit, die von der übrigen Bevölkerung nicht akzeptiert würde, wenn publik würde, dass wir unsere Ideale, für die wir mal gekämpft haben, nicht einfach vergessen wollen.«

»Eine Art Reservistenkameradschaft?« Häberle musste sich eingestehen, dass ihm kein besserer Vergleich einfiel.

»Alte Kameraden eben«, erwiderte Simbach sichtlich erleichtert. »Wir tun niemandem etwas. Aber manchmal braucht man den Kreis ehemaliger Kameraden eben, um … ja, um die Zeit von damals zu verarbeiten. Wir waren schließlich noch jung und hatten bis dahin nichts anderes gesehen.«

Häberle überlegte, wie ehrlich das Gesagte gemeint war. Sollte unter dem Deckmantel der eigenen Vergangenheitsbewältigung doch etwas anderes versteckt werden?

»Und wo ist dieses Vereinsheim?«, wollte er wissen.

»Draußen in der Belmsdorfer Straße. Ein altes Fabrikgebäude, die ehemalige Glashütte. Hat uns Rolf zur Verfügung gestellt.«

»Wie komm ich da hin?«

Simbach schilderte die Fahrtstrecke und fügte an: »Nur knapp einen Kilometer vom Zentrum weg – unter der Eisenbahnbrücke durch. Haben Sie schon eine Unterkunft?«

Der Kriminalist nickte. »Meine Kollegen haben mir übers Rathaus was besorgt. Im ›Engel‹, danke.«

Häberle wollte das Gespräch nicht fortsetzen. Er war müde – und er wollte noch eine Stunde schlafen. Außerdem musste er einige Telefonate führen.

Simbach schien von der Kürze des Gesprächs überrascht zu sein. »Soll ich für heut Abend noch etwas vorbereiten?«, fragte er verunsichert, obwohl er insgeheim froh war, nicht länger allein Rede und Antwort stehen zu müssen.

»Danke, nein. Alles andere wird sich ergeben«, entgegnete Häberle und lächelte vielsagend. »Nur eine einzige Frage noch.« Wie immer hob er sich bis zuletzt jenes Thema auf, das seinen Gesprächspartner stets nachdenklich stimmte. Im jetzigen Fall war es die Frage nach Sergije.

»Sergije, ja …«, erwiderte Simbach verlegen und stand ebenfalls auf. »Ein armer Junge. Hochintelligent, aber hier chancenlos, einen Job zu finden. Ich hab ihn an Alexander vermittelt.«

»Aber wo er jetzt ist, wissen Sie nicht?«

»Ich? Woher soll ich denn das wissen? Sie kommen doch gerade aus Geislingen.«

Häberle wollte nichts weiter dazu sagen. Die wichtigsten Themen wollte er erst ansprechen, wenn auch die anderen dabei waren.

Linkohr hatte inzwischen von seinem Chef erfahren, dass er bereits mit Anton Simbach zusammengetroffen war. Alles deutete auf eine Zuspitzung der Lage hin. In Geislingen, wo sich in der Sonderkommission vorübergehend der altgediente Kriminalist Herbert Fludium zum Sprecher gemacht hatte, waren sich die Kollegen einig, den freitäglichen Feierabend zu verschieben. Dass es wieder kein freies Wochenende geben würde, war ihnen allen klar. Denn jetzt schienen sie dicht an der Aufklärung des Falles zu sein. »Hat er denn die Kollegen dort verständigt?«, fragte Fludium in Richtung Linkohr, der im Kreise anderer Kriminalisten stand und diskutierte.

»Er ist mit ihnen in Kontakt.«

Fludium stand auf. »Haben wir irgendwelche Erkenntnisse, wo dieser Deutschrusse ist, dieser ...«

»Sergije«, ergänzte Linkohr und gab sogleich die Antwort: »Nein. Frau Simbach hat keine Ahnung.

»Und ihr reizendes Töchterlein?«

»Offenbar auch nicht«, antwortete ein anderer Kollege.

Fludium, der bekannt dafür war, die Protokolle genau zu studieren, verschränkte die Arme und wandte sich direkt an Linkohr: »Mike, du warst gestern bei dieser Kirchengemeinderätin, die dich rausgeschmissen hat. Schanzel, heißt sie. Singt übrigens im Kirchenchor, hab ich mir sagen lassen.« Er lächelte. »Deren Tochter hat doch einiges ausgeplaudert, wie wir vom Organisten wissen. Außerdem hatte Frau Schanzel Kontakt zu Frau Simbach, hat dies aber gegenüber dir doch zunächst abgestritten.«

Die Diskussionen waren verstummt. Fludium verstand es bestens, Häberles Gedankengänge weiterzuspinnen, wenn dieser nicht da war. Ohnehin hatte er vieles von ihm gelernt, vor allem, was Kombinationsgabe und Teamgeist anbelangte.

Linkohr bestätigte: »Sie mag mich wahrscheinlich nicht.«

Fludium grinste. »Dann gehn wird zusammen noch mal hin. Vielleicht mag sie eher die älteren Semester.«

Der junge Kriminalist willigte ein und begann sofort, die Telefonnummer herauszusuchen. »Am besten, du redest mit ihr«, meinte er, als er gewählt hatte, und reichte den Hörer an Fludium weiter. Der lauschte auf das Freizeichen, das sich nach geraumer Zeit veränderte, weil der Anruf offenbar automatisch irgendwohin weitergeschaltet wurde – vermutlich auf ein Handy, wie der Kriminalist vermutete. Um ihn herum wurden die Gespräche weitergeführt. Erst als er sich meldete und damit klar war, dass er Frau Schanzel erreicht hatte, verstummten die Diskussionen wieder. Fludium erklärte, worum es ging und musste offenbar mit Engelszungen darlegen, weshalb er und sein Kollege Linkohr noch einmal mit ihr reden wollten. »Sie könnten uns eine große Hilfe sein«, sagte er mit ruhiger Stimme, in die er allen Charme hineinlegte. Er lauschte ein paar Sekunden, lächelte seinen Kollegen triumphierend zu und erklärte dann: »Auch Frau Simbach und Frau Korfus wäre damit vielleicht geholfen.« Wieder hörte er aufmerksam zu und nickte. »Und darf ich fragen wo?«

Linkohr schloss daraus, dass sie einem neuerlichen Treffen zugestimmt hatte.

»Okay, wir kommen gleich«, beendete Fludium das Gespräch und legte auf. »So macht man das«, lobte er sich selbst. »Man muss mit den Frauen nur reden können. Und was glaubt ihr, wo sie gerade ist?«

Die Kollegen zuckten mit den Schultern. »Bei der Simbach im Büro. Und was glaubt ihr, wer noch dort ist?«

Die Kriminalisten hatten keine Lust auf derlei Fragespielchen, weshalb keiner etwas sagte. Fludium grinste in die Runde. »Die Korfus.«

Linkohr konnte sich nun nicht mehr zurückhalten. »Da hauts dirs Blech weg.«

Die Innenstadt von Bischofswerda machte auf Häberle einen äußerst gepflegten Eindruck. Vieles von der alten Bausubstanz war erhalten und nach der Wende offenbar mit sehr viel Liebe zum Detail restauriert worden. Das Hotel ›Engel‹ lag direkt am großen quadratischen Altmarkt, der mit seiner Einheit und Geschlossenheit eine geradezu heimelige Kleinstadtatmosphäre ausstrahlte. Dominiert wurde er vom Rathaus, dessen Bedeutung durch die breiten Treppenaufgänge und ein Türmchen unterstrichen wurde.

Häberle hatte den Audi in einer Seitenstraße abgestellt, die Formalitäten an der Rezeption erledigt und sich dann in sein Zimmer zurückgezogen. Dort entledigte er sich der verschwitzten Kleidung, holte aus dem Koffer eine kurze Turnhose, legte sich aufs Bett und atmete erst mal durch. Es war kurz vor 17 Uhr. Wenn er jetzt einschlief, würde er vermutlich erst morgen früh wieder erwachen. Deshalb stellte er die Weckfunktion seines Handys auf 18.30 Uhr. Dann rief er Susanne an, um ihr zu sagen, dass er im Hotel angekommen sei. Nachdem sie ihn gebeten hatte, bei seinem Termin heute Abend auf sich aufzupassen, sagte er ihr, dass er das wie immer ihr zuliebe tun würde und wünschte ihr noch einen schönen Abend. Dann wählte er eine Nummer, die er bereits vor der Abfahrt gespeichert und heute schon einmal angerufen hatte – das Handy eines Kollegen bei der Kriminalpolizei in Bautzen. Dieser war, nachdem ihn Häberle bereits gestern in sein Vorhaben eingeweiht hatte, von der zuständigen Polizeidirektion Oberlausitz-Niederschlesien mit Sitz in Görlitz zu der Außenstelle nach Bautzen gekommen, um den Einsatz zu koordinieren. Der Chefermittler aus dem Schwäbischen schloss die Augen, begrüßte seinen Gesprächspartner und schilderte die Situation. Hauptkommissar Lars Holler, der seine Sätze so betonte, dass Häberle jedes Mal den Eindruck hatte, gar nicht so richtig ernst genommen zu werden, war die genannte Adresse wohl bekannt. »Da treffen sich regelmäßig ein paar Verrückte«, kommentierte er. »Harmlos und dämlich. Ein paar von gestern halt.«

»Eine Bitte, Kollege«, erwiderte Häberle, der sich jetzt auf keine lange Diskussion einlassen wollte. »Keine auffällige Präsenz. Kein Zugriff ohne meine Aufforderung.«

»Und wenn es kritisch wird, bester Kollege?«, kam es zurück.

Häberle öffnete die Augen und sah zum Fenster, vor dem die Sonne schien. Noch bevor er etwas erwidern konnte, machte Holler einen Vorschlag: »Rufen Sie mich an. Programmieren Sie meine Nummer als Schnellwahl, dann brauchen Sie nur in der Hosentasche draufzudrücken und nichts zu sagen.«

Häberle zeigte sich damit einverstanden.

»Und wir ziehen um 20 Uhr auf – absolut unsichtbar, versprech ich Ihnen.«

Häberle wollte jetzt nur noch eines – schlafen.

Linkohr und Fludium bahnten sich einen Weg durch die Kundschaft. Die Getränkehandlung Simbach schien eine wahre Goldgrube zu sein, dachte der Ältere, der seit vielen Jahren in dieser Kleinstadt tätig war und viele Geschäfte hatte kommen und gehen sehen. Linkohr, der sich im Verkaufsraum auskannte, ging voraus, vorbei an den gestapelten Getränkekisten, an Kartons und allerlei Hausrat, an verschiedenfarbigen Eimern und Kisten, an Werbematerial und leeren Flaschenständern. Die Tür zum Büro im rückwärtigen Teil war geschlossen. Linkohr klopfte, wartete aber nicht, bis er eine Stimme hörte, sondern trat sofort ein, gefolgt von Fludium. Sabrina Simbach, die hinterm Schreibtisch saß, stand als Erste auf und kam ihnen entgegen. Linkohr stellte seinen älteren Kollegen als Vertreter von Häberle vor. »Freut mich, Sie kennenzulernen«, sagte Fludium charmant lächelnd und ging dann zu Liliane Korfus und Ursula Schanzel, die um den mit Akten vollbeladenen Schreibtisch saßen. Linkohr tat es ihm nach und entschuldigte sich für die Störung, die jedoch angesichts des Falles unumgänglich sei. Sabrina Simbach holte hinter einem Aktenschrank zwei hölzerne Klappstühle herbei und reichte sie den beiden Männern, die damit abseits der Frauen Platz nahmen.

»Unser Kollege Häberle«, begann Fludium, »hält sich momentan in Bischofswerda auf. Es scheint so, als seien wir auf der richtigen Spur. Wir beide, mein Kollege Linkohr und ich, möchten Sie deshalb ganz herzlich bitten, uns die Sicht der Dinge aus Ihrer persönlichen Situation heraus zu schildern.« Die Frauen hörten ihm aufmerksam zu. Sabrina Simbach spielte nervös mit einem roten Kugelschreiber, was Linkohr zur Kenntnis nahm. Liliane Korfus legte die nackten Beine kokett übereinander. Und Ursula Schanzel gab sich im nadelgestreiften dunklen Hosenanzug als weltmännische Geschäftsfrau.

»Jetzt aus falscher Scham heraus etwas zu verschweigen, wäre fehl am Platze«, appellierte Fludium, der die Damen nacheinander mit treuherzigem Blick ins Visier nahm.

Linkohr zog seinen Notizblock aus der Freizeitjacke und war darauf vorbereitet, sich die wichtigsten Hinweise aufzuschreiben. »Wir gehen mal davon aus – und das soll keinesfalls falsch verstanden werden –, dass sich unter Frauen manches besser bespricht als mit Männern«, lächelte Fludium. »Vielleicht haben Sie in den vergangenen Tagen oder Wochen auch von dieser Möglichkeit Gebrauch gemacht. Wie wir wissen ...« Er zögerte und sah zu Frau Schanzel hinüber, die seine Ausführungen offenbar weitaus kritischer verfolgte als die beiden etwas jüngeren Frauen. »Ja, wie wir wissen, haben Sie sich mit Frau Simbach ausgetauscht – oder umgekehrt.«

»Eine rein private Sache«, unterbrach ihn Ursula Schanzel abrupt. Fludium hob seine Hände, wie dies in ähnlicher Weise auch Häberle in solchen Situationen immer tat. »Kein Grund zur Beunruhigung«, sagte er und begann jetzt, vollstes Verständnis für Gespräche zwischen Frauen zu zeigen. Außerdem bleibe alles, was man jetzt rede, ganz vertraulich. Fludium vertraute darauf, dass seine Art, mit Frauen umzugehen, auch jetzt wieder Wirkung zeigen würde. Als auch Ursula Schanzel keine Einwände mehr erhob, fühlte er sich bestätigt.

»Es hat zwischen Ihren Männern ...« – er deutete mit dem Kopf auf Sabrina und Liliane – »heftige Differenzen gegeben, die wohl in der Vergangenheit begründet liegen.«

Er wartete einen Moment, weil er spürte, dass Sabrina etwas sagen wollte. »Nicht nur deswegen«, erklärte sie nach längerem Überlegen mit heiserer Stimme und schaute zu Liliane hinüber, die plötzlich mit den Tränen kämpfte. Ihr Gesicht verfärbte sich rot.

Die beiden Kriminalisten wagten nichts zu sagen. Statt ihrer ergriff Ursula Schanzel das Wort. »Was die ganze Stadt weiß, ist kein Geheimnis«, stellte sie sachlich fest. »Es gab da ein Verhältnis.« Jetzt begann Liliane laut zu schluchzen und suchte in ihrer Handtasche nach einem Papiertaschentuch. Sabrina war kreidebleich und ließ pausenlos die Miene des Kugelschreibers hinein- und herausspringen. »Herr Korfus hat sich an Sabrina herangemacht«, formulierte es die wortgewandte Ursula Schanzel und sah die beiden Kriminalisten mit ihren großen dunklen Augen an. »Und Frau Simbach hat seine Gefühle eine Zeit lang erwidert. Denn …« – die Kirchengemeinderätin wollte gleich gar keine Nachfrage ermöglichen – »… ihr Ehemann, der Alexander Simbach, war alles andere als ein fürsorglicher Familienvater und Ehemann. Was man im Übrigen auch von Torsten Korfus gleichermaßen sagen kann. Obwohl er sich gegenüber Sabrina offenbar ganz anders verhalten hat. Aber wie das halt so ist mit Männern …«

Linkohr hatte es nicht gewagt, während diesen Aussagen Notizen zu machen. Er befürchtete, die Frau hätte ansonsten ihren Redefluss unterbrochen.

»Hinzu kommt«, fuhr Frau Schanzel fort, als habe sie die Sprecherrolle übernommen, »dass die beiden Männer ihre Vergangenheit nie bewältigt haben.« Sie umklammerte die Armlehnen des Stuhles, was ihre Entschlossenheit irgendwie unterstrich. »In gewissem Sinne lässt sich dies sicher psychiatrisch oder psychologisch erklären. Nach dem Zweiten Weltkrieg ist es mit Sicherheit vielen Männern ähnlich ergangen. Plötzlich ist ihnen bewusst geworden, dass sie Menschen erschossen haben – nicht einfach Soldaten, wie man ihnen dies eingebläut hatte. Nein, hinter der fremden Uniform, dem fremden Flugzeug, dem fremden Schiff, da steckte immer ein Mensch, der genauso gerne noch eine Weile gelebt hätte wie man selbst. Solange man aber Teil einer Militärmaschinerie oder eines Regimes war, fehlte das Gefühl, für jeden Schuss verantwortlich zu sein. Erst daheim, allein und auf sich selbst gestellt, dazu noch in einer Gesellschaft, die von all dem nichts mehr wissen wollte, obwohl die Männer selbst dieser Gesellschaft angehörten, da taten sich viele schwer mit dem, was durch ihre Hände angerichtet wurde.«

Fludium nickte, denn er musste an seinen Vater denken, der auch im Krieg gewesen war.

»Ich will bei Gott nichts verteidigen, was Alexander und Torsten getan haben«, betonte Ursula Schanzel, während Liliane neben ihr jetzt hemmungslos weinte. »Aber dass nach allem, was sie erlebt haben, alte Feindschaften ausgebrochen sind, wird angesichts dieses Hintergrunds deutlich. Inzwischen wissen wir …« Sie hielt für einen Moment inne. »Ja, wir wissen, dass Torsten in den 80er-Jahren Todesurteile vollstreckt hat.« Liliane verbarg ihr Gesicht in den Händen. Auch über Sabrinas Gesicht rannen jetzt Tränen. Wut und Zorn, Enttäuschung und Entsetzen brachten ihren Puls zum Rasen.

»Alexander Simbach«, so fuhr Frau Schanzel fort, nachdem auch sie davon überzeugt war, nun alles darzulegen, was sie, ihre Tochter Kerstin, Silke und die Dekanin in den vergangenen Tagen recherchiert hatten. »Der hat, so heißt es allerdings in amtlich nicht bestätigten Berichten, als Grenzsoldat an der innerdeutschen Grenze gedient und einen Flüchtling erschossen.«

Die beiden Kriminalisten hörten atemlos zu. Linkohr überlegte, weshalb es ihnen nicht gelungen war, derartige Informationen bereits zu einem frühen Zeitpunkt zu erhalten. Aber offenbar funktionierte die Kommunikation innerhalb der Kirche besser als bei der Polizei. Schließlich mussten die Ermittler stets bürokratische Wege einhalten und sich an die datenschutzrechtlichen Bestimmungen halten, die auch im Umgang mit ehemaligen DDR-Akten enge

Grenzen setzten. Die Kirche und ihre Friedensbewegung hingegen hatte in den letzten Monaten und Wochen des Regimes offenbar entsprechendes Material gesammelt, das – weil privat erhoben – natürlich nicht dem behördlichem Zugriff unterlag.

»Wir gehen mal davon aus, dass die beiden Männer zum Zeitpunkt der Wende orientierungslos waren.« Wieder schien Frau Schanzel ihre Worte wohl bedacht gewählt zu haben. Linkohr und Fludium dachten an das, was Häberle nach dem Gespräch mit der Dekanin berichtet hatte. Die Frau schöpfte ihre Kenntnisse wohl aus denselben Quellen. »Alte Animositäten brachen spätestens auf, als diese …« Es fiel ihr schwer, Formulierungen zu finden, mit denen die beiden Frauen nicht verletzt wurden. »Ja, als diese Beziehung anfing, von der wir alle wissen. Und als klar geworden war, dass Frau Korfus von Anton Simbach eingesperrt worden ist.«

Die entstehende Stille wurde nur vom Scheppern einiger Flaschen gestört, das von draußen hereindrang.

»Und nun scheint es so, dass die Situation eskaliert ist. Offenbar versuchen sie, sich gegenseitig mundtot zu machen – möglicherweise unterstützt von diesem Anton, der bei allem eine dubiose Rolle zu spielen scheint. Ich kenn ihn nur vom Hörensagen. Aber demnach muss er ein ziemlich gnadenloser Mensch sein, der genauso wenig aus der Vergangenheit gelernt hat wie die Rechtsradikalen.« Frau Schanzel schloss für einen Moment die Augen und nickte schwer. »Mir tut nur die alte Frau Gunzenhauser leid, die vermutlich in all das zufällig reingeraten ist und unschuldig sterben musste.«

Fludium ließ ein paar Augenblicke verstreichen, um dann dazwischen zu fragen: »Und Czarnitz? Welche Rolle hat der Ihrer Ansicht nach gespielt?«

»Wenn Sie mich fragen – er ist eine Marionette gewesen. Geschäftemacher im Osten, von wo er auch kam. Fragen sie mich nicht, welche Geschäfte. Jedenfalls nicht nur Immobilien. Ich hab beide gelegentlich bei irgendwelchen Unternehmerveranstaltungen getroffen. Auch seine Frau hat dabei auf mich einen etwas, ja, sagen wirs ruhig, einen etwas merkwürdigen Eindruck gemacht. Keiner von beiden hat über die Arbeit gesprochen, obwohl man doch im Kreise von Kollegen gern auch mal angibt.« Ihr Gesicht verzog sich zu einem Lächeln. »Bei Czarnitz hat man nie etwas erfahren. Ich hatte immer den Eindruck, sie wollten etwas verschweigen.«

Fludium sah die Gelegenheit für eine Nachfrage gekommen: »Aus dem ganzen Geflecht sind nun zwei Personen verschwunden.« Er sah zu Liliane, die noch immer in ein Papiertaschentuch schluchzte. »Ihr Mann Torsten.« Dann wandte Fludium den Kopf zu Sabrina: »Und Ihr Mitarbeiter.«

Während die beiden angesprochenen Frauen nicht in der Lage waren, darauf zu antworten, ergriff erneut die Kirchengemeinderätin das Wort: »Herr Korfus hat es gestern Abend vorgezogen, mit unbekanntem Ziel zu verschwinden. So ist es. Und zwar nicht mit dem Auto. Zumindest nicht mit seinem eigenen. Behauptet hat er, er wolle heimfahren, also nach Bischofswerda. Und Sabrinas Mitarbeiter Sergije ist heute nicht zur Arbeit erschienen. Das ist Fakt. Mehr können wir nicht dazu sagen.«

»Glauben Sie, dass beide miteinander verschwunden sind?«, fragte Fludium vorsichtig.

»Denkbar ist alles«, meinte Ursula Schanzel und sah mit ihren großen dunklen Augen die Kriminalisten ratlos an. Eine starke Frau, dachte Fludium und spürte, dass sie noch etwas sagen wollte. Er ließ ihr ein paar Sekunden Zeit und versuchte, sie mit einem Blick zu ermuntern. Sie schien dies verstanden zu haben. »Noch etwas, meine Herrn«, begann sie, worauf auch die anderen Frauen hellhörig wurden. »Haben Sie schon mal was von Holzapfel gehört?«

Als das Handy piepste, war es Häberle, als treffe ihn ein Donnerschlag. Er hatte geschwitzt und fühlte sich wie gerädert. Dabei stand ihm der wichtigste Teil des Tages erst bevor. Während er in die Dusche ging und dort das heiße Wasser genoss, ließ er noch einmal die Ereignisse der vergangenen Tage Revue passieren. Am meisten beschäftigte ihn, weshalb Sergije und Korfus so plötzlich verschwunden waren. Dafür musste es einen Grund geben. Häberle hatte sich zwar schon auf der Autobahn eine Theorie zurechtgelegt, doch wollte sie ihm bislang nicht logisch erscheinen.

Frisch geduscht fühlte er sich schon besser. Er zog Jeans und Jeanshemd an, ging ins Restaurant hinab und bestellte ein »Bulgarisches Schnitzel mit Kartoffeln und Mischgemüse«. Gegen 20.45 Uhr – die Häuser am Altmarkt warfen bereits lange Schatten – verließ er das Hotel und ging zu seinem Dienstwagen. Dort schaltete er das handliche Navigationsgerät ein und rief die bereits programmierte Belmsdorfer Straße auf. Dann startete er den Motor und bekam sogleich zu hören: ›Bitte wenden Sie jetzt‹. Die Fahrstrecke wurde mit 800 Metern angegeben. Für einen Moment überlegte er, ob er zu Fuß gehen sollte, doch dann schien es ihm ratsam, ein Auto dabei zu haben. Der Ermittler folgte den skizzierten und akustischen Anweisungen, fuhr in südliche Richtung und staunte, dass trotz des Freitagabends nur schwacher Verkehr herrschte. Schon nach knapp drei Minuten erreichte er das von Simbach geschilderte Gewerbegebiet. Neben einem Textilbetrieb stach das alte und desolate Areal einer Fabrik ins Auge. Schlanke, gemauerte Schornsteine ragten in den Himmel, verrostete Rohrleitungen überspannten in luftiger Höhe einen Innenhof und folgten den Gebäudefassaden. In den oberen Geschossen waren die meisten Fensterscheiben zerschlagen, aus der Fassade wucherte Grünzeug. Häberle parkte seinen Audi abseits des alten Pförtnerhäuschens und gewann den Eindruck, die Natur habe hier längst die Oberhand gewonnen. Einige Sträucher und Bäumchen hatten eine Höhe erreicht, die auf 10-jährigen Bewuchs schließen ließen. Dazwischen duckten sich einige Backsteingebäude, überragt von den Schornsteinen. Seitlich der Einfahrt, die mit einer Schranke gesperrt war, erhob sich ein großes Hinweisschild mit der Aufschrift ›Czarnitz Sanierungs-GmbH‹.

Häberle erinnerte sich an Simbachs Anweisung: »An der Schranke vorbeigehen und am ersten Querbau rechts. Dort ist eine blaue Tür«. Der Chefermittler hatte sich diese Worte eingeprägt und durchschritt den bereits stark bewachsenen Hof. Unübersehbar die Spuren des langsamen Zerfalls. Dachrinnen hingen verrostet an den Fassaden, im Erdgeschoss waren die Fensteröffnungen zugemauert. Im langen Schatten, den die Gebäude in der tiefstehenden Abendsonne warfen, erkannte Häberle die blaue Tür. Er schaute auf seine Armbanduhr: 20.47 Uhr.

Noch 13 Minuten. 13, ausgerechnet 13, dachte er. Dabei war er gar nicht abergläubisch. Ihn überkam jenes Gefühl, das ihn jedes Mal beschlich, wenn er sich auf Gespräche einließ, die an ungewöhnlichen Orten stattfanden. Dazu noch mit Personen, die er nur vom Hörensagen kannte. Oehme und Kissling. Vorsorglich hatte er heute seine Waffe eingesteckt. Die Männer, die er treffen wollte, hatten natürlich allen Grund, dies nicht in aller Öffentlichkeit tun zu wollen, redete er sich ein. Und wenn sie hier ihren ›Vereinsraum‹ hatten, was offenbar sogar die örtliche Polizei wusste, dann war dies alles gar nicht so ungewöhnlich. Außerdem, so überlegte Häberle, würde es ohnehin keinen Sinn machen, ihn zu beseitigen. Sie würden damit doch nur noch größere Polizeiaktionen provozieren. Aber wer konnte schon die Gedankengänge eines solchen Personenkreises nachvollziehen?

Häberle spürte die warme Luft, die in dieser alten Gewerbeanlage zu stehen schien. Ihn umgab eine ungewöhnliche Stille. Abendstimmung. Nur aus den Sträuchern drang schwaches Vogelgezwitscher. Häberle fühlte sich wie in der Kulissenstadt eines Filmstudios, wo gerade ein Kriminalfilm gedreht wurde. Er blickte an den Fassaden empor, an denen kreuz und quer Strom- oder Telefonleitungen verliefen, die aber keine Funktion mehr zu haben schienen. Die blaue Stahltür war offenbar erst in jüngster Zeit eingebaut worden. Es gab keine Klingel und auch sonst keinen Hinweis auf das, was sich dahinter verbergen würde. Häberle klopfte, doch die Tür fühlte sich hart an und gab den Schall vermutlich nicht weiter. Deshalb griff der Ermittler zur Klinke und drückte sie. Wider Erwarten schwenkte die Tür nach innen auf. Häberle zögerte einen Moment, sah sich draußen noch mal um und machte einen Schritt in den dunklen Gang, der sich vor ihm auftat. Seine Augen waren noch vom Sonnenlicht geblendet, sodass er nur langsam Konturen erkennen konnte. Er öffnete die Tür so weit wie möglich, bis die innere Klinke gegen die Seitenwand stieß, um Helligkeit einfallen zu lassen. Der Fußboden bestand aus roh belassenem Beton, der Gang war weiß getüncht und führte quer durchs Gebäude. In regelmäßigen Abständen gab es offenbar Türöffnungen, doch nur von jenen auf der rechten Seite fiel diffuses Licht herein. Kaum hatte Häberle die Situation in sich aufgenommen, zeichnete sich in einem dieser Lichtkegel ein Schatten ab. Unterdessen fiel hinter dem Kriminalisten die blaue Eingangstür zu und verursachte ein metallenes Geräusch, das durch das ganze Gebäude hallte.

Häberle blieb für einen Moment wie versteinert stehen.

43

»Holzapfel«, echote Fludium, als habe er diesen Namen oder Begriff nie zuvor gehört. Doch dann wurde ihm auch schon bewusst, was gemeint war. Irgendwo in den Akten war dieser Holzapfel aufgetaucht. Der Kriminalist versuchte krampfhaft, sich an die Zusammenhänge zu erinnern. Ja, klar: der Deckname eines ehemaligen Stasispitzels.

»Sie sollten sehr vorsichtig sein«, machte Ursula Schanzel weiter. »Diesen Holzapfel gibt es offenbar noch immer. Unsere Kontaktleute in Dresden hegen den Verdacht, dass er sich nach der Wende in die Ministerialbürokratie gerettet hat. Justiz- oder Innenministerium. So genau weiß man es nicht.« Frau Schanzel blickte mit ernstem Gesicht in die Runde. »Sie wissen, was dies bedeutet, meine Herren. Sie müssen damit rechnen, dass versucht wird, Ihnen Steine in den Weg zu legen.«

Linkohr zeigte keine Regung. Fludium hingegen grinste.

»Und seien Sie froh, wenn es bei Steinen bleibt. Manchmal könnten auch Köpfe rollen.«

Fludium wurde das zu viel. »Die Zeiten, als diese Herrschaften glaubten, ihre politischen Schienen nutzen zu können, sind längst vorbei.«

»In welcher Welt leben Sie, Herr Kommissar? Tun Sie nur so naiv oder sind Sie es? Entschuldigen Sie, wenn ich dies so direkt ausspreche. Haben Sie schon mal darüber nachgedacht, wo denn die vielen Stasispitzel und informellen Mitarbeiter und wie das alles geheißen hat – wo die alle abgeblieben sind? Da gibt es mehr Netzwerke und Seilschaften, als wir uns vorstellen können.«

Fludium wollte nichts mehr dazu sagen. Er musste sich eingestehen, dass er sich bisher darüber keine allzu großen Gedanken gemacht hatte. Bisher war er mit keinem Fall betraut gewesen, in dem dies eine Rolle gespielt hätte. Häberle hatte jedoch dieser Tage ähnliche Andeutungen gemacht.

Linkohr meldete sich zu Wort: »Haben Sie denn Erkenntnisse, wer dieser Holzapfel sein könnte und wo er sich aufhält?«

»Natürlich nicht. Wir haben uns nur ein paar Akten mailen und faxen lassen – von engagierten Kirchenleuten, die vor der Wende selbst von einem Holzapfel ins Visier genommen worden waren. Sie meinen, dass Holzapfel, wenn er es tatsächlich in eine leitende Position geschafft hat, woran kein Zweifel bestehe, durchaus in der Lage sein könnte, den Ermittlungen einen gewissen Drall zu geben.«

Fludium zweifelte. »Einer allein wird dies kaum schaffen – bei unserer Bürokratie.«

»Unterschätzen Sie das nicht. Ich sagte, es gibt Seilschaften und Netzwerke. Unsere Kontaktleute meinen, ein Mann vom Kaliber eines Holzapfels sei auch heute noch in der Lage, Menschen spurlos verschwinden zu lassen. Wozu diese Bande früher fähig war, wird wohl im ganzen Ausmaße nie mehr richtig aufgeklärt werden.« Sie sah Fludium angriffslustig an. »Und wahrscheinlich hat auch die Bundesrepublik Deutschland in manchen Bereichen nicht mal gesteigertes Interesse daran. Bedenken Sie nur, dass die Terroristen der Roten Armee Fraktion zu ihren besten Zeiten angeblich nach ihren Anschlägen Unterschlupf in der DDR gefunden haben. Bei Sonneberg in Thüringen – ich weiß nicht, ob Sie wissen, wo das liegt, ist übrigens die Partnerstadt zu Göppingen – da soll es zu diesem Zweck Tunnels an der innerdeutschen Grenze gegeben haben.«

»Und wieso sollte heute niemand Interesse daran haben, dies aufzuklären?«, hakte Linkohr nach.

»Vielleicht, weil dann aufkäme, welche geheimen Beziehungen die beiden deutschen Staaten zueinander gepflegt haben. Denken Sie nur an diesen Schalk-Golodkowski, den sogenannten Devisenhändler, der noch zu Zeiten von Franz-Josef Strauß eine äußerst merkwürdige Rolle gespielt hat und den sich nach der Wende niemand so richtig schnappen wollte. Wenn ich es richtig weiß, fristet er am Tegernsee ein fürstliches Dasein.«

Fludium nickte. Plötzlich musste er daran denken, dass Häberle die ganze Woche über bemängelt hatte, wie spärlich die Informationen aus Bischofswerda eintrafen. Die eingetretene Stille nutzte Linkohr, sich Sabrina Simbach zuzuwenden: »Entschuldigen Sie, mein Kugelschreiber ist leer. Hätten Sie vielleicht einen für mich?«

Frau Simbach wurde aus ihrer nachdenklichen Starre gerissen. »Wie? Ja, hier bitte«, reichte sie ihm einen roten Kugelschreiber, den Linkohr dankend entgegennahm. Er drehte ihn beiläufig zwischen den Fingern, während Fludium die Konversation fortzusetzen versuchte: »Sie sind also fest davon überzeugt, dass wir hier in den vergangenen Tagen nur so etwas wie die Folgen eines alten Streits erlebt haben?«

»Die dramatischen Folgen«, betonte Ursula Schanzel, während Linkohr nun gesehen hatte, was er vermutete: Auf dem Klemmstück des roten Kugelschreibers war ein weißer Werbeaufdruck angebracht: ›Simbach‹.

Die Luft war stickig, es roch nach altem Öl. Die Gestalt, die sich aus dem diffusen Licht des langen Ganges löste und wie ein Scherenschnitt näher kam, irritierte den Kriminalisten für einen Augenblick. Doch dann hörte er eine bekannte Stimme und konnte gleichzeitig die Konturen zuordnen. »Willkommen, Herr Kommissar.« Es war Anton Simbach, dessen Stimme jetzt durch das Erdgeschoss hallte. »Sie sind pünktlich, das freut uns.«

Er schüttelte ihm die Hand, als hätten sie sich nicht erst vor wenigen Stunden getroffen. »Kommen Sie mit«, forderte Simbach seinen Besucher auf, drehte sich wieder um und schritt durch den Gang bis zur letzten, links abzweigenden Tür, die in ein Treppenhaus führte, in dem das Geländer windschief und verrostet wirkte. Häberle konnte dies trotz des geringen Lichts erkennen, das weiter oben durch ein kleines Fenster hereinfiel. »Unser Reich ist unten«, erklärte Simbach knapp und stieg durchs Treppenhaus abwärts. Häberle prägte sich die Örtlichkeiten ein und spürte, wie ihn ein ungutes Gefühl beschlich. Dort unten, das wurde ihm schlagartig bewusst, würde sein Handy keinen Empfang haben.

Simbach ging voraus ins Untergeschoss, wo auf einem provisorisch montierten Wandregal eine alte gläserne Handlaterne stand, in der eine große Kerze flackerte. »Wir haben leider keinen Stromanschluss«, erklärte Simbach und durchquerte einen großen leeren Raum, den das Streulicht der Lampe äußerst spärlich erhellte. Schräg gegenüber erkannte Häberle die beleuchteten Umrisse einer Tür, die einen Spalt weit offen war. Dort drangen auch Männerstimmen heraus.

Simbach öffnete, womit Häberles Augen sofort vom Kerzenlicht vieler Handlaternen geblendet wurden. Vier standen auf Regalen an der gegenüberliegenden Wand, einige weitere zwischen Getränkeflaschen und Gläsern auf einem dünnen Holztisch, an dessen rechter Seite drei Männer saßen. Hinter den Lehnen ihrer alten Holzstühle war noch zwei Meter Platz bis zu einem wuchtigen Aktenschrank, der nur aus verschließbaren Klappen und Türchen bestand.

»Darf ich vorstellen – das ist der Kommissar aus dem Westen«, tönte Simbach und deutete der Reihe nach auf die Männer, die jetzt aufgestanden waren: »Hier Herr Carsten Kissling, wie gewünscht zur Stelle …« Häberle schüttelte seine kräftige Hand und blickte in ein energisches Gesicht. »Das hier Herr Achim Oehme, weit gereist, heute Abend erst aus Berlin gekommen.« Auch bei ihm spürte der Ermittler einen festen Händedruck. »Und der hier, das ist Stefan Landowski.« Er machte auf Häberle einen schmächtigen Eindruck, obwohl er groß war. »Sie werden ihn nicht kennen. Er war die rechte Hand von Rolf Czarnitz und verwaltet jetzt die Immobilien hier. Und sucht insbesondere einen Nutzer für dieses Gelände«, erklärte Simbach und zog einen Stuhl zu sich her. Dem Kommissar schlug er vor, gegenüber der Tür, an der hinteren Oberkante des Tisches, Platz zu nehmen.

»Etwas zu trinken?«, fragte er den Kommissar, doch Häberle verneinte. Eigentlich hatte er es nicht vor, den halben Abend in diesem Kellerloch zu verbringen. Unweigerlich kam ihm seine eigene, häufig getroffene Feststellung in den Sinn, dass sich Ratten eben in ihre Löcher zurückziehen. Und dass derartige Industriebrachen dieses Getier in all seinen Schattierungen anzogen.

»Wir mussten leider den ungewöhnlichen Ort wählen, um nicht ständig die Gerüchte anzuheizen, wir wollten die alte DDR wieder aufbauen«, erklärte Simbach. »Um gleich gar kein Missverständnis aufkommen zu lassen, Herr Kommissar: Wir wollen nichts weiter, als in Ruhe gelassen zu werden. Wir planen keinen Umsturz und keinen Putsch.« Das flackernde Kerzenlicht ließ ein Lächeln auf seinem Gesicht erkennen. »Auch wenn wir bei Weitem nicht alles gutheißen, was die in Berlin anzetteln – sogar mit Ministern und einer Kanzlerin aus dem Osten. Wir wollen hauptsächlich die Kameradschaft pflegen und versuchen ...«, er zögerte und sah in die Gesichter seiner drei Freunde, »und versuchen, die Vergangenheit auf unsere Art und Weise zu bewältigen.«

Erst jetzt fiel Häberle ein Plakat der Nationalen Volksarmee auf, mit dem wohl die Vorzüge des Militärdienstes hervorgehoben werden sollten.

Häberle lehnte sich auf dem Holzstuhl zurück, der unter seinem Gewicht gefährlich zu knarzen begann. »Es freut mich, dass Sie alle meiner Bitte zu einem Gespräch gefolgt sind«, begann er. »Zwar hätt ich mir einen gemütlicheren Ort vorgestellt, aber schließlich kommts ja auf den Inhalt der Konversation an.« Die vier anderen nickten. Kissling und Oehme, so schätzte Häberle, dürften seiner Jahrgangsklasse angehören, während dieser schlaksige Stefan Landowski eher so alt war wie Simbach.

»Wie Sie Ihre Vergangenheit aufarbeiten, interessiert mich nur am Rande«, griff Häberle die Worte Simbachs auf. »Wie Sie wissen, geht es mir um zwei beziehungsweise drei Tötungsdelikte, im Rahmen deren Ermittlungen auch Ihre Namen aufgetaucht sind.« Er wählte bewusst diese vage Formulierung.

Kissling ergriff die Initiative: »Das ist natürlich kein Geheimnis. Alexander Simbach war einer von uns. Wir haben hin und wieder miteinander telefoniert.« Er gab sich weltmännisch. Natürlich war ihm klar, dass die Polizei längst die Telefonverbindungen überprüft hatte. Das jedoch beunruhigte ihn.

»Und das gilt auch für Herrn Oehme?«, wandte sich Häberle an den anderen.

»Selbstverständlich, Alexander war ein guter Freund von uns«, bekräftigte Oehme.

»Auch von Ihnen?«, wollte Häberle von Landowski wissen, der gerade einen kräftigen Schluck Cola nahm.

»Ich hab ihn kennengelernt, als er mal mit Rolf Czarnitz hier war«, sagte Landowski.

»Sie können sich vorstellen, dass ich nicht gekommen bin, um Sie allein zu der Beziehung zu Alexander zu befragen«, wurde Häberle nun deutlicher. In den Augen seiner Zuhörer funkelte das Kerzenlicht wie an Weihnachten. Nur nicht so sanft und milde. »Vielmehr würde mich interessieren, weshalb das Verschwinden von Alexander Simbachs Handy so große Unruhe ausgelöst hat.«

Die Männer sahen sich gegenseitig an, bis sich die meisten Blicke auf Anton richteten, dem offenbar die Sprecherrolle zugeteilt worden war. »Als Kriminalist wissen Sie selbst, welche Bedeutung heute einem Handy zukommt«, begann Simbach betont sachlich. »Sie haben Adressen gespeichert, Nummern, an- und abkommende Gespräche, Kurznachrichten und was weiß ich noch alles. Ich hab bereits angedeutet, dass wir von manchen Kreisen kritisch beäugt werden. Auch von der Polizei, das ist gar keine Frage. Aber wir gelten nicht als politisch extrem in irgendeiner Richtung. Das bitte ich zu beachten. Dennoch aber wollten wir sicherstellen, dass mit Alexanders Daten kein Unfug getrieben wird.«

»Und haben es sicherstellen lassen?«

Kisslings Gesicht schien sich zu versteinern. Ob er bleich wurde, konnte Häberle im Kerzenlicht nicht erkennen.

Ein paar Sekunden verstrichen, ehe Anton erklärte: »Nachdem ich von meiner Schwägerin erfahren hatte, dass das Gerät verschwunden war, haben wir Rolf Czarnitz gebeten, es im Kirchturm zu suchen. Den Rest kennen Sie.«

»Und diese Bitte vorsichtshalber von einer Telefonzelle aus geäußert, um keine Spuren zu hinterlassen«, ergänzte Häberle. »Er ist dann wie Ihr Bruder Opfer dieser Manipulation an der Elektrik geworden«, fuhr der Kommissar fort. »Und alle Spuren lassen darauf schließen, dass er bei seinem Eindringen in die Kirche von der Mesnerin überrascht wurde und sie – warum auch immer, ob aus Panik oder aus Kaltblütigkeit – umgebracht hat.«

Anton atmete tief ein und spielte mit seinem Colaglas. »So wirds wohl gewesen sein.«

»Und wo ist das Handy nun wirklich?«, schob Häberle blitzschnell seine Frage nach.

Der Kommissar genoss das Schweigen, das ihm ratlos oder ängstlich erschien. Vielleicht auch abwartend.

»Wir wissen es nicht«, erklärte Simbach schließlich. »Aber vielleicht Sie?«

»Ich kanns mir denken. Aber um ehrlich zu sein, ich bin davon überzeugt, dass auch Sie zumindest eine Vermutung haben.«

Simbach kniff die Augen zusammen. Es sah gefährlich aus.

»Sie haben doch bei der Heimfahrt von der geplatzten Beerdigung Ihres Bruders vom Rasthaus Plauen aus auf diesem Handy angerufen und den Mann, der sich gemeldet hat, ziemlich attackiert, um es vorsichtig auszudrücken.«

Simbach schluckte. Die Blicke der anderen waren gespannt auf ihn gerichtet.

»Ich wollte nur wissen, ob das Gerät sich noch irgendwo befindet.« Schlagartig hatte Simbach erkannt, dass Leugnen zwecklos sein würde.

»Nur seltsam, dass Sie dies nicht von Ihrem Handy aus probiert haben, sondern ebenfalls den wenig komfortablen Weg über eine Telefonzelle gewählt haben«, kommentierte Häberle. »Das scheint in Ihren Kreisen wohl üblich zu sein.«

»In unseren Kreisen hat man gelernt, vorsichtig zu sein«, gab Simbach schnippisch zurück.

»Nun kennen wir aber den Mann, den Sie erreicht haben. Der berichtet uns von schrecklichen Dingen ...«

»Es gibt immer Versuche, uns zu denunzieren«, unterbrach Simbach jetzt leicht gereizt.

»Okay«, nahm Häberle Simbachs Aussage zur Kenntnis. »Jedenfalls erklärt der Angerufene, man habe ihm unter Androhung übelster Dinge geraten, das Handy nächtens irgendwo im Gelände zu deponieren.« Häberle sah Kissling direkt an. »Es erübrigt sich, hier noch einmal alles zu wiederholen, weil ich davon überzeugt bin, dass Sie alle, wie Sie hier versammelt sind, genau wissen, was am Dienstagabend bei uns geschehen ist.«

Niemand sagte etwas. Häberle spürte, wie die Luft durch die Kerzen schlechter wurde. Er schwitzte, obwohl es ihm beim Betreten des Untergeschosses kühl vorgekommen war. Beiläufig fingerte er nach seinem Handy, das er in der linken Hosentasche stecken hatte. Auf der mittleren Taste, der Fünf, hatte er die Handynummer des Kollegen Holler als Schnellwahl programmiert. Vorausgesetzt, es gab ein Funknetz, was hier unten eher unwahrscheinlich war, würde auf diese Weise das Signal zum Einsatz erfolgen. Nun sah es aber so aus, als sei er auf sich allein gestellt.

»Der bedrohte Mann wurde nämlich ferngesteuert dirigiert – auf raffinierte Weise«, erklärte Häberle mit leichtem Grinsen. »Er wurde auf seinem eigenen Handy von einer Telefonzelle aus Dresden aus angerufen. Wieder also eine Telefonzelle. Ein genialer Plan. Erstens war der Anrufer auf diese Weise nicht herauszufinden – und zweitens konnte sichergestellt werden, dass nicht die Polizei an einem bestimmten Übergabeort in Stellung gehen konnte.«

Die Männer nickten zaghaft.

»Allerdings – und jetzt kommts ...« Wieder sah Häberle zu Kissling, auf dessen Stirn sich feine Schweißperlen bildeten. »Man musste natürlich wissen, ob der Bedrohte den Anweisungen auch nachkam. Und ob er eventuell nicht doch von der Polizei observiert wurde. Also hat man einen ... ja, nennen wirs ruhig so ... einen Spitzel mit ins

Gelände geschickt, der gleichfalls mit Dresden verbunden war – aber per Handy. Das war gefahrlos möglich, denn es würde ja nicht mit dem verfolgten Mann in Verbindung gebracht werden können.« Häberle sah Kissling fest an. »Und das Handy, das in Dresden benutzt wurde, gehörte Ihnen …«

»Mein Handy … ja«, stammelte Kissling. »Aber es muss ja nicht zwangsläufig ich gewesen sein, der damit telefoniert hat.« Er hatte sich schnell wieder gefangen.

»Sehr richtig«, räumte Häberle sachlich ein. »Lassen wir dies also vorläufig außer Betracht. Interessant ist aber, mit wem die Verbindung bestand.«

Wieder trat absolute Stille ein. Nur das Flackern der Kerzen verursachte ein friedliches Geräusch.

»Dieser Name lässt nämlich aufhorchen: Sergije«, erklärte Häberle.

Die Dekanin hatte an diesem turbulenten Tag nach den Vernehmungen und Protokollen bei der Polizei mehrere Gespräche geführt und dabei auch den Kirchengemeinderat zusammengerufen, von dem allerdings nur Faller und zwei weitere Personen erschienen. Ursula Schanzel hatte sich mit dem Hinweis darauf, dass sie sich um Sabrina und Liliane kümmern wolle, abgemeldet. Dafür waren zu der Sitzung auch Stadtpfarrer Cornelius Kustermann und Kirchenmusikdirektor Stumper gekommen. Sie konnten sich jedoch nicht erklären, wer in der vergangenen Nacht in das Dekanatsamt eingebrochen war. Wäre es aber Korfus gewesen, so gab die Dekanin zu bedenken, hätte sie ihn erkennen müssen. Außerdem sei dieser in der Nacht zuvor auch selbst Ziel eines Anschlags gewesen. Dennoch nahm man zufrieden zur Kenntnis, dass offenbar Kommissar Häberle trotz dieser Ereignisse nach Bischofswerda gefahren war, weil er sich dort vermutlich wichtige Hinweise erhoffte. Die Dekanin hatte das polizeiliche Angebot auf Personenschutz abgelehnt, da sie doch bewiesen hatte, dass sie selbst auf sich aufpassen könne.

Nach dem Gespräch mit den Kirchengemeinderäten blieb sie allein in ihrem Büro zurück, um nun Dokumente, Ausdrucke, Faxe und handschriftliche Notizen zu sichten und zu sortieren. Sie fühlte sich gegen 22 Uhr matt und schlapp. Eigentlich hätte sie noch die Predigt für Sonntag vorbereiten wollen. Doch dann entschied sie sich dazu, am morgigen Samstag früher aufzustehen.

Sie war gerade im Begriff, ihr Büro zu verlassen, als es an der Haustür klingelte. Die Theologin blickte automatisch auf die beleuchtete Anzeige einer Digitaluhr, die auf dem Besprechungstisch stand. Einen Augenblick lang überlegte sie, ob sie an die Sprechanlage gehen sollte. Wer immer auch geklingelt haben mochte, er hatte jedenfalls sehen können, dass hier oben noch Licht brannte.

Die Theologin verharrte unschlüssig, dann ging sie ins Büro ihrer Sekretärin, von wo aus man die Sprechanlage betätigen konnte. Sie drückte auf den Sprechknopf und sagte »Hallo?«

»Haben Sie ein paar Minuten für mich Zeit?«, fragte eine Stimme durch den Lautsprecher vorsichtig.

»Wer ist da?«

Irgendwie kam ihr die Stimme bekannt vor.

Der Mann unten an der Haustür zögerte. »Ich bins. Korfus. Machen Sie bitte auf.«

Die Dekanin blieb am Schreibtisch der Sekretärin stehen und malte sich aus, was dies alles bedeuten konnte. Sollte sie runtergehen und öffnen oder vorsichtshalber die Polizei rufen? Aber sie war sich doch sicher gewesen, dass nicht Korfus sie vorige Nacht erschreckt hatte. Oder vielleicht doch? Sie brauchte noch einmal ein paar Sekunden, bis sie sich vergegenwärtigte, dass es sich bei Korfus schließlich um einen Kirchengemeinderat handelte und dass er – egal, was er auch getan hatte – durchaus ein Recht haben würde, mit ihr zu reden.

Sie knipste im Büro der Sekretärin und im Flur das Licht an, ging die Holztreppe hinab, die unter jedem Schritt ächzte, und blieb noch kurz vor der geschlossenen Tür stehen. Und wenn doch alles anders war?, dachte sie.

44

Die Stimmung, so spürte Häberle, war umgeschlagen. Er überlegte, ob es Zufall oder gewollt war, dass er in der hintersten Ecke Platz genommen hatte. Doch er ließ sich diese Gedanken nicht anmerken. »Sergije war derjenige, der ziemlich lange mit Ihrem Handy, Herr Kissling, verbunden war – während der Besitzer jenes Handys, das Sie offenbar unbedingt wollten, in ein Gewerbegebiet gelockt wurde, wo er es in einen gelben Eimer werfen musste.« Häberle fügte bekräftigend hinzu: »In einen gelben Eimer, wie es sie zuhauf in der Getränkehandlung Ihres Bruders gibt, wo Sergije beschäftigt ist«, wandte er sich an Simbach.

Oehme griff zu seinem Colaglas und trank. Kissling schnappte nach Luft. »Und gleich werden Sie behaupten, ich sei der Auftraggeber gewesen, Antons Bruder umbringen zu lassen«, schnaubte er und sah die anderen Männer ängstlich an.

»Das werde ich nicht«, beruhigte Häberle und besah sich das Werbeplakat der NVA. »Ihnen ging es wirklich nur um das Handy, das im Übrigen für den Finder völlig uninteressant war. Herr Simbach hatte kein Adressbuch gespeichert – und auch sonst nichts. Vermutlich hatte er – wenns denn überhaupt Geheimnisvolles gab – alles mit einem Passwort abgespeichert. Aber ich denke, das Handy ist inzwischen bei Ihnen gelandet.« Keiner der Männer machte Anstalten, dies zu dementieren oder zu bejahen. Sie schienen jedoch erleichtert zu sein. »Und wer hat Ihrer Ansicht nach meinen Bruder umgebracht?«, wagte Simbach jetzt einen Vorstoß.

»Da könnte es in der Tat mehrere Möglichkeiten geben. Vielleicht war es Czarnitz, Ihr ehemaliger Chef«, erklärte der Chefermittler an Landowski gerichtet. »Und danach hat er das Handy gesucht und übersehen, dass die Gebetsglocken im Sommer erst um 20 Uhr läuten.« Häberle wartete. »Oder wars der Herr Oehme?« Er sah nun dem Letztgenannten in die Augen. Von ihm wissen wir, dass er in Hohenschönhausen die Zeit von gestern nicht in Vergessenheit geraten lassen will. Aber auf andere Art, als dies die einstigen Regimeopfer wollen.«

Oehme wollte etwas entgegnen, aber Häberle kam ihm zuvor: »Sie brauchen nichts zu sagen. Dass großer Bedarf besteht, das Schattennetz der Vergangenheit im Zaum zu halten, ist auch mir klar. Und an allem hat hier im Raum nur einer den großen Anteil.« Er drehte sich zu Simbach um. »Sie haben Ihren Bruder wieder auf Linie bringen wollen, als er zur Wendezeit von Ihren Idealen abgedriftet ist. Er und schließlich auch Korfus. Sie haben aus der Ferne einen Keil reingetrieben – zwischen ihn und seine Frau.«

Simbachs Augen nahmen ein gefährliches Funkeln an. »Ich hoffe, Sie wissen, was Sie jetzt sagen«, drohte er.

Häberle lehnte sich gelassen zurück. »Sie dürfen mich gerne berichtigen. Aber es war in Ihren Augen ein absolutes Unglück, dass Ihr Bruder und Korfus in Geislingen zusammengetroffen sind. Zwei mit gleichem Schicksal, aber doch so unterschiedlich. Sie haben Ihrem Bruder letztlich klargemacht, dass er zu spuren hat – denn ein Todesschuss an der Grenze wird auch heute noch verfolgt. Und was Korfus getrieben hat – ich nehm an, Sie wissen es. Wär der aufgeflogen, hätte er kaum noch etwas zu verlieren gehabt. Er hätte womöglich auch Ihnen gefährlich werden können. Schließlich«, Häberle sah ihn provozierend an, »ja, schließlich haben Sie auch nicht die feinste Vergangenheit und haben an Ostern 1989 ein Mädchen festnehmen lassen, das dummerweise später Korfus' Ehefrau wurde.« Der Kriminalist gab sich selbstsicher. »Spätestens als Ihr Herr Bruder mit dieser Frau ein Techtelmechtel anfing, machte es Sinn, den Herrn Korfus zu beseitigen.«

Kissling, der wie die anderen beiden Männer die Schilderungen Häberles aufmerksam verfolgt hatte, unterbrach jetzt: »Aber umgebracht wurde Simbach, nicht Korfus.«

»Ich bin auch noch nicht am Ende«, erwiderte Häberle.

Er wollte gerade mit seinen Ausführungen fortfahren, als die Metalltür am Ende des Flurs hallend und scheppernd ins Schloss fiel und sogleich näher kommende Schritte zu hören waren. Die Kerzen flackerten aufgeregt, weil es einen Luftzug gegeben hatte.

Häberle zögerte und die anderen sahen sich fragend an. Weil die Tür zu ihrem Raum einen Spalt weit offen stand, konnten sie jeden einzelnen Schritt vernehmen. Derjenige, der da kam, trug mit Sicherheit festes Schuhwerk. Oder Lederstiefel.

Simbach sprang als Erster auf, gefolgt von den anderen. Häberle wusste nicht so recht, wie er sich verhalten sollte. Jedenfalls schien eine Situation eingetreten zu sein, mit der niemand gerechnet hatte. Er als der Außenstehende, so befürchtete er, würde wohl kaum die Rolle des lachenden Dritten spielen dürfen. Jetzt riss Simbach die Tür mit einem Ruck auf und gab den Blick auf den finstren Flur frei. Aus ihm löste sich eine Gestalt, die im Kerzenlicht langsam Konturen annahm. Häberle stockte der Atem. Mit diesem Mann hätte er nicht gerechnet. Nicht jetzt.

Die Dekanin sah in ein müdes Gesicht. Der gewohnte Dreitagebart war außer Kontrolle geraten. Korfus roch schlecht. »Darf ich rein?«, fragte er und kam, ohne aufgefordert zu werden, in den Flur. Die Theologin wich zurück und schloss die Tür. »Kommen Sie rauf«, sagte sie und ging voraus.

»Verstehen Sie mich nicht falsch«, erklärte Korfus hinter ihr. »Ich bin nicht als Kirchengemeinderat gekommen, sondern um mich mit Ihnen zu unterhalten. Über alles.«

Die Dekanin sagte nichts. Ihr sehnlichster Wunsch, sich schlafen zu legen, würde sich nach Lage der Dinge so schnell nicht erfüllen.

Sie bot Korfus im Büro einen Platz an, während sie sich wieder in ihren Schreibtischstuhl setzte. »Darf ich Ihnen was anbieten?«, fragte sie höflichkeitshalber. Er verneinte.

»Sie wissen, dass ich jederzeit für Sie da bin«, sagte sie pflichtgemäß.

»Danke. Sie dürfen über mich denken, was Sie wollen, aber für mich ist es an der Zeit, einen Schlussstrich zu ziehen. Entweder alles beenden ...« – er wollte sich offenbar nicht eingestehen, dass er keinen Mut gehabt hatte, diesen Entschluss heute umzusetzen – »oder versuchen, das Schreckliche zu bewältigen. Zu bewältigen, was nicht mehr rückgängig zu machen ist.« Er schloss die Augen.

»Gott kann verzeihen, wenn wir ihn darum bitten. Die Menschen aber sind gnadenlos«, stellte die Theologin fest.

»Ja, gnadenlos«, wiederholte er tonlos und hatte Mühe, ihr in die Augen zu sehen.

»Kommt zu mir, die ihr mühselig und beladen seid«, zitierte die Theologin aus der Bibel.

»Den ganzen Tag über hab ich mit mir gekämpft ...«, begann Korfus, ohne seinen sächsischen Dialekt zu verbergen. »Eigentlich ist es albern, jetzt zu Ihnen zu kommen.«

»Es ist nie zu spät, seine Sünden zu bekennen«, blieb die Dekanin theologisch. Nach den Recherchen, die sie und Ursula Schanzel in den vergangenen Tagen angestellt hatten, glaubte sie, die Probleme des Mannes zu kennen.

»Es geht nicht nur um mich«, sagte er, als habe er ihre Gedanken erraten. »Sie müssen Schlimmeres verhindern.«

Sie war mit einem Mal hellwach. »Was wollen Sie damit sagen?«

»Ich weiß nicht, ob Sie jemals was von Holzapfel gehört haben ...« Er saß aufrecht vor ihr. Aufrecht und nervös.

»Holzapfel?« Für einen Moment war die Dekanin irritiert, dann jedoch wurde ihr bewusst, dass Ursula Schanzel davon gesprochen hatte. Bei irgendwelchen Recherchen waren sie darauf gestoßen. Es war der Deckname eines Führungsoffiziers der Stasi.

»Ich weiß nicht, wie sicher meine Quelle ist. Aber dieser Holzapfel soll bei der Kriminalpolizei in der Niederlausitz untergekommen sein.«

Die Theologin spürte, wie ihr Blutdruck stieg.

»Und ich hab gehört, dass dieser Kommissar Häberle heut rübergefahren ist«, erklärte Korfus weiter. »Ich …« Er wollte das Schreckliche nicht direkt ansprechen, »ich möchte vermeiden, dass es noch mehr Tote gibt. Verstehen Sie?«

Die Dekanin verstand. Sie sah auf die digitale Anzeige der Tischuhr: 22.35 Uhr. Warum meldete sich bei diesem Korfus erst so spät das Gewissen?, hämmerte es in ihrem Kopf. Jetzt, wo es schon zu spät sein konnte.

45

»Was soll das?«, herrschte Simbach die Gestalt an, während die anderen Männer im Raum, einschließlich Häberle, regungslos auf eine Antwort warteten.

»Was tut der denn da?« Der Ankömmling, dessen russischer Akzent leicht anklang, deutete auf Häberle. »Seid ihr denn vollkommen durchgeknallt?«, rief er plötzlich. »Ein Bulle. Das ist ein Bulle.«

»Halt die Schnauze«, bellte ihn Simbach an. »Das ist Herr Häberle, ein Kommissar aus Geislingen.« Der junge Mann schob Simbach beiseite und trat energisch an den Tisch. »Suchen Sie mich? Ja? Sie suchen mich?«, tobte er los. Für Häberle bestand nicht mehr der geringste Zweifel. Es war Sergije.

»Sie sollten sich beruhigen«, versuchte es der Kriminalist auf die sanfte Tour.

»Beruhigen?«, äffte Sergije zurück, während ihn Simbach daran hindern wollte, näher zu den anderen heranzukommen. Oehme, Kissling und der schweigende Landowski hielten sich eingeschüchtert zurück. »Gleich wird er anfangen, uns den Mord an Ihrem Bruder anzuhängen«, wetterte er weiter und sprach Simbach direkt an.

»Das nicht«, erklärte Häberle knapp und bemerkte, wie er damit Sergije verunsicherte. »Nehmen Sie doch Platz.«

Sergije winkte ab und lehnte sich an die jetzt eingerastete Tür. Simbach blieb seitlich von ihm stehen.

»Wir haben in Ruhe die Lage besprochen«, machte der

Kriminalist weiter, dem das Auftreten Sergijes überhaupt nicht gefiel. Der Kerl trug eine beige Jacke. Möglicherweise steckte darin dasselbe, was Häberle in der Hosentasche hatte.

»Wenn überhaupt, dann haben Sie im Auftrag gehandelt«, stellte Häberle emotionslos fest. Auch für ihn war es in solchen Situationen nicht einfach, die innere Unruhe zu verbergen. Schließlich ging es hier nicht nur um die Sache, sondern – wenn es hart auf hart ging – auch um ihn persönlich. Ein Kriminalist konnte nie seinen Job von seiner Person trennen. Er war die Kriminalpolizei. Sonst niemand.

»Im Auftrag – so?«, höhnte Sergije. »Aber mir wollen Sie es anhängen.«

»Anhängen überhaupt nicht«, stellte Häberle klar und hatte das Gefühl, dass er und die anderen im Moment nur Zeit zu gewinnen schienen. Zeit wofür? Häberle fuhr mit der linken Hand wie beiläufig in die Hosentasche. »Es gibt ein paar Indizien, die sich nicht abstreiten lassen. Auch nicht, falls Sie mit dem Gedanken spielen sollten, mich hier festzuhalten«, erklärte der Chefermittler. »Beim Sprung aus dem Fenster des Dekanatsamts haben Sie ein Stück eines Kugelschreibers verloren. Ein S konnte man noch lesen. Vermutlich wird es Simbach heißen – ein Werbegeschenk von der Getränkehandlung.« Er hatte sich jetzt das Handy gegriffen, zählte mit den Fingern die Tastenreihe ab und war sich schnell sicher, die ›Fünf‹ gefunden zu haben. Er drückte und hoffte, mit der programmierten Kurzwahl den Einsatz auszulösen. Falls es klappte, konnte die Einsatzleitung möglicherweise sogar das Gespräch mithören.

»Sie fantasieren sich etwas zusammen«, gab sich Sergije selbstbewusst. »Kugelschreiber dieser Sorte gibt es wahrscheinlich tausende.« Auch Simbach nickte.

»Mag sein«, blieb Häberle hartnäckig. »Ich hab ja gesagt – es sind Indizien. Und vielleicht erhoffen Sie sich auch Unterstützung aus Ihren Kreisen.«

»Ich sag nur eines«, grinste er und zog eine Grimasse. »Holzapfel lässt grüßen, Herr Kommissar.« Während er dies sagte, griff Sergije in seine Jacke und brachte eine Waffe zum Vorschein. Eine Pistole, wie Häberle im spärlichen Kerzenlicht erkannte. Er spürte schlagartig eine Blutleere. Wie abgestorben fühlten sich seine Gliedmaßen an. Der Lauf war auf ihn gerichtet.

»Ist das eine Tokarev?«, fragte er automatisch. Kaum hatte er es ausgesprochen, war er selbst über sich erschrocken.

Sergije grinste gefährlich. »Um es genau zu sagen: Es ist die, die Korfus, das Arschloch, knapp verfehlt hat.«

Häberle war von der Aggressivität dieses Mannes überrascht. Er hatte ihn in der Getränkehandlung als eher zurückhaltend kennengelernt.

Die Dekanin hatte zum Telefon gegriffen und ohne zu zögern ›110‹ gewählt. Der Notruf ging in die Kreisstadt Göppingen, wo sie kurz und knapp dem Polizeiführer vom Dienst darlegte, dass der in Bischofswerda weilende Kommissar Häberle möglicherweise in größter Gefahr sei. Die Rückfragen des Beamten ließen vermuten, dass er der Stasi- und Agentengeschichte nicht so recht traute. »Hören Sie mal zu«, wurde die Dekanin energisch. »Sie sollten nicht so lange rumfragen, sondern sich dem Ernst der Lage bewusst werden. Sonst werd ich mich morgen mit Ihrem Vorgesetzten unterhalten.« Das saß.

Der Beamte sicherte zu, sofort das Landeskriminalamt in Dresden zu informieren. Als sie aufgelegt hatte, schien es

Korfus besser zu gehen. Offenbar war eine große Last von ihm gefallen. »Vorgestern Abend ist mir bewusst geworden, dass die mich ausschalten wollen. Mich und meine Frau«, begann er zu erzählen. »Ich weiß zu viel. Auch wenn ich selbst mitten im Schlamassel stecke – und das tue ich wirklich, glauben Sie mir –, so könnte ich doch Details schildern, die manchen dieser Herrschaften äußerst unangenehm sein könnten. Nicht nur diesem Simbach oder seiner ganzen Clique, die noch immer in Hohenschönhausen ihr Unwesen treiben. Allerdings ...« Er strich sich über den Bart. »Der Preis, den ich persönlich dafür bezahlen müsste, wäre hoch. Sehr hoch. Soweit ich weiß, hat man bisher nirgendwo etwas davon gelesen, dass die Vollstrecker der DDR frei herumlaufen.«

Die Dekanin schüttelte den Kopf. »Es gibt vieles, was sich uns im Westen nicht erschließt.«

Dann sah sie die Gelegenheit zu einer Frage gekommen, die ihr seit Minuten auf den Nägeln brannte: »Und wer hat auf Sie geschossen und bei mir eingebrochen?«

»Dieser Russe natürlich«, erwiderte Korfus. »Sergije. Antons Spitzel. Seine rechte Hand. Ich und meine Frau sollten beseitigt werden und bei Ihnen hat man wahrscheinlich Akten gesucht.«

»Nur eines ist mir immer noch nicht klar«, hakte die Theologin nach. »Wer hat Alexander Simbach mit dieser raffinierten Schaltung umgebracht?«

»Derjenige, der eigentlich mich umbringen wollte«, war sich Korfus sicher.

»Lass das«, fuhr Simbach den Deutschrussen von der Seite an.

»Das ist meine Sache«, fauchte der und richtete die schwarze Waffe auf Häberle, der sich von Sekunde zu

Sekunde der Gefahr stärker bewusst wurde. Die drei anderen Männer wagten kaum, sich zu bewegen.

Häberle ließ seine Arme neben die Oberschenkel baumeln. Wenns drauf ankam, würde er seine Waffe blitzschnell aus der Hosentasche ziehen können. Aber möglicherweise vielleicht doch den Bruchteil einer Sekunde zu langsam. Und so ein Bruchteil konnte über Leben und Tod entscheiden.

»Ich mach Ihnen einen Vorschlag«, begann er, wurde aber brüsk unterbrochen: »Sie können sich Ihre Vorschläge sparen«, zischte Sergije. »Heute entscheide ausnahmsweise ich, was zu geschehen hat. Nicht Herr Simbach und nicht Herr Kissling – sondern einzig und alleine ich. Bisher haben die Herrschaften mich die Drecksarbeit machen lassen. Deshalb wird es an der Zeit, dass auch ich mal Zeichen setze.«

»Sergije«, meldete sich Simbach noch mal, »auch wenn du ihn erschießt, wird nichts besser.«

»Doch. Wir haben dann einen imperialistischen Staatsfeind weniger.«

Häberle erschrak. Gegen verblendete Politfanatiker war schwer mit Vernunft anzukommen. Wo, verdammt noch mal, blieb eigentlich der Kollege Lars Holler, mit dem er das Handysignal als Zeichen für den Zugriff vereinbart hatte? Plötzlich beschlich den Ermittler das Gefühl, Holler habe diese Art der Kommunikation bewusst vorgeschlagen. Weil er vielleicht wusste, wo das Treffen stattfinden würde – in einem Keller ohne Mobilfunknetz? Hatte man ihn bewusst in diese Falle gelockt? Er hatte den rechten Arm vorsichtig angewinkelt, um jetzt mit der Hand in die Hosentasche greifen zu können. Der Tisch schottete Sergijes Blicke ab.

»Wir können die Angelegenheit sauber aus der Welt schaffen«, erklärte Häberle, um überhaupt etwas zu sagen.

Sich auf ein Gespräch zu konzentrieren, fiel ihm schwer. Er musste jetzt so tun, als suche er ein Taschentuch.

»Sauber aus der Welt schaffen?«, höhnte Sergije. »Wenn wir etwas aus der Welt schaffen wollen, müssen wir dies selbst in die Hand nehmen.«

Häberles rechte Hand glitt langsam in Richtung Hosentasche. »Egal, was Sie jetzt tun, Sergije«, sagte er und behielt den jungen Mann fest im Auge, als wolle er ihn daran hindern, die Bewegung seines rechten Armes zu verfolgen. »Sie machen alles nur viel schlimmer. Ich kann Ihnen versichern ...«

»Sie versichern gar nichts«, zischte Sergije scharf, während die vier anderen die Szenerie atemlos verfolgten. »Das war Ihr letzter Fall, Herr Häberle. Oder warten Sie darauf, dass noch ein Wunder geschieht?«

46

Linkohr und Fludium waren in den Lehrsaal zurückgefahren, wo die gesamte Sonderkommission fieberhaft auf eine Nachricht aus Bischofswerda wartete. Verstärkt hatte sich die Unruhe, nachdem aus Göppingen der Hinweis der Dekanin weitergeleitet worden war. Sofort ließ sich Fludium mit einem der leitenden Beamten des Dresdner Landeskriminalamts verbinden und schilderte ihm die Situation. Er habe allergrößte Sorge, dass der wichtige Einsatz in Bischofswerda möglicherweise nicht so ablaufen könnte, wie es notwendig erscheine, erklärte er – dies natürlich in der Hoffnung, nicht gerade an Holzapfel geraten zu sein. Der Kollege in Dresden versprach, sich sofort um die Angelegenheit zu kümmern.

Linkohr hatte inzwischen mit richterlicher Genehmigung Sergijes kleine Einzimmerwohnung durchsuchen lassen. Dabei war es polizeilichen Computerexperten relativ schnell gelungen, das Passwort des E-Mail-Systems zu knacken. Sergije hatte sich als Adresse das Pseudonym ›Tundra‹ zugelegt und – so entnahm es Linkohr jetzt den Ausdrucken der Kollegen – einen regen E-Mail-Verkehr mit einer Adresse namens ›Look4X4X18‹ geführt. Die Experten hatten hinter den Zahlen den 4. und 18. Buchstaben des Alphabets vermutet – DDR. Zuletzt war in einem solchen Schreiben an das ›Protokoll 19‹ erinnert worden. Die Computerexperten ließen Linkohr wissen, dass sie bisher kein solches Protokoll gefunden hätten, jedoch für die Auswertung der Computerfestplatte sicher noch einige Tage bräuchten.

»Schau dir das an«, sagte Linkohr und legte die Papiere dem Kollegen Fludium auf den Tisch. »Zumindest schon mal der Beweis, dass Sergije keinesfalls der gutmütige Azubi ist, für den man ihn in der Getränkehandlung gehalten hat. Anton hat ihn nicht aus reiner Nächstenliebe in den Betrieb seines Bruders vermittelt.«

»Im Computerjargon würd man Trojanisches Pferd sagen«, resümierte ein jüngerer Kollege, der sich jetzt auch die Unterlagen besah.

»Und er war der Mann fürs Grobe«, meinte Fludium. »Aber wir sitzen hier rum und können nichts tun.« Er trommelte mit den Fingern auf den Schreibtisch. Wenn sich Häberle nicht meldete, hatte das nichts Gutes zu bedeuten. Linkohr unternahm zum wiederholten Mal den Versuch, ihn auf dem Handy anzurufen. ›The person you've called is temporary not available‹, hauchte die weibliche Automatenstimme wieder. »Funkloch«, kommentierte Linkohr und legte enttäuscht und besorgt auf.

Fludium wollte nicht mehr länger auf Nachricht aus Dresden warten, sondern ließ sich von der Telefonauskunft die Nummer des Polizeireviers von Bischofswerda geben und gleich verbinden. Es meldete sich sofort die tiefe, sächselnde Stimme eines Kollegen. Fludium stellte sich vor und erklärte, worum es ihm ging. Er wolle nur wissen, ob gerade in einem Gewerbegebiet, das Häberle noch am Nachmittag telefonisch benannt hatte, ein größerer Polizeieinsatz im Gange sei.

Der Kollege zögerte und wurde amtlich. Er dürfe darüber keine Auskunft geben, zumal er ja nicht wisse, wer da anrufe. Fludium war darüber für einen Moment verärgert, hatte dann aber Verständnis für diese Vorsichtsmaßnahme und schlug dem Beamten vor, zurückzurufen. Damit auch da jeder Trick ausgeschlossen war, gab er ihm nicht die Durchwahlnummer, sondern jene der Zentrale, von der aus er sich weiterverbinden lassen musste. Zwei Minuten später war der Rückruf da. »Ich kann Ihnen bestätigen, dass die Kollegen der Kripo draußen sind. Sie sind in das Objekt eingedrungen.« Der Mann atmete auf, musste sich aber sogleich eingestehen, dass dies weder eine gute noch eine schlechte Nachricht war. »Und unser Kollege?«, fragte er deshalb vorsichtig nach. Im Hintergrund war aufgeregter Sprechfunkverkehr zu hören. »Moment«, sagte der Polizist und legte offenbar den Hörer beiseite, um sich in den Funkverkehr einzumischen.

Fludium war aufgestanden, die Gespräche im Raum verstummt. »Sie sind im Einsatz«, wandte er sich an die Kollegen, die angespannt auf weitere Nachricht warteten. Endlich nahm der Polizist in Bischofswerda den Hörer wieder zur Hand. »Wir können noch nichts sagen. Aber es ist ein Schuss gefallen.«

Dekanin Gertrud Grüner war wieder hellwach. Torsten Korfus hatte ihr geschildert, dass er felsenfest davon überzeugt sei, dass Simbach ihn habe töten wollen. Und dass Sergije von dessen Bruder Anton beauftragt gewesen sei, die heimlichen Kontakte zu halten – auch, was die Immobiliengeschäfte von Rolf Czarnitz anbelangt habe. »Sie haben mir keine Ruhe gelassen«, sagte er in sich zusammengesunken. »Ich wollte wirklich Abstand gewinnen – so, wie ich mir das nach dem damaligen Engagement bei den Friedensgebeten vorgestellt habe. Der Bruch kam, nachdem uns klar geworden war, dass Alexanders Bruder Anton damals meine Frau unter fadenscheinigen Behauptungen festgenommen hat.«

»Und der Streit im Martin-Luther-Haus?«, wollte die Dekanin noch wissen, während sie ein Fenster öffnete, um die laue Sommernachtluft hereinzulassen.

»Ein Wort hat das andere gegeben. Auch der Alkohol hat sicher eine Rolle gespielt. Es ging mal wieder um die dubiose Rolle seines Bruders kurz vor der Wende«, sagte Korfus.

»Aber auch um Ihre Vergangenheit?«

»Natürlich. Auch meine«, bestätigte er erschöpft und schwieg.

Sie wechselte das Thema. »Und dass man Sie umbringen wollte, daran haben Sie keinen Zweifel?«

»Keinen. Schon gar nicht, nachdem auf mich und meine Frau geschossen worden ist. Es war doch bekannt, dass ich regelmäßig im Turm nach den Glocken geschaut hab. Natürlich konnte niemand den Tag und die Stunde vorhersehen, wann ich während des Läutens die Metallkonstruktion anfassen würde. Aber nachdem ich meine Kontrollgänge immer zum Läuten gemacht hab, war die Wahrscheinlichkeit groß, dass ich mal mit dem Körper drankomme.«

»Sie meinen, Simbach war eher ein Zufallsopfer?«

Korfus erwiderte nichts. Die Dekanin musterte den Mann, der wie ein Häufchen Elend vor ihr saß.

»Wer einsichtig und reumütig ist, kann mit seiner Vergangenheit irgendwann Frieden schließen«, versuchte sie ihn zu trösten.

»Wenn das so einfach wär. Die werden mich nicht in Ruhe lassen. Sie können sich nicht vorstellen, welche Kräfte drüben noch am Werk sind. Nicht nur die alten Stasileute. Auch der russische Geheimdienst KGB hat dort noch seine Leute, von denen sich einige verselbstständigt haben.« Und er fügte vorsichtig hinzu: »Alexander Simbachs Bruder Anton betreibt einen Sicherheitsdienst. Man munkelt, dass mehr dahintersteckt als die Bewachung von Firmen und Privathäusern.«

»Alte Seilschaften?«

»Wenn dieser Kommissar in dieses Räderwerk geraten ist, werden sie ihn verschwinden lassen. Er wäre nicht der Erste.«

Das Spezialeinsatzkommando hatte sich in den umliegenden Gebäuden aufgehalten und auf das vereinbarte Zeichen gewartet. Je mehr Zeit verstrich, desto unruhiger wurden die Beamten, die in ihren Kampfanzügen auf gestapelten Paletten saßen und sich in der Dunkelheit nur noch schemenhaft sehen konnten. Ein Teil der Gruppe war in den anderen Gebäuden untergebracht. Es war eine logistische Herausforderung gewesen, innerhalb kürzester Zeit und so unauffällig wie möglich an das Zielobjekt heranzukommen. Mit Einbruch der Dämmerung hatten die letzten Männer vollends ihre vereinbarten Stellungen bezogen. Dann, kurz vor 22 Uhr, hatte ein Beobachtungsposten das Annähern einer Person gemeldet. Ein junger Mann offenbar. Er war mit einem Auto gekommen, hatte es draußen auf der Straße hinter Häberles Audi abgestellt und war zielstrebig zu Fuß zu der blauen Eingangstür gegangen, hinter der sich den polizeilichen Erkenntnissen zufolge der Treffpunkt der alten Stasiseilschaft befand.

Inzwischen war es Mitternacht und die Luft in dem alten Gebäude stickig und warm. Noch immer gab es kein Zeichen von diesem westdeutschen Kommissar. Einsatzleiter Lars Holler, ein kräftiger Mann, der kurz vor der Pensionierung stand, richtete den schmalen Strahl seiner kleinen Halogenlampe zum wiederholten Mal auf das Display seines Handys, das er auf dem rauen Holz einer Palette liegen hatte. Das Gerät war eingeschaltet und zeigte den schwachen Empfang eines Funknetzes.

»Wenn die im Keller sitzen, wirds schwierig«, sprach jetzt einer der jungen Beamten aus, was viele andere schon gedacht hatten.

Holler sagte nichts. Woher hätte er auch innerhalb kürzester Zeit in Erfahrung bringen können, wie die Örtlichkeiten da drunten aussahen?, überlegte er. Niemand würde ihm jemals einen Vorwurf machen können. Schließlich hatte dieser Häberle erst um 17 Uhr den Ort benennen können. Da war keine Zeit geblieben, ihn sich noch in Ruhe anzusehen. Es war viel wichtiger gewesen, die Männer in Position zu bringen.

Holler wurde schlagartig aus seinen Gedanken gerissen. Ein Geräusch hatte die Stille zerrissen – ein kurzes nur. Ein dumpfer Hall, ein Schlag. Ein Schuss? Die Männer sprangen auf. Ein leise gedrehtes Funkgerät begann zu piepsen. Holler drückte eine Taste und meldete sich mit gedämpfter Stimme. »Ja?«

»Im Zielobjekt ist ein Schuss gefallen«, informierte die Stimme im Lautsprecher.

47

Alles geschah nun gleichzeitig. Aus allen Richtungen huschten SEK-Beamte nahezu lautlos an das Gebäude heran und öffneten die blaue Eingangstür, die wider Erwarten nicht verschlossen war. Andernfalls, so war es geplant gewesen, wären sie durch die Fenster an der Stirnseite eingedrungen.

Im dunklen Flur orientierten sie sich zunächst mithilfe von Stablampen. Innerhalb weniger Sekunden hatten sie festgestellt, dass sich im Erdgeschoss keine Personen aufhielten. Einer der Männer deutete mit dem Lichtstrahl zum Treppenhaus. Die anderen hielten, ihre Maschinenpistolen nach oben und näherten sich dem Abgang, den jetzt ein weiterer Beamter mit einer Handlampe ausleuchtete. Unten flackerte die Sturmlampe. Dumpf hallten wütende und schreiende Männerstimmen herauf. Der Beamte mit der kleinen Taschenlampe lauschte, konnte aber kein Wort verstehen. Es wurde offenbar wild durcheinander gebrüllt, Holz schepperte. Für den Kommandoführer bestand kein Zweifel, dass dort unten ein Kampf entbrannt war. Er gab seinen Kollegen ein Handzeichen, was diese sofort zu deuten wussten. In Zweierreihen schlichen sie die Stufen hinab, drückten sich an die weiße Wand, blieben vor dem leeren Lagerraum stehen, den das flackernde Kerzenlicht nur spärlich und damit gespenstisch ausleuchtete. Das Kampfgeschrei war jetzt deutlich zu hören. Der Mann an der Spitze der Einsatzgruppe blickte vorsichtig in den großen Lagerraum und sah an der schräg gegenüberliegenden Seite die leicht erhellten Umrisse einer Tür. Von dort drangen auch die Schreie heraus. In der Luft hing der beißende Geruch nach Pulverdampf.

Der Kommandoführer gab ein weiteres Handzeichen, eilte quer durch den Raum und beobachtete, wie die zwei Dutzend Kollegen vor der Tür in Stellung gingen – so, wie sie es schon zigmal geübt und auch schon viele Male in der Realität erlebt hatten. In solchen Fällen kam es stets auf den Überraschungseffekt an. Heute aber war eines anders: Hinter dieser Tür befand sich ein Kollege. Einer, der vermutlich viel zu lange auf Hilfe gehofft hatte. Einer, der hoffentlich noch lebte.

Linkohr und Fludium versuchten, sich gegenseitig Mut zu machen. Die übrigen Kollegen konnten sich nicht auf ihre Akten konzentrieren. »Hat denn der Kollege aus Bischofswerda gesagt, dass er sich noch mal meldet, wenns was Neues gibt?«, fragte eine Stimme aus dem Hintergrund.
»Die haben bei Gott anderes zu tun.«
»Ich ruf an«, entschied Linkohr und suchte die Nummer, die er sich notiert hatte. Augenblicke später hatte er das Revier in der Oberlausitz an der Strippe. Diesmal gab sich der Kollege gleich kooperativ. »Sie sind rein«, erklärte er und versprach, sofort zurückzurufen, wenn er am Funk etwas in Erfahrung bringen könne. Linkohr bedankte sich genervt und legte enttäuscht auf.
»Häberle hats bisher immer geschafft«, kommentierte ein Beamter die Situation.
»Bisher immer – ist nicht auch in Zukunft immer«, meinte ein anderer negativ gestimmt.
»Wenn er in den ganzen Stasischlamassel reingeraten ist, hat ers mit anderen Strukturen zu tun als bei den üblichen Kriminellen«, resümierte ein Dritter.
Fludium ging derlei Missmut gegen den Strich. »Kollegen, bitte«, sagte er eindringlich, »Häberle hats schon mit vielerlei Kaliber zu tun gehabt. Wenns sein muss, haut er die Jungs durch die Wand.«
Linkohr hoffte inständig, dass er recht haben würde.

Wenn Häberle noch lebte, musste er über sich ergehen lassen, was in solchen Fällen unvermeidlich war: eine Blendgranate. Vermutlich würde er nach der ersten Schrecksekunde sofort reagieren und sich flach auf den Boden legen. Einer der Spezialisten der Einsatzgruppe wusste, was jetzt zu tun war. Er gab seinen Kollegen ein Zeichen, die sich daraufhin ihre Schutzbrillen überzogen. Dann bereitete er sich ein paar Sekunden lang mental auf das vor, was jetzt nicht schief gehen durfte. Jeder Handgriff musste sitzen. Tür aufreißen – Granate rein, zünden. Ein aufblitzender Lichtschein würde alle Personen im Raum kurzzeitig blenden und lähmendes Entsetzen verbreiten. Das war jener Moment, den die SEK-Spezialisten nutzten, um eine gefährliche Situation zu entschärfen. Allerdings galt es dann, im Bruchteil einer einzigen Sekunde die richtige Entscheidung zu treffen und innerhalb des Teams den Überblick zu bewahren.

Doch sie waren so gut aufeinander eingespielt, dass sie keine Verständigung mehr brauchten. Sobald das Zeichen erteilt war, lief der Einsatz so präzise wie ein Uhrwerk ab. Auch jetzt. Ein gellender Blitz zuckte, verbunden mit einem heftigen Schlag – und ein halbes Dutzend Beamte besetzte mit vorgehaltenen Maschinengewehren den Raum, in dem durch die Druckwelle die Kerzen auf den Wandregalen erloschen waren. Darauf vorbereitet knipsten die Kollegen an der Tür ihre Handlampen an, deren scharfe Strahlen sich in die Nebelschwaden bohrten. Gleichzeitig stürzten sich andere Beamte auf die völlig entgeisterten Männer, rissen sie zu Boden und machten sie mit wenigen Griffen kampfunfähig. Einer der Spezialisten erkannte blitzschnell, dass eine Pistole zu Boden gefallen war. Er griff sie und reichte sie einem Kollegen an der Eingangstür weiter.

Erst jetzt begann einer der Männer wieder zu schreien. Es war Anton Simbach, der bäuchlings auf den Boden gedrückt wurde und mit dem Gesicht den kalten Beton spürte, auf dem sich eine klebrige Flüssigkeit ausgebreitet hatte. »Was geht hier vor?«, brüllte er, doch seine Stimme erstarb im Schmerz.

»Schweine«, schrie ein anderer. »Lasst mich sofort los.«

Der Qualm verzog sich langsam, doch der beißende Gestank blieb. Für einen Moment war nur der schnaubende Atem der Männer zu hören, die in Klammergriffen zu Boden gedrückt wurden. Die Beamten, die auf ihnen knieten, warteten auf ein Kommando ihres Vorgesetzten. Der besah sich die Szenerie. Ein Tisch war umgekippt, um ihn herum glitzerten Scherben und spiegelten sich in Flüssigkeiten die Lampen. Sechs Männer waren neben und hinter dem Tisch zu Boden gezwungen worden. Der Vorgesetzte überlegte, wer von ihnen wohl dieser Häberle sein würde. Erleichtert stellte er fest, dass die vorgefundenen Personen alle am Leben waren. Aber war dieser Kommissar darunter?, überlegte der Beamte. Zwischen den wütenden und zornigen Schreien konnte er keinen heraushören, mit dem sich jemand als Polizist identifizieren wollte. Waren sie zu spät gekommen?

Dann endlich eine Stimme von seitlich des Tisches. »Ich glaub, ich hab den Kollegen«, sächselte ein SEK-Mann und erhob sich. Beide Scheinwerfer der Handlampen wurden auf ihn gerichtet. Noch ehe er mehr sagen konnte, stand auch Häberle hinterm Tisch. »Danke, Kollegen.« Seine Stimme verriet Anstrengung und innere Unruhe. »Mein Name ist Häberle.« Er quälte sich ein Lächeln ab und sah in die Runde. »Sie haben Ihr Feuerwerk zur richtigen Zeit gezündet.« Für einen Moment sahen ihn die Kollegen misstrauisch an. Dann griff er in die Brusttasche und zog seinen Polizeiausweis heraus. »Hier, damit Sie es glauben.«

»Schweine«, brüllte einer der Festgehaltenen dazwischen.

Unter der Tür, die jetzt von weiteren Handlampen erleuchtet wurde, erschien Lars Holler, während nun Simbach lautstark einen Anwalt forderte.

»Willkommen, Herr Kollege«, sagte er und ging, vorbei an Sergije, der inzwischen von drei Männern zu Boden gedrückt wurde, auf den Chefermittler zu, um ihm die Hand zu schütteln. »Wir bringen die Kerle weg.«

»Tun Sie das«, bestätigte Häberle und wandte sich an den SEK-Mann, der ihn zu Boden gerissen hatte. »Sie haben die Sache super gemacht.«

»Ich konnte nicht wissen …«

»Natürlich nicht. Aber Sie haben hoffentlich bemerkt, dass ich keinen Widerstand geleistet hab«, meinte Häberle. Unterdessen wurden Simbach, Sergije, Kissling, Oehme und Landowski mit jeweils drei Beamten aus dem Raum geführt. Ein anderer Kollege kam näher und hielt eine Pistole mit nach unten gerichtetem Lauf in der Hand. »Das sieht nach Ihrer Polizeiwaffe aus«, stellte er fest und übergab sie Häberle, der sie wieder in die rechte Hosentasche steckte. »Danke. Die andere muss unterm Schrank liegen«, erklärte der Chefermittler und meinte damit Sergijes Waffe. »Ich hab sie ihm aus der Hand geschlagen.« Ein Beamter ging vor dem Aktenschrank in die Knie, um mit ausgestrecktem Arm unter ihm nach der Pistole zu greifen. »Ich hab sie«, bestätigte er, als Häberle damit begann, den Umstehenden in knappen Sätzen zu erklären, was geschehen war. »Dieser Deutschrusse hat wie wild mit diesem Ding rumgefuchtelt und gedroht, zuerst mich und dann sich selbst umzubringen. Ein Verrückter …« Häberle holte tief Luft und spürte, wie Pulverdampf und die chemischen Substanzen der Blendgranate in seinem Hals kratzten. »Ich hab zwar verzweifelt auf mein Handy gedrückt, aber ich geh davon aus, dass es hier unten kein Netz gibt.« Er sah Lars Holler misstrauisch ins Gesicht. Dieser jedoch wich seinen Blicken aus. »Deshalb gabs nur eine Chance – und zwar, diesem Sergije die Waffe abzunehmen. Ich bin ihm da drüben am Tisch gegenübergesessen, während er hier an der Tür stand.« Die Kollegen hörten ihm aufmerksam zu. »Tja, es stellte sich die Frage, ob ich auf ihn schießen soll. Er hat nämlich nicht bemerkt, dass ich die Hand bereits an meiner Waffe hatte.« Häberle ließ seinen Kollegen Holler nicht aus den Augen. »Es blieb nur die eine Wahl – es zu riskieren. Die anderen Herrschaften schienen wie gelähmt zu sein, wie das Kaninchen vor der Schlange.« Der Kriminalist hatte sich vom Schock der vergangenen Minuten bereits wieder erholt. »Alles nur eine Frage des Angriffs«, lächelte er. »Dieser Tisch hier«, er deutete auf das umgestürzte Möbelstück, »war ideal. Zwar ein leichtes Modell, aber für meine Zwecke ausreichend.« Häberle grinste jetzt zu den umstehenden Kollegen. »Ein kräftiger Ruck, das Ding gegen den Kerl gestoßen und gleichzeitig die Tischplatte hochgehoben. Ein kritischer Moment, natürlich. Da hat sich bei unserem Freund der Schuss gelöst – bewusst oder unbewusst, das kann ich nicht sagen.« Er deutete zur Decke, wohin sofort ein Lichtstrahl gerichtet wurde: »Da hat sich die Kugel reingebohrt. Wir können von Glück sagen, dass das Bauwerk so marode ist, sonst hätts womöglich einen gefährlichen Querschläger gegeben.«

»Und dann?«, wollte Holler ungeduldig wissen. Seine Stimme verriet Unsicherheit.

»Ich hab ihn mit dem senkrecht gestellten Tisch in die Ecke gedrückt und die Hand, mit der er die Waffe hielt, gegen die Wand gequetscht.« Wieder lächelte Häberle, als sei für ihn alles nur Routine gewesen. »Noch bevor sich die anderen von dem Schreck erholt hatten, hat er die Pistole fallen lassen – und ich hab sie untern Schrank gekickt.«

Die Kollegen verfolgten seine Schilderungen, als halte er eine Vorlesung in der Polizeischule. »Ich hab ihm seinen Arm noch kräftig gequetscht und dann den Tisch auf die drei anderen Jungs geworfen – und dem auf der anderen Seite eine übergezogen.« Häberle sah wieder zu Holler: »Alles natürlich in der Hoffnung, dass nun endlich Sie auftauchen würden. Denn die drei anderen, die bis dahin, wie gesagt, wie die Ölgötzen dagesessen sind, haben mich nach der ersten Schrecksekunde dann so heftig attackiert, dass ich nicht mehr dazu kam, meine Waffe aus der Hosentasche zu ziehen. Die Jungs haben richtig zu prügeln begonnen«, grinste er erneut, als habe es ihm Spaß gemacht, mal wieder kräftig zulangen zu können. »Sergije hat dann den Tisch in meine Richtung geschleudert – und die vielen Scherben hier …« Er deutete auf den Fußboden, der mit zerschlagenen Gläsern und Flaschen übersät war und auf dem sich eine klebrige Pfütze aus Mineralwasser und Cola gebildet hatte. »Das war gefährlich. Sie haben dann mit Stühlen auf mich eingedroschen und mich festhalten wollen. Aber«, er sah in die Runde und wollte jetzt endlich klarstellen, dass er nicht der Behäbige war, für den sie ihn gewiss alle hielten, »als alter Judokämpfer hab ich mir natürlich keine Blöße gegeben.« Er betrachtete seine blutverschmierten Hände. »Ich hab mich wohl an den Scherben verletzt«, meinte er und sah an sich hinab. Am Jeanshemd fehlten drei Knöpfe. Erst jetzt wurde ihm bewusst, dass ihm der Schädel brummte.

Er versprach dem Einsatzleiter, sofort im Polizeirevier vorbeizukommen, denn er wollte dringend mit einem der Festgenommenen reden. »Ach ja, noch etwas«, sagte er im Weggehen, während er sich noch mal zu Holler drehte: »Ist Ihnen eigentlich Holzapfel ein Begriff?«

Holler verengte die Augenbrauen. »Holzapfel?«

»Mhm«, machte Häberle und ließ den Anflug eines verschmitzten Lächelns erkennen.

»Ne«, entgegnete Holler mit heißer Stimme. »Ne, was solln das denn sein?«

Der Chefermittler zuckte mit den Schultern, nickte den SEK-Beamten freundlich zu und verließ das Gebäude. Droben im Freien sog er die jetzt kühler gewordene Nachtluft in sich auf, griff zum Handy und rief zuerst Susanne an, die seit Stunden auf den erlösenden Anruf gewartet hatte. Anschließend löste er bei den Kollegen der Sonderkommission das lähmende Entsetzen auf und unterhielt sich ausführlich mit Fludium.

48

Anton Simbach war der Einzige, mit dem Häberle an diesem Abend noch reden wollte. Die SEK-Beamten hatten ihn in das Vernehmungszimmer des Polizeireviers von Bischofswerda gebracht, ihm aber vorsorglich Handschellen und Fußfesseln angelegt. Häberle ließ ihm Mineralwasser bringen und setzte sich ihm an einem modernen Schreibtisch gegenüber. Ein Uniformierter hatte sich einen Stuhl an die Tür gerückt, um dort Platz zu nehmen.

»Ich verlang einen Anwalt«, erklärte Simbach bockig.

Auch er hatte bei dem Kampf einige Blessuren davongetragen. Sein Hemd war zerrissen, ein Auge gerötet.

»Das ist Ihr gutes Recht«, kam ihm Häberle entgegen und spürte schmerzhaft seine linke Schulter. »Aber es hat schon vielen geholfen, zunächst mal die Fronten abzustecken.«

Simbach sah ihn nicht an, sondern starrte an die gegenüberliegende Wand.

»Ich bin nicht hierher gefahren, um sie als Mörder Ihres Bruders zu entlarven«, machte der Kriminalist ruhig weiter. »Ich glaub nämlich, dass wir gar keinen Mörder suchen müssen.«

Simbach drehte den Kopf nun doch zu ihm. Sein Blick war aber eiskalt.

»Eigentlich wär Ihr Bruder zum Mörder geworden«, stellte Häberle seine Theorie in den Raum und fügte hinzu. »Wenn alles geklappt hätte.«

Simbach zeigte keine Regung. Immerhin, so dachte Häberle, beharrte er jetzt nicht sofort auf einem Anwalt.

»Der geniale Stromanschlag hat Korfus gegolten«, machte der Kriminalist weiter und sah in Simbachs fahl gewordenes Gesicht. »Wer die Idee dazu hatte, lassen wir dahingestellt. Aber Ihr Bruder Alexander konnte als gelernter Elektriker mit der Sache umgehen. Er hat Kabel besorgt, wie wir wissen – und er hat einen alten Schraubenzieher aus DDR-Zeiten im Kirchturm verloren. Die Sache war genial eingefädelt. Nur eines hat Ihr Herr Bruder leider übersehen: dass seit einiger Zeit die Glocken nicht nur morgens und abends zum Gebet läuten – sondern täglich auch um 15 Uhr. Kreuzläuten nennt man das.«

Simbach schluckte und schwieg. Von seiner Stirn rannen Schweißperlen.

»Er war offenbar gerade fertig mit seinem Werk – wenn

man das so nennen darf. Da hat sich das Läutewerk eingeschaltet und ihn selbst getötet«, resümierte Häberle. Er wartete auf eine Reaktion, die es aber nicht gab. »Wäre das nicht passiert, hätte es irgendwann Korfus erwischt – vielleicht nach Tagen, vielleicht auch erst nach Wochen und Monaten. Die Falle für ihn wäre gestellt gewesen. Und wir hätten uns äußerst schwer getan, sie als solche zu erkennen. Denn – wer weiß –, vielleicht wäre dann Korfus' Tod genauso wenig als Mord erkannt worden wie beinahe der Ihres Bruders. Natürlich hätte es auch einen anderen treffen können – aber die Wahrscheinlichkeit war gering. Nur Korfus, das wusste man, war als Glockenbeauftragter regelmäßig im Turm, wenn sich das Läutewerk einschaltete.«

Simbach wandte seinen Blick wieder ab. Er schien zu erkennen, dass alles Leugnen nichts mehr helfen würde.

»Es war also ein Unfall. Das wäre alles nicht so schlimm gewesen, wenn nicht das Handy für Beunruhigung gesorgt hätte. Sie wussten, dass Ihr Bruder alle wichtigen Daten und Adressen, worüber und von wem auch immer – jedenfalls offenbar ganz wichtige –, dass er diese nur in diesem Gerät aufbewahrte, um nirgendwo Notizbücher, Kalender oder sonstige Dinge herumliegen zu haben, die irgendjemanden in die Hände hätten fallen können. Doch nun ist dies ausgerechnet mit dem Handy passiert. Die Aufregung war zwar unbegründet, wie wir heute wissen, denn Ihr Bruder hatte offenbar alles mit einem Passwort abgesichert, wie dies mit modernen Geräten möglich ist.« Häberle überlegte. »Über die sogenannte Brieftaschenfunktion oder wie das heißt. So ähnlich jedenfalls.«

Noch immer hörte Simbach ungerührt zu.

»Also hat man Rolf Czarnitz beauftragt, das Ding zu suchen. Zuerst natürlich im Kirchturm, denn bis dahin waren ja noch keine polizeilichen Ermittlungen im Gange, weil alle, einschließlich der Doktor, noch geglaubt hatten, es liege ein natürlicher Tod vor. Czarnitz hat sich am Kinderfestabend in die Kirche gemogelt, ist raufgestiegen – und dann hats um 20 Uhr geläutet. Den Rest kennen wir. Zuvor ist ihm die alte Mesnerin Gunzenhauser in die Quere gekommen.«

»Das müssen Sie erst mal beweisen.«

»Dafür gibts genügend Indizien«, erwiderte Häberle ruhig und gelassen. »Wie so oft im Leben, stand am Anfang allen Übels eine Liebesbeziehung. Ihr Bruder mit Frau Korfus. Ausgerechnet mit jener Frau, die Sie, Herr Simbach, an Ostern 1989 einkerkern ließen.«

Er zuckte zusammen und sah wieder zu Häberle.

»Das hat alte Wunden aufgerissen, und das Gleichgewicht des Schreckens zwischen Ihrem Bruder und Torsten Korfus drohte auseinander zu driften. Ich denke, Sie verstehen, was ich meine: hier einer der letzten Henker der DDR, da ein Grenzsoldat mit Todesschuss.«

»Was sollen diese alten Geschichten?«

»Man muss sie kennen, um alles zu verstehen«, entgegnete der Ermittler. »Sie, ja Sie, davon bin ich felsenfest überzeugt, haben den Entschluss gefasst, Korfus endgültig zu beseitigen. Und zwar mithilfe Ihres Spitzels namens Sergije, den Sie geschickt bei Ihrem Bruder im Betrieb platziert haben.«

»Das ist eine Unverschämtheit«, brauste Simbach auf. »Ich verlange jetzt augenblicklich einen Anwalt.«

Häberle überging diese Forderung. »Sergije hat auf das Ehepaar Korfus geschossen – mit einer russischen Tokarev. Wir haben sie sichergestellt und werden dies beweisen können. Wahrscheinlich haben Sie ihm mit Ihren vielfältigen Beziehungen in alte Stasikreise diese Waffe besorgt.«

Simbach stieß mit seinen gefesselten Händen wütend das volle Wasserglas vom Tisch. Es zerschmetterte auf dem gefliesten Boden.

Der Uniformierte an der Tür sprang auf und herrschte Simbach an. »Wenn Sie sich nicht benehmen, werden Sie an den Stuhl gefesselt.«

»Ich verlange augenblicklich einen Anwalt«, schrie Simbach und stieß heftig mit den Schuhen gegen den Schreibtisch.

Häberle blieb weiterhin gelassen. »Ihr Wunsch wird gleich erfüllt. Sie sollten nur noch eines zur Kenntnis nehmen, damit Sie überhaupt wissen, weshalb wir Sie morgen früh dem Haftrichter vorführen werden: Sergije hat auf Ihre Anordnung hin auch letzte Nacht das Dekanat durchsucht und sollte wohl Akten oder Dokumente beseitigen, die dort in den vergangenen Tagen zusammengetragen wurden. Er hat bei der Gelegenheit das Haus abfackeln wollen – ohne Rücksicht darauf, ob dort jemand in den Flammen umgekommen wäre. Ich will nicht viel sagen, Herr Simbach, aber die Justiz in Ulm ist in solchen Fällen bockelhart. Gegen den Auftraggeber und gegen den, ders ausführt.«

»Halten Sie doch endlich Ihren Mund«, giftete Simbach.

Häberle hatte schlecht geträumt. Als er um 9 Uhr von seinem Handywecker aus dem Schlaf gerissen wurde, fühlte er sich elend. Sein Schädel brummte noch immer, die Schulter hämmerte und auch im linken Knie spürte er Schmerzen. Er rief Susanne an, duschte heiß und packte seinen Koffer. Das Frühstück im Hotel war zwar üppig, aber sein Appetit hielt sich in Grenzen. Er wollte so schnell wie möglich zurückfahren und ein Wochenende lang nur schlafen. Vielleicht würde er mit Susanne demnächst im Wohnmobil in die Oberlausitz kommen, vor allem aber dieses beschauliche Städtchen Bischofswerda mal genauer anschauen. Kollege Lars Holler hatte ihm angeboten, ihn zu den Besonderheiten der Gegend zu führen. Häberle freilich war nicht direkt darauf eingegangen, zumal die Frage im Raum stehen geblieben war, weshalb der Einsatzleiter die Verständigung per Handy vorgeschlagen hatte, obwohl er aus polizeilichen Ermittlungen hätte wissen müssen, dass sich die alten Stasikameraden in einem Keller trafen. Jedem Schulbub war doch heutzutage klar, dass Handynetze nur in günstigsten Fällen bis in den Keller reichten.

Am frühen Abend hatte Häberle wieder Geislingen erreicht. Obwohl es Samstag war und der Fall als aufgeklärt galt, waren sämtliche Kollegen der Sonderkommission in den Lehrsaal gekommen. Häberle dankte ihnen zunächst für die intensive Arbeit, die sie seit Dienstag geleistet hatten, und berichtete dann von seinen Erlebnissen. »Unser Mörder ist nie einer gewesen«, resümierte er. »Dafür muss sich Anton Simbach wegen Beihilfe und Anstiftung zu schweren Straftaten verantworten – und Sergije wegen zwei- oder gar dreifachen versuchten Mordes und Brandstiftung.«

»Und die anderen Jungs, die Sie getroffen haben?«, wollte Fludium wissen.

Häberle zuckte mit den Achseln. »Gegen Kissling wurde heut früh auch Haftbefehl erlassen – wegen dieser Handygeschichte mit Faller. Aber Oehme und diesen Dritten, der plötzlich aufgetaucht ist, hat man wieder laufen lassen. Alle sind sie zwar Ewiggestrige, aber dies allein ist halt nicht strafbar. Und was mit Korfus und seiner finstren Stasivergangenheit geschieht, wird die hiesige Justiz klären müssen.«

Linkohr drängte sich in den Vordergrund. »Mich würd nur eins noch interessieren. Sie waren doch zu einem frühen Zeitpunkt davon überzeugt, dass dieser Sergije eine dubiose Rolle spielte?«

Häberle grinste, denn Linkohr stellte meist zum Abschluss solche Fragen.

»Um ehrlich zu sein, nicht allzu frühzeitig«, räumte Häberle ein. »Aber dass Sergije irgendetwas damit zu tun haben würde, war mir spätestens klar, als Faller von dem gelben Eimer im Gewerbegebiet berichtet hat.«

Die Kollegen stutzten.

»Ja, gelbe Eimer sind in der Getränkehandlung Simbach zuhauf rumgestanden«, erklärte Häberle und fügte hinzu: »Hingucken und beobachten ist die halbe Arbeit.« Er sah in die Runde. »Und natürlich gehören gute und motivierte Mitarbeiter dazu.«

Er lächelte und wollte gehen. »Und auch außerhalb des Hauses bedarf es guter Mitarbeiter«, drehte er sich noch mal um und wiederholte: »Gute Mitarbeiter auch außerhalb des Hauses. Unsere Dekanin und einige ihrer Kirchengemeinderäte haben uns sehr geholfen. Ich werde sie nächste Woche besuchen und ihnen dafür danken.«

»Bei einem aber brauchen Sie sich nicht zu bedanken«, hakte Fludium ein und erntete einen fragwürdigen Blick, weshalb er sofort die Antwort anfügte. »Bei unserem Kollegen Lars Holler.«

Häberle hob eine Augenbraue und wartete gespannt.

»Das Landeskriminalamt und das Innenministerium in Dresden haben heut schon heftig recherchiert«, erklärte Fludium. »Ich sag nur eines: Holzapfel lässt grüßen.«

ENDE

August Häberle ermittelt:

1. Fall: Himmelsfelsen
ISBN 978-3-89977-612-6

2. Fall: Irrflug
ISBN 978-3-89977-621-8

3. Fall: Trugschluss
ISBN 978-3-89977-632-4

4. Fall: Mordloch
ISBN 978-3-89977-646-1

5. Fall: Schusslinie
ISBN 978-3-89977-664-5

6. Fall: Beweislast
ISBN 978-3-89977-705-5

7. Fall: Schattennetz
ISBN 978-3-89977-731-4

8. Fall: Notbremse
ISBN 978-3-89977-755-0

9. Fall: Glasklar
ISBN 978-3-89977-795-6

10. Fall: Kurzschluss
ISBN 978-3-8392-1049-9

11. Fall: Blutsauger
ISBN 978-3-8392-1114-4

12. Fall: Mundtot
ISBN 978-3-8392-1247-9

13. Fall: Grauzone
ISBN 978-3-8392-1385-8

14. Fall: Machtkampf
ISBN 978-3-8392-1515-9

15. Fall: Lauschkommando
ISBN 978-3-8392-1663-7

16. Fall: Todesstollen
ISBN 978-3-8392-1858-7

17. Fall: Traufgänger
ISBN 978-3-8392-2020-7

18. Fall: Nebelbrücke
ISBN 978-3-8392-2239-3

19. Fall: Blumenrausch
ISBN 978-3-8392-2364-2

20. Fall: Schlusswort
ISBN 978-3-8392-2590-5

21. Fall: Die Gentlemen-Gangster
ISBN 978-3-8392-2815-9

weitere:
Eine Minute nach zwölf
ISBN 978-3-8392-0118-3

WWW.GMEINER-VERLAG.DE
Wir machen's spannend

Zeitfracht Medien GmbH
Ferdinand-Jühlke-Straße 7,
99095 - DE, Erfurt
produktsicherheit@zeitfracht.de